中国科学院科学出版基金资助出版

中国工程院重大咨询项目

"十三五"国家重点出版物出版规划项目
大气污染控制技术与策略丛书

中国大气 PM$_{2.5}$ 污染防治策略与技术途径

"中国大气 PM$_{2.5}$ 污染防治策略与技术途径"项目组

郝吉明　尹伟伦　岑可法　主编

科学出版社

北　京

内 容 简 介

《中国大气$PM_{2.5}$污染防治策略与技术途径》是中国工程院重大咨询项目的研究成果。该项目由国内大气污染控制及相关领域的 16 位院士近 100 名专家和多家单位共同参与，内容涵盖大气污染防治的各个层面，包括：我国大气$PM_{2.5}$的污染特征与来源解析；我国能源利用过程大气$PM_{2.5}$排放综合控制对策和技术途径；我国交通系统对大气$PM_{2.5}$污染的影响和控制战略研究；森林和农业植被对$PM_{2.5}$污染的影响及控制策略；我国大气$PM_{2.5}$污染的监测网络和方法体系构建；我国大气$PM_{2.5}$污染综合防治技术途径和对策建议。

本书可供从事大气科学、环境科学和大气污染控制等领域的研究人员参考，也可为从事大气环境保护事业的决策者、管理人员和工程技术人员提供借鉴。

图书在版编目（CIP）数据

中国大气$PM_{2.5}$污染防治策略与技术途径／郝吉明，尹伟伦，岑可法主编. —北京：科学出版社，2016.6

（大气污染控制技术与策略丛书）

中国工程院重大咨询项目

ISBN 978-7-03-048460-4

Ⅰ.①中… Ⅱ.①郝…②尹…③岑… Ⅲ.①可吸入颗粒物–污染防治–研究–中国 Ⅳ.①X513

中国版本图书馆 CIP 数据核字(2016)第 119655 号

责任编辑：杨 震 刘 冉／责任校对：何艳萍
责任印制：肖 兴／封面设计：黄华斌

科学出版社 出版

北京东黄城根北街 16 号
邮政编码：100717
http://www.sciencep.com

北京通州皇家印刷厂 印刷

科学出版社发行 各地新华书店经销

*

2016 年 6 月第 一 版 开本：720×1000 1/16
2017 年 1 月第二次印刷 印张：40 1/4
字数：810 000

定价：**180.00 元**
（如有印装质量问题，我社负责调换）

丛书编委会

丛 书 序

当前，我国大气污染形势严峻，灰霾天气频繁发生。以可吸入颗粒物（PM$_{10}$）、细颗粒物（PM$_{2.5}$）为特征污染物的区域性大气环境问题日益突出，大气污染已呈现出多污染源多污染物叠加、城市与区域污染复合、污染与气候变化交叉等显著特征。

发达国家在近百年不同发展阶段出现的大气环境问题，我国却在近 20 年间集中爆发，使问题的严重性和复杂性不仅在于排污总量的增加和生态破坏范围的扩大，还表现为生态与环境问题的耦合交互影响，其威胁和风险也更加巨大。可以说，我国大气环境保护的复杂性和严峻性是历史上任何国家工业化过程中所不曾遇到过的。

为改善空气质量和保护公众健康，2013 年 9 月，国务院正式发布了《大气污染防治行动计划》，简称为"大气十条"。该计划由国务院牵头，环境保护部、国家发展和改革委员会等多部委参与，被誉为我国有史以来力度最大的空气清洁行动。"大气十条"明确提出了 2017 年全国与重点区域空气质量改善目标，以及配套的十条 35 项具体措施。从国家层面上对城市与区域大气污染防制进行了全方位、分层次的战略布局。

中国大气污染控制技术与对策研究始于 20 世纪 80 年代。2000 年以后科技部首先启动"北京市大气污染控制对策研究"，之后在 863 计划和科技支撑计划中加大了投入，研究范围也从"两控区"（酸雨区和二氧化硫控制区）扩展至京津冀、珠江三角洲、长江三角洲等重点地区；各级政府不断加大大气污染控制的力度，从达标战略研究到区域污染联防联治研究；国家自然科学基金委员会近年来从面上项目、重点项目到重大项目、重大研究计划各个层次上给予立项支持。这些研究取得丰硕成果，使我国的大气污染成因与控制研究取得了长足进步，有力支撑了我国大气污染的综合防治。

在学科内容上，由硫氧化物、氮氧化物、挥发性有机物及氨等气态污染物的污染特征扩展到气溶胶科学，从酸沉降控制延伸至区域性复合大气污染的联防联控，由固定污染源治理技术推广到机动车污染物的控制技术研究，逐步深化和开拓了研究的领域，使大气污染控制技术与策略研究的层次不断攀升。

　　鉴于我国大气环境污染的复杂性和严峻性，我国大气污染控制技术与策略领域研究的成果无疑也应该是世界独特的，总结和凝聚我国大气污染控制方面已有的研究成果，形成共识，已成为当前最迫切的任务。

　　我们希望本丛书的出版，能够大大促进大气污染控制科学技术成果、科研理论体系、研究方法与手段、基础数据的系统化归纳和总结，通过系统化的知识促进我国大气污染控制科学技术的新发展、新突破，从而推动大气污染控制科学研究进程和技术产业化的进程，为我国大气污染控制相关基础学科和技术领域的科技工作者和广大师生等，提供一套重要的参考文献。

2015 年 1 月

中国工程院重大咨询项目

中国大气 PM$_{2.5}$ 污染防治策略与技术途径
项目顾问及负责人

项目顾问

周　济　中国工程院　院长，院士

杜祥琬　中国工程院　原副院长，院士

谢克昌　中国工程院　原副院长，院士

项目负责人

郝吉明　清华大学　院士

尹伟伦　北京林业大学　院士

岑可法　浙江大学　院士

执行秘书

王书肖　清华大学　教授

课题负责人

第 1 课题　任阵海　中国环境科学研究院　院士

第 2 课题　岑可法　浙江大学　院士

第 3 课题　郝吉明　清华大学　院士

第 4 课题　尹伟伦　北京林业大学　院士

　　　　　刘　旭　中国农业科学院　院士

第 5 课题　魏复盛　中国环境监测总站　院士

第 6 课题　郝吉明　清华大学　院士

前　言

长期以来，我国以煤为主的能源结构，使得全国城市大气环境呈现高浓度的二氧化硫（SO_2）和可吸入颗粒物（PM_{10}）污染。近 20 年来，随着经济的快速发展，城市化进程不断加速，高速发展的城市交通和汽车产业又导致了严重的机动车尾气污染。发达国家经历了近百年的环境污染问题在我国经济发达地区二三十年内便集中爆发，老的污染问题尚未解决，新的污染问题又接踵而至。在我国城市群出现了煤烟型与机动车污染共存的特殊大气复合污染，具有明显的局地污染和区域污染相结合、污染物之间相互耦合的特征，其表现为大气氧化能力不断增强、高浓度细颗粒物（$PM_{2.5}$）使大气能见度下降。大气环境形势总体上进入了以多污染物共存、多污染源叠加、多尺度关联、多过程演化、多介质影响为特征的复合型大气污染阶段，已经对我国公众健康和生态安全构成巨大威胁，并存在发生环境灾变的隐患。2012 年我国环境空气质量新标准增加 $PM_{2.5}$ 的浓度限值，这个标准体现了国家和人民的意志，承载了全社会对改善环境空气质量的新期待。

2012 年 6 月，中国工程院环境学部和农业学部提出开展跨学部重大咨询项目的建议，得到具有共识的中国工程院主要领导和众多院士、专家的大力支持。经过充分讨论和认真准备，2012 年 11 月，中国工程院批准由环境、农业和能源三个学部联合提出的立项建议，启动了"中国大气 $PM_{2.5}$ 污染防治策略与技术途径"重大咨询项目。国内大气污染控制及相关领域的 15 位院士和近 100 名专家共同参与，经过两年多的研究，取得了一系列重大研究成果。周济、杜祥琬、谢克昌、唐孝炎、徐祥德、丁一汇、王文兴、倪维斗、黄其励和侯立安等院士作为项目顾问或课题顾问，提出了大量的指导性意见。各位院士、专家广泛深入调查研究国内外现状及发展趋势，认真分析、总结，取得了大量宝贵信息，在此基础上，提出针对性的政策建议，部分研究成果和观点已经在政府相关规划、政策和重大决策中得到体现和应用。

"中国大气 $PM_{2.5}$ 污染防治策略与技术途径"重大咨询项目涵盖大气污染防治的各个层面，分为六个课题开展研究。

课题一：我国大气 $PM_{2.5}$ 的污染特征与来源解析。基于前期工作，选择典型区域、典型重污染时段开展外场观测，综合分析我国城市、农村及北京地区大气 PM$_{2.5}$的污染水平，分析我国大气 PM$_{2.5}$多尺度区域间输送特征，开展 PM$_{2.5}$多维源解析，定量不同污染源对典型区域 PM$_{2.5}$贡献。

课题二：我国能源利用过程大气 PM$_{2.5}$排放综合控制对策和技术途径。旨在通过研究我国燃煤电站、工业锅炉、钢铁、水泥、煤化工等典型用能行业的能源消费水平和利用方式现状，掌握我国能源结构、典型用能行业产业结构、工艺技术水平以及污染物控制技术的变化和发展对大气 PM$_{2.5}$及其前体物排放的影响，提出我国典型用能行业 PM$_{2.5}$及其前体物排放控制技术途径和综合控制对策建议。

课题三：我国交通系统对大气 PM$_{2.5}$污染的影响和控制战略研究。通过分析我国移动源的大气 PM$_{2.5}$及其相关前体物排放现状和发展情景，结合大气 PM$_{2.5}$减排整体目标和国内外移动源污染控制技术发展趋势，提出我国未来 20 年移动源 PM$_{2.5}$污染控制战略。

课题四：森林和农业植被对 PM$_{2.5}$污染的影响及控制策略。拟开展森林植被与 PM$_{2.5}$的关系研究，包括森林植被对 PM$_{2.5}$及其前体物吸附、吸收及净化功能，森林植被的 VOC 排放状况及调控策略；研究不同类型的农田施肥和养殖业的大气氨排放及其调控策略，秸秆焚烧对大气 PM$_{2.5}$的影响及其调控策略。

课题五：我国大气 PM$_{2.5}$污染的监测网络和方法体系构建，系统分析我国社会经济发展过程中颗粒物污染演变趋势，全面评价我国细颗粒物污染状况，总结并借鉴国际上主要发达国家开展 PM$_{2.5}$监测的工作历程和经验，研究和建立适用于我国实际情况的环境空气例行监测技术体系、研究性监测技术体系和污染源排放监测技术体系。

课题六：我国大气 PM$_{2.5}$污染综合防治技术途径和对策建议。针对我国大气细颗粒物来源广泛、成因复杂、一次排放与环境空气污染物浓度成高度非线性的特征，研发区域复合污染协同控制响应模型技术，评估大气 PM$_{2.5}$及其前体物控制技术的环境和经济性能，开展大气 PM$_{2.5}$污染控制方案的费用效益分析。借鉴国内外大气 PM$_{2.5}$相关控制法规和政策，提出我国大气 PM$_{2.5}$污染控制目标、污染物减排目标、控制技术途径、对策建议及相关保障措施。

该重大咨询项目的成果，是中国工程院和大气污染防治领域相关专家集体智慧的结晶，体现了我国大气污染防治领域的最新认识和总体思路，对防治我国大气 PM$_{2.5}$污染的战略方向选择和产业布局具有一定的借鉴作用，可供广大的科技工作者、环境管理人员和企业管理人员参考。

　　受大气 $PM_{2.5}$ 污染防治的复杂性和研究人员水平的限制，难免存在疏漏、偏颇甚至错误之处。请各位同行及相关专家和读者批评、指正。大气污染防治任重道远，我们会坚持不懈、不断研究与实践，在防治大气污染的漫漫长路上与大家同呼吸共奋斗。

2015 年 4 月 21 日

摘　要

随着我国国民经济的持续快速发展，能源消费的不断攀升，各种大气污染物排放量居高难下，远远超过大气环境容量。在近二三十年内，我国区域性大气复合污染呈加重和蔓延趋势，大气环境质量形势非常严峻，存在发生大气严重污染事件的隐忧。2012 年修订颁布的环境空气质量新标准，体现了国家意志和人民意志，承载了全社会对改善空气质量的新期待。我国大气环境质量管理进入新阶段，需要以改善大气环境质量为核心，以保护人体健康和生态环境为核心目标，科学应对以 $PM_{2.5}$ 为代表的大气复合型污染。

中国工程院作为我国工程科技界最高的荣誉性、咨询性学术机构，立足我国经济社会发展需要和大气环境保护的宏观战略，及时组织开展了"中国大气 $PM_{2.5}$ 污染防治策略与技术途径研究"重大咨询项目。经过两年多的调查研究，圆满完成预定的研究任务，项目研究成果凝聚了众多院士与专家的集体智慧，部分研究成果和观点已经在政府相关规划、政策和重大决策中得到体现，其主要研究成果简要归纳如下。

一、对我国 $PM_{2.5}$ 污染形势的总体判断

（1）我国大气 $PM_{2.5}$ 及其前体物排放总量大、强度高。2013 年，以单位陆地面积污染物排放强度计，我国一次 $PM_{2.5}$、二氧化硫（SO_2）、氮氧化物（NO_x）等气态前体物的排放强度是美国的 2～3 倍。京津冀、长三角和珠三角的排放强度为全国平均值的 2～6 倍，鲁豫地区的排放强度为全国平均值的 4～5 倍。

（2）整个中国东部均为 $PM_{2.5}$ 的高值区。2014 年京津冀 $PM_{2.5}$ 年均浓度高达 93 $\mu g/m^3$，是全球 $PM_{2.5}$ 污染最严重的地区之一。济南和郑州虽未划入重点地区，其 $PM_{2.5}$ 年均浓度也在 100 $\mu g/m^3$ 左右。我国大气 $PM_{2.5}$ 中二次成分占 30%～70%，复合型污染特征突出。

（3）目前对形成我国 $PM_{2.5}$ 污染的主要污染源和关键污染物，在宏观层面上的科学共识基本清晰。《大气污染防治行动计划》（以下简称"大气十条"）抓住了工业污染、燃煤污染、机动车污染和扬尘污染等核心问题，具备全面推动 $PM_{2.5}$ 污染防治的基本条件。"大气十条"实施以来，治理污染的各项重点工程和措施进

展顺利，全国各个城市 PM$_{2.5}$ 浓度呈下降态势，但重污染天气尚未得到有效遏制，我国大气污染防治进入了全面攻坚阶段。

二、我国控制 PM$_{2.5}$ 污染面临的挑战

（1）我国一次 PM$_{2.5}$ 和主要前体物排放量仍居高难下，特别是挥发性有机物（VOCs）和氨（NH$_3$）排放尚未有效控制；鲁豫、成渝等 PM$_{2.5}$ 污染严重的地区尚未得到应有的重视。

目前仅 SO$_2$ 和 NO$_x$ 被纳入国家总量控制目标，一次颗粒物、VOCs 和 NH$_3$ 排放尚未有效控制。除京津冀、长三角、珠三角等重点地区外，全国其他地区均以 PM$_{10}$ 作为考核指标，与当前大气 PM$_{2.5}$ 污染的严峻形势不相适应。目前的大气污染控制分区对大气污染传输规律考虑不够，未对我国东部地区进行整体控制。山东、河南、四川、山西、湖北等大气污染物排放量大、对周边地区空气质量影响显著的省份，尚未纳入重点控制区。

（2）我国重点区域单位面积煤炭消费强度高，且散烧煤比例高，发达国家控制大气污染的经验难以复制。

我国煤炭消费占一次能源消费总量的 2/3，京津冀、长三角、珠三角等区域单位国土面积煤炭消费强度超过 1720 t/km^2，是美国的 16 倍。我国小型锅炉和炉灶散烧的煤炭是美国的 20 余倍，这些锅炉平均燃烧效率低，污染物排放系数高。即使我国的煤炭污染治理水平达到美国等发达国家水平，仍无法满足我国大气环境达标的要求。

（3）机动车保有量高速增长、高频使用和高度聚集，给能源安全和空气质量带来严重挑战；由于尚未建立完善的"车-油-路"一体化的控制体系，严重影响控制措施的效果。

过去二十年我国机动车保有量经历了高速增长，预计今后十年内我国将成为世界上汽车保有量最大的国家。我国私家车使用频率高，年均行驶里程是日本的 2 倍，比欧洲高出 50%。机动车排放高度聚集在我国东部地区，2012 年该地区单位面积机动车排放强度是欧美的 5～6 倍。

我国油品质量滞后于新车排放标准，严重影响了重型柴油车排放控制的进程。非道路移动源的排放标准和油品质量控制和监管缺位，远远滞后于道路机动车的控制进程。此外，控制重点集中于标准升级和行政手段，交通调控和基于市场的经济调控薄弱。

（4）农业源氨排放对 PM$_{2.5}$ 污染的影响长期以来被忽视，以保护大气环境为目的的减少农业源氨排放措施在我国基本上是空白。

我国农业含氮化肥使用和牲畜养殖的大气 NH_3 排放高达 900 万吨/年,是二次颗粒物的重要来源。如果 NH_3 排放控制滞后,SO_2 和 NO_x 减排的效益不能充分体现,特别是在重污染时段。但农业源氨排放对 $PM_{2.5}$ 污染的影响尚未被重视,排放措施在我国尚属空白。

（5）我国初步建成大气 $PM_{2.5}$ 监测网络,但监测人员、监测设备、运行维护水平均不能满足高质量数据的要求。对 $PM_{2.5}$ 化学组成等方面的监测有待改善。

我国监测系统在监测仪器配备、技术人员素质、$PM_{2.5}$ 监测技术研究等方面还难以保障 $PM_{2.5}$ 监测工作需要。目前,国家监测网主要监测 $PM_{2.5}$ 的质量浓度,对于 $PM_{2.5}$ 的化学组成、来源解析、健康效应等方面监测与科研工作严重欠缺,无法全面反映 $PM_{2.5}$ 的污染特征和支撑 $PM_{2.5}$ 污染防治工作。

三、对防治我国 $PM_{2.5}$ 污染的政策建议

（1）科学统筹规划,明确 $PM_{2.5}$ 污染防治的分阶段目标;完善联防联控机制,应将京津冀、长三角、晋鲁豫陕鄂等作为一个整体考虑。

为使全国绝大多数城市达到国家《环境空气质量标准》,全国 SO_2、NO_x、一次 $PM_{2.5}$ 和 VOCs 的排放量与 2012 年相比,至少应分别削减 52%、65%、57%和39%,NH_3 排放量也要有所下降。污染严重的区域需更大幅度减排,如京津冀地区 SO_2、NO_x、一次 $PM_{2.5}$、VOCs 和 NH_3 的排放量应分别至少削减 59%、72%、70%、44%和 21%。应编制实现分阶段环境目标的全国中长期减排规划,并建立规划编制阶段预评估制度和实施阶段跟踪评估制度。

大气环境管理分区需综合考虑大气污染物排放时空分布、气象条件、地形因素及污染输送规律,应将京津冀、长三角、晋鲁豫陕鄂等作为一个整体考虑。以该区域空气质量整体达标为目标,制定各区域分阶段污染物减排目标和控制方案。

（2）推动能源生产和消费革命,实施煤炭清洁、高效、集中和可持续利用战略,构建低碳低排产业体系,实现空气质量和气候变化的协同效益。

提高能源效率,控制能源消费总量;提高清洁能源比重,控制煤炭消费总量。2017 年煤炭占能源消费总量比重降至 65%,重点区域煤炭消费实现零增长或降低;2020 年煤炭消费总量达到拐点,电煤占煤炭消费比重提高至 60%;2030 年煤炭占能源消费总量的比重降至 50%,电煤占煤炭消费比重提高至 70%。

电力、冶金、建材等行业进一步降低单位产品能耗。推动污染物超低排放和协同控制技术的研发,在重点行业和重点区域进行示范和推广。

加快环保装备运营监管体系建设。健全环保装备标准体系,推动环保装备建造与运营的专业化、高质化和社会化;推进基于物联网和大数据技术的环保设施智能化远程监视管理系统开发及应用,实现全国范围内重点污染源治理设施全流程和全天候实时监控。

(3)重塑节能减排、安全快捷的公共交通体系,扭转私家车出行为主的发展思路;构建"车-油-路"一体化的排放控制体系,强化全生命周期的排放控制和监管。

优化城市空间结构和功能布局,避免单核心、单功能的城市规划导致出行总量的过快增长和高度集中。重塑城市节能减排的公共交通体系,实现城际高铁-市内轨道-地面公交的无缝连接。大力改善城市慢行交通的出行条件,增加自行车专用道和步行道。充分利用交通管理和经济政策调控重点区域和特大城市的汽车使用总量,包括控制汽车保有量和降低小客车年均行驶里程。

建立车辆排放-燃油质量一体化的标准体系。力争全国 2020 年左右(东部地区 2018 年左右)轻型车和重型车同步过渡到国六排放水平,逐步统一同车型的汽油和柴油新车排放标准。推动工程机械、船舶等非道路移动源的排放标准和燃油质量与道路机动车控制水平接轨。持续推进燃油的低硫化进程并改善非硫组分。大力发展能源和环境双赢的新能源车辆技术。

(4)推进农业生产方式和农村能源变革,大力推广智能种养一体化,有效减少农业 NH$_3$ 排放、林业 VOCs 排放及秸秆焚烧污染物排放,提升林木吸附、吸收 PM$_{2.5}$ 及其前体污染物的能力。

调整农业化肥构成,增加硝态氮肥比例,控制农田氨排放。变革农业生产方式,实行种养一体。养殖业废弃物用于生产沼气作为城镇化居民用能,沼渣、沼液作为种植业的有机肥,有效降低大气 NH$_3$ 排放。

选择适宜树种及树种配置,发挥森林植被对 PM$_{2.5}$ 污染的吸收净化作用,选择种植 BVOCs 排放量少的树种,削减 BVOCs 的排放,同时加大湿地恢复治理,构建低 VOCs 排放、低污染的城市森林体系。乔木、灌木和草本植物的合理配植是植被最大效率地吸收 PM$_{2.5}$、净化空气的重要手段。实施乔、灌、草景观配植技术,适当增加乔木的比例和常绿乔木的数量,以及具有保健功能的植物,形成具有保健功能的森林群落,最大限度地发挥绿地改善生态环境的作用。

(5)加强 PM$_{2.5}$ 监测的质量管理,补充建设大气 PM$_{2.5}$ 化学成分监测站,构建国家大气污染物排放清单和污染源实时监控系统,推进监测数据信息公开和共享,充分发挥监测数据的先行和引导作用。

我国的 $PM_{2.5}$ 监测网络能够反映当前污染范围，但应严格按照技术规范对监测系统开展定期维护和校准，开展自动监测方法与手工标准方法的比对，确保监测结果准确可靠。建设适量的大气 $PM_{2.5}$ 化学组分监测站点，以全面反映 $PM_{2.5}$ 的污染特征和来源。

建立国家大气污染源排放清单是空气质量管理中最关键的一环。需构建国家大气污染物排放清单和污染源实时监控系统，跟踪重点污染源的主要污染物排放，包括一次颗粒物、SO_2、NO_x、$VOCs$ 和 NH_3 等。

加大 $PM_{2.5}$ 监测信息、大气污染物排放清单和污染源监测数据的公开力度，对社会公众全面开放实时监测数据和历史数据的下载共享服务，保障公众环境知情权，发挥公众监督作用。提高大气环境保护依法行政效能，健全"统一监管、分工负责"和"国家监察、地方监管、单位负责"的监管体系，对大气污染源实施统一监管。

目　录

第 1 章　我国大气 $PM_{2.5}$ 的污染特征与来源解析

课题组组长

　　任阵海　中国环境科学研究院　院士

课题组副组长

　　贺克斌　清华大学　院士

课题顾问

　　徐祥德　中国气象科学研究院　院士

　　丁一汇　国家气候中心　院士

　　王文兴　中国环境科学研究院　院士

课题组成员

　　苏福庆　北京市气象局　研究员

　　周志祥　北京工业大学　副研究员

　　段凤魁　清华大学　高级工程师

　　尉　鹏　中国环境科学研究院　助理研究员

　　耿冠楠　清华大学　博士生

　　郑　博　清华大学　博士生

　　梁春生　清华大学　博士生

近二十年来，我国经济迅猛发展，成为世界第二大经济体。期间能源的巨大消耗和机动车保有量的迅速增加，使我国不得不面对更大的环境压力。以颗粒物为代表的空气污染成为我国最严重的区域环境问题之一。区域性、复合型已成为我国发达地区大气污染的主要特征，以灰霾、光化学烟雾等现象为主的大气二次污染时有发生，严重阻碍了城市和区域的可持续发展。近二十多年来，国内学者积极开展针对大气颗粒物的相关研究，对当前我国城市 PM$_{2.5}$ 污染现状有了初步认识，为我国 PM$_{2.5}$ 环境空气质量标准的制定和出台提供了决策支持。然而，我国的区域复合污染状况与发达国家污染问题阶段性出现、阶段性解决的情况不同且更为复杂。主要表现在污染源种类多，排放强度大，大气颗粒物前体物浓度及区域气象条件等与欧美地区有很大不同，从而可能导致更为复杂的形成机制。因此，有必要弄清我国 PM$_{2.5}$ 污染及化学组成特征，解析其主要来源和成因，为 PM$_{2.5}$ 尽快全面达标制定可行的控制技术途径和政策提供科学依据。

在前期工作的基础上，我们通过实际观测与测试、数据调研、文献调研、卫星观测及气象信息等多种手段，综合分析了我国大气 PM$_{2.5}$ 的五大特征，即排放特征、质量浓度特征、化学组成特征、输送特征、毒理特征，并结合我国的大气污染源排放清单动态模型，运用空气质量模型、受体模型、后向轨迹模型对 PM$_{2.5}$ 来源进行了多维识别与分析，定量解析了区域大气 PM$_{2.5}$ 的输送贡献以及重点污染源对典型区域 PM$_{2.5}$ 的贡献。

1.1　大气 PM$_{2.5}$ 及其前体物的排放特征

通过建立基于机组信息的燃煤电厂高精度空间分辨率清单、基于工业点源信息的工业源排放清单、面向空气质量模型的高时空分辨率机动车排放清单以及基于人口和经济信息的民用源排放清单，最终建立了中国以及区域包括电力、工业、民用和交通四大类、745 个排放源在内的人为源排放清单数据库。同时，在空间分布信息的基础上，结合空间技术分析方法最终建立了 0.05°×0.05° 的中国高时空分辨率大气污染物排放清单。清单物种主要包括 SO$_2$、NO$_x$、CO、非甲烷挥发性有机物（NMVOC）、NH$_3$、PM$_{2.5}$、PM$_{coarse}$（粗颗粒物，空气动力学直径介于 2.5～10 μm）、BC 和有机碳（OC）等 10 种污染物和 CO$_2$。

1.1.1　1990～2013 年中国大气污染物排放清单

1. 一次 PM$_{2.5}$ 及 BC、OC 组分排放清单

1990～2013 年全国人为源 PM$_{2.5}$、BC、OC 排放总量变化如图 1-1 所示。研究期内，PM$_{2.5}$、BC、OC 排放均呈现出波动上升的趋势。分析排放部门分担率可以

发现，工业源与民用源是 PM$_{2.5}$、BC、OC 排放的主要污染源。工业源在 PM$_{2.5}$、BC、OC 排放中的平均分担率分别是 51%、31%和 15%；民用源在 PM$_{2.5}$、BC、OC 排放中的平均分担率分别是 36%、54%和 82%。工业源与民用源排放的变化主导了 1990～2013 年间一次 PM$_{2.5}$及其组分的排放变化。

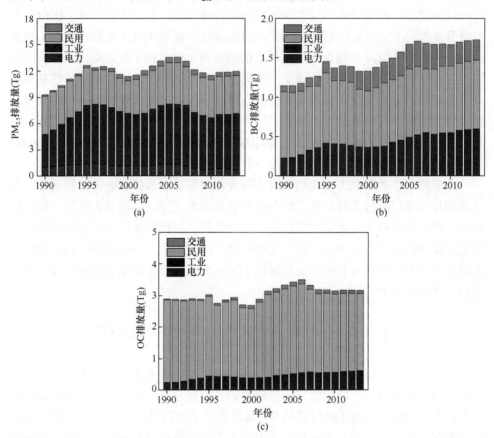

图 1-1　1990～2013 年全国人为源（a）PM$_{2.5}$、（b）BC、（c）OC 排放趋势

　　1990～2013 年间我国人为源 PM$_{2.5}$排放由 1990 年的 940.6 万吨上升到 2013 年的 1206.8 万吨，增长了 28%。期间的变化趋势可分为五个阶段：①快速增长期：1990～1995 年间，随着改革开放的深入，经济活动高速发展，PM$_{2.5}$排放量随之快速增长，由 1990 年的 940.6 万吨上升到 1995 年的 1275.3 万吨，工业部门排放贡献了 87%的增长量；②下降期：1996～2000 年间，我国经济结构变化迅速，能源使用量下降，重工业处于调整阶段，PM$_{2.5}$排放量随之下降，2000 年排放量为 1149.2 万吨；③再增长期：2001～2006 年间，国内外经济形势的影响使我国高耗能产业呈现爆炸式发展，能源使用量和钢铁、水泥等产品产量迅猛增长，PM$_{2.5}$

排放量再次增长，2006 年达到近年来的最高排放水平，为 1369.8 万吨；④再下降期：2006~2010 年间，电除尘、袋式除尘等控制技术在电力、工业部门广泛应用，有效控制了末端粉尘排放量，使 PM$_{2.5}$ 排放量再次下降；⑤平稳期：2011 年后，污染物控制措施在各行业的利用率已经达到较高水平，加之我国建材行业的生产需求量趋于平稳，PM$_{2.5}$ 排放量保持平稳；2013 年 PM$_{2.5}$ 排放为 1206.8 万吨，电力、工业、民用和交通行业的贡献率分别为 7%、53%、36%和 4%。

图 1-2 展示了五个阶段内，控制我国工业源一次 PM$_{2.5}$ 污染物排放变化趋势的行业来源。从图中可以看出，2010 年之前，建材业是主导我国工业源一次 PM$_{2.5}$ 排放变化的主要行业来源，但是近年来，随着水泥行业减排技术的发展，尤其是先进的预分解窑炉的使用，使得我国水泥等行业一次 PM$_{2.5}$ 排放量显著降低。2010 年后，工业锅炉、钢铁和炼焦行业的变化趋势逐渐成为一次 PM$_{2.5}$ 排放的主导。2013 年，工业锅炉、钢铁、建材和炼焦行业对工业源一次 PM$_{2.5}$ 排放的贡献率分别为 16%、20%、34%和 13%。

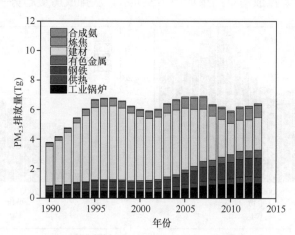

图 1-2 1990~2013 年工业源一次 PM$_{2.5}$ 排放的变化趋势及行业来源

1990~2013 年我国人为源 BC 呈现出波动快速增长的趋势，由 1990 年的 118.5 万吨增长到 2010 年的 177.1 万吨，增长了 49%。排放变化同样可以分为五个阶段：①1990~1995 年间快速增长期；②1996~2000 年间下降期；③2001~2006 年间再增长期；④2006~2010 年间稳定下降期；⑤2011 年后的缓慢增长期。前三个阶段变化的原因与 PM$_{2.5}$ 相同，第四和第五个阶段排放量相对平稳是工业、民用、交通三个部门排放变化的综合效果。工业与民用部门 BC 排放在第四个阶段有小幅增长，增长率分别为 1.8%和 4.2%，而同时段 PM$_{2.5}$ 排放分别下降了 14%和 1%。BC 排放没有与 PM$_{2.5}$ 排放协同下降的原因是现有除尘控制措施对 BC 的去除效率低于对 PM$_{2.5}$ 的去除效率，BC 与 PM$_{2.5}$ 没有实现协同控制。交通部门 BC 排放在第四个阶段下降了 15%，这是因为柴油车排放控制标准的实施有效控制了 BC 排放。工业和民用部门排放的增加与交通部门排放的减少抵消，使 2006 年后 BC 排放稳定持平。第五个阶段，电力和交通部门 BC 有小幅下降，而工业和民用部门的 BC 有小幅增长，增长率分别为 3% 和 2.6%。

1990~2013 年我国人为源 OC 排放变化幅度较小，2008 年后基本趋于平稳状态。24 年中，2000 年 OC 排放量最低，为 269.6 万吨；2006 年 OC 排放量最高，为 351.2 万吨。1990~2013 年 OC 排放变化幅度仅为 30%，远低于 PM$_{2.5}$ 和 BC 两种污染物 46% 和 49% 的变化幅度。这是因为 OC 排放主要由农村民用生物质燃料（秸秆和薪柴）燃烧贡献，生物质燃料使用量的变化幅度与煤炭、汽柴油相比较小。

2. PM$_{2.5}$ 二次前体物排放清单

SO$_2$、NO$_x$、VOC、NH$_3$ 是 PM$_{2.5}$ 污染的主要二次前体物。1990~2013 年各前体物的全国人为源排放清单结果如图 1-3 所示。从排放历史趋势看，SO$_2$、NO$_x$、

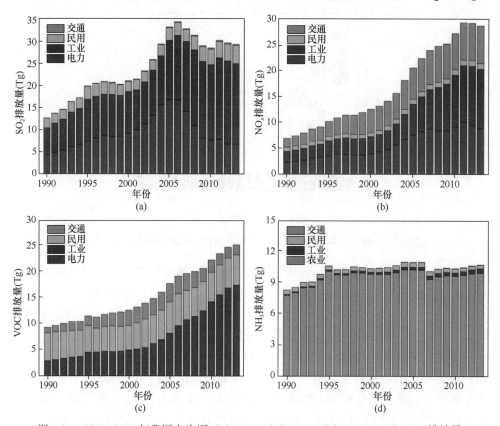

图 1-3　1990~2013 年我国人为源（a）SO$_2$、（b）NO$_x$、（c）VOC、（d）NH$_3$ 排放量

VOC 三种污染物排放显著增长，2013 年排放分别是 1990 年的 2.31 倍、4.13 倍、2.68 倍；NH$_3$ 排放变化很小，2010 年排放仅是 1990 年排放的 1.29 倍。

1990～2013 年期间我国人为源 SO$_2$ 排放增长了 131%，其变化趋势主要由电力和工业部门排放变化主导。2013 年，它们对 SO$_2$ 排放的贡献率分别达到了 23% 和 62%。SO$_2$ 排放变化以 2006 年分界分为两个阶段：①快速增长期：1990～2006 年间，经济活动高速发展，能源使用量、工业产品产量迅速增加，SO$_2$ 总排放增加了 168%；②迅速下降期：2007～2013 年间，燃煤电厂大规模安装烟气脱硫装置，电力部门 2010 年脱硫削减的 SO$_2$ 排放达到 1750 万吨，相当于 2006 年全国 SO$_2$ 排放总量的 51%。但是，由于工业部门 SO$_2$ 排放迅速增长，2010 年全国 SO$_2$ 排放总量比 2006 年只下降了 17%。2011 年 SO$_2$ 排放总量较 2010 年又增长了 6%，主要由工业排放增长引起，其后又趋于平稳。

排放清单结果显示，1990～2011 年 NO$_x$ 排放持续稳定而迅速，其后有小幅下降，其增长变化主要由电力、工业、交通部门排放变化主导。2013 年，它们对 NO$_x$ 排放的贡献率分别是 31%、40%、25%。1990～2011 年间，能源使用量、工业产品产量、机动车保有量迅速增加，产生了大量 NO$_x$ 排放。但是，NO$_x$ 排放控制措施力度不够，如电厂没有大规模安装运行脱硝设施，机动车排放标准对柴油车 NO$_x$ 控制不足。产生的 NO$_x$ 经过末端控制措施去除有限，大部分排入大气中。"十二五"期间我国制定了 NO$_x$ 达到 10% 的减排控制目标，电力部门的 NO$_x$ 排放有一定程度下降。

1990～2013 年期间 VOC 排放增长了 168%，其变化趋势由工业和民用部门主导。2013 年，它们对 VOC 排放的贡献率分别是 69% 和 33%。1990～2013 年间，石化化工行业快速发展，建筑、车身等涂料大量生产和使用，使工业源排放增加了 480%。然而，工业部门的 VOC 控制措施十分有限，不能抵消快速发展带来的排放增量。所以，24 年间 VOC 排放总量一直增加，2000 年之后增速更加明显。

1990～2013 年期 NH$_3$ 排放较为平稳，其变化趋势主要由农业源主导。农业源中含氮化肥使用和牲畜饲养是 NH$_3$ 排放的主要来源，它们对 NH$_3$ 排放的贡献率分别达到了 45% 和 49%。化肥施用量与牲畜饲养量年际变化小，所以 NH$_3$ 排放变化幅度小。

图 1-4 展现了 1990～2013 年期间我国工业源 SO$_2$、NO$_x$、OC 和农业源 NH$_3$ 的变化趋势及行业来源。从图中可以发现工业源的 SO$_2$ 排放变化主要来源于工业锅炉使用的排放，1990～2010 年期间，工业锅炉的增量贡献了工业源 SO$_2$ 排放增量的 66%。1990～2013 年期间 NO$_x$ 的排放主要来源于工业锅炉、热力和建材行业增量的综合结果，2010 年三者分别占工业源 NO$_x$ 排放的 53%、23% 和 24%。1990～2013 年工业源各个排放源的 VOC 排放均保持稳定增长的趋势，其中炼焦行业起

主导作用，期内炼焦行业的增量力工业源 VOC 排放增量的 39%。2013 年工业锅炉、炼焦、化工生产 NH$_3$ 排放分别占当年工业源总排放的 24%、49%和 19%。1990～2013 年期间中国的肥料使用和畜牧业 NH$_3$ 排放基本持平，且增长趋势不明显，期间肥料使用和畜牧业分别贡献了农业 NH$_3$ 排放的 48%和 52%。

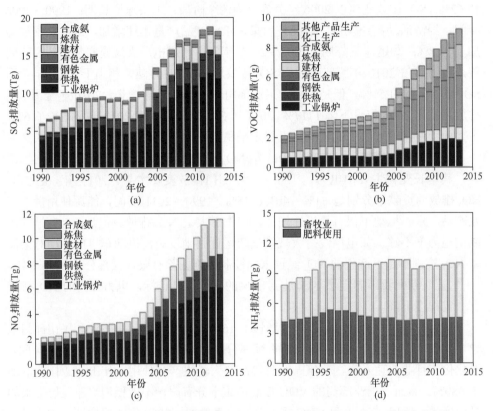

图 1-4　1990～2013 年我国工业源（a）SO$_2$、（b）NO$_x$、（c）VOC 以及农业源（d）NH$_3$ 排放趋势和行业来源

3. 其他重要污染物排放清单

图 1-5 展示了 1990～2013 年期间除一次 PM$_{2.5}$ 及其前体物以外的 PM$_{coarse}$、PM$_{10more}$（空气动力学直径介于 10～100 μm 的颗粒物）、CO 和温室气体 CO$_2$ 排放清单结果。由于排放源类似，PM$_{coarse}$、PM$_{10more}$ 和一次 PM$_{2.5}$ 排放趋势呈现出较好的一致性。CO 呈现出波动增长的趋势，而直接和能源使用相关的 CO$_2$ 呈快速增长的趋势。

1990～2013 年 PM$_{coarse}$、PM$_{10more}$ 和一次 PM$_{2.5}$ 排放趋势及排放总量的变化阶段基本吻合，变化趋势主要受工业源主导。PM$_{coarse}$ 排放量的最低值为 1990 年的 406.9 万吨，最高值为 2006 年的 639.4 万吨，期间的变化幅度为 57%。PM$_{10more}$

的最低值为 1990 年的 1022.4 万吨，最高值为 2010 年的 1710.3 万吨，期间的变化幅度为 67%。2013 年工业源对 PM_{coarse} 和 PM_{10more} 的贡献份额分为 79%和 93%。

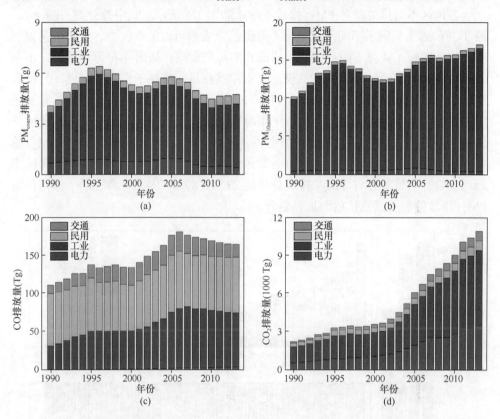

图 1-5　1990～2013 年中国人为源（a）PM_{coarse}、（b）PM_{10more}、（c）CO、（d）CO_2 排放清单

CO 主要来源于煤、石油和生物质的不完全燃烧过程。1990～2013 年期间，中国人为源 CO 排放由 1990 年的 11165 万吨上升到 2013 年的 16544.7 万吨，期间最高值为 2006 年的 18179 万吨，其变化趋势主要受工业、民用和交通部门主导。2013 年，工业、民用和交通对 CO 排放的贡献分别为 43%、44%和 10%。

CO_2 主要来自于能源的使用过程，其变化趋势主要受电力和工业部门主导。1990～2013 年期间，中国人为源 CO_2 从 1990 年的 22.5 亿吨上升到 2013 年 109.8 亿吨，尤其是 2002～2013 年期间，增幅较为明显。2013 年电力和工业对 CO_2 排放的贡献分别为 33%和 54%。

1.1.2　重点区域污染物排放清单

本研究基于 2010 年分省排放清单结果，以一次 $PM_{2.5}$ 研究对象分析了各个省区以及京津冀、长三角、珠三角等重点区域不同行业和能源类型的一次 PM$_{2.5}$ 排放量以及相应贡献比例。

　　各地区不同排放源对 PM$_{2.5}$ 排放贡献率如图 1-6 所示。其中源分类与图 1-1、图 1-3 和图 1-5 所示不同，这里将工业源拆分成热力、工业锅炉、工业工艺源三类，便于了解工业源不同行业或排放形式的污染贡献。从图 1-6 可以发现，山东省为排放最高省份，其排放总量仅次于京津冀总量，略高于长三角区域，且远远高于珠三角区域排放总量。从行业的分布来看，工业工艺源是 PM$_{2.5}$ 排放首要贡献源，民用源次之。工业工艺源与民用源对全国人为源 PM$_{2.5}$ 总排放贡献比例分别达到 40% 和 36%；其他排放源如电力、供热、工业锅炉源和流动源对 PM$_{2.5}$ 总排放的贡献比例均不足 10%。从分省排放结果来看（图 1-6），工业工艺源和民用源两者合计贡献了各省 PM$_{2.5}$ 排放总量的 56%～89%，因此应将这两个部门作为 PM$_{2.5}$ 排放控制的重点排放源加以监管。

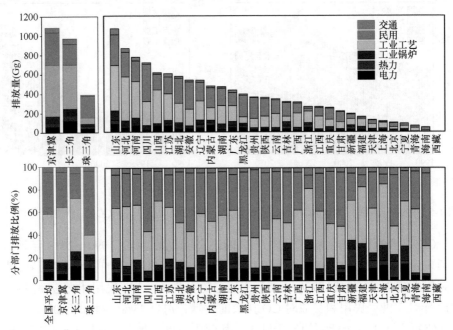

图 1-6　2010 年各地区不同排放源 PM$_{2.5}$ 排放量和相应贡献比例（图中"京津冀"包括北京、天津、河北；"长三角"包括江苏、上海、浙江；"珠三角"仅包括广东部分地区）

　　由于不同地区经济产业结构、工业企业规模和居民能源消费种类和数量等因素的不同，各省不同排放源在 PM$_{2.5}$ 排放的比重差别很大。京津冀地区工业工艺源对 PM$_{2.5}$ 排放量贡献比例达到 51%，高于全国平均水平，这是因为京津冀地区钢铁、水泥等行业发达，2010 年该地区生产了全国 27% 的粗钢和 8% 的水泥（中华人民共和国统计局，2010）。长三角地区民用源对 PM$_{2.5}$ 排放量贡献比例是 20%，远低于全国平均水平，因为长三角地区是使用民用生物质燃料（秸秆和薪柴）最少的地区之一（中华人民共和国统计局，2010）。珠三角地区各排放源在总排放中比例与全国平均水平接近。

按照燃料或工业品类型，统计 PM$_{2.5}$ 排放量（图 1-7）可以发现：①生物质燃料对 PM$_{2.5}$ 排放贡献与煤炭相近。2010 年民用生物质燃料燃烧过程的 PM$_{2.5}$ 排放对 PM$_{2.5}$ 总排放贡献比例达到 25%；煤炭燃烧过程 PM$_{2.5}$ 排放对全国人为源 PM$_{2.5}$ 总排放贡献比例是 31%。从全国结果看，两者合计贡献了超过半数 PM$_{2.5}$ 排放；从各省结果看，这两种燃料的贡献率在 34%～79%。东北与西南省份，如黑龙江、吉林、四川、重庆、贵州由于大量使用生物质燃料，两种燃料的合计贡献率均在 70%以上。②水泥、钢铁、焦炭是对 PM$_{2.5}$ 排放贡献最大的三种工业产品。从全国结果看，三种工业品生产过程对 PM$_{2.5}$ 排放的贡献率分别是 11%、10%与 7%。长江流域省份，如江苏、浙江、安徽、江西等，具有发达的水泥工业，水泥工业的排放贡献率在 11%～21%。天津、河北、上海等钢铁产量大省（直辖市），钢铁生产过程排放与燃煤源排放量相近，贡献率接近 30%。焦炭主要用于炼铁过程，因此炼焦工业与钢铁工业常伴生发展，钢铁行业排放高省份的焦炭行业同样具有很高的 PM$_{2.5}$ 排放。

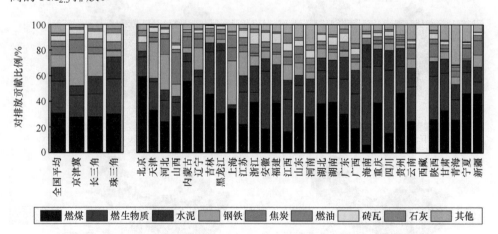

图 1-7　不同能源和产品类型对 PM$_{2.5}$ 排放贡献比例（图中"京津冀"包括北京、天津、河北；"长三角"包括江苏、上海、浙江；"珠三角"仅包括广东部分地区）

1.1.3　中国高分辨率大气污染物排放清单的空间分布

1. 全国大气污染物排放清单的空间分布

图 1-8 展示了 2010 年中国主要各类污染物清单结果的空间分布图。从图中可

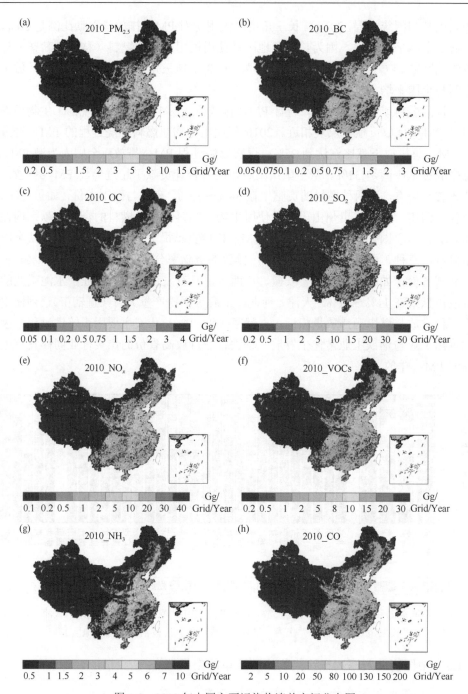

图 1-8　2010 年中国主要污染物清单空间分布图

（a）PM$_{2.5}$；（b）BC；（c）OC；（d）SO$_2$；（e）NO$_x$；（f）VOC；（g）NH$_3$；（h）CO

港澳台资料暂缺

以发现，目前我国各类污染物排放具有典型的区域性，在分布上均呈现从北向南、从东向西逐渐降低的态势，构成以"北京-三门峡-上海"为顶点的三角区。总体来说，经济发达、能源消耗量大的东部沿海地区排放量高于中西部地区。在华北平原地区，包括北京、天津、河北、河南、山东等省份，呈现出以高排放热点城市为中心、污染物排放高值区连成片的整体态势。部分位于长江三角洲、珠江三角洲等地的沿海城市所在区域也具有很高的排放量，尤其是广州市，各类污染排放均很突出。因此，未来对于 PM$_{2.5}$ 及其前体物排放的控制应主要集中在三区九群等重点区域。

2. 京津冀 PM$_{2.5}$ 及其前体物排放空间分布

京津冀污染物排放清单空间分布是在全国污染物排放清单的基础上获得。图 1-9

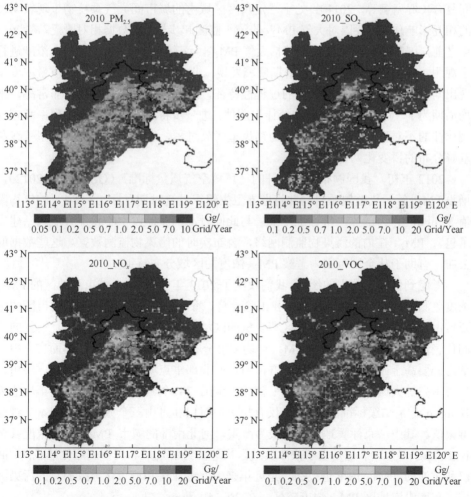

图 1-9　京津冀一次 PM$_{2.5}$ 及其主要前体物排放清单的空间分布

展示了 2010 年的京津冀一次 PM$_{2.5}$ 和其主要前体物 SO$_2$、NO$_x$ 和 VOC 排放清单的空间分布图。从图中可以发现京津冀各类污染均呈现出以北京和石家庄为中心，污染物排放高值区连成片的整体态势。

1.2 大气 PM$_{2.5}$ 及其前体物质量浓度及化学组成时空变化特征

1.2.1 我国主要城市和地区大气 PM$_{2.5}$ 浓度特征

众所周知，中国大气污染呈现出区域性、复合型特征，其具体表现之一即空间复合（贺克斌等，2011）：处于一定尺度区域内的城市间大气颗粒物呈现较明显的相互影响作用。我国对大气 PM$_{2.5}$ 的统一监测起步较晚，数据相对匮乏。在 2013 年之前，国家空气质量监测不包括大气 PM$_{2.5}$，仅有一些研究组对 PM$_{2.5}$ 浓度进行了观测。如贺克斌等（2011）前期研究发现，北京 PM$_{2.5}$ 与 PM$_{10}$ 瞬时质量浓度呈现出同步逐渐升高、迅速下降的过程性特征，且该特征每年出现频次非常高，平均周期为 5～7 天，具有明显的统计周期性。进一步将这种具有较高重现率和较强规律性的不对称时变化规律命名为锯齿型污染过程，发现该过程由锯齿型基线和双峰分布的日变化两部分组成。

2012 年初，我国颁布了新修订的《环境空气质量标准》（GB 3095—2012），增设 PM$_{2.5}$ 等污染监测项目，并将世界卫生组织过渡时期目标-1（IT-1）的年均限值 35 μg/m^3 作为国家二级标准年限。与此同时，国家监测中心和地方监测站建立了包含 PM$_{2.5}$ 在内的污染物监测网络，公布实时的污染物监测数据。这些数据的公布，有助于从全国范围内考察 PM$_{2.5}$ 浓度的区域分布特征。

考虑到仪器及数据的统一，我们收集了 2013 年全国 74 个城市和地区的 PM$_{2.5}$ 浓度监测数据。监测范围涵盖了我国除台湾、香港、澳门以外的 32 个省市区的主要城市，且采样点位包括了城区和少量的区域背景监测点位，数据具有较强的空间代表性。2013 年我国大气 PM$_{2.5}$ 年均浓度分布如图 1-10 所示。总体而言，中东部污染要高于西部，北方高于南方，但在西北部重点城市如西安、兰州、银川、乌鲁木齐等大城市颗粒物污染水平较高。全国 74 个城市的 PM$_{2.5}$ 浓度年均值为 70 μg/m^3，是二级标准的 2 倍，仅有拉萨、海口和舟山三个城市达到国家二级标准限值。其中，京津冀地区污染最为严重，河北南部的城市 PM$_{2.5}$ 年均浓度甚至在 120 μg/m^3 以上，这是由于京津冀地区快速的经济发展和城市工业化造成的；武汉和长沙的 PM$_{2.5}$ 浓度也很高，是近年来中部工业化和城市化导致的新的污染区域；东南沿海地区 PM$_{2.5}$ 浓度较低，在 20～60 μg/m^3 之间。

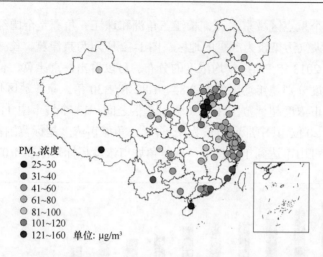

图 1-10　我国主要城市 2013 年 PM$_{2.5}$年均质量浓度分布图（单位 μg/m³）
港澳台资料暂缺

　　依据《环境空气质量标准》（GB 3095—2012），PM$_{2.5}$日均浓度的二级标准为 75 μg/m³，超过该限值即为超标污染物。根据 PM$_{2.5}$的日均浓度计算 PM$_{2.5}$的空气质量分指数（IAQI）并分级，得到我国 2013 年日均 PM$_{2.5}$污染浓度的达标情况，如图 1-11 所示。74 个城市的日均 PM$_{2.5}$浓度平均达标天数仅为 235 天，达标率占 64.4%。华北平原、四川盆地、武汉、长沙等地超标天数较多，尤其是京津冀地区，有部分天数达到了严重污染的程度。

图 1-11　我国主要城市 2013 年 PM$_{2.5}$污染分级
港澳台资料暂缺

　　我国的三个重点区域京津冀、长江三角洲和珠江三角洲是全国经济最为发达的区域，也是大气污染较为严重的地区。图 1-12 所示为京津冀、长三角和珠三角地区主要城市 2013 年 PM₂.₅ 年均浓度的分布。可以看出，京津冀、长三角和珠三角地区平均浓度分别是年均限值的 2.84、1.82 和 1.30 倍。京津冀区域的 PM₂.₅ 污染最严重，城市浓度超标范围在 1.20～4.23 倍之间，13 个城市中 11 个城市排在污染最重的前 20 位，其中邢台市最为严重；长三角城市浓度超标范围在 1.32～2.10 倍之间，仅有舟山市达到年均标准；珠三角城市浓度超标范围在 1.07～1.52 倍之

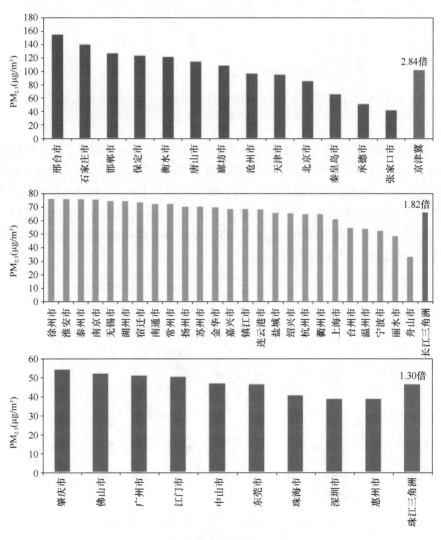

图 1-12　我国主要地区 PM₂.₅ 年均浓度

间，是三区中污染程度最低的地区。由此可见，三个主要地区中，京津冀 PM$_{2.5}$
达标差距最大，珠三角希望最大，长三角介于二者之间。

京津冀、长三角和珠三角的日均 PM$_{2.5}$ 浓度污染分级情况如图 1-13 所示。从
图中可以看出，京津冀 13 个地级以上城市中，PM$_{2.5}$ 浓度平均达标天数比例为
43.3%，比 74 个城市的平均达标天数低了 21 个百分点，其中有 19.3% 的天数 PM$_{2.5}$
浓度在重度污染及以上。长三角参加监测的 20 多个城市中，PM$_{2.5}$ 浓度平均达标
天数比例为 66.2%，高于 74 个城市平均比例 1.8 个百分点。珠三角 9 个地级城市
PM$_{2.5}$ 浓度平均达标天数比例达到 82.9%。

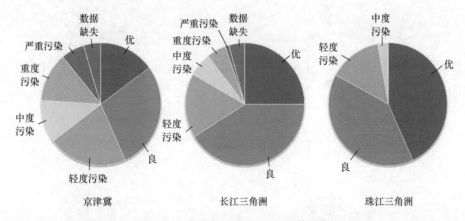

图 1-13　我国主要地区 PM$_{2.5}$ 污染分级

由于大气 PM$_{2.5}$ 前体物的排放有显著的季节性差异，因此颗粒物污染水平在
四个季节有明显的不同。图 1-14 所示为 2013 年四个季节下 PM$_{2.5}$ 的平均质量浓度
（其中春季为 3～5 月，夏季为 6～8 月，秋季为 9～11 月，冬季为 1 月、2 月、12
月）。总体而言，冬季 PM$_{2.5}$ 浓度显著高于其他季节，尤其在河北南部，PM$_{2.5}$ 浓
度可达 150 μg/m^3 以上，这一方面是由于冬季燃煤取暖导致排放大幅增加，另一方
面是因为冬季气象条件不利于大气污染物的扩散。春秋季节 PM$_{2.5}$ 浓度次之，春
季北方地区易受到沙尘的影响，此外，秸秆燃烧也会对 PM$_{2.5}$ 污染造成一定的贡
献。夏季 PM$_{2.5}$ 浓度最低，一方面是由于排放较低，另一方面夏季降水频繁，颗
粒物去除快速。

1.2.2　我国主要城市和地区大气 PM$_{2.5}$ 前体物浓度特征

氮氧化物（NO$_x$）和二氧化硫（SO$_2$）是主要的大气污染物，也是 PM$_{2.5}$ 重要
的前体物质。我们同样收集了 2013 年全国 74 个城市 NO$_2$ 和 SO$_2$ 浓度的监测数据，
其年均值的浓度分布如图 1-15 所示。由图中可以看出，NO$_2$ 和 SO$_2$ 的浓度分布与

PM$_{2.5}$ 相一致,中东部污染要高于西部,北方污染高于南方。其中,京津冀地区、长江三角洲以及四川盆地等地污染较为严重,与这些地区的工业发展、人为活动等密不可分。2013 年全国 74 个城市 NO$_2$ 的年均浓度为 44 μg/m^3,共有 29 个城市达到国家二级标准限值 40 μg/m^3,达标城市比例为 39.2%;SO$_2$ 均浓度为 40 μg/m^3,共有 64 个城市达到国家二级标准限值 60 μg/m^3,达标城市比例为 86.5%。

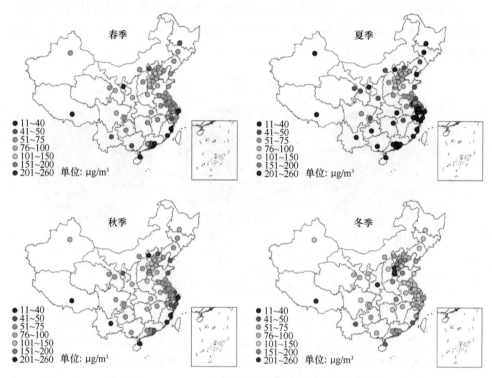

图 1-14　PM$_{2.5}$ 浓度的季节变化情况(单位 μg/m^3)

港澳台资料暂缺

京津冀、长三角、珠三角和成渝地区 2013 年 NO$_2$ 和 SO$_2$ 的平均浓度如图 1-16 所示。京津冀地区为四个区域中污染最严重的地区,NO$_2$ 和 SO$_2$ 的浓度都超过了国家二级标准年均限值。SO$_2$ 的整体达标情况较好,长三角、珠三角和成渝地区整体均已达标。NO$_2$ 的达标情况相对较差,除京津冀和成渝地区超标外,其他两个地区也在年均限值附近。

1.2.3　我国大气气溶胶光学厚度分布特征

气溶胶光学厚度(AOD)是描述气溶胶丰度和其在空气中消光能力的无量纲物理量,它与颗粒物质量负荷有直接的关系。在表征大气气溶胶的参量中,AOD

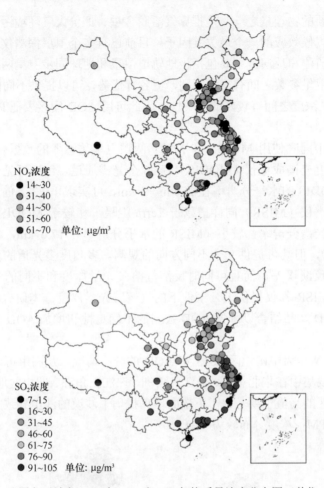

图 1-15　我国主要城市 2013 年 NO$_2$ 和 SO$_2$ 年均质量浓度分布图（单位 μg/m^3）

港澳台资料暂缺

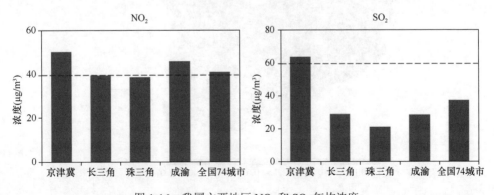

图 1-16　我国主要地区 NO$_2$ 和 SO$_2$ 年均浓度

是其中最重要的物理量之一，是推算气溶胶含量、评价大气环境污染程度、研究气溶胶辐射气候效应的一个最关键因子。目前已有多个卫星探测仪可用于气溶胶光学厚度的监测和反演，主要包括极地轨道卫星和地球同步卫星两种。两种不同的轨道使得卫星参数之间有很大区别，但各有优势，可以提供不同的信息。AOD与地面 PM$_{2.5}$ 浓度之间有较好的相关性，因此可用 AOD 间接表征 PM$_{2.5}$ 的污染分布特征。

　　本研究中同时使用 MODIS 和 MIST 两颗卫星传感器的数据。搭载于 Terra卫星的中尺度光谱成像仪（MODIS）有 36 个光谱通道，包括可见光和近红外光谱区域。MODIS 的水平分辨率在 250 m～1 km，可实现 1～2 天的全球覆盖。多角度成像光谱仪（MISR）同样搭载于 Terra 卫星。相较于 MODIS，MISR 的水平分辨率和光谱分辨率都较小（MISR 的水平分辨率为 17.6 km，每 9 天实现一次全球覆盖），但其可提供 9 个不同方向的观测。多角度多光谱的观测可以减少算法假设和反演误差，而且可同时反演气溶胶光学厚度和不同的气溶胶类型。MODIS 和 MISR 都仅提供无云条件下的气溶胶光学厚度。本研究将 MODIS 和MISR 的 AOD 产品结合以降低 AOD 数据的不确定性和增加 AOD 数据的空间覆盖率。

　　图 1-17 所示为中国地区 2013 年 AOD 的分布情况。从图中可以看出，AOD的高值区主要集中在华北平原、长江三角洲、珠江三角洲、四川盆地和西北区域。其中西北地区的高值主要是由于下垫面塔克拉玛干沙漠的沙尘导致的。AOD 的分布整体上与 PM$_{2.5}$ 浓度分布较为一致。

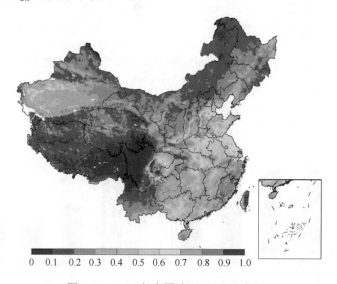

0　0.1　0.2　0.3　0.4　0.5　0.6　0.7　0.8　0.9　1.0

图 1-17　2013 年中国地区 AOD 分布图

1.2.4　大气 PM$_{2.5}$ 化学组成时空变化特征

PM$_{2.5}$ 是由人为源和自然源排放的大量化学物质所构成的复杂混合物, 根据其化学特性可分为三大类: 水溶性离子、含碳组分、无机多元素 (又可分为痕量元素和地壳元素)。这些物质中有的理化性质稳定, 有的则容易分解或挥发, 后者主要是半挥发性组分如硝酸铵、SVOCs。其中, PM$_{2.5}$ 中的水溶性离子主要包括 SO$_4^{2-}$、NO$_3^-$ 和 NH$_4^+$ (合称为 SNA), 此外还含有少量 Cl$^-$、K$^+$、Mg^{2+} 及水溶性有机组分等。SNA 主要来自于气粒转化, 其浓度高低与其气态前体物 (SO$_2$、NO$_x$ 和 NH$_3$) 在大气中的转化率有关, 并受温度和湿度等因素的影响。同时, SO$_4^{2-}$、NO$_3^-$ 和 NH$_4^+$ 之间能够互相影响, 并与 H$_2$O 构成一个复杂的 SO$_4^{2-}$-NO$_3^-$-NH$_4^+$-H$_2$O 无机气溶胶体系 (Seinfeld and Pandis, 1998)。NH$_4^+$ 是 PM$_{2.5}$ 中最主要的阳离子, 是由氨 (NH$_3$) 在酸性颗粒物表面上反应或凝结而形成的, 通常以(NH$_4$)$_2$SO$_4$、NH$_4$HSO$_4$ 和 NH$_4$NO$_3$ 等形式存在。(NH$_4$)$_2$SO$_4$ 和 NH$_4$HSO$_4$ 产生于硫酸与氨的不可逆反应, 而 NH$_4$NO$_3$ 则具有强挥发性。

含碳组分是大气颗粒物的重要化学组分, 一般占 PM$_{2.5}$ 浓度的 20%～60%, 是大气复合污染的关键化学物种之一。含碳组分包括 OC、EC 和碳酸盐碳 (CC)。OC 与 EC 并不是严格定义的单体, 而是分别代表极其复杂的种类。OC 含有大量的有机物, 包括脂肪族化合物、芳香族化合物和有机酸等, 可占 PM$_{2.5}$ 质量的 20%～50%。EC 则是复杂的混合物, 含有纯碳、石墨碳以及黑色、不挥发的高分子量有机物质 (如焦油、焦炭等)。因此 OC 与 EC 只具有实验室分析上的意义。有机颗粒物中既有不挥发性有机物 (SVOCs), 也有半挥发性有机物 (SVOCs)。SVOCs 在气态和颗粒态之间保持一定的分配比例, 这一比例随有机物种类、环境温度、湿度、颗粒物的浓度等因素的变化而变化。CC 包括碳酸钾、碳酸钠、碳酸镁和碳酸钙等, 在 PM$_{2.5}$ 中含量通常很小而被忽略。

PM$_{2.5}$ 中含有数量可观的地壳物质和痕量元素, 包括 Na、Mg、Al、S、P、Cl、K、Ca、Br、Ni、Cu、Fe、Mn、Zn、Pb 等近 40 种金属及非金属元素。这些元素均为一次颗粒物, 其来源包括自然源 (主要是风沙和火山爆发) 和人为源。人为源主要是化石燃料的燃烧过程、高温燃烧的工业过程及无组织排放 (如物料的机械破碎、转运等)。

中国自 20 世纪 90 年代末以来, 不少城市群区域先后开展了一些 PM$_{2.5}$ 及其化学组成的研究工作, 其中北京是中国较早开始大气颗粒物研究的城市。例如, 早在 20 世纪 70 年代, 美国科学家 Winchester 等 (1981) 选择长城为背景点, 研究了 PM$_{2.0}$ 中近 20 种元素的浓度特征。陈宗良等于 1994 年首次报道了北京 1989～1990 年期间间隔采集 PM$_{2.5}$ 的研究结果, 内容包括 PM$_{2.5}$ 浓度水平、三大类化学组分（无机元素、水溶性离子和碳质组分）的浓度特征和污染源解析。其研究采用热光碳分析仪进行 OC/EC 测试，采样期间 OC、EC 年均浓度分别为 17.41 $\mu gC/m^3$、16.43 $\mu gC/m^3$，这也是关于中国含碳组分污染水平较早的报道之一。

自 1999 年开始，清华大学贺克斌课题组于北京城区（清华）、郊区（昌平）、背景点（密云）进行连续 $PM_{2.5}$ 化学组成观测，检测出的无机离子包括 SO_4^{2-}、NO_3^-、NH_4^+、Cl^-、Na^+、K^+、Mg^{2+}、Ca^{2+} 八种（贺克斌等，2011）。其中，SO_4^{2-}、NO_3^- 和 NH_4^+ 是三种最主要的水溶性离子，其浓度之和占水溶性离子浓度总和的 81%。SNA 呈现不同的季节变化特征，SO_4^{2-} 浓度夏、秋季高于春、冬季，NO_3^- 浓度则冬、秋季高于夏、春季，NH_4^+ 浓度四个季节相差不明显。城区站点与背景点 SNA 浓度呈现明显的周际变化特点。整个观测期间，清华站点 SO_4^{2-}、NO_3^- 和 NH_4^+ 分别占 SNA 浓度的 46%、32% 和 22%；密云站点分别为 49%、28% 和 23%，两站点百分比非常接近。清华与密云两站点 SO_4^{2-}、NO_3^- 和 NH_4^+ 比值分别为 0.69、0.57、0.66，与两站点的 $PM_{2.5}$ 浓度比值 0.57 接近，说明一定区域范围内 $PM_{2.5}$ 化学组成的相对稳定性。同时，1999~2008 年期间 SNA 百分比呈逐步升高趋势，反映了北京市区域复合污染程度趋于严重。观测期间 OC、EC 浓度周际变化显著，呈现明显的"锯齿状"特征。浓度高值均出现在采暖期，而非采暖期尤其是春夏季浓度较低。与 $PM_{2.5}$ 浓度的周际变化相似，变化幅度较大的时段主要发生在冬季。清华站点 OC、EC 的总平均浓度分别为 25 $\mu gC/m^3$、7.4 $\mu gC/m^3$，周均浓度的变化范围分别为 3.3 ~ 88 $\mu gC/m^3$ 和 0.5 ~ 51.8 $\mu gC/m^3$，其相邻两周浓度相差最大分别达到 1.6 倍和 2.1 倍。清华站点 SOC 浓度平均值则为 8 $\mu gC/m^3$，变化范围为 3.9~24 $\mu gC/m^3$。密云站点 SOC 浓度平均值则为 6.4 $\mu gC/m^3$，变化范围为 1.1~15 $\mu gC/m^3$。SOC 占清华站点 $PM_{2.5}$ 中 OC 总量的 45%，密云站点则高达 70%。高的 SOC/OC 比值通常与低风速和高湿度相关。与相关研究中欧美发达城市相比，清华站点 SOC 的浓度高于其他城市至少 1 倍，但 SOC 在 OC 中所占比例则较为接近。

近些年来，由于灰霾在全国范围内频发，引起了政府部门及公众的关注，关于 $PM_{2.5}$ 污染水平、化学组成特征、来源及控制等方面的相关研究得到了空前发展，不同区域的相关研究成果及数据也得到了一定积累。我们通过对发表文献数据的整理，重构了近 10 年全国 27 个主要城市和地区 $PM_{2.5}$ 浓度水平及其各化学组分的贡献率。为便于比较，各观测点的 OC 均乘以 1.4 作为有机物（OM）。这些观测点中，上甸子位于北京密云郊区，西藏观测点位于西藏高原东北部的冰山脚下；鄂尔多斯观测点未对铵盐进行分析；兰州、长沙、西藏观测点未分析碳质组分；乌鲁木齐观测点碳质组分的分析只包括元素碳；太原未分析 SNA。由于这些研究在不同时期开展，采样和分析也不尽相同，因而这里仅做一般性比较。

　　分析发现，SNA 与 OM 是中国城市 PM$_{2.5}$ 中最重要的两类物种，其贡献比例大小受当地排放强度及气象因素影响，各城市存在差异，SNA 大约贡献 21%～51%；OM 大约贡献 15%～36%；SNA 与 OM 二者共同贡献约为 54%～85%。京津冀地区及山东，由于工业排放及交通排放的贡献，二次水溶性组分贡献高于其他城市。如济南（山东），石家庄（河北），处于高强度工业排放大省，硫酸盐、硝酸盐绝对强度居前三；北京、天津作为典型的交通密集型的大城市，硝酸盐绝对强度以及对 PM$_{2.5}$ 的贡献比例居于前位，一方面受排放强度的影响，另一方面可能与低温条件下硝酸盐更加稳定存在。农业排放是铵盐前体物 NH$_3$ 的重要来源，郑州作为农业大省河南的省会，受到农业排放的影响，其铵盐贡献率居各城市首位高达 13%，并在秋季达到最大比例 16%，绝对浓度为 22 μg/m^3，仅低于乌鲁木齐冬季浓度水平的 24 μg/m^3。总体来看，京津冀地区及青岛，硫酸盐与硝酸盐污染强度相当，其他大部分地区，硫酸盐污染强于硝酸盐污染，其中香港、乌鲁木齐、重庆、长沙、深圳，硫酸盐污染贡献比例远超过硝酸盐，前者是后者的 4 倍以上，香港、重庆、深圳地处南方，长沙为夏季样品，除排放强度外，温度偏高可能是影响硝酸盐生成的重要原因，乌鲁木齐为冬季样品，硝酸盐浓度偏低可能主要由于 NO$_x$ 排放较低，或冬季氧化性不足，不利于硝酸盐转化（图 1-18）。

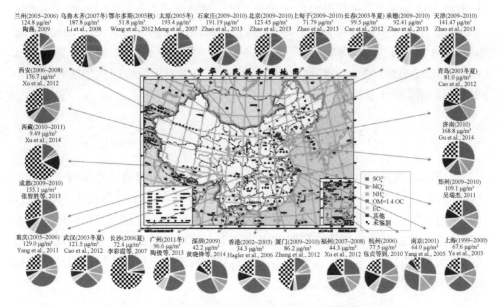

图 1-18　中国典型城市和郊区观测点 PM$_{2.5}$ 的化学物种构成

　　OM 绝对强度与对 PM$_{2.5}$ 的贡献比例，重庆、郑州均居于前列，前者可能由于产业结构及森林覆盖，后者主要受农业植物排放影响，地理位置偏南，利于 OM 排放转化，此外太原、西安、石家庄由于工业排放强度高，OM 绝对强度也居于前位。

SNA 与 OM 贡献相对高低也有地域差别，北方如京津冀、济南以及内陆地区成都，SNA 显著高于 OM，前者为后者 2 倍以上；南方如上海、厦门、重庆，SNA 与 OM 贡献比例相当。此外，河北承德地区，四面环山，温度偏低，属于地级小型城市，SNA 贡献比 OM 低 10%。而长春，地处东北，亦有较强的农业排放和自然排放，且温度较低，不利于 SNA 转化，其 SNA 比例比 OM 低 30%。SNA 与 OM 作为 PM$_{2.5}$ 主要组分，其贡献比例在南方及中部沿海地区较高，最高地区为郑州、南京、上海、深圳、福州、青岛，主要原因是北方及内陆地区受土壤沙尘影响较大，使得 SNA、OM 虽绝对值高却在 PM$_{2.5}$ 中的总体比例偏小。

在中国，矿物尘对 PM$_{2.5}$ 的影响不容忽视，尤其在受沙尘天气影响较大的地区和时期，矿物尘在 PM$_{2.5}$ 质量中可占到较高的比例。在兰州观测点，矿物尘对细颗粒物的贡献达到 29%。在西安 2010 年 4 月的沙尘暴期间，PM$_{2.5}$ 质量浓度高达 272.8 μg/m^3（王平等，2013），其中矿物尘的贡献为 56.6%。在中国城市地区，PM$_{2.5}$ 中的矿物尘浓度往往可占到 10% 的份额，即使在远离西北沙尘源的东南沿海城市香港，矿物尘也可占到 PM$_{2.5}$ 质量的 9.9%。可见矿物尘对 PM$_{2.5}$ 的影响覆盖整个大陆。矿物尘对 SNA、OM 形成的潜在促进作用也不容忽视，西安地处西部，PM$_{2.5}$ 组成与东部沿海城市相近，但绝对强度远高于后者。而在北美地区 16 个代表性城区和农村观测点，除 PM$_{2.5}$ 浓度最高的墨西哥城 Netzahualcoyotl 观测点矿物尘是占主导地位的化学物种之一外，其余观测点矿物尘含量均很低（Blancard，2003）。因此，矿物尘的含量高也是中国细颗粒物的化学物种构成不同于发达国家的一个特点。

1.3　区域大气 PM$_{2.5}$ 的输送特征

形成区域性灰霾污染主要是大气排放物过量所致。首都及其外围圈（河北、河南、山东、天津等）城市 SO$_2$，NO$_x$ 烟尘等的排放量约占全国总量的三分之一，居全国前五位。针对首都及其外围圈的灰霾严重大气污染过程及其机理研究极为迫切。由于灰霾污染范围的变化以及出现频率上的特征受到大气系统的制约，而大气系统在空间上和时间上包含着多尺度的复杂系统，导致了区域性的环境污染形成不同形式的污染物输送通道。

1.3.1　中尺度大气输送网络统计分析

本课题使用风场资料及小球垂直探测资料，根据有向网络理论，构造大气输送网络统计特征（图 1-19），结果显示很多输送汇聚带，其中京津冀值得重视。此

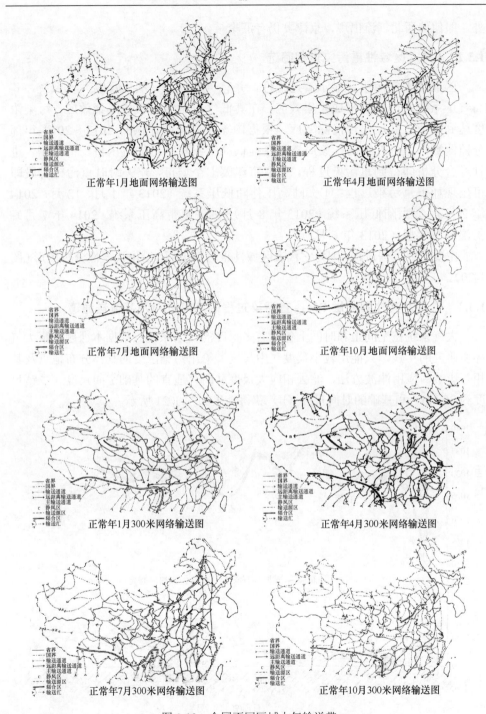

正常年1月地面网络输送图　　　　　　正常年4月地面网络输送图

正常年7月地面网络输送图　　　　　　正常年10月地面网络输送图

正常年1月300米网络输送图　　　　　　正常年4月300米网络输送图

正常年7月300米网络输送图　　　　　　正常年10月300米网络输送图

图 1-19　全国不同区域大气输送带

外，即使偏西北气流出现，京津冀仍有汇聚带。

1.3.2　PM$_{2.5}$ 区域性重污染过程筛选

区域性大气污染皆显示着过程性，并有自身规律，从大尺度大气系统，其高气压系统内污染物形成积累效应，在其低气压系统内形成汇聚效应，污染浓度达到峰值，其后出现清除效应。根据国家监测总站提供的 2013～2014 年部分监测数据，引入中国气象局资料室提供的气象观测点的气压日均值数据，进行综合分析即得到重污染过程。选取京津冀七个城市，略去瞬时重污染时段即可出现如下重污染过程：①大陆高压伴随低压系统（2013 年 1 月、12 月，2014 年 2 月）；②大陆低压系统（2013 年 8 月）；③副热带高压系统（2014 年 7 月）；④混合系统型（2013 年 6 月）。

主要研究这些过程，因为它代表区域性重污染过程。给出代表性分析图形（图 1-20）。

1.3.3　首都及其外围圈层 PM$_{2.5}$ 重污染过程的浓度分布及其输送通道

大气系统在空间上和时间上包含着多尺度的复杂系统。根据本课题从事大气环境研究的实践，只能用较小尺度（中尺度）给出污染浓度的具体分布地点及其相互影响。应用滤波方法，滤去相应大尺度并研究适宜的基础空间尺度（乡镇尺度约 30 km）和基础的时间尺度（h）获得结果如图 1-21 所示。

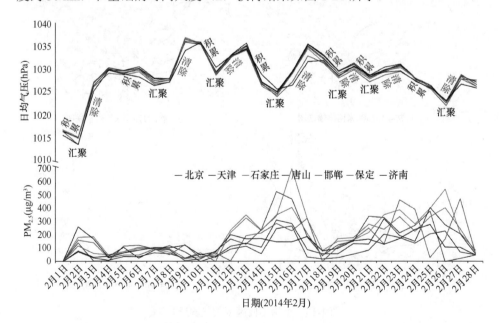

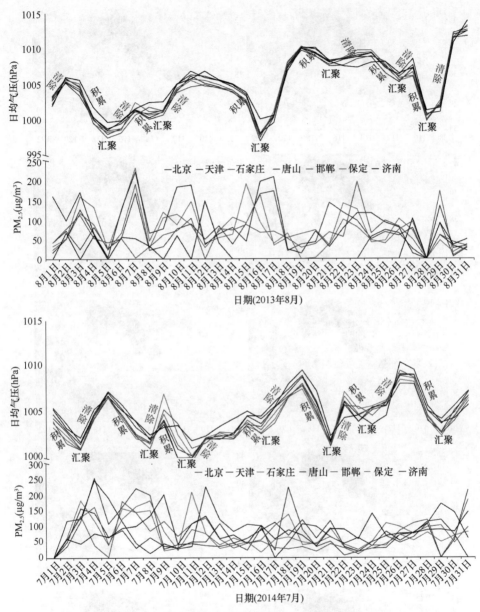

图 1-20　不同季节典型城市重污染过程时段

在持续稳定的高压及低压均压场逆温控制下，太行山及燕山山前近地层出现各种类型的小尺度环流低压群体，形成两个明显的低压带群。如图 1-21 所示，2013年 8 月 7～11 日、2014 年 2 月 19～27 日、2014 年 7 月 16～21 日三个重污染过程，均是在大尺度背景下形成的山前小尺度群污染带形成污染物累积的环境过程。其

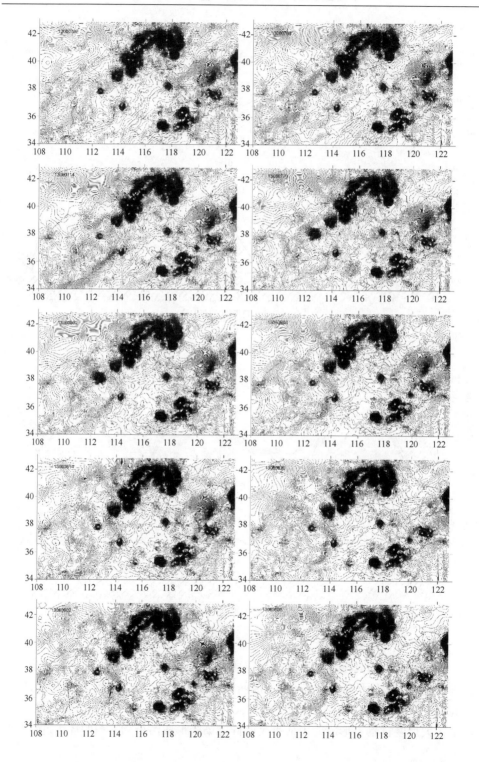

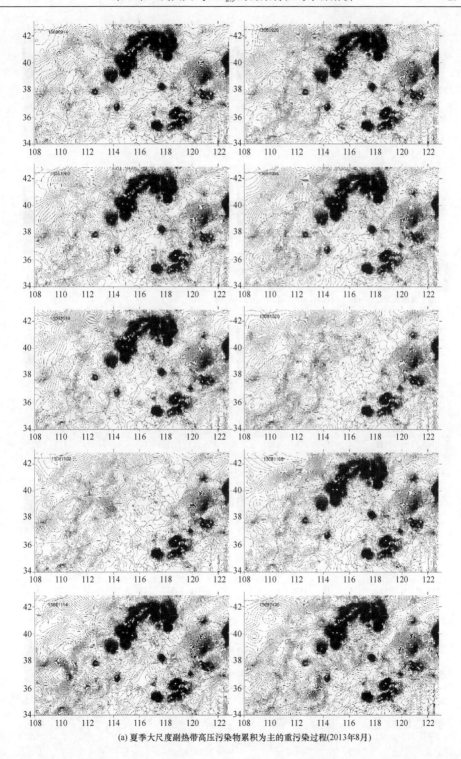

(a) 夏季大尺度副热带高压污染物累积为主的重污染过程(2013年8月)

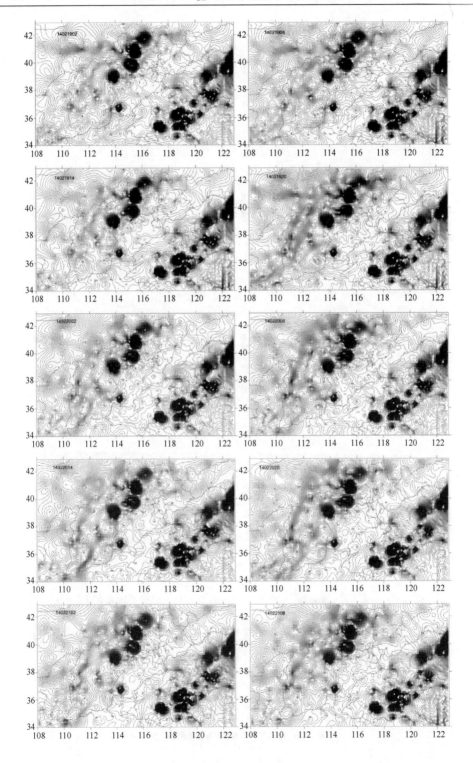

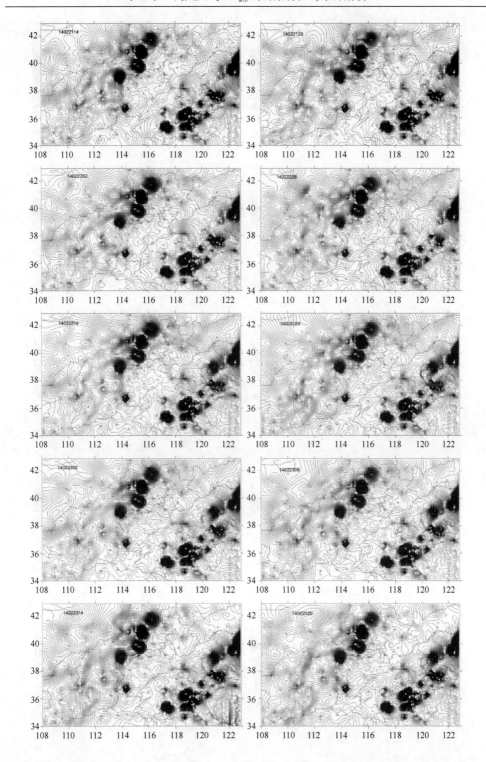

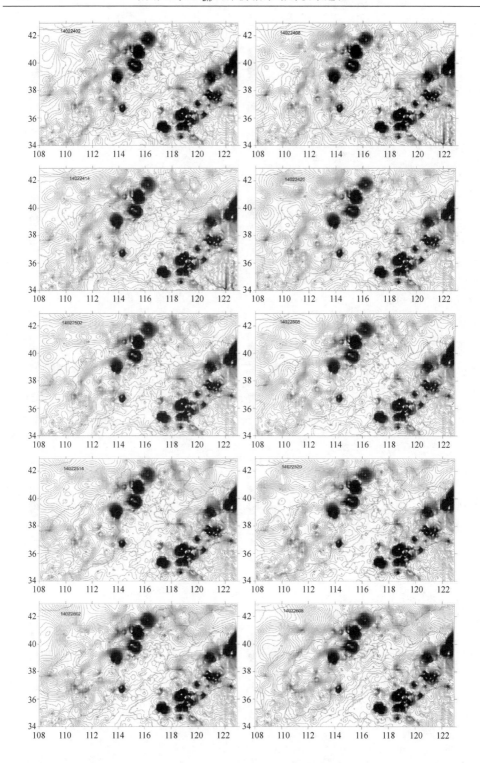

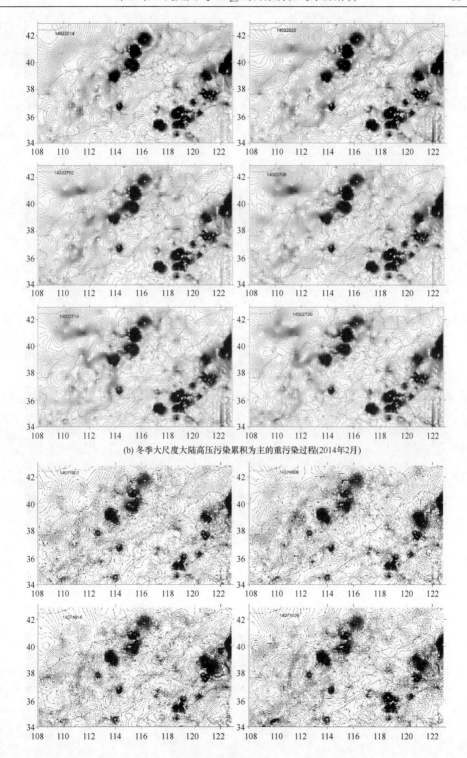

(b) 冬季大尺度大陆高压污染累积为主的重污染过程(2014年2月)

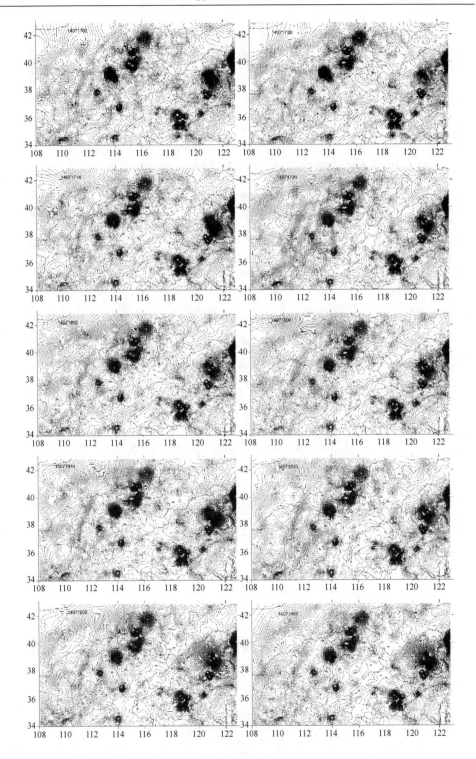

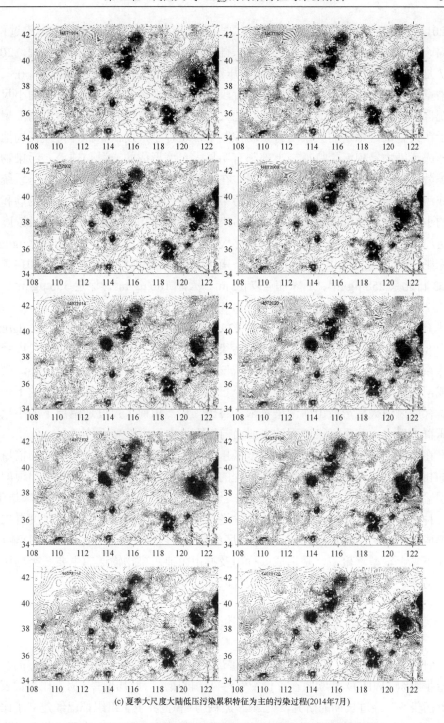

(c) 夏季大尺度大陆低压污染累积特征为主的污染过程(2014年7月)

图 1-21　三个典型重污染过程的 PM$_{2.5}$ 浓度分布及其输送通道

中 2013 年 8 月 7～11 日为夏季大尺度副热带高压污染物累积为主的重污染过程，2014 年 2 月 19～27 日为冬季大尺度大陆高压污染累积为主的重污染过程，2014 年 7 月 16～21 日为夏季大尺度大陆低压污染累积特征为主的重污染过程。在三次污染重污染中由谷值开始的初始累积阶段，都出现很多在山前排列近地面小尺度系统群体，这类小尺度低压群体使当地大气排放物产生辐合流场使污染物汇聚。由于在具有数日稳定的大尺度背景场控制下，这种小尺度低压群体持续在局地逐日形成污染物累积汇聚特征，上部都有明显大尺度形成的逆温盖覆盖，污染物不易扩散，使山前污染物浓度逐日积累。在大陆高压后部，相继出现的低压系统前形成污染物累积峰值，在山前形成重污染。因此，在重污染过程中，均压场和配置的小尺度低压系统群是形成地区重污染的主要因子，造成山前地区污染浓度逐日迅速增长，如 2013 年 8 月 11 日小时 PM$_{2.5}$ 浓度北京 279 μg/m^3、唐山 347 μg/m^3、石家庄 259 μg/m^3、保定 175 μg/m^3、济南 142 μg/m^3、邯郸 196 μg/m^3。2014 年 2 月 23 日北京 258 μg/m^3、石家庄 437 μg/m^3、天津 186 μg/m^3、保定 356 μg/m^3、济南 257 μg/m^3、邯郸 492 μg/m^3、唐山 214 μg/m^3。2014 年 7 月 19 日北京 140 μg/m^3、天津 162 μg/m^3、石家庄 140 μg/m^3、唐山 251 μg/m^3、邯郸 118 μg/m^3、保定 106 μg/m^3、济南 81 μg/m^3。三次山前区域同步重污染过程，重污染峰值形成后受大尺度锋区清除系统的影响，山前形成明显的区域气压梯度锋。随后，小尺度低压环流带衰减或消失，边界层污染物被锋区抬升至自由大气，形成山前污染物浓度的下降阶段，梯度风消失后形成山前污染物浓度谷值，显然山前大尺度逆温层下的小尺度低压群是形成山前重污染过程的主要山前地形性中尺度汇聚系统。

在稳定的大尺度背景下，小尺度低压群之间有明显的梯度风，形成山前城市间的相互输送，在山前污染物累积过程的输送阶段经常形成持久及相继出现的边界层输送带，主要有三类：①西南风输送带，②东南风输送带，③偏东风输送带。这三种输送带对北京的外来污染物的输送累积有极其重要的影响，小尺度群主要是形成低空的污染物汇聚，风带在边界层将低空汇聚的污染物沿着风带进行输送，称为下聚上输型汇聚带，是造成太行山及燕山山前污染物输送的主要三类输送系统。另外，偏北风输送带除了沙尘天气以外主要是清洁型输送系统。

1.4　面向环境基准的 PM$_{2.5}$ 毒理特征

研究表明，PM$_{2.5}$ 已被公认为是危害最大的空气污染物。美国环境保护局、世界卫生组织（WHO）和欧盟在评价空气污染的健康危害时均选择 PM$_{2.5}$ 作为代表性空气污染物。经过长期的研究，美国环境保护局和世界卫生组织都已经建立了比较完整的空气毒害物基准体系，并提出了污染物健康和风险评价技术规范和操作手册。虽然我国的环境流行病学研究已初步分析了大气污染物与人群健康的关系，确证了大气污染对我国居民健康的危害或风险，并给出了有限的定量结果。但我国由于缺乏系统性基础研究及连续性的调查和监测，在环境空气标准的制定修订过程中多是参考国外的相关基准或标准。随着国家经济实力的提升、科研力量的壮大以及环保形势的变化，另外我国 PM$_{2.5}$ 理化特征和人群遗传背景与欧美存在较大差异，制订相关质量标准和防治对策时照搬国外研究成果科学性不够，因此，开展符合我国国情和环境管理需要的健康基准研究成为当前环保领域迫在眉睫的重要任务。

流行病学研究证实，大气颗粒物浓度的上升会导致人心肺系统发病率和死亡率增加。PM$_{2.5}$ 吸入人体肺部，释放出的各种化学组分或颗粒物本身与肺组织如肺泡上皮细胞、巨噬细胞等各种细胞类型作用，诱导细胞应激反应或直接对细胞产生损伤作用，最终诱发产生哮喘、肺部炎症甚至肺癌等多种肺部疾病。但目前 PM$_{2.5}$ 相关致病分子机理尚不清楚，不同的细胞类型对 PM$_{2.5}$ 暴露产生的应激反应机制可能存在巨大差异；PM$_{2.5}$ 健康毒理学研究是健康基准研究的重要内容，因为健康毒理学研究有助于提供 PM$_{2.5}$ 毒理学分子机制，为 PM$_{2.5}$ 基准/标准建立提供科学依据；PM$_{2.5}$ 组分各自的毒性数据均有相关报道，但是作为整体起作用的 PM$_{2.5}$ 污染物，PM$_{2.5}$ 各组分的集体整合研究还不多；目前 PM$_{2.5}$ 健康基准研究中流行病调查缺乏特异性分子标志，而寻找特异性的分子标志是正确有效开展现代疾病流行病调查的前提。

为了观察我国特定地区 PM$_{2.5}$ 样品的毒性作用，解释其毒性效应分子机制，筛选其毒性效应标志物，提供我国特定地区 PM$_{2.5}$ 的大气环境基准与标准制定体系的环境毒理依据，本项目采用北京地区 2013 年 1 月份采集的 PM$_{2.5}$ 样品，利用人肺上皮细胞系，适当地开展了体外暴露毒性效应及分子机制的试验研究。证实了北京地区 PM$_{2.5}$ 样品的毒性作用，并发现 PM$_{2.5}$ 样品引起暴露细胞基因组表达改变，获得了 PM$_{2.5}$ 样品引起 DNA 突变以及引起炎症反应的证据，初步提出了可作为基准研究的毒性标志物分子，为进一步开展我国 PM$_{2.5}$ 样品健康基准研究打下基础。PM$_{2.5}$ 样品：清华大学环境学院提供；细胞系：16-HBE（人肺上皮细胞系）；其他试剂耗材从试剂公司购买；组学检测技术及相关试剂购自华大基因公司。

1.4.1　PM$_{2.5}$ 的细胞毒性特征

1. 降低细胞存活率

人支气管上皮细胞 16-HBE 暴露于不同浓度的 PM$_{2.5}$ 染毒的细胞培养液 24 h 后（图 1-22），CCK8 检测细胞存活率结论：随着 PM$_{2.5}$ 浓度的增加，16-HBE 细胞的存活率明显降低，呈现出负相关性；由剂量-细胞存活率曲线可得 PM$_{2.5}$ 样品对 16-HBE 的半数抑制浓度及 70%抑制浓度，即：IC$_{50}$=15.63 μg /cm^2（50 μg/mL）；IC$_{70}$=25.00 μg/cm^2（80 μg/mL）。

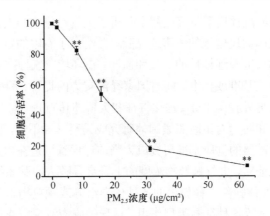

图 1-22　PM$_{2.5}$ 对 16-HBE 细胞存活率的影响

2. 诱导细胞凋亡

PM$_{2.5}$ 与 16-HBE 细胞共培养 24 h 可显著地引起细胞凋亡，说明 PM$_{2.5}$ 影响细胞存活率可能是诱导细胞凋亡的结果（图 1-23）。尤其是 PM$_{2.5}$ 很快诱导细胞发生早期凋亡。

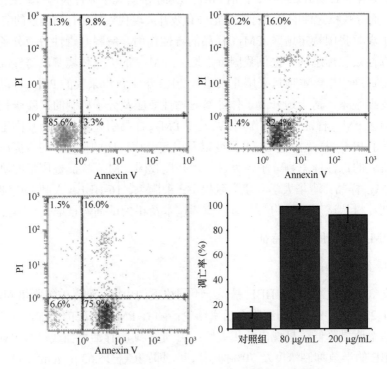

图 1-23　PM$_{2.5}$（IC$_{95}$）对 16-HBE 细胞凋亡的影响

3. 诱导细胞 S 期阻滞

进而发现 $PM_{2.5}$ 影响细胞周期。$PM_{2.5}$ 与 16-HBE 细胞共培养 24 h 显著地引起细胞的 S 期阻滞，且与剂量呈正相关（#，$P<0.05$）（图 1-24）。

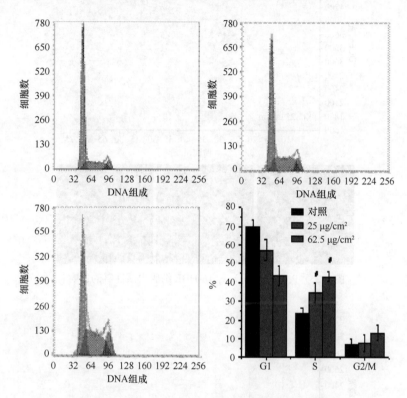

图 1-24　$PM_{2.5}$（IC_{95}）对 16-HBE 细胞周期的影响

4. 诱导细胞内活性氧产生

16-HBE 细胞在培养过程中，加入 $PM_{2.5}$ 后，几分钟内，细胞内活性氧自由基信号显著升高，且在 1 h 内，持续升高，而细胞形态没有变化（图 1-25）。说明细胞暴露 $PM_{2.5}$ 后，细胞内有氧化应激反应。

5. 诱导细胞钙离子浓度变化

16-HBE 细胞在培养过程中，加入 $PM_{2.5}$ 后，几分钟内，16-HBE 细胞内的钙离子表达水平有显著提高。且在 1 h 内，16-HBE 细胞内的钙离子表达水平随 $PM_{2.5}$ 暴露时间的增加而逐步增高，并在暴露时间达到一定长度后逐渐趋于稳定。而细胞形态没有变化（图 1-26）。说明 $PM_{2.5}$ 引起细胞内钙信号机制改变。

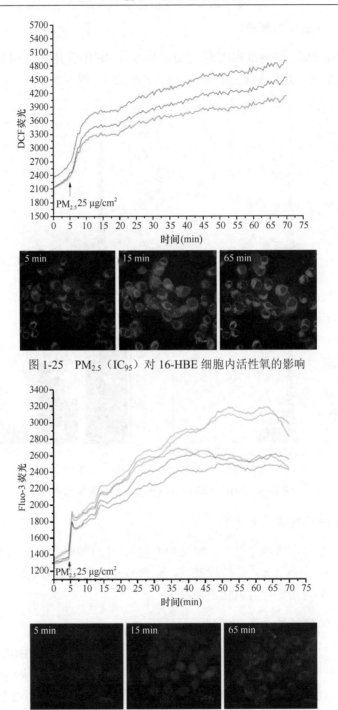

图 1-25　PM$_{2.5}$（IC$_{95}$）对 16-HBE 细胞内活性氧的影响

图 1-26　PM$_{2.5}$（IC$_{95}$）对 16-HBE 细胞内钙信号的影响

6. 诱导细胞染色体不稳定

16-HBE 细胞在培养过程中，细胞 $PM_{2.5}$ 暴露 24 h，显著引起细胞微核现象，说明 $PM_{2.5}$ 对 16-HBE 具有染色体的损伤作用（图 1-27）。

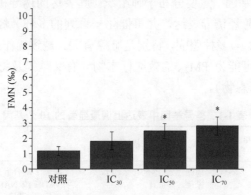

图 1-27　$PM_{2.5}$ 诱导 16-HBE 细胞微核产生

1.4.2　基因表达谱分析结果

如图 1-28（a）所示，暴露于浓度为 25 $\mu g/cm^2$ 的 $PM_{2.5}$ 实验组与正常细胞对

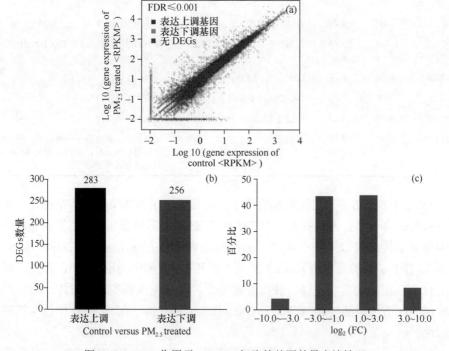

图 1-28　$PM_{2.5}$ 作用于 16-HBE 细胞的基因差异表达情况

照组相比，差异表达基因共计 539 个。其中，表达上调基因为 283 个，表达下调基因为 256 个。图 1-28（b）所示为表达差异基因根据差异倍数的分布情况。

表达上调前 10 个最为显著的差异基因中（见表 1-1 和图 1-29），*CYP1A1* 为细胞色素 *P4501A1* 基因，主要分布于肺组织。其表达的诱导机制属于芳香烃受体介导型，可被多环芳烃诱导表达，并可催化一系列的多环芳烃化合物生成具有致癌活性的代谢产物。与多种癌症，特别是肺癌有关，是致癌作用的一个潜在指征。综上所述，推测其可能为 PM$_{2.5}$ 的效应标志物（有文献提及将 CYPs 家族归类为 PM$_{2.5}$ 可能的效应标志物）。

表 1-1   差异基因中表达上调最显著的 10 个基因

基因	长度	log$_2$ 比值（T/C）	基因描述	功能
CYP1A1	2608	9.54	细胞色素 P450，家族 1，A 亚家族，多肽 1	铁离子结合蛋白；氧化还原酶活性，以 NADH 或 NADPH 作为供体，结合一个氧原子；以还原的黄素或黄素蛋白作为供体，结合一个氧原子
INHBA	2175	6.88	抑制素 β 链前体	受体结合；转录调节活性；蛋白二聚化
TNF	1669	6.57	肿瘤坏死因子	转录调节活性；结合肿瘤坏死因子受体超家族；结合序列特异性 DNA；
SERPINB2	2180	6.46	纤溶酶原激活物抑制剂 2 前体	内肽酶抑制剂的活性
IL6	1201	6.28	白细胞介素 6	细胞因子的活性；结合细胞因子受体
IL8	1718	5.75	白细胞介素 8	细胞因子的活性；结合 CXCR4 趋化因子受体
CXCL3	1166	5.39	CXC 趋化因子 3	细胞因子活性；酶调节活性
CCL20	851	5.31	C-C 趋化因子异构体 1	细胞因子活性
TNFAIP3	4446	5.29	肿瘤坏死因子-α 诱导蛋白	细胞因子活性
KIAA1644	6741	5.11	未知蛋白	结合核酸；硫醇酯水解酶活性；蛋白特异性蛋白酶活性；蛋白连接酶活性；结合过渡金属离子

TNF、*IL6* 及 *IL8* 均为炎性细胞因子，是临床常用的感染性炎症指标，与炎症反应与免疫调节都有密切联系。*TNFAIP3* 为 TNF-α 诱导蛋白 3（在其他体内外实验中也显示接触可吸入颗粒物后，上皮细胞内发现有细胞因子 IL21β，IL28，IL26，TNF-α 等的高表达）。*CCL20* 为 CC 亚族的趋化因子配体 20，参与了树突状细胞、T 细胞的定向迁移，并在肿瘤免疫、自身免疫病等方面发挥作用。并具有较强的广谱抗菌活性。*CXCL3* 为 CXC 亚族的趋化因子配体 3，有中性粒细胞趋化活性。

在表达下调前 10 个最为显著的差异基因中（见表 1-2 和图 1-29），*ALOX5AP*

表 1-2　差异基因中表达下调最显著的 10 个基因

基因	长度	log₂ 比值（T/C）	基因描述	功能
ALOX5AP	1242	−7.60	五脂氧合酶激活蛋白（FLAP）	氧化还原酶活性；酶调节活性；蛋白二聚化活性
TENM2	9645	−4.58	Teneurin teneurin 跨膜蛋白 2	
RERG	2325	−4.52	Ras 相关的雌激素调节生长抑制剂亚型 2	结合嘌呤核苷；核苷磷酸酶活性；结合鸟嘌呤核苷酸；结合类固醇激素受体
SEMA6D	6109	−4.52	semaphorin-6d 亚型 5 的前体	信号转导活动
IVL	2165	−4.30	外皮蛋白	蛋白结合
PSG4	2059	−4.19	妊娠特异性β-1-糖蛋白 4 亚型 2	
MPPED2	5693	−4.19	11 号染色体开放阅读框 8 变异子	阳离子结合；催化活性
MAF	6887	−4.12	转录因子 Maf	转录因子活性；转录调节活性；相同的蛋白结合；结构特异性 DNA 结合蛋白的二聚化活性；
DPCR1	5306	−4.01	弥漫性泛细支气管炎的关键区域 1 蛋白	
FILIP1L	4211	−3.93	细丝蛋白 A 结合蛋白 1	

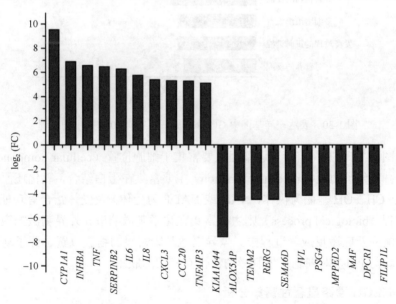

图 1-29　差异表达基因上调及下调前 10 位基因的表达情况

编码花生四烯酸 5-脂氧合酶激活蛋白，与支气管哮喘、动脉粥样硬化密切相关。*MPPED2* 可能与水解酶活性和金属离子结合相关。*MAF* 为 V- maf 的禽肌腱膜纤维肉瘤癌基因同源基因，根据不同的细胞环境，可作为癌基因或抑癌基因。*DPCR1*编码弥漫性泛细支气管炎关临界域 1 蛋白，与弥漫性全细支气管炎和系统性红斑狼疮相关。

1.4.3　GO 功能显著性富集分析

由图 1-30 所示，GO 功能显著性富集分析结果显示，显著性富集的生物过程中，前三位均与刺激响应相关，分别为对化学刺激、外部刺激及刺激的响应。对于有机物的响应也出现在前十位显著性富集的生物过程中。

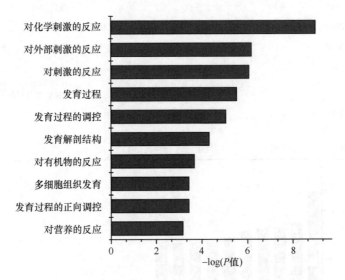

图 1-30　表达差异基因中 GO 分析显著富集前 10 位的生物过程

由图 1-31 可见，差异表达基因主要富集于细胞位置（cellular component）的胞外区；其分子功能（molecular function）主要富集在蛋白结合，氧化还原酶活性（作用于 CH—OH 基团为供体，NAD 或 NADP 为受体）及受体结合等功能上；其生物过程（biological process）则主要富集在化学刺激响应、外界刺激响应、对有机物的响应及应激反应等过程中。差异表达基因富集的细胞位置、分子功能、生物过程均与 PM$_{2.5}$ 对细胞产生刺激的特性有密切的联系。

1.4.4　KEGG 通路显著性富集分析

由表 1-3 可见，表达差异基因显著富集于类风湿性关节炎（图 1-32）、NF-κB信号通路、细胞因子及其受体的相互作用、外来物质的细胞色素 P450 的代谢及MAPK 信号通路等。

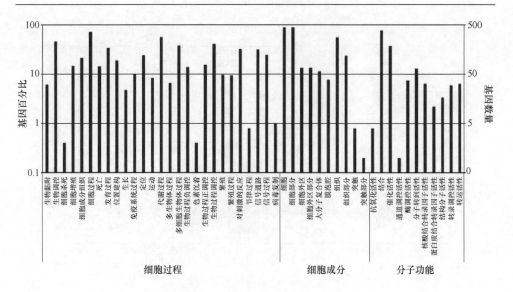

图 1-31　差异基因（Gene Ontology，GO）功能分类统计

表 1-3　通路显著性富集分析（↑、↓ 代表上调、下调）

KEGG 通路	分值	P 值	Q 值	基因
类风湿性关节炎	15	4.97×10^{-7}	1.07×10^{-4}	*TNF↑, IL6↑, IL8↑, CXCL3↑, CCL20↑, CXCL1↑, CXCL2↑, IL1A↑, JUN↑, IL1B↑, ICAM1↑, ANGPT1↓, TGFB2↓, TNFSF13↓, CTSL2↓*
阿米巴病	22	1.22×10^{-6}	1.31×10^{-4}	*TNF↑, SERPINB2↑, IL6↑, IL8↑, CXCL3↑, CXCL1↑, CXCL2↑, NAV3↑, IL1B↑, SERPINB3↑, SERPINB4↑, SERPINB8↑, ZNF469↑, SERPINB9↑, MEGF9↑, DPCR1↓, NAV2↓, SYNPO↓, COL5A1↓, AHNAK↓, TGFB2↓, SYT1↓*
NF-κB 信号通路	15	3.18×10^{-4}	2.28×10^{-2}	*TNF↑, IL8↑, CXCL3↑, TNFAIP3↑, CXCL1↑, CXCL2↑, PTGS2↑, IL1B↑, NFKBIA↑, RELB↑, ICAM1↑, BIRC3↑, SYNGR3↓, CARD14↓, SYT1↓*
细胞因子-细胞因子受体相互作用	20	5.79×10^{-4}	3.11×10^{-2}	*INHBA↑, TNF↑, IL6↑, IL8↑, CXCL3↑, CCL20↑, CXCL1↑, IL24↑, CXCL2↑, IL1A↑, LIF↑, IL1B↑, TNFRSF21↑, RELT↑, GDF6↓, TGFB2↓, NGFR↓, TNFSF10↓, TNFSF13↓, LIFR↓*
细胞色素 P450 介导的异物代谢	9	1.12×10^{-3}	4.19×10^{-2}	*CYP1A1↑, AKR1C1↑, CYP1B1↑, AKR1C2↑, AKR1C3↑, ALDH3A1↑, ALDH1A3↑, CBR3↑, ALOX5AP↓*
MAPK 信号通路	24	1.17×10^{-3}	4.19×10^{-2}	*TNF↑, DUSP6↑, NAV3↑, IL1A↑, JUN↑, IL1B↑, DUSP5↑, DUSP4↑, RELB↑, RAP1GAP↑, NR4A1↑, CDC25B↓, FGF1↓, NAV2↓, DUSP10↓, CACNG4↓, PPM1N↓, SYNGR3↓, PTPRR↓, TGFB2↓, SYT1↓, FGFR2↓, NFATC4↓, MAP3K12↓*
果糖和甘露糖代谢	7	1.42×10^{-3}	4.35×10^{-2}	*AKR1C1↑, AKR1C2↑, AKR1B10↑, AKR1C3↑, HKDC1↑, ALDOC↓, MTMR10↓*

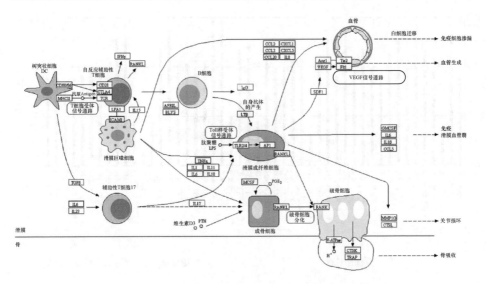

图 1-32　类风湿性关节炎通路（通路显著性富集 top1）

虚线表示基因之间的间接相互作用

　　NF-κB 信号通路与细胞凋亡及肿瘤的产生有着密切的联系；细胞因子及受体的相互作用与炎症反应及免疫调控密切相关；外来物质的细胞色素 P450 的代谢则可能将外来物代谢产生具有致癌活性的代谢产物；MAPK 信号通路参与调控细胞生长和分化，也在炎症与细胞凋亡等应激反应中发挥重要作用。

　　可能的效应标志物 CYP1A1 等也在外来物质的细胞色素 P450 代谢等显著性富集的信号通路中发挥着重要的作用。

1.4.5　实时荧光定量 PCR（qRT-PCR）验证差异基因表达水平

　　根据基因与细胞的炎性反应、免疫调节等过程的相关性，我们从差异表达水平显著的基因中（见表 1-1 和表 1-2）选取了 7 个表达差异基因进行实时荧光定量 PCR 检测其表达水平的变化，以验证基因表达谱的分析结果（表 1-4）。这 7 个基因分别为 CYP1A1、TNF、IL6、IL8、CCL20、CXCL3、ALOX5AP。

表 1-4　实时荧光定量 PCR（qRT-PCR）检测差异基因表达水平

基因名称	log$_2$ 变化倍值（FC）
CYP1A1	9.50±0.51
TNF	3.14±1.39
IL6	3.69±1.70
IL8	3.80±1.24
CCL20	3.42±1.08
CXCL3	2.93±1.31
ALOX5AP	−1.61±0.43

如表 1-4 所示，16-HBE 细胞暴露在浓度为 25 μg/cm^2 的 PM$_{2.5}$ 染毒液 24 h 后，*CYP1A1*、*TNF*、*IL6*、*IL8*、*CCL20*、*CXCL3* 基因表达明显上调，*ALOX5AP* 基因表达明显下调，与基因表达谱所得结果趋势相符。

由图 1-33 和图 1-34 可见，16-HBE 细胞暴露在浓度为 25 μg/cm^2 的 PM$_{2.5}$ 染毒液 24 h 后，*CYP1A1*、*TNF*、*IL6*、*IL8*、*CCL20*、*CXCL3* 基因表达显著上调（*代表 *t* 检验，$P<0.05$；**代表 *t* 检验，$P<0.01$），*ALOX5AP* 基因表达明显下调，与基因表达谱所得结果趋势相符。

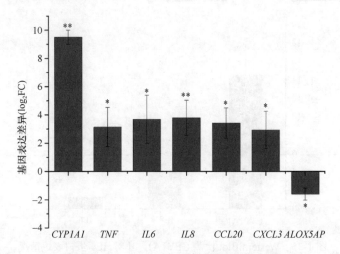

图 1-33　qRT-PCR 验证差异基因表达水平

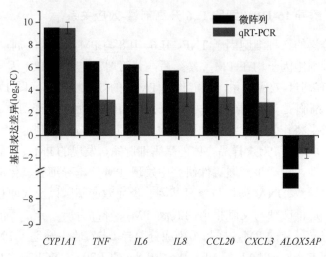

图 1-34　基因表达谱数据与 qRT-PCR 验证数据对比结果

1.4.6 蛋白质免疫印迹试验验证

如图 1-35 所示，16-HBE 细胞暴露在 25 μg/cm^2 的 PM$_{2.5}$ 染毒液 36 h 后，CPY1A1 蛋白相比对照组表达显著上调；IL8 蛋白的表达相比对照组也有上调趋势，IL6 蛋白的表达相较对照组没有明显的表达差异。

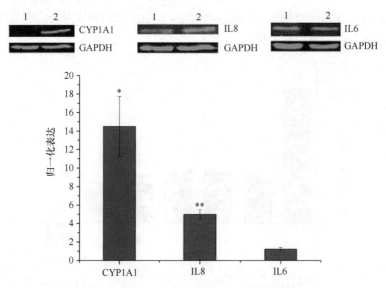

图 1-35　Western Blot 检测 CPY1A1，IL8，IL6 蛋白表达情况

1. 对照组；2. 实验组：25 μg/cm^2 的 PM$_{2.5}$ 染毒液 36 h 后

1.4.7 PM$_{2.5}$ 诱导 16-HBE 细胞 IL6 升高剂量-效应关系

通过对分泌的三种细胞因子 TNF、IL6、IL8 与 PM$_{2.5}$ 暴露的剂量-效应关系研究发现，三种细胞因子均在 PM$_{2.5}$ 暴露后，分泌增加。其中 IL6 因子分泌升高与 PM$_{2.5}$ 浓度具有剂量-效应关系，可能作为 PM$_{2.5}$ 的效应标志物（图 1-36）。IL-6 因子与 16-HBE 细胞受 PM$_{2.5}$ 损伤有关，IL6 与肺组织炎症关系密切。

本研究成果将作为我国特定地区的大气环境基准与标准制定体系的环境毒理参考。采用北京地区 PM$_{2.5}$ 样品，体外暴露细胞系，发现的 PM$_{2.5}$ 样品具有文献中报道的细胞毒性，进一步开展毒性研究中发现 PM$_{2.5}$ 诱导细胞氧化应激以及基因表达谱改变，导致 DNA 损伤与修复基因、炎症效应基因以及代谢相关基因等表达的改变。表达谱改变与文献报道的武汉 PM$_{2.5}$ 样品有所差异，可能是因为北京与武汉地域差异导致的 PM$_{2.5}$ 样品污染成分差异。本实验中筛选了 PM$_{2.5}$ 健康毒性效应的潜在标志物 CYP1A1、TNF、IL6、IL8、CCL20、CXCL3、ALOX5AP，其中证实 IL6 分泌在细胞外且与 PM$_{2.5}$ 暴露成剂量-效应关系，因此 IL6 表达可能作为 PM$_{2.5}$ 样品健康毒性效应标志物。从而提示：PM$_{2.5}$ 样品毒性效应具有样品采集的地域、时间相关性；PM$_{2.5}$ 样品毒性效应涉及多种应激反应以及基因表达调控。通过筛选，可获得特异性标志分子，为健康基准研究提供科学理论基础和有效的技术基础。

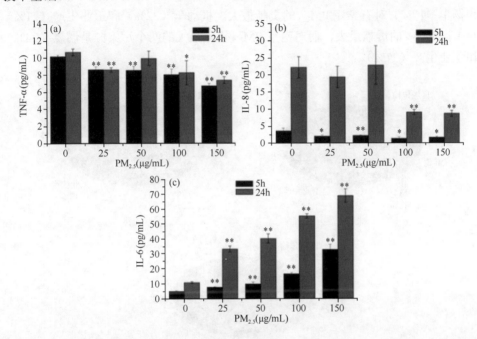

图 1-36　（a）PM$_{2.5}$ 暴露于 16-HBE 细胞对 TNF-α 分泌的影响；（b）PM$_{2.5}$ 暴露于 16-HBE 细胞对 IL-8 分泌的影响；（c）PM$_{2.5}$ 暴露于 16-HBE 细胞对 IL-6 分泌的影响

t 检验，与对照组相比，*为显著性水平 $P<0.05$；**为显著性水平 $P<0.01$

1.5　大气 PM$_{2.5}$ 来源解析

1.5.1　基于空气质量模型的 PM$_{2.5}$ 来源解析

1. 部门来源解析结果

2014～2015 年，由环境保护部组织，北京、天津、石家庄、上海、南京、杭州、宁波、广州、深圳等 9 个城市完成并公布了本市 PM$_{2.5}$ 来源解析结果。对全部 9 个城市，污染主要由本地排放主导。机动车、燃煤、工业生产和扬尘是这些城市中 PM$_{2.5}$ 的主要来源。其中北京、上海、杭州、广州和深圳的 PM$_{2.5}$ 排在首位的是机动车，石家庄和南京的 PM$_{2.5}$ 排在首位的是燃煤，天津、宁波的首要污染源分别是扬尘和工业生产。

　　图 1-37 所列出的 5 个城市中，区域传输贡献均在 30%以内。本地排放中，五个城市的重要污染源都是机动车、燃煤、工业生产和扬尘。但上述污染源贡献的重要性排名，在 5 个城市并不相同。机动车（23%）和燃煤（16%）对北京 PM$_{2.5}$ 贡献最大，扬尘（22%）和燃煤（20%）是天津 PM$_{2.5}$ 的最大贡献者，燃煤（31%）和扬尘（17%）对石家庄 PM$_{2.5}$ 的贡献最大，机动车（22%）和工业生产（21%）对上海 PM$_{2.5}$ 的贡献最大，而对南京 PM$_{2.5}$ 贡献最大的两个污染源是燃煤（24%）和工业生产（21%）。

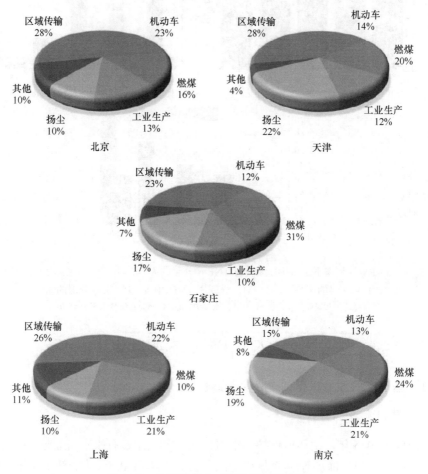

图 1-37　各城市 PM$_{2.5}$ 部门来源解析结果

　　上述基于受体模型的源解析结果可以展示出各城市的 PM$_{2.5}$ 主要来源，是减排政策的重要科学依据。实际减排工作中需要获知主要部门中更为细致的源贡献信息，以便制定详细、可行的减排方案。由于同一大类中的不同污染源源谱往往具有共线性，使受体模型方法的解析精细程度受到限制，进一步解析更精细的污染源贡献需要依靠清单和源追踪模型的方法。

源追踪模型是国际上流行的源解析方法之一，其通过输入分源排放清单，并在三维大气化学传输模型中追踪各源污染物，最终实现对 PM$_{2.5}$ 源贡献的记录。该方法克服了受体模型无法解析同步排放源和二次颗粒物的困难，解析的范围和精度直接与排放清单的精细程度相关。常用的源追踪模型包括 CAMx-PSAT，Source-Oriented CMAQ，CMAQ-ISAM 等，本研究采用 CAMx-PSAT 模型系统，进一步解析机动车、燃煤和工业生产更精细的行业部门贡献。

以北京、天津、石家庄为例，通过源追踪模型将三个城市的机动车、燃煤和工业生产等三个大类源进一步解析的结果如图 1-38 所示。机动车导致的 PM$_{2.5}$，可进一步分为柴油车、汽油车、油气储运和非道路机动车。其中，北京以柴油车（37%）和油气储运（27%）为主，而天津和石家庄均以柴油车和非道路机动车为主。较高的黑碳和有机碳颗粒物排放是柴油车贡献较大的主要原因。燃煤主要包括工业燃煤、民用燃煤和电力燃煤。北京的民用燃煤（47%）和工业燃煤（43%）的比例相当，而天津和石家庄的燃煤 PM$_{2.5}$ 均由工业燃煤主导。对工业生产导致的 PM$_{2.5}$，三个城市的情况差别较大。在北京建材行业（56%）是主要贡献者，其他则主要来自石化相关行业，而天津的石化行业占比约 50%，石家庄的工业生产则以钢铁（42%）为主。

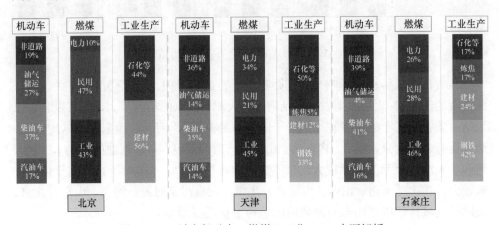

图 1-38　三城市机动车、燃煤、工业 PM$_{2.5}$ 来源解析

2. 空间来源解析结果

根据各地发布的源解析结果，各地全年 PM$_{2.5}$ 来源中区域传输贡献在 20%～35%，本地污染排放贡献占 65%～80%。我们进一步通过模型清单测算，发现空间来源解析结果因不同季节、污染时段而异。以北京市为例（图 1-39），在不同季

节、污染时段，区域传输的贡献率变化较大（8%～72%）。其中，秋、冬季区域传输的贡献相对较小（8%～56%），春、夏季区域传输的贡献相对较大（39%～72%）。在同一季节中，随着污染程度的加重，来自区域传输的贡献增加。轻度污染时段（PM$_{2.5}$ 日均浓度小于 75 μg/m^3），区域传输的贡献在 8%～41%；重度污染时段（PM$_{2.5}$ 日均浓度大于 150 μg/m^3），区域传输的贡献在 28%～72%。空间解析结果表明，区域传输对 PM$_{2.5}$ 来源的贡献显著，且在特殊重污染过程，区域传输贡献增加。要改善空气质量，急需切实开展重污染时段预报预警和区域联防联控，削减区域内的污染物排放总量。

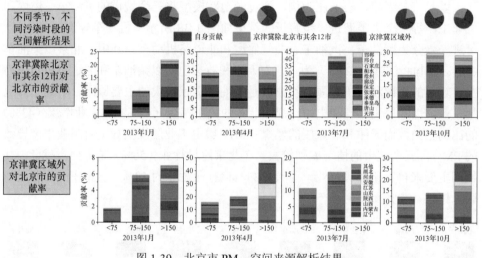

图 1-39　北京市 PM$_{2.5}$ 空间来源解析结果

各省市区域传输的影响大小与距离远近、盛行风向、排放强度等有关。对于北京市的 PM$_{2.5}$，北京以南省份包括河北、天津、山东的贡献较大，北京以北省份包括内蒙古、辽宁的贡献较小；对于天津市的 PM$_{2.5}$，河北、山东的贡献均较大，此外还有来自北京、辽宁、内蒙古、山西、河南的贡献；对于河北的 PM$_{2.5}$，山东、河南、天津、山西的贡献较大。京津冀周边省份中，山东省对于京津冀整体的贡献较大，其次是河南、山西、内蒙古、辽宁。在重污染时段，河北、山东对北京、天津的区域传输以及山东对河北的区域传输均明显增高。

1.5.2　基于后向轨迹模型的大气 PM$_{2.5}$ 来源解析

区域污染特征明显是我国大气污染的主要污染特征之一。区域性污染特征在空间上表现为主要污染超标城市的区域化分布，即我国的重污染城市主要集中在京津冀、长三角、珠三角及四川盆地等区域。区域性污染特征还体现在时间上重污染过程的区域同步性，即同一区域内各大城市的重灰霾污染过程的出现、发展及消失基本是同步发生的。

造成区域性污染特征的原因包括排放源、天气系统的影响以及区域大气传输等。从排放上看,污染较重的区域一般也是经济较为发达的城市群地区,具有污染物排放源集中、排放量大等特点。从天气系统上看,重污染过程一般伴随着不利于污染物扩散的气象条件,如静稳、无风、边界层降低、逆温层等。由于气象条件主要是由气象尺度上的天气形势决定的,因此气象尺度的区域内的气象条件大多趋同;不利于污染物扩散的气象尺度对应区域与排放源集中区域耦合,造成了污染物在区域范围内的富集。此外,区域传输也是区域性的重要成因之一。大气的传输特性决定了在一个区域之内的某一城市不可能单纯依靠自身的污染物排放控制使得空气质量显著改善,而必须进行区域协同控制。

鉴于区域大气传输在大气污染过程中的重要作用,研究某一特定城市的污染特征及来源时,对该城市的潜在污染物输入区的识别至关重要。为识别污染过程中颗粒物外来源的可能位置,后向轨迹模型是一种常用的工具。

美国空气资源实验室(ARL)的气块质点(Air Parcel)反向轨迹(Backward Trajectory)模型 HYSPLIT_4(Hybrid Single-Particle Lagrangian Integrated Trajectory)模型是一个对气块质点经历的复杂的大气扩散和沉降进行轨迹计算的复杂系统,它可以基于三维网格化实时气象数据,模拟并画出到达某地的气块质点的运行轨迹或污染物浓度,进而识别污染物的可能来源。通过美国国家海洋大气局(NOAA)的全球数据同化系统(Global Data Assimilation System,GDAS)提供的全球气象资料数据,可对任一地点的污染过程进行气块质点后向轨迹研究。

以北京为例,分别选取 1 月、7 月作为冬、夏季节的典型月份,对其污染过程气团来源的演变进行研究。

北京市 2013 年 1 月份的逐时 PM$_{2.5}$、PM$_{10}$ 浓度变化时间序列图如图 1-40 所示。依据污染物的变化趋势与间隔,将其划分为四个污染过程,即 1 月 3～9 日(Epi.

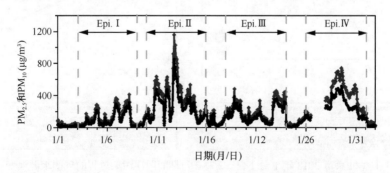

图 1-40　北京市 2013 年 1 月 1 日～2 月 2 日期间颗粒物浓度的时间变化

Ⅰ），1 月 10～16 日（Epi.Ⅱ），1 月 18～24 日（Epi.Ⅲ），以及 1 月 26 日～2 月 1 日（Epi.Ⅳ）。

对这四个污染过程分别进行后向轨迹分析，如图 1-41 所示。目标城市为北京，

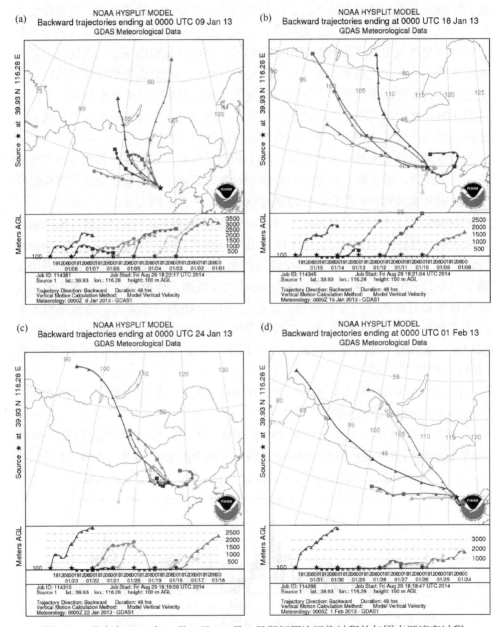

图 1-41 北京市 2013 年 1 月 1 日～2 月 2 日期间四次污染过程的气团来源演变过程

(a)～(d) 分别对应污染过程 Ⅰ～Ⅳ

后向轨迹代表某一时刻到达北京的气块质点传输到北京的路径：以北京经纬度
（39.93°N，116.28°E）标识轨迹起点位置；追溯的时间尺度（每条轨迹的运行时间）设定为 48 h；到达廊坊之前的最近一段时间内，气块经过的区域对气块的污染程度影响最大；为消除地形的影响，一般选择相对地面高度（Above Ground Level，AGL）来确定起点的垂直位置。本研究中选择 AGL 100 m 作为气块质点起点垂直方向的相对位置。这一高度的选择是由于华北平原地区的主要输送层高度多数位于贴地逆温层的中间层即逆温层最高温度层和地面最低温度层中间的高度约 300 m 左右（苏福庆等，2004），但是高度太低会发生轨迹"撞击"地面或者"缠绕"的现象。计算轨迹的时间间隔为 24 h，也就是说从给定时刻起，倒推每隔 24 h 计算一条后向轨迹。

　　由图 1-41 可见，1 月份各污染过程发展过程中的气团后向轨迹变化形式相似。以第三个污染过程（Epi.III）为例。在 1 月 18 日期间，气团主要来自西北方向，且传输高度较高，气流以下沉气流为主。这是高气压控制下的气流运动的典型形式，该天气形势及气流运动利于污染物的积累。这标志着不利天气形势循环的开始。从 19 日开始，气团来源转向西南，且气团路径开始呈现漩涡状；气团在北京附近的相对污染区域暴露的时间越来越长；气块移动速度不断减缓，气块与途径区域的污染空气混合得越来越充分；到达北京的气块已从下沉趋势转为水平输入，说明北京已完全处于暖平流控制区域。相应地，颗粒物的浓度呈现明显的升高趋势；大尺度的空气流动缓慢通过局地气象条件影响本地排放形成颗粒物浓度的日变化。22 日，来自西北的高空清洁气团对污染气团具有一定的清除作用，对应着颗粒物浓度的短暂下降；但不久又被来自南方的水平输入的气团取代。直到 24 日，颗粒物浓度开始急剧降低，该时段的后向轨迹也相应地发生突变：方位彻底转至西北方向，呈现出明显的下沉趋势，气块移动速度增加接近 1 个数量级。说明冷锋过境带来的高速、清洁、干冷空气将廊坊的污染物彻底清除。至此，污染过程呈现出一个完整周期，开始进入下一个周而复始的气象和环境过程。

　　北京市 2013 年 7 月份的逐时 PM$_{2.5}$、PM$_{10}$ 浓度变化时间序列图如图 1-42 所示。依据污染物的变化趋势与间隔，将其划分为五个污染过程，即 6 月 27 日～7 月 2 日（Epi.I），7 月 6～11 日（Epi.II），7 月 11～16 日（Epi.III），7 月 17～21 日（Epi.IV），以及 7 月 25～29 日（Epi.V）。

　　与 1 月份相比，7 月份的污染过程具有平均浓度水平低、污染过程时间短、污染过程之间的间隔时间较长等特点。对 7 月份各个污染过程的后向轨迹演变过程进行分析，所采取参数设置与 1 月份相同。

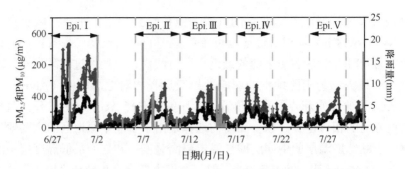

图 1-42 北京市 2013 年 6 月 27 日～7 月 31 日期间颗粒物浓度的时间变化

由图 1-43 可见,7 月份的污染过程的发展形式不尽相同。前三个污染过程(Epi. Ⅰ～ Epi.Ⅲ)与 1 月份类似,污染过程形成之前的清洁气团大多来自北部、西北部,以高空传输、下沉气流为主;而污染过程对应的气团大多来自南方污染气团的水平传输。以最严重的第一个污染过程(Epi. Ⅰ)为例。在 6 月 27 日期间,气团主要来自西北方向,且传输高度较高,气流以下沉气流为主。这是高气压控制下的气流运动的典型形式,该天气形势及气流运动利于污染物的积累。这标志着不利天气形势循环的开始。从 28 日开始,气团来源转向西南,且气团路径开始呈现漩涡状;气团在北京附近的相对污染区域暴露的时间越来越长;气块移动速度不断减缓,气块与途径区域的污染空气混合得越来越充分;到达北京的气块已从下沉趋势转为水平输入,说明北京已完全处于暖平流控制区域。相应地,颗粒物的浓度呈现明显的升高趋势;大尺度的空气流动缓慢通过局地气象条件影响本地

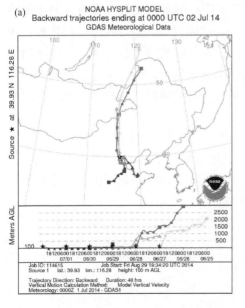

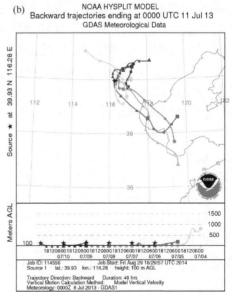

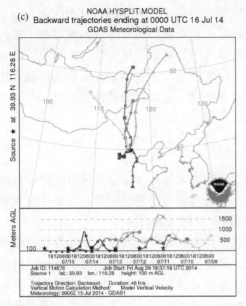

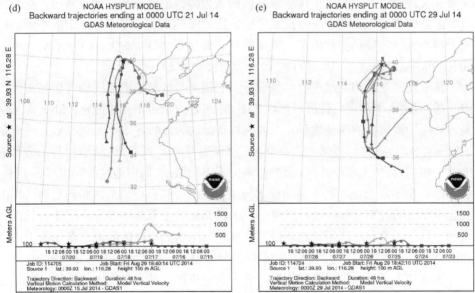

图 1-43　北京市 2013 年 6 月 27 日～7 月 31 日期间五次污染过程的气团来源演变过程

（a）～（e）分别对应污染过程 I ～ V

排放形成颗粒物浓度的日变化。7 月 2 日，伴随着来自东南沿海的暖湿气团的入侵形成的降雨，污染颗粒物被雨除去，对应着颗粒物浓度的下降。至此，污染过程呈现出一个完整周期，开始进入下一个周而复始的气象和环境过程。

　　而对于后两次较轻微的污染过程（Epi.Ⅳ，Epi.Ⅴ）而言，情况又有所不同。气团轨迹并无明显变化，大多均来自南方，且多来自水平输入。然而，在污染较严重时期，气团的移动速度明显减缓，标志着污染物的扩散条件的变化。因此这种较轻微的污染过程很可能是由于北京周边污染物随扩散条件变化而变化的累积速率不同而造成的，而非来自气团来源的显著改变。

1.6　小　　结

　　针对我国严峻的大气环境问题，本课题从排放、化学组成、输送、毒理等四个方面对大气 PM$_{2.5}$ 污染特征进行了系统研究，并基于空气质量模型、反向轨迹模型对大气 PM$_{2.5}$ 来源进行了深入解析。

　　通过建立基于机组信息的燃煤电厂高精度空间分辨率清单、基于工业点源信息的工业源排放清单、面向空气质量模型的高时空分辨率机动车排放清单以及基于人口和经济信息的民用源排放清单，最终建立了中国以及区域包括电力、工业、民用和交通四大类、745 个排放源在内的人为源排放清单数据库。同时，在空间分布信息的基础上，结合空间技术分析方法最终建立了 0.05° × 0.05° 的中国高时空分辨率大气污染物排放清单。清单物种主要包括 SO$_2$、NO$_x$、CO、NMVOC、NH$_3$、PM$_{2.5}$、PM$_{coarse}$、BC 和 OC 等 9 种污染物和 CO$_2$。

　　基于实际观测和文献调研，综合分析我国典型区域、典型污染时段城市大气 PM$_{2.5}$ 的污染水平和理化特征，发现 PM$_{2.5}$ 浓度在大城市中普遍超标，SNA 与 OM 是 PM$_{2.5}$ 中最重要的两类物种，二者共同贡献约为 54%～85%，SNA 大约贡献 21%～51%，OM 大约贡献 15%～36%。总体来看，京津冀地区硫酸盐与硝酸盐浓度水平相当，其他大部分地区，硫酸盐浓度高于硝酸盐。城市地区矿物尘可占 PM$_{2.5}$ 的 10%，也不容忽视。基于地面观测与卫星反演，综合评估全国和典型地区气溶胶光学厚度的时空分布特征，发现 AOD 的高值区主要集中在华北平原、长江三角洲、珠江三角洲、四川盆地和西北区域。其中西北地区的高值主要是由于下垫面塔克拉玛干沙漠的沙尘导致的。AOD 的分布整体上与 PM$_{2.5}$ 浓度分布较为一致。

　　区域性大气污染显示着过程性，并有自身规律，从大尺度大气系统，显示着积累、汇聚和清除过程。通过输送通道的研究，发现西南风输送通道、东南风输送通道和偏东风输送通道，形成的太行山及燕山山前污染物汇聚带是造成京津冀地区区域污染的主要原因。根据多年污染物监测资料分析，汇聚带区是京津冀主要的污染区。对汇聚带及其输送网络覆盖地区，制订和落实区域协同治理方案是解决京津冀地区大气污染的主要途径。

　　开展了 PM$_{2.5}$ 体外暴露毒性效应及分子机制的试验研究，发现 PM$_{2.5}$ 样品引起暴露细胞基因组表达改变，获得了 PM$_{2.5}$ 样品引起 DNA 突变以及引起炎症反应的证据，初步提出了可作为基准研究的毒性标志物分子，为进一步开展我国 PM$_{2.5}$ 样品健康基准研究打下基础。

2014～2015 年由环境保护部组织完成并公布的 9 城市 PM$_{2.5}$ 来源解析结果表明，PM$_{2.5}$ 污染主要由本地排放主导，机动车、燃煤、工业生产和扬尘是这些城市中 PM$_{2.5}$ 的主要来源。本项目采用源追踪模型系统，进一步解析了机动车、燃煤和工业生产更精细的行业部门贡献。发现机动车导致的 PM$_{2.5}$ 污染，北京以柴油车（37%）和油气储运（27%）为主，而天津和石家庄均以柴油车和非道路机动车为主。燃煤导致的 PM$_{2.5}$ 污染，北京民用燃煤（47%）和工业燃煤（43%）的比例相当，而天津和石家庄的燃煤 PM$_{2.5}$ 均由工业燃煤主导。对工业生产导致的 PM$_{2.5}$，三个城市的情况差别较大。北京建材行业（56%）是主要贡献者，其他则主要来自石化相关行业，而天津的石化行业占比约 50%，石家庄的工业生产则以钢铁（42%）为主。空间解析结果表明，区域传输对 PM$_{2.5}$ 来源的贡献显著，且在特殊重污染过程，区域传输贡献增加。要改善空气质量，急需切实开展重污染时段预报预警和区域联防联控，削减区域内的污染物排放总量。此外，各省市区域传输的影响大小与距离远近、盛行风向、排放强度等有关。

区域性污染特征在空间上表现为主要污染超标城市的区域化分布，即我国的重污染城市主要集中在京津冀、长三角、珠三角及四川盆地等区域。区域性污染特征还体现在时间上重污染过程的区域同步性，即同一区域内各大城市的重灰霾污染过程的出现、发展及消失基本是同步发生的。京津冀冬季气团主要来自西北方向，且传输高度较高，气流以下沉气流为主，是高气压控制下的气流运动的典型形式，天气形势及气流运动利于污染物的积累。夏季气团则多来源于西南方，且气团路径开始呈现漩涡状、气块移动速度不断减缓，气块与途径区域的污染空气混合得越来越充分，从而在夏季也能导致重污染。

参 考 文 献

包贞, 冯银厂, 焦荔, 等. 2010. 杭州市大气 PM$_{2.5}$ 和 PM$_{10}$ 污染特征及来源解析[J]. 中国环境监测, 26(2): 44-48.

陈宗良, 葛苏, 张晶. 1994. 北京大气气溶胶小颗粒的测量与解析[J]. 环境科学研究, 7(3): 1-9.

贺克斌, 杨复沫, 段凤魁, 等. 2011. 大气颗粒物与区域复合污染. 北京: 科学出版社.

黄晓锋, 云慧, 宫照恒, 等. 2014. 深圳大气 PM$_{2.5}$ 来源解析与二次有机气溶胶估算[J]. 中国科学: 地球科学, 44(4): 723-734.

李彩霞, 李彩亭. 2007. 长沙市夏季 PM$_{10}$ 和 PM$_{2.5}$ 中水溶性离子的污染特征[J]. 中国环境科学, 27(5): 599-603.

苏福庆, 任阵海, 高庆先, 等. 2004. 北京及华北平原边界层大气中污染物的汇聚系统——边界层输送汇[J]. 环境科学研究, 17(1): 21-25.

陶俊, 柴发合, 高健, 等. 2013. 16 届亚运会期间广州城区 PM$_{2.5}$ 化学组分特征及其对霾天气的影响[J]. 环境科学, 34(2): 409-415.

陶燕. 2009. 兰州市大气颗粒物理化特征及其对人群健康的影响[D]. 兰州: 兰州大学.

王平, 曹军骥, 刘随心, 等. 2013. 西安市春季大气颗粒物 PM$_{2.5}$ 与 PM$_{10}$ 的特征[J]. 中国粉体技术, 19(6): 58-63.

吴虹, 张彩艳. 2013. 青岛环境空气 PM$_{10}$ 和 PM$_{2.5}$ 污染特征与来源比较[J]. 环境科学研究, 26(6): 583-589.

吴瑞杰. 2011. 郑州市大气颗粒物 PM$_{2.5}$ 和 PM$_{10}$ 的特性研究[D]. 郑州: 郑州大学.

张智胜, 陶俊, 谢绍东, 等. 2013. 成都城区 PM$_{2.5}$ 季节污染特征及来源解析[J]. 环境科学学报, 33(11): 2947-2952.

中华人民共和国统计局. 2010. 中国统计年鉴. 北京: 中国统计出版社.

周敏, 陈长虹, 乔利平, 等. 2013. 2013 年 1 月中国中东部大气重污染期间上海细颗粒物的污染特征[J]. 环境科学学报, 33(11): 3118-3126.

Blancard C. 2003. Spatial and Temporal Characterization of Particulate Matter over N. America[EB/OL]. http://narsto.org/sites/narsto-dev.ornl.gov/files/Ch63.8MB.pdf.

Cao J J, Shen Z X, Chow J C, et al. 2012. Winter and summer PM$_{2.5}$ chemical composition in fourteen Chinese cities[J]. Journal of the Air & Waste Management Association, 62(10): 1214-1226.

Gu J X, Du S Y, Han D W, et al. 2014. Major chemical compositions, possible sources, and mass closure analysis of PM$_{2.5}$ in Jinan, China [J]. Air Quality, Atmosphere and Health, 7(3): 251-262.

Hagler G S W, Bergin M H, Salmon L G, et al. 2006. Source areas and chemical composition of fine particulate matter in the Pearl River Delta region of China [J]. Atmospheric Environment, 40: 3802-3815.

Li J, Zhuang G S, Huang K, et al. 2008. The chemistry of heavy haze over Urumqi, Central Asia[J]. Journal of Atmospheric Chemistry, 61(1): 57-72.

Li Y C, Yu J Z, Steven S, et al. Chemical characteristics of PM$_{2.5}$ and organic aerosol source analysis during cold front episodes in Hong Kong, China[J]. Atmospheric Research, 2012, 118: 41-51.

Meng Z Y, Jiang, X M, Yan P, et al. 2007. Characteristics and sources of PM$_{2.5}$ and carbonaceous species during winter in Taiyuan, China[J]. Atmospheric Environment, 41(32): 6901-6908.

Seinfeld J H, Pandis S N. 1998. Atmospheric Chemistry and Physics[M]. John Willy & Sons, Inc.

Shen G F, Xue M, Yuan S Y, et al. 2014. Chemical compositions and reconstructed light extinction coefficients of particulate matter in a mega-city in the western Yangtze River Delta, China[J]. Atmospheric Environment, 83: 14-20.

Wang Z S, Wu T, Shi G L, et al. 2012. Potential source analysis for PM$_{10}$ and PM$_{2.5}$ in autumn in a northern city in China[J]. Aerosol and Air Quality Research, 12: 39-48.

Winchester J W, Lu W, Ren L, et al. 1981. Fine and coarse aerosol composition from a rural area in North China [J]. Atmospheric Environment, 15: 933-937.

Xu J Z, Wang Z B. 2014. Characteristics of water soluble ionic species in fine particles from a high altitude site on the northern boundary of Tibetan Plateau Mixture of mineral dust and anthropogenic aerosol [J]. Atmospheric Research, 143: 43-56.

Xu L L, Chen X Q, Chen J S, et al. 2012. Seasonal variations and chemical compositions of PM$_{2.5}$ aerosol in the urban area of Fuzhou, China[J]. Atmospheric Research, 104-105: 264-272.

Yang F, Tan J, Zhao Q, et al. 2011. Characteristics of PM$_{2.5}$ speciation in representative megacities and across China [J]. Atmospheric Chemistry and Physics, 11: 5207-5219.

Yang H, Yu J Z, Ho S S H, et al. 2005. The chemical composition of inorganic and carbonaceous materials in PM$_{2.5}$ in Nanjing, China [J]. Atmospheric Environment, 39: 3735-3749.

Ye B M, Ji X L, Yang H Z, et al. 2003. Concentration and chemical composition of PM$_{2.5}$ in Shanghai for a 1-year period[J]. Atmospheric Environment, 37: 499-510.

Zhang F W, Xu L L. 2012. Chemical compositions and extinction coefficients of PM$_{2.5}$ in peri-urban of Xiamen, China, during June 2009-May 2010[J]. Atmospheric Research, 106: 150-158.

Zhao P S, Dong F, et al. 2013. Characteristics of concentrations and chemical compositions for PM$_{2.5}$ in the region of Beijing, Tianjin, and Hebei, China[J]. Atmospheric Chemistry and Physics, 13: 4631-4644.

第 2 章 我国能源利用过程大气 $PM_{2.5}$ 排放综合控制对策和技术途径

课题组组长

岑可法 浙江大学 院士

课题顾问

倪维斗 清华大学 院士

黄其励 东北电网公司 院士

执行秘书

高 翔 浙江大学 教授

课题组成员

王书肖 清华大学 教授

李俊华 清华大学 教授

朱廷钰 中国科学院过程工程研究所 研究员

张 凡 中国环境科学研究院 研究员

薛志刚 中国环境科学研究院 研究员

吴 韬 宁波诺丁汉大学 教授

王小明 国电科学技术研究院 研究员

庄 烨 北京国电龙源环保工程有限公司 研究员

庄德安 北京市劳动保护科学研究所 研究员

岳 涛 北京市劳动保护科学研究所 副研究员

朱天乐 北京航空航天大学 教授

郦建国　浙江菲达环保科技股份有限公司　教授级高工
韦彦斐　浙江省环境保护科学设计研究院　教授级高工
郭　俊　福建龙净环保股份有限公司　教授级高工
叶代启　华南理工大学　教授
宁　平　昆明理工大学　教授
罗　坤　浙江大学　教授
王智化　浙江大学　教授
吴学成　浙江大学　教授
陈玲红　浙江大学　副教授
郑成航　浙江大学　副教授
张涌新　浙江大学　高级工程师
竺新波　浙江大学　博士后
曲瑞阳　浙江大学　博士生
杨　航　浙江大学　博士生
张　军　浙江大学　博士生
严　佩　浙江大学　博士生
吴迎春　浙江大学　博士生
常倩云　浙江大学　博士生
宋　浩　浙江大学　博士生
杨正大　浙江大学　博士生
胡文硕　浙江大学　博士生

2.1　我国能源利用现状

2.1.1　我国能源消费现状

我国是能源生产和消费大国，一次能源消费总量持续增长，且煤炭作为我国主体能源的地位在短期内难以根本改变（见图 2-1）。统计资料显示，2012 年我国一次能源消费总量为 36.2 亿 tce[①]，其中，煤炭消费量约 35.26 亿 t（折合 24.1 亿 tce），约占全球煤炭消费总量 50%，对外依存度 8.2%；石油消费量 4.67 亿 t（折合 6.8 亿 tce），对外依存度 58%；天然气消费量 1463 亿 m³（折合 1.88 亿 tce），对外依存度 28.8%（国家统计局，2013）。

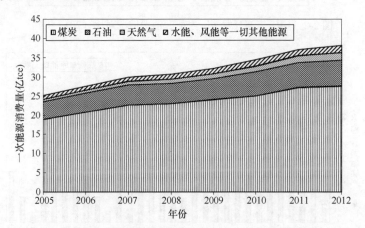

图 2-1　中国一次能源消费结构变化趋势（2000～2012 年）

如图 2-2 所示，美国、德国、日本等发达国家，煤炭、石油、天然气等化石能源消费仍占主导地位，但煤炭消费占比相对较小。统计资料显示，美国能源消费总量中煤炭只占到 20%，天然气和石油分别占 30% 和 35%。日本能源消费总量中煤炭、石油、天然气的占比分别为 26.2%、45.8% 和 23.9%。德国能源消费总量中煤炭消费量约占其能源消费总量的 25%，而法国的核电发电量达到了全部能源消费总量的 40% 以上（英国石油公司，2013）。

我国一次能源消费呈现强度高、分布不均的特点（见图 2-3）。2012 年我国单位国土面积一次能源、煤炭、石油、天然气的平均消费强度分别为 375.23 tce/km²、365.49 t 煤/km²、49.33 t 原油/km² 和 1.53 万 m³/km²。从区域分布来看，我国东部沿海发达省份的能源消费强度远高于中西部欠发达地区。以京津冀地区为例，该地区一次能源消费强度约是全国平均水平的 5.64 倍，煤炭消费强度约是全国的 4.94 倍。

---

① tce，ton of standard coal equivalent，吨标准煤

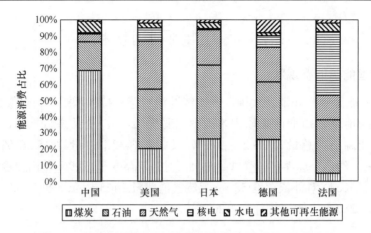

图 2-2 中国与部分发达国家能源消费情况对比（2012 年）

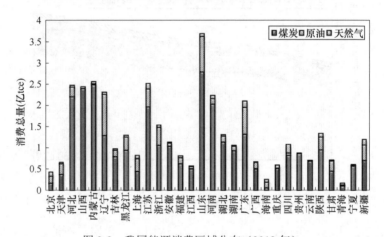

图 2-3 我国能源消费区域分布（2012 年）

　　尽管我国能源消费总量大，但人均能源消费量却仍低于发达国家（见图 2-4）。2012 年我国人均能源消费量为 2.68 tce/人，是日本的 40%左右，美国的 20%左右。我国经济发展方式仍相对粗放、产业结构不尽合理，使得单位 GDP 能耗远高于发达国家（见图 2-5），即使是经济较发达的京津冀、长三角、珠三角等重点地区，人均能源消费量虽没有达到发达国家的平均水平，但单位 GDP 能耗远超发达国家水平（国家统计局，2013）。

　　从行业来看，我国电力、热力、钢铁、建材、有色金属、石化化工行业是一次能源的主要消费行业（见图 2-6）。统计资料显示，电力、热力的生产和供应业、黑色金属冶炼及压延加工业、非金属矿物制品业、石化化工、有色金属冶炼及压延加工业等行业一次能源消费量约占全国消费总量的 82.7%，其中火电、钢铁、建材行业分别消费了全国 49.4%、8.6% 和 7% 的煤炭，石化化工消费了全国 15.4% 的煤炭和 97.4% 的石油（表 2-1）（国家统计局，2013）。

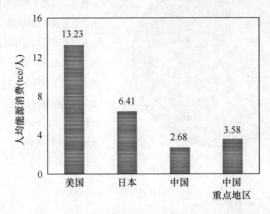

图 2-4　中国与世界发达国家人均能源消费对比（2012 年）

重点地区包括京津冀、长三角和珠三角

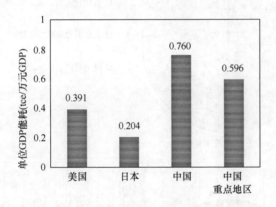

图 2-5　中国与世界发达国家单位 GDP 能耗对比（2012 年）

重点地区包括京津冀、长三角和珠三角；GDP 数据依据当年官方汇率从各国货币换算成人民币（元）

表 2-1　我国主要用能行业一次能源消费量（2012 年）

一次化石能源消费量　　　　　工业行业	煤炭（万 t）	石油（万 t）	天然气（亿 m³）
电力、热力的生产和供应业	174273.38	2.46	225.02
黑色金属冶炼及压延加工业	30296.16	0.01	33.12
非金属矿物制品业	24814	7.78	68.72
石化化工等行业	55739.86	45474.19	355.25
有色金属冶炼及压延加工业	6411.06	0.23	26.05
其他工业行业	61112.61	1194.25	754.84
工业消费总量	352647.07	46678.92	1463

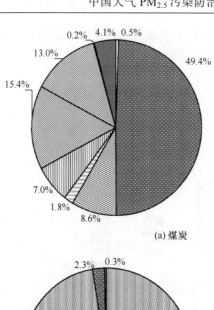

农、林、牧、渔、水利业，0.5%
电力、热力生产和供应业，49.4%
黑色金属冶炼及压延工业，8.6%
有色金属冶炼及压延工业，1.8%
非金属矿物制品业，7.0%
石化化工等行业，15.4%
工业其他部门，13.0%
建筑业，0.2%
民用部门，4.1%

(a) 煤炭

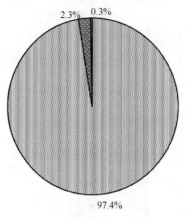

石化化工等行业，97.4%

工业其他部门，2.3%

民用部门，0.3%

(b) 石油

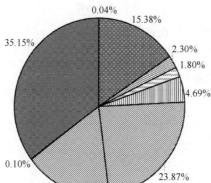

农、林、牧、渔、水利业，0.04%
电力、热力生产和供应业，15.38%
黑色金属冶炼及压延工业，2.30%
有色金属冶炼及压延工业，1.80%
非金属矿物制品业，4.69%
石化化工等行业，23.87%
工业其他部门，16.68%
建筑业，0.10%
民用部门，35.15%

(c) 天然气

图 2-6 我国主要用能行业煤炭、石油、天然气消费比例（2012 年）

　　发达国家各行业能源消费占比与我国有较大差别。以美国为例，统计数据显示，2012 年美国煤炭消费总量为 8.10 亿 t，其中电力行业消费约为 7.47 亿 t，占煤炭消费总量的92.2%；石油总消费量为9.2亿t，工业消费占石油消费总量的25%；天然气消费总量为 7150.8 亿 m^3，其中电力行业和工业消费量分别为 2551 亿 m^{3}和 2023.3 亿 m^3，分别占天然气消费总量的 35.7%和 28.3%，此外天然气作为清洁燃料直接燃烧使用比例较大（见图 2-7）（美国能源信息署，2013）。可以看出，美国煤炭利用高度集中于电力行业，在工业锅炉、民用等方面的终端利用比例很小；而我国煤炭利用整体较为分散，在电力行业的利用比例仅为 50%左右。

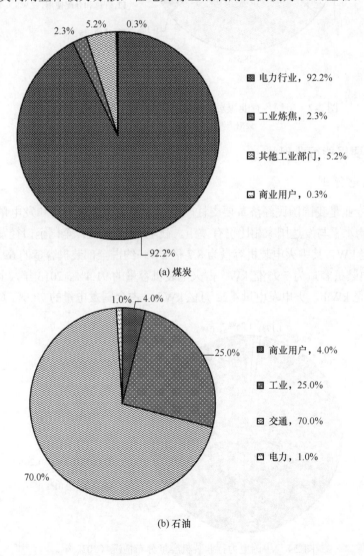

(a) 煤炭

(b) 石油

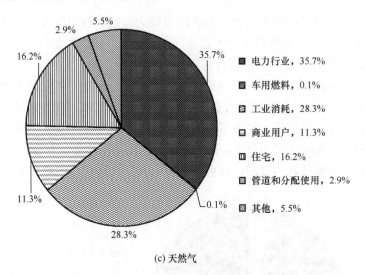

(c) 天然气

图 2-7　美国各行业煤炭、石油、天然气消费比例（2012 年）

数据来源：美国能源信息署，2013

2.1.2　主要用能行业现状

1. 火电行业

电力行业是我国国民经济重要支柱产业，全国发电装机容量和发电量居世界前列，但人均水平与发达国家相比仍有差距。截至 2013 年底，全国全口径发电装机容量 12.58 亿 kW，其中火电装机容量为 8.7 亿 kW，约占全部装机容量的 69.2%（见图 2-8）。煤电装机容量为 7.95 亿 kW，占火电装机容量的 91.4%。2013 年，全国发电量为 5.37 万亿 kW·h，火电发电量 4.22 万亿 kW·h，占全国发电量的 78.6%（见图 2-9）

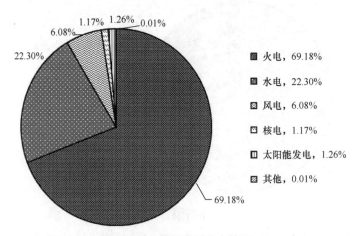

图 2-8　中国电力行业装机容量分布情况（2012 年）

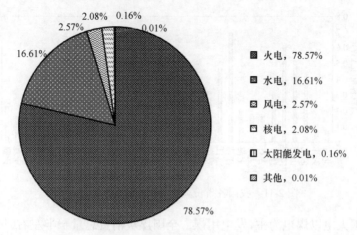

图 2-9　中国电力行业发电量分布情况（2012 年）

（中国电力企业联合会，2013）。随着社会经济的发展，我国电力装机规模平稳增长，2011～2013 年全国电力总装机容量同比增长分别为 8.3%、6.7%、6.2%（见图 2-10）。2013 年，我国人均装机容量和人均耗电量分别为 0.924 kW 和 3948 kW·h/a，低于发达国家水平，其中发达国家人均耗电量普遍在 8000 kW·h/a 左右，美国更是高达 1.5 万 kW·h/a 左右。

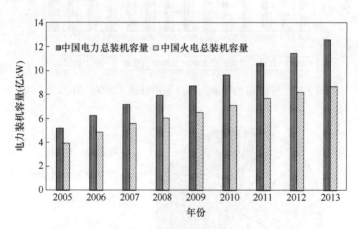

图 2-10　中国电力总装机容量变化（2005～2013 年）

从区域分布上看，我国火电布局存在着显著的地区差异，东部沿海发达地区火电装机密度显著高于其他地区。从装机总量来看，江苏、山东、内蒙古、广东、河南和山西六省集中了我国 40% 以上的火电装机容量（见图 2-11）。从装机密度来看，单位面积火电机组装机容量全国排名前三的地区是上海、天津和江苏。

从发电能源构成上来看，火电是我国最主要的发电形式，发电量占比达到

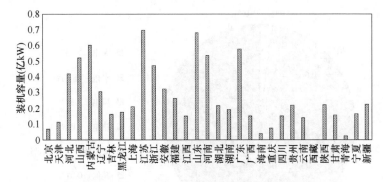

图 2-11　我国各省份火电装机容量（2013 年）

78.6%；我国火电以煤电为主，发电用煤占全国煤炭消费总量一半左右（见图 2-12）。而美国煤电、天然气发电、核电占比分别为 39%、28% 和 19%（见图 2-13）。

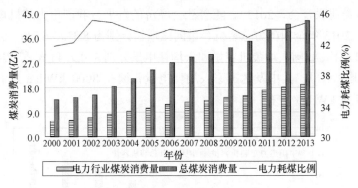

图 2-12　中国电力行业历年煤炭消耗量（2000～2013 年）

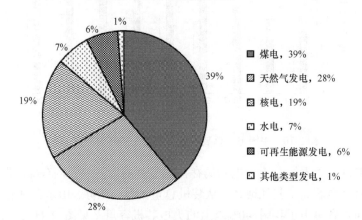

图 2-13　美国各种类型发电量占总发电量比例（2013 年）

数据来源：美国能源信息署，2013

从单机容量来看，我国落后的小容量低参数亚临界发电机组和先进的大容量高参数超超临界发电机组并存，但 300 MW 以下的小机组正逐步被淘汰（图 2-14）。2013 年，我国 6 MW 以上火电机组总装机容量为 8.65 亿 kW，其中 300 MW 以上机组总装机容量为 6.47 亿 kW，占总容量的 74.8%；600 MW 以上机组总装机容量为 3.49 亿 kW，占总容量的 40.3%（中国电力企业联合会，2012）。

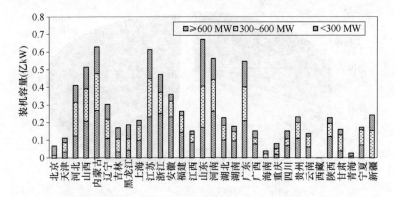

图 2-14　6 MW 及以上火电机组容量不同装机等级结构（2013 年）

近年来，随着我国电力装备水平不断提升，全国运行火电机组的平均供电标准煤耗持续稳定降低，已从 2000 年的 392 gce[①]/（kW·h）降低到 2013 年的 321 gce/（kW·h），节能减排效果明显（见图 2-15），但与国际先进水平相比仍有较大的节能减排空间。

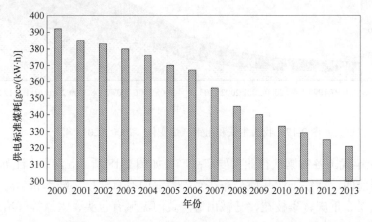

图 2-15　我国燃煤发电机组历年平均供电标准煤耗（2000～2013 年）

---

① gce，gram of standard coal equivalent，克标准煤

2. 钢铁行业

钢铁行业也是我国国民经济的重要支柱产业之一。2013 年我国粗钢产量为
7.79 亿 t，占全球总产量的 48.5%，连续 17 年位居世界第一（见图 2-16），约是排
名第二的日本的 7.04 倍，且近年来生铁和粗钢产量持续增长（见图 2-17）。

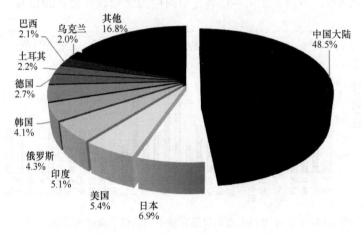

图 2-16 世界粗钢产量比例（2013 年）

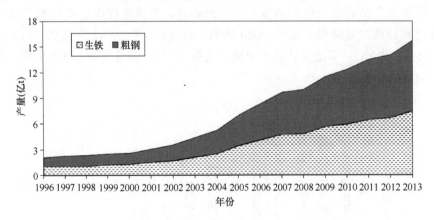

图 2-17 我国生铁和粗钢产量变化（2000～2013 年）

2013 年我国各省钢铁行业主要产品产量如图 2-18 所示，河北、江苏、山东和
辽宁位居前四，钢铁工业基地分布在东部沿海的有京津唐、鞍本和上海等，长江
流域有武汉、重庆、攀枝花、马鞍山等，黄河流域有包头、太原等（冶金工业经
济发展研究中心，2013）。

钢铁工业是资源、能源密集型产业。资料显示，2013 年我国以钢铁工业为主
体的黑色金属冶炼及压延加工业总能耗为 6.88 亿 tce，占我国当年总能耗的 16.5%，

所消耗的能源中，焦炭消费总量为 3.93 亿 t，煤炭消费量为 3.45 亿 t，其他能源如石油、天然气等消费量很低。而世界其他钢铁生产大国如日本、美国等钢铁行业一次能源消耗以石油为主，占比超过了 50%（见图 2-19 和图 2-20），其中美国钢铁行业天然气消费达到 18.18%（WSA，2013）。

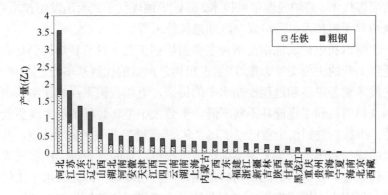

图 2-18　我国钢铁行业产品分省产量（2013 年）

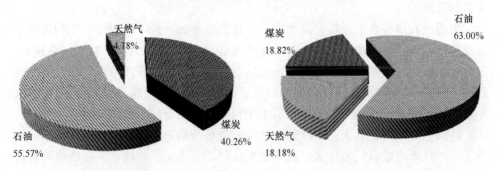

图 2-19　日本钢铁行业一次　　　　　图 2-20　美国钢铁行业一次
　　能源消费比例（2012 年）　　　　　　　能源消费比例（2012 年）

　　钢铁工业特点是产业规模大、生产工艺流程长，从矿石开采到最终产品，需经过多个生产工序，其中的一些主体工序资源/能源消耗量、污染物排放量都较大。

　　钢铁行业按流程分可分为：烧结球团、炼铁、炼钢、轧钢工序。我国的烧结工序主要采用带式烧结法，球团工序的工艺有竖炉法，带式焙烧法和链箅机-回转窑法。2013 年重点大中型钢铁企业烧结机总台数达到 534 台，产能达 10.44 亿 t，其中 130 m^2 及以上规模的烧结机共 308 台，产能达 8.14 亿 t，占全部产能比例达77.9%，逐渐成为我国重点大中型钢铁企业生产的主力。球团工序方面，随着高炉大型化发展，链箅机-回转窑工艺由于具有原料适应性强、产品质量较高、设备可大型化、相对更节能等优点得到了快速发展（工信部节能司，2012a）。

　　我国炼铁工序的工艺有高炉法炼铁和直接还原铁，主要采用的是高炉-转炉长流程钢铁生产工序。2013 年全国重点钢铁企业 1000 m^3 以上大型高炉 333 座，产能为 51455 万 t，占全部产能比为 70.6%，其中 3000 m^3 以上高炉 35 座，2000～2999 m^3 高炉 75 座，1000～1999 m^3 高炉 225 座。炼铁工序的先进减排技术有高炉浓相高效喷煤技术、高炉脱湿鼓风技术、高炉炉顶煤气干式余压发电技术（TRT）、高炉热风炉双预热技术、高炉煤气汽动鼓风技术等。

　　转炉法炼钢和电炉法炼钢是两种主要的炼钢工艺。目前转炉钢仍是我国粗钢总产量逐年上升的主要支撑力量，产量占粗钢总产量的比例基本稳定在 90% 左右。随着转炉技术装备进步和过程控制水平的提高，近年我国重点统计钢铁企业转炉炼钢的钢铁料消耗和工序能耗不断下降，多数大中型转炉具备了实现负能炼钢的装备条件，少数先进钢铁企业已经实现"转炉-连铸"全工序负能炼钢，其炼钢过程中回收的煤气和蒸汽能量大于实际炼钢过程中消耗的水、电、风和气等能量总和。但总体来看，我国转炉炼钢物料消耗、能源消耗与国际先进水平比较仍存在较大差距，仍应大力推广先进生产工艺技术，重视节能环保与综合利用，力争实现新的突破。

　　为适应我国特有的原料及能源条件，提高竞争力，近年我国多数电炉进行了以改善炉料结构和能源结构为核心的技术改造，如许多电炉采用了铁水热兑技术，部分电炉采用了高效供氧、助熔、优化供电和废钢预热技术，冶炼电耗、工序能耗显著降低。由于我国能源消费结构以及废钢资源回收等问题，电炉钢比例在 10% 左右的低位波动，与 30% 左右的世界电炉钢相比，仍有较大差距。

　　轧钢主要分为热轧工艺和冷轧工艺。轧钢过程的先进节能减排技术有连铸坯热装热送技术，低温轧制技术，热带无头轧制、半无头轧制技术，在线热处理技术等；资源能源回收技术有轧钢加热炉蓄热式燃烧技术，轧钢氧化铁皮综合利用技术等。

　　我国钢铁行业产能严重过剩，产业集中度不高，产品附加值较低。"十二五"期间，国家进一步淘汰落后产能、优化存量产能，实施烧结机烟气污染治理工作。兼并重组工作也取得成效，国内排名前 10 位的钢铁企业集团钢产量占全国总量的比例由 48% 提高到 60% 左右。目前我国钢铁行业正由"高速粗放"型向"减速精细"型发展，逐步向生产装备大型化、生产过程清洁化、产业集中度提高、产品附加值提高的方向发展。

　　3. 水泥行业

　　中国是世界上最大的建筑材料生产国和消费国，主要建材产品水泥、平板玻璃、建筑卫生陶瓷、石材和墙体材料等产量多年居世界第一位。2013 年我国建材行业生产水泥 24.2 亿 t，平板玻璃 7.9 亿重量箱，瓷砖 96.9 亿 m^2。近二十年来，我国水泥产量持续增长，连续八年占世界水泥总产量 50%以上（见图 2-21 和图 2-22）。2013 年我国水泥产能 32.9 亿 t，熟料设计产能 18.6 亿 t，产量为 13.8 亿 t，新型干法熟料生产能力占全国熟料生产能力的 95.2%。2012 年规模以上水泥企业能耗总量约为 2.07 亿 tce，约占 2012 年全国能源消费总量的 5.7%。

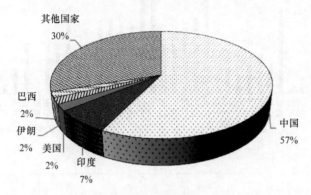

图 2-21　世界水泥产量比例（2013 年）

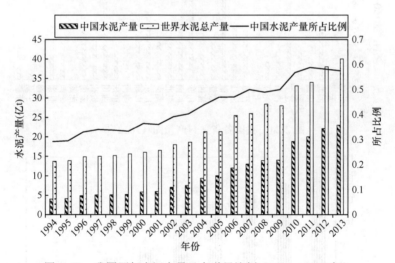

图 2-22　我国历年水泥产量及占世界比例（1994～2013 年）

　　我国水泥产量排前三的大省分别是江苏、山东和河南（见图 2-23），而水泥熟料产量排名前三的省份是安徽、山东和四川（见图 2-24）。

　　目前水泥的生产方法主要有三种：新型干法预分解回转窑、立窑及其他回转窑。不同的水泥生产工艺与设备在规模效益、能源消耗、资源利用、污染排放等方面存在较大差别（丁新淼等，2010）。我国水泥熟料生产线大型先进工艺的比例不断提高，新型干法窑外预分解技术已成为我国水泥生产的主导工艺，平均水泥综合能耗逐年降低（见图 2-25）。2013 年，新型干法生产线数量达到 1712 条，新型干法水泥比例从 2000 年的 10.1%增长至 91.6%（见表 2-2）。

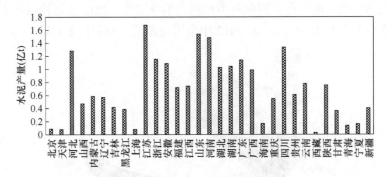

图 2-23　我国各省水泥产量图（2012 年）

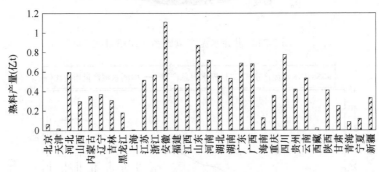

图 2-24　我国各省熟料产量图（2012 年）

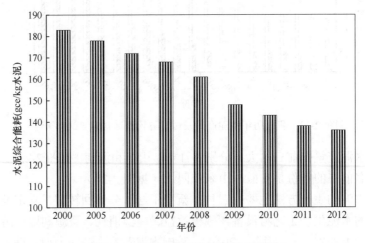

图 2-25　我国水泥行业历年综合能耗

表 2-2　我国 2000～2012 年新型干法水泥产量及比例

年份	水泥产量（亿 t）	新型干法水泥产量（亿 t）	新型干法水泥比例（%）	新型干法生产线条数
2000	5.97	0.6	10.1	133
2001	6.64	0.94	14.2	170
2002	7.25	1.23	17	222
2003	8.62	1.9	22	320
2004	9.7	3.16	32.6	504
2005	10.6	4.73	44.6	624
2006	12.4	6.02	48.5	715
2007	13.6	7.15	52.6	802
2008	14	8.58	61.3	934
2009	16.5	12.7	77	1113
2010	18.8	14.9	79.3	1273
2011	20.9	18.6	89	1513
2012	22.12	20.1	90.9	1637
2013	24.2	22.2	91.6	1712

4. 石化化工行业

改革开放以来，我国石化化工行业发展迅速，产品产量及规模日益增加。截至 2013 年 7 月，全国石化化工行业企业共 51296 家，其中生产部门约 8700 余家。1978～2012 年，我国石化化工行业主要产品产量如图 2-26 所示。2012 年石化化工行业分省产量如图 2-27 所示，其中山西、河北、山东、江苏等省份的产品产量名列前茅，焦炭仍是石化化工行业的主要产品（席劲瑛等，2012）。

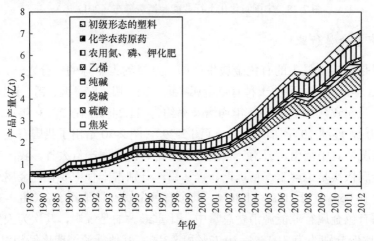

图 2-26　石化化工行业主要产品产量情况（1978～2012 年）

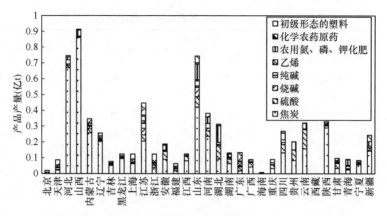

图 2-27　石化化工行业主要产品分省分布（2012 年）

2012 年石化化工行业能源消费总量为 5.51 亿 t 标准煤，占全国总能耗的 15.2%，具体能源消费情况如图 2-28 所示。

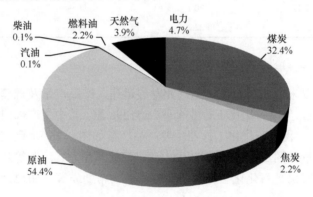

图 2-28　中国石化化工行业能源消费分布（2012 年）

5. 有色金属行业

我国是世界上最大的有色金属生产国，产量约占全球的三分之一，自 2005 年至 2013 年，我国主要的十种有色金属（铜、铝、铅、锌、镍、锡、锑、汞、镁、钛）总产量呈逐年增长趋势，年均增长率约为 11.24%，在 2013 年总产量达到 4154.17 万 t，连续 10 年居世界第一（图 2-29）。图 2-30 给出了我国有色金属的分省产量情况，其中河南、云南、甘肃、山东是有色金属产量大省。我国产量最高的有色金属依次是电解铝、精炼铜、锌、铅，分别占十种主要有色金属总产量的 55.74%、16.05%、12.71%、11.88%，其余有色金属产量不到 5%（图 2-31）。

我国有色金属行业能源消费总量中，比重最大的是煤炭，其次为天然气和电力，所占比例分别约为 71.13%、10.77% 和 8.30%，其他能源消费比例相对较低（见

图 2-32）。

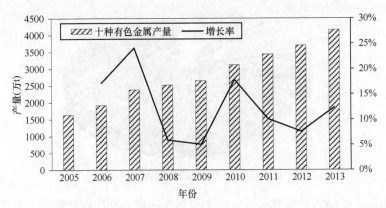

图 2-29　我国主要的十种有色金属产量及增长率变化趋势（2005～2013 年）

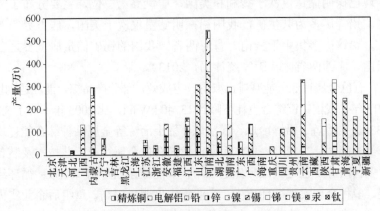

图 2-30　我国有色金属分省产量情况（2013 年）

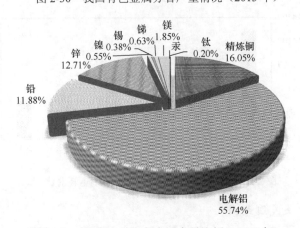

图 2-31　我国十种有色金属产量比例（2013 年）

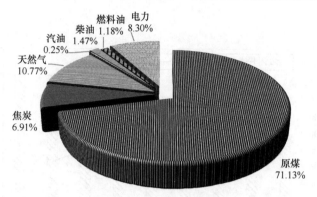

图 2-32 我国有色金属行业能源消费比重（2013 年）

我国铝土矿储量占世界第五位，主要集中在贵州和广西两省区。我国铜矿资源丰富，现已探明储量仅次于智利和美国，居世界第三位，主要分布于云南、西藏等省区。铅锌矿多为共生矿，我国铅探明储量仅次于美国，居世界第二，锌居世界首位，铅锌矿多集中于云南、青海两省。我国的锡矿储量居世界之首，主要分布在云南、广西两省区（国家统计局，2013）。

当前，有色金属行业节能减排已取得一定成效，部分产品综合能耗达到世界先进水平。2013 年，我国铝锭综合电耗下降到 13740 kW·h/t，比 2005 年下降了 835 kW·h/t（见图 2-33）。铜冶炼、铅锌冶炼、镁冶炼、稀土冶炼等金属品种综合能耗均大幅降低（工信部节能司，2012b）。总体而言，我国有色金属行业工艺技术及装备水平有所提高，多种冶炼工艺达到国际先进水平；节能减排取得初步成效；循环经济实现较快发展，多种金属实现循环再生；产业集中度明显提高，重组后企业实力得到显著增强；产业布局进一步优化。但有色金属行业节能减排任务依然繁重。

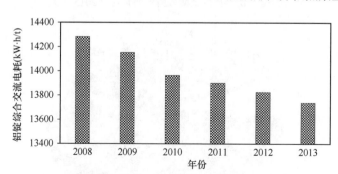

图 2-33 我国与国际先进水平电解铝电耗对比

6. 工业锅炉及民用部门

我国工业锅炉总台数保有量大，且处于缓慢增长进程中，总蒸发量增速降缓（见

图 2-34 和图 2-35）。相关资料显示，2011 年我国在役工业锅炉 61.06 万台，总容量 351.29 万 MW，其中燃煤工业锅炉约 46 万台，占总台数的 75%以上，总容量约 299 万 MW，约占总容量的 85%；全国 31 个省市均有工业锅炉分布，其中江苏、浙江、河北、辽宁、山东等东部经济较发达地区的总保有量较大，而西藏、青海、宁夏和海南等经济欠发达地区的保有量较小。在我国北方地区的工业锅炉中，用于采暖的锅炉占相当大的比例。2012 年燃煤工业锅炉耗煤约 7.2 亿 t（中华人民共和国环境保护部，2013a）。相比较而言，目前美国现役工业锅炉仅为 16.3 万台，总容量 79.04 万 MW，其中制造行业工业锅炉按照燃料种类的数量和容量分布如图 2-36 所示。

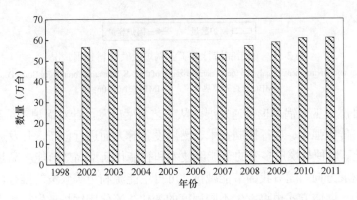

图 2-34　我国工业锅炉数量变化（1998～2011 年）

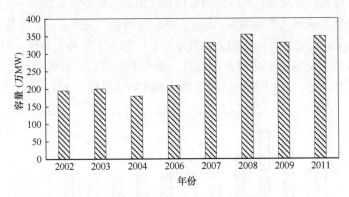

图 2-35　我国历年工业锅炉总容量（2002～2011 年）

据 2010 年全国污染源普查的 340 个地级以上城市现有锅炉中：10t 以下锅炉数量占 70%，容量占 20%，耗煤量占 23%；35t/h 以上锅炉占总台数的 7%，总容量的 52%，燃煤量占工业锅炉总燃煤量的 50%；小容量锅炉数量众多且分散，污染物控制装备安装、运行难度大，监管困难，是污染排放控制的难点。

总体而言，工业锅炉煤改气、煤改电以及热电联产替代是主要发展方向，同

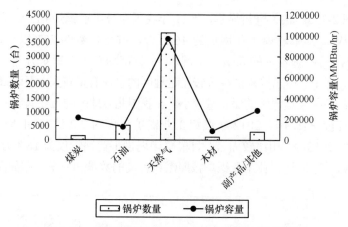

图 2-36 美国制造行业工业锅炉及其燃料使用情况

数据来源: Energy and Environmental Analysis, Inc: Characterization of the U.S. Industrial/Commercial Boiler Population, 2005.05
MMBtu, 百万英热单位, 1 MMBtu=1.05506×10^{9}J

时高效低排燃煤工业锅炉也快速发展。从工艺角度出发, 针对锅炉本体结构优化、炉内流动、传热强化、运行控制技术、燃烧设备等方面进行创新, 开发适应工业锅炉负荷变化、煤种与煤质多变的节能新技术和智能化新型高效节能产品是燃煤锅炉现阶段的发展方向。随着我国节能减排、可再生能源利用等政策的推行, 工业锅炉的产品结构、燃烧方式也将发生不同程度的变化, 流化床锅炉、生物质锅炉、余热锅炉等都将得到较快发展。从污染物减排角度出发, 对小型工业锅炉实施清洁能源替代, 对大型工业锅炉实施烟尘、SO$_2$、NO$_x$ 等污染物高效控制, 实现污染物协同脱除技术以及副产物资源回收的关键技术创新, 相关工作势在必行, 但任务艰巨。

民用部门主要包括生活消费, 批发、零售业和住宿、餐饮业, 交通运输、仓储和邮政业及其他, 2012 年消耗煤炭约 1.44 亿 t (见图 2-37)。

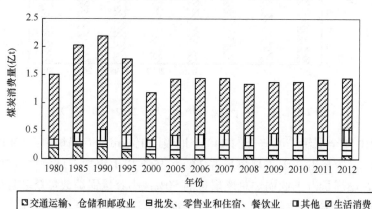

图 2-37 我国各民用部门煤炭消费量 (1980~2012 年)

2.2　我国 PM₂.₅ 及其前体物排放现状

2.2.1　我国主要用能行业污染点源及控制政策

　　通过资料调研和现场考察，汇总编制了我国主要用能行业排放源的 GIS 地理信息图，如图 2-38 所示。从图中可以看出，我国大气 PM₂.₅ 及其前体物的排放点源分布呈东密西疏状，沿海地区明显较密。其中，燃煤电站和水泥工业在江苏、山东最为集中，钢铁冶炼企业在河北的集中度远高于其余省份，有色金属冶炼行业中，河南、山东的排放点源最为密集，而山西、山东、河北的石化化工行业排放点源较为集中。

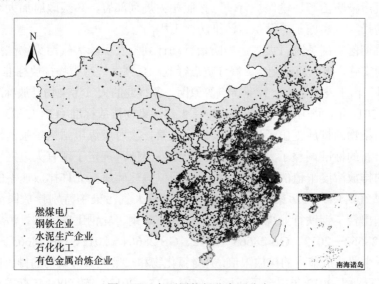

图 2-38　主要用能行业点源分布

　　党中央、国务院一直都高度重视节能和大气污染防治工作。2013 年 4 月 25 日习近平主席在中共中央政治局常务委员会上提出"扎实推进产业转型升级，积极推进产能过剩行业调整，坚决遏制产能过剩和重复建设，推动战略性新兴产业发展，支持服务业新型业态和新型产业发展。切实加强环境保护和资源节约，把环境保护放到更加突出的位置，抓紧研究大气污染防治行动计划"。2013 年 6 月 14 日，李克强总理主持国务院常务会议时，部署了大气污染防治十条措施。2015 年 3 月 5 日，李克强总理代表国务院做政府工作汇报，李克强指出，要打好节能减排和环境治理攻坚战，环境污染是民生之患、民心之痛，要铁腕治理。十八大五中全会提出，坚持绿色发展，必须坚持节约资源和保护环境的基本国策，加大环境治理力度，以提高环境质量为核心，实行最严格的环境保护制度，深入实施大气污染防治行动计划。在党中央、国务院的领导下，各部门、各地区积极行动，正大力推动能源利用行业大气污染防治工作。

为了改善空气质量和保护公众健康，国家先后颁布实施了《关于推进大气污染联防联控工作改善区域空气质量指导意见》、《重点区域大气污染防治"十二五"规划》、《大气污染防治行动计划》、《环境空气细颗粒物污染综合防治技术政策》、《关于调整排污费征收标准等有关问题的通知》、《煤电节能减排升级与改造行动计划（2014—2020 年）》等一系列政策和规划。同时，正强力推动重点区域大气污染防治工作，建立了京津冀、长三角、珠三角等区域大气污染联防联控协调机制，出台了一系列联防联控措施。特别是在京津冀协同发展战略中，要求率先实施京津冀大气污染防治等环境保护行动。按照相关规划部署，各级政府加大对大气污染防治的投入，实施了一批重点污染防治工程。

为贯彻落实国务院《大气污染防治行动计划》及保障大气污染物减排战略规划的顺利实施，国家通过制定、修订重点行业一系列大气污染物排放标准，推进污染物减排。由于发展水平、行业特点等原因，各行业的大气污染物排放标准有较大的差异。2011 年，我国出台了新的火电厂大气污染物排放标准（GB 13223—2011），对大气污染物的排放提出了更高的要求，且第一次对燃煤电站锅炉汞的排放提出了限制；新的标准调整了大气污染物排放浓度限值，规定了现有火电锅炉达到更加严格的排放浓度限值的时限，取消了全厂二氧化硫最高允许排放速率的规定，增设了燃气锅炉大气污染物排放浓度限值以及大气污染物特别排放限值。2012 年，我国出台了钢铁行业烧结、球团、炼铁、炼钢、轧钢工序的大气污染物新标准（GB 28662—2012、GB 28663—2012、GB 28664—2012、GB 28665—2012），提出了各主要排放节点的排放限值，且对氟化物和二噁英类污染物的排放提出了限值；水泥行业于 2013 年出台了新标准（GB 4915—2013），较 2004 年标准加严了颗粒物、二氧化硫、氮氧化物的排放限值，增设了汞及其化合物、氨的排放浓度限值；平板玻璃行业目前执行《平板玻璃工业大气污染物排放标准》（GB 26453—2011），陶瓷行业目前执行《陶瓷工业污染物排放标准》（GB 25464—2010），砖瓦行业于 2013 年出台了新标准（GB 29620—2013），这三项新标准均更新替代了原有的《工业炉窑大气污染物排放标准》（GB 9078—1996）和《大气污染物综合排放标准》（GB16297—1996）规定的限制，针对特定行业各系统和设备设定了新的排放限值；有色金属行业的最新标准主要包括《铝工业污染物排放标准》（GB 25465—2010）、《铅、锌工业污染物排放标准》（GB 25466—2010）、《铜、镍、钴工业污染物排放标准》（GB 25467—2010）、《镁、钛工业污染物排放标准》（GB 25468—2010）、《锡、锑、汞工业污染物排放标准》（GB 30770—2014）和《再生铜、铝、铅、锌工业污染物排放标准》（GB 31574—2015），针对有色金属各行业排放的污染物制定了较为详细的排放限制要求。2014 年颁布实施了新修订的《锅炉大气污染物排放标准》（GB 13271—2014），增加了燃煤锅炉氮氧化物和汞及其化合物的排放限值，且主要污染物排放限值均大幅度收紧。2015 年国家发布了《石油炼制工业污染物排放标准》（GB 31570—2015）、《石油化学工业污染物排放标准》（GB 31571—2015）、《合成树脂工业污染物排放标准》（GB 31572—2015）等新标准，不仅大幅收严了石化化工行业常规污染物的排放限值，还针对行业的特征污染物——挥发性有机物提出了控制要求。图 2-39 给出了主要用能行业不同固定源颗粒物、SO_2 和 NO_x 排放标准对比情况。

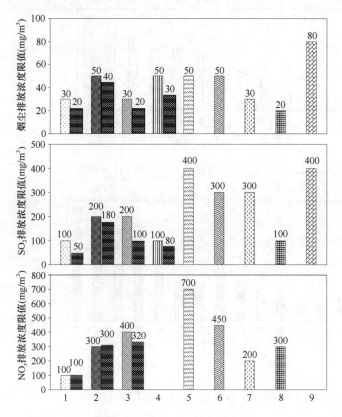

图 2-39　典型用能行业颗粒物、SO_2 和 NO_x 排放标准对比

与发达国家相比，我国的大气污染物排放标准整体差距并不大，有的标准甚至严于发达国家标准。如我国燃煤电站锅炉主要大气污染物（二氧化硫、氮氧化物和颗粒物）的排放限值均严于发达国家（见图 2-40、图 2-41、图 2-42），且监测考核指标为日平均值，相对于欧美的月平均值考核指标更为严格。

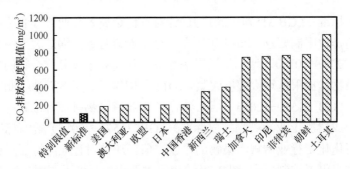

图 2-40 中国大陆及其他国家或地区燃煤电站锅炉 SO$_2$ 排放标准

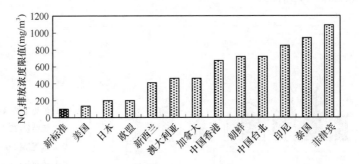

图 2-41 中国大陆及其他国家或地区燃煤电站锅炉 NO$_x$ 排放标准

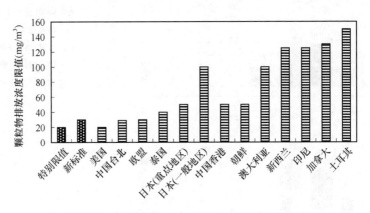

图 2-42 中国大陆及其他国家或地区燃煤电站锅炉颗粒物排放标准

此外，各地方政府也积极行动，制修订了主要用能行业的地方排放新标准，对地方主要用能行业排放的 SO$_2$、NO$_x$、颗粒物等大气污染物提出了更严格的控制要求，并相继出台了相关行业挥发性有机物（VOCs）排放控制标准，加强了能源利用行业大气污染治理工作。

2.2.2　我国主要用能行业 PM$_{2.5}$ 及其前体物排放特征

1. 我国 PM$_{2.5}$ 及其前体物排放现状

近年来，国家采取了严格的大气污染防治行动措施，使主要大气污染物排放量上升的趋势得到了有效遏制，但污染物的排放总量仍然保持一个很高的水平（见图 2-43），大气污染问题依然严峻。特别是近几年来，京津冀、长三角和珠三角等重点地区频繁发生雾霾事件，同时，一些新兴经济和人口密集区域如成渝城市圈、中原城市圈等区域也开始发生严重的大气污染问题。

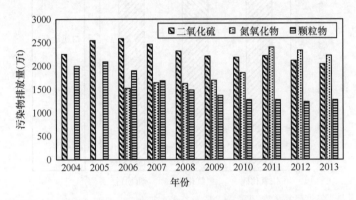

图 2-43　近年来中国主要大气污染物排放情况

我国主要大气污染物的排放量仍远超发达国家，如图 2-44 所示，2011 年我国 SO$_2$ 排放量为 2217.9 万 t，约是美国的 4 倍，日本和德国的 50 倍，法国的 80 倍；NO$_x$ 排放量为 2404.3 万 t，约是美国的 2 倍，日本的 40 倍，德国的 20 倍，法国的 24 倍；颗粒物排放量为 1278.8 万 t，约是美国的 2 倍，日本和德国的 40 倍，法国的 15 倍（中华人民共和国环境保护部，2014a）。

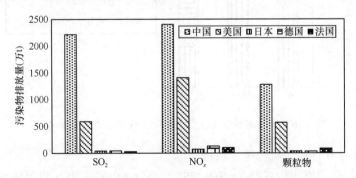

图 2-44　中国和发达国家主要大气污染物排放对比（2011 年）

2. 我国主要用能行业 PM₂.₅ 及其前体物排放特征

环境统计年报数据显示，2012 年我国 SO_2、NO_x 和颗粒物排放分别为 2117.6 万 t、2337.8 万 t 和 1234.3 万 t，其中 SO_2 的 90.3%、NO_x 的 70.9%、颗粒物的 83.4% 来自电力、热力生产和供应业、黑色金属冶炼及压延加工业、非金属矿物制品业等主要用能行业（见图 2-45、表 2-3、图 2-46）（中华人民共和国环境保护部，2014a）。

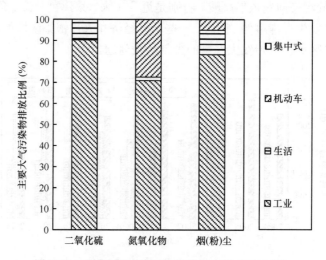

图 2-45　我国主要大气污染物排放比例（2012 年）

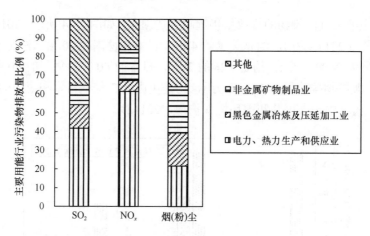

图 2-46　我国主要用能行业污染物排放量占比（2012 年）

（1）分省分行业二氧化硫排放特征

2012 年全国燃煤电厂排放 SO_2 857.1 万 t（中华人民共和国环境保护部，2014a），占全国工业总排放的 44.8%。其中排放量在 50 万 t 以上的省份有山东、内蒙古、山西、贵州和江苏，五省共排放了 335.5 万 t SO$_2$，约占火电行业总排放的 39.1%，如图 2-47 所示。

表 2-3　2012 年各主要用能行业 SO$_2$、NO$_x$、颗粒物排放量（万 t）

行业	二氧化硫	氮氧化物	颗粒物
电力、热力生产和供应业	797	1018.7	222.8
黑色金属冶炼及压延加工业	240.6	97.2	181.3
非金属矿物制品业	199.8	274.2	255.2
其他	674.3	268	370

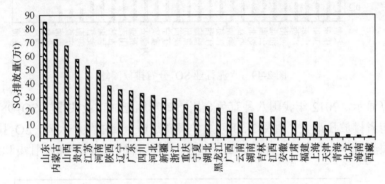

图 2-47　火电行业 SO$_2$ 分省排放（中华人民共和国环境保护部，2014a）

测算显示，2012 年全国钢铁行业各工序 SO$_2$ 排放总量为 222.2 万 t，其中烧结工序排放量最大，占排放总量的 72.4%。全国钢铁行业 SO$_2$ 排放分省分布如图 2-48 所示。可以看出，排名靠前的省份有河北、山东、江苏和辽宁。

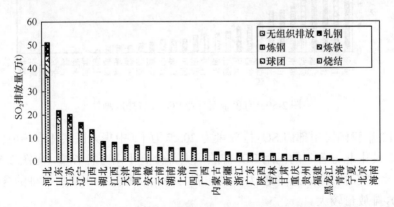

图 2-48　钢铁行业分省各工序 SO$_2$ 排放测算

测算显示，2012 年水泥行业 SO$_2$ 排放量为 23.5 万 t，约占全国工业总排放的 1.2%。水泥行业 SO$_2$ 排放来自于熟料烧制过程，由于水泥窑具有固硫的作用，SO$_2$

排放量较低。2012 年 SO$_2$ 排放量前三的省份为安徽、山东、四川，合计排放 5.1 万 t，约占水泥行业总排放的 21.7%。SO$_2$ 排放分省分布如图 2-49 所示。

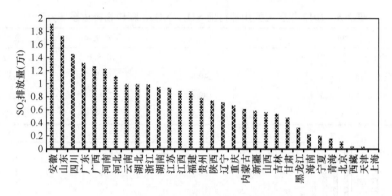

图 2-49　水泥行业 SO$_2$ 分省排放测算

测算显示，2012 年我国八种有色金属冶炼及压延加工业共排放 SO$_2$ 98.9 万 t，其中河南省排放量最大，由图 2-50 可知甘肃省是镍金属的生产大省，SO$_2$ 排放主要来源于镍金属的生产过程。有色金属行业 SO$_2$ 其他排放大省有河南、甘肃和山东等。

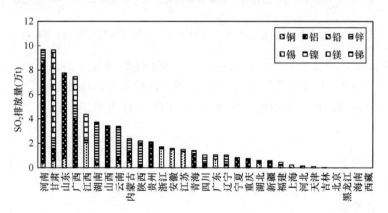

图 2-50　有色金属行业 SO$_2$ 分省排放测算

2012 年我国民用部门 SO$_2$ 排放量为 205.7 万 t（中华人民共和国环境保护部，2014a），其中北方各省的民用 SO$_2$ 排放量大部分高于南方各省市（见图 2-51），其原因是北方冬季供暖耗煤量较大；贵州省、四川省和重庆市燃用煤种的含硫量较高，SO$_2$ 排放量较大。

重点区域方面，我国京津冀 SO$_2$ 总排放量约为 165.95 万 t，其中河北、天津、北京分别排放 134.12 万 t、22.45 万 t 和 9.38 万 t。京津冀的 SO$_2$ 排放主要来自于钢铁行业（56.52 万 t）、火电行业（41.31 万 t）和民用部门（14.59 万 t）。河北省是我国钢铁大省，行业规模和钢铁产量位居全国第一，河北省全省钢铁行业 SO$_2$ 排放量为 48.56 万 t，占京津冀 SO$_2$ 排放总量的 29.3%，同时河北省还拥有相当规模的火电行业，SO$_2$ 排放量为 31.01 万 t。

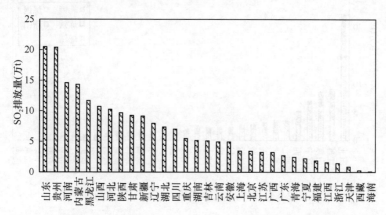

图 2-51　民用部门 SO$_2$ 分省排放（中华人民共和国环境保护部，2014a）

我国长三角 SO$_2$ 总排放量为 184.60 万 t，其中江苏、浙江、上海排放量分别为：99.20 万 t、62.58 万 t 和 22.82 万 t。长三角的 SO$_2$ 排放主要来自于火电行业（92.65 万 t）、钢铁行业（30.36 万 t）。

我国珠三角（广东省）SO$_2$ 排放量为 79.92 万 t，其中火电行业 SO$_2$ 排放量为 34.47 万 t。

（2）分省分行业氮氧化物排放特征

2012 年燃煤电厂排放 NO$_x$ 1083.8 万 t，占全国工业总排放的 65.4%（中华人民共和国环境保护部，2014a）。排放量在 50 万 t 以上的省份有内蒙古、江苏、山东、河南、河北和山西，六省共计排放了 467.5 万 t NO$_x$，约占火电行业总排放的 43.1%，如图 2-52 所示。

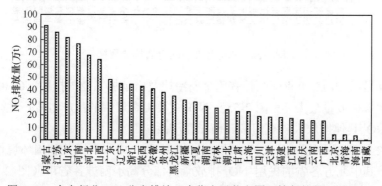

图 2-52　火电行业 NO$_x$ 分省排放（中华人民共和国环境保护部，2014a）

测算显示，2012 年全国钢铁行业 NO$_x$ 排放总量为 93.7 万 t。NO$_x$ 排放分省分布如图 2-53 所示，排放较大的省份分别为河北、江苏、山东和辽宁。

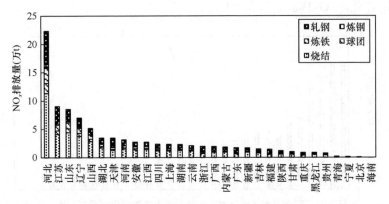

图 2-53　钢铁行业分省各工序 NO$_x$ 排放测算

测算显示，2012 年水泥行业 NO$_x$ 排放量为 202.1 万 t，占全国工业 NO$_x$ 总排放的 12.2%。NO$_x$ 主要排放环节为新干法熟料烧制，共计排放 194.13 万 t，占水泥行业总排放的 96%。水泥行业 NO$_x$ 排放量与熟料产量有关，NO$_x$ 排放超过 10 万 t 的省份依次为安徽、四川、河南、山东，四省共计排放 53.07 万 t，占水泥行业总排放的 26.3%，NO$_x$ 排放分省分布如图 2-54 所示。

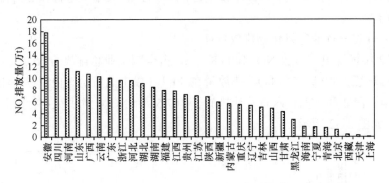

图 2-54　水泥行业 NO$_x$ 分省排放测算

测算显示，2012 年我国八种有色金属冶炼及压延加工业共排放 NO$_x$ 82.8 万 t，其中河南省排放量最大（见图 2-55），NO$_x$ 主要由金属铝的生产过程产生。有色金属行业 NO$_x$ 其他排放大省有河南、山东和广西。

2012 年我国民用部门 NO$_x$ 排放量为 39.3 万 t（中华人民共和国环境保护部，2014a），其中北方各省的民用 NO$_x$ 排放量大部分高于南方各省市（图 2-56），其原因是北方冬季供暖耗煤量较大。

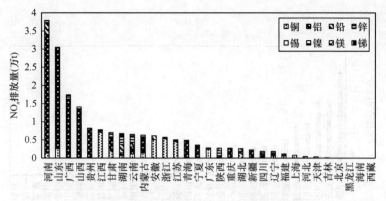

图 2-55　有色金属行业 NO$_x$ 分省排放测算

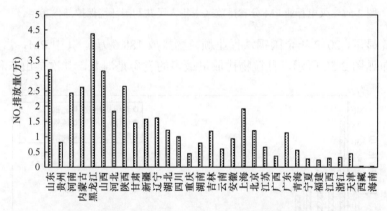

图 2-56　民用部门 NO$_x$ 分省排放（中华人民共和国环境保护部，2014a）

从重点区域来看，我国京津冀 NO$_x$ 总排放量为 227.28 万 t，其中河北、天津、北京排放量分别为 176.11 万 t、33.42 万 t、17.75 万 t。京津冀的 NO$_x$ 排放的重要来源有火电行业（90.91 万 t）和钢铁行业（23.94 万 t）。主要都来自于河北省。除此之外，京津冀水泥行业共排放 NO$_x$ 10.56 万 t，主要来自河北。

我国长三角 NO$_x$ 总排放量为 269.01 万 t，其中江苏、浙江、上海排放量分别为 147.96 万 t、80.88 万 t、40.16 万 t。长三角的 NO$_x$ 排放主要来自于火电行业（153.52 万 t）和水泥行业（16.58 万 t）。

我国珠三角（广东省）NO$_x$ 排放量为 130.34 万 t，其中火电行业 NO$_x$ 排放量为 48.25 万 t。

（3）分省分行业颗粒物排放特征

2012 年燃煤电厂排放颗粒物 176.1 万 t，占全国工业总排放的 17.2%（中华人民共和国环境保护部，2014a）。颗粒物年排放在 10 万 t 以上的内蒙古、黑龙江、山西、山东、辽宁，五省共计排放了 24.0 万 t，约占火电行业总排放的 13.6%，如图 2-57 所示。

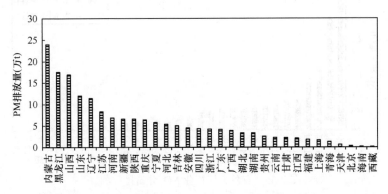

图 2-57　火电行业 PM 分省排放（中华人民共和国环境保护部，2014a）

测算显示，2012 年全国钢铁行业颗粒物排放 188.6 万 t，其中 PM$_{2.5}$ 占 28.5%。分省分布如图 2-58 所示，颗粒物排放量最多的省份是河北，其次是山东和山西。

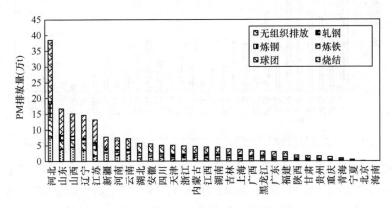

图 2-58　钢铁行业分省 PM 排放测算

测算显示，2012 年水泥行业颗粒物排放量为 146.1 万 t（其中无组织排放 81.8 万 t），占全国工业 PM 总排放的 12.1%。PM$_{2.5}$ 排放量为 21.0 万 t（其中无组织排放 9.45 万 t），为颗粒物总排放量的 14.4%。PM 排放量超过 8 万 t 的省份依次为山东、河南、安徽、江苏、四川、广东、河北，七省共计排放 63.64 万 t，占水泥工业总排放的 43.6%。水泥工业 PM$_{2.5}$ 排放量超过 1 万 t 的省份依次为山东、安徽、河南、四川、江苏、广东、河北、广西，八省共计排放 10.04 t，占水泥工业总排放的 49.6%。颗粒物排放分省分布如图 2-59 所示。

测算显示，2012 年我国八种有色金属冶炼及压延加工业共排放颗粒物 31.2 万 t，其中河南、山东和广西省是有色金属行业颗粒物排放大省，由图 2-60 可知颗粒物主要由金属铜和金属铝的冶炼加工过程产生。甘肃、江西和山西也对有色行业 PM 排放贡献较大。

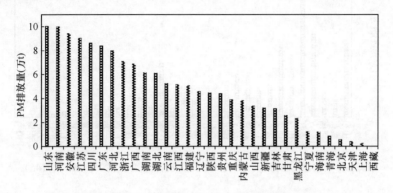

图 2-59　水泥行业 PM 分省排放测算

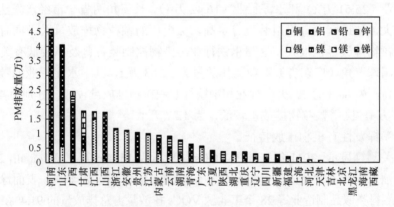

图 2-60　有色金属行业颗粒物分省排放测算

2012 年我国民用部门颗粒物排放量为 142.7 万 t（中华人民共和国环境保护部，2014a），其中北方各省的民用颗粒物排放量大部分高于南方各省市（见图 2-61），其原因是北方冬季供暖耗煤量较大。

重点地区方面，我国京津冀颗粒物总排放量为 138.68 万 t，其中河北、天津、北京排放量分别为 123.59 万 t、8.41 万 t、6.68 万 t。京津冀的颗粒物排放主要来自于钢铁行业（52.29 万 t）、火电行业（6.37 万 t）、民用（17.67 万 t）和水泥行业（9.0 万 t）。河北省是我国钢铁行业大省，行业规模和钢铁产量位居全国第一，钢铁行业能源消耗量巨大，河北省全省钢铁行业颗粒物排放量为 46.49 万 t，占京津冀颗粒物排放总量的 33.5%，同时河北省火电行业、民用和水泥行业的颗粒物排放量分别为 5.40 万 t、12.64 万 t 和 8.0 万 t。

我国长三角颗粒物总排放量为 78.43 万 t，其中江苏、浙江、上海排放量分别为

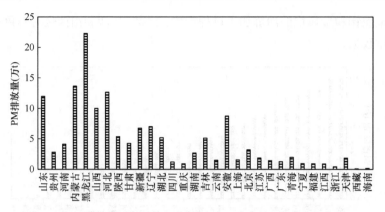

图 2-61　民用颗粒物分省排放（中华人民共和国环境保护部，2014a）

44.32 万 t、25.40 万 t、8.71 万 t。长三角的颗粒物排放主要来自于火电行业（14.24 万 t）、钢铁行业（25.51 万 t）和水泥行业（16.42 万 t）。长三角两省一市经济发达，电力需求较大，该地区火电机组装机容量高，火电厂的颗粒物排放量大。同时钢铁行业的颗粒物排放量也很大，这与钢铁行业污染物控制装备普及率较低有关。

我国珠三角（广东省）颗粒物排放量为 32.83 万 t，其中水泥行业的颗粒物排放量较高，为 8.43 万 t。火电行业和钢铁行业颗粒物排放量较低，分别为 4.17 万 t 和 3.12 万 t。民用颗粒物排放也较低，为 1.27 万 t。

（4）挥发性有机物排放特征

相关测算显示，2011 年工业源 VOCs 排放量为 1584.6 万 t（Wu et al.，2015a），其中石油炼制和石油化工、基础化学原料制造、印刷和包装印刷、表面涂装、涂料油墨颜料类似品制造业等 28 个工业源 VOCs 排放量占总排放量的 91.4%，分行业排放量分布如图 2-62 所示。排放总量在前五位的依次是：家具制造、石油炼制和石

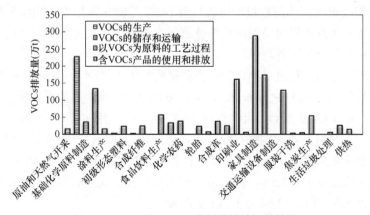

图 2-62　2011 年 VOCs 分行业排放测算情况

油化工行业、机械设备制造、印刷行业、建筑装饰，全年排放量依次为：288 万 t、227 万 t、174 万 t、161 万 t、129 万 t，五行业共计排放 VOCs 979 万 t，约占工业总排放的 62%。分省排放分布如图 2-63 所示。排放量在百万吨以上的省份有广东、山东、江苏、浙江、上海，五省共计排放 776 万 t，约占全国工业源总排放的 49%（Wu et al.，2015b）。

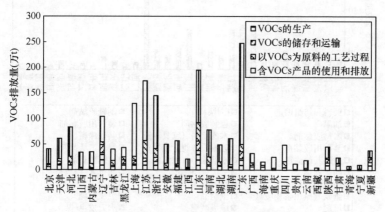

图 2-63　工业源 VOCs 分省排放测算情况

对全国 VOCs 排放工业源分析显示，含 VOCs 产品的使用和排放约占 VOCs 排放总量的 59.7%，VOCs 的生产约占 VOCs 排放总量的 17.7%，以 VOCs 为原料的工艺过程约占 8.5%。各省排放源的排放比重见图 2-64。

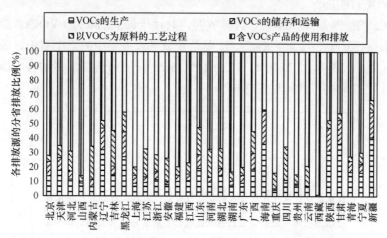

图 2-64　工业源 VOCs 各排放源的分省排放比例

A. 含 VOCs 产品的使用和排放

含 VOCs 产品的使用和排放是 VOCs 第一大排放源，共计排放了 946 万 t

VOCs。据测算，广东、上海、江苏、浙江、山东是排放量较为集中的五个省份，分别排放 VOCs 168 万 t，91 万 t，89 万 t、84 万 t 和 77 万 t，五省排放总量约占含 VOCs 产品的使用和排放总排放量的 54%，具体见图 2-65。

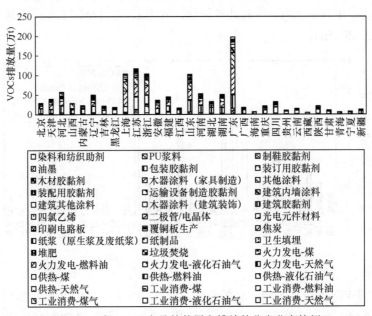

图 2-65　含 VOCs 产品的使用和排放的分省分布特征

B. VOCs 的生产

VOCs 的生产是 VOCs 第二大排放源，共计排放了 280 万 t VOCs。分省分布显示：山东、辽宁、广东、浙江、江苏是排放量较为集中的五个省份，分别排放 VOCs 38 万 t、33 万 t、23 万 t、16 万 t 和 16 万 t，五省排放总量约占 VOCs 的生产总排放量的 45%，具体见图 2-66。

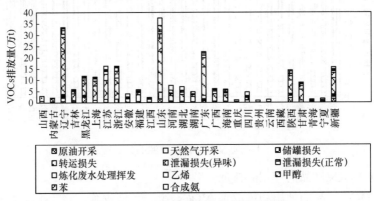

图 2-66　VOCs 的生产的分省排放特征

C. 以 VOCs 为原料的工艺过程

以 VOCs 为原料的工艺过程共排放 VOCs 225.3 万 t，占总排放量的 14.2%。山东、江苏、浙江、河南、广东、河北、四川、吉林等省份排放均超过 10 万 t，其中化学农药、化学药品原料、轮胎生产等过程贡献较大，具体见图 2-67。

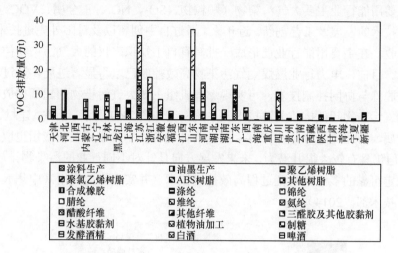

图 2-67　以 VOCs 为原料的工艺过程的分省排放特征

D. VOCs 的储存和运输过程

VOCs 的储存和运输过程共排放 VOCs 133.8 万 t，约占总排放量的 8.5%。其中原油、汽油及其他油品储运占比较大，其他油品主要包括煤油、柴油及润滑油。山东、广东、辽宁排放量遥遥领先，其他油品储运的贡献率最大。具体如图 2-68 所示。

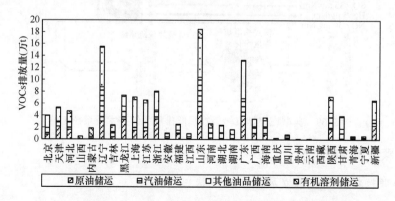

图 2-68　VOCs 的储存和运输过程的分省排放特征

2.3　我国主要用能行业 PM$_{2.5}$ 及其前体物控制技术

我国大气环境污染的严峻形势推动了电力、钢铁、建材、有色金属、石化化工等主要用能行业主要大气污染物（颗粒物、SO$_2$、NO$_x$、重金属、VOCs 等）排放控制技术的发展及工艺创新。近年来，通过自主创新以及对国外先进技术引进、消化吸收，在主要用能行业已形成一批具有自主知识产权的大气污染物控制技术和装备。目前，电力行业燃煤烟气污染物高效控制已取得显著进展，通过多污染物高效脱除与协同控制技术，可实现燃煤机组主要大气污染物的超低排放，典型燃煤烟气污染物超低排放关键技术及系统工艺如图 2-69 所示。钢铁、建材、水泥、有色金属、石化化工等行业 PM$_{2.5}$ 及其前体物的控制技术研发与应用也取得重要进展，但仍具有较大提升潜力，未来发展方向是针对不同行业的污染物排放特性，开发稳定可靠的多污染物全过程高效控制技术，并实现推广应用（中华人民共和国科学技术部，2014）。

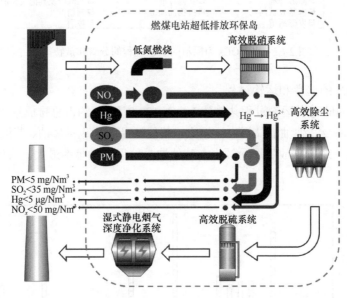

图 2-69　典型燃煤烟气污染物超低排放关键技术及系统工艺

2.3.1　颗粒物控制技术

1. 颗粒物控制技术发展及应用现状

我国颗粒物的治理经历了从机械式除尘器（以旋风除尘器为主）到湿式除尘再到静电除尘/布袋除尘/电袋复合除尘转变的历程。目前，以电力行业为代表的除尘技术已发展到了一个新的高度，通过多环节环保设备的联用，如"电除尘器/袋式除尘器+湿式静电除尘器"或"低低温电除尘器+湿法脱硫除尘一体化装置"等，已实现燃煤电厂颗粒物的超低排放（中华人民共和国环境保护部，2013b）。

2. 典型颗粒物控制技术

（1）静电除尘技术

静电除尘器是大气污染控制的主流装备之一。近年来，随着我国各行业粉尘排放要求的不断提高，新的电除尘技术不断涌现，典型的电除尘新技术主要包括低低温电除尘技术、湿式静电除尘技术、移动极板电除尘技术和高温静电除尘技术，以及高效电源技术、微颗粒捕集增效技术和烟气调质技术等增效技术。以上技术主要从电除尘工作原理入手，通过优化工况条件或改变除尘工艺路线或克服常规电除尘器存在高比电阻粉尘引起的反电晕、振打引起的二次扬尘及微细粉尘荷电不充分的技术瓶颈，从而大幅提高除尘效率。

低低温静电除尘技术是一种具有节能效果的除尘提效技术，对 SO_3 有协同脱除作用，烟气中大部分的 SO_3 冷凝成硫酸雾被飞灰颗粒吸附，并被电除尘器高效脱除，实践证明该技术除尘效率可达 99.8%以上，除尘器入口烟气温度较高且燃煤硫分适宜时，低低温电除尘技术有较强的可行性。国内应用低低温除尘技术的机组可基本保证将除尘器出口颗粒物浓度降至 20 mg/m^3 以下，除尘效率对比传统除尘器提升 70%左右。配合后续的脱硫装置可将排放控制在 10 mg/m^3 以下。该技术已经在 1000 MW 规模机组上应用，电除尘器出口实测烟尘浓度达 15 mg/m^3 以下。

移动电极电除尘技术可有效解决传统除尘器中高比电阻颗粒物引起的反电晕及振打清灰引起二次扬尘等问题，从而大幅提高除尘效率，是目前突破常规电除尘器技术瓶颈最有效的方法之一。特别是对于改造项目，移动电极电除尘器的优势更为突出。目前，我国移动电极电除尘器已在 300 MW 及以上机组得到工程化应用。华润电力常熟有限公司 3×650 MW 机组第四电场进行移动极板改造，末电场除尘效率由 50%～70%上升到 70%～90%，颗粒物排放浓度由 72.9 mg/m^3 下降到 21.6 mg/m^3。

湿式电除尘器（WESP）利用液体冲刷极板、极线来进行清灰，避免产生二次扬尘，可处理燃煤电厂及工业锅炉的 $PM_{2.5}$、SO_3 酸雾及铵盐气溶胶等，尤其是解决了石膏雨问题。目前，湿式静电除尘技术已在国内 300 MW、600 MW 及 1000 MW 燃煤机组和热电锅炉上成功应用，可实现出口粉尘排放小于 5 mg/m^3，是当前技术条件下满足排放新标准可靠途径。同时，与半干法脱硫技术联用的湿式静电除尘技术也在国内热电机组上获得应用，提供了一条经济可行的节水型超低排放技术路线。浙江浙能嘉华发电厂 2×1000 MW 机组采用湿式静电除尘技术实现了粉尘排放浓度 2 mg/m³ 的水平。

高压供电电源是电除尘器的核心设备之一,近年来在传统工频电源的基础上,我国先后开发了三相电源、高频电源和新型脉冲电源。新型脉冲电源在直流供电的基础上叠加脉冲供电,提高电场击穿电压,进而提高峰值工作电压,强化颗粒荷电,目前正在进行工业化试验。高频静电除尘电源输出电压更高更平稳,闪络反应与恢复速度更快。大量的工程实例证明,基于脉冲工作的高频电源在提高除尘效率、节约能耗方面,具有显著的效果,国内诸多电厂在进行高频电源改造后,烟尘排放和高压能耗都有明显的降低。山西太钢能源动力总厂 300 MW 燃煤电厂进行了高频电源增效改造,结果表明 PM 排放浓度可小于 20 mg/m³。

细颗粒电凝并技术使含尘气体进入除尘器前,先进入预荷电区进行双极性预荷电,使相邻两列的烟气粉尘带上正、负不同极性的电荷,并通过扰流装置的扰流作用,强化带异性电荷的不同粒径粉尘的碰撞,从而促进异极性荷电颗粒的有效凝并和长大,形成大颗粒后被电除尘器有效捕集。这种增效装置可有效提高微米级颗粒物的脱除效率。国内目前已掌握其核心技术,在上海吴泾热电 300 MW 等级燃煤机组有成功应用。

烟气调质技术目前主要有蒸汽调质、SO_3 调质、NH_3 调质、SO_3-NH_3 双重调质、Na_2CO_3 调质等方法,其中 SO_3 调质是燃煤锅炉应用最广泛、最成熟可靠的技术。内蒙古在 600 MW 等级机组上已成功应用 SO_3-NH_3 烟气调质系统,调质后烟尘排放浓度下降显著;广东在 1000 MW 等级机组上配套了 SO_3 烟气调质系统,以应对燃用低硫煤产生的高比电阻粉尘,强化了粉尘脱除效果。

高温静电除尘器一般用于处理温度高于 350℃的烟气,可布置于 SCR 之前,通过预先烟气除尘,避免烟气中高浓度飞灰引起的催化剂中毒失效。目前高温静电除尘器在 500℃ 以下已广泛应用于电力、钢铁、水泥、玻璃等高温工业含尘废气处理。甘肃金川集团 6 万吨电解镍熔炼炉安装高温高效能 SYWD80-4 型电除尘器(400~450℃)后,粉尘排放浓度小于 50 mg/m³。古越龙山 5 万吨/年玻璃窑炉进行 SCR 前高温静电除尘器改造后 SCR 系统运行稳定,粉尘浓度显著下降。此外,高温除尘器还可应用于煤化工领域,淮南电厂为提高焦油品质,在多联产气化炉二级分离器后加装了高温静电除尘器(处理烟气量 8000 Nm³/h),工作温度450℃左右,运行状况良好。

(2)过滤除尘技术

过滤除尘技术主要分为袋式除尘器、颗粒层除尘器和陶瓷/金属除尘器三大类。其中袋式除尘技术是一种干式滤尘技术,它适用于捕集细小、干燥、非纤维性粉尘。PTFE 覆膜滤料是目前应用最广泛的过滤材料,瞬间耐温可达到300℃,具有良好的耐摩擦性、难燃烧性、绝缘性和隔热性,可承受各种强氧化物的氧化腐蚀，不会发生水解。同时 PTFE 过滤材料具有较高的过滤效率和良好的清灰性能，即使在温度较高的情况下，表面也只黏附少量的灰尘；已在国内 600 MW 燃煤机组实现应用。电袋复合除尘器适用于燃煤电站锅炉、燃煤工业锅炉等细颗粒物控制，目前该技术已在 1000 MW 规模燃煤机组获得应用，出口粉尘浓度小于 20 mg/m^3，压力损失低于 1100 Pa。过滤除尘在高温领域的应用主要针对整体煤气化和加压流化床中煤气的净化过程。高温煤气（烟道）中除尘所用的过滤材料应能承受高温（500℃以上）、高压（1.0～3.0 MPa）以及脉冲反吹时因温度突变而引起的热应力变化。

3. 典型机组除尘系统运行成本分析

以燃煤电厂静电除尘系统为例，建立了费用效益分析计算模型，研究了负荷、煤质等因素对于除尘系统的运行经济性影响。

除尘系统的初始投资主要和其设计处理烟气量有关。采用文献、案例调研的方法来分析不同容量机组的除尘系统初始投资成本变化规律和趋势。除尘系统运行成本中，变动成本主要是电耗成本，其余固定成本项主要是与投资和管理相关的费用，由于机组规模效应，机组容量越大，除尘系统的单位发电量运行成本越低（见图 2-70）。燃煤灰分对烟气初始含尘浓度有着直接影响，灰分越高则除尘系统的单位发电量运行成本越高（见图 2-71）。

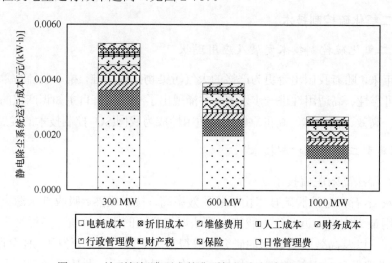

图 2-70　达到新标准要求的典型机组除尘系统运行成本

为适应新标准，电除尘技术主要采用增加电场数量（提高比集尘面积）、配置新型电源等方式升级，目前普遍采用的是配置高频电源的五电场除尘器，除尘效率一般在 99.8%以上。部分企业为应对超低排放要求，进一步采用了湿式静电除尘系统深度净化烟气。湿式静电除尘系统的运行成本与静电除尘系统运行成本计算模型基本一致，仅增加了少量工艺水和碱消耗成本，同时其主要处理低浓度含尘烟气，电耗成本远低于静电除尘系统。通过案例分析可知，湿式静电除尘系统成本中与投资相关的固定成本占 90% 以上。

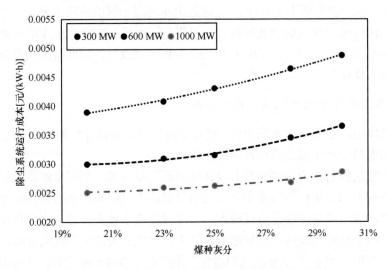

图 2-71 灰分含量对典型机组除尘系统运行成本影响

2.3.2 二氧化硫控制技术

1. 二氧化硫控制技术发展及应用现状

近年来，随着我国出台更为严格的大气污染物排放标准，推动脱硫技术朝着高效、高可靠性、高适用性进一步发展，并涌现出了一批具有自主知识产权的高效脱硫技术；高效、低成本、高可靠性及高适用性成为我国 SO$_2$ 控制技术的发展方向。

2. 典型二氧化硫控制技术

（1）湿法高效脱硫技术

石灰石-石膏湿法脱硫技术由于脱硫效率高、技术成熟、吸收剂来源丰富等优势，应用最为广泛。近几年，我国在湿法烟气脱硫的强化传质与多种污染物协同脱除机理，以及高效脱硫技术的研究上取得重大突破，自主研发了 pH 分区控制、单塔/双塔双循环、双托盘/筛板/棒栅塔内构件强化传质、脱硫添加剂等系列脱硫增效关键技术，其中 pH 分区控制技术针对低 pH 值利于石灰石溶解，高 pH 值利于 SO$_2$ 吸收的反应特点，通过塔外分区调控，实现了一塔多区溶解吸收同步强化，突破了单塔提效的技术瓶颈。筛板等强化传质构件使塔内气液流动更加均匀，形成的持液层增加了传质面积, 有效提升脱硫效率的同时还能够促进塔内颗粒物的脱除。此外, 脱硫添加剂能够提升浆液 pH 缓冲能力, 强化石灰石溶解。目前湿法高效脱硫技术已在火电行业取得大量应用, 大唐南京电厂 660 MW 机组应用 pH 分区控制技术进行脱硫增效改造, 脱硫效率达到 99% 以上; 北仑电厂 2×1000 MW 脱硫系统采用单塔双循环技术, 脱硫效率同样达到 99% 以上。除燃煤电站外, 浙江新都绿色能源有限公司 3×75 t/h 工业锅炉采用先进空塔喷淋工艺, 系统出口 SO$_2$ 浓度低于 50 mg/Nm^3, 脱硫效率达到 98.5% 以上 (周至祥等, 2006)。

海水脱硫技术脱硫效率高 (可达 98% 以上); 但该技术受地域限制, 且较适宜用中低硫煤。目前我国已形成了具有自主知识产权的高效海水脱硫技术, 并应用于多个沿海电厂。滨海热电厂 350 MW 机组采用海水脱硫技术后脱硫效率超过 98%, 二氧化硫排放浓度低于 5 mg/Nm^3 (周至祥等, 2006)。

（2）半干法脱硫技术

烟气循环硫化床技术是一种干法/半干法脱硫技术, 具有气固接触良好, 传热、传质效果理想, 运行可靠, 固态产物易于处理等特点, 适用于燃用高硫煤机组。近年来我国在烟气循环流化床脱硫技术方面取得突破, 研发了多级增湿 (MSH) 强化污染物脱除新技术, 突破了半干法烟气净化技术在脱硫效率和多种污染物协同控制上的局限, 目前已形成具有自主知识产权的循环流化床半干法烟气脱硫除尘及多污染物协同净化技术, 并在燃煤电厂、工业锅炉、钢铁烧结机、污泥焚烧等重点行业实现了规模化、产业化应用, 同时该技术已出口国外。新疆玛纳斯 6×100 MW 燃煤机组循环流化床半干法烟气脱硫装置改造后, 脱硫系统出口 SO$_2$ 排放浓度小于 200 mg/Nm^3, 出口烟尘排放浓度小于 50 mg/Nm^3。蓝星玻璃有限责任公司 800 t/d 玻璃熔窑采用半干法脱硫工艺, 出口二氧化硫从 1000 mg/Nm^3 降到 50 mg/Nm^3 以下。

（3）资源化脱硫技术

氨法脱硫工艺吸收剂利用率高、脱除效率高, 适用范围广, 并且无废水、废渣排放, 不存在结垢与堵塞现象, 能够实现脱硫产物资源化利用。近年来随着合成氨工业的不断发展以及氨法脱硫工艺自身的不断改进和完善, 我国湿式氨法脱硫技术取得了较快的发展。氨法脱硫技术已在 300 MW 以上机组投入运行。国内广西田东电厂 2×135 MW 机组经过烟气脱硫改造扩建工程后, 采用氨法脱硫技术, 脱硫装置具有 95% 以上脱硫效率, 氨逃逸低于 8 mg/Nm^3。此外, 湿式氨法脱硫副产高附加值产物的新方法已得到运用, 副产的亚硫酸氢铵可用于生产具有良好经济效益的乙醛肟、丁酮肟。活性焦烟气脱硫技术脱硫效率高, 可实现硫资源化综合利用, 对环境没有二次污染, 适合水资源缺乏地区。近年来, 我国先后突破了活性焦吸附、解吸等关键技术难题, 并在贵州瓮福电厂试验完成了活性焦烟气脱硫装置，处理烟气量达到 178000 Nm³/h，回收的 SO₂ 可全部用于生产硫酸。有机胺脱硫技术脱硫效率可达 99% 以上，并可实现污染物的资源化回收。近年来我国通过自主研究，开发了具有高选择性与良好再生性能的有机胺吸收剂配方；目前该技术在国内已实现工程示范。

3. 典型机组脱硫系统运行成本分析

以燃煤电厂石灰石-石膏湿法脱硫系统为例，建立费用效益分析计算模型，研究了机组容量、负荷、煤质等因素对于脱硫系统的运行经济性的影响。

随着脱硫装备行业整体国产化率的提高，单位容量的石灰石-石膏湿法脱硫系统初始投资成本逐年下降，同时考虑到机组的规模效应，容量越大则单位投资成本越低。通过对不同机组容量的石灰石石膏湿法脱硫系统的大量案例进行回归分析，得到不同机组容量的石灰石石膏湿法脱硫单位发电量运行成本随脱硫效率及入口浓度变化而变化的规律的谱图（见图 2-72）（史建勇，2015）。

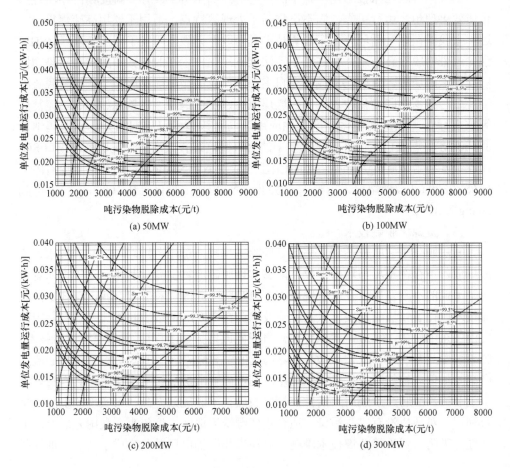

(a) 50MW

(b) 100MW

(c) 200MW

(d) 300MW

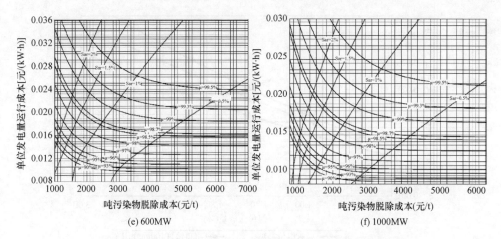

(e) 600MW

(f) 1000MW

图 2-72　不同容量机组石灰石石膏法脱硫系统运行成本谱图

以 300 MW、600 MW、10000 MW 机组为例，煤质和出口浓度对单位发电量运行成本的影响规律如图 2-73 至图 2-75 所示。

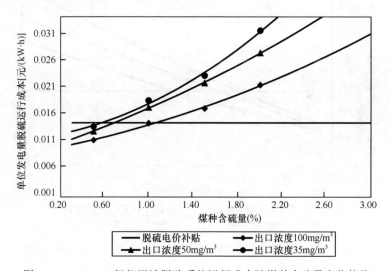

脱硫电价补贴	出口浓度100mg/m³
出口浓度50mg/m³	出口浓度35mg/m³

图 2-73　300 MW 机组湿法脱硫系统运行成本随煤种含硫量变化趋势

当前脱硫电价补贴 0.015 元/（kW·h），通过曲线变化趋势可知脱硫成本随着含硫量升高而增加，因此燃煤含硫量低于一定值时脱硫成本将低于补贴，电厂能够取得额外收益，且运行效率不会超过设计效率，技术上可行。

以 300 MW 机组为例，通过曲线拟合可知燃煤含硫量每升高 0.1%，脱硫成本增加 0.00068 元/（kW·h），折合吨煤发电成本上约增加 1.534 元（600 MW 机组 1.459 元，

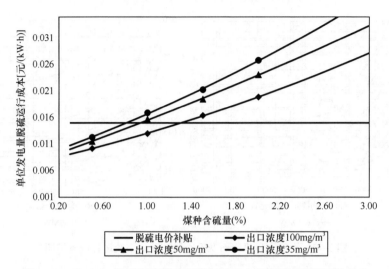

图 2-74　600 MW 机组湿法脱硫系统运行成本随煤种含硫量变化趋势

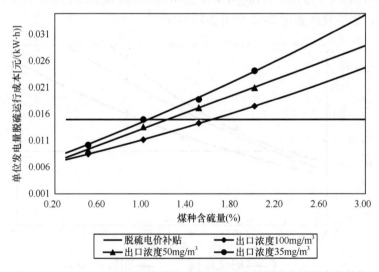

图 2-75　1000 MW 机组湿法脱硫系统运行成本随煤种含硫量变化趋势

1000 MW 机组 1.520 元）；根据现行煤价定价机制，一般情况燃煤含硫量每提高 0.1%，吨煤价格降低 3～5 元左右。因此，达标排放前提下，一定范围内提高燃煤含硫量可以整体上提高电厂经济效益，且机组规模越大效益约明显。且从图中可以看出，机组运行成本随排放要求的加严而递增，其增加幅度随煤种含硫率的上升而递增，即燃用优质煤可有效降低脱硫成本。

典型规模机组脱硫系统运行成本比较分析如表 2-4 所示。

表 2-4　典型规模机组脱硫系统运行成本比较分析

规模	燃煤硫分 1.0% [元/（kW·h）]	燃煤硫分 1.5% [元/（kW·h）]	燃煤硫分 2.0% [元/（kW·h）]	脱硫电价 [元/（kW·h）]
300 MW 机组	0.0149	0.0177	0.0221	0.015
600 MW 机组	0.0136	0.0167	0.0205	0.015
1000 MW 机组	0.0112	0.0143	0.0175	0.015

2.3.3　氮氧化物控制技术

1. 氮氧化物控制技术发展及应用现状

近年来，随着我国环保法规的日益严格，各主要用能行业的污染物排放要求也不断提高，推动了我国氮氧化物控制技术的高速发展，一批高效、低能耗的氮氧化物控制技术得到了广泛的应用和推广，目前氮氧化物控制技术主要分为低氮燃烧技术和烟气脱硝技术两大类（中国环境保护产业协会脱硫脱硝委员会, 2014）。

2. 典型氮氧化物控制技术

（1）低氮燃烧技术

低氮燃烧技术已成为氮氧化物控制的优选技术，并且在燃煤锅炉的 NO$_x$ 控制技术及其产业化取得了重大进展。当前国内大型新建项目的锅炉本体在设计时普遍采用低氮燃烧器及分级配风等技术；对于已经建成的没有低氮燃烧装置的锅炉，通过进行低氮燃烧改造，同样具有较大的降氮潜力。

燃气锅炉低氮燃烧技术在我国起步较晚，目前主要通过低氮燃烧器改造及燃气锅炉内设置多回程，进行燃气锅炉的再燃技术低氮改造，根据不同再燃燃气量、再燃位置、燃尽空气量及燃尽空气位置对 NO$_x$ 的减排规律，对不同容量的燃气锅炉进行炉膛设计，获得较好的炉膛布置方式，形成"低氮燃烧+再燃技术"控制燃气锅炉 NO$_x$ 技术。

低氮燃烧的应用十分广泛，福建龙净环保公司在 330 MW 发电机组上采用高效低 NO$_x$ 燃烧器+二次可控燃烧组合降 NO$_x$ 技术对 NO$_x$ 排放进行控制，并确保锅炉原有性能，测试结果表明该项目系统脱硝效率达到 60% 以上（改造前 NO$_x$ 浓度约 540 mg/Nm^3，改造后 NO$_x$ 浓度 210 mg/Nm^3）。台山电厂 600 MW 机组采用低氮燃烧技术，测试结果表明 NO$_x$ 排放浓度<200 mg/Nm^3，显著降低了尾部 SCR 脱硝的负荷。

（2）烟气脱硝技术

SNCR 脱硝技术被广泛应用于循环流化床锅炉、水泥窑、煤粉炉、中小型工业锅炉等领域的脱硝上。新疆米东热电厂 300 MW 循环流化床锅炉加装了 SNCR

脱硝工程，脱硝效率达到 70%以上。水泥窑 SNCR 脱硝技术脱硝效率一般大于60%；江山南方水泥有限公司 5000 t/d 水泥窑炉采用 SNCR 烟气脱硝技术，脱硝效率可达到 60%以上，氨逃逸<8 mg/Nm^3。此外，SNCR 技术在煤粉炉以及中小型工业锅炉中也有较为广泛的应用，中国环境科学院在 85 t/h 煤粉炉上加装了SNCR 脱硝装置，NO$_x$ 排放浓度可控制在 180 mg/Nm^3；清华大学在 35 t/h 链条炉上加装了增强型 SNCR 脱硝装置，脱硝效率可达 60%以上。

SCR 脱硝技术已广泛应用于燃煤电站锅炉烟气脱硝。还原剂与烟气的充分混合及有效反应，是保证 SCR 脱硝系统高脱除效率和低氨逃逸率的关键。目前国内外已经开发并应用于工程实际的喷氨装置，可实现注入烟道的氨与烟气在进入脱硝反应器本体之前混合均匀，从而使催化剂均匀发挥效用，保证出口氮氧化物和氨逃逸在精确的可控范围内，并降低系统阻力。SCR 脱硝工艺的核心是催化剂，其对投资和运行成本有直接影响。近年来我国在催化剂生产制造工艺方面取得了重大突破，掌握了催化剂生产的关键工艺和关键控制参数，开发了适用于国产原材料的催化剂成型配方及催化剂制备成套生产技术，形成了国产催化剂混炼、挤出、干燥和烧成工艺；并实现了催化剂生产中核心设备的国产化，形成了采用国产设备的催化剂规模化生产线。华能长兴电厂 600 MW 机组烟气脱硝工程采用SCR 脱硝技术，检测结果表明脱硝效率达到 86.4%，出口 NO$_x$ 浓度不高于70 mg/Nm^3；华能金陵电厂 2×1030 MW 超超临界机组烟气脱硝工程采用 SCR 脱硝技术，检测结果表明脱硝效率高达 80%以上（氮氧化物入口浓度为 300 mg/Nm^3，出口氮氧化物浓度 60 mg/Nm^3）。

此外，通过催化剂配方的调整改性能够实现多种污染物协同控制，如汞、VOCs等。针对汞排放问题，我国在汞形态转化规律、自主知识产权的新材料配方、煤种适应性、国产化原料适应性、生产工艺和工程应用等多方面取得突破，使硝汞协同控制催化剂技术产业化取得了重大进展。改性催化剂技术的脱硝率一般可达80%～90%，氨逃逸率小于 3 ppm[①]，汞氧化率可达 50%以上，并有利于后续污染物控制设备对汞的脱除，使总汞脱除率达到 85%以上，该技术成熟、稳定，适用于燃煤电厂中对 NO$_x$ 和 Hg 的控制。浙江大学在嘉兴电厂 1000 MW 机组上采用硝汞协同脱除技术，NO$_x$ 排放浓度低于 50 mg/m^3，同时实现了 Hg 排放浓度低于 0.003 mg/Nm^3。

SCR 催化剂的使用寿命一般为 3～4 年，逾期需要及时更换。失活催化剂可经过再生、填埋、再利用等方式进行处理。其中再生可以使催化剂活性恢复到新鲜催化剂活性的 90%以上。目前，我国已掌握了具有完全知识产权的 SCR 催化剂

---

① ppm，parts per million，10^{-6} 量级

再生成套生产工艺，该再生技术适应于受中国复杂多变的煤质特性影响失活的催化剂；对于无法恢复活性的失效催化剂，其本身也是具有很高可再利用价值的资源，通过分离提纯技术可实现废弃 SCR 催化剂中的 TiO$_2$、V$_2$O$_5$、WO$_3$（或 MoO$_3$）的分离和回收，可实现烟气脱硝产业的物质循环利用。

SCR+SNCR 耦合脱硝技术结合了 SCR 脱硝技术和 SNCR 脱硝技术的优点。目前已在 130 MW 燃煤机组上得到应用，测试结果表明烟囱排放口的氮氧化物排放浓度控制在 100 mg/Nm^3 以下；国华北京热电分公司 410 t/h 燃煤锅炉采用该技术，检测结果表明联合脱硝系统脱硝效率大于 80%，NO$_x$ 浓度低于 50 mg/Nm^3；扬子石化热电厂 2 号机组采用该技术后，NO$_x$ 排放浓度从 290 mg/Nm^3 降至 32 mg/Nm^3，总脱硝效率达到 88%。

3. 典型机组脱硝系统运行成本分析

目前，低氮燃烧已成为锅炉本体设计的重要组成部分，其成本纳入锅炉制造中，对于新建机组可不单独考虑其成本。通过文献调研得到 SCR 脱硝单位投资成本，同时考虑到机组的规模效应，容量越大则单位投资成本越低。

通过对不同机组容量的 SCR 脱硝系统大量案例进行回归分析，得到不同机组容量的 SCR 脱硝系统单位发电量运行成本随脱硝效率及入口浓度变化而变化的规律的谱图，如图 2-76 所示（史建勇，2015）。

以 600 MW 机组为例，当前脱硝电价补贴 0.01 元/（kW·h），通过曲线变化趋势可知脱硝成本随着入口浓度升高而增加，如图 2-77 所示，因此锅炉产生的 NO$_x$ 低于一定值时脱硝成本将低于补贴，电厂能够取得额外收益，且运行效率不会超过设计效率，技术上可行。

典型规模机组脱硝系统运行成本比较分析如表 2-5 所示。

表 2-5　典型规模机组脱硝系统运行成本比较分析

规模	入口浓度 400 mg/m^3 [元/（kW·h）]	入口浓度 600 mg/m^3 [元/（kW·h）]	入口浓度 800 mg/m^3 [元/（kW·h）]	脱硝电价 [元/（kW·h）]
300 MW 机组	0.0088	0.0114	0.0136	0.01
600 MW 机组	0.0072	0.0096	0.0117	0.01
1000 MW 机组	0.0063	0.0084	0.0103	0.01

2.3.4　汞等重金属污染物控制技术

1. 汞等重金属污染物技术发展及应用现状

燃煤、有色金属等行业排放产生的重金属污染物主要包括汞（Hg）、铬（Cr）、

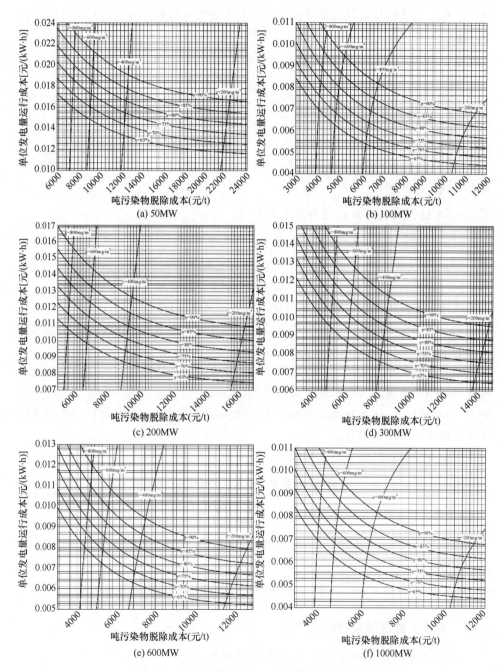

图 2-76 不同机组容量 SCR 脱硝运行成本谱图

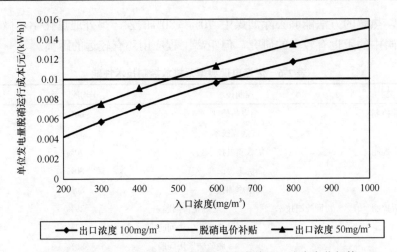

图 2-77　600 MW 机组脱硝系统运行成本随入口浓度变化规律

镉（Cd）、铅（Pb）和类金属砷（As）等，具有高稳定性、神经毒性以及生物积累效应等特点，严重危害人体健康。我国的重金属控制技术发展较美国等发达国家而言起步相对较晚，2011 年颁布的火电厂 GB 13223—2011 标准首次规定了汞的排放限值，进一步推动了汞等重金属污染物排放控制技术的研究。目前，我国通过研究改性催化剂实现了汞的催化氧化，并进一步建立了湿法烟气脱硫系统汞的再释放及固化理论模型，在此基础上开发出了湿法高效脱硫及协同脱汞技术，可实现燃煤电厂汞的达标排放；有色金属行业的重金属排放控制技术主要包括清洁生产技术和烟气控制技术。

2. 汞等重金属污染物典型控制技术

燃煤电站锅炉是汞等重金属污染物排放的重要来源，烟气中的 Hg 主要以零价（Hg^0）、二价（Hg^{2+}）和颗粒态（Hg^P）的形式存在，其他重金属以烟雾或颗粒状态存在。根据所处工艺段的不同，燃煤电厂中汞等重金属污染物的脱除技术分为燃烧前控制、燃烧中控制和燃烧后控制三类。其中燃烧后控制技术应用较为广泛，主要有利用现有污染物控制设备协同控制技术和活性炭喷射技术、改性飞灰吸附等专用脱汞技术。

各主要控制技术及其性能比较见表 2-6。

燃烧前脱汞是在煤燃烧前通过洗选煤和热处理来减少煤中汞等重金属的含量。洗选煤技术利用煤与矿物的密度差异及疏水性差异来实现煤与矿物的分离。物理选煤技术能够在一定程度上降低燃煤烟气中重金属的浓度。煤的热处理使在热解过程中煤中的汞等重金属脱附出来，从而达到脱除的目的。研究表明 400℃

条件下，热解的方法能够去除烟煤中 70%～80%的汞。另外通过化学及微生物法脱除煤炭中的汞也有较多的研究，但距离工程应用还有较远的距离。

表 2-6　燃煤电厂典型汞排放控制技术性能

分类		控制技术	平均脱除率	运行成本
燃烧前控制		燃煤热处理	80%	中
		洗选煤技术	34%	中
燃烧中控制		炉膛喷射技术	70%	中
		燃烧工况改变	80%	中
		煤基添加技术	80%	中
燃烧后控制	协同控制技术	电除尘协同脱汞	29%	低
		袋式除尘协同脱汞	67%	低
		脱硫装置协同脱汞	80%	低
		催化脱硝协同氧化汞	70%	低
	单项脱汞技术		90%以上	高

　　燃烧中采用的一些控制技术可以不同程度地将烟气中的零价汞氧化，从而有利于后续吸附和捕集。炉膛喷射技术是在炉膛的合适位置直接喷射微量氧化剂、催化剂或者吸附剂，降低汞等重金属污染物的排放。燃烧工况改变是通过低氮燃烧和流化床燃烧技术中较低的炉内温度，促进氧化态汞的形成。煤基添加技术是在煤上喷洒微量的卤素添加剂，利用其在燃烧过程中释放的氧化剂将零价汞氧化成二价汞后进行脱除。

　　利用已有的污染物控制装置如除尘器、SCR 装置、湿法脱硫设备等来实现汞和其他重金属的协同控制是目前应用较为广泛的方法。袋式除尘器对于吸附在亚微米颗粒上的汞及其他重金属颗粒污染物颗粒有较好的脱除效果。选择性催化还原（SCR）装置将氮氧化物还原为氮气的同时，也可有效促进 Hg^0 的氧化。湿法脱硫装置可以溶解捕获烟气中易溶于水的 Hg^{2+} 化合物，与汞的强化氧化技术耦合使用，脱除率可以达到 80%～95%以上；针对浆液中存在 Hg^{2+} 再释放的问题，向浆液中添加有机硫 TMT 和无机硫抑制剂与 Hg^{2+} 反应形成 HgS 沉淀、加入 EDTA 和 DTCR 等螯合剂减少浆液中金属离子对 Hg^{2+} 的还原，抑制 Hg^{2+} 再释放过程，可实现汞的高效固化以及提高脱汞效率。

　　除了直接利用现有设备，各种单项脱除重金属污染物的方法也相继出现，如电晕放电等离子体法、电催化氧化联合处理法、氧化剂注入法等。其中固定床吸附法具有脱汞效率高、投资成本低、改造容易、适应性强等优点，已成功应用于垃圾电站的汞等重金属污染物脱除。所使用的吸附剂主要有活性炭、飞灰、金属氧化物、沸石等，其中以活性炭吸附法最为成熟，通常在除尘器上游位置将活性炭粉喷入烟气中使其在流动过程中吸附烟气中的汞，再通过下游的除尘装置与飞灰一起收集，选择合适的炭汞比例可以获得 90% 以上的脱汞效率。

有色冶炼企业的污染控制主要包括清洁生产技术和烟气控制技术，通过清洁生产技术可以从源头有效控制汞等重金属污染物的排放，烟气控制技术则主要通过酸性洗涤、电解、络合、冷凝等操作降低废气中重金属的含量。

清洁生产技术方面，铅富氧闪速熔炼技术针对铅及伴生有价金属铜、锌和贵金属的回收率高，渣含铅、锌、铜分别可降至 2%、3%、0.1% 以下，约 99.5% 的金银在粗铅中得到富集。氧气底吹熔炼—液态高铅渣直接还原炼铅技术将高铅渣直接注入还原炉中进行还原熔炼，同时加入粉煤或焦炭并通入空气，与注入还原炉中的高铅渣反应生成金属铅；该工艺成功解决了传统的烧结-鼓风炉还原问题，可回收制酸且除尘效率高。新型侧吹铜熔池熔炼技术将待处理的废杂铜由加料车加入炉内，向熔体中加入熔剂并从氧化还原口通入压缩空气进行氧化造渣，将杂质除去得到阳极铜。铬盐清洁生产工艺技术将硫酸氢钠废水回收作为处理铬渣的酸化剂，酸化熔融铬渣、铝泥和酸泥中的铬酸钙晶体，回收其液体生产陶瓷色料或重铬酸钠产品。熔盐法钛白清洁生产集成技术通过钛渣与碱熔盐反应生成钛酸钠，经离子交换、水解、盐处理、煅烧等工序得到钛白产品，钛渣中重金属在酸碱循环中富集分离后，形成金属盐类产品。红土镍矿碱法活化提取铬铝技术将红土镍矿与氢氧化钠或碳酸钠混合，在一定温度下焙烧，破坏矿相晶格结构，使矿中的铬、铝、硅等金属氧化物生成水溶性铬酸盐、铝酸盐和硅酸盐，并释放出部分共生的镍钴氧化物。

烟气控制技术方面，波利顿-挪威锌脱汞法将常规烟气净化系统净化、洗涤和冷却处理后的含汞和二氧化硫烟气通过脱汞反应塔内酸性氯化汞络合物溶液洗涤，使溶液中的 Hg^{2+} 与烟气中的金属汞蒸气发生快速完全的反应，生成不溶于水的氯化亚汞晶体；部分氯化亚汞用氯气重新氯化制备成浓氯化汞溶液，加入洗涤液中补充 Hg^{2+} 损失，多余部分经沉淀处理后成为甘汞产品。碘络合-电解法分为吸收和电解两部分工艺，该方法烟气除汞效率可达 99%，精炼汞纯度为 99.99%，除汞后烟气制得的硫酸含汞由原来的 100～170 g/t 可降到 1 g/t 以下，汞的总回收率达到 45.3%。硫化钠＋氯络合法第一步向进入制酸系统的烟气喷硫化钠，使汞蒸气变为硫化汞沉淀下来，将进入烟气净化系统的汞浓度控制在 30 mg/m^3 以下（烟气温度 30℃时，汞蒸气的饱和浓度），以防止汞的凝结；第二步采用氯络合法进一步除去烟气中的汞，出塔烟气含汞可降至 0.3 mg/m^3 以下；该方法的关键是控制硫化钠的喷入量。直接冷凝法将含汞浓度 300～500 mg/m^3、温度 50～300℃ 的电除尘后冶炼烟气先送入洗涤塔，脱除大部分烟尘并把温度降到 58～60℃；再送入石墨气液间冷器，烟气温度降到 30℃ 以下，80% 的汞蒸气在此冷凝成液汞和汞戾；

然后送入洗涤塔，进一步脱去金属汞和汞昊后；最后送入制酸烟气系统，处理后烟气含汞量<50 mg/m^3，脱汞率可达 80%～90%。

2.3.5 挥发性有机物（VOCs）控制技术

1. 挥发性有机物控制技术发展及应用现状

挥发性有机物（VOCs）已成为我国主要大气污染物之一。目前，我国重点行业和重点污染源的治理工作已逐步展开，VOCs 治理技术得到了快速发展。VOCs 的控制技术可分为源头控制和末端治理两大类。源头控制主要包括工艺及设备改进、工艺替代、VOCs 替代、泄漏控制等。VOCs 的末端治理技术可分为回收性技术和销毁性技术两大类。回收技术是利用不同 VOCs 理化性质的差异，通过改变温度、压力或采用选择性吸收剂等手段，实现挥发性有机物的富集和分离，主要包括吸附技术、吸收技术、冷凝技术及膜分离技术。回收技术适用于高浓度（>5000 mg/m^3）且具有较高附加值的 VOCs，回收后的 VOCs 可以经过分离、纯化等工序进行再利用。销毁性技术利用化学或者生化反应，通过催化剂、微生物或者光热的作用，将 VOCs 转化为 CO$_2$ 和 H$_2$O 等无害物质，主要包括高温焚烧、催化燃烧、生物氧化、低温等离子体破坏和光催化氧化技术。技术适用范围如图 2-78 所示。随着我国 VOCs 控制理论的不断发展，VOCs 控制正向从源头控制到末端治理的全工艺流程治理转变，以吸附技术、催化燃烧技术、生物技术、低温等离子体技术及多功能耦合技术为代表的 VOCs 控制技术得到进一步发展（中华人民共和国环境保护部，2013c）。

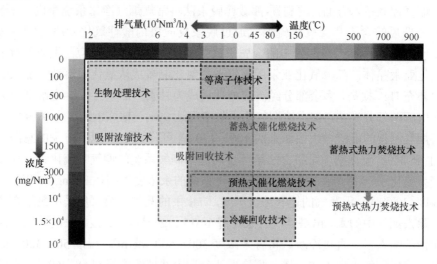

图 2-78　VOCs 控制技术适用范围

参考《挥发性有机物（VOCs）污染防治技术政策》（征求意见稿）编制说明

2. 典型 VOCs 控制技术

主要用能行业 VOCs 排放涉及的行业众多，污染物种类繁杂、性质各异，包括烃类（烷烃、烯烃和芳烃）、酮类、酯类、醇类、酚类、醛类、胺类、腈（氰）类等有机化合物，导致 VOCs 的治理技术体系非常复杂。

近年来，以应用于石油化工行业的泄漏检测与修复（Leak Detection and Repair，LDAR）技术、密闭收集技术、原料替代等为代表的源头控制技术近些年得到了快速发展，有效降低了末端治理的负荷。通过对 2012 年 771 个有效的 VOCs 控制工程案例样本的分析研究（如图 2-79）显示，目前吸附法、催化燃烧法、生物处理法和等离子体法是国内外采用较多的末端治理技术。

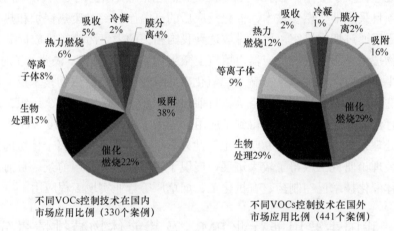

图 2-79　2012 年国内外 VOCs 控制技术应用比例对比

（1）回收技术

吸附技术是目前应用最广的 VOCs 回收技术。目前最常用的吸附剂包括活性炭、活性炭纤维、分子筛、硅胶、活性氧化铝等，该技术净化效率可达 90%～99%。目前吸附-脱附回收技术已应用于氯仿废气回收工程，系统排放指标满足大气污染综合排放标准，净化效率平均达到 98%以上。冷凝技术适用于高浓度（>10000 ppm）有机溶剂蒸气的分离回收。在工程应用中，冷凝技术常作为预处理技术与其他技术联用。冷凝与变压吸附联用技术已应用于 500 m^3 石油储运行业油气回收，使系统出口尾气指标满足排放标准要求，非甲烷总烃回收效率高达到 98%。膜分离技术对温度、压力、湿度和浓度等有较好的适应性，适用于间歇性的 VOCs 排放源，净化效率可达 90%～99%。该技术核心是开发具有高选择性，低成本的膜材料。

（2）销毁技术

燃烧技术适用于较高浓度 VOCs 废气的处理，该技术以 VOCs 脱除效率可达

99%以上。直接燃烧（火炬）法适用于高浓度 VOCs 污染物（高于贫燃极限）。近年来发展的蓄热式热力焚烧（RTO）技术可提高系统热效率，降低系统的运行成本，主要应用于较高浓度（2000～20000 mg/m^3 之间）有机废气的净化。蓄热体常用具有高热容的陶瓷材料，采用直接换热的方法将燃烧尾气中的热量蓄积在蓄热体中用于加热待处理 VOCs 废气。转轮吸附-蓄热燃烧技术已应用于半导体行业有机废气治理；该技术热回收效率可达 95%以上，非甲烷总烃脱除效率高达 95%。催化燃烧技术是指 VOCs 在催化剂的作用下燃烧并被氧化成为无害的 CO_2 和 H_2O 等，近年来已成为中高浓度有机废气治理的主要技术。我国自主开发的高效抗硫/氯中毒、宽温度窗口系列催化剂配方，为高湿度、复杂成分、含硫/氯有机废气的工业化处理提供了支撑。华东理工大学工业催化研究所承担的 8 万吨/年丙烯酸尾气处理项目采用催化燃烧技术，催化反应后的高温尾气经过废热锅炉和热交换器余热利用后通过烟囱排空，尾气排放达到我国相关的大气污染物排放标准。

生物技术利用附着在反应器内填料上微生物（真菌、细菌、藻类等）对 VOCs 物质的生化反应，将 VOCs 分解为二氧化碳、水等无机物。生物技术反应器可分为生物洗涤塔、滴滤塔和过滤塔等。目前该技术已在制药、化工、纺织、皮革、喷漆等行业的有机废气治理中得到了应用。等离子体技术对低浓度 VOCs 物质具有较好处理效果，效率可达 90%以上。此外，近年来我国在等离子体协同催化技术的相关理论研究上取得了较大进展，展现了较好的工业应用前景。目前，低温等离子体催化技术已在制药、有机化工、烟草厂等行业实现工程应用。

2.4　我国主要用能行业 PM₂.₅ 及其前体物减排情景分析

基于主要用能行业污染物排放数据，根据行业标准与控制措施的发展，构建不同的情景，分析不同情景下污染物减排潜力。

2.4.1　情景设置

基于主要用能行业污染物排放数据，设置不同情景，其中基准情景是基准年份的污染物排放水平。其他各情景分别是考虑不同行业工艺技术水平的提升、污染物控制装置的普及率、投运率及控制效率的提高，以达到不同层次排放水平的情景。具体情景设置参数如表 2-7 所示。

2.4.2　污染物排放预测

1. 火电行业

通过对火电行业不同情景分析得到火电行业污染物排放，如图 2-80 所示。可

表 2-7　各行业情景分析参数设置

	基准情景	情景 1	情景 2	情景 3
火电行业（孙洋洋，2015）	2011 年的污染物排放水平	全部达到 GB 13223—2011 火电厂现有锅炉排放标准	全部达到煤电节能减排升级与改造行动计划行动目标（国家发展和改革委员会，2014）	—
钢铁行业（Wu et al.，2015b）	2012 年的污染物排放水平	全部达到 GB 28662—2012 国家钢铁行业新建企业排放标准	全部达到 GB 28662—2012 国家钢铁行业特别排放限值	—
水泥行业（雷宇等，2008）	2012 年的污染物排放水平	全部达到 GB 4915—2013 水泥工业大气污染物排放标准	全部达到 GB 4915—2013 水泥工业大气污染物排放标准特别限值	—
石化化工行业（Wu et al.，2015a）	2011 年的污染物排放水平	通过源头控制，采用清洁生产、环保原料替代等方式开展储罐管道、涂料涂装、印刷等重点行业的 VOCs 污染防治工作	通过应用末端治理技术，在重点行业提高控制技术普及率	—
有色金属冶炼行业	2012 年的污染物排放水平	各类主要有色金属生产工艺全部替换为较为先进的工艺，并采取适合工艺的污染物排放控制措施	—	—
燃煤工业锅炉	2011 年的污染物排放水平	全部达到 GB 13271—2014 国家新建锅炉排放标准	全部达到 GB 13223—2011 火电厂新建燃煤锅炉排放标准	锅炉煤改气

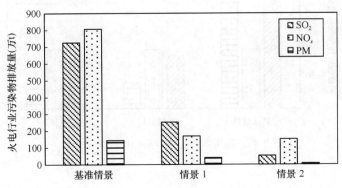

图 2-80　我国火电行业污染物排放情景分析

以看出，与基准情景相比，情景 1 的 SO$_2$、NO$_x$、PM 分别下降了 65.3%、79.1%、71.8%，减排效果显著，说明污染物的末端治理仍然是污染物大幅减排的关键，因此，严格执行电厂排放新标准，有效监督并评估电厂排放达标状况与电厂运行状况，促进电厂全面达标是十分必要的。在情景 2 下，各项污染物减排幅度进一步增大，SO$_2$ 和 PM 两项污染物排放量减排幅度均超过 90%，可见达到超低排放具有非常大的减排潜力，新标准和超低排放标准的同步推进有利于我国火电行业实现污染物减排的目标。此外，升级火电机组，实行"上大压小"，降低燃煤发电机组平均供电标煤耗也具有较为客观的减排潜力。经测算，供电标煤耗若达到国际先进水平 [276 gce/（kW·h）]，可使各项污染物在基准情景的基础上减排 16%~18%。

2. 钢铁行业

图 2-81 给出了我国钢铁行业不同情境下污染物的排放情况。可以看出，与基准情景相比，情景 1 SO$_2$ 和 PM 的减排幅度分别达 62.3% 和 78.3%，情景 2 的减排幅度分别为 65% 和 2.6%。说明污染物的末端治理仍然是钢铁行业污染物大幅减排的关键，因此，需大力推进钢铁脱硫和除尘工艺的普及和革新。此外，钢铁行业新排放标准对于 NO$_x$ 减排贡献较小，因适时出台相关政策推进钢铁行业 NO$_x$ 治理技术的发展。若调整钢铁行业产业结构及能源结构，假设钢铁产量保持不变，电炉钢的比例从 10% 提升至 30%，SO$_2$、NO$_x$、PM 约可分别减排 17.2%，12.7%，4.4%。

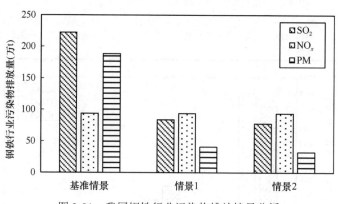

图 2-81　我国钢铁行业污染物排放情景分析

3. 水泥行业

通过对水泥行业不同情景分析得到水泥行业污染物排放，如图 2-82 所示。可以看出，与基准情景相比，情景 1 的 NO$_x$ 减排幅度达 24%，情景 2 的 NO$_x$ 减排幅度达 39.3%，情景 1、情景 2 的减排效果均较为明显，可见普及 SNCR 技术，促进水泥企业达到排放标准能够有效降低 NO$_x$ 的排放量。此外，升级水泥企业产业结构，淘汰 2000 t/d 以下规模的新干法产能和全部的立窑产能也具有 7% 左右的减排潜力。

4. 石化化工

基于已建立的 VOCs 排放清单，本研究得到了不同情景下的工业源 VOCs 排

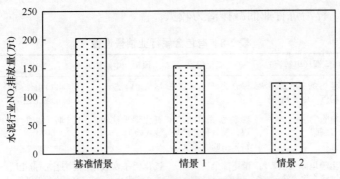

图 2-82　我国水泥行业 NO$_x$ 排放情景分析

放量，如图 2-83 所示。在情景 1 下，即通过源头控制，采用环保原料替代等方式开展储罐管道、涂料涂装、印刷等重点行业的 VOCs 污染防治工作时，工业源 VOCs 排放量将降低为 1166.1 万 t；相比于基准情景，该情景的减排率为 26%；在情景 2 下，通过应用末端治理技术，在重点行业提高控制技术普及率，VOCs 排放量将降低至 639.7 万 t，相比于基准情景，该情景的减排率为 59.6%。三种情景下含 VOCs 产品的使用和排放过程仍是主要贡献环节，贡献率分别为 59.7%，55.6%，51.7%，控制含 VOCs 产品的使用和排放过程仍是控制 VOCs 排放的重要过程。

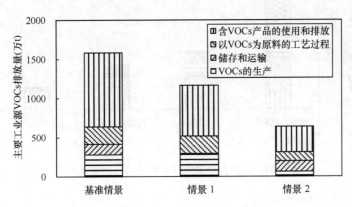

图 2-83　我国工业源 VOCs 排放情景分析

5. 有色金属

通过对有色金属行业的活动水平的研究，设置相关情景对 2012 年的有色金属行业污染物排放量进行了情景分析。情景假设各类主要有色金属生产工艺全部替换为较为先进的工艺，并采取适合工艺的污染物排放控制措施，如表 2-8 所示。结果表明，此情景下 SO$_2$、PM 可分别减排 58.4% 和 48.9%（图 2-84），说明铝冶炼、镍冶炼、锌冶炼行业的减排潜力较大。

表 2-8　有色金属行业情景设置

类别	精炼铜（电解铜）	氧化铝	原铝（电解铝）	铅	锌
工艺名称	闪速熔炼—吹炼—火法精炼—电解精炼	联合法	熔盐电解法	水口山法炼铅-电解工艺	湿法炼锌-电解工艺
SO$_2$ 控制	静电除尘法+烟气制酸	熟料窑采用低硫煤，氢氧化铝焙烧窑采用低硫煤气	氧化铝干法吸附+过滤式除尘	烟气制酸	烟气制酸二转二吸
PM 控制	烟尘静电除尘法，粉尘过滤式除尘法	静电除尘	氧化铝干法吸附+过滤式除尘	过滤式除尘法、湿法除尘法	过滤式除尘法、湿法除尘法
类别	锡	镍	镁	锑	
工艺名称	还原熔炼-硫化挥发	闪速炉工艺+反射炉-电解工艺	皮江法	挥发熔炼-还原熔炼	
SO$_2$ 控制	动力波脱硫法	烟气制酸	湿法收尘、旋风收尘	石灰石石膏法脱硫	
PM 控制	过滤式除尘法	袋式收尘、电收尘	湿法收尘、旋风收尘	过滤式除尘法	

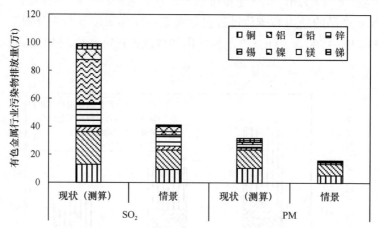

图 2-84　我国有色金属行业污染物排放情景分析

6. 燃煤工业锅炉

有关资料显示，2011 年我国燃煤工业锅炉 52.7 万台，年耗煤 7.2 亿 t，排放烟尘 160.1 万 t，SO$_2$ 718.5 万 t，NO$_x$ 271 万 t，如图 2-85 所示，若燃煤工业锅炉全部达到 GB 13271—2014 国家新建锅炉排放标准，SO$_2$、NO$_x$、PM 可分别减排 497.4 万 t、49.4 万 t、123.1 万 t；在情景 2 下，若燃煤工业锅炉全部达到 GB 13223—2011 火电厂新建燃煤锅炉排放标准，SO$_2$、NO$_x$、PM 可分别减排 645.1 万 t、197.1 万 t、137.8 万 t；在情景 3 下，若将 6t/h 以下燃煤工业锅炉改为燃气，6～20 t/h 工业锅炉污染物排放维持现状，20 t/h 以上燃煤工业锅炉实现达标排放，共需燃气 436 亿 m³，可减排 SO$_2$ 412 万 t，NO$_x$ 48 万 t，PM 99 万 t，若将 20 t/h 以下燃煤工业锅炉改烧燃气；20 t/h 以上燃煤工业锅炉实现达标排放，共需燃气 1140 亿 m³，可减排 SO$_2$ 566 万 t，NO$_x$ 82 万 t，PM 133 万 t，若将燃煤工业锅炉全部改为燃气，共需燃气 3353 亿 m³，可减排 SO$_2$ 700 万 t，NO$_x$ 155 万 t，PM 152 万 t。

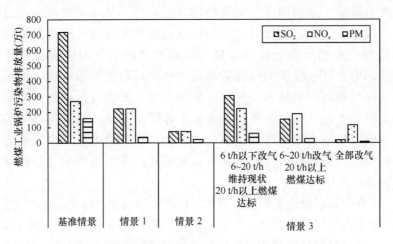

图 2-85　燃煤工业锅炉污染物减排情景分析

2.5　小　结

　　能源是国民经济的基础，我国一次能源消费总量大，以煤为主，石油、天然气对外依存度高，非化石能源消费比例低，能源消费总量需求还将持续增长。2012 年我国一次能源消费总量为 36.2 亿 tce，其中，煤炭消费量约 35.26 亿 t，约占全球煤炭消费总量的 50%，对外依存度为 8.2%；石油消费量 4.67 亿 t，对外依存度为 58%；天然气消费量 1463 亿 m³，对外依存度为 28.8%。一次能源消费呈现强度高、分布不均的特点，2012 年我国单位国土面积一次能源、煤炭、石油、天然气的平均消费强度分别为 375.23 tce/km²、365.49 t 煤/km²、49.33 t 原油/km² 和 1.53 万 m³/km²。重点区域单位面积能源消费强度和煤炭消费强度高，以京津冀为例，该地区一次能源消费强度约是全国平均水平的 5.64 倍，煤炭消费强度约是全国的 4.94 倍。

　　电力、热力、钢铁、建材、有色金属、石化化工行业是一次能源的主要消费行业，一次能源消费量约占全国消费总量的 82.7%，其中火电、钢铁、建材行业分别消费了全国 49.4%、8.6% 和 7% 的煤炭，石化化工消费了全国 15.4% 的煤炭和

97.4%的石油。2012 年主要用能行业排放了约 90.3%的 SO_2、70.9%的 NO_x、83.4%的烟（粉）尘和 79.1%的 VOCs。

我国大气环境污染的严峻形势推动了电力、钢铁、建材、有色金属、石化化工等主要用能行业主要大气污染物（颗粒物、SO_2、NO_x、重金属、VOCs等）排放控制技术的发展及工艺创新。大气污染物治理技术经历了从除尘、脱硫、脱硝等单一治理向多污染物协同深度减排、从末端治理向全过程控制的发展阶段。近年来，通过自主创新以及对国外先进技术引进、消化吸收，在主要用能行业已形成一批具有自主知识产权的大气污染物控制技术和装备。目前，电力行业燃煤烟气污染物高效控制已取得显著进展，通过多污染物高效脱除与协同控制技术，可实现燃煤机组主要大气污染物的超低排放，钢铁、建材、水泥、有色金属、石化化工等行业 $PM_{2.5}$ 及其前体物的控制技术研发与应用也取得重要进展，但仍具有较大提升潜力，未来发展方向是针对不同行业的污染物排放特性，开发稳定可靠的多污染物全过程高效控制技术，并实现推广应用。

综上，在我国以煤为主的能源消费结构在短期内难以改变，在经济发展的新常态下，要实现空气质量的持续改善，关键是要采取综合性措施确保主要用能行业 $PM_{2.5}$ 及其前体物排放量的最小化和控制途径的最优化。因此，建议加快推动能源生产和消费革命，实施煤炭清洁高效集中可持续利用战略，塑造低碳低排产业体系，实现空气质量和气候变化的协同效益。主要包括：

（1）实施煤炭消费总量控制，优化煤炭消费结构，提高终端能源消费中清洁能源比重。2017 年煤炭占能源消费总量比重降至 65%，重点区域煤炭消费实现零增长或负增长；2020 年煤炭消费总量达到峰值，电煤占煤炭消费总量比重提高至60%；2030 年煤炭占能源消费总量比重降至 50%，电煤占煤炭消费总量比重提高至 70%。

（2）通过创新驱动持续推动用能行业节能减排和清洁生产。2030 年燃煤电厂的平均热效率由 2010 年的 36%提高到 42%，工业锅炉、水泥生产、炼焦炉等单位产品的能耗比 2010 年分别降低 24%、16%、44%。大力发展污染物控制技术，推动污染物低成本低能耗超低排放和协同控制技术的研发，优先在电力、钢铁、水泥等典型用煤行业和重点区域进行示范和推广。推进对空气污染控制和温室气体排放控制同时有效的政策和技术应用。

（3）加快健康、高效的环保装备建设、运营及监管体系建设。健全环保装备标准体系，推动环保装备建设与运营的专业化、高质化和社会化，促进环保产业规范化发展；推进基于物联网、互联网、大数据、云计算等信息技术的环保设施智能化远程监视管理系统开发及应用，实现全国范围内重点污染源治理设施全流程和关键设备的全天候实时监控，建立环保监管新模式，提高环保执法水平。

参 考 文 献

丁新淼, 王雅明, 余学飞, 等. 2010. 我国水泥工业大气污染物排放与治理研究[J]. 中国水泥, (11): 47-50.

工信部节能司. 2012a. 钢铁行业节能减排先进适用技术指南 [EB/OL]. http: //www.miit.gov.cn/ n11293472/n11293832/n12843926/n13917012/14844112.html.

工信部节能司. 2012b. 有色金属行业节能减排先进适用技术指南[EB/OL]. http: //www.miit. gov.cn/n11293472/n11293832/n12843926/n13917012/14844112.html.

工信部原材料工业司. 2011. 钢铁工业"十二五"发展规划(工信部规[2011]480 号)[EB/OL]. http: // www.miit.gov.cn/n11293472/n11293832/n11293907/n11368223/14303771.html.

国家电力监管委员会. 2012. 电力监管年度报告 2011[R].

国家发展和改革委员会. 2014. 煤电节能减排升级与改造行动计划(2014—2020 年)(发改能源 [2014]2093 号[EB/OL]. http: //www.sdpc.gov.cn/gzdt/201409/t20140919_626240.html.

国家统计局能源统计司. 2013. 中国能源统计年鉴 2013[M]. 北京: 中国统计出版社.

国务院办公厅. 2010. 国务院办公厅转发环境保护部等部门关于推进大气污染联防联控工作改善区域空气质量指导意见的通知(国办发{2010}33 号)[EB/OL]. http: //www.gov.cn/xxgk/pub/ govpublic/mrlm/201005/t20100513_56516.html.

国务院办公厅. 2011. "十二五"工业转型升级规划(2011~2015 年)(国发〔2011〕47 号)[EB/OL]. http: // www.gov.cn/xxgk/pub/govpublic/mrlm/201201/t20120119_64732.html.

雷宇, 贺克斌, 张强, 等. 2008. 基于技术的水泥工业大气颗粒物排放清单[J]. 环境科学, 29(8): 2366-2371.

李小燕, 胡芝娟, 叶旭初, 等. 2012. 水泥生产过程自脱硫及 SO$_2$ 排放控制技术[C]// 2012 水泥工业节能减排及清洁生产控制技术高峰论坛暨水泥工业脱硝、脱硫及除尘专题会.

刘静思. 2011. 我国水泥工业除尘技术的现状与市场前景浅析[J]. 能源与环境, (6): 85-86.

刘晓宇. 2007. 典型固定燃烧源颗粒物排放特征研究[D]. 北京: 中国环境科学研究院.

美国能源信息署(U.S. Energy Information Administration). 2013. [EB/OL]. http: //www.eia.gov/ consumption/.

史建勇. 2015. 燃煤电站烟气脱硫脱硝技术成本效益分析[D]. 杭州: 浙江大学.

孙洋洋. 2015. 燃煤电厂多污染物排放清单及不确定性研究[D]. 杭州: 浙江大学.

王漫. 2011. 钢铁厂烧结机烟气脱硝技术选择[C]//2011 年全国烧结烟气脱硫技术交流会.

王永红, 薛志钢, 柴发合, 等. 2008. 我国水泥工业大气污染物排放量估算[J]. 环境科学研究, 21: 207-212.

吴碧君, 刘晓勤. 2005. 挥发性有机物污染控制技术研究进展[J]. 电力科技与环保, 21(4): 39-42.

吴其荣, 杜云贵, 聂华, 等. 2012. 燃煤电厂汞的控制及脱除[J]. 热力发电, 41(1): 8-11.

席劲瑛, 武俊良, 胡洪营, 等. 2012. 工业 VOCs 气体处理技术应用状况调查分析[J]. 中国环境科学, 32(11): 1955-1960.

冶金工业经济发展研究中心. 2013. 中国钢铁统计年鉴 2012[M]. 北京: 中国统计出版社.

英国石油公司. 2013. BP 世界能源统计年鉴[M]. 伦敦: BP.

中国电力年鉴编辑委员会 2014. 中国电力年鉴 2013[M]. 北京: 中国电力出版社, 2013.

中国电力企业联合会. 2012. 中国电力工业资料汇编 2011 [M]. 北京: 中国电力出版社.

中国电力企业联合会. 2013. 中国电力行业年度发展报告 2013 [M]. 北京: 中国市场出版社.

中国工业和信息化部. 2011a. 关于印发《建材工业"十二五"发展规划》的通知 [EB/OL]. http: //
www.miit.gov.cn/n11293472/n11293832/n11293907/n11368223/14335483.html.

中国工业和信息化部. 2011b. 关于印发《有色金属工业"十二五"发展规划》的通知 [EB/OL]. http: //
www.miit.gov.cn/n11293472/n11293832/n11293907/n11368223/14447635.html.

中国环境保护产业协会脱硫脱硝委员会. 2014. 我国脱硫脱硝行业 2013 年发展综述[J]. 中国环
保产业, (9): 4-15.

中国科学技术协会. 2012. 2011—2012 环境科学技术学科发展报告[M]. 北京: 中国科学技术出
版社.

中国能源中长期发展战略研究项目组. 2011. 中国能源中长期(2030、2050)发展战略研究[M]. 北
京: 科学出版社.

中华人民共和国国家统计局. 2013. 中国统计年鉴 2013[M]. 北京: 中国统计出版社.

中华人民共和国环境保护部. 2013a. 关于执行大气污染物特别排放限值的公告(公告 2013 年第
14 号)[EB/OL]. http: //www.zhb.gov.cn/gkml/hbb/bgg/201303/t20130305_248787.htm.

中华人民共和国环境保护部. 2013b. 《锅炉大气污染物排放标准(二次征求意见稿)》编制说明
[EB/OL]. http: //www.zhb.gov.cn/gkml/hbb/bgth/201312/t20131227_265774.htm.

中华人民共和国环境保护部. 2013c. 环境空气细颗粒物污染防治技术政策(试行)(环办函
[2013]167 号)[EB/OL]. http: //www.zhb.gov.cn/gkml/hbb/bgth/201302/t20130218_248175.htm.

中华人民共和国环境保护部. 2013d. 挥发性有机物(VOCs)污染防治技术政策(公告 2013 年第
31 号)[EB/OL]. http: //kjs.mep.gov.cn/hjbhbz/bzwb/wrfzjszc/201306/t20130603_253125.htm.

中华人民共和国环境保护部. 2014a. 2013 年环境统计年报 [EB/OL]. http: //zls.mep.gov.cn/hjtj/nb/
2013tjnb/201411/t20141124_291867.htm.

中华人民共和国环境保护部. 2014b. 关于公布全国燃煤机组脱硫脱硝设施等重点大气污染减排
工程名单的公告(2014 年第 48 号)[EB/OL]. http: //www.zhb.gov.cn/gkml/hbb/bgg/201407/
t20140711_278584.htm.

中华人民共和国科学技术部. 2014. 关于印发《大气污染防治先进技术汇编》的通知(国科函社
〔2014〕32 号)[EB/OL]. http: //www.most.gov.cn/mostinfo/xinxifenlei/fgzc/gfxwj/gfxwj2014/
201403/t20140304_112115.htm.

周至祥, 段建中, 薛建明. 2006. 火电厂湿法烟气脱硫技术手册[M]. 北京: 中国电力出版社.

Brown G N, Gansley R R, Mengel M L, et al. 2003. Gas-liquid contactor with liquid redistribution
device[P]. US, US 6550751 B1.

Chen L H, Sun Y Y, Wu X C, et al. 2014. Unit-based emission inventory and uncertainty assessment
of coal-fired power plants[J]. Atmospheric Environment, 99: 527-535.

Lei S, Cheng S, Gunson A J, et al. 2005. Urbanization, sustainability and the utilization of energy and
mineral resources in China[J]. Cities, 22(4): 287-302.

U. S. Environmental Protection Agency. 2014. Air Emission Sources. http: //www.epa.gov/air/
emissions/basic.htm.

USGS. 2014. Cement Statistics and Information(2000~2014); http: //minerals.usgs.gov/minerals/

pubs/commodity/cement/.

WSA. 2013. Steel Production 2012[M]. Rue Colonel Bourg 120 B-1140, Brussels, Belgium.

Wu X C, Huang W W, Zhang Y X, et al. 2015a. Characteristics and uncertainty of industrial VOCs emissions in China[J]. Aerosol & Air Quality Research, 15(3): 1045-1058.

Wu X C, Zhao L J, Zhang Y X, et al. 2015b. Primary air pollutant emissions and future prediction of iron and steel industry in China[J]. Aerosol & Air Quality Research, 15(4): 1422-1432.

第3章　我国交通系统对大气 $PM_{2.5}$ 污染的影响和控制战略研究

课题组组长

郝吉明　清华大学　院士

执行秘书

吴　烨　清华大学　教授

课题组成员

胡京南　中国环境科学研究院　研究员

葛蕴珊　北京理工大学　教授

王　青　天津内燃机研究所　教授级高工

肖亚平　北京汽车研究所有限公司　教授级高工

鲍晓峰　中国环境科学研究院　研究员

丁　焰　环境保护部机动车排污监控中心　研究员

李孟良　中国汽车技术研究中心　教授级高工

贺　泓　中国科学院生态环境研究中心　研究员

李俊华　清华大学　教授

刘　欢　清华大学　副教授

刘　欣　天津内燃机研究所　教授级高工

徐洪磊　交通运输部规划研究院　教授级高工

岳　欣　中国环境科学研究院　研究员

刘　莹　北京市交通行业节能减排中心　高级工程师

郝利君　北京理工大学　副教授

张少君　清华大学　博士

周　昱　清华大学　博士

吴潇萌　清华大学　博士

郑　轩　清华大学　博士

3.1　我国交通系统大气污染排放控制面临的挑战

自 1990 年以来，随着我国社会经济的快速发展和城市化进程的深入，机动车保有量经历了爆发式的增长。2013 年我国汽车拥有率已经达到 100 辆/千人（中华人民共和国国家统计局，2014）。纵观其他东亚国家，日本和韩国分别在 20 世纪 60 年代和 90 年代达到汽车拥有率 100 辆/千人的水平后，均仅在短短的 12 年间就暴增至 300 辆/千人（世界银行，2013）；东京和首尔也分别在上述时期爆发了严重的交通拥堵和大气污染问题。因此，在未来十五年（即 2015～2030 年）的快速机动化发展轨道中，我国亟待解决汽车文明所带来的各种挑战和困局。

由于过去长时期忽视优先发展城市公共交通系统（特别是特大城市的大运力轨道交通网络），我国机动车存在着高速增长、高频使用和高度聚集等使用特征，给能源安全、空气质量和土地利用等方面带来了严峻挑战。

（1）高速增长：1990 年以来民用汽车年均增长率接近 15%，其中小客车年均增速甚至超过 25%，远高于世界同期平均水平。国内外研究普遍认为我国未来 15 年汽车保有量仍将保持持续增长，预计 2025 年前后将超过美国成为汽车保有量最大的国家，届时进口原油依存度很可能接近甚至超过 70%（国家发展和改革委员会能源研究所课题组，2009；International Energy Agency，2011；清华大学中国车用能源研究中心，2012；Wu et al.，2012a）。

（2）高频使用：目前我国私家车年均行驶里程约在 1.8 万 km（Zhang，2013；Zhang et al.，2014a），显著高于欧洲（约 1.2 万 km）和日本（约 0.8 万 km），与美国（约 1.9 万 km）相当（Wang et al.，2006）。北京等特大城市的中心区域小客车通勤比例在 33%左右（北京交通发展研究中心，2013），显著高于世界其他主要大城市（如伦敦、东京和纽约）。

（3）高度聚集：机动车排放高度聚集在我国东部，特别是京津冀、长三角、珠三角等地区的大城市及城市群。本研究结果显示，2012 年我国东部地区机动车 HC 和 NO$_x$ 排放强度高达 1.8 t/km^2 和 3.1 t/km^2，远高于全国平均水平（0.5 t/km^2 和 0.8 t/km^2）和欧美同期水平（0.2～0.3 t/km^2 和 0.6～0.8 t/km^2）（European Environment Agency，2014；U.S. Environment Protection Agency，2015）。北京、上海、广州、深圳和杭州等大城市空气质量源解析结果显示机动车已经是导致上述城市 PM$_{2.5}$ 污染的最主要本地贡献源（新华网，2015）。

以道路机动车为重点，我国从 20 世纪 90 年代末期开始实施了一系列的排放控制措施，对于遏制机动车污染物排放总量的快速增长取得了显著效果。但目前还存在诸多突出的现实问题。例如，机动车排放控制还没有建立起完善的"车-

油-路”一体的控制体系，彼此之间控制严重不协调。新车排放标准和油品质量标准在全国大部分地区不同步（油品质量滞后），特别是严重影响了重型柴油车排放控制的进程，导致我国重型车控制比发达国家现状控制水平落后两个标准（约 10年差距）。对于交通管控措施，过去控制的重点集中在标准和行政手段的控制，交通调控和基于市场的经济手段调控显得薄弱。

此外，我国非道路移动源（船舶、工程机械、农用机械、航空等等）排放控制长期处于被忽视的地位。排放标准和非道路油品质量控制和监管缺位，严重的滞后于道路机动车和车用油品质量的控制进程。目前，非道路移动源的保有量和活动水平家底不明，实际排放特征数据匮乏，严重制约了非道路移动源排放控制的科学决策。今后，如果继续放松非道路移动源的排放控制工作，在道路机动车排放控制取得的效益将很可能被非道路移动源排放的污染物新增量所抵消殆尽。

综上所述，交通系统是我国大气 PM$_{2.5}$ 污染防治与减排的关键部门。本章后续内容将通过分析我国交通源的大气 PM$_{2.5}$ 及相关前体物排放现状和发展情景，结合大气 PM$_{2.5}$ 减排整体目标和国内外移动源污染控制技术发展趋势，提出我国交通系统（包括道路和非道路移动源）未来 15 年的 PM$_{2.5}$ 污染控制战略。

3.2　我国交通源大气污染物排放特征

3.2.1　移动源排放测试方法和系统

本研究选择具有代表意义的移动源（包括道路机动车和非道路移动源）进行实际运行条件下的污染物排放测试。道路机动车典型测试车辆涵盖不同控制技术的轻型汽油车和重型柴油车（包括货车和公交车）等。对每一类典型车型，根据各车型保有构成选择合适的测试样本数，重点关注符合更严格排放标准和使用替代或清洁燃料的先进车辆技术。测试的非道路移动源主要包括工程机械、农业机械和内河船舶等。针对道路机动车和非道路移动源的实际使用特征，设计了有代表性的测试线路或工况。此外，还收集了大样本的轻型汽油车和摩托车的实验室台架测试数据，用于分析排放标准加严对于车辆排放特征的影响。

先进的车载排放测试系统（Portable Emission Measurement System，PEMS）用于移动源实际运行排放的测试，该系统通常包括车辆运行特征记录模块、尾气流量仪、气态污染物分析仪，以及尾气稀释系统和颗粒物分析仪对一次 PM$_{2.5}$ 排放进行测试（Wu et al.，2012b；Zhang et al.，2014c；张少君，2014）。

车辆的行驶速度采用全球卫星定位系统（Global Position System，GPS）测量，即在车辆的行驶过程中逐秒测量并记录车辆所处地理位置（经度、纬度、海拔高度），然后计算车辆的行驶速度。对于具有车载诊断系统（On-Board Diagnostic, OBD）的车辆，还可以进一步采用 OBD 解码器获得发动机运行的关键参数（如扭矩、转速和功率）。

尾气流量测试采用 Sensors 公司的高速流量尾气流量计 SEMTECH-EFM2 测试总尾气流量。该流量计采用皮托管原理，利用一个压差测量设备作为核心，实现从怠速至最大速度范围内瞬态流量的准确测量，并保证准确度优于±2.5%且线性优于 1%。

气态污染物排放浓度分析则采用 Sensors 公司的 SEMTECH-DS 汽车尾气分析仪。SEMTECH-DS 应用不分光红外分析法（Non-Dispersive Infrared Analyzer, NDIR）测量 CO 和 CO$_2$；氢火焰离子检测器（Flame Ionization Detector, FID）测量总碳氢（THC）；不分光紫外分析法（Non-Dispersive Ultraviolet Analyzer，NDUV）分别测量 NO 和 NO$_2$ 以及电化学法测量 O$_2$ 浓度。仪器可测量的污染物、测试方法、检测范围等参数见表 3-1。

表 3-1　SEMTECH-DS 测试设备规格参数

污染物	测试方法	量程	分辨率	准确度
CO$_2$	不分光红外分析法（NDIR）	$0\sim20\%$	0.01%	$\pm0.1\%$
CO	不分光红外分析法（NDIR）	$0\sim8\%$	10×10^{-6}	$\pm50\times10^{-6}$
NO	不分光紫外分析法（NDUV）	$0\sim2500\times10^{-6}$	1×10^{-6}	$\pm15\times10^{-6}$
NO$_2$	不分光紫外分析法（NDUV）	$0\sim500\times10^{-6}$	1×10^{-6}	$\pm10\times10^{-6}$
THC	氢火焰离子检测法（FID）	$0\sim100\times10^{-6}$ $0\sim1000\times10^{-6}$ $0\sim10000\times10^{-6}$	0.1×10^{-6} 1×10^{-6} 1×10^{-6}	$\pm2\times10^{-6}$ $\pm5\times10^{-6}$ $\pm10\times10^{-6}$

移动源的颗粒物排放测试是目前的一个研究热点，近年来也涌现出了多种测试方法和设备。例如，本研究利用 FPS 尾气稀释系统和 ELPI+电子低压 PM 撞击器对典型车辆进行了排放测试。ELPI+是由芬兰 Dekati 公司生产的一款先进的气溶胶粒子分布和浓度监测仪器，可实时检测从 6 nm 到 10 μm 粒径范围的气溶胶粒子分布和浓度。气体通过一个单极的电晕装置，气溶胶颗粒被精确充电后通过一组低压冲击器后，按空气动力学粒径范围被分级（共 14 个粒径段）收集并测试各粒径段的颗粒数量，再根据各粒径段的颗粒物密度参数计算获得 PM 质量浓度。目前，可用于 PM 车载测试的在线分析仪器还包括 Dekati 公司基于 ELPI^{TM} 技术的 DMM-230，Sensors 公司基于微振荡天平的 SEMTECH-PPMD 等等，这些仪器各有特点并需要进一步进行比对。目前清华大学等单位正在开发和集成新一代多功能车载排放系统，可实现对于气态污染物和 PM 浓度及关键组分（如黑碳，BC；多环芳烃，PAHs）进行在线分析或采集（Zheng et al.，2015）。以重型货车为例，图 3-1 和图 3-2 分别展示了车载排放的系统示意图和测试现场图。

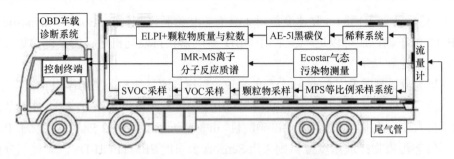

图 3-1　重型货车车载排放测试系统示意图

图 3-2　重型货车车载排放测试现场图

3.2.2　道路机动车排放特征分析

基于大样本的道路机动车的排放测试数据，本研究对轻型汽油车、重型柴油车和摩托车这几类最具有代表性的典型车型的排放特征进行了系统的分析，并对不同控制技术下各车型的污染物排放特征及技术减排效果进行讨论。

1. 轻型汽油车

轻型汽油车气态污染物排放因子随着排放标准的加严而显著降低。通常排放标准每加严一次，污染物排放因子平均降低约 50%～70%（如图 3-3 所示）。2013 年 2 月，北京率先实施轻型车国 5 排放标准。测试结果显示，典型工况下（30 km/h）国 5 轻型汽油车 CO、HC 和 NO$_x$ 的新车排放因子比国 4 进一步下降了 32%、17%

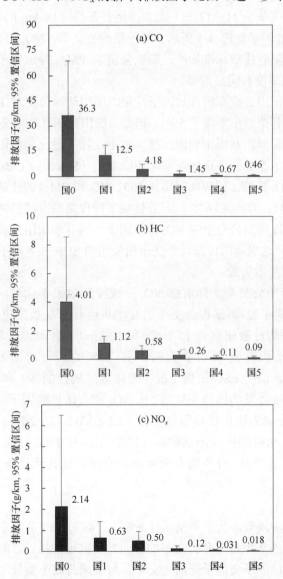

图 3-3　典型工况下不同控制技术类别的轻型汽油车排放因子

和44%。因此，过去十五年间中国轻型汽油车排放控制取得了显著的成效。未来，对于轻型汽油车需重点放在协同控制 CO_2 和 $PM_{2.5}$ 关键前体物（如 HC 和 NO_x）方面，重点关注冷启动、蒸发排放等阶段的排放控制。

2. 重型柴油车

（1）柴油公交车

柴油公交车（车长 11～12 m）在典型运行条件（18 km/h）下的 CO、HC、NO_x 和 $PM_{2.5}$ 排放因子如图 3-4 所示。对于柴油公交车，NO_x 和 $PM_{2.5}$ 是最为关注的两种污染物。随着排放标准加严，柴油公交车 $PM_{2.5}$ 排放因子得到了显著的削减，但 NO_x 排放却没有明显改善。

比较国Ⅱ到国Ⅲ公交车的排放因子结果，国Ⅲ柴油公交车 $PM_{2.5}$ 排放因子为 0.44 g/km，比国Ⅱ柴油车下降了 59%。但是，国Ⅲ和国Ⅱ柴油公交车在 NO_x 排放上并没有显著性差异。从国Ⅲ到国Ⅳ技术水平，除了进一步优化发动机燃烧外，最主要的控制技术是加装了选择性催化还原系统（Selective Catalytic Reduction，SCR）来控制 NO_x 排放。国Ⅳ实际道路 CO、HC 和 $PM_{2.5}$ 的排放因子相对国Ⅲ水平分别下降了 54%、70% 和 67%，充分体现了国Ⅳ柴油发动机燃烧得到了进一步优化。但是，国Ⅳ柴油公交车的 NO_x 排放因子与国Ⅱ和国Ⅲ排放水平相当，都处于 12 g/km 左右，这表明国Ⅳ柴油公交车所采用的 SCR 技术对于低速城市工况下的 NO_x 排放控制基本失效。

针对国Ⅳ柴油公交车实际道路 NO_x 排放控制效果不佳的问题，本研究利用 OBD 解码器收集了 2 辆国Ⅳ公交车的发动机运行工况数据进行深入分析。这两辆公交车的平均行驶速度为 15 km/h 和 12 km/h，排气温度较低；基于 OBD 检测的瞬态发动机转速和功率数据，其 85% 的运行时间发动机转速都在 1400 r/min 以下，说明 ESC 法规工况（即排放法规控制区）和公交车实际工况存在显著差异。结合发动机功率数据，其 NO_x 制动比排放因子分别为 9.4 g/kWh 和 6.6 g/kWh，分别为国Ⅳ法规限值要求（3.5 g/kWh）的 2.7 倍和 1.9 倍。因此，目前针对柴油发动机的排放测试规程（ESC 工况和 ETC 工况）与城市公交车运行特征存在显著差异，并不能有效控制公交车在低速运行条件下的 NO_x 非工况排放。

（2）柴油货车

国Ⅰ到国Ⅲ阶段柴油货车典型运行条件下（40 km/h）的单车技术排放因子如图 3-5 所示。虽然重型货车和公交车的柴油发动机规格相近，但柴油货车由于运行速度较高，排放因子要低于柴油公交车。与柴油公交车类似，当新车排放标准由国Ⅰ加严到国Ⅲ时，$PM_{2.5}$ 排放因子都呈现出下降趋势。特别是国Ⅱ到国Ⅲ之

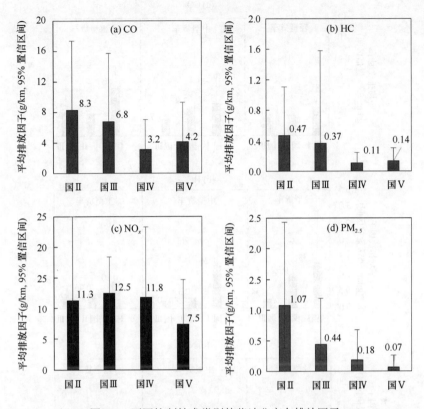

图 3-4　不同控制技术类别的柴油公交车排放因子

间出现了显著性下降，而且载重级别越高的 PM$_{2.5}$ 排放因子随排放标准下降幅度越大。但对于 NO$_x$ 排放因子，除轻型货车国Ⅱ和国Ⅲ技术类别外，其他车辆技术类别都未呈现出显著性差异。

　　货车车型规格（即车重级别）对不同污染物排放因子的影响是不同的。其中，对于 CO、NO$_x$ 和 PM$_{2.5}$，大部分车型技术的排放因子随着载重级别提高而增加。例如，对于国Ⅰ柴油货车，CO 平均排放因子由轻型货车的 2.9 g/km 增加到重型货车的 4.9 g/km，NO$_x$ 排放因子由轻型货车的 4.8 g/km 增加到重型货车的 9.2 g/km，PM$_{2.5}$ 由轻型货车的 0.24 g/km 增加到中重型货车的 0.50~0.54 g/km。由于货车的车重级别近年来呈现出明显增加的趋势，国内研究的测试车辆往往载重级别和发动机排量都相对偏小。例如，中国新销售的重型货车平均总重量约 20~25 t，而很多测试车辆总重量在 15 t 以下，因此需重视车重级别总体上升和测试车辆规格差异带来的影响。

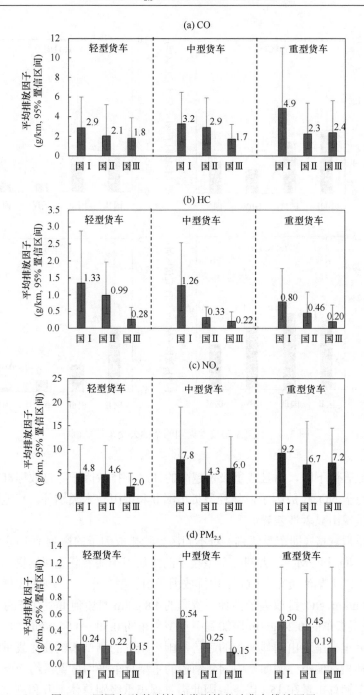

图 3-5 不同车型/控制技术类别的柴油货车排放因子

3. 摩托车

2012 年中国的摩托车注册保有量已达到 1.03 亿辆,接近机动车总保有量的一半(中国汽车技术研究中心,2013)。在摩托车整体产品结构中,较小排量(150 cm^3 及以下)的摩托车占到了绝大部分;其中 125 cm^3 在市场上的占有率最高,超过 40%,其次为 110 cm^3 和 150 cm^3 的摩托车(见图 3-6)。虽然 150~250 cm^3 的摩托车销量达到了 8%,但是在这个排量范围内,大部分为三轮摩托车,两轮摩托车的比例仍然很小。

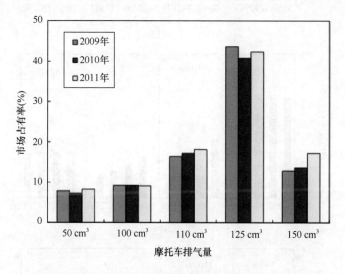

图 3-6　2009~2011 年不同排量摩托车市场占有率对比

本研究选取不同排量、不同生产年份组别中典型的车型车辆进行测试,基本覆盖了国产摩托车最具代表性的车型。150 cm^3 及以下的摩托车,基本采用化油器+二次补气+二级催化器的方式;大于 150 cm^3 的摩托车,均采用电子喷射+单催化器的方式。对于三轮摩托车,较多采用闭环电控化油器+单催化器的技术路线。对于蒸发排放的要求,采用炭罐进行排放控制。按照现行中国摩托车第Ⅲ阶段排放测量方法(GB 14622—2007、GB 18176—2007)中的规定进行车辆准备及排放测试,得出的工况法排放测试结果如图 3-7 所示。值得注意的是,与轻型汽油车相比,摩托车排放控制相对较差,未出现随着车辆生产年份更新而显著下降的趋势。例如,50 cm^3 的摩托车 HC 排放因子均超过 3 g/km,比主流的轻型汽油车(国 3~国 5)高出 1 个数量级以上。

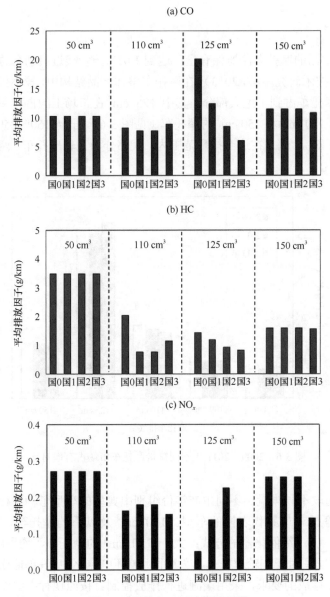

图 3-7　摩托车工况法测试结果

3.2.3　非道路移动源排放特征分析

非道路移动源种类复杂，本研究重点关注较为典型且污染物排放贡献较大的工程机械、农业机械和内河船舶等类别的非道路移动源。目前，我国对非道路移动源排放特征的研究还处于初级阶段，对非道路移动源的监管力度也显著弱于道路移动源。

1. 工程机械

工程机械是工程建设的施工机械的总称，其被广泛用于建筑、道路、矿山、水利、港口和国防建设等工程领域，种类繁多。中国工程机械工业年鉴将工程机械分为挖掘机、平地机、装载机、推土机、摊铺机、压路机、塔式起重机、叉车、混凝土搅拌站、轮式起重机、混凝土泵搅拌车、泵车等十三大类（中国工程机械工业协会，2012）。由于中国正处于快速城镇化的进程中，工程机械总作业时间每年都在大幅度增长，加上大部分工程机械的排放控制水平相对较低，其实际污染排放不容忽视。

对于工程机械，经常采取基于时间的排放因子（即单位小时的排放量）表征其排放特征。对于不同功率的工程机械，其基于时间的排放因子差别较大。为了对比不同功率的非道路机械在各个测试工况下基于时间的排放因子，根据《非道路移动机械用柴油机排气污染物排放限值及测量方法（中国 I 、II 阶段）》中对非道路机械功率段的划分原则，将被测机械分为三个功率段，即 37~75 kW、75~130 kW 和 130~560 kW。

由于测试各类型工程机械数量有限，本研究根据测试机械的额定功率进行分类计算，得到图 3-8 所示的三种功率段工程机械不同工况下基于时间的平均排放因子。可以看出，工况对基于时间的排放因子影响较为明显。三种功率段内作业工况下 CO、HC、NO_x 和 $PM_{2.5}$ 基于时间的平均排放因子最高，怠速工况下其平均值最低。以 37~75 kW 功率段的工程机械为例，作业工况下 CO、HC、NO_x 和 $PM_{2.5}$ 的平均排放因子分别是怠速工况的 1.3、3.1、5.1 和 5.9 倍；是行走工况的 1.1、1.4、1.2 和 1.5 倍。在作业工况下，发动机一般处于较高负荷状态。较高的燃烧温度加快了 NO_x 的生成；同时为了满足实际作业的需要，油门踏板处于快速变化中，造成了缸内燃烧条件恶化，使得 CO、HC 和 $PM_{2.5}$ 排放量也显著增加。

图 3-9 为挖掘机、装载机、压路机、推土机和平地机五种测试机械不同工况下基于油耗的平均排放因子。结果表明，测试工况对五种工程机械的排放因子影响十分相似。对 CO 和 HC 而言，五种测试机械（特别是装载机和推土机）怠速工况下由于燃烧不充分，排放因子明显高于其他工况。例如，装载机怠速工况下 CO 和 HC 基于油耗的平均排放因子分别是行走工况和作业工况下平均排放因子的 2.3 倍、2.1 倍和 1.6 倍、1.5 倍；推土机怠速工况下 CO 和 HC 基于油耗的平均排放因子则是作业工况下平均排放因子的 2.4 倍、1.5 倍。

对于 NO_x 和 $PM_{2.5}$，五种机械作业工况下的平均排放因子通常都高于行走和

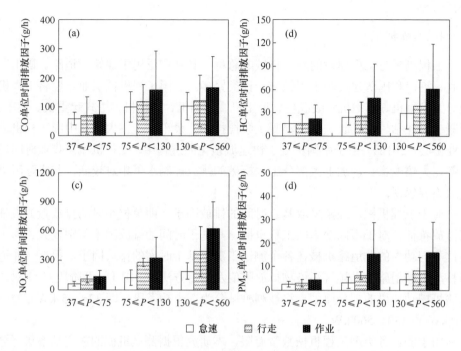

图 3-8 不同工况下工程机械单位时间的排放因子

怠速工况下的平均值。其中，压路机和推土机作业工况下 NO$_x$ 和 PM$_{2.5}$ 基于油耗的平均排放因子分别是怠速工况排放因子 1.1 倍、1.6 倍和 1.3 倍、2.6 倍。作业工况下，发动机处于高转速、高负荷状态且变化较快。缸内的高温高压客观上促进了 NO$_x$ 的生成。同时，不断变化油门负荷导致了缸内空燃比的下降，从而加速了 PM$_{2.5}$ 的生成。与其他四种工程机械不同，挖掘机怠速工况下的 NO$_x$ 基于燃油的排放因子高于行走和作业的排放因子。虽然怠速工况下单位时间的排放因子较低，但此时较低的燃油消耗量可能成为决定 NO$_x$ 基于油耗的排放因子大小的关键因素。

比较同一工况下五种机械的平均排放因子可知，压路机、推土机和平地机怠速和作业两种工况下 CO、HC 和 PM$_{2.5}$ 的排放因子均较高。其可能原因包括：①这三种机型在实际中一般是中小负荷作业，且无剧烈工况变化；②测试机械使用年代久远（大部分为 10 年以上的机械），发动机磨损严重且无法得到及时保养，从而导致了燃烧的恶化。而装载机各种工况下 NO$_x$ 基于油耗的排放因子均较高。这是由于装载机在实际作业中大部分时间处于的高负荷状况，燃烧温度相对较高，有利于 NO$_x$ 产生。

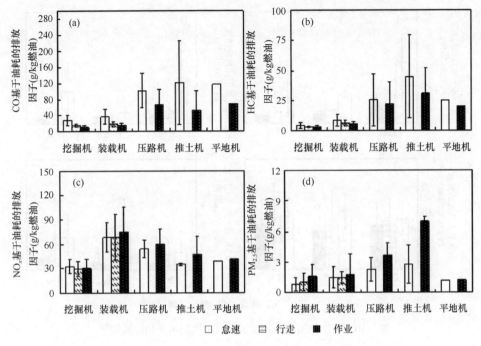

图 3-9　以燃油消耗为基准的工程机械污染物排放因子

2. 农业机械

农业机械主要指在作物种植和畜牧业生产过程中，以及农、畜产品初加工和处理过程中使用的各种机械，包括农用动力机械、土壤耕作机械、农田建设/排灌机械、作物收获机械、种植和施肥机械、畜牧业机械、农产品加工和运输机械等等。中国是传统农业大国，农业机械保有量和总功率持续快速增长。截止到 2011年底，中国农机总功率已经达到 9.8 亿 kW，其中农用大、中型拖拉机的保有量从 2000 年的 97 万台快速增长到 2011 年的 440 万台。中国农业机械保有量大，但其排放控制水平落后，导致农业机械可能成为影响空气质量的重要污染源。

针对农田作业机械，主要进行怠速、行走和作业三种工况测试。图 3-10 为农业机械在不同工况下基于油耗的平均排放因子。与工程机械排放规律相类似，农业机械怠速工况下 CO 和 HC 的平均排放因子最高，而 PM$_{2.5}$ 则大多是在作业工况下最高。比较国 1 和国 2 机械可知，CO、HC、NO$_x$ 和 PM$_{2.5}$ 的排放因子在旋耕工况下分别降低了 32%、57%、7% 和 45%。

3. 内河航运船舶

中国民用船舶大类可以分为渔船和水路运输船舶，水路运输船舶按用途可以

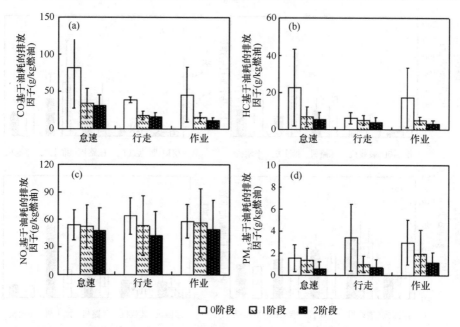

图 3-10　以燃油消耗为基准的农业机械的污染物排放因子

进一步分为客船、普通货船、集装箱船、油船和化学品船等；按航行区域可以分为内河船舶、沿海船舶和远洋船舶等。船舶排放已经成为全球大气污染的重要来源之一。我国主要沿海港口和内河港口基本位于人口密集的大城市，船舶柴油机排放对城市空气质量和公众健康产生重要影响。

本研究分别比较了船舶不同行驶工况下基于吨公里的排放因子（图 3-11）和基于燃油消耗的排放因子（图 3-12）（Fu et al.，2013）。由图 3-11 可知，进、出港工况下 CO 和 HC 的基于吨公里的排放因子明显大于巡航工况下的排放结果。其中进、出港工况下 CO 的排放因子分别是巡航工况下排放因子的 1.0～10.6 倍和 1.4～7.3 倍。而进、出港工况下 HC 的排放因子分别是巡航工况下排放因子的 1.1～3.0 倍和 1.1～2.8 倍。PM$_{2.5}$ 也表现出类似的结果。部分船舶进港时的 PM$_{2.5}$ 吨公里的排放因子较大：例如 G1#船舶，进港时 PM$_{2.5}$ 的排放因子达到 1.43 g/(km·t)，是巡航工况排放因子的 13.4 倍。

巡航工况下的燃油消耗量整体最高，而进港时的油耗较低。这是因为在离港工况下，船舶加速过程中油耗随着负荷的增加不断上升。当船速达到巡航速度后，负荷也开始保持稳定，此时油耗固定在较高位置。因此，巡航工况的油耗会整体高于离港工况。而在进港工况下，船舶利用水流及螺旋桨反转产生的阻力共同作用下使船舶不断减速，使得在此过程中燃油消耗相对较低。由于进港工况油耗相

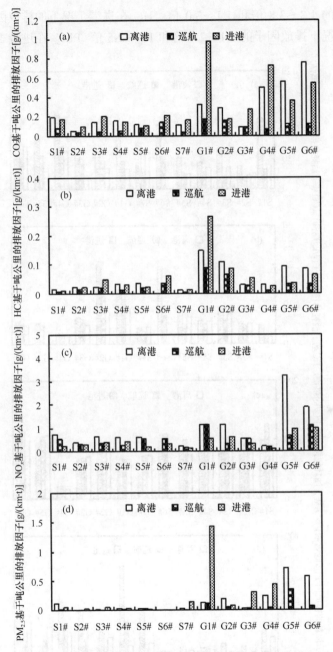

图 3-11 中国典型内河航运船舶基于吨公里的污染物排放因子

对较小，使得 CO、HC 和 PM$_{2.5}$ 基于油耗的排放因子高于离港和巡航工况下的排放值，如图 3-12 所示。其中，进港工况下 CO 的排放因子分别是巡航和离港工况下排放因子的 1.3～3.8 倍和 1.1～3.0 倍。HC 在进港工况下的排放因子分别是巡航和离港工况下排放因子的 1.1～2.7 倍和 1.0～2.5 倍。PM$_{2.5}$ 在进港工况下的排放

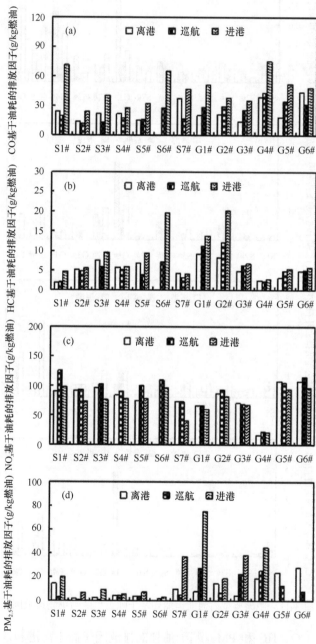

图 3-12　中国典型内河航运船舶基于燃油的污染物排放因子

因子分别是巡航和离港工况下排放因子的 1.2～7.5 倍和 1.3～9.7 倍。对于 NO$_x$，虽然巡航工况下的油耗较高，但单位时间较大的排放量使得 NO$_x$ 基于油耗的排放因子从整体上高于进、出港工况的排放值。

此外，影响船舶排放的因素还包括顺流/逆流、天气等因素。例如，通常情况下，船舶逆流时吨公里的排放因子要显著高于顺流航行时的排放值。

3.3 我国交通源大气污染物排放清单的建立

3.3.1 移动源排放清单的方法学和数据库

1. 移动源排放清单的方法学

通过对我国分地区道路机动车控制技术构成和车辆活动水平的调研和分析，首先开发了可适用于不同城市/不同地区机动车控制水平模拟的排放因子模型。在此基础上，结合路网车流信息和宏观车辆保有/活动水平数据库，建立了城市-区域-全国的多层嵌套的高分辨率一次 PM$_{2.5}$ 和关键气态前体污染物（HC 和 NO$_x$）排放清单。

对于非道路移动源，由于前期基础较为薄弱，本研究首先建立了全国基于车型/机型和控制水平为单元的典型非道路移动源（工程机械、农业机械、船运等）的活动特征参数库（行驶里程/工作小时数/燃料消耗量等），并针对工程机械和农业机械两类典型非道路移动源初步建立了分省的一次 PM$_{2.5}$ 和关键气态前体污染物（HC、NO$_x$ 和 SO$_2$）排放清单。

以道路机动车为例，排放清单的通用计算公式如式（3-1）：

$$E_j = \sum_i (10^{-6} \cdot \text{VP}_i \cdot \text{VKT}_i \cdot \text{EF}_{i \cdot j}) \tag{3-1}$$

其中，E_j 是污染物 j 的排放总量，t；VP$_i$ 是车队技术类别 i 的保有量；VKT$_i$ 是车队技术类别 i 的年均行程里程，km；EF$_{i,j}$ 是车队技术类别 i 的 j 污染物的排放因子，g/km。对于其他非道路移动源，根据统计口径和测试数据，选择合适的排放因子和活动水平参数，例如工程机械基于作业时间和单位时间计算污染物排放量。

对于道路机动车，影响清单结果的各种参数（机动车控制水平、油品质量、保有量、登记分布、行驶里程、行驶速度等）因地区和时间不同而存在差异。本研究通过数据库软件来存储和管理庞大的清单计算参数库。数据库参数主要包括两部分：①分车型分技术的底层排放数据库，集成了来自中国各城市进行的各类机动车的排放测试数据（Wu et al.，2012b；Wang et al.，2014；Zhang et al.，2014a；

Zhang et al.，2014b；中华人民共和国环境保护部，2015）；②地区基础参数数据库，包括各地区机动车排放控制水平、油品质量等清单参数的收集和整理（Wu et al.，2011；Zhang et al.，2013；Zhang et al.，2014a；张少君，2014；Yue et al.，2015）。图 3-13 为数据库的关系结构示意图。采用尽量统一的数据结构和算法来计算各地区、省份的机动车排放，可以显著提高计算效率，也便于数据更新和维护管理。通过对清单结果的分析，可进一步确定我国移动源各种典型污染物排放的重点控制区域和重点控制车型。

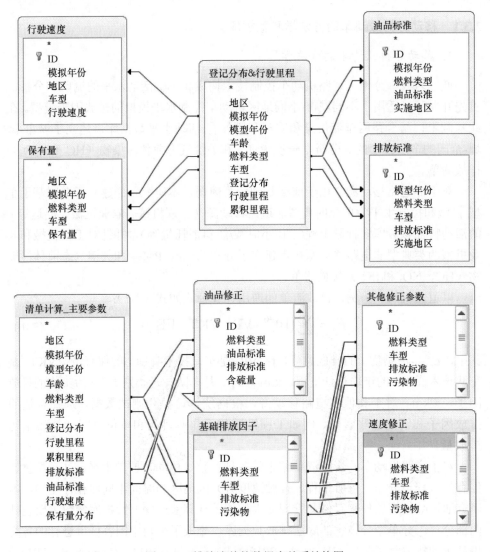

图 3-13　排放清单的数据库关系结构图

　　机动车排放因子的模拟和计算主要基于本研究开发的中国典型城市机动车排放因子模型（EMBEV V2.0）（Zhang et al.，2014a）。模型的整体结构示意图如图3-14所示，包括了图形用户界面层（Graphic User Interface Layer，GUI）、逻辑控制与计算层（Logic Layer）和模型数据库层（Database Layer）。其中，图形用户界面用于用户和模型数据库之间的交互，以实现数据输入、结果输出和模型参数维护等功能；逻辑控制与计算层存储着用于模型计算和运行的算法；数据库层存储着包括模型参数、输入输出数据和模型中间计算参数这三类数据。

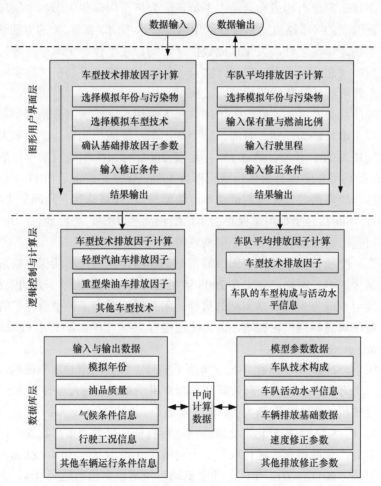

图 3-14　典型城市机动车排放因子模型软件结构框架

　　应用该模型可以模拟基于不同车型、不同燃油类型和不同车龄的单车技术排放因子和基于单车技术构成的车队平均排放因子（Zhang et al.，2014a；张少君，2014）。模型共定义11类车型规格，其定义与中国机动车注册管理的分类要求保持一致，包括微型客车、小型客车、中型客车、大型客车、微型货车、轻型货车、中型货车、重型货车和摩托车。由于出租车和公交车属于公共运营车辆，车辆活动水平较高，并且在不少城市（如北京）中属于排放重点控制车队（例如提前加严排放标准、提前淘汰和提高新能源车辆比例）。因此出租车和公交车在模型中单独列出，不包括在小型客车和大型客车的保有量中。

2. 典型城市和地区的移动源保有构成和活动水平

对道路移动源保有构成和活动水平特征的分析采用清华大学和中国环境科学研究院负责编制的《道路机动车排放清单编制技术指南（试行）》的方法学。除了各类分省的统计年鉴之外，大量基础数据（年均行驶里程、平均车速等）主要通过对典型城市（北京、上海、广州、南京、乌鲁木齐等）机动车进行实际调查、全国当地车管所统计和车辆年检等方式获得。

随着经济社会发展和家庭收入增加，私人乘用车（绝大部分是轻型乘用车）在各类车型中增长最为迅猛。目前，轻型乘用车已经成为北京、广州等大城市中保有量比例最高的车型（如图 3-15）。北京 2002～2010 年间机动车年增长率为16%，而轻型乘用车的保有量年均增长率为 19%，促使北京市于 2011 年初实施小客车上牌摇号的限购政策来控制机动车过快增长。广州是珠江三角洲最大的城市，2002～2011 年间其轻型乘用车保有量年均增长高达 18%。类似地，广州在 2012年 7 月 1 日起，也开始实施小客车限购政策。

近年来，交通管控措施在中国大城市开始实施，对城市车辆保有构成和运行特征造成显著影响。例如，北京在 2008 年奥运后实施了五天限一天的限行措施，该措施持续至今成为一项长期实施的措施。限行措施减少了轻型乘用车的年均行驶里程，对缓解高峰期市区拥堵，改善交通运行工况具有显著作用（Zhou et al.，2010；Zhang et al.，2014d）。

如上所述，2011 年 1 月起，北京实施了摇号上牌的轻型乘用车限购政策，每月号牌指标 2 万个。这一措施有效降低了北京机动车增长速度，使得北京在 2012年 2 月才突破机动车 500 万辆大关，比未实施限购延迟了 11 个月（北京市人民政府，2010）。图 3-16 为基于北京交通路网运行特征计算的全市平均速度，说明限购限行措施对改善城市交通运行取得了一定效果（张少君，2014；Zhang et al.，2014d）。但是，2011～2013 年间，北京机动车年增长率仍然达到 4%，高于同期的道路建设速度（1%～2%），交通供需压力依然非常突出，目前拥堵现象与 2011年相比，仍出现了持续加剧的态势。因此，北京在 2014 年进一步收紧了限购令下的新车指标，并采取更多交通和经济措施来改善交通运行工况（北京市人民政府，2013）。目前，全国已有包括上海、北京、贵阳、广州、天津、杭州和深圳等城市

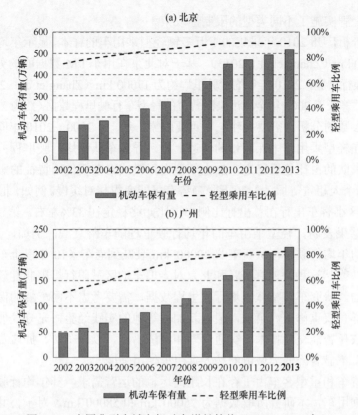

图 3-15　中国典型大城市机动车增长趋势（2002～2013 年）

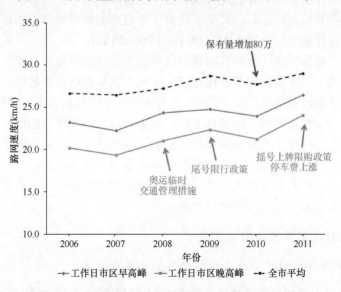

图 3-16　北京路网运行速度变化（2006～2011 年）

对小客车上牌实施了不同类型的限制性政策。

通过分析广州 2010 年采集的 1 万多辆轻型乘用车的样本，显示年均行驶里程约为 20000 km（Zhang et al.，2013）。基于对北京在用车 I/M 数据库的分析，由于其实施了限行措施，2010 年年均行驶里程约为 17000 km（Zhang et al.，2014a）。上述数据均显著低于 2006 年全国污染源普查的轻型车行驶里程数据（约为 26000 km）。针对里程参数的分析，需要关注三个重要因素：第一，2000～2010 年间，由于私人乘用车在轻型乘用车中保有量的快速上升，导致车队年均行驶里程持续下降；随着私人车队的占比趋近稳定，加上新型出行模式对车辆使用特征的影响（如专车、拼车和个人租赁等服务），该下降趋势有可能变得相对缓慢。例如，北京 2008～2014 年市区小客车出行在总出行比例中占比始终稳定在 33%左右。第二，多个城市的调查结果表明，轻型乘用车的年均行驶里程随车龄衰减。例如，北京 2010 年各车龄的年均行驶里程从新车的 20000 km 衰减到老车（10 年以上车龄）的近 10000 km，当然这种快速衰减是和北京对老旧车的区域限行等限制性政策的实施紧密相关的。研究车队整体年均行驶里程数据，需要考虑不同车龄的保有分布进行合理采样和权重修正。第三，根据新加坡等地的实践经验，充分发展城市公共交通，并依托智能交通技术、交通管理和经济措施，以停车费、拥堵费等方式进行调控，有望显著降低大城市的私人乘用车使用强度。

重型货车和重型客车由于存在长距离运输的运营需求，其年均行驶里程显著高于轻型乘用车，本研究所取数据为 75000 km 和 58000 km。对于公共车队，固定时间的连续行驶也使其行驶里程维持在一个较高且相对稳定的水平，出租车和公交车两个公共运营的车队，其显著特点就是很高的行驶里程，本研究出租车和公交车的年均行驶里程分别为 120000 km 和 60000 km。

对于非道路移动源，本研究在调研国外典型非道路排放清单模型的基础上，根据可获得的中国非道路移动源保有量、排放测试和活动水平数据，确定了构建中国非道路排放清单模型的技术路线。并为获得模型的排放因子和各种活动水平，进行了大量的实验研究和实地调查工作。例如，利用车载排放测试系统在中国系统地开展了工程机械、农业机械和内河船舶等非道路柴油机械实际工作状态下的排放特性研究，基于实验研究结果获得了各种非道路机械在典型工况下的排放速率和排放因子。但是需要指出的是，非道路移动源排放清单的工作才刚刚起步，今后清单的编制和完善工作仍然任重道远。

3.3.2　道路移动源排放清单的建立

1. 全国道路移动源排放总量和分车型排放分担率

2012 年，中国道路移动源排放总量为 HC 458 万吨、CO 3131 万吨、NO$_x$ 730

万吨，PM$_{2.5}$ 39.5 万吨。2012 年分车型的道路移动源污染物排放分担率如图 3-17 所示。对于 HC，摩托车和小型客车是最重要的排放源，排放分担率占 HC 总排放量的 35% 和 29%，轻型货车紧随其后，HC 排放占到 11%。对于 CO，小型客车和摩托车的排放分担率分别达到了 33% 和 31%。摩托车和轻型汽车的保有量分别占到我国所有车型总保有量的 52% 和 42%，导致其排放量分担率较大，对这两大车型进行有效控制将显著改善 HC 和 CO 的排放情况。

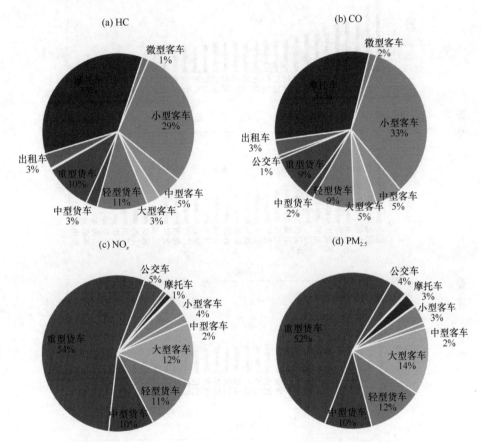

图 3-17　2012 年中国道路移动源分车型大气污染物的排放分担率

对于 NO$_x$，货车合计占总排放的 75%，其中重型货车排放贡献达到 54%，为 NO$_x$ 排放的主要贡献车型；大型客车和公交车也分别占 12% 和 5%。PM$_{2.5}$ 与 NO$_x$ 的排放特征类似：货车、大型客车和公交车是对一次 PM$_{2.5}$ 排放贡献前三的车型，分别占 74%、14% 和 4%。因此，NO$_x$ 和 PM$_{2.5}$ 的排放控制重点主要是上述重型柴油货运和客运车队。

2. 道路移动源排放的重点控制区域分析

中国分省的道路机动车污染物排放结果如图 3-18 所示。对于四种污染物的排放绝对量而言，普遍较高的省份为：广东、山东、河北、河南和江苏，这五个省

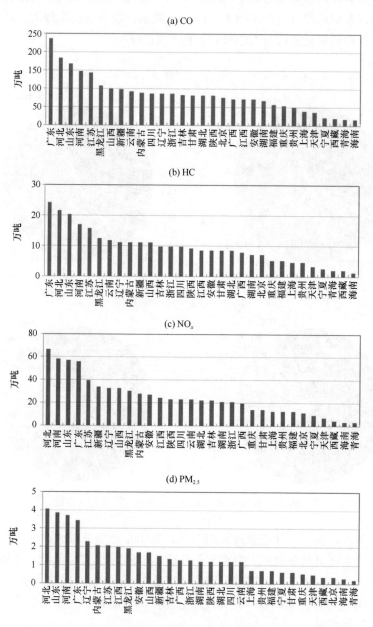

图 3-18　2012 年全国分省道路机动车大气污染物排放绝对量排序

份均在中国东部地区。不论以人口、经济总量还是地域面积来说，这几个省份均排在前列，因而机动车总保有量较高。此外，部分省份（如河北和河南）机动车排放控制水平相对落后也是造成排放总量较高的重要原因之一。

为了消除各省份面积大小差异因素的影响，图 3-19 展示了单位面积下各省污染物排放强度（t/km^2）的空间分布情况。排放强度也是影响空气质量最为关键的因素。从排放强度来看，四种典型污染物排放较高的地区均集中在京津冀、长三角和珠三角这三大发达地区，这主要是由于这些地区的人口密度较大、经济相对发达，路网密度和人均机动车拥有量较高等因素综合造成的。对于 NO_x 和 $PM_{2.5}$，山东和河南地区也呈现较高的排放强度，主要由于这些地区的重型车使用水平较高且污染控制力度较弱。图中显示，京津冀和长三角地区由于其周边河南、山东的高排放特征已经明显地联成一片。因此，我国东部地区的大部分省份均需高度重视机动车排放控制，东部地区的机动车排放一体化控制亟需提上日程。

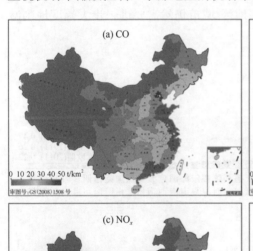
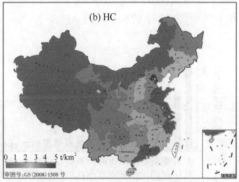
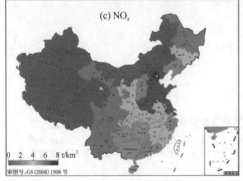
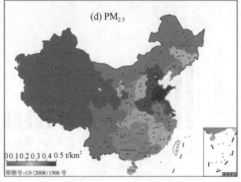

图 3-19　2012 年中国道路机动车污染物分省排放强度（t/km^2）

图 3-20 进一步将我国各省单位面积排放强度与欧美等国的排放水平进行排序和比较。中国单位面积机动车 HC 和 NO_x 排放强度要比国土面积相当的美国高 30% 和

81%。特别是我国东部地区单位面积机动车 HC 和 NO$_x$ 排放强度高达 1.8 t/km^2 和 3.1 t/km^2，远高于全国平均水平（0.5 t/km^2 和 0.8 t/km^2）和欧美同期水平（0.2～0.3 t/km^2 和 0.6～0.8 t/km^2）。德国、英国和美国加利福尼亚州（加州）等地面积与中国省级区域相当，其道路交通源 HC 和 NO$_x$ 排放强度仍然显著低于中国东部发达省份（如广东、江苏等）。欧美上述国家和地区通过采取一系列严格的排放控制措施和公共交通优先发展战略，使得单位面积排放强度显著下降。例如，2010 年前后德国和英国相对其 1990 年的 HC 排放强度下降了约 90%；NO$_x$ 排放强度分别下降 10% 和 60%，其削减效益不如 HC 主要是由于轻型柴油车近年来的快速发展导致的。此外，我国机动车排放还呈现出比美国更加明显的区域聚集特征。例如，广东、江苏等地的 HC 和 NO$_x$ 排放强度是全国水平的 4～6 倍；而加州仅比美国全国水平高 50%。上海、北京等大都会区域的道路源排放强度甚至比全国高出一个数量级。上述结果说明虽然这些地区/城市机动车排放控制走在全国前列，但高度聚集和高频使用的车辆使用特征使得这些地区/城市仍然需要进一步大幅度地削减机动车污染物排放。

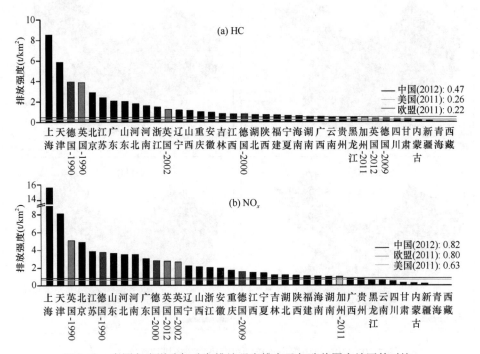

图 3-20　中国各省道路机动车排放强度排序及与欧美国家地区的对比

　　总体而言，对于目前重型车保有量巨大、排放控制水平不高的地区，应该尽快实施更加严格的新车排放标准，并且配合有效的在用车监管措施协同控制 NO$_x$

和 $PM_{2.5}$ 的排放。对于经济发达人口密度较高的地区，在继续保持严格标准和监管的同时，应当大力发展公共交通，并且考虑适当的交通管控和经济调控政策控制机动车的使用强度，使得机动车污染物排放强度得到快速有效地削减。

3.3.3　非道路移动源排放清单的建立

本研究对于包括农业机械、工程机械、内河船舶、农用车、内燃机车和发电机组在内的关键非道路移动源的全国污染物排放总量进行了计算。由于非道路移动源主要使用柴油等燃料，因此 CO 和 HC 的排放量相对较小，主要讨论 NO_x 和 $PM_{2.5}$ 的排放情况。2012 年，中国上述非道路移动源排放的 NO_x 和 $PM_{2.5}$ 总量分别为 501 万吨和 71.2 万吨。道路和非道路移动源 NO_x 排放的分担比例已经达到 6：4，而一次 $PM_{2.5}$ 的非道路移动源排放甚至超过了道路移动源。这说明在关键大气污染物的排放构成中，非道路移动源大气污染物排放已经在中国移动源排放总量中占据极高的份额，开展严格有效的排放控制迫在眉睫。

图 3-21 展示了非道路移动源 2012 年的 NO_x 和 $PM_{2.5}$ 的排放分担情况。各类非道路移动源中，农业机械占有最高的排放分担率，NO_x 和 $PM_{2.5}$ 分别占非道路源总量的 28%和 32%，这与我国农业大国的国情密切相关，此外农业机械发动机排放控制水平落后也是重要的因素。工程机械也有较高的分担率，分别为 25%和 15%，这与我国经济的高速发展、全国各地施工工地建设密度大、工程机械总作业时间较长、工程机械排放控制水平落后等因素密切相关。此外，内河船舶排放分担率也很高，NO_x 和 $PM_{2.5}$ 分别占非道路源总量的 18%和 21%，由于远洋船舶基础数据的缺乏，本研究没有能够进行系统分析。但是长三角和珠三角港口城市的初步研究表明，远洋船舶排放也不容忽视（Yang et al.，2007）。因此，综合了内河和远洋在内的船舶排放分担率将进一步显著升高，毫无疑问是非道路的重点控制源之一。

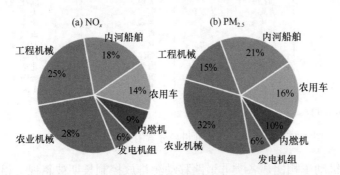

图 3-21　2012 年中国关键非道路移动源大气污染物的排放分担率

　　进一步对农业机械和工程机械这两类主要非道路机械的分省排放特征进行分析。图 3-22 展示了 2012 年全国农业机械分省污染物排放结果。对于农业机械，排放量最高的省份为：山东、河南、河北、黑龙江和安徽，均为我国的农业大省。这些省份大部分地域辽阔适于农业耕作，同时由于农业科技的不断进步，开始采用大量农业机械来进行机械化耕种。图 3-23 为 2012 年全国工程机械分省污染物排放结果。对于工程机械，污染物排放量较高的省份为：江苏、浙江、山东、河南和广东，这主要是由于这些省份正处于高速发展的建设阶段，对工程机械的需求量大，工程机械的保有量和使用强度都较高。需要特别指出的是，农业机械和工程机械排放高的这五大省份基本上也处于东部区域，并与道路机动车排放强度高的省份高度重合，这无疑加剧了整个移动源对东部区域大气环境的影响。

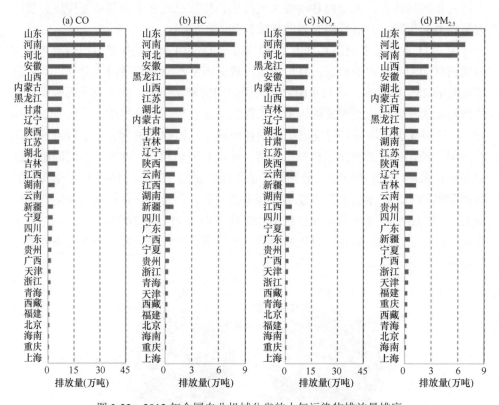

图 3-22　2012 年全国农业机械分省的大气污染物排放量排序

　　与道路机动车相比，各类非道路移动源排放控制长期被忽视，相对处于更加落后的地位，存在各类源种类复杂、控制技术落后、燃油品质恶劣和监管体系与技术不到位等严峻挑战。后续本研究将进一步针对中国非道路移动源排放提出有针对性的控制策略与举措。

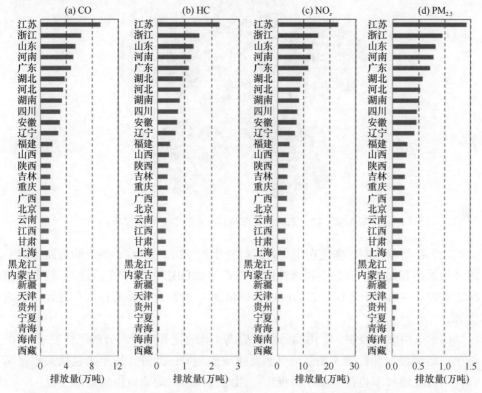

图 3-23 2012 年全国工程机械分省的大气污染物排放量排序

3.4 交通源排放控制技术和控制策略发展趋势研究

3.4.1 国内外道路移动源排放控制体系分析

1. 道路移动源污染控制体系的构成

本研究以道路机动车为重点,系统调研了国内外移动源排放控制体系。如图3-24 所示,道路机动车排放污染综合控制体系主要由以下几个方面组成:新车排放控制、在用车排放控制、车用油品控制、交通管理措施和经济鼓励措施。综合而言,道路移动源的综合控制需要遵循"车-油-路"一体的控制思路。

机动车排放控制体系中各类控制措施的典型控制策略包括:

(1)新车控制。新车排放标准的实施、强化新车生产和销售一致性监管、先进动力技术和清洁替代燃料等新技术的应用等。

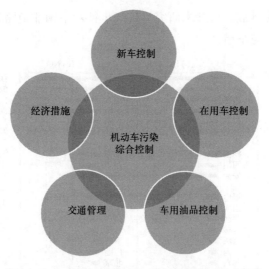

图 3-24　机动车污染综合控制体系的主要组成部分

（2）在用车控制。强化在用车常规检查维护（I/M）制度、先进的道路检测手段（如遥感和跟车）和在用符合性监管方式（如 OBD 技术和车载法）、规范环保标志管理（包括基于环保标志的区域管理措施）、对符合条件的在用车进行排放改造等。

（3）车用燃料控制。车用油品质量提高（低硫化和非硫组分的严格要求）、严格车用燃油添加剂管理、加强油气蒸发排放控制等；此外，近年来包括天然气车在内的替代燃料车也得到了积极推广，因此替代燃料的质量控制也需重视。

（4）交通规划与管理。发展公共交通系统、高排放车和特殊车队的交通限行措施、特殊时期一般车辆限行措施、出行需求管理等。

（5）经济政策。排污收费、拥堵区域/路段收费、中心区停车收费差别政策、老旧车淘汰补贴、低排放车鼓励政策等。

2. 发达国家典型城市道路移动源排放控制经验

（1）日本东京

日本首都东京，总面积 2155 km^2，人口 1301 万。东京曾经是典型的单中心城市，人口密度大。其主要通过实施城市交通规划、交通管理、限制机动车保有量及使用量等措施来优化城市交通结构；同时，采用严格的新车排放控制、油品质量标准管理和鼓励使用新能源车辆等措施来控制机动车排放。东京是国际上知名的发达的公共交通系统和严格的机动车排放控制并重的城市。

东京都政府严格执行以公共交通为导向的城市土地发展政策，大力发展以轨道交通为主的公共交通系统。东京大都市圈现有超过 300 km 的地铁线，和其他轨道交通系统（如市郊铁路、新干线、高架电车等）一起构成了总长约 2400 km 的巨大交通网络。2008 年，东京的交通出行方式中轨道交通出行占总出行的 54%，小汽车出行仅占 24%。此外，通过停车位管理控制私家车的保有量和使用量。车主在购买汽车前，必须先拥有固定的停车位，否则不予上牌照。东京停车场的费用相当于一个普通职员月收入的十分之一左右。东京城区所有停车场都纳入停车收费管理，每小时停车费折合约 40～100 元人民币，违章停车将处以高额的罚款（折合约 1000 元人民币）和罚分（2 分，满分 6 分）。

东京新车排放标准采用日本标准体系，排放控制的污染物顺序是首先关注汽油车的 CO、HC 控制，然后过渡到重型柴油车的 NO$_x$、PM$_{2.5}$ 控制，对污染物的控制越来越全面、严格。东京分别在 1994 年和 1997 年开始实施"短期标准"和"长期标准"，在 2003 年和 2005 年开始实施"新短期标准"和"新长期标准"，并从 2009 年开始实施"后新长期标准"。

为了配合柴油车新车排放控制法规，东京都政府提出了一系列的在用车管理措施。1997 年，东京都政府提出增加旧车的年检频率、降低新车的免检年限、增加检测费用等政策，以此鼓励老旧车淘汰。2001 年，政府发布了新的针对机动车的 NO$_x$-PM$_{2.5}$ 标准，该标准同时适用于新车和在用车。

日本在燃油品质改善方面走在了世界前列，主要工作包括无铅化和低硫化。日本在 1987 年汽油全部实现无铅化，是全世界最早实现无铅化的国家。日本在 1996 年开始车用油品低硫化进程，到 2008 年已将车用汽油和柴油的硫含量降低到 10 ppm[①]以下。

（2）美国洛杉矶

洛杉矶位于美国西岸加利福尼亚州南部，城市发展在地域上高度分散，东西向和南北向的地理跨度均在 100 km 以上。由于城市结构弱中心、低人口密度，使得小汽车出行成为必需。洛杉矶是世界上著名的小汽车大都市，也是世界上公共交通最不发达的大都市之一。与东京的机动车控制策略不同，洛杉矶对机动车排放控制的核心举措是实施一系列全世界最严格的机动车排放控制技术和管理措施，公共交通政策仅发挥辅助支持的作用。

洛杉矶的机动车新车排放标准依照加州标准实施，专门制定了针对小客车、轻型货车和中型车（车重小于 14000 磅[②]）的低污染汽车（Low Emission Vehicle，LEV）排放标准，对轻型车的排放标准限值见表 3-2。三阶段（LEV Ⅰ，LEV Ⅱ，LEV Ⅲ）的排放标准分别于 1994～2003 年、2004～2010 年和 2014～2025 年逐渐

---

① ppm，parts per million，10^{-6} 量级
② 磅，lb，1 lb=0.453592 kg

实施。和欧洲目前实施的轻型车排放标准相比，加州新车标准的主要特点是：① 逐步消除燃料差异，柴油车和汽油车使用统一标准限值；② 弱化车型差异，控制中型车排放，例如从 LEV II 起要求轻型货车和总重小于 8500 磅的中型车排放满足小型客车的标准；③ 强化耐久性，从开始的 5 万英里[①]耐久性要求到现在逐步实施的 15 万英里，耐久性要求越来越严格；④ NO$_x$/PM$_{2.5}$/VOC 是其控制重点。同时，洛杉矶对油品的控制也十分严格，2002 年底规定汽油中逐渐不含甲基叔丁基醚（MTBE），硫含量降低为 15 ppm。2005 年柴油中的硫含量限值也降低至 15 ppm。

表 3-2　洛杉矶实施的加利福尼亚州轻型车排放标准（g/mile）[a]

标准阶段	车辆类型	耐久性要求	NMHC/NMOG	NO$_x$	CO	PM
LEV I	Tier1	50000 miles/5 年	0.25	0.4	3.4	0.08[b]
		100000 miles/10 年	0.31	0.6	4.2	N/A
	TLEV	50000 miles/5 年	0.125	0.4	3.4	N/A
		100000 miles/10 年	0.156	0.6	4.2	0.08[b]
	LEV	50000 miles/5 年	0.075	0.2	3.4	N/A
		100000 miles/10 年	0.090	0.3	4.2	0.08[b]
	ULEV	50000 miles/5 年	0.040	0.2	1.7	N/A
		100000 miles/10 年	0.055	0.3	2.1	0.08[b]
LEV II	LEV	50000 miles/5 年	0.075	0.05	3.4	N/A
		120000 miles/11 年	0.090	0.07	4.2	0.01
	ULEV	50000 miles/5 年	0.040	0.05	1.7	N/A
		120000 miles/11 年	0.055	0.07	2.1	0.01
	SULEV	120000 miles/11 年	0.010	0.02	1.0	0.01
	PZEV	150000 miles/15 年	0.010	0.02	1.0	0.01
LEV III	LEV160	150000 miles	0.160（NMOG+NO$_x$）		4.2	0.01
	ULEV125	150000 miles	0.125（NMOG+NO$_x$）		2.1	0.01
	ULEV70	150000 miles	0.070（NMOG+NO$_x$）		1.7	0.01
	ULEV50	150000 miles	0.050（NMOG+NO$_x$）		1.7	0.01
	SULEV 30	150000 miles	0.030（NMOG+NO$_x$）		1.0	0.01
	SULEV20	150000 miles	0.020（NMOG+NO$_x$）		1.0	0.01

a. 该表中的限值适用于小型客车（PC）和轻型货车（LDT1，LVW<3750 lbs；LDT2，LVW>3750 lbs）。在 LEV I 中，该表仅适用于 PC 和 LDT1；

b. 仅适用于柴油车。

数据来源：加州空气资源委员会（California Air Resource Bureau），2014

---

① 英里，mile，1 mile=1.609344 km

洛杉矶在用车排放控制管理方面也积累了丰富的经验,其典型控制措施包括:① 对在用车实施 I/M 制度并对其逐步加严,逐步增加烟度测试和蒸发系统测试,并加大对老旧车和高排放车的检测频率。② 柴油车改造:要求在用重型柴油货车和公交车必须加装 SCR 和颗粒物捕集装置(Diesel Particulate Filter,DPF)等后处理装置,或者按要求更换新型发动机。③ 鼓励老旧车淘汰:对淘汰老旧车给予1000 美元的补助(低收入消费者的补助金额达到 1500 美元)。同时,洛杉矶政府还通过各种经济和交通措施(如设置高承载汽车专用道,HOV lane)鼓励市民采取小汽车和班车共乘等方式降低机动车的使用强度。

3. 中国典型城市道路移动源排放控制经验

北京是我国机动车保有量最大的城市。2012 年,北京机动车保有量率先突破500 万辆。机动车快速发展给北京城市交通运行和空气质量带来了严峻的挑战。2014 年北京市环境保护局公布的源解析结果显示,机动车排放成为对 PM$_{2.5}$ 浓度贡献最大的本地源(北京市环境保护局,2014)。

从 20 世纪 90 年代末起,北京在机动车排放控制方面就一直走在中国城市的前列,主要措施实施时间早、执行严格程度高且对其他城市的政策影响力大(张少君,2014)。通过探讨北京机动车控制的经验,可为我国其他城市的机动车排放控制提供重要的借鉴。

(1)新车排放控制

北京在新车排放控制方面一直在全国领先。对于轻型汽油车,在 1999 年实施地方标准 DB 11/105—1998《轻型汽车排气污染物排放标准》(即国 1 标准),此后又逐步在全国范围内最先实施轻型汽油车和重型柴油车第二到第四阶段的新车标准。2013 年 2 月,北京率先实施与 Euro 5 标准相当的京 5/V 排放标准,进一步缩小与欧美发达国家机动车排放控制水平的差距(例如,与欧洲的差距缩短至 5年以内),表 3-3 为北京各阶段新车排放标准和油品质量标准的实施时间表。2013年,北京还成为中国第一个实施了重型柴油车车载排放检测的城市,该方法将对

表 3-3　北京机动车新车排放标准实施时间

新车排放标准	国 1/国 I	国 2/国 II	国 3/国III	国 4/国IV	国 5/国IV
轻型汽油车	1999-1-1	2003-1-1	2005-12-30	2008-3-1	2013-2-1
重型汽油车	2002-7-1	2003-9-1	2009-7-1	2013-7-1	
重型柴油车	2000-1-1	2003-1-1	2005-12-30	2008-7-1 [a] 2013-7-1 [b]	2013-2-1 [a]
摩托车	2001-1-1	2004-1-1	2008-7-1		

a. 仅在公交、环卫和邮政等城市公共车队中实施;b. 对于货运、旅游等长途社会车辆,排放标准实施进度和国家环保部要求一致

重型柴油车排放控制的新车认证及后期监管提出更高要求。目前，北京正在研究制定更严格的新车排放标准，有望在 2017 年实施第六阶段排放标准，对于轻型汽油车甚至考虑参照比 Euro 6 更为严格的加州 LEVⅢ标准体系。过去 15 年间，北京不仅实现了新车排放控制的跨越式发展，还引领了中国汽车行业节能环保的技术进步。

（2）在用车管理

北京通过实施改进在用车尾气检测的测试方法和有关监督管理强化 I/M 制度，对在用车实行环保标志管理并结合包括道路遥感在内的先进监测手段积极推动高排放车的区域限行，此外还结合对老旧车淘汰实施补贴等经济措施以促进在用车的排放控制。

1993 年开始在全国范围内率先对汽油车实施怠速测试（GB 14761.5—93）；1994 年开始，双怠速测试在北京开始实施；2001 年开始执行更为严格的稳态加载测试工况方法（Acceleration Simulation Mode，ASM），此后随着新车排放标准的加严不断更新在用车排放限值。对于在用柴油车，北京于 2003 年执行加载减速烟度测试法（LugDown），并于 2010 年加严了 LugDown 测试的烟度排放限值。为了进一步加强对在用车排放的监管，北京市环境保护局近期启动了机动车排放遥感检测专项执法行动，通过道路固定和移动的遥感设备对高排放车进行监测和处置措施。同时，对部分高排放的在用车采取区域限行措施，如 2001 年起摩托车禁止在四环内行驶；2004 年起货车禁止在白天（6:00～23:00）四环内行驶；2003 年起禁止黄标车在二环内行驶，2009 年将黄标车限行区域进一步扩至六环内。

近年来北京积极进行了出租车和公交车等高频使用车的更新和治理，同时对环卫、邮政、旅游、省际客运、城市保障货运和建筑工程运输等重点车队也积极推动了淘汰与排放改造。2009 年，北京开始实行黄标车淘汰补助金制度。2011 年启动老旧机动车淘汰更新交易平台重点鼓励重型柴油车和国 1、国 2 的私人小客车淘汰更新，规定根据车辆的排污量、车型等给予不同额度的补贴。

（3）油品质量管理

为了保障新车排放标准的顺利实施，确保其发挥最大的排放控制效果，北京是全国极个别实现油品质量和新车排放标准同步升级的城市。根据颁布的地方车用汽油和车用柴油标准，北京分别于 2004 年 10 月 1 日、2005 年 7 月 1 日、2008 年 1 月 1 日和 2012 年 5 月 31 日实施了与国家第三、第四和第五阶段新车排放标准相匹配的车用汽油和柴油品质标准。其中，第五阶段车用汽柴油标准已将车用汽油和柴油的硫含量都降低到了 10 ppm 以下，能满足今后先进后处理技术的应用要求（如 DPF）。

（4）清洁能源车辆鼓励措施

北京从 1999 年起在公交车队中引入压缩天然气（Compressed Natural Gas，CNG）公交车。到 2009 年，全市已经建成的 CNG 加气站共 29 座，CNG 公交车保有量超过 4000 辆，是世界上拥有 CNG 公交车最多的城市之一。此后，在"十城千辆"示范项目和"清洁空气行动计划（2013—2017）"等政策鼓励下，北京又引进了混合动力公交车、纯电动公交车和液化天然气（Liquified Natural Gas，LNG）公交车。"清洁空气行动计划（2013—2017）"中明确了在公交、出租、环卫和邮政等公共车队优先发展上述清洁能源和先进动力车辆，加快做好加气站、充电站（桩）等配套设施建设，计划到 2017 年，全市新能源和清洁能源汽车应用规模力争达到 20 万辆，市区将有超过 50%的公交车以天然气等清洁燃料作为车用能源（北京市人民政府，2013）。

北京还专门修订了《北京市小客车数量调控暂行规定》，在原有小客车数量指标配额中配置示范应用新能源小客车指标，单独摇号。根据 2013 年发布的《北京市 2013—2017 年机动车排放污染控制工作方案》，北京将进一步推行鼓励个人购买使用新能源汽车的政策来推广新能源汽车，普通小客车指标将会逐年减少，新能源小客车的指标数将会不断增加，使得新能源小客车指标的获取难度远远低于普通小客车。

（5）交通管理

北京经历了城市人口和机动车快速增长的 20 年，交通出行结构不合理、交通拥堵问题突出、机动车保有量巨大、城市中心路网发展空间有限等诸多问题已经积聚爆发。北京已经充分认识到通过优化城市规划布局、大力发展公共交通、鼓励慢行交通和实施有效交通管控等发展战略对于优化交通出行结构、缓解交通拥堵和减少机动车排放的重要性。在公共交通建设方面，北京大力发展以轨道交通为骨干的城市公共交通网络。城市地铁由 2000 年前仅有的 2 条地铁线路发展到 2014 年底的 18 条线路和 527 km 轨道交通里程。随着京津冀一体化建设的深入，未来大通量的城际轨道交通体系将进一步满足区域城际客运需求。此外，在地面公交系统上，北京于 2004 年开通南中轴大容量快速公交（Bus Rapid Transit，BRT），2011 年实施了开通公交专线和社区通勤公交、京通快速路启用公交专用道等等，有利于发挥地面公交在公共交通出行的主体作用。北京公共交通出行比例已经由 2010 年的 39%增加到 2014 年底的 48%，并计划在 2015 年达到 50%。当然，北京公共交通出行比例与东京等世界大城市相比还处于较低水平，未来仍需进一步推进轨道交通建设，远景规划计划达到上述国际大都市的交通网线密度水平。

为了进一步调控小客车高速发展、高频使用和高度集中的特征，北京在 2008

年奥运临时交通管控措施（即单双号限行）的经验基础上，于 2008 年 10 月起实施小客车按车牌尾号工作日高峰时段区域限行交通管理措施（即五天限一天），并实施延续至今。2011 年起，北京进一步采用摇号方式无偿分配社会和个人的小客车配置指标（即"新车限购"），每月新车指标为 2 万个；2014 年北京进一步收紧新车上牌配额，以实现 2017 年前机动车保有量不超过 600 万辆的规划要求。上述常态化限行限购措施扭转了北京机动车发展过快的局面，并有效缓解了城市交通运行压力。上述措施尽管引来一定争议，但其在城市交通管理中具有很强的政策影响力，包括贵阳、广州、天津、杭州和深圳在内其他大城市也根据北京经验先后开始研究并实施各自的交通管控措施（主要是小客车限购）。此外，2010 年底出台"缓堵 28 条"中所包括的推进停车位的建设、智能交通管理、差别化停车收费和外埠车辆限行等一系列交通管理措施也将有效调控城市出行结构，降低小客车的出行比例。北京计划 2015 年将包括公共交通、自行车和步行等出行方式在内的绿色出行比例提高至 70%。

3.4.2 道路移动源排放控制技术措施库的建立

基于对国内外机动车排放控制技术和控制措施的经验调研，本研究建立了道路移动源排放控制技术措施基础数据库，该数据库的基本框架如图 3-25 所示。

图 3-25 中国道路移动源排放控制技术措施基础数据库

排放控制措施数据库的底层信息如图 3-26 所示，这些底层信息目前已整合到道路移动源控制措施效果评估平台中。控制措施基础数据库的主要功能包括分类查询、筛选、为措施评估提供基础输入信息。根据以上基础措施数据库的信息，结合已建立的机动车排放清单，可搭建用于机动车减排效益评估的排放控制决策评估平台，平台结构关系图如图 3-27 所示。

措施名称	措施分类		措施内容		
	大类	小类	实施时间	所属阶段	车型分类
对新重型汽油车、重型柴油车、农用运输车和拖拉机执行严格的排放标准，对排放超标车辆一律不予上牌照	新车控制	新车排放标准	2001年11月 2002年4月 2003年4月 2003年8月 2004年4月	第三阶段	新重型汽油车、重型柴油车、农用运输车和拖拉机
监督检查本市汽车生产企业生产的轻型汽车符合《轻型汽车排气污染物排放标准》(DB11/105-1998工况法标准)，生产的其他类型车辆全面符合国家和北京市颁布的各项机动车新排放标准，不达标车不准在京销售	新车控制	新车排放标准	2005年12月 2006年3月 2007年4月 2008年4月 2008年3月 2008年4月 2009年1月 2009年10月	第四阶段	轻型汽车
组织开展新车产品一致性及耐久性抽查，督促机动车生产厂家进行产品升级，保证新车达标排放；尽快执行机动车第二阶段标准（相当于欧洲2号标准）	新车控制	新车排放标准	1999年3月-1999年9月前 1999年3月-1999年底前 1999年3月-1999年国庆前 1999年3月-1999年10月底 1999年9月-1999年底前	第八阶段	新车
在京销售的轻型车和重型柴油车必须符合国家第二阶段机动车排气污染物排放标准，其他车辆符合相应标准，否则不得出京	新车控制	新车排放标准	2003年	第九阶段	在京销售的轻型车和重型柴油车
开始实施国家第三阶段机动车排放标准	新车控制	新车排放标准	2005年12月	无	在京销售的轻型车和重型柴油车

图 3-26 排放控制措施数据库的底层信息

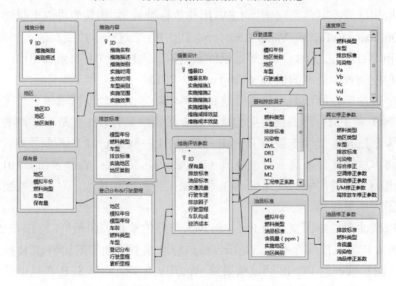

图 3-27 减排效益评估分析平台

3.4.3 中国道路移动源排放控制技术和控制策略

1. 新车排放控制

新车排放标准是机动车污染综合控制体系的核心组成部分，也是所有机动车排放控制措施中效果最为显著的一项措施。中国绝大部分的轻型车都采用点燃式汽油发动机，目前中国轻型车的新车排放控制法规体系普遍参考欧盟轻型车排放控制体系。相对第 4 阶段排放标准，第 5 阶段（即国 5）在 NO$_x$ 排放限值有所加严，并且进一步提高了耐久性标准要求，对降低轻型汽油车在用阶段排放具有一定效果（中华人民共和国环境保护部和国家质量监督检验检疫总局，2013）。因此，全国应尽快（不晚于 2018 年）实施国 5 排放标准，东部地区应考虑提前至 2016年实施。值得关注的是，各国对于轻型乘用车不断加严燃料消耗和温室气体排放标准，促进了涡轮增压或缸内直喷技术（Gasoline Direct Injection，GDI）的普及。对于采用 GDI 技术的车辆，Euro 6 标准设置了颗粒物质量和数量浓度限值，分别为 0.005 g/km 和 6×10^{11}。因此，未来 GDI 车辆需要加装汽油车颗粒捕集器（Gasoline Particulate Fileter，GPF）来满足上述严格限值要求。对于北京等机动车数量高度集中的城市，尽管实施的控制措施显著降低了轻型汽油车 HC 等污染物排放总量，但目前的单位面积排放强度与国外发达地区相比仍然处于较高水平。全国应在2020 年左右过渡到更为严格的国 6 标准，东部地区则应提前（不晚于 2018 年）实施国 6 标准。考虑到 Euro 6 标准限值与 Euro 5 相同，北京正考虑采取更加严格的美国加州排放控制体系（例如 LEV III 排放标准），并加装先进的车载油气回收系统（On-board Refueling Vapor Recovery，ORVR）来进一步控制汽油车蒸发排放。ORVR 相对目前在北京、广州等地已经采用的二阶段油气回收系统相比，具有成本更低和控制效率更高的优势（Yang et al.，2015）。

　　轻型柴油车在降低温室气体排放和燃料消耗方面比轻型汽油车更具优势，但是其在 NO$_x$ 和 PM$_{2.5}$ 等关键污染物排放等方面仍然具有较大挑战。欧洲测试结果显示，尽管 Euro 6 柴油车采用了 EGR+DOC+DPF+SCR/LNT 的控制策略，但 NO$_x$实际道路排放仍然显著高于排放限值（Weiss et al.，2012；Yang et al.，2015）。因此，考虑到面临着严峻的交通源 NO$_x$ 和 PM$_{2.5}$ 排放控制挑战，对于轻型柴油车的发展中国应慎重权衡。

　　重型柴油车是中国交通源 PM$_{2.5}$ 和 NO$_x$ 排放的重点关注车型。中国在 2015 年1 月全面实施国Ⅳ排放标准，满足国Ⅳ排放标准重型柴油车需加装 SCR 控制 NO$_x$排放。中国和欧洲的 PEMS 测试结果显示，国Ⅳ重型柴油车 SCR 在城市低速工况（如城市公交车）受到排气温度较低的影响，对于 NO$_x$ 排放控制效果较差；对于在高速高负荷运行工况下运行国Ⅳ柴油公交车（如城际货运车辆），SCR 则能较好发挥作用（实际 NO$_x$ 排放削减效果通常在 30%～50%）。各地环保部门应加强对于新车生产和销售环节的监管，确保国Ⅳ柴油重型车按照要求正确加装了后处理设施。2013 年北京实施的重型柴油车车载排放检测的法规对重型柴油车排放控制的新车认证及后期监管提出更高要求，该方法应尽快向全国其他地方推广使用。国Ⅴ标准进一步加严了 NO$_x$ 排放限值（相对国Ⅳ削减了 43%），需通过优化 SCR性能（如低温催化效果）、优化发动机燃烧或者加装 DPF 等技术手段来实现。为克服传统 ETC 工况不能反映低速工况的局限性，北京对于国Ⅳ和国Ⅴ标准制定了额外的 WHTC 限值要求。中国应考虑尽快供应满足超低硫含量的车用柴油（硫含量低于 10 ppm），2018 年前同步实施轻型汽油车和重型柴油车第 5/V 阶段排放标准，东部地区则应提前至 2016 年实施国 V 排放标准以加速控制机动车 NO$_x$ 和 PM$_{2.5}$ 排放。国 VI 标准的 NO$_x$ 排放限值相对国 V 下降 80%，PM$_{2.5}$ 下降 50%；绝大部分重型柴油车发动机企业通过并且采用全新的铜基/铁基分子筛 SCR，耦合 EGR 技术同步控制机内和尾气排放控制来实现 NO$_x$ 排放大幅削减，并加装 DPF 控制 PM$_{2.5}$ 排放。由于国 VI 标准在控制重型柴油车 NO$_x$ 排放具有更加显著的意义，全国范围应在 2020 年左右实施国 VI 标准，对于在用监管、油品质量等满足条件的地区或城市，应考虑缩短国 V 和国 VI 标准的过渡时间。

对于 CNG、LNG 和 LPG 等气体燃料车，中国已经制定了第 V 阶段排放标准。中国大部分的气体燃料车往往采用稀薄燃烧发动机来控制 NO$_x$ 排放，利用两元的氧化催化装置控制 CO 和 HC 排放。这些车辆在实际上运行中为了优化燃油经济性，发动机工况往往不利于 NO$_x$ 排放控制，其 NO$_x$ 排放因子与同类柴油车相当甚至更高。因此，未来气体燃料车排放控制应当重点关注 NO$_x$，在型式认证阶段鼓励或强制要求采用等当量技术发动机和控制 NO$_x$ 排放的后处理技术（如三元催化或 SCR）。

对于摩托车（包括轻便摩托车），第 4 阶段排放标准主要改进工作包括：将 I 型测试循环改为 WMTC 测试循环并加严排放限值要求，对压燃式摩托车（在中国保有量极少）的排放测试要求，增加对烟度测量装置的特性和安装的要求，增加 IV 型试验中炭罐工作能力的试验要求，增加催化转化器贵金属含量的试验要求和增加 OBD 系统的控制要求。闭环电喷系统是应对新的控制要求的主要技术途径，也是行业的技术发展方向。闭环电喷系统采用了精确的闭环反馈控制，达到了对空燃比的精确控制，可以控制车辆排放状态，是保证耐久全过程排放达标的重要手段，国 4 阶段通过对车辆安装 OBD-I 的规定，将促进摩托车排放控制的技术进步，推动电控燃油喷射技术的应用进程。

2. 在用车排放控制

尽快建立新车型式核准、生产一致性检查、在用符合性监管与在用车检测/维护（I/M）制度的全链条式在用车监管体系，厘清在用车排放超标的责任归属。机动车新车排放标准加严将提高车辆排放的耐久性要求，同时也将引入更加先进和复杂的后处理设施，例如用于控制柴油车 NO$_x$ 和 PM$_{2.5}$ 排放的 SCR 和 DPF。因此，未来在用车的排放监管除了采用进一步强化的检测维护（I/M）制度，例如采用更能反映实际行驶特征的测试工况（如广州已实施的 IG-195 测试工况），还应特别重视先进测试和管理技术（例如车载法）强化生产一致性和在用符合性监督。

例如，中国应尽快在全国范围内推广车载法用于新车和在用车的排放符合测试，重点关注柴油车 NO$_x$ 和 PM$_{2.5}$ 的非工况排放特征。轻型车和重型车分别在第 3 和第 4 阶段安装 OBD 系统，未来应考虑利用 OBD 系统完善年检制度；对于柴油货车和公交车等重点监管车型，可以考虑基于 OBD 系统加装先进的尾气探头，实现环保部门对于上述重点车辆污染物排放和后处理装置工作特性的实时监控（即 OBD-III 技术）。

国务院发布的《大气污染防治行动计划（2013—2017）》明确在全国范围淘汰黄标车和老旧车辆，实现 2015 年前淘汰注册运营的黄标车，2017 年前淘汰所有黄标车，其中三大区域的黄标车淘汰提前至 2015 年完成。对于其他老旧柴油重型车，可以考虑在高品质油品供应和在用监管到位的前提下，进行加装后处理的技术改造（如 SCR 和 DPF）。上述黄标车和老旧车的治理工作需要密切依靠区域进行和经济补偿等方式来进行，可以参考北京利用道路遥感路检和老旧车淘汰交易平台等先进技术和机制。但是需要重视的是，在用车改造也有很多失败的案例，需要进行慎重的技术改造评估，在效益可行的情况下才可实施大规模的改造。

3. 油品质量改善

油品质量是制约中国机动车实施更严格排放标准的最主要制约因素之一。特别是对于柴油重型车，大量非道路柴油（普通柴油）进入车用柴油的流通领域，这些高硫含量柴油使得先进的 SCR 和 DPF 等后处理技术无法得到实际应用。2013 年 7 月，中国将非道路柴油的硫含量标准加严到 350 ppm，确保 SCR 能够发挥作用。中国在 2017 年全面供应国五车用汽/柴油（硫含量低于 10 ppm），三大区域应在 2015 年底前供应国五车用汽/柴油，并通过加强市场监管确保油品质量，防止非道路油品和其他添加剂在道路机动车中的滥用。第六阶段车用油品标准应当持续推动降低车用汽油挥发性，提高油品清净性，控制油品有毒组分，并实现车用油品和非道路油品的标准一体化；全国范围在 2020 年前供应国六车用汽/柴油，三大区域应提前实施。

4. 交通管理与经济政策

2014 年，国务院发布了《中国新型城镇化规划（2014—2020 年）》，明确了常住人口的城镇化率将从 2012 年的 53%提高至 2020 年的 60%，有条件放松城区人口在 500 万以下的落户条件。因此，在未来新型城镇化的建设过程中，应充分借鉴和学习日本和欧洲城市在优化城市空间结构和功能布局的先进经验，避免单核心、单功能的不合理规划导致出行总量的过快增长和高度集中。

根据城市规模发展低碳低排的绿色可持续公共交通体系，对轨道交通和地面公交进行优化和精细化管理（包括定制公交和班车服务，on-demanding bus），充分发挥高速铁路在城际出行的重要作用，实现城际高铁-市内轨道-地面公交的无缝联结。大力改善城市慢行交通的出行条件，增加自行车道和步行道，使中国回归自行车大国。

对于重点区域和大城市，充分利用交通管理和经济政策调控重点区域和大城市的汽车使用总量，依靠先进的精细化交通管理技术和机制（如电子收费系统、RFID 道路车辆信息系统、城市出行共乘系统等），适时推动包括车辆总量调控、车辆共乘、低排放区、老旧车排污交易和淘汰置换补贴平台、拥堵收费、提高停车收费和尾号限行等交通经济调控措施。力争 2030 年千人汽车保有量控制在 250 辆，私人小客车年均行驶里程调控在 10000 km 以下，人口在 1000 万以上的高密度城市应考虑将小客车年均行驶里程调控在 8000 km 以下（东京的水平）。

5. 清洁燃料与新能源车推广

天然气是目前在机动车领域应用最广泛的清洁燃料。2010 年前，中国主要在出租和公交车队中引入 CNG 车。2010 年以来，随着中国天然气的气源和储运丰富，LNG 车在公交和货运等重型车中开始大规模应用。目前，车用天然气相对车用液体燃料具有一定的价格优势，天然气在控制颗粒物方面也具有显著的优势，因此得到政府和企业的广泛青睐。需要注意的是，目前天然气公交车主要依靠稀燃发动机并不能有效控制 NO$_x$ 排放（Ligterink et al.，2013；Yoon et al.，2013）。因此，未来推广 CNG 或 LNG 在重型车领域应用时，应充分保障运营线路的燃气供应，有效提高天然气车燃油经济性，强化天然气车的 NO$_x$ 排放在用监管。对于 CNG 轻型车（如 CNG 出租车），目前的测试数据显示其相对排放控制技术成熟的汽油车（国 4～国 5 标准），气态污染物的综合减排效益不理想，应当谨慎发展甚至被限制。

对于包括混合动力（Hybrid Electric Vehicle，HEV）、插电式混合动力（Plug-in Hybrid Electric Vehicle，PHEV）和纯电动车（Battery Electric Vehicle，BEV）在内的新能源车，从 2009 年起，国务院和相关部委发布了多项电动车示范运行推广项目（即"十城千辆"工程）（科技部电动汽车重大项目办公室，2011），根据节油率和动力电池大小制定了购车补贴标准，截至 2013 年底累计推广电动车超过 4 万辆。2012 年，国务院发布了《节能与新能源汽车产业发展规划（2012—2020 年）》，计划到 2015 年 PHEV 和 BEV 累计产销超过 50 万辆，到 2020 年累计产销量超过 500 万辆。很多城市（例如北京、上海、深圳等）进一步明确了充电站/桩等配套基础设施的建设规划，并通过放松对电动车限购，鼓励电动车在私家车队的应用。电动车在车用阶段大幅度削减对汽/柴油等传统燃料的依赖，极大地减少城市污染物排放。但是需要指出的是，由于引入新的能源类型（电力）和车辆部件（车用电池），其在全生命周期的排放不能被忽视。因此，根据地区能源禀赋和环境改善目标，在公共车队和私家车队大力发展能实现能源和环境双赢的新能源车辆技术；重视电动车推广过程中排放向上游发电过程的转移，确保在生命周期全过程中对污染排放的总体控制。

3.4.4　非道路移动源排放控制技术和控制策略

与发达国家相比，我国非道路发动机排放控制起步较晚。非道路移动机械用压燃式发动机以及小型点燃式发动机排放标准已经颁布并实施，并逐步加严；内河船舶柴油机和固定式压燃式发动机等相关标准正在制定中。中国于 2007 年 4 月发布了《非道路移动机械用柴油机排气污染物排放限值及测量方法（中国 I、II 阶段）》。第 I 阶段柴油机型式核准时间是 2007 年 10 月 1 日。第 II 阶段柴油机型式核准时间是 2009 年 10 月 1 日。我国非道路柴油机第 I 阶段排放限值并没有对小功率段的柴油机颗粒物排放提出要求，小功率段的 CO、HC 和 NO$_x$ 的排放限值主要参考美国非道路柴油机排放法规制定。中国应该加快非道路机械的排放加严进程，对非道路机械从 2015 年前后实施第 3 阶段排放标准，2020 年前后实施第 4 阶段排放标准，力争到 2025 年前后排放控制水平和道路机动车相当。此外，还应抓紧对内河船舶和内陆飞机制定国内排放标准。

为满足不断严格的的非道路排放法规要求，各大发动机制造商应采用先进的尾气控制技术降低排放。这些技术主要包括：优化柴油机机体部件，优化燃烧系统设计，调整配气相位，改进进气系统，改进冷启动性能等。柴油机还需使用高压共轨、增压中冷等技术，通过这些技术可有效的降低柴油机的排放水平。和重型柴油车相似，先进的尾气后处理技术是未来控制非道路柴油机污染物排放最主要的技术策略。例如，美国目前最严格的 Tier 4 排放标准对于 56 kW 以上的非道路柴油机 NO$_x$ 和 PM$_{2.5}$ 排放限值分别为 0.4 g/kWh（相当于 Euro VI 重型柴油车限值）和 0.02 g/kWh。目前，为了满足 Tier 4 的排放要求，发动机制造商主要采用两种技术路线：EGR+DPF 和燃烧优化+SCR 技术。EGR+DPF 技术路线是通过废气再循环（Exhaust Gas Recirculation，EGR）使发动机排放的 NO$_x$ 得到进一步控制，再利用 DPF 将排气中的 PM$_{2.5}$ 截留在过滤体内，从而达到 PM$_{2.5}$ 净化的目的。依靠 DPF 后处理技术时需要进一步考虑 DPF 再生和催化剂失效问题。为了防止 DPF 催化剂失活，必须控制非道路用柴油发动机燃料中的硫含量（不超过 30 ppm）。燃烧优化+SCR 技术路线则是通过增加喷油提前角从而降低 PM$_{2.5}$ 排放，较高的燃烧温度使得 NO$_x$ 大幅升高，这需要利用 SCR 技术降低 NO$_x$ 排放以满足排放法规的要求。对非道路用发动机而言，采用燃烧优化+SCR 技术路线需解决诸如补给用基础设施、随车携带的存储装置和强制连续使用尿素溶液等一系列有关问题。稀燃型 NO$_x$ 捕捉技术在 Tier 4 阶段可能采用，但是该技术还有很多难题需要加以解决，如随时间的有效性（寿命）问题、成本问题以及对燃油中含硫量的敏感性问题等。

柴油油品质量对非道路用柴油机的排放影响非常大，特别是柴油中的含硫量，不仅直接影响排放，而且限制了先进的排放控制技术的使用。降低柴油中硫含量，可直接使尾气中的 PM$_{2.5}$ 降低 10%~15%。我国非道路柴油质量参差不齐，比如农用机械用柴油目前主要有普通柴油、重柴油和农用柴油等。船舶用油主要由船用馏分燃油、船用渣油或燃料油和混合油三类。其中船用大型低速机用燃料质量最差，通常使用的燃油来源包含回收利用油、工业废油等，且由于没有规定的油品质量标准，燃油质量无法得到保证，经调查这部分燃料中硫含量可高达 2.5%~4.5%，比国III车用柴油标准的要求高约两个数量级。因此，未来应加强对于非道路油品流通环节的监管，并且逐步统一车用和非道路用燃油标准。

此外，非道路移动源排放控制需充分借鉴在道路机动车的成功经验，对在用非道路柴油机实施环保标志管理，建立加速老旧机械淘汰、治理的激励政策，建立强制报废制度，慎重进行在用非道路机械的治理改造，推广非道路清洁能源替代技术（例如远洋货轮进出港采用低硫油、天然气或岸电），等等。

3.5 我国交通源污染控制情景分析和排放趋势预测

3.5.1 我国道路机动车保有量增长趋势

我国 1990~2012 年机动车历年保有量增长情况如图 3-28 所示（中华人民共和国国家统计局，2013；中国汽车技术研究中心，2013）。根据不同车型的发展趋势，采用三种不同的方法对于机动车 2015~2030 年保有量进行了预测：

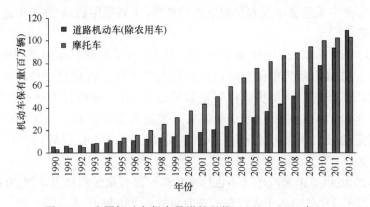

图 3-28 我国机动车保有量增长现状（1990~2012 年）

（1）对于小型客车，采用目前广泛使用的 Gompertz 模型（Wu et al.，2012a）。Gompertz 模型整个曲线呈 S 形，反映了汽车保有率随着人均 GDP 的增长而呈现的缓慢增长、井喷和饱和三个阶段的规律。Gompertz 方程的表达式如公式（3-2）所示：

$$VSper_i = VSper_s \times e^{\alpha e^{\beta EF_i}} \tag{3-2}$$

其中，VSper$_i$ 表示在目标年 i 时的每千人小型客车保有量；VSper$_s$ 表示每千人小型客车保有量的饱和值；EF$_i$ 指的是某一经济学参数，这里指人均 GDP；α 和 β 是方程的两个参数，通过对历史数据的拟合获得。

从各地小型客车的保有量现状来看，我国东部区域的小型客车保有量的发展已经完全进入 Gompertz 曲线 S 形的井喷期。对于千人保有量饱和值的设定，由于国内外对于中国小型客车千人保有量饱和值的预测通常在 300 辆/千人到 500 辆/千人之间，根据各地区小型客车千人保有量和人均 GDP 的发展关系，并考虑到各地人口密度较大的现实情况，本研究设定了小型客车千人保有量饱和值为 350 辆/千人，以此利用 Gompertz 曲线模拟了小型客车未来的保有量增长趋势。

对于已经实施小型客车拍卖或者限购政策的城市，采用 Gompertz 曲线进行模拟会对小型客车保有量有明显的高估，本研究将依据政府宏观的调控指标等方式对这些城市的新增保有量进行预测。

（2）对于其他汽车车型，由于其近年来保持了较为稳定的增长势头，本研究基于多年历史数据采取了趋势外推的方法对其进行保有量的预测。值得注意的是，受到 2008 年末开始的经济刺激计划的影响，2009 年和 2010 年部分地区中重型货车保有量出现井喷式增长，一些地区 2010 年的重型货车保有量比 2008 年甚至翻了一番以上。考虑到刺激政策作用的时效性以及我国经济增长放缓的新常态，预计今后货车保有量的增长将趋于回落，接近 2008 年之前的保有量增长水平。因此，推测未来年份中重型货车保有量的增长趋势时，主要采用的是 2008 年之前的保有量增长趋势。

（3）对于摩托车，采用注册量外推的方法。由于对摩托车的限制措施，2010 年之前各大城市的摩托车保有量已经趋稳乃至下降。特别是 2007 年以后，各城市的摩托车新车注册量相比保有量数量很小，且保持略有下降的态势。因此，根据现状年份摩托车注册量的变化趋势，推测未来年份的新车注册量，再利用摩托车固定的报废年限，对保有量采取注册量外推的方法比较符合真实的增长趋势。

图 3-29 展示了未来汽车（不包括摩托车）保有量预测结果，到 2030 年，全国将拥有汽车 3.9 亿辆，千人汽车的拥有量接近 280 辆/千人。

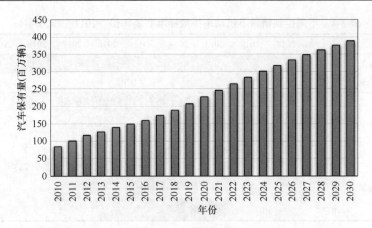

图 3-29　中国汽车保有量未来趋势预测（2010～2030 年）

3.5.2　我国道路移动源排放控制情景设计和排放趋势预测

1. 我国道路移动源排放控制情景及其减排效益分析

为了分析未来年我国机动车排放趋势的变化，本研究结合上一节的相关控制措施，设定了不同的排放控制情景。这些情景涉及的具体控制措施包括以下几方面。

（1）新车及油品标准

对于新车及油品标准，共设定了两种情景：① 基准情景。各城市的新车排放标准保持 2012 年的控制要求维持不变；② 新车加严情景。按照《大气污染行动计划》以及各地区政府的大气污染控制规划设置的标准实施进程实施，各地区新车排放标准逐渐加严，逐步实施轻型车的国 5、国 6 标准和重型车的国Ⅳ、国Ⅴ和国Ⅵ标准，经济相对发达地区根据当地政府规划实施领先全国水平的更为严格的新车排放标准，同时油品标准与新车标准的实施相匹配。对于轻型汽油车，GDI技术的引入对排放的影响也将考虑在内。

表 3-4 和表 3-5 列出了不同控制情景下机动车排放标准和油品标准实施进程。在加严情景中，全国将于 2018 年和 2020 年逐步实施轻型车和重型车的新车国 5/Ⅴ、国 6/Ⅵ标准，东部发达地区将会提前于全国的标准实施进程大约两年，北京等城市则会更早实施更严格的标准；同样地，油品标准将配合新车标准同步实施，东部的发达地区和城市也将会提前执行更为严格的油品标准。

（2）优化小型客车出行

由于私人小客车保有量的不断增加，我国小型客车车队的年均行驶里程近年来呈现出稳定下降的趋势。此外，为了缓解拥堵状况，越来越多的城市和地区会

表 3-4　不同控制情景下机动车排放标准实施年份（2011～2020 年）

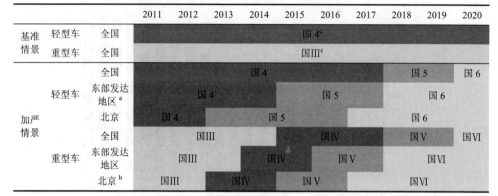

a. 东部发达地区目前主要指京津冀、长三角和珠三角三大地区，考虑空气污染治理的区域效应，将进一步将控制区域扩展至山东、河南等地区，形成整个东部地区的联防联控。

b. 由于北京市内车用柴油质量要优于其他地区，因此公交、环卫和邮政等城市公共车队的柴油重型车执行严于普通重型车的排放标准。例如，国 IV 和国 V 排放标准分别在 2008 年 7 月和 2013 年 2 月在上述车队实施。

c. 按照国际通用惯例，轻型车标准以阿拉伯数字表示，重型车标准以罗马数字表示。

表 3-5　油品标准及其实施年份（2011～2020 年）

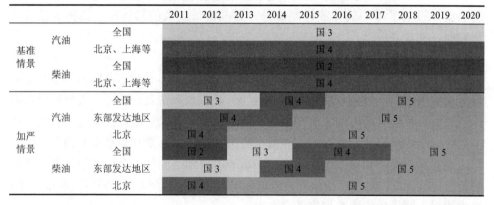

实行一系列的交通和经济措施来优化和调控小客车出行，促进小客车行驶里程的进一步降低。因此，针对小型客车在未来年份年均行驶里程的变化情况，设定了两种情景：① 正常情景。由于私家车比例不断提高、城市公共交通体系成熟和道路交通拥堵频繁出现，使得小型客车的年均行驶里程逐年降低，小型客车的年均行驶里程由 2012 年的 18000 km 下降至 2030 年的 12000 km（欧洲的车辆年均活动水平）；② 出行优化。采取强有力的交通限行（如五天限一天）和经济调控措施（如提高停车费、低排放区、拥堵费等），使得小型客车的年均行驶里程进一步下降，2030 年年均里程降至 10000 km。对于北京、长三角等特大城市和发达地区，采取更大力度的调控措施进一步优化出行（出行优化 II 情景）。

（3）车辆限购

为了有效控制机动车总量的快速增长势头，针对占机动车总保有量最大比例的小型客车采取限购的措施将可能在越来越多的大城市中实施。目前，中国实施机动车限购（除贵阳）绝大部分都在经济发达、机动车保有量较高的三大区域，包括京津冀地区的北京、天津，长三角地区的上海、杭州和珠三角地区的广州、深圳。因此，本研究中限购情景设置为对这三个地区全部城市的小型客车实施限购政策，限购的力度参考已实施限购的城市（如北京、上海等），根据人口和机动车密度进行设置。到 2030 年，限购情景下的小型客车保有量为 2.7 亿辆（千人小汽车拥有率约 180～190 辆/千人），比非限购情景下的保有量减少约 6 千万辆，即平均每年少增长 400 万辆。

（4）引入新能源车

在对新车和在用车进行相应控制的同时，需要关注各类新能源汽车的推广，本研究中考虑在轻型客车车队中引入混合动力车、插电式混合动力车和纯电动车，在公交车队中引入混合动力车、纯电动车和天然气车。目前国内外多家研究机构对新能源车未来的市场发展趋势存在不同的观点，对于新能源未来的发展方向还需要后续进一步的讨论和实践（International Energy Agency，2010；International Energy Agency，2013；Element Energy，2013；Becker et al.，2009；国务院，2012；Wu et al，2012a）。本研究选取了其中较为激进的新能源车发展方案，来评估新能源车的大量引入对道路移动源污染物减排带来的最大可能影响。采用的轻型客车车队和公交车队中新能源车未来的市场占有率趋势如图 3-30 所示。到 2030 年，新能源车将分别占轻型车队和公交车队新车市场的 85%和 90%，约占车队总数量的 32%和 56%。需要指出的是，图 3-30 仅展示了全国范围新能源车推广的整体水平。由于部分城市已经率先推广并投入使用了天然气和电动公交车，这些城市的新能源公交车市场占有率将会处于一个较高的起点。例如，北京计划在 2017 年就实现市区 65%的公交车新能源化的目标（Zhang et al.，2014a；Wang et al.，2015）。

根据以上控制措施，本研究共设置了"基准情景"、"排放加严"、"出行优化"、"车辆限购"和"引入新能源车"5 个逐渐加严的排放控制情景。各排放控制情景具体的控制措施如表 3-6 所示。

图 3-31 展示了不同情景下中国机动车 CO、HC、NO$_x$ 和 PM$_{2.5}$排放预测的结果。在基准情景下，2015～2030 年中国机动车排放趋势呈现出以下的特点：

（1）全国机动车 CO 和 HC 的排放总量在 2020 年前将保持持续下降的态势。在基准情景下，全国在 2012～2020 年间新增的轻型汽油车已满足国 4 排放标准，相对国 0 削减 CO 和 HC 排放分别达到 98%和 97%，相对国 1 削减 CO 和 HC 排放达到 95%和 90%。2010～2020 年间，随着国 0 和国 1 等老旧车淘汰并被满足国

4 标准的轻型汽油车所替代，2010～2020 年全国机动车保有量虽然增加了 150%，但机动车 CO 和 HC 排放总量削减了 43%和 48%。

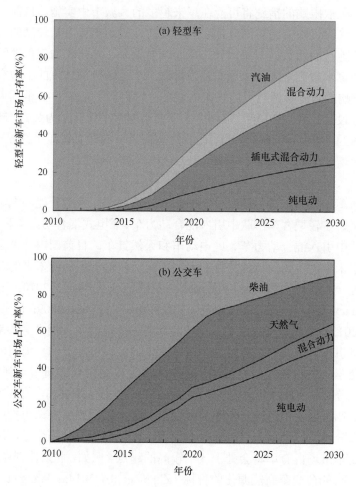

图 3-30　新能源轻型车和公交车发展情景（2010～2030 年）

表 3-6　各排放控制情景的控制措施

情景编号	情景名称	新车标准	燃油标准	小型客车限行	车辆限购	是否新增新能源车
1	基准情景	基准	基准	否	否	否
2	排放严格	加严	加严	否	否	否
3	出行优化	加严	加严	出行优化	否	否
4	车辆限购	加严	加严	出行优化	是	否
5	引入新能源车	加严	加严	出行优化	是	是

　　2020 年之后，由于国 0 和国 1 等高排放的老旧车淘汰殆尽，在机动车保有量持续上升的压力下，基准情景下 CO 和 HC 的减排势头被遏制甚至开始逐渐缓慢上升，2020～2030 年间的 CO 和 HC 排放总量小幅上升了 11% 和 19%。2030 年，中国单位面积 HC 的排放强度为 0.35 t/km^2，比美国 2011 年水平仍然高 24%。因此，基准情景下的排放控制措施已无法应对 2020 年以后机动车 HC 排放的控制，亟须更严格的控制措施来削减 2020 年后的机动车 HC 排放强度。

　　（2）全国 2016 年前机动车一次 $PM_{2.5}$ 排放总量将呈现出持续下降的趋势。2016 年，基准情景下的全国机动车 $PM_{2.5}$ 排放总量比 2010 年下降了 25%，年均削减幅度达到 6%，与同期 CO 和 HC 的减排速度相当。基准情景下，2010～2020 年间重型柴油车实施国Ⅲ排放标准。以重型货车为例，国Ⅲ重型柴油货车的 $PM_{2.5}$ 排放因子相对国 0、国Ⅰ和国Ⅱ标准分别下降 85%、60% 和 66%。因此，2010～2016 年间，伴随着国Ⅲ前重型柴油车的淘汰（包括黄标车限行与淘汰政策因素）以及重型柴油车年均行驶里程在 3～5 年后的衰减等实际车用特征的作用，即使在重型柴油车新车仅为国Ⅲ标准的情况下，也能实现排放削减。

　　2016 年后，由于重型柴油车保有量的持续上升，现有措施已经不能削减机动车排放总量。2030 年，全国机动车 $PM_{2.5}$ 排放总量为 38.2 万吨，比 2016 年的低谷水平上升了 15%。所以，若没有针对 $PM_{2.5}$ 更严格的机动车控制措施，全国机动车 $PM_{2.5}$ 排放总量的下降通道将早于 CO 和 HC 前消失，机动车排放主管部门应高度重视这一情景分析结果。

　　（3）和 HC 与 $PM_{2.5}$ 不同，由于国Ⅲ以前重型柴油车 NO_x 排放因子并没有随标准加严而显著改善，基准情景下 2010～2030 年全国机动车 NO_x 排放总量将不会出现任何削减。随着重型车保有量和公路运输需求的持续增长，2030 年全国机动车 NO_x 排放总量将达到 1027 万吨，比 2010 年增长 37%，年均增速 1.6%，与美国 1985 年左右的 NO_x 排放总量相当（目前仅为 450 万吨）。

　　在基准情景下，2030 年全国 NO_x 排放强度达到 1.07 t/km^2，比美国 2011 年水平高近 70%；其中，东部京津冀、长三角和珠三角地区的 NO_x 排放强度达到 4.2～5.3 t/km^2，是加州 2011 年水平的 4～5 倍，德国 2009 年水平的 2～3 倍。需要说明的是，欧洲国家 2000 年来对轻型柴油车采取较为宽松的排放控制，导致其城市交通环境 NO_2 浓度居高不下，成为当今欧洲国家普遍面临的突出环境问题（Carslaw，2011；Yang et al.，2015）。可以预见，如果不尽快加强机动车 NO_x 排放控制，未来中国大气污染排放总量控制达标、城市大气环境 NO_2 浓度削减和 $PM_{2.5}$ 中的硝酸盐组分控制都将面临严峻挑战。

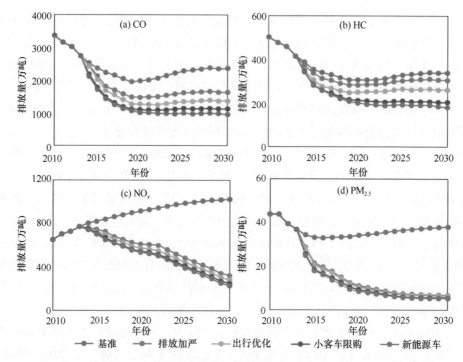

图 3-31　不同情景下全国机动车大气污染物排放趋势的预测（2015～2030 年）

在排放严格情景下，随着排放标准和油品质量的逐步加严，2010～2030 年间各类污染物的排放总量趋势呈现出以下特点：

（1）对于 CO 和 HC，相对基准情景排放总量有所削减，但对 HC 进一步减排比例贡献有限。例如，2020 年，排放严格情景下的 CO 和 HC 排放总量分别为 1473 万吨和 284 万吨，比 2010 年下降了 61% 和 47%；与 2020 年的基准情景相比，排放严格情景下的 CO 和 HC 的排放总量进一步削减了 25% 和 8%。需要指出的是，由于国 4 到国 6 阶段轻型汽油车的 HC 测试限值（参照欧洲标准体系）保持 0.10 g/km 不变，仅对新车耐久性做出更严格的要求，因此所采用的国 5 和国 6 轻型汽油车 HC 排放因子比国 4 的削减幅度低于 20%，远小于以往排放标准加严的减排率。因此，在严格情景下，尽管满足国 5 和国 6 的轻型汽油车会进入全国市场，但是其对于削减 HC 排放总量的作用已不如之前新车排放标准的效果来得明显。

2020 年后，严格排放情景下 HC 排放总量趋势与基准情景相似，在 2020～2030 年间呈现持平甚至小幅上升的趋势，单位面积 HC 排放强度略高于美国 2011 年水平（0.26 t/km^2）。与此形成对比，美国机动车 HC 排放总量在 2004～2014 年间持续下降，十年间累计减排幅度达到 40%。因此，中国必须采取更严格、更有针对性的控制措施（例如强化蒸发排放控制等），使得机动车 HC 排放总量在 2030 年前持续下降。

（2）对于 NO$_x$，严格排放情景中将逐渐引入国Ⅳ、国Ⅴ和国Ⅵ重型柴油车，这些车辆将依靠 SCR 等先进的后处理设施控制 NO$_x$ 排放。例如，本研究设定国Ⅳ和国Ⅴ重型柴油货车相对国Ⅲ重型柴油货车 NO$_x$ 排放削减达 30%～50% 左右。2017 年之后全国各地陆续开始实施重型车的国Ⅵ标准，依照欧盟的排放限值，欧Ⅵ相对欧Ⅴ的 NO$_x$ 限值削减 80%。因此，在严格排放情景下，全国范围机动车NO$_x$ 排放总量在 2012 年达到峰值 791 万吨。

2012～2020 年间，由于国Ⅳ和国Ⅴ重型柴油车逐渐进入市场，加上国Ⅲ前柴油货车的淘汰，2020 年 NO$_x$ 排放总量为 613 万吨，比 2012 年水平削减 18%，年均减排率约为 3%。2020 年以后，国Ⅵ重型柴油车的进入将更快削减机动车 NO$_x$排放总量。严格排放情景下，全国机动车 NO$_x$ 排放总量在 2020～2030 年间削减近 50%，年均减排率达到 6%。这一排放削减速率与美国 2004～2014 年的控制进程相似，美国在这十年间削减机动车 NO$_x$ 排放总量达 51%，其中最主要的控制措施即为 2007 年颁布、2010 年正式实施的 US 2010 重型柴油车排放标准（比 Euro Ⅵ排放限值更严格，采用相近的排放控制技术）。

需要指出的是，未来中国机动车 NO$_x$ 排放总量结果仍然存在诸多方面的不确定性。第一，目前世界范围内对满足国Ⅵ标准重型柴油车的实际测试数据非常有限，少量的数据显示其在低速和冷启动等工况下仍然有可能导致排放削减不尽如人意，后续研究中需进行进一步的实际测试与修正；第二，目前中国的油品质量提高在时间进度和监管力度的不确定性，将对未来实施更严格排放标准产生可能的制约因素，即未来排放标准能否按照本研究假设情景存在不确定性；第三，先进后处理设施的引入需要更加先进和有效的新车销售和在用车监管体系来发挥保障作用。例如，此前媒体曝光部分省份销售的国Ⅳ重型柴油车并未采用型式认证的发动机或后处理技术（即"伪国Ⅳ"），这部分车辆进入流通市场后将导致减排效益的高估。

在严格排放情景下，2030 年中国单位面积机动车 NO$_x$ 排放强度降低到 0.34 t/km^2，比美国 2011 年水平降低 47%；但是，京津冀、长三角和珠三角等地区 2030年单位面积 NO$_x$ 排放强度仍然较高（1.3～1.7 t/km^2），其中上海作为单位面积排放强度最大的省级区域，2030 年机动车 NO$_x$ 排放强度水平仍然达到 6.4 t/km^2。因此，面对中国机动车排放突出的区域性问题，在上述发达地区需要对重点柴油车队进行更严格的排放控制（详见后续长三角案例）。

（3）对于 PM$_{2.5}$，严格排放情景下机动车排放总量的趋势与 NO$_x$ 相似，都是由于国Ⅳ到国Ⅵ重型柴油车进入和国Ⅲ及国Ⅲ前重型柴油车淘汰所致。例如，国Ⅳ柴油重型车由于发动机优化燃烧，相比国Ⅲ能够削减近 60% 的 PM$_{2.5}$ 排放；未来采用 DPF 的重型柴油车，则能在国Ⅲ基础上削减 90% 以上的 PM$_{2.5}$ 排放。由于重型柴油车排放标准的加严对 PM$_{2.5}$的减排幅度要显著大于 NO$_x$，因此预计 2020 年中国机动车 PM$_{2.5}$排放总量为 11.1 万吨，比 2012 年下降 76%，年均减排率达到 16%，成为这期间排放削减最快的污染物。类似地，美国 2004~2014 年机动车 PM$_{2.5}$排放总量下降 47%，年均减排率 7%。中国的减排幅度要高于美国，主要原因是 2010~2020 年间机动车排放标准的迅速加严和老旧车的鼓励淘汰。2020~2030 年间，严格排放情景下机动车 PM$_{2.5}$排放总量将从 11.1 万吨降低到 6.8 万吨，年均减排率 5%；2030 年前，如无更严格的排放控制措施（如货运车辆采用天然气或优化出行），机动车 PM$_{2.5}$排放总量将趋稳而无显著削减。和 NO$_x$排放情景相似，PM$_{2.5}$也存在未来技术排放因子、油品与排放标准实施时间、车辆在用监管等多方面不确定性因素影响，需要引起重视。

本研究制定了其他各项更严格的控制情景，2030 年 HC、CO、NO$_x$ 和 PM$_{2.5}$在各情景下的排放总量相对 2012 年的削减比例汇总如表 3-7 所示。

表 3-7　2030 年各排放控制情景相对 2012 年的排放削减率（负值表示排放增加）

	基准情景	排放严格	出行优化	车辆限购	引入新能源车
HC	36%	42%	51%	61%	66%
CO	38%	57%	64%	70%	75%
NO$_x$	−37%	57%	62%	66%	69%
PM$_{2.5}$	27%	87%	88%	89%	90%

由于出行优化和新车限购等措施将显著降低未来轻型车保有量和年均行驶里程，并且改善交通运行状况，因而这些更严格的管控措施的实施将持续有效减排 HC。2030 年，实施限购和出行优化情景能够在严格标准情景下进一步削减 33% 的 HC 排放；若进一步大力推广新能源车（特别是电动车大量进入私家车市场），则能够更进一步减少 8% 的 HC 排放。在出行优化、限购和新能源车情景下，中国 HC 排放强度为 0.19~0.27 t/km^2，与美国现状水平相当（2014 年 0.23 t/km^2）。为了进一步控制 PM$_{2.5}$中二次有机气溶胶（Secondary Organic Aerosol，SOA），需要考虑结合其他有效措施控制轻型汽油车 HC 排放。例如，考虑应用更加严格的新车排放（如加州 LEV Ⅲ排放标准）和更先进的蒸发排放控制技术 ORVR，可在未来有效控制机动车 HC 排放总量。

对于 NO$_x$ 和 PM$_{2.5}$，这些更严格的控制情景（同时实施限购、出行优化和新能源车推广）可以在严格标准情景基础上，进一步削减 28% 的 NO$_x$ 和 22% 的 PM$_{2.5}$。由于目前的出行优化和限购措施主要针对轻型车，所以这些更严格的措施对 NO$_x$ 和 PM$_{2.5}$的减排作用要弱于 HC；并且，在推广新能源车时也要加强在用车监管，特别是对天然气重型车 NO$_x$排放采取必要的后处理控制。后续将进一步以长三角为例，分析对于重型柴油车可采取的更有针对性的控制措施。

2. 典型城市道路移动源排放控制情景及其减排效益分析

（1）北京

北京在我国城市机动车排放控制进程中一直处于领先地位。例如，北京于
1999 年率先实施轻型车国 1 排放标准，并已在 2013 年实施轻型车京 5 标准，是
我国极个别能够保持机动车排放标准和油品质量标准同步加严的城市。同时 2011
年 1 月起，北京为了缓解交通拥堵，控制机动车排放，实施了小客车摇号限购政
策，每年新增机动车数量不超过 24 万辆，2014 年起摇号上牌的指标进一步削减
约 40%。由于北京现行的机动车排放控制政策已经较为严格，且对未来的机动车
排放控制有较为明确的规划，本研究中仅设置了"小型客车限购"及"未购限"
两个情景对北京的机动车排放趋势进行研究。

北京机动车的排放趋势如图 3-32 所示，在严格的新车和油品标准、出行控制、
老旧车淘汰等政策的影响下，北京机动车各污染物的排放整体上呈逐年下降趋势。
在未限购情景下，2030 年北京市的 HC、CO、NO$_x$ 和 PM$_{2.5}$ 相对 2010 年分别削减
52%，60%，62%，81%，小客车限购则对排放有进一步的削减，2030 年，限购情
景下的 HC 和 CO 分别相对未限购情景的排放削减了 33% 和 28%。需要指出的是，
即使在严格的限购情景下，北京 2030 年机动车 HC 单位面积排放强度也约是德国、

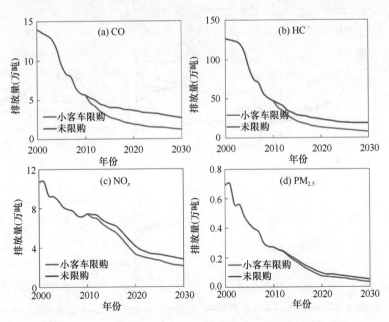

图 3-32　北京机动车污染物排放总量趋势（2000～2030 年）

英国和加州现状水平的 2 倍，NO$_x$ 单位面积排放强度则比目前加州高 50%。未来需进一步通过鼓励公共交通、停车收费、更大力度引入新能源车等措施来实现更进一步的减排，同时考虑与周边天津、河北等地区的联防联控。

（2）长三角地区典型城市

本研究以长三角地区的南京、苏州、无锡和常州为例，对长三角地区城市的机动车排放趋势进行分析（见图 3-33）。

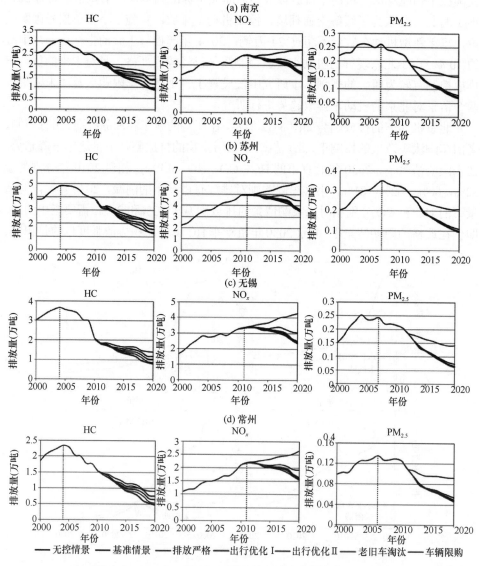

图 3-33　长三角地区南京、苏州、无锡和常州机动车污染物排放量现状与预测（2000～2020 年）

针对不同排放控制情景,各城市 2010～2020 年的机动车污染物排放趋势呈现如下的特点:

(1) 在无控情景下(未来不加严控制),随着车队的正常淘汰更新,各城市 2020 年前的机动车 HC、CO 和 PM$_{2.5}$ 排放量将继续保持下降的趋势。与之相反,NO$_x$ 排放量则将持续增长,如果不实施新的排放控制措施,2020 年各城市 NO$_x$ 排放量将比 2010 年上升 11%～30%。

(2) 实施更为严格的新车排放标准和油品标准,对于各种污染物的减排都具有比较明显的作用。例如,在"排放严格"情景下,各城市的所有污染物排放量相比"无控"情景都有比较明显的降低,其中 NO$_x$ 和 PM$_{2.5}$ 排放的降低尤为显著:"排放严格"情景下各城市 NO$_x$ 和 PM$_{2.5}$ 排放相比"无控"情景分别可下降 35%～41%和 42%～53%。

(3) 主要针对小型客车控制的一系列措施,如"出行优化"、"老旧车淘汰"和"车辆限购"等,对于机动车 HC 和 CO 排放量的降低有较明显的作用,但对于 NO$_x$ 和 PM$_{2.5}$ 排放量的降低则影响较小。以南京为例,从"排放严格"情景至"车辆限购"情景,2020 年 HC 和 CO 排放量相比"无控"情景的削减率分别从 18%和 27%增加到了 46%和 53%,而 NO$_x$ 和 PM$_{2.5}$ 排放相比"无控"情景的削减率则分别只从 35%和 50%增加到 39%和 53%。

(4) 由于 NO$_x$ 和 PM$_{2.5}$ 是总量控制以及空气质量改善的关键约束性指标,未来对于机动车的交通、经济等控制手段不能仅仅针对保有量比例最大的小型客车,对于中/重型柴油车等其他车型的控制也是十分必要的。

为了实现大气 PM$_{2.5}$ 浓度改善的整体目标,要求 HC、PM$_{2.5}$ 和 NO$_x$ 的排放同时进行大幅削减。由于 NO$_x$ 是机动车各类污染物中最难控制的指标,为了确定不同车型、不同排放标准车辆对于机动车 NO$_x$ 排放总量的影响,本研究进一步分析了"排放严格"情景下 2020 年南京、苏州、无锡和常州各车型、不同控制水平的车辆 NO$_x$ 的排放量,如图 3-34 所示。

分析各城市 2020 年 NO$_x$ 分车型排放量,货车是 NO$_x$ 排放最主要的来源,排放分担率占到 40%～60%。因此,货车(尤其是重型货车)应当作为 NO$_x$ 排放控制的关键车型。其中,国Ⅲ车辆将成为未来 10 年各城市货车和大型客车 NO$_x$ 排放的最主要来源,2020 年南京、苏州、无锡和常州的国Ⅲ货车和大型客车 NO$_x$ 排放量将分别占所有货车和大型客车 NO$_x$ 总排放量的 46%、41%、45%和 49%,需要对其进行重点控制。可以考虑的手段包括使用经济刺激措施(例如补贴)鼓励营运时间 10 年以上的老旧国Ⅲ车辆加速淘汰和对 10 年以内的国Ⅲ货车实施 SCR 改造。国Ⅱ车辆仍然占一定的比例,南京、苏州、无锡和常州的国Ⅱ货车和大型客车 NO$_x$ 排放量将分别占所有货车和大型客车 NO$_x$ 总排放量的 13%、12%、

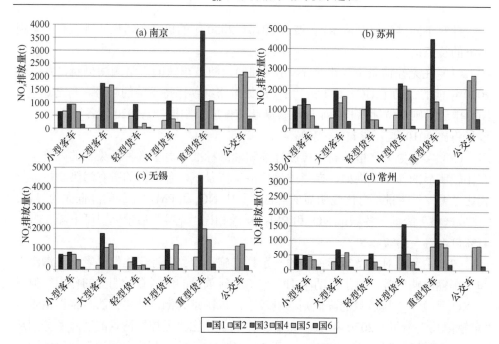

图 3-34 2020 年南京、苏州、无锡和常州分车型、分控制水平各车队 NO$_x$ 排放量

8%和 16%。由于营运时间都已经在 10 年以上，应当将其作为重点车队进行鼓励淘汰，限制手段可以同时考虑高排放车区域限行等交通手段和经济措施相结合的方式。

大型客车和公交车也是 NO$_x$ 排放的重要来源，在各城市的排放分担率约为 25%～30%，也是需要进行重点控制的车型。尤其对于公交车来说，虽然公交车队保有量数目很小且控制技术水平程度较高，但是由于其在城市内的行驶里程高、速度低并且传统的新车控制技术对公交车 NO$_x$ 排放控制效果较差，导致公交车队仍占有 10%以上的排放分担率（在南京的排放分担率甚至高于 15%）。公交车由于较快的更新淘汰速度，NO$_x$ 排放将主要来自国 IV 车辆和国 V 车辆。今后公交车队 NO$_x$ 控制的重心应该向大力推广应用更清洁的替代燃料车（例如采用等当量技术+后处理技术的 CNG/LNG 公交车）和电动车（纯电动公交车）转移。

小型客车由于保有量大，NO$_x$ 排放量也相对较高，南京、苏州、无锡和常州的小型客车 NO$_x$ 排放贡献率分别为 15%、16%、14%和 14%。小型客车中，国 1～国 2 车辆虽然保有量的比例仅占 8%～12%，但是其排放仍然有 30%～45%的贡献。绝大部分这些车辆的使用年限都已经接近甚至超过 15 年，因此，需通过区域限行等交通手段和经济措施相结合的方式尽快予以淘汰更新。

基于以上分析，各城市在加速实施更为严格的新车排放标准和油品标准的"排放严格"情景基础上，为了实现大气 PM$_{2.5}$ 浓度改善整体目标还需进一步采取综合排放控制措施：如加速实施新车排放标准和油品标准；在 2020 年期间淘汰车龄为 15 年以上的小型客车，并对部分城市采取交通管理措施和经济措施优化小型客车出行；确保各类型货车、大型客车的国Ⅱ柴油车辆的淘汰工作；加快推广低排放和零排放公交车，包括 CNG/LNG 车、混合动力车和纯电动车等，使新能源车和替代能源车在公交车队中的比例达到 50%以上；对于 2012 年年底之前注册的国Ⅲ柴油货车，或鼓励加速淘汰，或考虑加装 SCR 等后处理装置，降低其单车排放水平；在部分城市优化柴油货车的出行，提高运营效率，使其年均里程降低 15%以上。

3.5.3　非道路机动车排放趋势预测分析

1. 工程机械

2011 年我国主要类型的工程机械总保有量分布如图 3-35 所示。其中，装载机、挖掘机和叉车是我国工程机械的主要机型，占总保有量的 80.1%，除此之外压路机、推土机、平地机保有量也有一定的比例，占总工程机械保有量的 4.4%，据此本研究将工程机械分为以上 7 大门类。

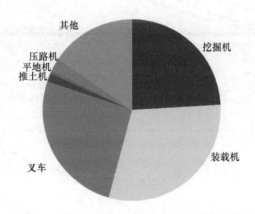

图 3-35　2011 年全国各类型工程机械保有量分布

从图 3-36 至图 3-39 可以看出，2000～2020 年全国工程机械 CO、HC、NO$_x$ 和 PM$_{2.5}$ 污染物排放量整体呈逐年上升的趋势。尽管实施的工程机械排放标准有利于污染物排放增速降低，但工程机械保有量的快速增长和相对较差的控制工作基础使得未来的排放控制形势更加严峻。例如，主要工程机械 NO$_x$ 排放总量从 2010 年约 140 万吨增长至 2020 的约 250 万吨，亟须尽早拿出有效措施遏制这一趋势。

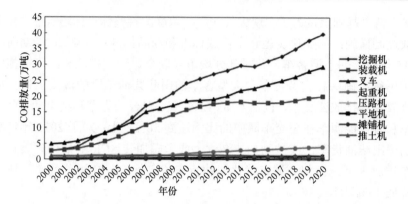

图 3-36 2000～2020 年主要工程机械 CO 排放量

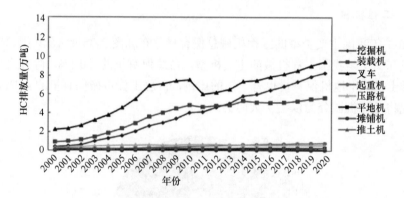

图 3-37 2000～2020 年主要工程机械 HC 排放量

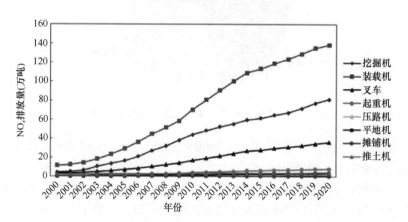

图 3-38 2000～2020 年主要工程机械 NO$_x$ 排放量

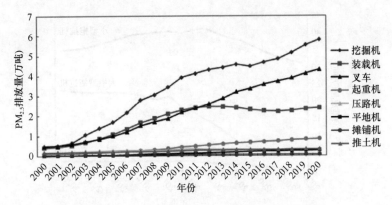

图 3-39　2000～2020 年主要工程机械 PM$_{2.5}$ 排放量

2. 农业机械

采用中国农业机械工业年鉴的统计分类，将农业机械分为拖拉机、农用运输车、联合收割机、农业排灌机、耕整机、渔业机械、农产品初加工机械、农田基本建设机械以及其他机械等九大类，每种类型下还可以继续分为不同的小类别，共计 38 小类。2011 年我国各大类型柴油农业机械的总功率为 7.85×10^8 kW，具体分布情况如图 3-40 所示。

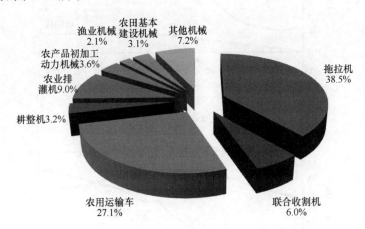

图 3-40　2011 年中国农业机械保有量分布

图 3-41 至图 3-44 分别给出了 2000～2020 年典型农业机械 CO、HC、NO$_x$ 和 PM$_{2.5}$ 污染物排放量的变化趋势。结果表明，2000～2008 年农业机械污染物排放量呈快速增长趋势，但在 2008 年之后增速放缓，甚至出现降低，这主要是因为我国在 2007 年开始对拖拉机、收割机等非道路机械执行国 I 排放标准，之后 2009 年开始执行国 II 排放标准，使得拖拉机和收割机在 2008 年之后排放总量有降低趋

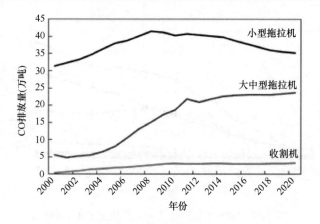

图 3-41　2000～2020 年典型农业机械 CO 排放量

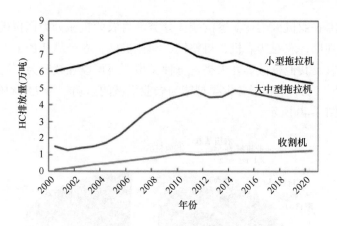

图 3-42　2000～2020 年典型农业机械 HC 排放量

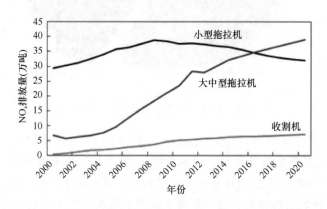

图 3-43　2000～2020 年典型农业机械 NO$_x$ 排放量

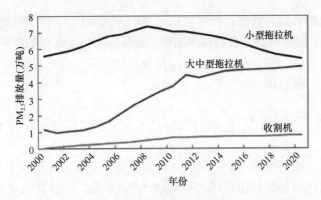

图 3-44　2000～2020 年典型农业机械 PM$_{2.5}$ 排放量

势，但是随着保有量的持续增加，排放总量降幅有限。大、中型拖拉机 CO、HC、NO$_x$ 和 PM$_{2.5}$ 排放量增速远远高于其他两种农业机械机型。尤其是大、中型的 NO$_x$ 排放量，仅占农业机械保有量 22% 的大、中型拖拉机在 2017 年超过了占保有量 72% 的小型拖拉机。因此，中国工程机械和农用机械 NO$_x$ 排放总量在 2010 年至 2020 年间预计增加约 150 万吨，将把道路机动车 NO$_x$ 排放控制大部分减排效益（如严格控制情景下削减 180 万吨）所抵消。未来，非道路移动源 NO$_x$ 排放将成为不可忽视、亟须解决的重要工作。

3. 内河船舶

图 3-45 给出了内河船舶 2000～2020 年污染排放的变化趋势。可以看出，内河船舶 CO、HC、NO$_x$ 和 PM$_{2.5}$ 污染物排放总量变化趋势与工程机械和农业机械截然不同，内河船舶污染物呈整体下降趋势，主要原因是内河船舶运输方式比较

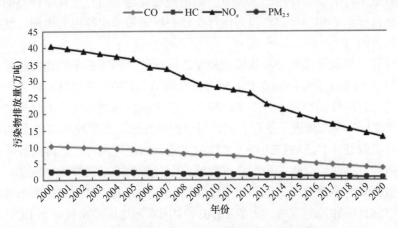

图 3-45　2000～2020 年内河船舶污染物排放量

落后，逐渐地被公路、铁路、民航等快速运输方式取代，内河船舶保有量逐年下降。此外，随着发动机制造和新技术的应用，及未来可能出现的严格的排放法规，使得内河船舶 CO、HC、NO$_x$ 和 PM$_{2.5}$ 排放逐年下降，但对河道周边区域的空气质量影响依然不可忽视。

3.6　中国交通源 PM$_{2.5}$污染控制的政策建议

未来我国交通源排放污染控制的总体思路是：在城市化进程中重塑公共交通体系，鼓励绿色可持续的出行模式；构建"车-油-路"一体化的移动源排放污染综合控制系统，强化道路和非道路移动源排放的协同控制。具体的控制政策建议如下：

（1）同步建立发达的公共交通系统和严格的机动车排放控制体系，应成为未来我国机动车排放综合控制的发展方向

我国机动车排放综合控制应充分借鉴和学习日本和欧洲构筑发达公共交通体系和严格机动车排放控制双管齐下的经验。首先，需要大力发展公共交通系统，推动公交优先和绿色出行（鼓励公交专用道，开辟专用行人/自行车道等）。此外，构筑完善的机动车排放控制体系应包括新车排放控制、在用车排放控制、车用油品控制、交通管理控制和经济措施等方面，各方面相辅相成，缺一不可。

学习日本和欧洲城市在优化城市空间结构、功能布局和土地利用模式的先进经验，避免单核心、单功能的不合理规划导致居民出行的过快增长和高度集中。根据城市规模和特点，重塑城市公共交通体系，对轨道交通和地面公交进行优化和精细化管理，提高公交系统的舒适便捷性，发挥轨道交通（包括高速铁路）在城内和城际出行的重要作用。大力改善城市慢行交通（自行车和步行）的出行条件，增加自行车道和步行道，提高慢行交通在城市短途出行中的比例，使中国回归自行车大国。

充分利用交通管理和经济政策调控重点区域和大城市的车辆使用总量，力争2030 年千人汽车保有量控制在 250 辆（汽车保有量约在 3.6 亿辆）以内，私人小客车年均行驶里程调控在 10000 km 以下。各大城市需要综合考虑自身的承载能力，合理规划每年新增汽车的保有量。科学评估交通出行调控和经济管理/激励等措施的环境效益，并适时推动相关措施的实施，如尾号限行、低排放区或高排放车区域限行、提高停车收费和拥堵收费等，以有效调控车辆的活动强度。

积极推动车辆燃油经济性和空气污染物的同步控制，并制定中国东部区域一体化的控制目标和控制策略。力争 2030 年中国东部地区道路机动车 HC、NO$_x$ 和一次 PM$_{2.5}$ 的排放强度控制在 0.9 t/km^2、1.2 t/km^2 和 0.03 t/km^2 以下。

（2）将机动车与车用燃油作为一个整体，持续并同步地加严新车排放与燃油品质的标准

将机动车与车用燃油作为一个整体，持续并同步地加严新车排放与燃油品质的标准。应同步加严重型车与轻型车的排放标准，全国范围 2020 年左右（东部地区 2018 年左右）实施国六排放标准，强化生产一致性和在用符合性监管，并逐步统一相同车型下汽油车和柴油车新车排放标准；开始着手研究制定国六标准之后的污染控制路线图，考虑重点地区 2020 年前后向更严格的排放标准（例如美国 Tier 3 或加州 LEV III 标准）过渡，加严汽油车蒸发排放控制要求；积极推动低速货车在 2017 年左右与轻型柴油车标准的并轨；摩托车也持续加严排放标准（分阶段实施国四和国五标准），以进一步控制污染物排放；争取在 2025 年前后实现主要非道路移动源（工程机械、船舶等）的排放标准与道路机动车排放控制水平相当。

更严格的新车排放标准对机动车后处理技术提出了更高的要求。对于轻型车，燃油消耗量标准的加严使得能够有效改善燃油经济性的 GDI 技术更加普及，但应注意其导致 PM$_{2.5}$排放增加的负面作用，应考虑尽快应用 GPF 技术。对于重型车，除了采用精确燃油喷射控制系统的先进发动机，DPF 和 SCR 等后处理装置将逐渐成为满足标准的标配，但应高度关注并着力解决中国实际道路工况下的机动车排放控制策略有效性的问题。

持续推进汽柴油的低硫化进程并改善非硫组分。同步加严油品质量标准，特别是降低油品硫含量，是当前油品管理工作的关键，确保按计划于 2017 年供应硫含量不超过 10 ppm 的车用汽柴油；未来还应关注车用油品非硫组分的质量改善：对于车用汽油，逐步降低烯烃和芳烃含量，并根据气候特点设计蒸气压，提高清净性，优化蒸馏特性；对于车用柴油，应适当提高十六烷值，提高清净性，确保润滑性，降低杂质含量；鼓励采用 ORVR 系统等更先进的技术手段实现蒸发排放的更严格控制；2020 年前实现道路机动车和非道路移动源的燃油质量全面接轨，全国范围内道路和非道路移动源供应统一品质的车用燃料。

（3）建立健全在用车排放监管体系，确保对庞大的在用车队的有效监管是今后机动车排放控制的重点

尽快建立新车型式核准、生产与销售一致性检查、在用符合性监管与在用车检测/维护（I/M）制度的全链条式管理体系，建立与排放相关的在用车召回制度，厘清在用车排放超标的责任归属。鼓励采用更先进的检测技术手段，建立常规检测（ASM、IG195、Lug-down）和实际道路检测（车载诊断、车载测试和遥感测试）并行的检测监管体系，努力探索利用物联网和大数据的智能交通技术建立完全实时动态的机动车排放控制决策平台，以强化实际道路在用车监管。探索建立

更高效的在用车维护保养制度，确保监管的高排放车可以得到及时的维护保养。

强化老旧车的淘汰更新，确保全国在 2017 年年底前全面淘汰黄标车，重点地区可对符合要求的重型黄标车开展治理（如加装 DPF），鼓励在用车合理的技术升级，但应强化技术准入监管和对改造车辆的排放监管。与此同时，结合经济激励和交通管理等手段建立常态化的在用车淘汰更新体系。探索建立环境交易平台、低排放区、高排放车区域限行/禁行等相结合的综合管控模式以限制老旧车的活动强度和鼓励老旧车的加快淘汰。对于用车强度较高的出租车队和公交车队，应强化其排放监管，并强制定期更换排放后处理装置。

（4）科学评估先进动力技术和替代燃料的减排效果，分步骤积极推广在公共车队和私家车队的应用

先进动力技术和替代燃料具有非常多样化的技术组合，需科学全面评估各种车用燃料、车辆动力技术和排放后处理装置的技术组合基于生命周期的节能减排潜力，在我国大力推广在节能减排上具有较大综合效益的技术组合。

基于各地区不同的能源资源禀赋和环境改善目标，鼓励天然气车、混合动力车、插电式混合动力车和纯电动车等先进技术以不同的比例在城市公共车队（公交车/出租车）和私家车队进行分步骤的有序推广，并在推广过程中及时对节能减排效果进行跟踪评估，重视电动车等新能源车推广过程中排放向上游发电等过程的转移，确保在生命周期全过程中对污染排放的总体控制，在其推广过程中发挥节能减排效益最大化的示范作用。

需重点关注同一燃料体系下不同的车辆技术节能减排效益的差异性。以天然气公交车为例，应首先鼓励采用等当量技术发动机/三元催化器的技术组合，可实现节能减排综合效益的最优化；采用稀薄燃烧技术的天然气公交车更加节能，但对 NO$_x$ 排放控制效果较差，在推广该项技术时应加装 SCR 控制技术，并确保在实际道路上保持较低的 NO$_x$ 排放水平。

（5）尽快启动非道路移动源的排放综合控制，力争 2025 年前实现重要非道路移动源与机动车排放控制水平相当

参照道路机动车排放控制思路，尽快启动非道路移动源的排放综合控制。持续加严新生产非道路柴油机排放标准，2015 年和 2020 年前后分别实施第三、第四阶段排放标准。逐步加严非道路柴油油品质量标准，力争 2020 年之前统一道路和非道路燃油质量标准；逐步推广非道路清洁能源替代技术（例如远洋货轮进出港采用低硫油、天然气或岸电）。力争在 2025 年前实现重要非道路移动源（例如工程机械）与机动车排放控制水平相当。

为满足不断严格的的非道路排放法规要求，应考虑采用机内控制（优化燃烧系统设计、高压共轨、增压中冷等）和后处理技术（EGR+DPF 技术和燃烧优化+

SCR 技术等）协同控制的思路。

　　充分借鉴道路机动车的成功经验，加严在用非道路移动源排放监管：对在用非道路柴油机实施环保标志管理，建立加速老旧机械淘汰、治理的激励政策，慎重进行在用非道路机械的治理改造，等等。

参 考 文 献

北京交通发展研究中心. 2013. 北京交通发展年报 2005～2013. [R].

北京市环境保护局, 北京市质量技术监督局. 2013. 重型汽车排气污染物排放限值及测量方法(车载法). DB 11/965—2013.

北京市环境保护局. 2014. 北京市 PM$_{2.5}$ 来源解析正式发布[N/OL]. http://www.bjepb.gov.cn/bjepb/323474/331443/331937/333896/396191/index.html. 2014-04-16.

北京市人民政府. 2010. 北京市小客车数量调控暂行规定[N/OL]. 新华网, http://www.bjjtgl.gov.cn/publish/portal0/tab63/info21956.htm. 2010-12-23.

北京市人民政府. 2013. 北京市清洁空气行动计划(2013—2017)[N/OL]. 北京日报, http://www.bj.xinhuanet.com/bjyw/2013-09/13/c_117351459.htm. 2013-9-2.

国家发展和改革委员会能源研究所课题组. 2009. 中国 2050 年低碳发展之路[M]. 北京: 科学出版社.

国务院. 2012. 节能与新能源汽车产业发展规划(2012—2020 年)[R].

国务院. 2014. 中国新型城镇化规划(2014—2020 年)[R].

科技部电动汽车重大项目管理办公室. 2011. "十城千辆"节能与新能源汽车示范推广试点工程——2010 年度工作总结报告[R].

清华大学中国车用能源研究中心. 2012. 中国车用能源展望 2012[M]. 北京: 科学出版社.

世界银行. 2013 数据, 机动车(每千人)[EB/OL]. http://data.worldbank.org.cn/indicator/IS.VEH.NVEH.P3.

新华网. 2015. 环保部: 机动车是北京、杭州、广州、深圳四城市首要大气污染来源 [N/OL]. http://news.xinhuanet.com/2015-04/01/c_1114839710.htm. 2015-04-01.

张少君. 2014. 中国典型城市机动车排放特征与控制策略研究: 博士学位论文 [D]. 北京: 清华大学.

中国工程机械工业协会. 2012. 中国工程机械工业年鉴 2012[M]. 北京: 机械工业出版社.

中国汽车技术研究中心. 2013. 摩托车工业年鉴[M].《摩托车技术》杂志社.

中华人民共和国国家统计局. 2011. 2011 中国统计年鉴[M]. 北京: 中国统计出版社.

中华人民共和国国家统计局. 2012. 2012 中国统计年鉴[M]. 北京: 中国统计出版社.

中华人民共和国国家统计局. 2013. 2013 中国统计年鉴[M]. 北京: 中国统计出版社.

中华人民共和国国家统计局. 2014. 2014 中国统计年鉴[M]. 北京: 中国统计出版社.

中华人民共和国环境保护部, 国家质量监督检验检疫总局. 2013. 轻型汽车污染物排放限值及测量方法(中国第五阶段). GB 18352.5—2013. 北京: 中国环境科学出版社.

中华人民共和国环境保护部. 2015. 道路机动车大气污染物排放清单编制技术指南(试行)[R].

Becker T A, Sidhu I, Tenderich B. 2009. Electric vehicles in the United States [R]. Center for

Entrepreneurship & Technology, University of California.

California Air Resource Bureau. On-Road Light-Duty Emissions Certification Requirements [EB/OL]. http://www.arb.ca.gov/msprog/onroad/cert/ldctp/ldctp.htm. 2014-8-14.

Carslaw D C, Beevers S D, Tate J E, et al. 2011. Recent evidence concerning higher NO$_x$ emissions from passenger cars and light duty vehicles [J]. Atmospheric Environment, 45(39): 7053-7063.

Element Energy. 2013. Pathways to high penetration of electric vehicles [R]. Cambridge.

European Environment Agency. 2014. European Union gap-filled inventory colour coded for data sources of the European Union emission inventory report 1990–2012 under the UNECE Convention on Long-range Transboundary Air Pollution (LRTAP)[R/OL]. http://www.eea.europa. eu/publications/lrtap-2014. 2014-6-30.

Fu M, Ding Y, Ge Y, et al. 2013. Real-world emissions of inland ships on the Grand Canal, China [J]. Atmospheric Environment, 81: 222-229.

International Energy Agency(IEA). 2010. Electric and plug-in hybrid vehicle roadmap [R]. Paris.

International Energy Agency(IEA). 2013. Global EV outlook: Understanding the electric vehicle landscape to 2020 [R]. Paris.

International Energy Agency(IEA). 2011. World Energy Outlook [R].

Ligterink N, Patuleia A, Koorneef. 2013. Current state and emission performance of CNG/LNG heavy-duty vehicles [R]. TNO report [TNO 2013 R10148].

U. S. Environmental Protection Agency. 2015. The 2011 National Emissions Inventory(version 2)[EB/OL]. http://www.epa.gov/ttn/chief/net/2011inventory.html. 2015-3-4.

Wang M, Huo H, Larry J, et al. 2006. Projection of Chinese motor vehicle growth, oil demand, and CO$_2$ emissions through 2050 [R]. No. ANL/ESD/06-6. ANL.

Wang R, Wu Y, Ke W, et al. 2015. Can propulsion and fuel diversity for the bus fleet achieve the win-win strategy of energy conservation and environmental protection? [J]. Applied Energy, 147: 92-103.

Wang Z S, Wu Y, Zhou Y, et al. 2014. Real-world emissions of gasoline passenger cars in Macao and their correlation with driving conditions [J]. International Journal of Environmental Science and Technology, 11(4): 1135-1146.

Weiss M, Bonnel P, Kühlwein J, et al. 2012. Will Euro 6 reduce the NO$_x$ emissions of new diesel cars?–Insights from on-road tests with Portable Emissions Measurement Systems(PEMS)[J]. Atmospheric Environment, 62: 657-665.

Wu Y, Wang R J, Zhou Y, et al. 2011. On-road vehicle emission control in Beijing: Past, present, and future [J]. Environmental Science & Technology, 45(1): 147-153.

Wu Y, Yang Z D, Lin B H, et al. 2012a. Energy consumption and CO$_2$ emission impacts of vehicle electrification in three developed regions of China [J]. Energy Policy, 48: 537-550.

Wu Y, Zhang S J, Li M L, et al. 2012b. The challenge to NO$_x$ emission control for heavy-duty diesel vehicles in China [J]. Atmospheric Chemistry and Physics, 12: 9365-9379.

Yang D Q, Kwan S H, Lu T, et al. 2007. An emission inventory of marine vessels in Shanghai in 2003[J]. Environmental Science & Technology, 41(15): 5183-5190.

Yang L H Z, Franco V, Campestrini A, et al. 2015. NO$_x$ control technologies for Euro 6 Diesel passenger cars [R]. The International Council on Clean Transportation.

Yang X F, Liu H, Cui H Y, et al. 2015. Vehicular volatile organic compounds losses due to refueling and diurnal process in China: 2010–2050 [J]. Journal of Environmental Sciences, 33: 88–96.

Yoon S, Collins J, Thiruvengadam A, et al. 2013. Criteria pollutant and greenhouse gas emissions from CNG transit buses equipped with three-way catalysts compared to lean-burn engines and oxidation catalyst technologies [J]. Journal of the Air & Waste Management Association, 63(8): 926-933.

Yue X, Wu Y, Hao J M, et al. 2015. Fuel quality management versus vehicle emission control in China, status quo and future perspectives [J]. Energy Policy, 79: 87-98.

Zhang S J, Wu Y, Liu H, et al. 2013. Historical evaluation of vehicle emission control in Guangzhou based on a multi-year emission inventory [J]. Atmospheric Environment, 76: 32-42.

Zhang S J, Wu Y, Wu X M, et al. 2014a. Historic and future trends of vehicle emissions in Beijing, 1998—2020: A policy assessment for the most stringent vehicle emission control program in China [J]. Atmospheric Environment, 89: 216-229.

Zhang S J, Wu Y, Liu H, et al. 2014b. Real-world fuel consumption and CO$_2$ emissions of urban public buses in Beijing [J]. Applied Energy, 114: 1645-1655.

Zhang S J, Wu Y, Hu J, et al. 2014c. Can Euro V heavy-duty diesel engines, diesel hybrid and alternative fuel technologies mitigate NO$_x$ emissions? New evidence from on-road tests of buses in China [J]. Applied Energy, 132: 118-126.

Zhang S J, Wu Y, Liu H, et al. 2014d. Real-world fuel consumption and CO$_2$(carbon dioxide)emissions by driving conditions for light-duty passenger vehicles in China [J]. Energy, 69, 247-257.

Zheng X, Wu Y, Jiang J, et al. 2015. Characteristics of on-road diesel vehicles: Black carbon emissions in Chinese cities based on portable emissions measurement [J]. Environmental Science & Technology, 49: 13492-13500.

Zhou Y, Wu Y, Yang L, et al. 2010. The impact of transportation control measures on emission reductions during the 2008 Olympic Games in Beijing, China [J]. Atmospheric Environment, 44(3): 285-293.

第 4 章 森林植被对 PM$_{2.5}$ 污染的影响及控制策略

课题组组长

尹伟伦　北京林业大学　　院士

课题组副组长

夏新莉　北京林业大学　　教授

课题组成员

郭惠红　北京林业大学　　副教授

刘　超　北京林业大学　　助理研究员

王襄平　北京林业大学　　教授

安海龙　北京林业大学　　博士研究生

石　婕　北京林业大学　　硕士研究生

刘庆倩　北京林业大学　　硕士研究生

曹学慧　北京林业大学　　硕士研究生

近年来伴随工业化及经济的快速增长，大气环境质量正承受着人类活动强烈的影响，尤其是空气中的可吸入颗粒污染物严重威胁到居民的生命安全；其中 PM$_{2.5}$ 颗粒物因其能够诱发呼吸系统疾病甚至死亡，已经成为国际社会和人民群众关注的焦点。

PM$_{2.5}$ 颗粒物直接危害着人类的身体健康，如何预防和治理 PM$_{2.5}$ 是研究的最终目的。一方面是从源头控制，加强工业节能减排，尽可能地减少能够产生 PM$_{2.5}$ 的污染物排放，一方面是寻求高效合理的方法消除空气中已经产生的 PM$_{2.5}$。由于 PM$_{2.5}$ 是伴随着各种人类活动而产生的，而这些人类活动又是必须进行的，要彻底从源头消除 PM$_{2.5}$ 是无法做到的，尤其是对于经济快速发展的中国来说更是不符合国情的。因此，除了从源头控制，减少大气污染以外，更重要的是如何消除已经产生的 PM$_{2.5}$。

森林是人类天然的空气净化器，植物作为改善环境的主体，净化大气成本低且不易造成二次污染，在阻滞吸收粉尘、改善空气质量方面起着主导作用。森林植被中树叶表面粗糙，或有绒毛或者能够分泌油脂或黏液的树种，能吸附吸收空气中的大量飘尘，还可以吸收大气中的有害气体，可以有效地降低 PM$_{2.5}$。

同时，森林植被会向环境中释放生物挥发性有机物（Biogenic Volatile Organic Compounds，BVOCs）。BVOCs 具有很强的还原性，某些学者认为其与大气中其他化学成分（如 OH、NO$_x$）反应，促进二次有机气溶胶和对流层臭氧的形成，从而改变空气对流层化学成分和全球碳循环，在一定程度上加剧了 PM$_{2.5}$ 污染。因此，深入研究植物 BVOCs 的释放特征和变化特点，可以为全球气候变化和大气环境质量预报提供科学的参考数据。

4.1　森林植被阻滞吸收 PM$_{2.5}$ 等颗粒物的作用表现

植物因其叶片或枝干可以阻滞吸收大气颗粒物而成为净化大气的重要过滤体。森林植被能够通过阻尘、减尘、降尘、滞尘、吸尘等作用减少 PM$_{2.5}$ 在大气中的含量并降低其对人体健康危害，其对于大气中 PM$_{2.5}$ 的作用具体表现为：

第一，森林可以改变空气流动路径以阻拦 PM$_{2.5}$ 进入局部区域（阻尘作用）。大面积的植被覆盖使局部风速降低，有助于较大颗粒的降落（贺勇等，2010）。植被通过林冠层荫蔽作用和植物体自身蒸腾作用，降低大气温度，调节局部小气候，营造利于 PM$_{2.5}$ 沉降的环境（王亚超，2007）。

第二，森林可通过覆盖裸露地表来减少 PM$_{2.5}$ 来源（减尘作用）。大面积的植被覆盖裸露地表来减少 PM$_{2.5}$ 来源，其次降低了人类生活环境的温度，减少降温制冷设备产生的污染物排放，有利于节能环保。此外，降低空气温度还能有效抑制化学反应活动，减少次级污染物的产生（Nowak et al.，2006）。

第三，大片的森林降低风速促进 $PM_{2.5}$ 颗粒沉降（降尘作用）。植被降低局部风速，同时气流穿梭于植被枝叶间，湍流作用增强，$PM_{2.5}$ 颗粒物与叶片、树皮等的接触可能增加，$PM_{2.5}$ 沉降速率增加（Matsuda et al.，2010）。经过雨水淋洗，蒙尘的叶片被洗刷干净，恢复吸附能力，可以重复利用（粟志峰和刘艳，2002）。

第四，森林植被叶面捕获并截留 $PM_{2.5}$（滞尘作用）。当气流推动 $PM_{2.5}$ 撞击到植被表面时，由于叶片、树皮等具有一定的粗糙度和湿度，能够使 $PM_{2.5}$ 镶嵌或黏在其表面（Freer-Smith et al.，1997，2004），从而达到捕获空气中一定数量的 $PM_{2.5}$，使其滞留在植物体表面的目的。另外，植物体表面也可能存在极少量的电荷，与大气中 $PM_{2.5}$ 所带电荷不同，在静电的作用下，吸附并滞留 $PM_{2.5}$，不过此种情况在自然环境中所占比例较为微小。

第五，森林植物表面可以吸收和转移部分 $PM_{2.5}$（吸尘作用）。空气中极其微小的颗粒物（$PM_{2.5}$、$PM_{1.0}$ 等）可以直接通过叶片气孔，被植物体吸收，贮存其间或参与循环（赵玉丽等，2005）。植物净化化学性大气污染的主要过程是持留和去除（陶雪琴等，2007），持留过程涉及植物截获、吸附和滞留等，去除过程包括植物吸收、降解、转化、同化和超同化等。

从微观上说，植物对于 $PM_{2.5}$ 及其携带污染物的吸收、过滤作用有两种主要途径：一种是 $PM_{2.5}$ 颗粒物或携带的污染物，透过植物角质层与表皮细胞，被植物吸收进入体内；另一种是通过植物气孔吸收，经过微管系统，进行运输和分布。对气态无机污染物而言，气孔渗透为主要路径；对疏水性极高的有机污染物，更多的是通过角质层渗透（姚超英，2007）。

通过上述森林植被的五大作用，森林能够减少 $PM_{2.5}$ 在大气中的含量并降低其对人体健康危害。因此，及时开展森林对 $PM_{2.5}$ 的调控功能的基础性研究，积极探寻利用森林减少 $PM_{2.5}$ 的调控技术与模式，对于改善当前大气环境和促进城市森林恢复和重建是一个刻不容缓的任务。

4.2　森林植被对 $PM_{2.5}$ 的调控证据

城市森林是城市生态系统的重要组成部分，能够产生明显的生态系统服务，既可以改善环境质量、生活质量，又有利于城市的可持续发展。近年来，采用模型模拟实验，可估计城市森林对空气污染物的清除效果及其价值。中国城市森林调节空气质量的研究（见表 4-1），表明城市森林可以有效去除 $PM_{2.5}$ 等空气污染物，提高城市空气质量（Jim and Chen，2009）。美国城市森林年总空气污染物清除量可达 71.1 万吨，折合经济价值达 38 亿美元（见表 4-2）。芝加哥城市森林对净化空气产生的经济价值高达 920 万美元（Jim et al.，2008）。

表 4-1　中国城市森林年总空气污染物清除量及经济效益

城市	城市森林面积或树木的数量		污染物年总清除量和折合经济效益			来源
			SO$_2$	颗粒物	NO$_2$	
兰州	2789 hm^2	清除量	0.171 t/（hm^2·a）	10.9 t/（hm^2·a）	NA	Zhang et al.，2006
		经济效益	0.28×10^6 元/a（重置成本）	0.91×10^6 元/a（边际成本）	NA	
北京	16577 hm^2	清除量	2192.41 t/a（组织中积累量）	1.518 t/（hm^2·a）（叶片上沉积量）	NA	冷平生等，2004
		经济效益	2.5×10^6 元/a（边际成本）	17.1×10^6 元/a（边际成本）	NA	
北京	2383000 棵	清除量	100.7 t/a（干沉降）	772.0 t/a（干沉降）	123.3 t/a（干沉降）	Yang et al.，2005
		经济效益	NA	NA	NA	
广州	7360 hm^2	清除量	42.62 t/a（干沉降）	166.68 t/a（干沉降）	40.93 t/a（干沉降）	Jim et al.，2008
		经济效益	25570 元/a（边际成本）	30840 元/a（边际成本）	24560 元/a（边际成本）	

重置成本：资产按照现在相同或者相似资产所需支付的现金或现金等价物的金额计量。

边际成本：每一单位新增生产的产品（或者购买的产品）带来的总成本的增量。

数据来源：Jim and Chen，2009。

表 4-2　美国城市 PM$_{2.5}$ 森林年清除量及经济效益

城市	总量（t/a）	范围（t/a）	价值（$/a）	影响[a]（m^2·a）		ΔC[b]（μg/m^3）	AQ[c]（%）
				（g）	（$）		
亚特兰大，佐治亚州	64.5	（8.5～140.4）	9170000	0.36	0.05	0.030	0.24
马里兰州，巴尔的摩	14.0	（1.8～29.5）	7780000	0.24	0.13	0.010	0.09
波士顿，马萨诸塞州	12.7	（2.0～35.6）	9360000	0.32	0.23	0.020	0.19
芝加哥，伊利诺伊州	27.7	（4.0～68.1）	25860000	0.26	0.24	0.011	0.09
洛杉矶，加利福尼亚州	32.2	（4.2～70.3）	23650000	0.13	0.09	0.009	0.07
明尼阿波里斯市，明尼苏达州	12.0	（1.6～28.2）	2610000	0.23	0.05	0.010	0.08
纽约，纽约州	37.4	（5.1～97.2）	60130000	0.24	0.38	0.010	0.09
费城，宾夕法尼亚州	12.3	（1.6～28.1）	9880000	0.17	0.14	0.009	0.08
旧金山，加利福尼亚州	5.5	（0.8～14.4）	4720000	0.29	0.25	0.006	0.05
雪城，纽约州	4.7	（0.6～10.8）	1100000	0.27	0.06	0.006	0.10

a. 每平方米树木覆盖一年的平均影响：清除的颗粒物重量及所产生的价值；

b. 每小时内浓度降低值的年平均值；

c. 空气质量提高的平均百分比。

数据来源：Nowak et al.，2006

森林植被对 PM$_{2.5}$ 等空气污染物的清除量与植被覆盖度有关。植被覆盖度越高，PM$_{2.5}$ 浓度越低。春、秋、冬季有乔木的绿地内空气 PM$_{2.5}$ 浓度较低，而在夏季，草坪内空气 PM$_{2.5}$ 浓度最低（吴志萍等，2008）。将 APS-3310 型激光空气动力学气溶胶粒子谱仪安装在飞机上，对中国西北沙漠地区上空的气溶胶进行探测，结果表明，植被覆盖度好的地点上空 PM$_{2.5}$ 小于沙漠地点上空的 PM$_{2.5}$（牛生杰和孙照渤，2005）。也有相关研究表明，公园内部 PM$_{2.5}$ 值明显低于道路上的 PM$_{2.5}$（任启文等，2006）。因此，适当地增加城市森林植被的数量有利于减少 PM$_{2.5}$ 等空气污染物。

以上研究都为植被对 PM$_{2.5}$ 具有调控作用提供了有利证据。

4.3 森林植被树木吸附、吸收 PM$_{2.5}$ 等颗粒物 及其前体物功能分析

森林植被作为改善环境的主体，通过阻尘、降尘、减尘、滞尘、吸尘等作用净化大气颗粒物污染，在阻滞吸收粉尘、改善空气质量方面起着主导作用。森林植被中树叶表面粗糙，或有绒毛或者能够分泌油脂或黏液的树种，能吸附吸收空气中的大量飘尘，还可以吸收大气中的有害气体，可以有效地降低 PM$_{2.5}$。

4.3.1 森林植被对大气颗粒物滞尘能力的分析

目前，植物对大气颗粒物的阻滞能力研究大多围绕滞尘量展开，即通过测定单位叶面积单位时间内滞留的颗粒物质量来进行计算。植物滞尘通常以滞留、附着和黏附等方式来进行，不同物种因其枝叶形态、特性的不同导致滞尘量有很大差异。

1. 滞尘成分

植物的叶面滞尘在一定程度上可以反映一个地区的环境质量，因而，滞尘的成分已越来越为环境工作者所关注。环境中粉尘含量的多少在一定程度上影响着植物叶片滞尘量的大小，在植物叶片滞尘能力达到极限之前，叶片的滞尘量随着环境中粉尘含量的增多而增大，具有一定的线性回归关系（刘霞等，2008）。一般地说，空气中尘埃越大，植物叶片滞尘量越高，成分越复杂。

植物滞留或吸附的尘埃主要是粉尘。利用扫描电镜-能谱分析仪（SEM-EDX）观测到的植物滞留的粉尘有 50% 是属于人类活动产生的细微颗粒（Tomasevic et al.，2005），再利用 X 射线衍射法观测到细颗粒物中，硫酸盐含量较高，主要是 Fe$_2$(SO$_4$)$_3$、K$_2$Fe(SO$_4$)$_2$、NH$_4$Fe(SO$_4$)$_2$、(NH$_4$)$_2$SO$_4$、(NH$_4$)$_3$H(SO$_4$)$_2$，其中 Fe$_2$(SO$_4$)$_3$

和 K$_2$Fe(SO$_4$)$_2$ 主要来自扬尘；而粗颗粒物多为 SiO$_2$、CaCO$_3$、CaMg（CO$_3$）$_2$、CaSO$_4$·2H$_2$O 等矿物（Lun et al.，2003）。滞尘成分与环境条件有关。对于同种植物，叶片离地面越近，叶面滞尘中沙石类物质含量越高；背公路面样品的无机盐含量高于朝公路面的。

由于受工业、交通和生活等污染源的共同作用，沉降在叶表面颗粒物中的重金属含量较高。不同功能区叶面尘中 Cu、Zn、Cr、Cd、Pb、Ni 有明显的富集，其中 Zn、Pb、Ni、Cr 的质量比以工业区最高，Cu、Cd 以交通枢纽区最高，其次为商业区，居住文教区和相对清洁区负荷最低（王会霞等，2012）。此外，大气中的多环芳烃可随干沉降的迁移，特别是通过叶面沉降向植物体内迁移（焦杏春等，2004）。

可见，植物通过滞尘作用，可以吸附大气中的颗粒物，吸收颗粒物中有毒有害物质，降低了这些物质与人的接触频率，起到净化空气的作用。

2. 植物滞尘作用机理

植物滞尘通常以滞留或停着、附着和黏附三种方式来进行，并且三种方式往往同时进行，但不同滞尘方式其作用机理存在差异。

（1）滞留或停着

不同树种进行滞尘的主要形式是滞留或停着，为有效滞尘提供了条件（Sharma and Roy，1997），但这种滞尘很容易被风刮起，尤其对于较为矮小的植物。城市道路绿化灌木叶片通过滞留作用沉降的颗粒物量受机动车尾气排放的影响较大（Prusty et al.，2005）。如果树冠茂密，则树冠内风速低，降尘颗粒的叶面滞留稍稳定，空气中携带的大颗粒降尘便下降。当含尘气流经过树冠时，一部分颗粒较大的灰尘被枝叶阻挡而降落，也可由于风力和其他外力的作用重返空气中，而另一部分滞留在枝叶表面（Sehmel，1980）。

（2）附着

这种滞尘效果比较稳定，不易被风刮起，主要是由植物叶片性能所决定的。植物叶片因其性能（如茸毛）可以截取和固定大气颗粒物，使颗粒物脱离大气环境（Freer-Smith et al.，1997）。通过电镜观察发现，叶表皮具沟状组织、密集纤毛的树种滞尘能力强，叶表皮具瘤状或疣状突起的树种滞尘能力差（柴一新等，2002）。云杉、冷杉等针叶树种由于其叶表面不光滑，同时叶片相对开展，具有较好的堆积灰尘的性态，因此滞尘能力较强；松科类的针叶树其叶片表面较光滑，叶片呈近圆柱状，难以使灰尘停留（陈玮等，2003）。

（3）黏附

一般认为，靠植物叶表面特殊的分泌物沾黏降尘的效果最为稳定。大叶黄杨叶片上表皮的滞尘颗粒物形态特征受清洗作用影响较大，简单清洗并不能去除大多数叶片滞尘颗粒物，PM$_{10}$ 颗粒物可以滞留在大叶黄杨叶片上；深度清洗仍不能彻底清除叶片表面颗粒物，更细小的粒子被固定在叶片表皮（王赞红和李纪标，2006）。但冲洗作用会导致颗粒物形态变化和颗粒物中可溶性成分溶解，这种作用是否对植物叶片黏附的机理产生影响尚有待于进一步研究。

3. 叶面特征对树种滞尘量的影响

现阶段对树木调控 PM$_{2.5}$ 等颗粒物种间差异的研究较少，但已有研究发现这种种间差异确实存在。植物滞尘能力的种间差异效果显著（王赞红和李纪标，2006；王会霞等，2010），说明合理的树种选择能够提高森林净化空气的效能。植物自身的形态学特征，如树冠结构、枝叶密度、叶表面特性等都会对 PM$_{2.5}$ 的沉降造成影响。

（1）阔叶乔木的叶面特征对滞尘量的影响

植物叶片滞留大气颗粒物的能力在叶片上表面、下表面间表现出差异：北京市 11 种阔叶园林植物主要通过叶片上表面滞留大气颗粒物，上表面滞留的大气颗粒物数量约为下表面的 5 倍（王蕾等，2006）。测试树种叶片上表面滞留 PM$_{2.5}$ 和 PM$_{10}$ 平均百分含量分别为 66.7% 和 98.3%，而下表面滞留 PM$_{2.5}$ 和 PM$_{10}$ 平均百分含量分别为 43.4% 和 92.9%（表 4-3），从而揭示植物叶面滞留的大气颗粒物主要是对人类健康危害严重的 PM$_{2.5}$ 和 PM$_{10}$，同时说明颗粒物附着密度较大的树种能够在降低大气 PM$_{2.5}$ 和 PM$_{10}$ 方面发挥重要作用。

对总颗粒物的滞留作用较大的阔叶乔木有（见表 4-3）：国槐、五叶爬山虎、胡桃、紫丁香、冬青卫矛。在城市绿化时，可优先选种这些树种。

表 4-3　11 种阔叶园林植物叶面滞留大气颗粒物粒径统计分析

种名	叶片上表面			叶片下表面		
	颗粒物总数	PM$_{2.5}$ 百分含量（%）	PM$_{10}$ 百分含量（%）	颗粒物总数	PM$_{2.5}$ 百分含量（%）	PM$_{10}$ 百分含量（%）
白蜡	93	72	97.8	35	68.6	100
紫丁香	146	74.7	7	100	42.9	100
毛白杨	103	66	99	11	18.2	90.9
胡桃	166	62.4	96.4	27	3.7	88.9
加拿大杨	92	62	95.7	80	50	97.5
旱柳	126	68.3	100	59	62.7	98.3
桃	137	80.3	100	46	65.2	100
国槐	259	51.4	99.6	10	50	80
臭椿	77	87	100	19	73.7	94.7
冬青卫矛	142	52.1	94.4	15	13.3	100
五叶爬山虎	191	57.1	98.4	7	28.6	71.4
平均	139	66.7	98.3	29	43.4	92.9

数据来源：王蕾等，2006

叶表面沟状组织可以增加叶表粗糙度而增强滞尘能力，沟壑通过粉尘颗粒粒径筛选并滞着粉尘，沟壑较窄的叶片适合滞着粒径较小的粉尘颗粒（贾彦等，2012）。叶片上表面滞留大气颗粒物能力由高到低的微形态结构依次是沟槽>叶脉+小室>小室>条状突起，并且结构越密集、深浅差别越大，越有利于滞留大气颗粒物（王蕾等，2006）。通过电镜观测，叶表布满沟状组织的杜鹃花、女贞树与叶表布满气孔且排列无序的桂花树滞尘能力较强，叶表密布极细浅沟状组织的红桎木与紫叶李滞尘能力较差（见表 4-4）。可见，通过沟状组织、气孔等结构滞尘的叶片，滞尘能力受外界环境影响较小，且波动较小，而通过叶表面和纤毛滞尘的叶片，滞尘能力受外界环境影响较大，且波动较大。

表 4-4　不同植物叶表结构特征

植物	叶表结构特征	滞尘效果
桂花树	叶表面较光滑，但密布无规则排列的气孔，气孔周围有脊状突起	
女贞树	叶表面具有蜡质表层，在 500 倍下可以观察到叶表面成鱼鳞状突起布满沟状组织	较强
杜鹃花	有纤毛，叶表面粗糙，布满瘤状突起和沟状组织	
樟树	叶表面光滑，无特别结构	
玉兰树	叶表面光滑，无纤毛	中等
红桎木	有纤毛，在 1000 倍下可以观察到叶表面错乱密布极细的浅沟状组织	
紫叶李	叶表无毛，在 2000 倍下观察到叶片表面密布着辐射状的极细的丝状浅沟组织	较弱

数据来源：贾彦等，2012

此外，易湿性叶片的滞尘能力较强，而具有特殊表面结构和疏水蜡质的叶片，不易润湿，滞留颗粒物能力较差（Barthlott et al.，1998）。滞尘量还与树叶接触角成显著负相关，与表面自由能及其色散分量显著正相关，而与极性分量相关关系不显著（王会霞等，2010）。

（2）常绿树种的叶面特征对滞尘量的影响

针叶树凭借其更小更密集的叶子、更复杂的枝茎和全年的有叶期，比阔叶树更能有效滞留空气中的颗粒物（王蕾等，2007）。由于常绿乔木的滞尘时间长于其他任何植物种类，其年滞尘量与滞尘能力占有比例呈上升趋势（冯朝阳等，2007）。

不同常绿树种之间，对于大气的滞尘能力也有显著的差异。柏类、杉类和松类植物三类北方常见常绿乔木树种的单位叶片滞尘能力对比，其滞尘能力大小为：柏类>杉类>松类（马辉等，2007）。圆柏、侧柏颗粒物附着密度最高，其次雪松和白皮松，油松和云杉最低。究其原因，圆柏、侧柏等柏类植物的鳞叶结构为其滞尘量做了重要贡献（王慧等，2011）。针叶树在东北的冬季有很强的滞尘作用，不同的针叶树滞尘能力排序为沙松冷杉>沙地云杉>红皮云杉>东北红豆杉>白皮松＞华山松＞油松（见表 4-5）。

表 4-5 不同针叶树种滞尘效益比较

植物名称	灰尘重量（g）	针叶干重（g）	滞尘量（g/kg）
沙地云杉	2.78	409.8	6.784
沙松冷杉	3.83	326.1	11.745
红皮云杉	2.04	342.06	5.964
东北红豆杉	1.89	371.93	5.082
油松	2.26	681.35	3.317
华山松	2.39	662.26	3.609
白皮松	1.62	419.43	3.862

数据来源：陈玮等，2003

总之，绿化植物个体间滞尘差异较大，引起这种差异的原因主要有三种（刘霞等，2008）：一是不同个体叶表面特性的差异，叶面多皱、表面粗糙、叶面多绒毛、分泌物多，具有以上结构者则滞尘能力强。尽管植物的枝干、树皮也具有一定的滞尘能力，在冬季树木落叶以后也能减少空气含尘量的 18%～20%。二是与树冠结构、枝叶密度、叶面倾角有一定关系。各种植物由于叶表面特性、树冠结构、枝叶密度和叶面倾角不同，对大气颗粒物的滞留能力存在很大差异（Beckett et al.，2000）。三是环境因素的影响，主要是污染程度、大风与降水等生态因素的影响。

4. 植被类型对树种滞尘量的影响

植物叶片因所处的垂直高度不同而导致所接收的灰尘粒径、数量不同，不同高度的叶片滞尘能力均表现为下部明显高于中部和上部。园林植物个体之间滞尘能力差异主要是由于叶表面特性，树体结构，枝叶密度等引起的，而单位面积滞尘量不同，主要取决于单位绿地面积上的绿量，以乔木为主的复层结构绿地能够最有效地增加单位绿地上的绿量，起到良好的滞尘效果。不同绿地的滞尘效应为：乔灌草复合型＞灌草型＞草坪＞裸地（郑少文等，2008）。因此乔木、灌木和草本植物的合理配植也是提高滞尘量的重要手段。

不同生活型植物的滞尘量取决于所构成植物的滞尘能力及其叶面积绿量，就年滞尘量来说，以乔木植物（主要是阔叶树）较大，可以说滞尘的主体；灌木植物次之；草本植物最小。但就单位叶面积来说，滞尘能力均以灌木＞乔木（王慧等，2011；郑蕾，2012），而且苏俊霞等（2006）经过试验得出不同生活型植物滞尘能力的顺序为：草本植物＞灌木植物＞乔木植物＞藤本植物。主要原因是它们的垂直高度不同，接受的灰尘量也不同；高大的乔木主要阻滞、过滤外界的降尘及飘尘；较密的灌草则能有效减少地面的扬尘。因此，选择滞尘能力强的植物，并以乔、灌、草不同生活型植物进行合理配置，是提高城市绿地滞尘效应的有效途径。落叶阔叶乔木中二球悬铃木、杨树、国槐叶片的滞尘潜力最大；常绿乔木中，侧柏是较好的滞尘树种；灌木植物以忍冬叶片的滞尘能力最强，其次为紫丁香及卫矛（见表 4-6）。这些树种可以合理配置种植，不仅可以美化环境，还可有效地滞留悬浮颗粒物。

表 4-6　不同植被类型树种滞尘能力比较

树种类型	树种名称	滞尘能力（g/m^2）	排序	树种类型	树种名称	滞尘能力（g/m^2）	排序
阔叶乔木	二球悬铃木	6.496	1	灌木	忍冬	7.085	1
	杨树	5.737	2		紫丁香	6.063	2
	国槐	4.792	3		卫矛	5.879	3
	刺槐	3.219	4		连翘	5.616	4
	龙爪槐	2.827	5		金叶女贞	3.855	5
	垂柳	2.522	6		大叶黄杨	3.538	6
	元宝枫	1.836	7				
常绿乔木	侧柏	7.569	1	草本		0.866	
	雪松	3.906	2				
	油松	3.613	3				

数据来源：王慧等，2011

　　植物群落结构对绿地滞尘产生巨大的影响。乔-灌-草型的绿地具有相对较好的滞尘作用，是目前较为理想的绿地类型。相比之下，结构单一、立体绿量较少的草坪滞尘率较低（刘学全等，2004）。在北京城区乔-灌型、灌-草型、乔-灌-草型和乔-草型绿地减少 PM$_{10}$ 的作用大于单一类型的绿地（孙淑萍等，2004）。在山西省晋中盆地的山西农业大学校园的 3 种绿地类型中，乔-灌-草型绿地滞尘能力最大，灌-草型绿地次之，单一草坪型绿地最小（郑少文等，2008）。在武钢厂区绿地景观类型空间结构及滞尘效应研究表明，多行复层绿带的滞尘效果最好；其次为防护林地，专类园和观赏草坪（周志翔等，2002）。主要原因是厂区职工休息、游憩之地，作用在于丰富绿地景观类型、提高景观观赏效果，因而植物由低矮的花灌木和草坪草组成，绿地结构较简单、绿量也相对较小，在滞尘效果上远不如防护林斑块和多行复层绿带。街道绿地应以稠密乔木型和乔木-灌木-花草型为首选，可减少颗粒物对空气质量的影响。从群落物种组成结构上看，乔木植物在滞尘作用上体现出主导地位（粟志峰和刘艳，2002）。因为高大的乔木可以大大降低绿地及周围的风速，为有效截留并吸收粉尘提供了有利的条件。另外，在北方地区，冬季除了极少量阔叶灌木以外，阔叶树大都已落叶，只有针叶树发挥其滞尘的功能。因此，在北方地区的冬季保证针叶树的种植比例非常必要。说明城市绿地滞尘量不仅与绿地绿量、植物叶片特性有关，更与绿地空间结构、树种比例密切相关。

同时，垂直绿化植物对改善城市人居空间的生态环境有着其他绿化植物所不能达到的作用。在城市绿地面积明显不足的情况下，垂直绿化将成为城市绿化发展的新方向。爬山虎、油麻藤、木香和紫藤四种垂直绿化植物在四川地区应用广泛，具有较好的滞尘效果，对促进垂直绿化的发展具有重要意义（刘光立和陈其兵，2004）。

5. 外界因素对植物滞尘的影响

除本身特性之外，植物的滞尘能力还受到多种外界因素的影响，包括环境颗粒物浓度，风速、温度和湿度等气象条件。环境大气颗粒物浓度影响着树木对空气中粒径小于 10 μm 的颗粒物的捕捉（Beckett et al., 2000）。此外，大气颗粒物的沉积速度随风速增大而上升，这可能是因为风速大时颗粒物有更大的动量去穿透叶边界层而不是绕过叶面（见表 4-7）。

表 4-7　树种和风速对颗粒物的沉积速度叶片捕获效率

	风速（m/s）	栎树	椴木	欧梣	悬铃木	北美黄杉
沉积速率（cm/s）	3	0.831（0.956）	0.125（0.057）	0.178（0.56）	0.042（0.027）	1.269（1.167）
	6	1.757（2.582）	0.173（0.055）	0.383（0.124）	0.197（0.123）	1.604（0.668）
	9	3.134（4.305）	0.798（0.424）	0.725（0.275）	0.344（0.94）	6.04（3.998）
捕获效率（%）	3	0.277（0.319）	0.042（0.019）	0.059（0.022）	0.014（0.009）	0.423（0.389）
	6	0.293（0.430）	0.029（0.009）	0.064（0.021）	0.033（0.021）	0.267（0.111）
	9	0.348（0.478）	0.089（0.047）	0.081（0.031）	0.038（0.10）	0.671（0.444）

数据来源：Freer-smith et al., 2004

植物阻滞颗粒物是一个阶段性的过程。植物叶片的滞尘量只在降雨之后的一定时间内有所增加，存在饱和容量（Liu et al., 2008），由此强调了对城市绿化植物定时清洗浇灌的重要性。气象条件对 PM₂.₅ 质量浓度的变化有较大影响，阴天 PM₂.₅ 质量浓度较高，长时间保持在 80～110 μg/m³ 之间，降雨天则使 PM₂.₅ 质量浓度明显降低，降幅约达 80%。主要原因是降雨过程会使 PM₂.₅ 中的主要易溶成分溶解，汇聚到地表（郭含文等，2013）。

此外，城市绿地率对 PM₂.₅ 质量浓度变化有较大影响，PM₂.₅ 质量浓度随绿地率增加而递减（见表 4-8）。同一树种在不同环境的滞尘能力表现出差异性（程政红等，2004）。即使距离街道不同位置，树种的滞尘量也不同。

表 4-8　不同绿地率对 PM$_{2.5}$ 质量浓度的影响

地点	绿地率（%）	PM$_{2.5}$ 质量浓度（μg/m^3）
北京林业大学校园	42.2	140
奥林匹克森林公园	79.3	62
鹫峰国家森林公园	96.2	48

数据来源：郭含文等，2013

6. 树木吸附吸收 PM$_{2.5}$ 的时空特征

（1）时间变化规律

太阳辐射是晴天 PM$_{2.5}$ 质量浓度发生日变化的主要因素。PM$_{2.5}$ 是一种气溶胶物质，此类颗粒物具有一定的重力作用，经过一个晚上的沉降作用，地面附近的 PM$_{2.5}$ 不断积累，日出前达到一天中的最大值。随着晴天太阳辐射的出现，地面温度升高，地面附近形成暖气团，中午太阳辐射达到一天中的最大值，地面附近的暖气团携带着 PM$_{2.5}$ 颗粒物一起上升；因此，中午 PM$_{2.5}$ 的质量浓度开始减小，下午经过一天的辐射、升温、上升，地面附近的 PM$_{2.5}$ 质量浓度不断减小，傍晚时达到一天的最小值（郭含文等，2013）。

城市绿地植物的滞尘量有一个限度，超过这个极限，滞尘效果就会下降，直至处于一个动态平衡（王赞红和李纪标，2006）。园林植被枝叶对粉尘的吸附作用均是暂时的，随着下一次降雨的到来，粉尘会被雨水冲洗掉，具有一定的"可塑性"。在晴朗、微风的情况下，15 天是大叶黄杨单叶片滞尘量达到饱和的最大时限，为保持叶片滞尘能力，在北方城市的秋冬季连续干燥无雨情况下，最多 15 天就需要对大叶黄杨叶片进行人工冲洗（王赞红等，2006）。1 天内植物叶片累计滞尘量与时间不呈线性相关关系，是一个复杂的动态过程（高金晖等，2007）。一天内植物叶片滞尘量分别在早上 8：00～10：00 和傍晚 16：00～18：00 相对较大（见表 4-9）。苏州地区植物的滞尘量与滞尘时间呈线性回归关系，两者显著正相关（姜红卫等，2006）。但进一步研究发现，由于苏州地区的年平均降雨日为 129 天，即平均 3 天中有 1 天下雨，正常情况下 3 周内必然会下雨；因此，一般植物叶片的滞尘量不会达到饱和。国外也有研究表明绿地植被枝叶对粉尘的截留和吸附受到时间的影响，但具体的时间变化规律则依不同树种、不同周围环境等条件而不同。

城市绿地滞尘作用与着叶季节长短等因素也有很大关系（Nowak et al.，2000），在不同季节城市绿地的滞尘能力有较大区别。在夏季，各种植物都处于旺盛生长阶段，几乎所有的城市绿地植物在这个时期滞尘能力是最强的（高金辉等，2007）。但森林植被叶片滞尘量的变异受不同季节外界自然因素的干扰变化较大，呈现出

表 4-9　道路两侧榆叶梅叶片一天内不同时段滞尘量及相关环境因子

测试时段	滞尘量（g/m^2）	空气温度（℃）	空气湿度（%）	车流量
6：00～8：00	0.4453	16.5	62.8	35
8：00～10：00	0.0884	20.8	45.5	20
10：00～12：00	0.2135	27.6	25.1	34
12：00～14：00	0.2144	26.3	24.3	29
14：00～16：00	0.0530	23.4	27.2	21
16：00～18：00	0.4223	17.7	42.9	36

注：车流量是指在一定的时间内，某条公路点上所通过的车辆数，用公式表示：车流量＝车辆总数／时间。

数据来源：张景等，2012

春季＞秋季＞夏季的趋势。此外，大气 PM$_{2.5}$ 中有机组分的年均值有非烃＞沥青质＞芳烃＞饱和烃的变化规律，而污染源的季节性排放是造成有机物组分季节变化的主要原因（董雪玲等，2009）。另外，植物生长的阶段对植物的滞尘能力也产生较大影响。银中杨的大树和幼树的单位叶面积滞尘量存在差异，由于苗期叶片相对较大，粗糙，特别是背面多毛，因此滞尘量较大；而大树的叶片小叶居多，且较光滑，单位滞尘量相对减少（董希文等，2005）。

（2）空间变化规律

在封闭式和开敞式两种不同环境条件下，对单位叶面积的滞尘量进行了系统分析可以发现，同种植物在封闭式环境条件下叶片滞尘量明显低于开敞式环境条件下的滞尘量，在不同高度叶片滞尘量封闭式环境没有明显差异，开敞式环境差异显著且低处叶片的滞尘作用最大（高金晖，2007）。在不同空气污染程度区，植物的滞尘量不同。同种树木均以重度污染区的滞尘量最大，轻度污染区的滞尘量最小（程政红等，2004）。广东省惠州市不同功能区的 4 种主要绿化乔木（大叶榕、小叶榕、高山榕、紫荆），其滞尘总量排序为：工业区＞商业交通区＞居住区＞清洁区（邱媛等，2008）。大气 PM$_{2.5}$ 中有机污染也表现出工业区＞居民区的变化趋势。

即使在同一区域范围内，在不同位置的同种植物滞尘能力也表现出差异：机动车道与自行车道分车带＞自行车与人行道分隔带＞公园内同株树面对街道面＞公园内同株树背离街道面，说明不同路段机动车尾气排放量不同，滞尘效应也就有了较大差异（陈玮等，2003）。

由于叶片受外界环境干扰，植物叶片单位面积滞尘量的变异系数较大，即使在同一环境中，植物的不同部位叶片的单位滞尘量也存在较大差异。植物叶面的滞尘与粉尘脱落同时存在，并且在开放式环境条件下车辆行人繁多，造成路面较大程度的二次扬尘，因此同株植物叶片"低"位的滞尘量明显高于"高"位和"中"位（高金晖等，2007）。

4.3.2　森林植被对 PM$_{2.5}$ 前体物 SO$_2$、NO$_x$、HF 等吸收能力

PM$_{2.5}$ 的组成部分中 SO$_4^{2-}$、NO$_3^-$、NH$_4^+$、Cl$^-$是主要的水溶性离子，其中酸性阴离子居多，这些带负电的水溶性颗粒易与蛋白质等生物大分子发生电位作用，导致生物膜损伤、细胞 pH 值变化和 DNA 损伤等。其相应的气态前体物质 SO$_2$、NO$_x$、HF 等不仅决定了水溶性离子的质量浓度，更可直接通过气孔进入植物叶片造成危害。

依据森林植物对有毒有害污染物的反应程度，可将植物分为敏感型、抵抗型、吸附型三种。因此，可以利用敏感型植物监测空气污染；抵抗型植物可用于污染相对严重的地域；用吸附型植物来治理环境污染、改善环境状况。吸附型植物可以吸收环境中的有害物质，减少有毒有害物质浓度。

1. 不同树种对 SO$_2$ 吸收能力的研究

随着工业发展，城市中 SO$_2$ 的浓度远高于郊区和农村地区，是城市中主要污染物之一，对人体健康以及动植物生长危害也比较严重。大气中 SO$_2$ 主要通过叶片进入植物体内，同时枝条的皮孔亦可吸收少量 SO$_2$，其吸收能力与植物组织细胞液的 pH 值有关。

不同树种对 SO$_2$ 的吸收能力不同。应用人工熏气箱法，我国北方主要经济树种对 SO$_2$ 的抗性以银杏为最强，与白蜡树相当，其次为海棠果和杜梨，桃树的抗性最差，与樱花相似，而针叶树的抗性明显要低于阔叶树（李德生等，2007）。比较徐州市污染区和相对清洁区 13 种树种叶片中的含硫量，发现在同一污染条件下，各树种对 SO$_2$ 的吸收积累能力普遍存在极显著差异，女贞对大气 SO$_2$ 具有很强的积累能力，意大利杨、法国梧桐和雪松对大气 SO$_2$ 具有很强的吸收积累的潜在能力，针叶树种对 SO$_2$ 的吸收积累能力普遍弱于阔叶树种（胡舒等，2012）。

一般代谢强度大、生长速度快的树种吸硫量较大。对 SO$_2$ 吸收量高的树种有：加杨、花曲柳、臭椿、刺槐、卫矛、丁香、旱柳、枣树、玫瑰、水曲柳、新疆杨、水榆（见表 4-10）。这些树种可为城市选择吸收二氧化硫的绿化树木提供参考。

2. 不同树种对 NO$_x$ 吸收能力的研究

NO$_x$ 是另一重要大气污染物。据报道，北京、广州等地区存在着严重的光化学烟雾污染，这些地区的大气污染已逐渐变为煤烟型和光化学烟雾型的综合污染特征（白建辉等，1999）。控制光化学污染的有效途径是降低 NO$_x$ 排放，此外城市森林植被对 NO$_x$ 吸收的作用也应予以重视。

表 4-10　主要绿化树种的吸硫量（mg/g，DW）

树种	吸硫量	等级	树种	吸硫量	等级
加杨	2.35	I	稠李	0.95	II
新疆杨	2.18	I	白桦	0.91	II
水榆	2.03	I	皂角	0.85	II
卫矛	1.85	I	沙松	0.84	II
玫瑰	1.46	I	枫杨	0.83	II
水曲柳	1.27	I	赤杨	0.81	II
雪柳	1.23	I	山梨	0.78	II
臭椿	1.18	I	暴马丁香	0.71	II
紫丁香	1.18	I	元宝槭	0.53	II
山楂	1.15	I	连翘	0.56	II
旱柳	1.12	I	樟子松	0.47	III
花曲柳	1.12	I	白皮松	0.33	III
刺槐	1.07	I	茶条槭	0.31	III
枣树	1.00	I	银杏	—	

注：I 类吸硫量高的树种（吸硫量>1.0）；II 类吸硫量中等的树种（吸硫量 0.5~1.0）；III 类吸硫低量的树种（吸硫量<0.5）；DW：叶片干重，下同。

数据来源：鲁敏和李英杰，2002

　　不同树种对 NO_x 的吸收和抗性能力存在差异。Morikawa 等（1998）研究了 217 种天然植物吸收同化 NO_2 的情况，结果发现不同植物同化能力的差异达 600 倍，有 9 种植物同化 NO_2 中氮的指数超过了 10%，其中茄科和杨柳科中的植物具有较高的同化 NO_2 能力，NO_2 中的氮在这些植物的新陈代谢过程中起着重要的作用。Takahashi 等（2005）对 70 个城区道路两旁树种对 0.1 μL/L NO_2 吸收同化能力的研究结果表明，各树种吸收同化能力差异最高达 122 倍。

　　我国北方主要经济树种对 NO_2 的抗性以银杏为最强，与悬铃木相似，其次为杜梨、柿树，无花果和杏树最差，针叶树的抗性较强（李德生等，2007）。此外，亚热带绿化树种中乌桕对 NO_2 吸收较高，乔木树种的全氮含量比灌木树种的含量高，落叶树种的各净化指标平均值比常绿树种的高（宋绪忠等，2012）。在 NO_2 质量浓度（0.149 mg/m³ 和 0.428 mg/m³）环境下，黄槐、黄葛榕、红花银桦、红千层、麻楝、复羽叶栾树、大花紫薇和小叶榄仁吸收净化 NO_2 能力为较强或强，而深山含笑、五月茶、芒果、海南红豆、糖胶树和桂花叶片对 NO_2 吸收能力表现为较弱或弱（潘文等，2012）。缪宇明等（2008）采用人工熏气法，以系统聚类分析方法为依据，将常见的 38 种树种对 NO_2 抗性及吸收能力划分为强性、较强性、中等、较弱及弱等 5 个等级。结果显示，38 种植物对 NO_2 的吸收能力差异显著，吸收能力最弱的为深山含笑，最强为火棘（见表 4-11）。

表 4-11　浙江省 38 种园林绿化植物对 NO$_2$ 气体的吸收能力等级

植物名称	等级	植物名称	等级	植物名称	等级
深山含笑	弱	野含笑	较弱	红花木	中等
乳源木莲	弱	苦槠	较弱	红翅槭	中等
珊瑚朴	弱	侧柏	较弱	乐昌含笑	中等
云杉白兰	弱	天竺桂	较弱	无患子	中等
湿地松	弱	茶花	较弱	槐树	较强
黑壳楠	弱	峨眉含笑	较弱	常春藤	较强
美人蕉	弱	交让木	较弱	米老排	较强
华棕	弱	台湾相思	较弱	楝木	较强
金叶含笑	弱	水栀子	较弱	麦冬	较强
樟树	弱	红花木莲	较弱	红叶小檗	较强
木荷	弱	瓜子黄杨	较弱	火棘	强
披针叶茴香	弱	乐东拟单木兰	中等		
狭叶四照花	弱	美国枫香	中等		

数据来源：缪宇明等，2008

　　因此在选择吸收 NO$_2$ 能力较强的树种时，银杏、悬铃木、乌桕、火棘等可作为首选树种，其次，黄槐、黄葛榕、红花银桦、红千层、麻楝、复羽叶栾树、大花紫薇和小叶榄仁等也可作为参考树种。茄科和杨柳科的树种可优先考虑。对吸收 NO$_2$ 的整体水平上，乔木优于灌木，落叶树种优于常绿树种。

　　3. 不同树种对 HF 吸收能力的研究

　　研究表明，园林绿化植物对氟化氢（HF）气体的吸收能力差异非常显著，部分植物具有十分惊人的吸收能力。大叶榉的绝对吸收能力最强，达 13.66 g/kg，是最小吸收能力植物湿地松（117.06 mg/kg）的 116.65 倍，落叶植物中吸收能力中等的所占比例最大，为 37.5%。常绿植物则由弱到强吸收能力等级呈现出逐渐递减趋势（陈卓梅等，2008）。

　　相关研究会通过测定污染较严重的工业区内主要绿化树种叶片内的大气污染物含量，来反映大气污染的水平和植物对大气污染的修复吸滞能力。一般耐盐碱植物吸氟量较高。吸氟量高的树种有：枣树、榆树、臭椿、山杏、白桦、桑树等（见表 4-12）。鲁敏等（2010）的研究中还发现，毛白杨、枫杨、皂角、卫矛、沙枣等树种的吸氟能力也较强。因此，这些树种可为当地合理选择和配置绿化树种提供参考。

表 4-12　　主要绿化树种的吸氟量（mg/g，DW）

树种	吸氟量	等级	树种	吸氟量	等级
枣树	1.38	I	白皮松	0.31	II
榆树	0.71	I	雪柳	0.29	II
臭椿	0.29	I	落叶松	0.26	II
山杏	0.60	I	紫椴	0.26	II
白桦	0.58	I	侧柏	0.20	II
桑树	0.48	I	红松	0.19	II
沙松冷杉	0.42	II	京桃	0.19	II
毛樱桃	0.42	II	桧柏	0.19	II
紫丁香	0.38	II	新疆杨	0.18	II
元宝槭	0.36	II	加杨	0.15	II
卫矛	0.35	II	刺槐	0.14	III
皂角	0.33	II	银杏	0.13	III
茶条槭	0.33	II	稠李	0.12	III
华山松	0.32	II	暴马丁香	0.11	III
旱柳	0.31	II	樟子松	0.11	III
云杉	0.31	II	油松	0.03	III

注：Ⅰ类吸氟量高树种（吸氟量>0.45）；Ⅱ类吸氟量中等树种（吸氟量 0.15～0.45）；Ⅲ类吸氟量低树种（吸氟量<0.15）。

数据来源：鲁敏和李英杰，2002

此外，亚热带园林绿化植物中竹节树、傅园榕等植物对 HF 具有较高的吸收净化能力（张德强等，2003）。因此，在环境污染区尤其是陶瓷工业区选择对 HF 抗性强和吸收净化能力强的耐盐碱植物。

4. 不同树种对 Cl$_2$ 吸收能力的研究

绿化树种对大气氯污染物具有吸收净化能力。这种能力的大小因树木种类不同而具明显差异，这种差异有时可达数倍之多，且耐盐碱植物吸氯量一般较高。

植物除能通过根部吸收土壤中的氯盐外，也能通过叶片吸收大气中的氯（Cl$_2$）污染物，通过叶片上的气孔进入植物体内的氯，大部分积累在叶片中，植物叶片氯的积累量与大气中氯的浓度成正相关，所以借助于叶片的化学分析测得的叶片含氯量既可反映大气氯污染的水平又可反映植物对大气氯污染的吸收净化量。

从表 4-13 可以看出，吸氯量高的树种有：京桃、山杏、糖槭、家榆、紫椴、暴马丁香、山梨、水榆、山楂、白桦等树种。这些树种可为城市选择吸氯树种提供参考。

表 4-13　主要绿化树种的吸氯量（mg/g，DW）

树种	吸氯量	等级	树种	吸氯量	等级
紫椴	5.33	I	落叶松	0.81	II
卫矛	4.06	I	皂角	0.75	II
京桃	3.57	I	赤杨	0.6	III
暴马丁香	3.11	I	桧柏	0.57	III
山梨	2.96	I	黄菠萝	0.56	III
水榆	2.07	I	紫丁香	0.51	III
山楂	1.84	I	茶条槭	0.48	III
山杏	1.71	I	油松	0.47	III
白桦	1.68	I	稠李	0.41	III
榆树	1.63	I	银杏	0.4	III
糖槭	1.6	I	沙松	0.31	III
花曲柳	1.38	II	垂柳	0.26	III
连翘	1.29	II	日本赤松	0.23	III
糠椴	1.2	II	水曲柳	0.19	III
枣树	1.08	II	云杉	0.18	III
枫杨	1.04	II	辽东栎	0.17	III
文冠果	0.87	II	麻栎	0.12	III
桂香柳	0.83	II			

注：I 类吸氯量高树种（吸氯量>1.5）；II 类吸氯量中等树种（吸氯量 0.75～1.5）；III类吸氯量低树种（吸氯量<0.75）。

数据来源：鲁敏和李英杰，2002

5. 不同树种对 NO$_2$、SO$_2$ 和 HF 吸收差异性

绿化树种对大气污染物（SO$_2$、NO$_2$、HF）具有一定的吸收净化能力，并依污染物和树种的不同具有明显差异，各树种对污染物的吸收具有明显的选择性（鲁敏和李英杰，2002；2010）。

植物对于 SO$_2$、NO$_2$ 和 HF 的吸附与吸收主要发生在地上部分的表面及叶片的气孔，在很大程度上，吸附是一种物理性过程，其与植物表面的结构如叶片形态、粗糙程度、叶片着生角度和表面的分泌物有关（骆永明等，2002）。叶片有蜡质、革质或叶面密生绒毛的树种使污染气体不能畅通地进入叶内，对植物吸收净化效果产生较大的影响。在不同质量浓度 SO$_2$ 环境下，罗汉松科的竹柏和罗汉松、木兰科的深山含笑、乳源木莲、乐昌含笑和观光木、樟科的阴香和樟树对 SO$_2$ 吸收净化能力较弱或弱，这主要是由于罗汉松科、樟科和木兰科植物叶片多为革质，SO$_2$ 气体不能畅通地进入叶内，对叶片吸收净化效果产生较大的影响；而罗汉松科的竹柏和罗汉松、木兰科的深山含笑、乳源木莲、乐昌含笑和观光木、樟科的

阴香和樟树对 NO$_2$ 吸收净化能力表现中等或较弱和弱，这有可能是植物利用 NO$_2$，使之参与代谢，并以有机物的形式将氮储存在氨基酸和蛋白质中（缪宇明等，2008）。

另外，树木的吸污量即对污染的修复能力大小并不是固定不变的，它可能与生长地区、立地条件、生态因子有一定关系，也就是说取决于地形、气候和植物间的交互作用。因此，在不同区域、不同程度的污染区进行环境污染治理以及城市绿化时，需要考虑地区污染物特征，以及树种对污染物的吸收和修复能力差异以此作为当地合理选择和配置绿化树种的依据。

4.3.3 森林植被对 PM$_{2.5}$ 中水溶性无机成分的吸收分析

将 PM$_{2.5}$ 的来源从形成方式可以分为一次粒子和二次粒子。一次粒子即一次颗粒物是指由排放源直接以固态或液态形式排出的粒子，或者是在高温状态下以气态形式排出，随后在稀释和冷却过程中凝结成固态的一次可凝结粒子。一次粒子通常会在环境中保持其被排出时的物理、化学性状。而二次粒子即二次颗粒物是指由排放源排出的气态前体污染物如 SO$_2$、NO$_x$、有机气体在环境中通过化学反应或者物理过程而转化成的固体或液体颗粒物，其物理化学性质与其前体污染物完全不同。不同地区的 PM$_{2.5}$ 其来源有不同的特征，这是因为地域和季节的不同导致燃料组成结构、环境条件和大气氧化性等二次反应条件均有所不同。研究表明，在北京 PM$_{2.5}$ 中水溶性化学成分占 50%左右，NH$_4^+$、NO$_3^-$ 和 SO$_4^{2-}$ 是 PM$_{2.5}$ 中最主要的 3 种水溶性无机离子，三者浓度之和占 PM$_{2.5}$ 中总水溶性无机离子浓度的 80%以上（张凯等，2007；邓利群等，2011）。

研究表明，PM$_{2.5}$ 中亲水性较强的 NH$_4^+$、NO$_3^-$ 和 SO$_4^{2-}$ 对散射系数影响较大，是 PM$_{2.5}$ 中影响能见度的主要因子（陶俊等，2010）。PM$_{2.5}$ 中的水溶性无机离子浓度过高也会对人体健康如肺功能产生直接影响（Morrow et al.，1994）。

1. 树木对 PM$_{2.5}$ 中 NO$_3^-$ 和 NH$_4^+$ 的吸收

PM$_{2.5}$ 中的 NO$_3^-$ 主要由气态前体物氮氧化物转化而成，在白天光照和存在·OH 的情况下，NO$_2$ 可以发生氧化反应生成气态 HNO$_3$，当环境中 NH$_3$ 大量存在的情况下气态 HNO$_3$ 会与 NH$_3$ 生成硝酸铵，而在夜晚无光照的情况下，上述途径被抑制。NO$_2$ 也可以通过一系列更复杂的反应生成 HNO$_3$，反应是通过 NO$_2$ 和 O$_3$ 发生反应生成 NO$_3^-$ 和 N$_2$O$_5$，进而在颗粒物表面通过水合生成硝酸盐（Pathak et al.，2009）。

NH$_4^+$ 同样是城市大气二次污染的标志性产物，NH$_4^+$ 主要来源于农业、畜牧业、养殖业和工业等大量排放的 NH$_3$，而 NH$_3$ 是大气中能够中和酸性气体的唯一的碱性气体，它与酸性物质 H$_2$SO$_4$、HNO$_3$、HCl 等结合生成铵盐。气态 NH$_3$ 与气态 HNO$_3$ 发生反应生成 NH$_4$NO$_3$，气态 NH$_3$ 与 H$_2$SO$_4$ 发生反应生成 NH$_4$HSO$_4$ 溶液和(NH$_4$)$_2$SO$_4$ 溶液。因此，NH$_3$ 对 PM$_{2.5}$ 中硫酸盐和硝酸盐的生成起着重要作用。

植物吸收 NH$_4^+$后，即可直接利用它去合成氨基酸，植物吸收的 NO$_3^-$必须经代谢性还原才能被利用，因为 NO$_3^-$的氮为高度氧化状态，而蛋白质中的氮呈高度还原状态。植物体内的 NO$_3^-$首先在硝酸还原酶和亚硝酸还原酶的作用下还原成 NH$_4^+$，NH$_4^+$立即被植物同化。NH$_4^+$的同化包括 NH$_4^+$与谷氨酸合成谷氨酰胺，α-酮戊二酸与谷氨酰胺或 NH$_4^+$作用形成谷氨酸，这些化合物进一步进行氨基交换作用，就形成其他氨基酸或酰胺（见图 4-1）。

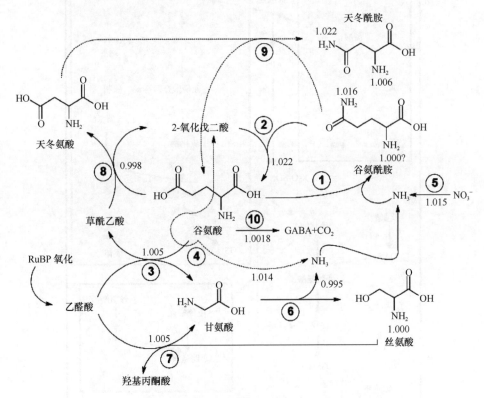

图 4-1　植物体内 NO$_3^-$和 NH$_4^+$的代谢和同化过程

数据来源：Tcherkez，2011

①谷氨酰胺合成酶（GS）；②谷氨酰胺-α-酮戊二酸转氨酶（GOGAT）；③谷氨酸-乙醛酸转氨酶（GGAT）；④谷氨酸脱氢酶（GDH）；⑤硝酸还原酶（NR）；⑥甘氨酸脱羧酶（GDC）；⑦丝氨酸-乙醛酸转氨酶（SGAT）；⑧天冬氨酸转氨酶（ASP-AT）；⑨天冬酰胺合成酶（ASNS）；⑩谷氨酸脱羧酶（GAD）。GABA：γ-氨基丁酸；RuBP：核酮糖二磷酸

2. 树木对 PM$_{2.5}$ 中 SO$_4^{2-}$ 的吸收

PM$_{2.5}$ 中的硫酸盐很少来自一次排放，其生成机制分为气相二次反应和液相氧化。气相反应主要是 SO$_2$ 与羟基自由基（·OH）的氧化反应，以及由 SO$_2$ 和 H$_2$O$_2$、O$_3$ 或 O$_2$ 在液相中发生的反应。液相反应通常需要 Fe 和 Mn 的催化。

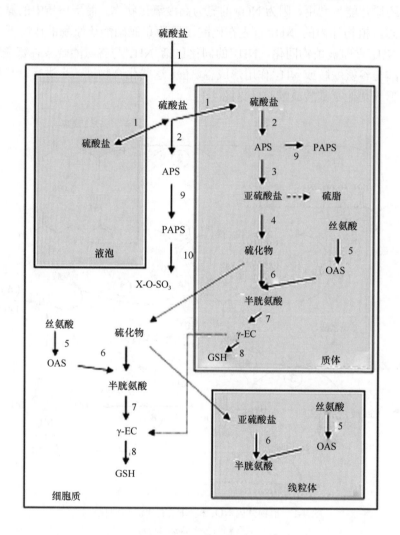

图 4-2　植物体内的 SO$_4^{2-}$代谢示意图

数据来源：Marschner，2011

1. SO$_4^{2-}$ 载体；2. ATP 硫酸化酶；3. APS 还原酶；4. 亚硫酸盐还原酶；5. 丝氨酸乙酰转移酶；6. 乙酰丝氨酸硫酸化酶；7. γ-谷氨酰半胱氨酸合成酶；8. 谷氨酰胺合成酶（GS）；9. APS 激酶；10. 硫酸盐转移酶

SO$_4^{2-}$ 既可以在植物根部同化，也可以在植物地上部分同化，SO$_4^{2-}$ 非常稳定，在与其他物质作用之前，必须先进行活化。SO$_4^{2-}$ 要经过几步还原过程才能在植物体内同化形成含硫氨基酸。植物对 SO$_4^{2-}$ 的还原反应主要包括三个步骤，即活化 SO$_4^{2-}$，将 SO$_4^{2-}$ 还原为 S^{2-}，及将 S^{2-} 合成半胱氨酸。半胱氨酸会进一步合成胱氨酸等含硫氨基酸（见图 4-2）。具体反应为：在 ATP 硫酸化酶催化下，SO$_4^{2-}$ 和 ATP 反应产生腺苷酰硫酸（ASP），ASP 还原酶从还原态谷胱甘肽（GSH）转移 2 个电子，产生亚硫酸盐（SO$_3^{2-}$）和氧化态谷胱甘肽（GSSG），然后在亚硫酸盐还原酶的作用下，SO$_3^{2-}$ 转化为 S^{2-}。S^{2-} 合成半胱氨酸的过程中将进行两步，首先丝氨酸在丝氨酸乙酰转移酶的催化下与乙酰 CoA 反应形成乙酰丝氨酸（OAS）和 CoA。其次，OAS 再在乙酰丝氨酸硫酸化酶催化下，与 S^{2-} 反应形成半胱氨酸（Cys）和乙酸（Ac）。

PM$_{2.5}$ 中水溶性无机组分除常见的硝酸盐、铵盐及硫酸盐外，还包括有 K$^+$、Na$^+$、Cl$^-$、Mg^{2+}、Ca^{2+} 等无机离子组分。这些离子组分相对于硝酸盐、铵盐和硫酸盐来说含量较低，并且不同地区的这些水溶性离子可以来自于不同的源。K$^+$ 的主要来源是焚烧炉或生物质燃烧，所以 K$^+$ 可以作为生物质燃烧来源的指示元素。Na$^+$ 主要来自于海盐，而 Mg^{2+}、Ca^{2+} 等元素主要来自于土壤。

4.3.4　森林植被对 PM$_{2.5}$ 中重金属离子的吸收研究

植物叶片中的重金属主要来自于土壤，但大气污染物的直接沉降也是重要的来源（郁建桥等，2008）。植物对 PM$_{2.5}$ 中重金属的吸收净化能力依金属元素和树种的不同具有明显差异。例如雪松叶片吸滞铅的量（0.38 mg/kg）远远高于海桐叶片吸滞铅的量（0.38 mg/kg），这是因为雪松的叶片为细小鳞片状，表面被有较厚的腊质和松脂等油性分泌物，对大气中含铅和锌的颗粒物具有很强的吸附能力。但海桐叶片吸收锌的能力却很强，达到 26.53 mg/kg（闫小红等，2009）。同一树种的叶片对于不同种类的金属元素的吸滞能力不同。枫杨叶片吸附铅的量为 2.35 mg/kg，吸附锌的量为 7.85 mg/kg，对锌的吸附量较大，而银杏吸附铅的量为 2.3 mg/kg，吸附锌的量为 1.05 mg/kg，对铅的吸附量较大（梁淑英等，2008）。木麻黄对不同重金属的吸收能力不同，从高到低为 Zn>Cr>Pb>Cu>Cd（靳明华等，2014）。相关研究统计，吸铅量高的树种有：桑树、黄金树、榆树、旱树、梓树、七叶树、紫叶矮樱、红叶臭椿、扶芳藤、北海道黄杨、爬墙虎、五叶地锦、爬行卫矛等；吸镉量高的树种有：美青杨、桑树、旱树、榆树、梓树、刺槐、北海道黄杨、爬墙虎、扶芳藤、红叶臭椿、七叶树、五叶地锦、爬行卫矛等（鲁敏和李英杰，2003；王翠香等，2007；王爱霞等，2009）。

植物叶片能够吸收积累铅、镉等重金属气溶胶，从而起到对大气污染的净化作用（Uzu et al.，2010）。植物对金属离子的吸收包括两个过程：起初的快速且可逆的结合过程，即生物吸附，和后来缓慢不可逆的离子积累过程，即生物积累。以铅为研究对象对几种植物叶片表面来自大气颗粒物沉降的金属转移机制进行了研究，结果表明铅富集在叶片表面形成碳酸铅和有机铅等化合物，通过角质层或由气孔进入叶片是植物叶片吸收铅的两种主要途径（Schreck et al.，2012）。铅从大气环境向植物叶片内部的迁移与叶表面形貌及其内部结构均存在密切关系。植物叶表皮的角质层小孔、气孔器（由保卫细胞围合而成，两个保卫细胞之间的裂生胞间隙称为气孔和排水器（是植物将体内过多的水分排出体外的结构，由水孔和通水组织构成）是大气铅颗粒物进入植物叶片的主要通道，但通过气孔进入叶片的效率更高（Uzu et al.，2010）。利用微 X 射线荧光光谱分析技术、扫描电镜-能量色散 X 射线微分析技术及拉曼微光谱分析技术，研究者证实生菜叶片张开的气孔内存在纳米级的含铅颗粒，其中某些活性高、易氧化和风化的含铅颗粒物如 PbS 等最终会以亲水或亲脂的方式通过叶片角质层的水孔和气孔，并转化为 PbO、PbSO$_4$ 或 PbCO$_3$ 等形态储存在叶片内部（Uzu et al.，2010）。

重金属离子进入植物细胞的过程主要有两种方式：一种是细胞壁等质外空间的吸附，一种是污染物透过细胞质膜进入细胞的生物过程。进入植物体的重金属会使植物产生大量活性氧自由基，从而破坏植物生物膜结构，影响相关酶活性，于此同时也会对其他元素的吸收产生一定影响。植物在铅、镉胁迫下生长缓慢，叶绿素和类胡萝卜素的含量有所下降，蛋白质含量下降程度最大（John et al.，2009）。一般来说，植物对铅的耐受和解毒机制可分为外部排斥和内部耐受两大类：植物通过外部排斥机制，阻止铅离子进入植物细胞内部、避免铅在细胞内敏感位点累积或将过量铅离子泵出细胞外；而内部耐受机制主要是合成铅离子的有机配体（如半胱氨酸、谷胱甘肽、植物螯合肽、金属硫蛋白等），将进入细胞的铅转化为毒性较小的结合形态，缓解铅对植物的毒害效应（Chen et al.，2011）。

进入植物体内的金属污染物还可以参与植物代谢，成为植物的成分之一，也可以通过气孔重新进入大气。因此，选择能够耐受和积累高浓度重金属污染物的超富集植物已成为近年来的一个研究热点（见表 4-14）。目前世界上已经有400 多种重金属超富集植物被发现，遏蓝菜被认为是一个优秀的可以用于研究重金属超富集过程和微量元素动态平衡的物种（Milner and Kochian，2008）。但对于超富集植物对重金属的吸收、排出、存储的机制和潜在的分子遗传机制仍知之甚少。

表 4-14　镉超富集植物的生物累积潜力

植物	生物累积	文献
遏蓝菜	522 mg/kg	Basic et al.，2006
狐尾藻	21.46 μg/g	Sivaci et al.，2008
莛草	49.09 μg/g	Sivaci et al.，2008
圆锥南芥	1127 mg/kg（芽）	Zeng et al.，2009
四翅滨藜	606.51 μg/g DW	Nedjimi et al.，2009
东南景天	3100 mg/kg DW（根）	Yang et al.，2004；Zhou and Qiu，2005
风花菜	218.9 μg/g DW	Sun et al.，2011
荠雷竹	71000 μg/g DW（种子）	Vogel-Mikus et al.，2010
苋	260 mg/kg（芽）	Fan and Zhou，2009
牧豆金樱子	8176 mg/kg（芽） 21437 mg/kg（芽）	Buendía-González et al.，2010

4.3.5　森林植被对 PM$_{2.5}$ 中有机物成分的吸收研究

多环芳烃（Polycyclic Aromatic Hydrocarbons；PAHs）是煤、石油、木材、烟草、有机高分子化合物等有机物不完全燃烧时产生的挥发性碳氢化合物，是重要的环境和食品污染物。迄今已发现有 200 多种 PAHs，其中有相当部分具有致癌性，如苯并[α]芘，苯并[α]蒽等。PAHs 广泛分布于环境中，能通过干、湿沉降及气体扩散等作用吸附在环境介质中，尤其是植物（叶片）能有效富集和积累气态和颗粒形式存在的多环芳烃。

多环芳烃（PAHs）进入植物体途径，主要有两种：土壤-植物体和空气-植物体（见图 4-3）。土壤-植物体是 PAHs 通过在受污染土壤与植物根系之间的分配进入植物体；空气-植物体是 PAHs 从空气通过气态和颗粒态沉降到叶片的蜡质表皮或者通过气孔吸收进入植物体（Tang and Weber，2006；Collins et al.，2006）。

土壤中的 PAHs 与其中的有机质紧密结合，不易被植物体根部吸收而进入植物体。多数情况下，植物体组织内部 PAHs 的组成和分布与周围空气很相似，表明空气-植物体是植物体富集 PAHs 的主要途径（Barber et al.，2002）。因此，地面以上的植物组织中的 PAHs 主要来源于空气。影响 PAHs 从空气到植物体运移的因素相对也比较清楚，包括空气中 PAHs 的浓度、PAHs 的理化性质、空气中的存在状态（气态或颗粒）、叶表面特征和空气温度。

PAHs 沉降到植物体的状态很大程度上决定了它们是被吸收进入叶片还是滞留在植物体表面，而 PAHs 在空气中存在状态（如气态或颗粒）是由空气温度、PAHs 理化性质以及吸附层表面特征所共同决定。一般来说，低分子量、易挥发的

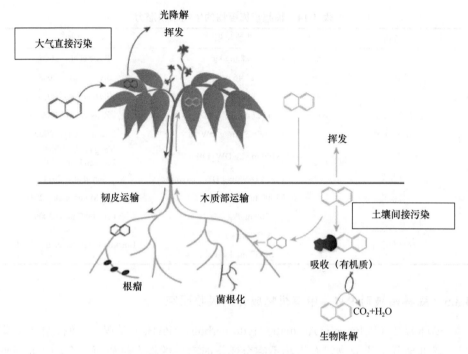

图 4-3　PAHs 进入植物体的途径

数据来源：Desalme et al.，2013

二环和三环 PAHs 在空气中主要以气态存在，倾向于干或湿的气态沉降。相反地，高分子量、不易挥发的五环和六环 PAHs 在空气中主要以颗粒存在，倾向于干或湿的颗粒态沉降。挥发性居中的四环 APHs 则两种沉降过程皆有。

　　植被吸收是从大气中清除亲脂性有机污染物如多氯联苯（PCBs）和多环芳烃（PAHs）最主要的途径。空气到植物的途径是植物体富集 PAHs 的主要途径，大气中的 PAHs 通过颗粒态和气态沉降到叶片的蜡质表皮，通过气孔吸收进入植物体内。PAHs 在植物不同部位的浓度大小依次为：树叶＞树皮＞树枝＞树干，除萘之外的 PAHs 均主要来自于大气沉降（Krauss et al.，2005）。PAHs 对不同植物的生长、种子萌发都有影响，但其体内浓度和影响方式仍有待研究。菲、蒽、芴均显著诱导植物抗氧化酶的活性和谷胱甘肽水平的上升，芴、菲等显著增加脂质的过氧化作用（Pašková et al.，2008）。

　　植物体叶表面的形态学特征在决定植物与空气相互作用过程中起重要作用，不同种类植物叶表面的形态、表皮蜡质化学成分、气孔数量和分布以及绒毛的生长情况等都有很大不同。据报道，叶绒毛能增强对空气中颗粒物的截获与吸滞，与无绒毛的叶片相比，它们具有更大的表面积，并且会在叶表面的边缘形成相对静态空气层。植物角质层广泛存在于植物与空气接触的所有表面，是植物接触、吸收、积累有机污染物的第一屏障，对环境中有机污染物的迁移转化行为和农产品安全生产起关键作用（李云桂，2011；Li and Chen，2014）。

1. 有机污染物在植物角质层上的吸附行为

20 世纪 40 年代开始，为考察叶肥、杀虫剂和除草剂等农用化学品的使用效率和残留情况，科学家开始关注有机物在植物角质层上的吸附扩散行为。随后半个多世纪里，科学家针对水分子、无机离子和有机农用化学品在角质层上吸附渗透行为进行了大量研究。80 年代开始，环境中有机污染物在角质层上的吸附扩散行为引起了关注。吸附作用是有机物进入植物角质层的第一步，并决定溶质在角质层扩散的动力。研究植物角质层的吸附特征对了解有机污染物在植物表面的迁移过程具有重要的理论价值。由于溶质来源不同，植物角质层的吸附作用主要包括气态吸附（干沉降）和溶液态吸附（湿沉降、雨、露、雾、霜）。大量的研究表明，植物角质层吸附有机化合物的主要机理为分配作用，等温吸附曲线呈线性。研究采用分配系数（K_{cw}, K_{ca}）表征角质层的吸附性能，即有机污染物在两相中浓度的比值：

$$K_{cw}=C_{cuticle}/C_{water} \tag{4-1}$$

$$K_{ca}=C_{cuticle}/C_{air} \tag{4-2}$$

式中，K_{cw} 为角质层-水分配系数；K_{ca} 为角质层-空气分配系数；$C_{cuticle}$ 为化合物在角质层中的平衡浓度；C_{water} 为水中溶质的平衡浓度；C_{air} 为空气中化合物的平衡浓度。由于气态吸附和溶液态吸附均为分配作用，所以 K_{cw} 和 K_{ca} 可以通过公式（4-3）相互转化。

$$K_{cw}=K_{ca}×K_{aw} \tag{4-3}$$

式中，K_{aw} 为空气-水分配系数，即有机污染物的亨利常数。平衡吸附状态下，角质层的分配系数与污染物在介质中的浓度无关，取决于化合物的性质、角质层的组成以及环境条件。

化合物的理化性质对角质层的吸附性能强弱有决定性意义。化合物的水溶性越低、脂溶性越强，则植物角质层的亲和力越大。Popp 等（2005）研究了常春藤叶角质层对 14 种性质具有显著差异有机物的吸附作用，发现其分配系数（K_{cw}）与辛醇-水分配系数（K_{ow}）呈良好正相关。相关研究表明，角质层对 PCBs 的气态分配系数（K_{ca}），与辛醇-空气分配系数（K_{oa}）显著正相关，其中常青藤和冬青两种角质层的吸附性能与化合物脂溶性的依赖程度存在差异（Moeckel et al.，2007）。

植物角质层的性质对有机污染物的吸附性能也有重要影响。果实角质层的吸附性能普遍强于叶片角质层，平均分配系数高出 50%。这种差异可能与角质层的结构组成有关（Riederer et al.，1984）。由于组成的复杂性，研究角质层组分吸附性能的文献较少。与其他角质层组分相比较而言，蜡质较易分离，因此，研究角质层组分吸附作用的文献主要集中于蜡质和脱蜡角质层的吸附作用。在生理温度范围内，蜡质一般以固体形式存在，其中约有 20%～50%的室温下是晶体。蜡质的吸附贡献主要来自于无定形蜡质，而晶体蜡质对有机物的吸附作用很弱。Riederer 等（2002）提出了角质层的"两室"吸附模型，将角质层的吸附分解为两室的贡献，分别为蜡质和脱蜡组分。除研究蜡质和脱蜡角质层的吸附作用外，近年来其他角质层组分，如角质和糖类的吸附特征引起关注。皂化去除角质后，青椒角质层吸附性能大大降低；而酸解去糖后，角质层的吸附性能则显著提高。因此，角质在植物角质层吸附有机污染物特别是有机污染物中具有重要的贡献（Chefetz，2003）。

Chen 等（2005）研究了青椒角质层对极性（苯酚和 1-萘酚）和非极性（萘和菲）有机物的吸附作用，首次阐述了极性匹配性和可接近性在植物角质层组分吸附有机污染物中的作用，发现不同植物角质层组分与化合物作用过程中呈现出不同的亲和性。其中，无定形态脂肪类组分角质对非极性的 PAHs 具有超强的富集性能，以角质为主要组分的脱糖脱蜡角质层组分对萘、菲的吸附性能显著优于其他分离角质层组分；而极性芳香类组分角碳则对极性的酚类污染物表现了突出的亲和性，吸附系数远高于其他角质层组分，并呈现出较强的非线性吸附。

聚合脂质角质和角碳对有机物具有很强的吸附能力，但其吸附机理和吸附性能方面存在明显差异。角质层中角质和角碳的强吸附性能主要来自无定形脂肪碳的强溶解性和硬碳区域的极性吸附位点。非极性有机污染物的主要作用机理为分配作用，而极性有机污染物的吸附机理则包含特殊作用和疏水性作用（Shechter and Chefetz，2008）。研究还发现，随着植物角质层腐殖化的加剧，角碳对有机污染物的吸附贡献逐渐增加。从上述研究可以看出，聚合脂质角质在植物角质层吸附有机污染物中具有重要作用，应根据角质层组分的吸附特征修正"两室"吸附模型，建立新的角质层组分吸附模型，以准确评价各角质层组分的吸附贡献和预测角质层摄取有机污染物的性能。

植物角质层的吸附特征还与环境条件有关，其中最受关注的环境指标包括温度和湿度。通常情况下，温度升高，植物角质层的分配能力降低；脂溶性越强，角质层的分配系数对温度的反应越灵敏。水分子的引入不会发生竞争作用，湿度增加反而可以增强有机物在角质层上的分配作用。除温度湿度以外，共存化合物的影响也不容忽略。硬水和加入氯化钙都会降低角质层对萘乙酸（NAA）

的吸附。

2. TPEM 技术在植物叶片吸收 PAHs 研究方面的应用

植物在多环芳烃（PAHs）的全球循环及分布过程中扮演着重要角色，PAHs 最终存在于植物的哪些组织将会直接影响它们在环境中的持久性和重要性。因而，确定这类污染物进入植物组织的路径并定位其最终存在的部位，可以从总体上了解该类污染物在环境中的潜在寿命。目前结合部分特异性荧光探针和植物本身具有自发荧光的特点，采用双光子激光共聚焦扫描荧光显微镜（Two-Photo Excitation Confocal Laser Scanning Microscopy；TPEM）作为研究手段，实现了某些离子在植物组织内部变化情况的非侵入式实时观察和动态追踪。典型的 PAHs 具有大的共轭体系，荧光量子产率较高，适于用荧光分析法进行相关研究。因此，采用 TPEM 技术结合植物组织本身的自发荧光，直接观察 PAHs 进入植物组织的路径及其在组织内的分布、迁移、转化过程的研究已经成为可能。

国外已有相关的研究。Wild 等在 2005 年、2006 年对蒽、菲在植物体内的运输研究中有了突破性进展，该研究用双光子显微镜检测了菠菜和玉米的叶吸收污染物的过程，发现含有菲的颗粒物附着于叶角质层表面并留存在蜡质层内，同时通过气相转化由气孔进入叶片，并通过角质层扩散进入表皮后进入木质部，到达维管系统（Wild et al.，2006）。这为研究植物吸收此类污染物的过程提供了参考。因此，将 TPEM 技术与植物本身的自发荧光结合，叶片样品无需任何前处理，直接观察到 PAHs 在植物叶片内部的赋存形态、分布和累积情况，可解决传统破坏性研究方法只能从宏观上定总量，无法从微观上准确定位 PAHs 在叶片不同部位、不同组织中分布情况的问题。在相同的实验条件下，不同种 PAHs 在叶片相同部位光降解的速率差别较大，且同种 PAHs 在叶片的不同部位的降解速率亦不同（Wild et al.，2005）。与传统的研究方法相比，PAHs 在植物叶片表面或上皮细胞上光降解损耗所占比例可能更大。

Wild 等（2006）利用 TPEM 技术进一步研究了菲从空气到叶片的迁移过程、菲在叶片内部的运动及其分布情况等。实验表明，菲在叶片内部存在质外体传输和共质体传输两种可能，且对于不同植物，迁移方式也可能不同（见图 4-4）。

同时实验还发现，不同植物叶片对同种 PAHs 的吸收及其在组织内部的迁移路径及最终的储存部位也不同。该技术可观测 PAHs 在叶片内部的最大深度约为 200 μm。此外，PAHs 在角质层/蜡质层上会发生有趣的团聚现象（Wild et al.，2007，2008），表明角质层对 PAHs 的吸附并非是均匀的，但机理尚不清晰。

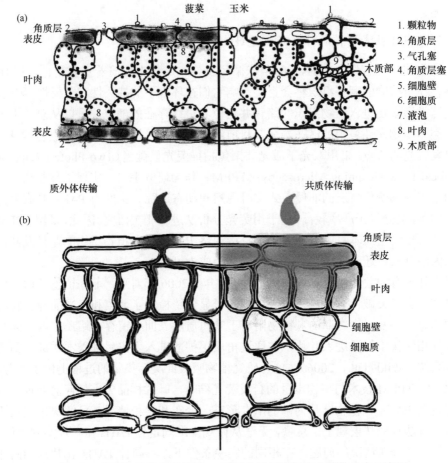

图 4-4 菠菜和玉米在菲暴露 12 天后角质层和细胞上菲的分布示意图

数据来源：Wild et al.，2006

（a）菲在叶片内具体部位；（b）菲在叶片内部存在质外体传输和共质体传输两种运输方式

4.3.6 湿地环境对 PM~2.5~颗粒物污染的影响

湿地是位于陆生生态系统和水生生态系统之间的过渡性地带，生长着很多具湿地特征的水生植物。湿地具有强大的沉积和生态净化作用，对涵养水源、净化空气、调节气候、改善生态环境等起着极其重要的作用，被誉为"地球之肾"。

城市生态圈是以人为中心的自然、经济、社会复合生态系统，城市水体和绿地是城市生态圈的核心。中国北方城市深受雾霾天气影响，很大程度上就是因为湿地太少。有效的降水同风一样能够驱散雾霾，城市中天然的低海拔水体就是当之无愧的城市雾霾的杀手锏。

湿地环境上空的雾霾浓度明显低于城市市区。《北京日报》2013 年 10 月 27 日报道，截至 14 时，全市空气质量指数是 295，已达到严重污染级别，而野鸭湖湿地景区实时的 PM$_{2.5}$ 数值则是 56。

单位面积湿地对空气的净化作用，是森林的 8～10 倍，同时，湿地还可以减少 PM$_{2.5}$ 的主要来源——地面扬尘污染，所以湿地对于环境保护的意义非常大。

湿地环境覆盖地表，减少 PM$_{2.5}$ 的主要来源——地面扬尘污染。

湿地的水分蒸发和植被叶面的水分蒸腾，能够把水分源源不断地送回大气中，有效的降水同风一样能够驱散减少雾霾。湿地蒸腾产生的大量水蒸气，可提高城市空气湿度，同时蒸发吸热，降低周围空气温度，使得湿地和大气之间不断进行了能量和物质交换，调节城市气候，起到城市"天然空调"作用。

良好的湿地生态系统可以降解污染，无论是湿地水体，还是湿地植物，都能吸收空气中粉尘及携带的各种菌，吸收溶解 PM$_{2.5}$ 中部分有毒污染物，净化空气。

湿地植物能够吸收大量的二氧化碳气体，并放出氧气。湿地在植物生长、促淤造陆等生态过程中积累了大量的无机碳和有机碳。由于湿地环境中，微生物活动弱，土壤吸收和释放二氧化碳十分缓慢，形成了富含有机质的湿地土壤和泥炭层，起到了固定碳的作用。湿地作为温室气体的储存库、源和汇，调节区域气候，缓解气候变化。

4.4　森林植被的 BVOCs 排放状况及调控策略

森林植被是自然界生态系统中重要的组成部分，它不仅从环境中吸收 CO$_2$，进行光合作用形成有机物，放出 O$_2$ 净化空气，而且会向环境中释放微量的挥发性有机物（Volatile Organic Compounds，VOCs）。

生物挥发性有机物（Biogenic Volatile Organic Compounds，BVOCs）是通过生物体内的次生代谢途径合成的低沸点、易挥发的小分子化合物（Theis and Lerdan，2003；Benthy，1997）。主要包括异戊二烯、萜类、烷烃类、烯烃类、醇类、酯类、碳类和酸类，含量虽低，但化学活性很高（Penuelas and Llusia，2004）。

大气中 VOCs 约 90% 来源于生物排放（Ashworth et al.，2013；Guenther et al.，1995）。全球植物每年释放的 VOCs 大约为 11.5×10^8 t（Guenther et al.，2012），而人为源 VOCs 年排放量仅为 1.00×10^8 t 左右，总量不到天然生物源释放量的 10%。其中，森林所释放的 VOCs 为 8.20×10^8 t，占到了全球植物 VOCs 排放总量的 70% 以上，是生态系统中主要的 VOC 来源。据估计植物释放的 VOCs 种类大于 10000 种。其中，异戊二烯、单萜等少数化合物挥发性很强，合成后很快就会释放到大气中，而其他大多数化合物的挥发性不强。Guenther 等（2000）将全球植物释放的 VOCs 分成四类，分别由 44%的异戊二烯、11%的单萜、22.5%的其他活性 VOC（other reactive VOC）和 22.5%的非活性 VOC（other VOC）组成。异戊二烯和单萜是植物释放的 VOCs 中的主要种类，全球生物每年排放的异戊二烯达 500 Tg C，主来源于热带生态系统和乔木树种；排放的单萜范围为 30～150 Tg C，主来源于北方森林（见图 4-5）。

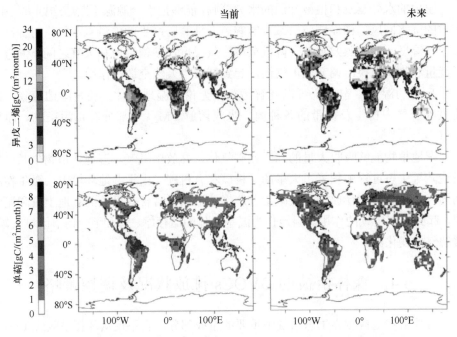

图 4-5　当年（1990s）和未来（2100s）全球异戊二烯、单萜的排放分布图

数据来源：Ashworth et al.，2013

　　植物 BVOCs 的合成是在不同组织器官的生理代谢过程中产生的，主要通过植物叶片散发到空气中，BVOCs 具有很强的还原性，在生态系统中，它是重要的化学信息传递物质，在调节植物的生长、发育和繁衍、抵御环境胁迫以及预防动物和昆虫的危害等方面具有重要的作用；植物 BVOCs 还具有杀菌抑菌、改变环境的氧化还原状态、改变空气对流层化学成分和全球碳循环的作用，且与人体健康密切相关。

4.4.1　植物挥发性有机物的生物合成

　　在高等植物体内，植物 BVOCs 合成途径主要包括 3 条：①类异戊二烯合成途径，主要合成萜类化合物（如单萜、半单萜和二萜）。萜类合成共同的前体是异戊烯基二磷酸和二甲基烯丙基二磷酸；②脂肪酸合成途径，主要合成脂肪酸衍生物包括小分子的醇类和醛类，其合成途径的主要调控酶是脂肪氧化酶；③莽草酸合成途径，主要是合成芳香族化合物，主要调控酶为苯丙氨酸裂解酶。植物莽草酸代谢途径也产生许多具有生理和生态功能的化合物，如吲哚、水杨酸和水杨酸甲酯。根据其合成途径、代谢类型和功能可将植物 BVOCs 分为三大类：萜类（异戊二烯、单萜和倍半萜）、苯基/苯丙烷类和脂肪酸衍生物（Dixon，2001）。

1. 类异戊二烯合成途径及其关键酶

在植物体内类异戊二烯的合成途径有两条：一条途径是甲瓦龙酸合成途径；另一条途径是非甲瓦龙酸合成途径，即丙酮酸/磷酸甘油醛途径。

（1）甲瓦龙酸合成途径

甲瓦龙酸合成途径是在植物细胞质中进行的，它是以呼吸作用糖酵解代谢的产物乙酰辅酶 A（乙酰-CoA）作为合成原料，经过甲瓦龙酸转化成异戊烯基焦磷酸（IPP），最终形成街醇类和倍半萜化合物。在甲瓦龙酸途径中，首先由 3 个分子的乙酰-CoA 生成(3S)-羟基-3-甲基-戊二酰辅酶 A，然后还原成甲瓦龙酸，甲瓦龙酸焦磷酸通过脱梭作用生成异戊烯焦磷酸（IPP）（Burlat et al.，2004）。由于甲瓦龙酸的形成是一个不可逆过程，因此，(3S)-羟基-3-甲基-戊二酰辅酶 A 的还原酶被认为是甲瓦龙酸合成途径中的第一个限速酶（Choi et al.，1992）。

（2）非甲瓦龙酸合成途径

非甲瓦龙酸合成途径主要是在植物特有的细胞器质体中进行，它是以丙酮酸和 3-磷酸甘油醛为合成原料，经过 5-磷酸木酮糖形成 IPP，最终形成单萜、二萜和胡萝卜素等化合物（Burlat et al.，2004；Wolefrtz et al.，2003，2004），质体中进行的丙酮酸/磷酸甘油醛途径关键反应步骤是 IPP 的直接前体 5-磷酸木酮糖的形成，它是由丙酮酸和 3-磷酸甘油醛在 1-脱氧木酮糖-5-磷酸酯合成酶（DXPS）催化下形成的，此酶是非甲瓦龙酸途径中一个关键性调控酶（Dixno，2001；Dudareva and Pichersky，2000）。在丙酮酸/磷酸甘油醛途径中，编码 DXPS 的 dxs 基因已从薄荷、大肠杆菌等生物体中提取得到，发现 DXPS 的活性可调节单萜、二萜和胡萝卜素等物质的生物合成产量。活体细胞的 ^{13}C 前体标记研究表明，高等植物叶绿体结合的类异戊二烯初生代谢物（如质体醌、胡萝卜素、单萜和二萜等化合物）是通过这个途径合成的（Paseshnichenko et al.，1998）。

在质体和细胞质中分别合成单萜、倍半萜前体 IPP，最后在萜类合成酶的催化下形成各自的产物（Trapp and Croteau，2001），如单萜、倍半萜、二萜等。这三类萜类合成酶在氨基酸水平上表现出较高的同源性，倍半萜和二萜合成酶的内含子和外显子在基因顺序中的分布位置几乎是一致的。倍半萜和单萜合成酶基因的内含子和外显子具有高度的保守性，但二萜和单萜合成酶在氨基酸序列的 N 端与倍半萜有着较大的差异，可能的解释是二萜和单萜环化酶定位于质体，而倍半萜环化酶定位于细胞质中。二萜和单萜环化酶"多余"的氨基酸序列可能为蛋白质合成后向质体运输提供信号。

2. 脂肪酸合成途径

脂肪酸合成途径是在植物细胞质中进行的，以呼吸作用糖酵解代谢的产物乙酰-CoA 作为合成原料，形成亚油酸、亚麻酸等 C$_{16}$、C$_{18}$ 不饱和脂肪酸和饱和脂肪酸。作为膜系统组分的饱和脂肪酸和不饱和脂肪酸在细胞中含量相当高，它既是构成植物细胞膜的成分又是植物次生代谢反应的底物。在植物合成醇类和醛类化合物时，饱和脂肪酸在脂肪酸脱氢酶的作用下生成 C$_{16}$ 和 C$_{18}$ 不饱和脂肪酸，在脂肪氧化酶（LOX）作用下，不饱和脂肪酸进行异构过氧化反应，生成短链的烃类化合物。在这一合成过程中，LOX 是植物体内合成醇类和醛类化合物过程的关键调控酶。从此处代谢可向两个方向延伸，一个方向是经过植二烯酸最终形成茉莉酸；另一方向是在氢过氧化物裂解酶的作用下形成 C$_6$ 和 C$_8$ 不饱和脂肪醛、醇和脂类化合物，如顺-3-己烯醛、顺-3-己烯醇等。

在木本植物释放 VOCs 中含有大量的不饱和脂肪醛、醇和脂类化合物，而醛类物质对真菌、细菌具有毒性，可以抑制微生物的生长，从而表现出树木具有抑菌作用。

3. 莽草酸合成途径

在高等植物中莽草酸合成途径是很重要的，通过此途径可以合成与芳香族氨基酸苯丙氨酸和酪氨酸有关的许多芳香族化合物。莽草酸途径较为复杂具有多个分支，莽草酸可形成苯丙氨酸，在苯丙氨酸裂解酶（PAL）的作用下先形成桂皮酸（Dixon，2001），然后再向三个方向转化：①形成香豆酸，再转化形成丁子香酚或异丁子香酚；②形成安息香酸，再转化形成水杨酸、苯甲酸和安息香酸盐；③形成甲基肉桂酸；莽草酸也可形成吲哚-3-磷酸甘油再转化成吲哚等。

4.4.2 不同树木 BVOCs 排放种类与特征

1. 不同树种排放 BVOCs 种类和速率的差异

不同树种排放 BVOCs 的种类和速率有较大差别，具有选择性。银中杨和垂柳主要释放异戊二烯，且二者的 BVOCs 排放速率明显高于榆树、皂角，而榆树和皂角以释放柠檬烯为主（见表 4-15）。

表 4-15　沈阳地区主要树种释放 BVOCs 主要成份及含量比（%）

树种	异戊二烯	α-蒎烯	莰烯	β-蒎烯	蒈烯	松油烯	柠檬烯	罗勒烯
银中杨	99.69	0	0.07	0.04	0.01	0	0.15	0.03
蒙古栎幼树	99.07	0.02	0.02	0.04	0	0.29	0.54	0.01
垂柳	97.09	0.16	0	0.11	0	0.93	1.32	0.38
水蜡	72.22	11.11	0	0	11.11	0	5.56	0
银杏幼树	71.76	0.83	21.73	0	0	3.72	1.41	0.55
丁香	64.51	6.48	0	0.68	7.68	3.75	13.14	3.75
银杏	33.99	7.51	4.74	2.37	0	10.47	39.53	1.38
榆树	26.74	11.63	5.23	2.33	2.91	0.58	34.88	15.7
皂角	12.24	1.27	2.11	4.22	0	8.02	69.2	2.95
油松幼树	11.82	38.35	30.16	12.28	0.17	2.71	4.02	0.49
油松	5.91	55.42	5.42	3.2	0.25	8.62	20.69	0.49
华山松幼树	0	64.38	17.16	3.68	0.16	3.53	10.4	0.69

数据来源：陈颖等，2009a；李德文等，2009

不同生活型树种释放 BVOCs 的主要种类也明显不同。其中，阔叶树主要释放异戊二烯，针叶树主要释放 α-蒎烯。蒙古栎幼树、银中杨、垂柳为强 BVOCs 排放树种，榆树、皂角、银杏、油松、丁香等树种 VOCs 的排放量较小，其 BVOCs 的排放速率大小为蒙古栎幼树>银中杨>垂柳>丁香>银杏>油松>皂角>榆树，其中蒙古栎幼树异戊二烯的释放速率可达 211.56 μg/（g·h），显著高于其他树种（见表 4-16）。

表 4-16　沈阳地区主要树种释放 BVOCs 排放速率[μg/（g·h）]

树种	异戊二烯	α-蒎烯	莰烯	β-蒎烯	蒈烯	松油烯	柠檬烯	罗勒烯
银中杨	97.33	0.00	0.07	0.04	0.01	0.00	0.15	0.03
蒙古栎幼树	211.56	0.34	0.26	0.43	0.00	1.28	3.27	0.24
垂柳	17.71	0.03	0.00	0.02	0.00	0.17	0.24	0.07
水蜡	0.13	0.02	0.00	0.00	0.02	0.00	0.01	0.00
银杏幼树	1.55	0.03	0.94	0.00	0.00	0.16	0.06	0.02
丁香	3.78	0.3	0.00	0.04	0.45	0.22	0.77	0.22
银杏	1.72	0.38	0.24	0.12	0.00	0.53	2.00	0.07
榆树	0.46	0.20	0.09	0.04	0.05	0.01	0.60	0.27
皂角	0.29	0.03	0.05	0.10	0.00	0.19	1.64	0.07
油松幼树	2.00	12.74	11.22	4.23	0.06	0.94	1.44	0.17
油松	0.24	2.25	0.22	0.13	0.01	0.35	0.84	0.02
华山松幼树	0.00	4.12	0.83	0.18	0.02	0.18	0.64	0.04

数据来源：陈颖等，2009a；李德文等，2009

阔叶树种（如悬铃木和刺槐等）所释放的 BVOCs 以低级的烷烃、烯烃为主，主要种类为异戊二烯（Calfapietra et al.，2013），其中，悬铃木的异戊二烯释放速率高达 139 μg/（g·h）；而松柏类植物和果树的 BVOCs 释放情况与上述阔叶树种有所不同，其主要释放种类为单萜烯，其中苹果树的单萜烯释放速率较高，其最大释放速率可以达到 278 μg/（g·h）（王志辉和张树宇，2003）。所以，树种差异是决定树木 BVOCs 释放的首要因素，它决定了不同树种所释放的 BVOCs 的成分差异和释放速率的大小。

（1）植物释放的 BVOCs 种类和速率在不同属植物及同属不同植物之间有较大差别

不同属植物间 BVOCs 的排放情况相差很大。例如槭属（*Acer*）、白蜡树属（*Fraxinus*）和梨属（*Pyrus*）植物的 BVOCs 排放速率很低，而杨属（*Populus*）、栎属（*Quercus*）和柳属（*Salix*）树木种类的 BVOCs 排放速率较高，甚至有许多树木种类没有单萜和异戊二烯的排放（Owen et al.，2002）；松科（Pinaceae）的云杉属（*Picea*）大多数排放异戊二烯，而其他属不排放异戊二烯。异戊二烯的释放在植物属间有明显的差异。如壳斗科（Fagaceae）的栎属大多释放异戊二烯，水青冈属（*Fagus*）和栗属（*Castanea*）似乎不释放异戊二烯（张莉等，2003）；同样，松科的云杉属大多释放异戊二烯，而其他属不释放异戊二烯。此外，悬铃木属（*Platanus*）、鼠李属（*Rhamnus*）、杨属、柳属和桉属（*Eucalyptus*）中的大多植物也是异戊二烯的释放者。

同属的不同植物间的 BVOCs 排放速率也会有很大差异。栎属植物间 BVOCs 释放速率最大可相差 22 倍（Benjamin and Winer，1998）。Owen 等（2002）按照同属植物各个种类在标准情况下的 BVOCs 释放速率大小将其划分为三个等级。其中，低释放种类，BVOCs 释放速率介于 0.1～5.0 μg C/（g·h）；中释放种类和高释放种类 BVOCs 释放速率分别介于 5～10 μg C/（g·h）和在 10 μg C/（g·h）以上。

（2）植物释放 BVOCs 种类和速率与植物所处的生理状态和发育阶段相关联

植物的树龄和发育状态的差异都对 BVOCs 的排放具有十分重要的影响。许多有关树龄和树木 BVOCs 排放关系的研究都表明，幼树具有更高的 BVOCs 排放速率。在同样生境下的松树幼树枝叶的萜烯排放速率要比成年松树高出 2～3 倍（Street et al.，1997）。研究表明 4 年生湿地松的萜烯排放速率是 7 年生湿地松的 8 倍（Kim，2001）。然而，40 年生和 140 年生欧洲赤松的 BVOCs 排放速率没有明显的差异（Janson，1993）。这一方面可能是由于树种的不同所造成的，另一方面也可能是由于这种差异在幼树之间表现明显，而随着树木年龄的增加，这种差异会逐渐减小。植物叶龄对异戊二烯的排放有较大的影响，幼叶的排放量要少于成熟叶片，因为幼叶在发育过程中仍为碳的净固定，一般释放少量的异戊二烯。当叶片完全展开成熟后，异戊二烯的释放率增加（Kuzma and Fall，1993）。

　　树木发育部位的差异和所处发育阶段的不同也会影响 BVOCs 的排放。一般，芽期和花期的 BVOCs 排放速率要明显高于叶生长期，并且这几个时期所释放的 BVOCs 组分也有明显不同。黄兰不同开花阶段，BVOCs 成分及含量差异明显，其中 VOCs 种类在花蕾期和盛花期最多（见图 4-6）。可见，生理阶段的变化对树木 BVOCs 的释放有显著影响，特别是当树木处在某一生理转折时期，树木的新生部位往往会具有较高的 BVOCs 释放速率。

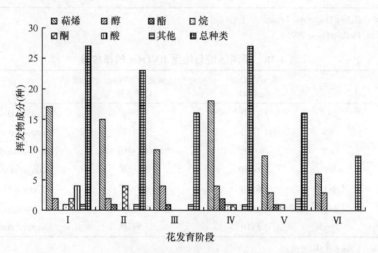

图 4-6　不同开花阶段黄兰花瓣挥发性有机成分种类的变化

数据来源：蒋冬月等，2012

Ⅰ. 花蕾期；Ⅱ. 显色期；Ⅲ. 初花期；Ⅳ. 盛花期；Ⅴ. 盛花末期；Ⅵ. 凋谢期

2. 不同树种 BVOCs 排放量的差异

　　不同树种 BVOCs 及其成分的排放量存在差异。Padhy 等（2005a）依据排放 BVOCs 的多少，将树种分为四类：高排放、中排放、低排放和不排放 BVOCs 树种。印度常见 9 个树种中有 6 个树种排放异戊二烯，其余 3 个树种未检测出异戊二烯的排放，并且 6 个树种异戊二烯的排放量不同，菩提树排放量最大，印棟树排放量最小，年均排放量顺序为菩提树>桉树>芒果>孟加拉榕>印度蒲桃树>苦楝树（见表 4-17）。此外，大多树种在冬季异戊二烯的排放量最低（Padhy et al.，2005b）。

　　不同区域，树木 BVOCs 及其成分的排放量不同。南非和北美总 BVOCs 的排放量大于中国，中国大于欧洲；单位区域面积 BVOCs 平均排放量顺序为南非>北美>中国>欧洲，可能由于区域植被覆盖度的差异所致（见表 4-18）。

表 4-17　印度 6 个树种在不同季节异戊二烯的排放量[μg/（g·h），DW]

季节	桉树	孟加拉榕	菩提树	芒果	苦楝树	印度蒲桃树	平均值
夏季	9.3	1.3	4.6	13.8	11.1	0.1	6.7
雨季	4.4	16	21.4	6.5	BDL	2.8	8.5
秋季	11.3	3.2	11.6	1.9	BDL	7.4	5.9
冬季	17.4	0.1	4.9	0.2	BDL	1.2	3.9
春季	7.4	1.4	8.4	7.7	BDL	1.9	4.4
平均值	9.9	4.4	10.2	6	2.2	2.7	5.9

注：BDL：Below Detectable Limit，低于检出限

数据来源：Padhy et al.，2005b

表 4-18　不同区域与地区 BVOCs 的排放量

区域	面积	总 BVOCs 值 （g C/a）	单位区域面积 BVOCs 平均值 （g C/a）	参考文献
北美	24.7	8.4×10^{13}	3.4×10^{6}	Guenthet et al.，2000
欧洲	9.9	1.3×10^{13}	1.3×10^{6}	Simpson et al.，1999
南非	1.7	8×10^{13}	4.7×10^{6}	Zunckel et al.，2007
中国	9.6	2.05×10^{13}	2.1×10^{6}	Klinget et al.，2002
北京	1.8×10^{-2}	1.6×10^{13}	8.9×10^{6}	Wang et al.，2003
香港	1.1×10^{-3}	8.8×10^{13}	8.0×10^{6}	Leung，2008
全球（陆地）	146.8	1.1×10^{15}	7.5×10^{6}	Guenthet et al.，1995

数据来源：Leung et al.，2011

3. 不同树木释放 BVOCs 的季节和昼夜变化

植物 BVOCs 的释放情况变化多样，具有明显的季节性变化特征，并且这种变化在不同挥发物质、不同树种间有很大差异。一般来说，夏、秋季节是植物 BVOCs 释放的 2 个主要季节（邓小勇，2009），春季也是 BVOCs 释放速率较高的一个时期。湿地松在春季时的 BVOC 释放速率要明显高于夏、秋 2 季，尽管春季气温相对要低，但却是全年中萜烯释放速率最高的时期（Kim，2001）。同时，从不同植物 BVOCs 的释放情况来看，春、夏、秋三季中的任何 1 个月份都可能成为某一植物 BVOCs 平均释放速率最高的一个时期。春季时，北美黄松的单萜释放速率要明显高于年内的其他季节，其中 5 月份的平均萜烯释放速率是 7～9 月份的 18 倍。

植物释放 BVOCs 的速率不仅呈明显的季节性变化，而且在昼夜之间，以及一天内的不同时刻之间也有明显的变化特征。一般白天 BVOCs 释放速率高于夜晚，上午低于下午。银中杨、垂柳、榆树和皂角 BVOCs 的释放速率日变化曲线多表现为单峰型（但出峰时间不同），排放高峰一般出现在中午或下午，且夜间几

乎均不排放异戊二烯（陈颖等，2009b）。热带植物菩提树白天 BVOCs 排放量最大，在雨季排放量达到 38.8 μg/（g·h，DW），而桉树夜间排放量达到最大，在秋季排放量可达 20.8 μg/（g·h，DW），而在春季的夜间没有任何的释放（Padhy et al.，2005a）。西班牙北部四个植物物种（瑞香、橡木、冬青栎和山毛榉）总萜类平均排放速率夏季比春季大 9 倍多（见表 4-19）；最大的排放速率在中午，夜间萜烯排放几乎停止。

表 4-19　在两个季节中西班牙北部四种植物物种总萜类平均日排放速率[μg/(g·h)]

树种	春季	夏季
瑞香	2.50±0.57	9.59±3.31
橡木	0.44±0.11	25.10±4.34
冬青栎	15.57±4.51	51.50±4.78
山毛榉	2.24±0.43	115.18±25.40

数据来源：Llusia et al.，2013

4. 环境因子对不同树木 BVOCs 及其成分释放的影响

外界环境条件的改变会直接影响植物的代谢活动，从而影响植物 BVOCs 的合成和排放。影响其合成和排放的环境因子包括生物因子（昆虫和机械损伤等）和非生物因子（光照、温度、CO_2 浓度、水等）。气温升高、干旱、CO_2 浓度升高和臭氧增加等会诱导、增加植物 BVOCs 的排放（见图 4-7）。此外，全球气候和大气成分变化通过改变物种分布和生物量间接影响植物 BVOCs 的排放（Peñuelas and Staudt，2010）。

（1）光照

光是影响植物 BVOCs 合成和释放的主要环境因子之一，不同植物合成和释放 BVOCs 对光产生的依赖性不同，一种是依赖光释放；另一种是不依赖光释放（Lerdau and Gary，2003）。

依赖光释放的植物，BVOCs 在植物体内是十分丰富的，主要是 C_5 的醇类化合物和异戊二烯（Tarvainen et al.，2005）。一般来讲，异戊二烯释放速率的变化会在一定范围内与光强的变化具有相同的趋势，但不同树种异戊二烯释放速率接近最大值时的光强范围却不相同。内蒙古草原羊草 BVOCs 排放的主要成分是异戊二烯，它的排放具有明显的日变化规律（白建辉和 Baker，2005）；西双版纳热带湿季人工橡胶林异戊二烯中午前后释放量最大（白建辉和 Baker，2004）。

与异戊二烯的光依赖性相反，单萜的释放通常不需要光，而少数不释放异戊二烯的橡胶树表现出单萜释放的光依赖性（Lerdau and Gray，2003）。

Owen 等（2002）观察到光强变化与多种植物的 BVOCs 释放速率之间在一定

范围内具有正相关关系。其中，松属植物释放的罗勒烯与光强变化强烈相关，栎属植物释放的所有 BVOCs 成分都与光强的变化显著相关，同时光下树木枝干的异戊二烯和单萜的平均释放速率可以达到荫下枝干的 2 倍。因此，光下生长的植株转移到荫处时会大大降低 BVOCs 的释放速率；同样，同一株树上处在不同位置枝叶的 BVOCs 释放速率也会由于见光条件的不同，而具有明显的差异。

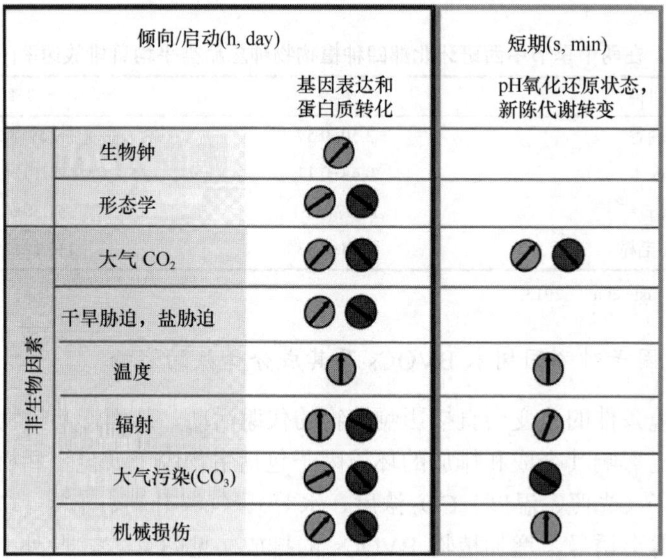

图 4-7　非生物因素对 BVOCs 排放的调控示意图

数据来源：Loreto and Delfine，2010

（2）温度

温度是影响不同树木 BVOCs 释放的一个主要因子。许多对不同地区不同树种的研究结果表明，不同树木 BVOCs 的释放速率在一定范围内会随温度的升高而不断增加。温度越高，光强越大，植物排放 BVOCs 的速率也越大（赵美萍等，1996）。例如圆柏和雪松 BVOCs 的释放规律与气温的变化规律一致，成正相关（宁平等，2013）。栓皮栎、意大利松和猪芽菜排放 BVOCs 受温度影响，且猪芽菜 VOCs 排放对温度的依赖性很大（Owen et al.，2002）。

在光强一定的条件下，桉树的异戊二烯的释放速率会随着叶温的不断升高而以指数函数形式增加（Guenther et al.，1999）。大多数温带和热带植物在 40℃ 左右达到最大释放率，温度继续升高，BVOCs 释放率急剧下降（Baldocchi et al.，1995；Lerdau and Gershenzon，1997）。这个过程异戊二烯合成酶的活性变化趋势一致，表明酶系统或膜结构在高温下受到破坏（Kuzma et al.，1995）。

储存在植物细胞组织（如树脂道、油腺、腺毛）的单萜的释放主要依赖于温度而不直接受光照的影响，生长季内的单萜释放速率与环境温度之间呈显著相关（Tingey et al.，1980）。精细的控制试验表明，叶片异戊二烯的释放只对短时高温发生反应，超过 5～15 min 会降低异戊二烯的释放速率（Singsass et al.，1997）。

但也有一些实验结果与上述结果差别很大，甚至截然相反。例如，温度对松树 BVOC 释放速率的影响很小（Street et al.，1997）。Kim（2001）对火炬松的研究结果也表明，虽然火炬松的单萜总释放速率在全年内与环境温度之间存在一定的相关性（r^2<0.4），但火炬松的单萜释放速率与环境温度变化之间的关系很不稳定。特别是在秋冬两季，环境温度的变化对火炬松的单萜总释放速率没有明显的影响（r^2=0.10）。

（3）CO$_2$ 浓度

异戊二烯的生物合成主要依赖于新合成的丙酮酸碳源（Loreto and Sharkey，1990），并受叶绿体 ATP 水平的控制（Sharkey and Loreto，1993），光合作用中已固定的碳有 0.4%以单萜的形式释放到植物体外（Tingey et al.，1991）。异戊二烯一般具有与 CO$_2$ 交换相似的光反应曲线，但是，它的光饱和点比 CO$_2$ 的光饱和点更高（Sharkey and Loreto，1993）。在自然光强下，白杨的异戊二烯释放速率几乎没有饱和点（Harley et al.，1999）。橡树叶片异戊二烯释放速率受高浓度 CO$_2$ 的抑制，当胞间 CO$_2$ 浓度超过 200 μmol/L 时，异戊二烯释放速率迅速下降（Loreto and Sharkey，1990）。在低氧无 CO$_2$ 的条件下，异戊二烯释放速率极低，表明只有卡尔文循环（PCRC）或光呼吸（PCOC）存在时才有异戊二烯合成（Loreto and Delfine，2000）。Loreto 等（2001）研究地中海石栎时发现，在光照、温度恒定的条件下，当 CO$_2$ 浓度从 350 ppm 上升到 700 ppm 时，石砾叶片的光合作用被刺激，3 种单萜（α-蒎烯、p-蒎烯、桧烯）释放明显受到抑制，释放量降低了 68%。

（4）大气湿度

大气湿度的变化对 BVOCs 的释放影响较大，并且这种变化在不同树种之间有较大差异。部分树种的 BVOCs 释放速率随大气湿度的增加而逐渐增加，也有的随湿度增加不断降低，还有部分树种 BVOCs 的释放速率对周围环境湿度的变化不敏感。美国黄松的单萜释放速率与空气湿度的变化密切相关，当空气湿度小于 40%时，单萜释放速率急剧降低。周围环境湿度的增加不仅可以加快欧洲赤松和挪威云杉 BVOCs 的释放，而且可以使树木释放的 BVOCs 组分发生改变（Janson，1993）。

与此相反，桉树叶片周围湿度的变化对其单萜的释放速率没有明显的影响，而湿地松的萜烯释放速率还会与环境湿度的变化之间存在负相关关系，即随着环境湿度的增加，萜烯释放速率反而不断降低。

（5）其他环境因子

外界伤害也影响植物 BVOCs 的释放。食草动物损害植物（马利筋），将引导植物 BVOCs 排放平均增加 62%。此外，受外界损害的植物 BVOCs 排放随纬度的增加而增加，而未受到损害的植物 BVOCs 排放与纬度梯度无关（Elizabeth et al.，2013）。圆柏和雪松 BVOCs 的释放过程中，α-蒎烯的释放量与相对湿度的相关性为正相关，异戊二烯的释放量与相对湿度呈负相关（宁平等，2013）。

不同树木 BVOCs 排放因植被类型和生态系统演替而不同。Klinger 等（2002）总结了中国不同植被类型 BVOCs 的排放量，对于异戊二烯：橡木林>云杉林>杨树林>冷杉林>阔叶林>混合阔叶林，而对于萜烯排放量顺序为云杉林>冷杉林>松树林>混合针叶林（见表 4-20）。

表 4-20　中国不同植被类型 BVOCs 的排放情况

植被类型	样地数	冠层叶生物量 （g/m^2）	BVOC 年均排放量		
			异戊二烯 [μg C/ (m^2·h)]	萜烯 [μg C/ (m^2·h)]	其他 VOC [μg C/ (m^2·h)]
阔叶林	108	426	2990	36.4	639
冷杉林	7	430	3160	1040	644
混合阔叶林	20	274	725	68.3	411
混合针叶林	11	440	2310	831	660
云杉林	19	792	9530	2220	1190
松树林	11	448	1300	870	672
杨树林	11	266	5980	270	399
橡木林	4	423	23600	202	634

数据来源：Klinger et al.，2002

4.4.3　树木释放的 BVOCs 的功能

植物 BVOCs 的合成是在不同组织器官的生理代谢过程中产生的，主要通过植物叶片散发到空气中，BVOCs 具有很强的还原性，在生态系统中，它是重要的化学信息传递物质，在调节植物的生长、发育和繁衍、抵御环境胁迫以及预防动物和昆虫的危害等方面具有重要的作用。不同 BVOCs 在植物体内合成不同，并且其生理代谢依赖于植物 C 的需求、酶的活性等（Oikawa and Lerdau，2013）。一些 BVOCs 是植物主动产生或受到刺激被动形成的，具有特殊的功能；其他的 BVOCs 来源于植物新陈代新的副产物或从大气中吸收。BVOCs 的排放受 BVOCs 从合成池到气孔下腔积极地运输或扩散的调控，也受气孔、温度和叶片-大气之间压力梯度的影响。植物体合成的 BVOCs 在排放和分解之前在体内运输。有的 BVOCs 如甲醇被氧化分解成 CO$_2$，参与卡尔文循环。有的 BVOCs 的氧化分解过程会产生其他 BVOCs，这些 BVOCs 可能排放也可能进一步的被氧化。所以一种 BVOCs 的代谢途径不仅影响自身排放，也影响其他 BVOCs 的形成。植物释放的 BVOCs 是可参与植物体内、个体间信号传递与防御反应的重要部分。当大气中的 BVOCs 浓度高于植物叶片组织内 BVOCs 浓度（[BVOCs]$_{atm}$ >[BVOCs]$_{leaf}$），植物将吸收 BVOCs。BVOCs 在植物体内代谢分解导致 BVOCs 排放减少，降低二次有机气溶胶形成。BVOCs 参与植物生长、繁殖与防御等反应，如增强植物抵御非生物胁迫能力、提高植物对于病虫害抗性、促进花粉传播和信号传递、改善植物个体间相互作用（Peñuelas and Staudt，2010）。

植物 BVOCs 还具有杀菌抑菌作用。绿萝和常春藤释放的 BVOCs 的主要成分均为 α-蒎烯、莰烯和桉树脑，这三种 BVOCs 对枝孢霉、附球菌、链格孢、青霉和黑曲霉 5 种真菌的生长都有一定的抑制作用，抑菌力的强弱为 α-蒎烯>桉树脑>莰烯（孟雪等，2010）。拟南芥中 β-石竹烯的释放对丁香假单胞菌生长有影响，与释放 β-石竹烯的野生型拟南芥相比，不能释放 β-石竹烯的拟南芥突变体的柱头上的丁香假单胞菌数量明显增多，表明 β-石竹烯能够抑制丁香假单胞菌的生长（Huang et al.，2012）。树木气体挥发物中均含有抑菌成分，不同树种的气体挥发物成分及其含量不尽相同，不同挥发物的抑菌能力也不一样，其中银杏、臭椿、构树、悬铃木挥发性抑菌物质含量较高；香樟、珊瑚树等含量较低。挥发性抑菌物质主要成分是水杨酸甲酯、邻苯二酚、乙酸等（张庆费等，2000）。此外，圆柏、侧柏、桃的杀菌力较也强；垂柳、泡桐等树木抑菌力较差（谢慧玲等，1999）。园林植物 BVOCs 含有大量的杀菌或抑菌物质，占植物 BVOCs 总量的 30%～50%，且对空气中微生物抑制效果不同（郑林森等，2002）。

不同植物 BVOCs 有不同程度的杀菌作用，像君子兰、吊兰等花卉都能吸附家具、天花板、地板散发的甲醛、一氧化碳有害气体。室内没有植物的房间较有植物的房间空气中含菌量高 50%。居室绿化比较好的家庭空气中细菌可降低 40% 左右，说明绿色植物花卉有助于净化空气，使居室保持良好的环境。据统计，有上百种的花卉能散发不同的芳香，起到抑菌作用。据法国测定，在百货商店每立方米空气含菌量高达 400 万个，林荫道为 58 万个，公园内为 1000 个，而林区只有 55 个，林区与百货商店的空气含菌量差 7 万倍（王祥荣，1998；方治国等，2004）。空气细菌浓度交通干线和文教区明显高于公园绿地，而空气真菌浓度公园绿地和文教区明显高于交通干线（方治国等，2005）。

随着对植物挥发物生态意义的认识，人们开始研究植物挥发物与人体健康之间的关系。近十几年，植物 BVOCs 收集、分离和鉴定方法等方面取得的突破性发展，从机理上证实植物体散发的某些挥发性成分具有保健功效。在嗅闻月季、菊花、雪松、侧柏等过程中，被试人的情绪趋向松弛；而嗅闻珍珠梅 BVOCs 被试人的情绪趋向紧张和焦躁（郑华，2002）。从嗅觉的角度研究侧柏和香樟挥发物对人体的影响，可以看出，侧柏环境中情绪趋于放松状态，感觉清新、舒爽、愉悦；而在香樟气味环境中人表现出紧张、不快及厌恶情绪（王艳英等，2010）。

当人们走进茂密的树林，投入绿色的怀抱之时，那一股股浓郁的花香、果香和树脂等芳香扑鼻而来，沁人心脾，使人精神为之一爽。这种具有调节精神、解除疲劳和抗病强身的 BVOCs 大体可分为 3 种，即单萜烯、倍半萜烯和双萜，它们都分别具有抗生（微生物）性、抗菌性和抗癌性；可促进生长激素的分泌。单萜烯还具有促进支气管和肾脏系统活动的功能，倍半萜烯具有抑制精神上焦燥、调节内脏活动的功能。如法国梧桐、黄连木、木模、栓皮栋、红皮云杉、按树和油松等散发出的萜烯类化合物最多，这种物质进入人体肺部以后，可杀死百日咳、白喉、痢疾、结核等病菌，起到消炎、利尿、加快呼吸器官纤毛运动。种植这些树种是净化大气，控制结核病发展蔓延，增进人体健康的有效措施。

4.4.4　正确认识树木 BVOCs 释放与 $PM_{2.5}$ 的关系

近年来国内外研究人员对 $PM_{2.5}$ 的研究主要集中在流行病学和毒理学等方面，国内研究者也对 $PM_{2.5}$ 污染状况开展了一系列的研究，通过对大气 $PM_{2.5}$ 中不同化学组分的测定与其来源解析，从时空分布看，$PM_{2.5}$ 颗粒物的化学组成复杂且多变，大致可分为无机成分和有机成分。有机成分包括脂肪烃、多环芳烃和醇、酮、酸、酯等。

植物释放的 BVOCs（异戊二烯和单萜）对于 $PM_{2.5}$ 和 O_3 等复合型大气污染具有重要作用（He et al.，2014）。BVOCs 经由紫外光的照射，会与大气中其他化学成分（如 OH、NO_x）反应，形成二次污染物（如 O_3、高氧化物等）或化学活性强的中间产物，从而导致大气对流层 O_3 浓度的增加和光化学烟雾的形成。这些二次污染物通过物理或化学过程吸附在颗粒物的内部，形成二次有机气溶胶（Secondary Organic Aerosol，SOA），即 $PM_{2.5}$ 的重要组成部分。额外的 BVOCs 促进二次有机气溶胶和对流层臭氧的形成（Peñuelas and Staudt，2010）。

树木 BVOCs 对城市中 O_3 浓度的影响，依赖于 VOCs/NO_x 的比值（Calfapietra et al.，2013）；当 BVOCs 排放低（VOCs/NO_x<4）时，限制臭氧的形成；当 BVOCs 排放增加（4<VOCs/NO_x<15）时，促进臭氧形成（见图 4-8）。单萜等高反应活性的碳氢化合物每年会产生 30～270 万吨的二次有机气溶胶粒子（Crutzen et al.，2000）。在 NO_x 污染严重的城市化地区，萜类化合物反应产生高浓度的 O_3，引发光化学烟雾，除了降低能见度外，所产生的 O_3、过氧乙酰硝酸酯（PAN）和过氧苯酰硝酸酯（PBN）物质会对人体呼吸系统造成伤害。由此可见，植物释放的异戊二烯和单萜等 BVOCs 化学活性高，通过参与大气光化学氧化过程，对光化学

烟雾和二次有机气溶胶的形成有着非常重要的作用，也是城市 PM$_{2.5}$ 和 O$_3$ 等复合型大气污染的重要前提污染物。

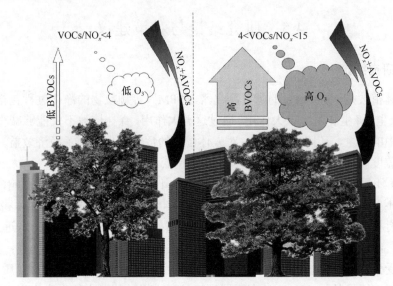

图 4-8　城市树木释放的 BVOCs 对城市中 O$_3$ 浓度的影响

数据来源：Calfapietra et al.，2013

因此，BVOCs、臭氧和 PM$_{2.5}$ 是彼此关联的。BVOCs 排放失控，就会影响臭氧污染加重，在一定程度上也会加剧 PM$_{2.5}$ 污染。所以，了解不同树种排放 BVOCs 的种类与特征，是优选树种进行城市绿化规划和调控 BVOCs 排放，减少 PM$_{2.5}$ 污染的基础。

4.4.5　树木 BVOCs 排放控制

在城市森林建设中植物材料的选择与搭配，除了要满足生态、景观这些外在的要求之外，更要考虑植物本身对环境质量和人类身心健康所具有的各种潜在的影响。因此，在城市森林群落结构调整过程中，特别是与城市居民关系密切的城市风景林群落结构调整过程中，更要充分运用生态位和植物他感原理，人工模拟保健型森林群落，并在城市森林建设中加以应用，把具有保健功能的树木种类作为基调树种，合理配置，总体布局，从而构建不同保健功能型的植物群落，建设保健型生态风景林，使人与自然和谐共处，让城市居民在游憩时也能享受到森林保健所带来的益处。基于植物 BVOCs 在生理生态系统中的作用，在城市绿化建设方面，树种的选择需要考虑不同树木排放 BVOCs 的种类和特征。在人为源 VOCs 浓度高的地区，可选种吸附环境污染物能力强的树种，不仅可以吸附颗粒物（如

$PM_{2.5}$），还能吸收大气中的 VOCs；在人聚集的活动区，可选种一些杀菌抑菌能力强和萜烯类化合物多的树种，净化大气，控制结核病发展蔓延，增进人体健康。

4.5　研究结论与对策建议

4.5.1　研究结论

森林植被是调控 $PM_{2.5}$ 的绿色净化器，对 $PM_{2.5}$ 等颗粒物的净化过程包括减尘、滞尘、吸尘、降尘和阻尘五大作用。通过这五大作用，森林植被不仅能够减少 $PM_{2.5}$ 在大气中的含量，还降低了 $PM_{2.5}$ 对人体健康的危害，也起到了经济效益。因此，植被覆盖度高的地方，$PM_{2.5}$ 等颗粒物浓度越低，更适合人们居住。

（1）不同树种由于枝叶形态、生理特性的不同，并受外界环境的影响，吸附、吸收 $PM_{2.5}$ 等颗粒物功能存在明显差异。就滞尘能力而言，叶片多皱褶、多油脂、粗糙、有被毛等复杂特征的树种滞尘能力越强；针叶树种的滞尘能力远远大于阔叶树种，综合三类常绿高大乔木的滞尘能力大小为：柏类＞杉类＞松类；树木滞尘能力受外界环境的影响，阴天 $PM_{2.5}$ 质量浓度较高，降雨天则使 $PM_{2.5}$ 质量浓度明显降低，降幅约达 80%；处在不同环境的同一树种的滞尘能力也表现出明显差异性。

不同高度的叶片滞尘能力表现不同，以乔木为主的复层结构绿地能够最有效地增加单位绿地上的绿量，起到良好的滞尘效果。不同绿地的滞尘效应为：乔灌草复合型＞灌草型＞草坪＞裸地。从生长习性上看，灌木的单位面积滞尘量最大，常绿乔木次之，落叶乔木、草本最小。乔灌草树种可以合理搭配种植。这样既能起到生态功能，又能满足人们对美化的要求。

（2）森林植被能吸收 $PM_{2.5}$ 的气态前体物质 SO_2、NO_x 和 HF，间接地降低了大气中 $PM_{2.5}$ 的浓度，起到对大气污染的净化作用。不同树种对 SO_2、NO_x 和 HF 的吸收具有选择性，并且积累量与大气中相应的大气污染物的浓度成正比。依据树木对 SO_2、NO_x 和 HF 等大气污染物的抗性和吸收能力，可将树种的抗性及吸收能力分别划分为强性、较强性、中等、较弱及弱五个等级。因此，在环境污染区，应选择抗性强和吸收净化有害气体能力强的树种。

（3）不同树种排放 BVOCs 的种类有较大差别，具有选择性。阔叶树种所释放的 BVOCs 以低级的烷烃、烯烃为主，主要释放种类为异戊二烯，而针叶树种主要释放种类为单萜烯（α-蒎烯）。不同树种排放 BVOCs 的速率和排放量不仅与自身生理和发育状态有关，还受外界环境的影响。一般来说，夏、秋季节是植物BVOCs 释放的两个主要季节，大多树种在冬季 BVOCs 的排放量最低；白天树木

BVOCs 释放速率高于夜晚，上午低于下午。

（4）树木释放的 BVOCs、臭氧和 $PM_{2.5}$ 是彼此关联的。额外的 BVOCs 促进二次有机气溶胶和对流层臭氧的形成，从而影响臭氧污染加重，在一定程度上也会加剧 $PM_{2.5}$ 污染。

（5）在人为源 VOCs 浓度高的地区，可选种 BVOCs 排放量少的树种；在人聚集的活动区，可选种一些杀菌抑菌能力强和释放萜烯类化合物多的树种，净化大气，控制结核病发展蔓延，增进人体健康。对于 BVOCs 排放量大的树种，可在偏远地区或人类活动少的地方种植，来满足植被本身的需要和维持大气中VOCs 的平衡。

4.5.2　对策建议

1. 城市森林规划

城市森林这一概念的提出已有 30 余年的历史。1962 年，美国肯尼迪政府在户外娱乐资源调查报告中，首次使用"城市森林"这一名词。城市森林与自然林相比，主要功能不是提供木材，而更侧重于保持、调节与改善城市生态环境，维护城市生态系统的良性循环等方面。所以，城市森林是生长在城市（包括市郊）的对所在环境有明显改善作用的林地及其相关植被（李海梅等，2004）。

面对越来越凶猛的 $PM_{2.5}$，究竟应该怎样应对？从倡导转变生产方式，节能减排，到倡导公共交通等等，策略很多。从林业的角度来讲，推进绿色基础设施（GI）建设能有助于 $PM_{2.5}$ 问题的进一步解决。

利用树木净化空气污染物是一种经济、有效、非破坏型的环境污染修复方式，树木修复空气污染的思想及其技术对城市森林建设、园林绿化、环境规划和生态环境建设等具有直接的指导意义和应用价值。近期随着政府对生态环境问题的更加关注，我国将逐步加快城市森林建设的步伐。北京、广州等大都市都在进行重大林业工程，绿色通道、平原地区景观生态林建设和山区森林经营，这有助于控制城市空气中 $PM_{2.5}$ 等颗粒物污染。

城市森林生态系统以其独有的优势，成为应用生物措施治标又治本的不二选择，当一个城市有了非常丰富的绿地森林生态系统，城市森林必然会发挥其清洁空气的作用，城市的生态环境也将必然会有很好的改善。因此，合理利用自然生态系统的力量可达到绿色控制、可持续发展的目的。

城市森林不仅可以吸滞烟尘和粉尘，吸收有害气体，还具有能减菌、杀菌和调节和改善小气候，但与此同时，森林植被会向环境中释放 BVOCs，其具有很强的还原性。对于植物本身，适宜的 BVOCs 是重要的化学信息传递物质，在调节植物的生长、发育和繁衍、抵御环境胁迫以及预防动物和昆虫的危害等方面具有重要的作用；一些 BVOCs 具有杀菌抑菌、改善环境质量，有利于人类活动。但额外的 BVOCs 往往会与大气中其他化学成分（如 OH、NO$_x$）反应，促进二次有机气溶胶和对流层臭氧的形成，从而改变空气对流层化学成分和全球碳循环，在一定程度上加剧了 PM$_{2.5}$ 污染。因此，在城市森林规划中应该，充分考虑植物BVOCs 的排放规律和功能，进行合理的生态配置，达到理想的生态效益。

城市森林已成为衡量一个城市文明进步和可持续发展能力的重要指标。随着城市化进程的加速和城市环境问题的加剧，人们已越来越认识到城市森林在城市生态环境和可持续发展中的重要作用。各城市应借鉴国内外城市森林建设的成功经验，建成各具特色的森林城市。

城市森林规划，不仅追求建设适宜人类活动的美好环境，还要需要城市的美景。选择对 PM$_{2.5}$ 及其前体物吸附、吸收和净化能力强，BVOCs 排放量低的乔、灌、草，进行组合、合理配置，可能会起到很好的净化环境的效果，从而形成健康稳定的、具有保健功能的森林群落，也可能产生巨大的经济效益。

2. 适宜树种选择

（1）针对 PM$_{2.5}$ 污染及其前体物选择适宜的具有吸附、吸收及净化功能的森林植被

由于树种差异，不同的植物个体之间的滞尘能力不同，其自身的形态学特征，如树冠结构、枝叶密度、叶表面特性等会影响其对 PM$_{2.5}$ 的沉降量。因此，在城市森林规划中应考虑不同树种的叶片表面特性以及吸附、吸收 PM$_{2.5}$ 及其前体物能力的差异。

从叶片特征上看，叶片多皱褶、多油脂、粗糙、被毛等特征树种更有利于拦截、吸附粉尘，滞尘能力较强。从这方面考虑，在城市森林规划中应选择滞尘能力较强的树种，主要包括阔叶乔木（国槐、构树、毛泡桐等）、常绿树种（圆柏、侧柏、云杉）、灌木（忍冬、紫丁香、卫矛等）。滞尘能力较弱的树种可适量种植，起到"装饰"作用即可。由于针叶树种的拦截能力远远大于阔叶树种，综合三类常绿高大乔木的滞尘能力大小为：柏类＞杉类＞松类。因此，在城市森林规划中也要适当地增加针叶树种的比例。

除本身特性之外，植物的滞尘能力还受到多种外界因素的影响，包括环境颗粒物浓度，风速、温度和湿度等气象条件及植物所处的环境。树木的滞尘能力因季节和功能区的不同而存在显著差异，同种道路绿化树木的滞尘能力通常表现为春季＞秋季＞夏季，工业区（商业区）＞居民区（交通区）。一天内植物叶片滞尘量分别在早上 8：00～10：00 和傍晚 16：00～18：00 相对较大。所以，绿化树种

的选择和乔木（阔叶和常绿）、灌木、草本的种植比例还需要考虑当地的污染程度和环境条件。

针对不同的 $PM_{2.5}$ 污染类型，需要选择不同的树种栽植。在重金属元素污染严重的地区，应选种吸附金属能力强的树种，但植物对不同金属元素的吸收净化能力具有明显差异，树种栽植还需考虑当地实际污染情况。如在铅元素污染严重的地区，选种雪松、桑树、黄金树、榆树、旱树、爬墙虎等；在镉元素污染严重的地区，选种桑树、旱树、榆树、爬墙虎、扶芳藤、红叶臭椿、七叶树等。

绿化树种对大气污染物（SO_2、NO_x、HF 等）具有一定的吸收净化能力，并依污染物和树种的不同具有明显差异，对于 SO_2 污染严重的地区，可选种吸收硫量高的树种，如加杨、花曲柳、臭椿、刺槐等；对于 NO_x 污染严重的地区，可优选茄科和杨柳科中的植物；对于氟化物排放量高的地区，可选种一些耐盐碱性植物，如枣树、榆树、桑树、山杏。

（2）针对森林的 BVOCs 排放状况选择适宜的森林植被

由于森林植被释放的 BVOCs 会对大气环境造成一定影响，其作用效果因种类和浓度不同而异，有时相差很大，甚至出现相反效果。因此，在城市森林规划中应考虑不同树种排放 BVOCs 的种类和特征。

在交通干线等人为源 VOCs 和大气污染严重的地区，应该选种 BVOCs 排放量少的树种（如榆树、皂角、银杏、油松、丁香、水腊）和减少 BVOCs 排放量多的树种（如中杨、垂柳），但这些 BVOCs 排放量大的树种可在偏远地区或人类活动少的地方种植，来满足植被本身的需要和维持大气中 BVOCs 的平衡。

在人类活动频繁的地区（如公园），应根据当地的气候状况和园外的环境特征，充分利用 BVOCs 的保健、杀菌抑菌功能以及居民游赏习惯进行植物选择和配置，达到美观、适用、保健三位一体的效果。石竹烯、莰烯、水芹烯、月桂烯、芳樟醇、桉树脑等 BVOCs 对中枢神经系统有保健作用，这类成分能缓解成年人的精神疲惫，提神醒脑，促进睡眠，有利于提高工作效率，而且其自然清新的香味使紧张的神经得到缓解。所以在城市森林规划中应优选种植这些具保健作用的植物。例如水仙花、吊兰及艾草等菊科类植物，可帮助大脑机能平衡，并能消除疲劳；菊花、金银花等，它们释放的芳香类保健成分可使高血压患者血压下降；生命旺盛的植物，如樟树、松柏类植物的枝干苍劲挺拔，使人精神焕发，精神抖擞，该类植物挥发物对骨关节疼痛也有很好的缓解作用；增强身体机能的植物，如白兰中富含芳樟醇可使心率减慢，心脏活动的适度抑制，也可降低心肌的耗氧量，使人心脏收缩有力，有益于调节老年人的生理机能。这些保健植物在公共绿地中的合理应用，不仅能灭菌杀虫增加环境效益，而且具有舒缓神经、消除疲劳、消炎镇痛、增强体质等功效，给人类带来健康。

有些植物挥发性物质也会对人产生危害。珍珠梅挥发成分中的含氮化合物和醛类化合物使人的情绪紧张，焦虑，对人体健康可能会产生负面影响，种植时最好远离居民住宅，且种植密度宜低不宜高。暴马丁香释放的 BVOCs 具有较强的刺激性，其含有大量的氧化芳樟醇、里哪醇、柠檬醛（E）、柠檬醛（Z）、苯甲醛、苯乙醛，这些物质均具有较强的刺激性，对人体健康非常不利，因而在种植暴马丁香时必须远离居民住宅区，一定要少栽，起到点缀作用即可。此外，一部分植物如夹竹桃虽能吸收空气中的烟尘，但其枝叶液汁有毒，在公园中需慎用，应配置在人群不易到达的位置。

3. 树种配置

树种选择和配置，是城市森林规划建设的一个重要问题。所选树种应具备观赏、抗逆性、生态保健、经济、文化等功能。单一植物群落对 PM$_{2.5}$ 等颗粒物的影响及其释放 BVOCs 成分比较简单，对环境所造成的影响相对单一，生态效益低。只有丰富合理的植物搭配，形成一个生物多样性群落，才能保持生态平衡，从而让绿地或树林发挥更好的生态效应。

在配置形式上，多行式、复层结构绿地对空气的改善作用比结构单一的绿地更显著。因此绿化种植时尽量增加绿带宽度，在有条件的地带采用片林式种植形式，将乔木、灌木、地被、草坪等结合配植，形成如"乔-灌-草"型、"乔-灌"型、"灌-草"型等复层式结构，适当增加绿植高度，保证垂直空间绿体含量，最大限度的发挥绿地改善生态环境的作用。如道路以乔、灌、花、草相结合，汽车拥挤区尽量见缝插针，垂直复层为宜；楼房、平房、院墙壁以藤类为主；大小公园、庭院内以乔、灌、藤、花、草、蔬菜（庭院）为宜，防治和美化相结合。楼顶、房顶、阳台以小乔木、小藤木、花、蔬菜相结合；室内以小灌木、盆花为宜。

此外，在多种植物相互组合、合理配置之后，不同树木种类所释放的 BVOCs 相互作用，可能就会起到很好的净化环境的效果，从而形成健康稳定的、具有保健功能的森林群落。把具有保健功能的植物合理配置成群落，通过群落的循环和再生功能，使得自然资源得到合理的利用，提高了生态效益，同时，随着季节的变化，各种植物会呈现不同的季节变化，丰富了园林景观，园林中保健植物群落选择上，宜将具有保健功效的乔、灌、草本植物结合，落叶、常绿按合理比例搭配，形成复层结构，并力求错开彼此花期和繁盛期，如以桂花、香樟为乔木主体结构，木兰、雪松等点缀其间，下层小乔木和灌木以龙柏和山茶为主，紫薇、海桐次之，杜鹃、菊花、扶芳藤及草坪植物地被。

因此，乔木、灌木和草本植物的合理配植即是植被最大效率地吸附、吸收 PM$_{2.5}$ 等污染物，净化空气的重要手段，又是调控植被排放 BVOCs 的有效策略。

4. 加强城区绿化

在平原地区营造城市森林，形成大面积绿色空间，可以调温、减风、加湿、滞尘，将会有力改善城市宜居环境和提升幸福指数，满足市民绿色休闲需求，吸纳农民就业，促进农村发展。

（1）城市绿化

全面提升城市主干道、次干道道路绿地景观，建设城区环路两侧绿化带，形成城市绿色生态屏障。

加强城乡结合部拆迁腾退地区植被绿化，绿化建设新建居住社区、绿化改造老旧小区。

加快城市河湖水系河道两侧绿化绿廊和荒滩荒地、航空走廊和机场周边、南水北调干线和配套管网范围等地区建设，最大限度加大种树密度，提高城市森林覆盖率。

在中心城区、两道绿化隔离地区、新城、小城镇、山区等不同区域实施一批大型公园绿地建设工程，为市民提供更大的绿色休闲游憩空间。

城市绿化建设，围绕环状楔形绿地结构，在中心城周边营造林海绵延、绿道纵横、公园镶嵌、林水相依的城市森林景观。

（2）改造平原绿网

在京郊干线高速公路和铁路等重点通道进行绿化，建设绿色城际通道。

在城乡结合区域建设郊野公园，建设集中连片的大尺度森林，形成连接市区与城市外围、隔断新城之间、缓解热岛效应的楔形绿地。

加强平原防护林更新改造，建立适合京津冀地区减少农田扬尘的现代农业林网体系，对林带结构和树种单一、林木生长差、残网断带状况严重、防护功能低下的防护林实施更新改造，形成带、网、片相结合的合理布局，减少农田扬尘所带来的大气污染。

大力推进村庄绿化，适地适树、突出特色，营造和谐协调、各具特色的乡村自然和生态环境。

通过平原造林，将现有的北京城区绿地与郊区森林绿地相连，形成一条条绿色廊道，有助于城市气流的畅通，改善大气环境。

（3）加强山区森林生态建设

以国家"京津风沙源治理工程"、"太行山绿化工程"为骨架，大力加强山区生态建设和森林健康经营，推动生态涵养森林发展，着力增强森林生态系统的综合服务功能。

宜林荒山绿化。对现存的宜林荒山，广泛推广应用抗旱节水新技术、新材料，通过荒山造林、封山育林等多种形式，进行荒山绿化，增加森林资源，减轻风沙危害和水土流失。

对废弃矿山实施生态修复，加快植被恢复，使废弃矿区生态环境和景观效果明显改善，促进"绿色经济"的转型。

（4）恢复城市湿地系统

加快湿地生态系统的恢复、保护和建设，实施湿地公园、湿地自然保护区建设和重要河湖水系湿地恢复等工程，着力增强湿地生态系统功能。

（5）立体绿化

在绿化用地紧张的城市环境中防治 PM$_{2.5}$，应向空中要绿地，"见缝插树"，全面实施立体绿化。大力推广屋顶绿化，形成空中花园、草坪；在建筑墙面利用攀援植物形成"绿壁"，阳台、窗台绿化还可向下垂挂形成"绿帘"；立交桥、高架路绿化要考虑"高、中、低"三个层次的结合，采用道路两侧悬挂绿化筐、立柱上覆盖攀援植物、桥下种植耐荫植物等绿化方式，拓展城市绿色空间，丰富城市空中景观。

（6）室内绿化

室内是人们最直接密切接触的生活环境和工作环境，在室内适当摆放盆栽植物、悬挂垂吊植物，可增加室内空气湿度，吸附有害颗粒，降低 PM$_{2.5}$ 污染。发财树、千年木、孔雀竹芋、龟背竹、绿萝、万年青等观叶植物都是室内绿化常用品种，对有害颗粒物的吸附能力较强。通过墙体绿化技术，还可以对室内墙壁进行适当绿化，营造立体绿色空间。

5. 加强基础科研力度

培育吸收 PM$_{2.5}$ 植物。积极引入"强力净化空气"的植物的同时，农林科研部门还要要培育善于吸收 PM$_{2.5}$ 的植物、微生物。

深入研究植物与 PM$_{2.5}$ 间关系的基础研究。关于植物对 PM$_{2.5}$ 的抗性及净化机制及机理，日本、欧美等国已有很多研究报道，我国在相关方面的研究刚刚起步，尚属空白，远远落后于发达国家。因此，需要加强科研力量，深化基础研究，为降低大气 PM$_{2.5}$ 污染提供技术支持，为建立森林有效净化 PM$_{2.5}$ 的示范区提供有效的蓝图。

主要包括：树木吸收 PM$_{2.5}$ 的机理的研究，探讨 PM$_{2.5}$ 进入植物体的途径、在植物体内的运输和生理过程；不同树种阻滞吸收 PM$_{2.5}$ 的功能差异研究；我国现有城市绿化树种对 PM$_{2.5}$ 颗粒污染物及其前体物（SO$_2$、NO$_x$）的吸收机制及抗性，以及吸收能力有待排序；森林植被调控 PM$_{2.5}$ 的功能分析与评价；森林对 PM$_{2.5}$ 的调控技术集成配置模式。

此外，森林植物在释放 BVOCs 的同时，也吸收大气中的 VOCs，维持着生态系统中植物-大气间 VOCs 的交换平衡。我国森林植被 BVOC 排放清单的建立起步晚，需要进一步研究不同树种排放 BVOCs 的种类，建立不同树种 BVOCs 排放清单，研究植物-大气间 VOCs 的动态平衡，以达到降低 PM$_{2.5}$ 有机物污染的目的。

6. 行政政策支持

第一，各级政府要高度重视森林植被对 PM$_{2.5}$ 污染的调控作用，切实加强领导，充分发动环保、林业、园林、财政等有关部门的力量，加强媒体宣传，呼吁全社会共同积极行动。

第二，政府有关部门组织各方面专家，聘请专门的规划设计队伍，对城市进行以森林为主的生态系统改造，因地制宜地制定出城市森林规划方案和实施措施，并负责对实施情况进行排查验收。

第三，加大防治投入。建议以政府财政拨款提供种子、苗木，鼓励单位、社区、企业、家庭、个人绿化植树；充分发挥街道社区和公务机关、商店居家在植树种草栽花中的作用，协力推进城区立体绿化、道路绿化、屋顶绿化、居室绿化，让更多的城区绿化发挥吸霾除尘、净化空气及美化环境等功能。

第四，加强林业、林地立法，将保护森林纳入政策法规，实施分类经营、分类规划，巩固现有的森林成果，避免工业生产和房地产挤占森林空间。

参 考 文 献

白建辉, Baker B. 2004. 热带人工橡胶林异戊二烯排放通量的模式研究[J]. 环境科学学报, 24(2): 197-203.

白建辉, Baker B. 2005. 内蒙古草原典型草地异戊二烯的排放特征[J]. 环境科学学报, 25(3): 285-292.

白建辉, 王明星, 孔国辉, 等. 1999. 鼎湖山地面臭氧, 氮氧化物变化特征的分析[J]. 环境科学学报, 19(3): 262-265.

柴一新, 祝宁, 韩焕金. 2002. 城市绿化树种的滞尘效应——以哈尔滨市为例[J]. 应用生态学报, 13(9): 1121-1126.

陈玮, 何兴元, 张粤, 等. 2003. 东北地区城市针叶树冬季滞尘效应研究[J]. 应用生态学报, 14(12): 2113-2116.

陈颖, 李德文, 史奕, 何兴元. 2009a. 沈阳地区典型绿化树种生物源挥发性有机物的排放速率[J]. 东北林业大学学报, 37(3): 47-49.

陈颖, 史奕, 何兴元. 2009b. 沈阳市四种乔木树种 VOCs 排放特征[J]. 生态学杂志, 28(12): 2410-2416.

陈卓梅, 杜国坚, 缪宇明. 2008. 浙江省 38 种园林绿化植物对氟化氢气体的抗性及吸收能力[J]. 浙江林学院学报, 259(4): 475-480.

程政红, 吴际友, 刘云国, 等. 2004. 岳阳市主要绿化树种滞尘效应研究[J]. 中国城市林业, 2(2): 37-40.

邓利群, 李红, 柴发合, 等. 2011. 北京东北部城区大气细粒子与相关气体污染特征研究[J]. 中国环境科学, 31(7): 1064-1070.

邓小勇. 2009. 深圳市常见芳香植物挥发性有机物释放特性研究: 硕士学位论文[D]. 重庆: 西南大学.

董希文, 崔强, 王丽敏, 等. 2005. 园林绿化树种枝叶滞尘效果分类研究[J]. 防护林科技, (1): 28-29.

董雪玲, 刘大锰, 袁杨森, 等. 2009. 北京市大气 PM_{10} 和 $PM_{2.5}$ 中有机物的时空变化[J]. 环境科学, 30(2): 328-334.

方治国, 欧阳志云, 胡利锋, 等. 2004. 城市生态系统空气微生物群落研究进展[J]. 生态学报, 24(2): 315-322.

方治国, 欧阳志云, 胡利锋, 等. 2005. 北京市三个功能区空气微生物中值直径及粒径分布特征[J]. 生态学报, 25(12): 3220-3224.

冯朝阳, 高吉喜, 田美荣, 等. 2007. 京西门头沟区自然植被滞尘能力及效益研究[J]. 环境科学研究, 20(5): 155-159.

高金晖, 王冬梅, 赵亮, 等. 2007. 植物叶片滞尘规律研究——以北京市为例[J]. 北京林业大学学报, 29(2): 94-99.

高峻, 杨名静, 陶康华. 2000. 上海城市绿地景观格局的分析研究[J]. 中国园林, 16(1): 53-56.

郭阿君, 岳桦. 2003. 观赏植物挥发物的研究[J]. 北方园艺, (6): 36-37.

郭二果. 2008. 北京西山典型游憩林生态保健功能研究: 博士学位论文[D]. 北京: 中国林业科学研究院.

郭含文, 丁国栋, 赵媛媛, 等. 2013. 城市不同绿地 $PM_{2.5}$ 质量浓度日变化规律[J]. 中国水土保持科学, 11(4): 99-103.

贺勇, 李磊, 李俊毅, 等. 2010. 北方 30 种景观树种净化空气效益分析[J]. 东北农业大学学报, 38(5): 37-39.

胡舒, 肖昕, 贾含帅. 2012. 不同污染条件下绿化树种对大气二氧化硫吸收积累能力的研究[J]. 北方园艺, (11): 69-72.

花晓梅. 1980. 树木杀菌作用研究初报[J]. 林业科学, 16(3): 236-240.

黄勇. 2011. 城市植物叶片 PAHs 特性及对土壤微生物与酶的影响: 博士学位论文[D]. 长沙: 中南林业科技大学.

贾彦, 吴超, 董春芳, 等. 2012. 7 种绿化植物滞尘的微观测定[J]. 中南大学学报(自然科学版), 43(11): 45-48.

江胜利, 金荷仙, 许小连. 2011. 杭州市常见道路绿化植物滞尘能力研究[J]. 浙江林业科技, 31(6): 45-49.

姜红卫, 朱旭东, 孙志海. 2006. 苏州高速公路绿化滞尘效果初探[J]. 福建林业科技, 33(4): 95-99.

蒋冬月, 李永红, 何昉, 等. 2012. 黄兰开花过程中挥发性有机成分及变化规律[J]. 中国农业科学, 45(6): 1215-1225.

焦杏春, 左谦, 曹军, 等. 2004. 城区叶面尘特性及其多环芳烃含量[J]. 环境科学, 25(2):

163-165.

靳明华, 丁振华, 周海超, 等. 2014. 海岸带不同林龄木麻黄对重金属的吸收与富集作用[J]. 生态学杂志, (8): 2183-2187.

孔垂华, 徐涛, 胡飞, 等. 2000. 环境胁迫下植物化感作用及其诱导机制[J]. 生态学报, 20(5): 849-854.

冷平生, 杨晓红, 苏芳, 等. 2004, 北京城市园林绿地生态效益经济评价初探[J]. 北京农学院学报, 19(4): 25-28.

李德生, 孙旭红, 李荣花, 等. 2007. 经济树种苗木对二氧化硫和二氧化氮的抗性分析[J]. 天津理工大学学报, 23(1): 44-47.

李德文, 迟光宇, 张兆伟, 等. 2009. 沈阳市城区幼树挥发性有机物组成及排放速率[J]. 辽宁工程技术大学学报, 28(2): 300-303.

李海梅, 何兴元, 陈玮, 等. 2004. 中国城市森林研究现状及发展趋势[J]. 生态学杂志, 23(2): 55-59.

李云桂. 2011. 典型有机污染物在植物角质层上的吸附行为与跨膜过程: 博士学位论文[D]. 杭州: 浙江大学.

梁淑英, 夏尚光, 胡海波. 2008. 南京市 15 种树木叶片对铅锌的吸收吸附能力[J]. 城市环境与城市生态, 21(5): 21-24.

刘光立, 陈其兵. 2004. 四种垂直绿化植物的吸污效应研究[J]. 西南园艺, 32(4): 1-2.

刘任涛, 毕润成, 赵哈林. 2009. 中国北方典型污染城市主要绿化树种的滞尘效应[J]. 生态环境, 17(5): 1879-1886.

刘霞, 李海梅, 李想, 等. 2008. 青岛市城阳区主要绿化树种滞尘能力研究[J].北方园艺, (4): 167-169.

刘学全, 唐万鹏, 周志翔, 等. 2004. 宜昌市城区不同绿地类型环境效应[J]. 东北林业大学学报, 32(5): 53-54, 83.

刘耘. 1990. 重金属粉尘污染大气对绿色植物的影响[J]. 大气环境, 5(4): 2-5.

鲁敏, 李英杰. 2002. 绿化树种对大气污染物吸收净化能力的研究[J]. 城市环境与城市生态, 15(2): 7-9.

鲁敏, 李英杰. 2003. 绿化树种对大气金属污染物吸滞能力[J]. 城市环境与城市生态[J].(1): 51-52.

鲁敏, 宁静, 李东和. 2010. 绿化树种对大气污染的净化修复能力研究[J]. 山东建筑大学学报, 25(5): 469-471.

罗红艳, 李吉跃, 刘增. 2000. 绿化树种对大气 SO$_2$ 的净化作用[J]. 北京林业大学学报, 22(1): 45-50.

骆永明, 查宏光, 宋静, 等. 2002. 大气污染的植物修复[J]. 土壤, 34(3): 113-119.

马辉, 虎燕, 王水锋, 等. 2007. 北京部分地区植物叶面滞尘的 XRD 研究[J]. 中国现代教育装备, 10(56): 23-26.

孟雪, 王志英, 吕慧. 2010. 绿萝和常春藤主要挥发性成分及其对 5 种真菌的抑制活性[J]. 园艺学报, 37(6): 971-976.

缪宇明, 陈卓梅, 陈亚飞, 等. 2008. 浙江省 38 种园林绿化植物苗木对二氧化氮气体的抗性及吸收能力[J]. 浙江林学院学报, 25(6): 765-771.

宁平, 郭霞, 田森林, 等. 2013. 昆明地区典型乔木主要挥发性有机物释放规律[J]. 中南大学学报(自然科学版), 44(3): 1290-1296.

牛生杰, 孙照渤. 2005. 春末中国西北沙漠地区沙尘气溶胶物理特性的飞机观测[J]. 高原气象, 24(4): 604-610.

潘文, 张卫强, 张方秋, 等. 2012. 广州市园林绿化植物苗木对二氧化硫和二氧化氮吸收能力分析[J]. 生态环境学报, 21(4): 606-612.

邱媛, 管东生, 宋巍巍, 等. 2008. 惠州城市植被的滞尘效应[J]. 生态学报, 28(6): 2455-2462.

任启文, 王成, 郄光发等. 2006. 城市绿地空气颗粒物及其与空气微生物的关系[J]. 城市环境与城市生态, 19(5): 22-25.

宋绪忠, 杨华, 邹景泉, 等. 2012. 10 种亚热带绿化树种净化大气能力初步研究[J]. 浙江林业科技, 32(6): 60-63.

苏俊霞, 靳绍军, 闫金广, 等. 2006. 山西师范大学校园主要绿化植物滞尘能力的研究[J]. 山西师范大学学报: 自然科学版. 20(2): 85-88.

粟志峰, 刘艳. 2002. 不同绿地类型在城市中的滞尘作用研究[J]. 干旱环境监测, 16(3): 162-163.

孙启祥, 彭镇华, 张齐生. 2004. 自然状态下杉木木材挥发物成分及其对人体身心健康的影响[J]. 安徽农业大学学报, 31(2): 158-163.

孙淑萍, 古润泽, 张晶. 2004. 北京城区不同绿化覆盖率和绿地类型与空气中可吸入颗粒物 (PM$_{10}$)[J]. 中国园林, 20(3): 77-79.

陶俊, 张仁健, 董林, 等. 2010. 夏季广州城区细颗粒物 PM$_{2.5}$ 和 PM$_{1.0}$ 中水溶性无机离子特征[J]. 环境科学, 31(7): 1417-1424.

陶雪琴, 卢桂宁, 周康群, 等. 2007. 大气化学污染的植物净化研究进展[J]. 生态环境, 16(5): 1546-1550.

王爱霞, 张敏, 黄利斌, 等. 2009. 南京市 14 种绿化树种对空气中重金属的累积能力[J]. 植物研究, 29(3): 368-374.

王翠香, 房义福, 吴晓星, 等. 2007. 21 种园林植物对环境重金属污染物吸收能力的分析[J]. 防护林科技, (S1): 1-2.

王会霞, 石辉, 李秋秋, 等. 2012. 城市植物叶面尘粒径和几种重金属(Cu, Zn, Cr, Cd, Pb, Ni)的分布特征[J]. 安全与环境学报, 12(1): 170-174.

王会霞, 石辉, 李秋秋. 2010. 城市绿化植物叶片表面特征对滞尘能力的影响[J]. 应用生态学报, 21(12): 3077-3082.

王慧, 郭晋平, 王智敏, 等. 2011. 公路绿化主要树种滞尘潜力模拟试验研究[J]. 山西林业科技, 40(2): 13-16.

王蕾, 高尚玉, 刘连友, 等. 2006. 北京市 11 种园林植物滞留大气颗粒物能力研究[J]. 应用生态学报, 17(4): 597-601.

王蕾, 哈斯, 刘连友, 等. 2007. 北京市六种针叶树叶面附着颗粒物的理化特征[J]. 应用生态学报, 18(3): 487-492.

王清海. 1997. 植物对大气中 SO$_2$ 的净化作用[J]. 环境保护, (8): 23-24.

王祥荣. 1998. 生态园林与城市环境保护[J]. 中国园林, (2): 14-16.

王亚超. 2007. 城市植物叶面尘理化特征及源解析研究: 硕士学位论文[D]. 南京: 南京林业大学.

王艳芹, 张莉, 程虎民. 2000. 掺杂过渡金属离子的 TiO$_2$ 复合纳米粒子光催化剂[J]. 高等学校化学学报, 21(6): 958-960.

王艳英, 王成, 蒋继宏, 等. 2010. 侧柏、香樟枝叶挥发物对人体生理的影响[J]. 城市环境与城市生态, 23(3): 30-32.

王赞红, 李纪标. 2006. 城市街道常绿灌木植物叶片滞尘能力及滞尘颗粒物形态[J]. 生态环境, 15(2): 327-330.

王志辉, 张树宇. 2003. 北京地区植物 VOCs 排放速率的测定[J]. 环境科学, 24(2): 7-12.

吴海龙, 余新晓, 师忱, 等. 2012. PM₂.₅ 特征及森林植被对其调控研究进展[J]. 中国水土保持科学, 10(6): 116-122.

吴耀兴, 康文星, 郭清和, 等. 2009. 广州市城市森林对大气污染物吸收净化的功能价值[J]. 林业科学, 45(5): 42-48.

吴志萍, 王成, 侯晓静, 等. 2008. 6 种城市绿地空气 PM₂.₅ 浓度变化规律的研究[J]. 安徽农业大学学报, 35(4): 494-498.

谢慧玲, 李树人, 闫志平, 等. 1997. 植物杀菌作用及其应用研究[J]. 河南农业大学学报, 31(4): 397-402.

谢慧玲, 李树人, 袁秀云, 等. 1999. 植物挥发性分泌物对空气微生物杀灭作用的研究[J]. 河南农业大学学报, 33(2): 127-133.

闫小红, 曾建国, 周兵, 等. 2009. 10 种绿化植物叶片对铅. 锌吸收能力的研究[J]. 安徽农业科学, 37(29): 14137-14139.

姚超英. 2007. 化学性大气污染的植物修复技术[J]. 工业安全与环保, 33(9): 52-53.

郁建桥, 王霞, 温丽, 等. 2008. 高速公路两侧土壤, 气态颗粒物和树叶中重金属污染相关性研究[J]. 中国农业科技导报, 10(4): 109-113.

张德强, 褚国伟, 余清发, 等. 2003. 园林绿化植物对大气二氧化硫和氟化物污染的净化能力及修复功能[J]. 热带亚热带植物学报, 11(4): 336-340.

张光智, 王继志. 2002. 北京及周边地区城市尺度热岛特征及其演变[J]. 应用气象学报, 13(1): 43-50.

张家洋, 刘兴洋, 邹曼, 等. 2013. 37 种道路绿化树木滞尘能力的比较[J]. 云南农业大学学报: 自然科学版, 28(6): 905-912.

张景, 吴祥云. 2011. 阜新城区园林绿化植物叶片滞尘规律[J]. 辽宁工程技术大学学报: 自然科学版, 30(6): 905-908.

张景, 吴祥云. 2012. 阜新城区园林绿化植物叶片滞尘规律[J]. 辽宁工程技术大学学报: 自然科学版, 30(6): 905-908.

张凯, 王跃思, 温天雪, 等. 2007. 北京夏末秋初大气细粒子中水溶性盐连续在线观测研究[J]. 环境科学学报, 27(3): 459-465.

张莉, 王效科, 欧阳志云, 等. 2003. 中国森林生态系统的异戊二烯排放研究[J]. 环境科学, 24(1): 8-15.

张庆费, 庞名瑜, 姜义华, 等. 2000. 上海主要绿化树种的抑菌物质和芳香成分分析[J]. 植物资源与环境学报, 9(2): 62-64.

张万钧. 1999. 天津滨海地区生态环境建设中绿化模式的探讨[J]. 中国园林, 15(4): 31-33.

张新献, 古润泽. 1997. 北京城市居住区绿地的滞尘效益[J]. 北京林业大学学报, 19(4): 12-17.

张学星, 何蓉, 施莹, 等. 2005. 云南 13 种乡土绿化树种对 SO₂、NO₂ 气体反应的研究[J]. 西部林业科学, 3(44): 41-46.

赵晨曦, 王玉杰, 王云琦, 等. 2013. 细颗粒物(PM$_{2.5}$)与植被关系的研究综述[J]. 生态学杂志, 32(8): 2203-2210.

赵锋. 1998. 城市绿地控制性规划初探[J]. 中国园林, 14(57): 14-16.

赵美萍, 邵敏, 白郁华. 1996. 我国几种典型树种非甲烷烃类的排放特征[J]. 环境化学, 15(1): 69-75.

赵玉丽, 杨利民, 王秋泉. 2005. 植物-实时富集大气持久性有机污染物的被动采样平台[J]. 环境化学, 24(3): 233-240.

郑华. 2002. 北京市绿色嗅觉环境质量评价研究: 博士学位论文[D]. 北京: 北京林业大学.

郑蕾. 2012. 芜湖市主要绿化树种滞尘能力的比较研究[J]. 安徽科技学院学报, 26(1): 36-40.

郑林森, 庞名瑜, 姜义华, 等. 2002. 47 种园林植物保健型挥发性植物的测定[C]. 北京: 中国科协 2002 年学术年会第 22 分会论文集.

郑少文, 邢国明, 李军, 等. 2008. 不同绿地类型的滞尘效应比较[J]. 山西农业科学, 36(5): 70-72.

周志翔, 邵天一, 王鹏程, 等. 2002. 武钢厂区绿地景观类型空间结构及滞尘效应[J]. 生态学报, 22(12): 2036-2040.

Ashworth K, Boissard C, Folberth G, et al. 2013. Global modelling of volatile organic compound emissions[J]. Tree Physiology, 5: 451-487.

Baldocchi D, Guenther A, Harley P, et al. 1995. The fluxes and air chemistry of isoprene above a deciduous hardwood forest[J]. Philosophical Transactions: Physical Sciences and Engineering, 351(1696): 279-296.

Barber J L, Kurt P B, Thomas G O, et al. 2002. Investigation into the importance of the stomatal pathway in the exchange of PCBs between air and plants[J]. Environmental Science & Technology, 36(20): 4282-4287.

Barthlott W, Neinhuis C, Cutler D, et al. 1998. Classification and terminology of plant epicuticular waxes[J]. Botanical Journal of the Linnean Society, 126(3): 237-260.

Basic N, Salamin N, Keller C, et al. 2006. Cadmium hyperaccumulation and genetic differentiation of Thlaspi caerulescens populations[J]. Biochemical Systematics & Ecology, 34(9): 667-677.

Beckett K P, Freer-Smith P H, Taylor G. 2000. Particulate pollution capture by urban trees: Effect of species and windspeed[J]. Global Change Biology, 6(8): 995-1003.

Benjamin M, Winer A. 1998. Estimating the ozone-forming potential of urban trees and shrubs[J]. Atmosphere Environment, 32(1): 53-68.

Benthy R. 1997. Secondary metabolites play primary roles in human affairs[J]. Perspectives in Biology and Medicine, 40(2): 197-221.

Berglen T F, Berntsen T K, Isaksen I S A, et al. 2004. A global model of the coupled sulfur/oxidant chemistry in the troposphere: The sulfur cycle[J]. Journal of Geophysical Research Atmospheres, 109(D19): 2083-2089.

Buendía-González L, Orozco-Villafuerte J, Cruz-Sosa F, et al. 2010. Prosopis laevigata a potential chromium (VI) and cadmium (II) hyperaccumulator desert plant[J]. Bioresource Technology, 101(15): 5862–5867.

Burlat V, Oudin A, Courtois M, et al. 2004. Co-expression of three MEP pathway genes and geraniol 10-hydroxylase in internal phloem parenchyma of Catharanthus roseus implicates multicellular translocation of intermediates during the biosynthesis of monoterpene indole alkaloids and isoprenoid-derived primary metabolites[J]. Plant Journal, 38(1): 131-141.

Calfapietra C, Fares S, Manes F, et al. 2013. Role of biogenic volatile organic compounds (BVOC) emitted by urban trees on ozone concentration in cities: A review[J]. Environmental Pollution, 183: 71-80.

Cappellin L, Loreto F, Aprea E, et al. 2013. PTR-MS in Italy: a multipurpose sensor with applications in environmental, agri-food and health science[J]. Sensors, 13(9): 11923-11955.

Chefetz, B. 2003. Sorption of phenanthrene and atrazine by plant cuticular fractions[J]. Environmental Toxicology & Chemistry, 22(10): 2492-2498.

Chen B, Johnson E J, Chefetz B, et al. 2005. Sorption of polar and nonpolar aromatic organic contaminants by plant cuticular materials: role of polarity and accessibility[J]. Environmental Science & Technology, 39(16): 6138-6146.

Chen Y X, Yu M G, Duan D C. 2011. Tolerance, accumulation, and detoxification mechanism of copper in Elsholtzia splendens[M]. Detoxification of Heavy Metals. Springer Berlin Heidelberg, 30: 317-344.

Cheng M T, Horng C L, Lin Y C. 2007. Characteristics of atmospheric aerosol and acidic gases from urban and forest sites in central Taiwan[J]. Bulletin of Environmental Contamination and Toxicology, 79(6): 674-677.

Choi D, Ward B L, Bostock R M. 1992. Differential induction and suppression of potato 3-hydroxy-3-methylglutaryl coenzyme A reductase genes in response to Phytophthora infestans and to its elicitor arachidonic acid[J]. Plant Cell, 4(10): 1333-1344.

Chroma L, Macek T, Demnerova K, et al. 2002. Decolorization of RBBR by plant cells and correlation with the transformation of PCBs[J]. Chemosphere, 49(7): 739-748.

Collins C, Fryer M, Grosso A. 2006. Plant uptake of non-ionic organic chemicals[J]. Environmental Science & Technology, 40(1): 45-52.

Crutzen P J, Williams J, Pöschl U, et al. 2000. High spatial and temporal resolution measurements of primary organics and their oxidation products over the tropical forests of Surinam[J]. Atmospheric Environment, 34(8): 1161-1165.

Desalme D, Binet P, Chiapusio G. 2013. Challenges in tracing the fate and effects of atmospheric polycyclic aromatic hydrocarbon deposition in vascular plants[J]. Environmental Science & Technology, 47(9): 3967-3981.

Dixon R. 2001. Natural products and plant disease resistance[J]. Nature, 411: 843-847.

Dudareva N, Negre F, Nagegowda DA, et al. 2006. Plant volatiles: recent advances and future perspectives[J]. Critical Reviews in Plant Sciences, 25(5): 417-440.

Dudareva N, Pichersky E, Gershenzon J. 2004. Biochemistry of plant volatiles[J]. Plant Physiology, 135(4): 1893-1902.

Dudareva N, Pichersky E. 2000. Biochemical and molecular genetic aspects of floral scents[J]. Plant Physiology, 122(3): 627-633.

Elizabeth L, Wason, Anurag A, et al. 2013. Genetically-based latitudinal cline in the emission of herbivore-induced plant volatile organic compounds[J]. Journal of Chemical Ecology, 39(8): 1101-1111.

Fan H L, Zhou W. 2009. Screening of amaranth cultivars (Amaranthus mangostanus L.) for cadmium hyperaccumulation[J]. Agricultural Sciences in China, 8(3): 342-351.

Freer-Smith P H, El-Khatib A A, Taylor G. 2004. Capture of particulate pollution by trees: A comparison of species typical of semi-arid areas (Ficus nitida and Eucalyptus globulus) with European and North American species[J]. Water, Air, and Soil Pollution, 155(1-4): 173-187.

Freer-Smith P H, Holloway S, Goodman A. 1997. The uptake of particulates by an urban woodland: Site description and particulate composition[J]. Environmental Pollution, 95(1): 27-35.

Gordon M, Choe N, Duffy J, et al. 1998. Phytoremediation of trichloroethylene with hybrid poplars[J]. Environmental Health Perspectives, 106(4): 1001-1004.

Guenther A B, Jiang X, Heald C L, et al. 2012. The model of emissions of gases and aerosols from nature version 2.1 (MEGAN2.1): An extended and updated framework for modeling biogenic emissions[J]. Geoscientific Model Development, 5(6): 1471-1492.

Guenther A, Baugh B, Brasseur G, et al. 1999. Isoprene emission estimates and uncertainties for the Central African EXPRESSO study domain[J]. Journal of Geophysical Research: Atmospheres, 104(D23): 30625-30639.

Guenther A, Geron C, Pierce T, et al. 2000. Natural emissions of non-methane volatile organic compounds, carbon monoxide, and oxides of nitrogen from North America[J]. Atmospheric Environment, 34(12): 2205-2230.

Guenther A, Hewitt C N, Erickson D, et al. 1995. A global model of natural volatile organic compound emissions[J]. Journal of Geophysical Research, 100(D5): 8873-8892.

Harley P C, Monson R K, Lerdau M T. 1999. Ecological and evolutionary aspects of isoprene emission from plants[J]. Oecologia, 118(2): 109-123.

He Q F, Ding X, Wang X M, et al. 2014. Organosulfates from pinene and isoprene over the Pearl River Delta, South China: Seasonal variation and implication in formation mechanisms[J]. Environmental Science & Technology, 48(16): 9236-9245.

Heubergr E, Hongrtanaworakit T, Bohm C, et al. 2001. Effects of Chiral Fragrances on Human Autonomic Nervous System Parameters and Self-evaluation[J]. Chemical Senses, 26(3): 281-291.

Holopainen J K. 2013. Loss of isoprene-emitting capacity: Deleterious for trees [J]. Tree Physiology, 33(6): 559-561.

Huang M S, Sanchez-Moreiras A M, Abel C, et al. 2012. The major volatile organic compound emitted from Arabidopsis thaliana flowers, the sesquiterpene(E)-β-caryophyllene, is a defense against a bacterial pathogen[J]. New Phytologist, 193(4): 997-1008.

Janson R. 1993. Monoterpene emissions from scots pine and Norwegian Spruce[J]. Journal of Geophysical Research Atmospheres, 98(D2): 2839-2850.

Jim C Y, Chen W Y. 2008. Assessing the ecosystem service of air pollutant removal by urban trees in Guangzhou (China)[J]. Journal of Environmental Management, 88(4): 665-676.

Jim C Y, Chen W Y. 2009. Ecosystem services and valuation of urban forests in China[J]. Cities, 26(4): 187-194.

John R, Ahmad P, Gadgil K, et al. 2009. Heavy metal toxicity: Effect on plant growth, biochemical parameters and metal accumulation by Brassica juncea L[J]. International Journal of Plant Production, 3(3): 65-76.

Kas J, Burkhard J, Denmerová K, et al. 1997. Perspectives in biodegradation of alkanes and PCBs[J]. Pure and Applied Chemistry, 69(11): 2357-2370.

Kim J C. 2001. Factors controlling natural VOC emissions in a southeastern US pine forest[J]. Atmospheric Environment, 35(19): 3279-3292.

Klinger L F, Li Q J, Guenther A B, et al. 2002. Assessment of volatile organic compound emissions from ecosystems of China[J]. Journal of Geophysical Research: Atmospheres, 107(D21): ACH 16-1-ACH 16-21.

Krauss M, Wilcke W, Martius C, et al. 2005. Atmospheric versus biological sources of polycyclic aromatic hydrocarbons (PAHs) in a tropical rain forest environment[J]. Environmental Pollution, 135(1): 143-154.

Kuzma J, Fall R. 1993. Leaf isoprene emission rate is dependent on leaf development and the level of isoprene syntheses[J]. Plant Physiology, 101(2): 435-440.

Kuzma J, Nemecek-Marshall M, Pollock W H, et al. 1995. Bacteria produce the volavtile hydrocarbon isoprene[J]. Current Microbiology, 30(2): 97-103.

Lerdau M, Gershenzon J. 1997. Allocation Theory and The Coat of Defense. Resource Allocation in Plants and Animals[M]. San Diego: Academic press, 298-355.

Lerdau M, Gray D. 2003. Ecology and evolution of light-dependent and light-independent phytogenic volatile organic carbon[J]. New Phytologist, 157(2): 199-211.

Leung D Y C, Tsui J K Y, Chen F, et al. 2011. Effects of urban vegetation on urban air quality[J]. Landscape Research, 36(2): 173-188.

Leung D Y C. 2008. Study of biogenic VOCs emissions in HKSAR. Consultant report conducted by the University of Hong Kong, Environmental Protection Department, HKSAR Government.

Li Q Q, Chen B L. 2014. Organic pollutant clustered in the plant cuticular membranes: visualizing the distribution of phenanthrene in leaf cuticle using two-photon confocal scanning laser microscopy[J]. Environmental Science Technology, 48(9): 4774-4781.

Liu R T, Bi R C, Zhao H L. 2008. Dust removal property of major afforested plants in and around an urban area, north China[J]. Ecology and Environment, 17(5): 1879-1886.

Llusia J, Penuelas J, Guenther A, et al. 2013. Seasonal variations in terpene emission factors of dominant species in four ecosystems in NE Spain[J]. Atmospheric Environment, 70: 149-158.

Loreto F, Delfine S. 2000. Emission of isoprene from salt-stressed Eucalyptus globulus leaves[J]. Plant Physiology, 123(4): 1605-1610.

Loreto F, Fischbach R J, Schnitzler J P, et al. 2001. Monoterpene emission and monoterpene synthase activities in the Mediterranean evergreen oak Quercus ilex L. grown at elevated CO$_2$ concentrations[J]. Global Change Biology, 7(6): 709-717.

Loreto F, Jp S. 2010. Abiotic stresses and induced BVOCs[J]. Trends in Plant Science, 15(3): 154-166.

Loreto F, Sharkey T D. 1990. A gas-exchange study of photosynthesis and isoprene emission in Quercus rubra L[J]. Planta, 182(4): 523-531.

Lun X X, Zhang X S, Mu Y J, et al. 2003. Size fractionated speciation of sulfate and nitrate in airborne particulates in Beijing, China[J]. Atmospheric Environment, 37(19): 2581-2588.

Marschner H. 2011. Marschner's Mineral Nutrition of Higher Plants[M]. Academic Press.

Matsuda K, Fujimara Y, Hayashi K, et al. 2010. Deposition velocity of PM$_{2.5}$ sulfate in the summer above a deciduous forest in central Japan[J]. Atmospheric Environment, 44(36): 4582-4587.

Milner M J, Kochian L V. 2008. Investigating heavy-metal hyperaccumulation using Thlaspi caerulescens as a model system[J]. Annals of Botany, 102(1): 3-13.

Moeckel C, Thomas G O, Barber J L, et al. 2007. Uptake and Storage of PCBs by Plant Cuticles[J]. Environmental Science & Technology, 42(1): 100-105.

Morikawa H, Higaki A, Nohno M, et al. 1998. More than a 600‐fold variation in nitrogen dioxide assimilation among 217 plant taxa[J]. Plant, Cell & Environment, 21(2): 180-190.

Morrow P E, Utell M J, Bauer M A, et al. 1994. Effects of near ambient levels of sulphuric acid aerosol on lung function in exercising subjects with asthma and chronic obstructive pulmonary disease[J]. Annals of Occupational Hygiene, 38(inhaled particles VII): 933-938.

Nedjimi B, Daoud Y. 2009. Cadmium accumulation in Atriplex halimus subsp. schweinfurthii and its influence on growth, proline, root hydraulic conductivity and nutrient uptake[J]. Flora, 204(4): 316-324.

Niu J, Chen J, Henkelmann B, et al. 2003. Photodegradation of PCDD/Fs adsorbed on spruce needles under sunlight irradiation[J]. Chemosphere, 50(9): 1217-1225.

Nowak D J, Crane D E, Stevens J C. 2006. Air pollution removal by urban trees and shrubs in the United States[J]. Urban Forestry & Urban Greening, 4(3): 115-123.

Nowak D J, Hirabayashi S, Bodine A, et al. 2013. Modeled PM$_{2.5}$ removal by trees in ten U.S. cities and associated health effects[J]. Environmental Pollution, 178(1): 395-402.

Oikawa P Y, Lerdau M T. 2013. Catabolism of volatile organic compounds influences plant survival[J]. Trends in Plant Science, 18(12): 695-703.

Owen S, Harley P, Guenther A. 2002. Light dependency of VOC emissions from selected Mediterranean plant species[J]. Atmospheric Environment, 36(19): 3147-3159.

Padhy P K, Varshney C K. 2005a. Emission of volatile organic compounds (VOC) from tropical plant species in India[J]. Chemosphere, 59(11): 1643-1653.

Padhy P K, Varshney C K. 2005b. Isoprene emission from tropical tree species[J]. Environmental Pollution, 135(1): 101-109.

Paseshnichenko VA. 1998. A new alternative non-mevalonate pathway for isoprenoid biosynthesis in eubacteria and plants[J]. Biochemistry (Mosc), 63(2): 139-148.

Pašková V, Hilscherová K, Feldmannová M, et al. 2006. Toxic effects and oxidative stress in higher plants exposed to polycyclic aromatic hydrocarbons and their N-heterocyclic derivatives[J]. Environmental Toxicology & Chemistry, 25(12): 3238-3245.

Pathak R K, Wu W S, Wang T. 2009. Summertime PM$_{2.5}$ ionic species in four major cities of China: Nitrate formation in an ammonia-deficient atmosphere[J]. Atmospheric Chemistry and Physics, 9(5): 1711-1722.

Peñuelas J, Llusia J. 2004. Plant VOC emissions: Making use of the unavoidable[J]. Trends in Ecology and Evolution, 19(8): 402-404.

Peñuelas J, Staudt M. 2010. BVOCs and global change[J]. Trends in plant science, 15(3): 133-144.

Popp C, Burghardt M, Friedmann A, et al. 2005. Characterization of hydrophilic and lipophilic pathways of Hedera helix L. cuticular membranes: permeation of water and uncharged organic compounds[J]. Journal of Experimental Botany, 56(421): 2797-2806.

Prusty B A K, Mishra P C, Azeez P A. 2005. Dust accumulation and leaf pigment content in vegetation near the national highway at Sambalpur, Orissa, India[J]. Ecotoxicology and Environmental Safety, 60(2): 228-235.

Riederer M, Daiß A, Gilbert N, et al. 2002. Semi-volatile organic compounds at the leaf/atmosphere interface: Numerical simulation of dispersal and foliar uptake[J]. Journal of Experimental Botany, 53(375): 1815-1823.

Riederer M, Schönherr J. 1984. Accumulation and transport of (2, 4-dichlorophenoxy) acetic acid in plant cuticles. I. Sorption in the cuticular membrane and its components[J]. Ecotoxicology and Environmental Safety, 8(3): 236-247.

Schollert M, Burchard S, Faubert P, et al. 2014. Biogenic volatile organic compound emissions in four vegetation types in high arctic Greenland[J]. Polar Biology, 37(2): 237-249.

Schreck E, Foucault Y, Sarret G, et al. 2012. Metal and metalloid foliar uptake by various plant species exposed to atmospheric industrial fallout: Mechanisms involved for lead[J]. Science of The Total Environment, 427-428(12): 253-262.

Sehmel G A. 1980. Particle and gas dry deposition: A review[J]. Atmospheric Environment, 14(9):

983-1011.

Sharkey T D, Loreto F. 1993. Water stress, temperature, and light effects on the capacity for isoprene emission and photosynthesis of kudzu leaves[J]. Oecologia, 95(3): 328-333.

Sharkey T D. 2013. Is it useful to ask why plants emit isoprene?[J]. Plant, Cell & Environment, 36(3): 517-520.

Sharma S C, Roy R K. Greenbelt-an effective means of mitigating industrial pollution[J]. Indian Journal of Environmental Protection, 1997, 17: 724-727.

Shechter M, Chefetz B. 2008. Insights into the sorption properties of cutin and cutan biopolymers[J]. Environmental Science & Technology, 42(4): 1165-1171.

Simonich S L, Hites R A. 1994. Vegetation-atmosphere partitioning of polycyclic aromatic hydrocarbons[J]. Environmental Science & Technology, 28(5): 939-943.

Simpson D, Winiwarter W, Börjesson G, et al. 1999. Inventorying emissions from nature in Europe[J]. Journal of Geophysical Research: Atmospheres, 104(7): 8113-8152.

Singsaas E L, Lewinsohn E, Groteau R. 1997. Isoprene Increases Thermotolerance of Isoprene-Emitting Species[J]. Plant Physiology, 115(4): 1413-1420.

Sivaci A, Elmas E, Gumus F, et al. 2008. Removal of Cadmium by Myriophyllum heterophyllum Michx. and Potamogeton crispus L. and Its Effect on Pigments and Total Phenolic Compounds[J]. Archives of Environmental Contamination & Toxicology, 54(4): 612-618.

Street R, Owen S, Duckham S. 1997. Effect of habitat and age on variations in volatile organic compound(VOC)emissions from Quercus ilex and Pinus pinea[J]. Atmospheric Environment, 31(1): 89-100.

Sun R L, Zhou Q X, Wei S L. 2011. Cadmium Accumulation in Relation to Organic Acids and Nonprotein Thiols in Leaves of the Recently Found Cd Hyperaccumulator Rorippa globosa and the Cd-accumulating Plant Rorippa islandica[J]. Journal of Plant Growth Regulation, 30(1): 83-91.

Takahashi M, Higaki A, Nohno M. 2005. Differential assimilation of nitrogen dioxide by 70 taxaof roadside trees at an urban pollution level[J]. Chemosphere, 61(5): 633–639.

Tang J, Weber W J. 2006. Development of engineered natural organic sorbents for environmental applications. 2. Sorption characteristics and capacities with respect to phenanthrene[J]. Environmental Science & Technology, 40(5): 1657-1663.

Tarvainen V, Hakola H, Hellén H, et al. 2005. Temperature and light dependence of the VOC emissions of Scots pine[J]. Atmospheric Chemistry and Physics, 5(1): 989-998.

Tcherkez G. 2011. Natural ^{15}N/^{14}N isotope composition in C$_3$ leaves: Are enzymatic isotope effects informative for predicting the ^{15}N-abundance in key metabolites?[J]. Functional Plant Biology, 38(1): 1-12.

Theis N, Lerdan M. 2003. The ecology and evolution of plant secondary metabolites [J]. Plant Science, 164(3): 92-102.

Tingey D T, Manning M, Grothaus L C, et al. 1980. Influence of Light and Temperature on Monoterpene Emission Rates from Slash Pine[J]. Plant Physiology, 65(5): 797-801.

Tingey D T, Turner D P, Weber J A. 1991. Factors controlling rhe emission of monoterpenes and other colatile organic compounds [M]//Sharkey T D, Holland E A, Mooney H A, eds. Trace Gas Emissions by Plants. San Diego CA: Academic Press, 93-119.

Tomasevic M, Vukmirovic Z, Rajsic S, et al. 2005. Characterization of trace metal particles deposited on some deciduous tree leaves in an urban area[J]. Chemosphere, 61(6): 753-760.

Trapp S C, Croteau R B. 2001. Genomic organization of plant terpene synthases and molecular evolutionary implications[J]. Genetics, 158(2): 811-832.

Trapp S, Miglioranza K S B, Mosbæk H. 2001. Sorption of lipophilic organic compounds to wood and implications for their environmental fate[J]. Environmental Science & Technology, 35(8): 1561-1566.

Uzu G, Sobanska S, Sarret G, et al. 2010. Foliar lead uptake by lettuce exposed to atmospheric fallouts.[J]. Environmental Science & Technology, 44(3): 504-505.

Vogel-Mikus K, Arcon I, Kodre A. 2010. Complexation of cadmium in seeds and vegetative tissues of the cadmium hyperaccumulator Thlaspi praecox as studied by X-ray absorption spectroscopy[J]. Plant Soil, 331(1-2): 439-451.

Wang Z, Bai Y, Zhang S. 2003. A biogenic volatile organic compounds emission inventory for Beijing[J]. Atmospheric Environment, 37(27): 3771-3782.

Wild E, Cabrerizo A, Dachs J, et al. 2008. Clustering of nonpolar organic compounds in lipid media: Evidence and implications[J]. Journal of Physical Chemistry A, 112(46): 11699-11703.

Wild E, Dent J, Thomas G O, et al. 2005. Real-time visualization and quantification of PAH photodegradation on and within plant leaves[J]. Environmental Science & Technology, 39(1): 268-273.

Wild E, Dent J, Thomas G O, et al. 2006. Visualizing the air-to-leaf transfer and within-leaf movement and distribution of phenanthrene: Further studies utilizing two-photon excitation microscopy[J]. Environmental Science & Technology, 40(3): 907-916.

Wild E, Dent J, Thomas G O, et al. 2007. Use of two-photon excitation microscopy and autofluorescence for visualizing the fate and behavior of semivolatile organic chemicals within living vegetation[J]. Environmental Toxicology & Chemistry, 26(12): 2486-2493.

Wolfertz M, Sharkey T D, Boland W, et al. 2003. Biochemical regulation of isoprene emission[J]. Plant Cell and Environment, 26(8): 1357-1364.

Wolfertz M, Sharkey T D, Boland W, et al. 2004. Rapid regulation of the methylerythritol 4-phosphate pathway during isoprene synthesis[J]. Plant Physiology, 135(4): 1939-1945.

Yang J, McBride J, Zhou J, et al. 2005. The urban forest in Beijing and its role in air pollution reduction[J]. Urban Forestry & Urban Greening, 3(2): 65-78.

Yang X E, Long X X, Ye H B, et al. 2004. Cadmium tolerance and hyperaccumulation in a new Zn-hyperaccumulating plant species (Sedum alfredii Hance)[J]. Plant Soil, 259(1-2): 181-189.

Zeng X W, Ma L Q, Qiu R L, et al. 2009. Responses of non-protein thiols to Cd exposure in Cd hyperaccumulator Arabis paniculata Franch[J]. Environmental and Experimental Botany, 70(2): 227-232.

Zhang W J, Zhang F, Yan Z, et al. 2006. Initial Analysis on the ecological service value of the greening land in Lanzhou city[J]. Pratacultural Science, 23(11): 98-102.

Zhou W B, Qiu B S. 2005. Effects of cadmium hyperaccumulation on physiological characteristics of Sedum alfredii Hance (Crassulaceae)[J]. Plant Science, 169(4): 737-745.

Zunckel M, Chiloane K, Sowden M, et al. 2007. Biogenic volatile organic compounds: The state of knowledge in southern Africa and the challenges for air quality management: Research in action[J]. South African Journal of Science, 103(3&4): 107-112.

第5章 我国农业源氨排放数量及时空分布

课题组组长

　　刘　旭　中国农业科学院　副院长，研究员

执行秘书

　　白由路　中国农业科学院农业资源与农业区划研究所
　　　　　　室主任，研究员

课题组成员

　　王　磊　中国农业科学院农业资源与农业区划研究所
　　　　　　副研究员

　　卢艳丽　中国农业科学院农业资源与农业区划研究所
　　　　　　副研究员

　　杨俐苹　中国农业科学院农业资源与农业区划研究所
　　　　　　研究员

　　程明芳　中国农业科学院农业资源与农业区划研究所
　　　　　　副研究员

　　氮元素是构成生物体的基本元素之一，随着人类的发展与进步，地球上氮循环的速度与强度明显加快（Socolow et al，1994）。为了满足不断增长的人类对食品的需求，工业固氮技术可以称为农业发展史上的里程碑之一（颜鑫，2012），工业固氮技术不仅满足了农业生产中植物对氮素的需求，大大加快了自然界的氮循环速度，满足了人类不断发展的营养需求。同时，氮循环的加速，也给环境带来了一系列的问题（陈重酉，2008），除了直接影响人类的身体健康外，主要表现为水体的富营养化和大气二次颗粒物的影响（白由路等，2008；董文煊等，2010）。

　　目前，全世界每年有 2.1 亿吨的合成氨，其中 90%左右生产成了各种各样的氮肥，以美国为例，在合成氨的用途中，尿素占 22.5%，直接用作化肥占 20.4%，磷酸铵占 17.5%，硝酸占 10.9%，硝酸铵占 7.3%，化学用途占 5.1%，硫酸铵占 3.6%，其他用途占 12.7%（钱伯章，2007）。众所周知，施入农田的氮肥不可能全部被植物吸收利用，其中一部分会以 NH_3 气的形态释放到大气中，同时，还用一部分会以 NO_x 的形式逸出土壤，进入大气。这些都会给环境造成很大压力。

　　氨是大气中重要的微量气体之一，它对底层大气酸化起到重要的缓冲作用，同时，也是形成大气中二次气溶胶的重要物质。资料表明：厦门地区，在大气透明度的影响因子中，有机物为 39.5%，硫酸铵为 31.4%，硝酸铵为 15.3%，元素碳为 13.9%（Zhang et al，2012）；而在济南、广州及美国东部影响大气透明度的主要是硫酸铵（Sotiropoulou et al，2004）。由此可见，大气中的氨气与空气质量有一定的影响。

　　研究资料表明，$PM_{2.5}$ 中的 NH_4^+ 与 NO_3^-、NH_4^+ 与 SO_4^{2-} 在所有季节中均有明显的线性相关关系，表明 NH_4^+ 是硫酸盐$(NH_4)_2SO_4$ 和硝酸盐（NH_4NO_3）形成的组成成分，同时，大气中的 NH_4^+ 还有可能与 Cl^- 离子形成 NH_4Cl。研究表明，大气中的 NH_4^+ 主要是通过 NH_3 转化而来的，大气中的 NH_4^+ 首先与 SO_4^{2-} 形成亚硫酸铵和硫酸铵，多余的 NH_4^+ 再与 NO_3^- 形成硝酸铵或与大气中的氯离子形成氯化铵（McMurry et al，1983）。

　　关于空气中氨的来源，很多学者都进行了大量的工作，大气中的氨有可能来自于动物排泄、肥料和一些工业活动、自然土壤排放、燃煤、人类呼吸、下水管油污、野生动物等，但大多数人认为：大气中的氨动物排泄和肥料是大气氨的主要来源，约占为人源氨排放的 90%以上（Buusman et al，1987）。

　　西方国家对大气氨的重视源于 20 世纪 80 年代，不同国家对其氨排放清单进行了详细的研究，由于研究的方法不同，他们在时间和空间的分辨率上也有很大差别。根据我国的实际，和氨排放的发生情况，本章将农业源氨排放的模型、数量和时空分布进行论述，旨在为我国空气污染治理提供依据。

5.1 种植业氨排放的数量与时空分布

5.1.1 种植业氨排放的计算依据

氮肥的施用是一个必需的农业措施，据估计，目前全球约 48% 的人口是靠化学氮肥养活的（Erisman et al, 2008）。为了保证我国的粮食安全和农产品的有效供给，土地资源十分紧张的情况下，我国必须以提高单位面积的产量来保证，据统计，我国每年有 3200 万吨（折纯）的氮肥施入农田中，其中约 60% 用于大田作物生产，还有 40% 用于果树和蔬菜生产（白由路，2012）。在农业生产中，特别是高强度开发情况，氮肥的施用更是必不可少。施入土壤中的氮肥除被作物吸收外，一部分氮肥会转化为氨气溢出土体，其数量与施用氮肥的数量、施肥时间、土壤条件、气候条件均有很大的相关性。

1. 中国肥料的施用概况

我国目前正在大力发展以"高产、优质、高效、生态、安全"为主题的现代农业，这些均与肥料，特别是化学肥料的科学使用密切相关。众所周知，肥料是保证粮食生产的重要物资，现代农业离不开化学肥料（白由路，2014）。所以，保证粮食安全的前提是保证肥料的安全供应。

（1）我国肥料的使用数量

根据中国农业统计年鉴，以纯养分计算，2010 年我国化肥的使用量为 5561.7 万吨，其中氮肥约 3200 万吨、磷肥约 1400 万吨、钾肥约 950 万吨。其中，1798.5 万吨的养分是以复（混）合肥料的形式施用的，目前肥料的复合化率为 32%。2010 年，使用单质氮肥为 2353.7 万吨，占氮肥用量的四分之三，氮肥的复合率约为 25%；单质磷肥（含磷铵）为 804.6 万吨，占磷肥用量的 57%，如果将磷铵计为复合肥，则磷肥的复合率在 80% 以上；单质钾肥用量为 586.4 万吨，占钾肥用量的 62%。钾肥的复合率为 38%。由此可见，在三要素肥料中，磷肥的复合率最高。

（2）肥料的利用率

提高肥料利用率是肥料使用过程中追求的永恒目标，我国肥料利用率低是业界的共识（闫湘等，2008；张福锁等，2008），肥料利用率低的主要肥料品种是氮肥，它在土壤的留存时间短，容易向环境中转移所带来的负作用引起了大家的普遍关注（Ebrahimian et al，2014）。因此，近年来，提高肥料利用率是研究的重要目标。氮肥的利用率特别是当季利用率，多年来，不少学者进行了大量深入的研究。朱兆良先生总结了我国 782 个田间试验得出，我国小麦、水稻和玉米对氮肥的利用率在 30%～41% 之间（朱兆良和金继运，2013）。张福锁等（2008）对 2000～2005 年不同作物和不同区域试验结果分析发现，目前主要粮食作物的氮肥利用率在不同地区间的变异也很大，变幅在 10.8%～40.5% 之间，平均为 27.5%。总之，由于我国幅员辽阔、生态类型繁多，这给具体肥料利用率的研究与确定造成了很大的困难。

中国农业科学院农业资源与农业区划研究所 2010～2011 年间在河北廊坊砂质土壤上用高丰度 ^{15}N 试验结果表明，在小麦玉米轮作条件下，施入土壤的氮肥当季利用率为 32.36%，损失率为 11.32%，土壤残留率为 56.32%；第二季夏玉米对上季氮肥还有 5.73% 的利用率，第二季后，土壤氮的残留为 30.72%，两季累积利用率为 38.09%，总损失率为 31.19%（左红娟等，2012）。

（3）肥料的分配

根据中国农业科学院在 2007 年通过对 3362 户的农民施肥情况分析，在大田作物上，年均施氮量为 226.1 kg/hm²，磷（P_2O_5）为 84.9 kg/hm²，钾（K_2O）为 65.0 kg/hm²。据此计算，我国 2010 年大田作物播种面积为 1.31 亿 hm²，以复种指数 1.5 计算，大田作物的面积为 0.88 亿 hm²。以纯养分计算，需用氮肥约 2000 万吨、磷肥 747 万吨、钾肥 572 万吨，分别占氮、磷、钾用量的 63%、53% 和 60%。其他用于果树、蔬菜和其他生产。所以，在大田作物上，肥料的用量约占总用量的 60%，果树、蔬菜和其他生产占 40% 左右（白由路，2012）。

（4）主要氮肥品种

氮肥施用品种主要取决定于氮肥的生产，无论氮肥品种如何，其来源均来自于合成氨产业，目前我国合成氨产量约 5300 万吨，我国 2010 年的尿素产量为 2513.0 万吨（折纯，实物量为 5463.0 万吨）、碳酸氢铵约 350 万吨（折纯，实物量约为 2000 万吨）、氯化铵为 250 万吨（折纯，实物量约为 1000 万吨）、硝酸铵 160 万吨（折纯，实物量约为 460 万吨）、硫酸铵为 84 万吨（折纯，实物量 400 万吨），分别占氮肥产量的 56.4%、13.9%、10.0%、6.4%、3.3%。以 2011 年为例，以实物量统计，磷酸二铵的产量为 1289 万吨，磷酸一铵为 1280 万吨，硝酸磷肥 47 万吨（中国统计年鉴 2011）。

由些可见，我国氮肥品种以尿素为主，其他氮肥品种的比例都较少。根据近几年肥料的发展趋势，尿素和硫酸铵有增多的趋势，而碳酸氢铵的绝对量和比例均在下降。

5.1.2 农田氨排放机理

1. 农田氨排放的过程

在农业生产中，特别是大田生产中，肥料的施用是必不可少的栽培环节。当肥料施入农田后，会经过一系列的转化，其转化过程示于图 5-1。

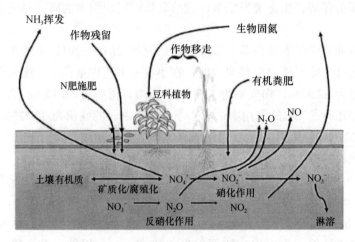

图 5-1 肥料氮在土壤中的转化过程

在农田施用的肥料中，除硝态氮肥外，施入土壤的氮肥，都需经过 NH$_4^+$ 的转化环节，就在这个环节中，大部分的 NH$_4^+$ 会被土壤胶体所吸附，被吸附的 NH$_4^+$ 在碱性或微碱性条件下，会发生以下反应：

$$NH_4^+ + OH^- \Longrightarrow NH_3 + H_2O$$

NH$_3$ 会逸出土体，挥发到大气中，在没有淋溶条件的旱地，氨挥发是肥料氮主要的损失途径，近百年来，农学家为防止农田氨挥发进行了大量的研究，但是，在农业生产中，氨挥发要想完全避免还十分困难（朱兆良和文启孝，1990）。

2. 农田中氨的化学平衡

当氮肥施入农田后，与氨挥发有关的化学平衡如下：

$$NH_4^+ \underset{④}{\Longleftrightarrow} NH_4^+ \underset{③}{\Longleftrightarrow} NH_3 \underset{②}{\Longleftrightarrow} NH_3 \underset{①}{\Longleftrightarrow} NH_3$$

（代换性） （液相） （液相） （气相） （大气）

以上反应式，氮肥是指施入土壤中的含有或可能产生铵离子的肥料，如碳酸氢铵、硫酸铵、氯化铵、尿素及有机肥等，这些肥料施入土壤后，会产生铵离子。

这里的液相是指土壤溶液，气相是指土壤空气，大气是指土壤外的空气。在旱地土壤中，氨挥发可直接通过土面进行。在淹水的稻田中，液相是指田面的水面，气相是指紧接田面的大气。液相中的氨浓度与溶液中的铵离子浓度和氨气浓度之和成正比，温度越高，pH 越大，液相中的氨气浓度与越大，越有利于氨的挥发。在 pH 值相同的情况下，温度每升高 1℃，溶液中的浓度增加 6%~7%，在常温条件下，在 pH 值 5～9 的范围内，pH 值每升高一个单位，溶液中的氨浓度增加 80% 以上（朱兆良和文启孝，1990）。

3. 影响农田氨排放的因素

在农田中，除温度、pH 等因素影响外，影响土壤氨排放的因素很多，主要有肥料施用数量、施肥时间、施肥种类、土壤质地等。

（1）施肥数量与农田氨排放

农田中的氮素主要来源于氮肥的施用，大量的研究结果表明，氮肥的施用量与农田氨挥发的呈显著的正相关系，无论在作物的何种生育期，也不论采用何种施肥方法，农田氨挥发的数量均随着施氮量的增加而增加（孟祥海等，2011；卢丽兰等，2011），且呈线性相关关系（图 5-2）（刘丽颖等，2013），朱兆良院士在总结大量资料的基础上，认为，在农田系统中，氨挥发占总施氮量的 11% 左右（朱兆良和文启孝，1990）。

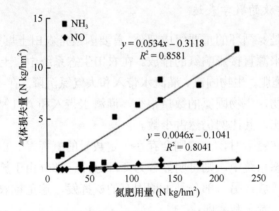

图 5-2　氮肥施用量与氨挥发的关系（刘丽颖等，2013）

（2）施肥后的氨排放持续时间

农田施用了氮肥后，会使农田土壤中铵或氨的浓度急剧上升，从而农田氨挥发加剧。大量研究表明，施肥后的一周是土壤氨挥发的持续期，不同肥料品种的施肥后的高峰期不同，施用尿素后三天左右是挥发的高峰期。一周后，由于施肥引发的氨挥发过程基本结束。转入持续挥发期（刘丽颖等，2013；张玉铭等，2005）。而碳酸氢铵则是在施肥后当天挥发最高，三天后，氨挥发过程基本结束，转入持续挥发期（张勤争等，1990）。

（3）肥料种类与农田氨排放

不同的氮肥种类所引发的氨挥发过程及强度也不相同，前人对此进行了大量的研究（曲清秀，1980），不同含氮肥料在挥发损失为碳酸氢铵（50.9%）＞硫铵（17.7%）＞硝酸铵（4.34%）＞氯化铵（2.34%）＞尿素（1.74%）（赵振达等，1986）。

（4）土壤质地与农田氨排放

土壤质地对土壤氨挥发的影响也较大，主要是因为土壤质地与土壤粘土矿物类型及土壤阳离子代换量有密切关系，当土壤黏重时，一般土壤的阳离子交换量会增大，从而对铵离子的吸持能力增强，有利于降低土壤溶液中的铵离子浓度，减少土壤氨的挥发。试验表明：在粉砂质壤土上，氨挥发占施氮量的 35%，而在黏土上则只占施氮量的 10%（曲清秀，1980），土壤黏粒含量与氨挥发有明显的相关关系（赵振达等，1986）。

同时，土壤 pH、土壤温度、土壤通气性等都影响土壤的氨挥发（朱兆良和文启孝，1990）。

5.1.3　农田氨排放模型

1. 农田氨排放的数学表达

农田氨排放是氮循环的重要组成部分。首要因素是农田土壤必须有氨的存在，也就是农田氨的来源直接影响氨的排放。在农田生态系统中，土壤 N 的来源主要有以下几方面：施肥、生物固氮、灌溉水带入和大气氮沉降。在土壤 N 素来源中，如果不是豆科作物，生物固氮的数量很少，灌溉水带入和大气氮沉降虽有一定数量，但与施肥相比，其比例仍然占少数。

当土壤中存在氮素时，土壤则会存在一定数量的氨挥发。根据土壤氨挥发的机理，在农田生态系统中，则可明显分为两部分，一部分由于施肥所引发的氨挥发，这里称施肥排放；另一部分是土壤固有的氨挥发，这里称农田基础排放。农田氨排放总量是二者之和。即：

$$TAE＝BAE＋FAE$$

式中，TAE 为农田氨排放（Total Ammonia Emission）；BAE 为基础氨排放（Basic Ammonia Emission）；FAE 为施肥所引起的氨排放（Ammonia Emission by Fertilization）。

基础氨排放（BAE）是指农田在没有施肥，或不受施肥影响下，农田中由于有含氮化合物的存在，而导致的氨排放。研究表明：土壤施肥超过 1 个月后，土壤中因施肥而引发的氨排放已降至最低值，但是，由于土壤还存在有含氮物质，土壤中的氮素循环仍在进行，土壤的氨还会源源不断地排放到大气中，此时的土壤氨排放称为农田氨的基础排放。它与土壤中氮的含量、温度、土壤质地、土壤 pH 等有密切关系。这些关系都有待于进一步的研究。本文中，农田基础氨排放用下式计算：

$$BAE = BV \cdot I_{TM} \cdot I_{TX} \cdot I_{pH}$$

式中，BV 为农田氨排放基础值；I_{TM} 为氨挥发的温度校正系数；I_{TX} 为氨挥发的土壤质地校正系数；I_{pH} 为氨挥发的土壤 pH 校正系数。

由施肥引起的农田氨排放比农田基本氨排放要复杂，受影响的因素也多，用下式表示农田中因施肥造成的氨排放量：

$$FAE = FA \cdot I_{BE} \cdot I_T \cdot I_{TM} \cdot I_{TX} \cdot I_{pH}$$

式中，FA 为施肥数量；I_{BE} 为肥料平均氨挥发比例数；I_T 为时间校正系数；I_{TM} 为氨挥发的温度校正系数；I_{TX} 为氨挥发的土壤质地校正系数；I_{pH} 为氨挥发的土壤 pH 校正系数。

2. 因子取值及范围

农田氨排放的数量表达的准确程度取定于影响因子取值的准确程度。通过资料和实地调研，对模型中的因子及其取值范围进行说明。

（1）农田氨排放基础值（BV）

当土壤施肥超过 1 个月后，土壤中因施肥而引发的氨排放已降至最低值，但是，由于土壤还存在有含氮物质，土壤中的氮素循环仍在进行，土壤的氨还会不断地排放到大气中，此时的土壤氨排放称为农田氨的基础排放。有研究表明（王旭刚等，2006）：在不施肥情况下，土壤的氨排放在 7.8~17.3 g/（hm²·d）之间，根据中国农业科学院在河北廊坊试验区的实地测定结果，本书中以 15 g/（hm²·d）为农田氨排放基础值。

（2）氨挥发的温度校正系数（I_{TM}）

氨挥发的温度校正系数（Index of temperature）决定温度对农田氨排放的影响程度温度。研究表明：温度对土壤氨挥发有重要影响，温度影响氨分配在气相中的比例，同时也影响氨和铵扩散速率，温度越高，氨挥发的速率越大，试验表明：在 5~35℃范围内，温度每升高 10℃，氨挥发的速率增加 1 倍（朱兆良和文启孝，1990）。为了便于计算，以月平均温度为准，用以下温度进行校正。

$$I_{TM} = 0.25e^{0.0693t}$$

式中，I_{TM} 为校正系数；t 为温度（℃）。

（3）氨挥发的土壤质地校正系数（I_{TX}）

氨挥发的土壤质地校正系数（Index of soil texture）是反映土壤阳离子交换量由农田氨排放影响的重要因子。众所周知：土壤质地对土壤阳离子交换量有重要影响，土壤阳离子交换量决定土壤对铵离子的吸附能力，土壤的氨挥发随土壤阳离子交换量的提高而降低，试验表明：不同质地土壤上，砂土的氨挥发量是黏土的 3 倍以上。在本研究中，砂土的校正系数确定为 2.0，壤土为 1.2，黏土为 0.8。

（4）土壤 pH 校正系数（I_{pH}）

对土壤 pH 值而言，由于在不同的酸碱条件下，会影响土壤的氮转化反应，当土壤 pH 小于 7 时，土壤溶液中的氨态氮占铵态和氨态氮的 1% 以下，氨挥发很小，而当土壤 pH 大于 7 时，特别是在旱作土壤上，土壤氨挥发随土壤 pH 值上升而增加（朱兆良和文启孝，1990），为了便于计算，水稻土及酸性土壤的 pH 校正系数为 0.8，石灰性土壤的校正系数为 1.5。

（5）肥料施用量（FA）

肥料施用量（Amount of Fertilizer Apply）是影响农田氨排放中的主要因子，不同地区在不同时间施肥的数量相差很大。

A. 施肥总量

在总量上，由于在国家统计数据中，没有单独的氮肥使用量，而是氮肥加复合肥的形式进行统计的，所以，按目前复合肥生产和使用中氮：磷：钾约为 1.3：1：1 计算，复合肥纯养分中，氮肥比例约为 40%（白由路，2012），所以，在计算氮肥用量时，用如下公式计算：

$$TN = N + CF \times 0.4$$

式中，TN 为氮肥施用总量（Total nitrogen fertilizer）；N 为氮肥施用量（Nitrogen fertilizer）；CF 为复合肥施用量（Compound fertilizer）；0.4 为复合肥中的含氮量。

B. 施肥的时间分配

根据不同地区农业生产和主要种植作物的施肥模式，按当地的主要作物施肥时间、用量，计算出不同月份的施肥比例，该比例由两部分计算而出：

一部分是季节性作物施肥量（Seasonal Fertilizer Apply，SFA）。季节性作物是指当地的主要农作物，它具有明显的季节性，施肥时间相对确定，该部分作物的施肥量称为季节性作物施肥量，通过实地调查当地农作物的施肥时间，施肥量，按月计算出施肥比例。

另一部分是非季节性作物施肥量（Non-Seasonal Fertilizer Apply，NSFA）。在农业生产中，除主要作物外，还有蔬菜、果树杂粮等作物，这些作物的施肥不具有明显的季节性，在本节中，该部分作物的施肥量则按当地生产季节，平均分配在各月份中。生产季节的确定，按当地平均气温在 0℃ 以上的月份计算。

　　季节性作物施肥量与非主要作物施肥量的比例确定是按蔬菜作物播种面积占总播种面积的百分数计算及果园面积占耕地面积的百分数计算出来的。由于蔬菜施肥量和果树施肥量普遍高于粮食作物，其施肥比例按粮食作物施肥量的 2 倍和 1.5 倍计算，其公式为：

$$NSFA=TN·（Va/Tpa×2＋Oa/Ta×1.5）$$

$$SFA=（1－NSFA）$$

式中，TN 为总施肥量（Total Nitrogen apply）；NSFA 为非季节性作物施肥量（Non-seasonal Fertilizer apply）；Vpa 为蔬菜作物播种面积（Vegetable Planting acreage）；Tpa 为总播种面积（Total Planting acreage）；Oa 为果园面积（Orchard area）；Ta 为总耕地面积（Total area）；SFA 为季节性作物施肥量。

　　（6）肥料平均氨挥发比例数（IBE）

　　根据朱兆良院士研究结果（朱兆良和金继运，2013），我国氮肥的平均氨挥发损失为 11%，以此作为我国氮肥的平均氨排放量。在此基础上进行修正。

　　（7）时间校正系数（IT）

　　大量研究表明（刘丽颖等，2013；张玉铭等，2005），土壤氨排放在氮肥使用时间密切相关，一般施肥后 2～5 天为高峰期，施肥对氨挥发的持续影响为 7～14 天。所以，在本研究中，为了简便起见，即施入肥料的当月，施肥时间校正系数为 1，不在当月施肥的，施肥时间校正系数为 0。

　　除此之外，不同肥料品种对农田氨排放也有一定的影响，但是，目前我国氮肥品种主要为尿素，占 50%以上，其他氮肥主要以复合肥的形式施入土壤，所以，在本研究中也再进行校正。同时，降水后，由于水分会占据土壤孔隙，土壤空气会被挤出土体，由于土壤空气是氨分压高于大气，所以，降水后会增加土壤氨的排放强度，同时，在干旱地区，降雨也会加速土壤中的氮循环强度，增大氮排放强度。资料表明（王旭刚等，2006），降水后，土壤氨排放的强度会增加近一倍，由于降水的随机性较强，本文也不再进行校正。

5.1.4　与农田氨排放有关的基础资料

1. 我国不同区域不同年份的氮肥施用量

　　根据国家统计局数据库中的有关肥料施用量的数据，总结出不同年份不同省（市、自治区）氮肥施用数据。由于该统计资料中没有氮肥施用总量的数据，而是氮肥加复合肥的形式进行统计的，所以，按复合肥生产和使用中氮∶磷∶钾约为 1.3∶1∶1 计算，复合肥纯养分中，氮肥比例约为 40%计算（白由路，2012）出不同地区氮肥施用氮肥总量。

2. 耕地面积

由于我国耕地总面积没有每年统计，本研究涉及的我国不同区域的耕地面积以最近统计的 2008 年度为准，加之近年来，我国对耕地面积的管控十分严格，该数据的年度变化不会很大。

3. 蔬菜播种面积

根据国家统计局数据库中 2012 年的蔬菜播种面积的数据进行的计算，由于我国区域广大，蔬菜类型较多，这里仅以总蔬菜播种面积进行计算，没有涉及蔬菜种类。

4. 果树种植面积

根据国家统计局数据库中 2012 年的果树种植面积的数据进行的计算，由于我国区域气候条件差异很大，果树类型出较多，这里仅以总果树种植面积进行计算，没有涉及果树种类。

相关内容参见表 5-1 和表 5-2。

表 5-1 不同地区氨排放的主要计算参数表

地区	耕地面积 (10^{3}hm^2)	蔬菜播种 面积(10^{3}hm^2)	果树种植面积 (10^{3}hm^2)	氮肥用量 （万吨）	总播种面积 (10^{3}hm^2)
北京	231.7	64.09	62.47	8.77	282.7
天津	441.1	88.91	33.71	14.19	479.0
河北	6317.3	1 203.00	1 051.76	193.21	8781.8
山西	4055.8	247.81	342.36	59.35	3808.1
内蒙古	7147.2	288.45	70.90	106.36	7154.0
辽宁	4085.3	487.14	368.52	89.70	4210.6
吉林	5534.6	237.36	53.78	116.73	5315.1
黑龙江	11830.1	249.85	35.33	113.00	12237.0
上海	244.0	134.18	21.35	7.09	387.9
江苏	4763.8	1 323.41	209.83	207.39	7651.6
浙江	1920.9	623.27	321.45	60.00	2324.2
安徽	5730.2	810.58	116.47	174.24	8969.6
福建	1330.1	692.17	534.93	60.14	2263.1
江西	2827.1	547.46	392.84	64.71	5524.9
山东	7515.3	1 805.97	596.28	249.31	10867.0
河南	7926.4	1 730.28	466.70	346.56	14262.2
湖北	4664.1	1 138.69	400.75	198.86	8078.9

续表

地区	耕地面积 （10^3hm^2）	蔬菜播种 面积（10^3hm^2）	果树种植面积 （10^3hm^2）	氮肥用量 （万吨）	总播种面积 （10^3hm^2）
湖南	3789.4	1 239.16	545.96	138.84	8511.9
广东	2830.7	1 229.18	1 100.24	131.79	4629.6
广西	4217.5	1 075.35	997.23	108.49	6082.6
海南	727.5	229.53	179.79	22.35	854.6
重庆	2235.9	652.66	282.20	58.86	3477.7
四川	5947.4	1 253.87	608.23	150.02	9657.0
贵州	4485.3	774.32	192.96	62.51	5182.9
云南	6072.1	803.75	392.49	127.14	6920.4
西藏	361.6	23.72	2.02	2.38	244.0
陕西	4050.3	477.11	1 160.19	138.27	4238.3
甘肃	4658.8	454.01	446.94	50.71	4099.8
青海	542.7	48.78	6.84	5.33	554.2
宁夏	1107.1	111.57	130.27	24.02	1241.2
新疆	4124.6	306.94	1 015.15	105.59	5123.9

表 5-2　不同地区的月平均温度（℃）

地区	1 月	2 月	3 月	4 月	5 月	6 月	7 月	8 月	9 月	10 月	11 月	12 月	年均
北京	−3.6	−1.3	5.9	16.2	22.8	25	27.4	26	21.1	14.6	4.3	−4.2	12.9
天津	−3.8	−2.2	5.2	15.6	22.6	24.7	27.2	25.2	20.7	14.6	4.5	−3.9	12.5
河北	−2.2	0.5	7.6	17.9	23.8	26.6	28	25.8	20.8	15.6	5.3	−2.2	14.0
山西	−5.4	−2.2	4.8	14.7	20.9	22.8	24.5	22.7	16.7	10.9	2.1	−4.7	10.7
内蒙古	−10.8	−7.7	0.7	11.5	18.4	20.6	23.7	21.6	14.3	7.2	−3.7	−10	7.2
辽宁	−14	−8.8	−0.4	10.5	18.6	21.6	24.8	23	17.7	9.4	−0.4	−12.9	7.4
吉林	−16.1	−11.9	−3.5	8.7	17.2	20.4	23.5	22.1	17	7	−4.9	−16.7	5.2
黑龙江	−18.3	−12.4	−3.3	7.8	16.4	21.3	23.9	21.8	16.4	6.4	−5.2	−19.4	4.6
上海	4.7	4.4	9.5	17.5	21.3	24.3	29.7	29	23.7	19.8	12.2	6.3	16.9
江苏	2.9	3	9	17.9	21.9	25.5	29.4	28.1	22.3	18.3	10	3.5	16.0
浙江	4.3	4.3	10.1	19	21.8	25.1	30.8	28.7	23.4	19.7	12.1	6	17.1
安徽	3.1	3.5	9.6	18.8	22.7	26.7	30.6	28.2	22.7	18.6	10	3.4	16.5
福建	10	10.6	14.6	20	23	26.5	29.9	28.8	25.8	22.4	17.7	12.8	20.2
江西	5	5.5	11.3	19.5	23.4	26.5	31	29.6	24.5	20.9	12.5	6.6	18.0
山东	−1.1	0.9	7.1	17.6	23.8	27	28.1	24.7	20.9	17.3	7.1	−1.3	14.3
河南	0.3	2.9	9.1	18.5	23.8	27.8	28.9	25.9	21.9	17.3	8.6	0.5	15.5
湖北	2.8	4.1	9.4	18.2	22.3	26.6	30.3	28	22.9	17.8	10.1	3.9	16.4
湖南	4.1	5.4	10.6	19.2	22.9	27.1	30.9	28.7	24.5	19.6	12.2	5.9	17.6

续表

地区	1月	2月	3月	4月	5月	6月	7月	8月	9月	10月	11月	12月	年均
广东	11.4	14	17.9	23.1	26.8	27.6	28.1	28.1	26	23.2	19.2	14.6	21.7
广西	9.8	12.1	17.2	24	27.1	27.5	28.2	27.9	25.8	23.8	19.2	14.4	21.4
海南	16.4	17.8	22.1	26.6	28.3	28.4	28.5	28.1	27.6	26.1	24.5	20.6	24.6
重庆	7.2	8.7	14	20	22.5	24.5	28.5	29.8	23.2	18.4	13.4	9.4	18.3
四川	5	6	11.2	17.7	21.2	22.5	24.8	26	20.9	17.2	11	6.8	15.9
贵州	0.7	2.5	9.6	17.1	19.2	19.8	22.8	23	18.2	15.6	10.2	5.1	13.7
云南	9.9	13.1	14.4	17.9	20.8	20.7	20.5	20.5	18.3	16.5	13.9	9.5	16.3
西藏	−1.1	3.8	6.6	8.9	15.1	18.1	16.9	16.7	15.2	9.9	3.8	1.4	9.6
陕西	−0.9	2	8.3	17	21.6	26.7	27.6	25.5	19.8	15	6.4	0.2	14.2
甘肃	−10.1	−5.3	3.1	11.3	15.7	20.4	21.4	21.1	14	8	−1.5	−7.6	7.5
青海	−10.3	−6.3	1	8.4	12.4	15.4	17.2	16.4	11.9	5.8	−2.8	−6.5	5.2
宁夏	−8.5	−4.7	4.5	13.5	19.3	23.1	24.8	23.7	16.3	10.1	0.8	−5.2	9.8
新疆	−15	−12	0.5	14	18.7	23.7	24.6	23.7	18.1	8.9	−3.9	−12.6	7.4

5.2　区域种植业氨排放的数量

根据我国气候状况和农业生产特点,本节将全国分为六个类型区,即东北一年一熟农作区、华北小麦-玉米轮作区、长江中下游稻区、华南农业区、西北旱作区、西南农业区。在不同的区域内有基本相同气候条件和基本相同的种植及施肥方式。

5.2.1　东北地区农田氨排放的数量与强度

东北地区包括黑龙江、吉林、辽宁三省,内蒙古自治区东部也属于该种农作类型,由于内蒙古自治区的农业生产主要集中在内蒙的东部,所以,将内蒙古自治区也归入本区。

1. 黑龙江省

黑龙江省地处我国最北端,耕作制度为一年一熟。大田作物为寒地水稻和玉米,是我国北方粮食和水稻的主要产区,耕地面积为 1151.9 万公顷,水稻种植面积为 307.0 万公顷,玉米为 519.6 万公顷,土壤主要有暗棕壤、黑土、黑钙土和草甸土等。

（1）氨排放参数确定

A. 季节性作物与非季节性作物的施肥比例

根据黑龙江省作物种植面积的数量分布,2012 年蔬菜作物的播种面积仅占总播种面积的 2.0%，果树种植面积占耕地面积的 0.3%，由此可见该区主要以粮食作物为主，季节性作物施肥比例为 95.5%，而非季节性作物施肥比例为 4.5%。

B. 农作物季节

根据黑龙江省的气候特点，月平均温度＞0℃的月份为 4 月至 10 月。所以，该省按施肥总量的 4.5%，平均分配在这七个月份中。

C. 季节性施肥比例

黑龙江省的主要作物是玉米、水稻和大豆，而施肥较多的作物主要是水稻和玉米。该区水稻和玉米的施肥时间图示于图 5-3。

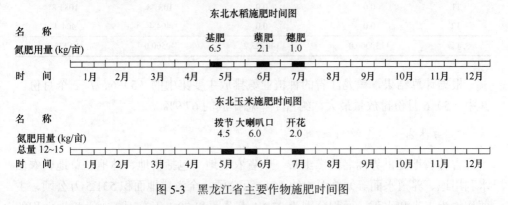

图 5-3　黑龙江省主要作物施肥时间图

由图 5-3 可见，该区主要用物的施肥季节为（5）6、7 三个月份，由于玉米播种面积占水稻、玉米播种面积的约 60%，水稻约为 40%，所以玉米不同月份施肥量的权重为 0.6、水稻施肥量的权重为 0.4，计算出不同月份的施肥比例。

D. 土壤质地校正系数

由于黑龙江省大部分土壤质地为壤土，I_{TX} 取值 1.2。

E. 土壤酸碱性校正系数

土壤为酸性或中性，I_{pH} 取值 0.8。

（2）不同月份氨排放总量

根据排放模型和黑龙江省的具体参数，计算出不同月份该区域氨排放的总量（表 5-3）。

表 5-3　黑龙江省不同月份氨排放总量（t）

月份	施肥量	施肥氨排放	基础排放	氨总排放量
1	0.0	0.0	436.4	436.4
2	0.0	0.0	656.8	656.8
3	0.0	0.0	1234.0	1234.0

续表

月份	施肥量	施肥氨排放	基础排放	氨总排放量
4	7264.3	399.8	2663.0	3062.8
5	511244.3	51054.6	4832.9	55887.7
6	429884.3	60288.1	6787.2	67075.3
7	159814.3	26837.8	8127.2	34965.0
8	7264.3	1054.7	7026.5	8081.1
9	7264.3	725.5	4832.9	5558.4
10	7264.3	362.7	2416.8	2779.6
11	0.0	0.0	1081.8	1081.8
12	0.0	0.0	404.4	404.4
总计	1130000.0	140723.2	40500.0	181223.2

根据计算结果，黑龙江省的种植业氨排放主要集中的（5）6、7 三个月份，其中（5）6 月份排放量最大，约占全年总排放的 67.9%。

2. 吉林省

吉林省地处世界闻名的黑土带。全省农用地（包括耕地、林地、草地、农田水利用地、养殖水面等）总面积约 1640 万公顷，全省耕地面积 531.5 万公顷，主要作物为玉米和水稻，面积分别为 328.4 万公顷和 70.1 万公顷，占总耕地面积的75%。吉林省土壤类型主要有暗棕壤、黑土、黑钙土等。其中黑土耕地约 83.2 万公顷，占全省耕地面积的 15%，黑土区粮食产量占全省一半以上。

（1）氨排放参数确定

A. 季节性作物与非季节性作物的施肥比例

根据吉林省作物种植面积的数量分布，2012 年蔬菜作物的播种面积仅占总播种面积的的 4.5%，果树种植面积占耕地面积的 1.0%，由此可见该区主要以粮食作物为主，季节性作物施肥比例为 89.6%，而非季节性作物施肥比例为 10.4%。

B. 农作物季节

根据吉林省的气候特点，月平均温度 >0℃的月份为 4 月至 10 月。所以，该省按施肥总量的 10.4%，平均分配在这七个月份中。

C. 季节性施肥比例

吉林省的主要作物是玉米、水稻和大豆，而施肥较多的作物主要是玉米和水稻。该区水稻和玉米的施肥时间与黑龙江省基本相同（图 5-3）。该区主要用物的施肥季节为（5）6、7 三个月份，由于玉米播种面积占水稻、玉米播种面积的约82.4%，水稻约为 17.6%，所以玉米不同月份施肥量的权重 0.82（4）水稻施肥量的权重为 0.176，计算出不同月份的施肥比例。

D. 土壤质地校正系数

由于吉林省大部分为壤土，I_{TX} 取值为 1.2。

E. 土壤酸碱性校正系数

由于吉林省大部分土壤为酸性或中性，I_{pH} 取值 0.8。

（2）不同月份氨排放总量

根据排放模型和吉林省的具体参数，计算出不同月份该区域氨排放的总量（表 5-4）。

表 5-4　吉林省不同月份氨排放总量（t）

月份	施肥量	施肥氨排放	基础排放	氨总排放量
1	0.0	0.0	237.8	237.8
2	0.0	0.0	318.1	318.1
3	0.0	0.0	569.4	569.4
4	17342.7	1015.8	1326.1	2341.8
5	440588.0	46506.9	2390.0	48896.8
6	480853.9	63358.8	2983.3	66342.1
7	176452.3	28821.7	3698.3	32520.0
8	17342.7	2570.9	3356.3	5927.1
9	17342.7	1805.5	2357.1	4162.4
10	17342.7	902.9	1178.7	2081.5
11	0.0	0.0	516.7	516.7
12	0.0	0.0	228.1	228.1
总计	1167265.1	144982.2	19159.8	164142.0

根据计算，吉林省氨排放的肥料氮损失率为 11.6%，氨排放主要分布有（5）6、7 三个月，占总排放的 90%。

3. 辽宁省

辽宁省位于我国东部，耕面积 408.5 万公顷，主要农作物是玉米、水稻，其播种面积分别为 220.7 万公顷和 66.2 万公顷，占耕地面积的 70%。主要土壤为棕壤、草甸土和风沙土。

（1）氨排放参数确定

A. 季节性作物与非季节性作物的施肥比例

根据辽宁省作物种植面积的数量分布，2012 年蔬菜作物的播种面积仅占总播种面积的的 11.6%，果树种植面积占耕地面积的 9.0%，该区果树是农业的重要组成部分，季节性作物施肥比例为 63.3%，而非季节性作物施肥比例为 36.7%。

B. 农作物季节

根据辽宁省的气候特点，月平均温度＞0℃的月份为 4 月至 10 月。所以，该省按施肥总量的 36.7%，平均分配在这七个月份中。

C. 季节性施肥比例

辽宁省的主要作物是玉米、水稻和花生，而施肥较多的作物主要是玉米和水稻。该区水稻和玉米的施肥时间与黑龙江省基本相同（图 5-3）。该区主要用物的施肥季节为（5）6、7 三个月份，由于玉米播种面积占水稻、玉米播种面积的约 76.9%，水稻约为 23.1%，所以玉米不同月份施肥量的权重 0.769、水稻施肥量的权重为 0.231，计算出不同月份的施肥比例。

D. 土壤质地校正系数

由于辽宁省大部分为砂性土壤，I_{TX} 取值为 1.5。

E. 土壤酸碱性校正系数

由于辽宁省土壤的酸性、中性和弱碱性各占三分之一，这里取值 1.0。

（2）不同月份氨排放总量

根据排放模型和辽宁省的具体参数，计算出不同月份该区域氨排放的总量（表 5-5）。

表 5-5　辽宁省不同月份氨排放总量（t）

月份	施肥量	施肥氨排放	基础排放	氨总排放量
1	0.0	0.0	317.2	317.2
2	0.0	0.0	454.8	454.8
3	0.0	0.0	814.0	814.0
4	47028.4	4875.4	1732.6	6608.0
5	285188.1	51828.8	3037.3	54866.0
6	291768.4	65278.1	3739.1	69017.2
7	131934.6	36846.6	4667.5	41514.1
8	47028.4	11593.8	4120.1	15713.9
9	47028.4	8030.0	2853.6	10883.6
10	47028.4	4517.7	1605.4	6123.1
11	0.0	0.0	814.0	814.0
12	0.0	0.0	342.3	342.3
总计	897004.8	182970.3	24498.2	207468.5

通过计算，辽宁省氨排放的氮损失率为 19.05%，氨排放主要分布有（5）6、7 三个月，占总排放的约 80%。

4. 内蒙古自治区

内蒙古自治区位于我国北部边陲，大部分地区适宜发展林业和畜牧业，耕地面积 714.7 万公顷，农作物构成主要有小麦、玉米、水稻、大豆、马铃薯、谷子、高粱、莜麦、荞麦、糜子、黍子、甜菜、葵花、葫麻、蓖麻、瓜果菜等。河套、土默川的小麦，西辽河流域的玉米，大兴安岭岭东南的大豆、水稻，阴山燕山北麓的马铃薯和杂粮品质好、产量高，是自治区的主要优势粮食作物。一年一熟。玉米、小麦、油菜和薯类是其主要作物，其中玉米占总粮食播种面积的一半以上。耕作土壤主要有黑钙土、栗钙土和棕钙土，是石灰性土壤，质地为壤质土壤为多。由于内蒙古自治区的农业生产主要集中在内蒙古东部，所以，将内蒙古自治区也归入了东北地区。

（1）氨排放参数确定

A. 季节性作物与非季节性作物的施肥比例

根据内蒙古自治区作物种植面积的数量分布，2012 年蔬菜作物的播种面积仅占总播种面积的 4.0%，果树种植面积占耕地面积的 1.0%，所以该区以农作物为主，季节性作物施肥比例为 90.4%，而非季节性作物施肥比例为 9.6%。

B. 农作物季节

根据内蒙古自治区的气候特点，月平均温度＞0℃的月份为 3 月至 10 月。所以，该省按施肥总量的 9.6%，平均分配在八个月份中。

C. 季节性施肥比例

内蒙古自治区的主要作物是玉米、小麦、油菜、豆类和薯类，玉米面积约占 50%，该区玉米主要分布在东部，与东北三省的玉米种植和施肥方式基本相同，其他作物基本为一年一熟，施肥季节与玉米基本相同，本区将以玉米代表主要作物的施肥量与施肥时间。

D. 土壤质地校正系数

由于内蒙古自治区大部分为壤土，I_{TX} 取值为 1.1。

E. 土壤酸碱性校正系数

由于内蒙古自治区的农业土壤基本为石灰性土壤，这里取值 1.5。

（2）不同月份氮排放总量

根据排放模型和内蒙古自治区的具体参数，计算出不同月份该区域氨排放的总量（表 5-6）。

表 5-6　　　内蒙古自治区不同月份氨排放总量（t）

月份	施肥量	施肥氨排放	基础排放	氨总排放量
1	0.0	0.0	762.0	762.0
2	0.0	0.0	944.6	944.6
3	12763.2	738.0	1690.6	2428.7
4	12763.2	1560.0	3573.5	5133.5
5	358901.2	70760.1	5764.6	76524.6
6	474280.5	108908.2	6714.0	115622.2
7	166602.3	47424.8	8323.1	55747.9
8	12763.2	3141.1	7195.7	10336.8
9	12763.2	1894.0	4338.8	6232.8
10	12763.2	1157.9	2652.7	3810.6
11	0.0	0.0	1246.3	1246.3
12	0.0	0.0	805.4	805.4
总计	1063600.0	235584.1	44011.5	279595.5

通过计算，内蒙古自治区氨排放的氮损失率为 21.7%，氨排放主要分布有（5）6、7 三个月，占总排放的 88.7%。

5.2.2　华北地区农田氨排放的数量与强度

华北地区是我国重要的粮食、蔬菜、水果产区，主要作物以小麦-玉米轮作为典型种植方式，主要包括北京市、天津市、河北省、河南省、山东省、山西省。

1. 北京市

北京市位于我国中东部，现在耕地 23.2 万公顷，主要作物为小麦、玉米、蔬菜，其中蔬菜面积约占 30%，主要土壤为褐土。

（1）氨排放参数确定

A. 季节性作物与非季节性作物的施肥比例

根据北京市作物种植面积的数量分布，2012 年蔬菜作物的播种面积仅占总播种面积的 22.7%，果树种植面积占耕地面积的 27.0%，所以该区以蔬菜与水果为主，季节性作物施肥比例为仅 14.2%，而非季节性作物施肥比例为 85.8%。

B. 农作物季节

根据北京市的气候特点，月平均温度＞0℃的月份为 3 月至 11 月。所以，该省按施肥总量的 85.8%，平均分配在九个月份中。

C. 季节性施肥比例

北京市的主要作物是玉米、小麦等，其中玉米面积约占粮食作物播种面积的

70%，本区将以玉米代表主要作物的施肥量与施肥时间（图 5-4）。

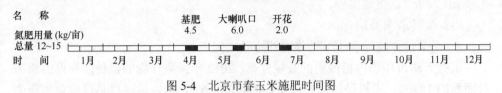

图 5-4　北京市春玉米施肥时间图

D. 土壤质地校正系数

由于北京市有部分为砂性土壤，取值为 1.3。

E. 土壤酸碱性校正系数

由于北京市农业土壤大部分为石灰性土壤，这里取值 1.5。

（2）不同月份氮排放总量

根据排放模型和北京市的具体参数，计算出不同月份该区域氨排放的总量（表 5-7）。

表 5-7　北京市不同月份氨排放总量（t）

月份	施肥量	施肥氨排放	基础排放	氨总排放量
1	0.0	0.0	48.1	48.1
2	0.0	0.0	56.5	56.5
3	8360.7	819.2	92.9	912.1
4	12844.0	2569.6	189.6	2759.2
5	14338.4	4532.0	299.6	4831.6
6	8360.7	3077.9	348.9	3426.8
7	10353.3	4501.0	412.0	4913.1
8	8360.7	3298.7	374.0	3672.7
9	8360.7	2349.0	266.4	2615.2
10	8360.7	1497.1	169.7	1666.8
11	8360.7	733.3	83.2	816.4
12	0.0	0.0	46.1	46.1
总计	87700.0	23377.5	2386.8	25764.4

根据计算，北京市氨排放的氮损失率为 24.2%，氨排放分布季节不十分明显，主要分布有 4 月至 10 月份这七个月中。

2. 天津市

天津市紧临北京市，但生态与土壤条件、作物种植均与北京市有很大不同，天津市耕地面积 44.1 万公顷，其中粮食作物约 20 万公顷，主要有小麦和玉米，其比例为 1∶1.5。蔬菜种植面积不足 10 万公顷。天津土壤主要是潮土和滨海盐土，土壤 pH 大于 7。质地偏砂。

（1）氨排放参数确定

A. 季节性作物与非季节性作物的施肥比例

根据天津市作物种植面积的数量分布，2012 年蔬菜作物的播种面积仅占总播种面积的 18.6%，果树种植面积占耕地面积的 7.6%，所以该区以是以粮食和蔬菜并重的产区，季节性作物施肥比例为仅 51.4%，而非季节性作物施肥比例为 48.6%。

B. 农作物季节

根据天津市的气候特点，月平均温度＞0℃的月份为 3 月至 11 月。所以，该区按施肥总量的 48.6%，平均分配在九个月份中。

C. 季节性施肥比例

天津市的农作物主要是小麦、玉米等，其比例为 1∶1.5。本区将典型氮肥施用时间示于图 5-5。

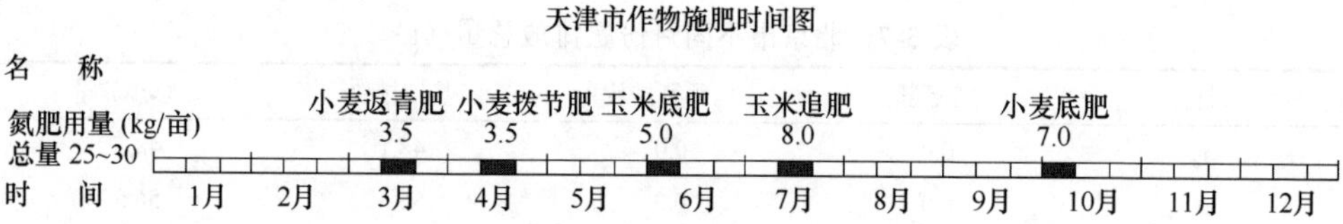

天津市作物施肥时间图

图 5-5　天津市主要农作物施肥时间图

D. 土壤质地校正系数

由于天津市有部分为砂性土壤，取值为 1.4。

E. 土壤酸碱性校正系数

由于天津市农业土壤大部分为石灰性土壤，这里取值 1.5。

（2）不同月份氮排放总量

根据排放模型和具体参数，计算出天津市不同月份该区域氨排放的总量（表 5-8）。

表 5-8　天津市不同月份氨排放总量（t）

月份	施肥量	施肥氨排放	基础排放	氨总排放量
1	0.0	0.0	97.2	97.2
2	0.0	0.0	108.7	108.7
3	15282.8	1536.3	181.4	1717.7
4	15282.8	3158.5	372.9	3531.4
5	7662.6	2572.3	605.8	3178.1

月份	施肥量	施肥氨排放	基础排放	氨总排放量
6	23991.7	9315.8	700.7	10016.5
7	33789.1	15601.8	833.2	16435.0
8	7662.6	3080.2	725.4	3805.6
9	7662.6	2255.0	531.0	2786.0
10	22903.1	4416.4	347.9	4764.5
11	7662.6	733.9	172.8	906.6
12	0.0	0.0	96.5	96.5
总计	141900.0	42670.3	4773.6	47443.8

由表可见，天津市氨排放的氮损失率为 27.5%，氨排放分布季节不十分明显，以 7 月份排放最高，约占全年的 34.6%。

3. 河北省

河北省位于华北平原北部，耕地面积为 631.7 万公顷，占国土面积的 35%。主要粮食作物为小麦、玉米。该省土壤主要为具有石灰性的褐土和潮土，滨海地区有少量的滨海盐土。潮土质地较轻，褐土以壤土为主。

（1）氨排放参数确定

A. 季节性作物与非季节性作物的施肥比例

根据河北省作物种植面积的数量分布，2012 年蔬菜作物的播种面积仅占总播种面积的 13.7%，果树种植面积占耕地面积的 16.7%，所以该区以是以粮食为主的产区，季节性作物施肥比例为 47.6%，而非季节性作物施肥比例为 52.4%。

B. 农作物季节

根据河北省的气候特点，月平均温度＞0℃的月份为 2 月至 11 月。所以，该区按施肥总量的 52.4%，平均分配在十个月份中。

C. 季节性施肥比例

河北省的农作物主要是小麦玉米轮作，具有华北平原典型的种植物征。本区的典型氮肥施用时间示于图 5-6。

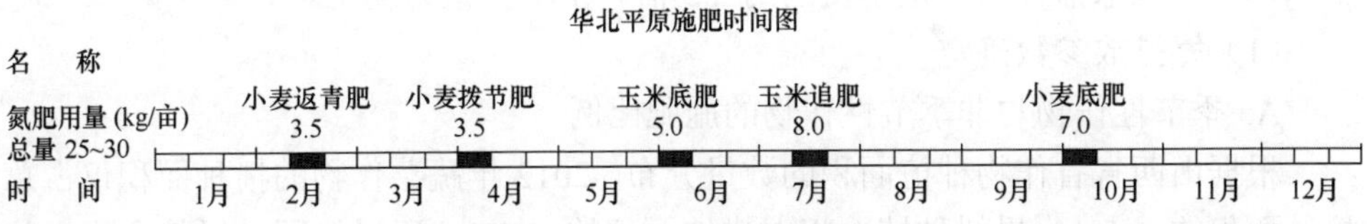

图 5-6　河北省主要农作物施肥时间图

D. 土壤质地校正系数

由于河北省大部分为壤土，I_{TX} 取值为 1.0。

E. 土壤酸碱性校正系数

由于河北省农业土壤大部分为石灰性土壤，这里取值 1.5。

（2）不同月份氨排放总量

根据排放模型和河北省的具体参数，计算出不同月份该区域氨排放的总量（表 5-9）。

表 5-9　河北省不同月份氨排放总量（t）

月份	施肥量	施肥氨排放	基础排放	氨总排放量
1	0.0	0.0	1111.2	1111.2
2	220459.8	11429.3	1339.8	12769.1
3	101242.0	8584.9	2191.4	10776.4
4	220459.8	38168.2	4474.3	42642.5
5	101242.0	26381.7	6734.3	33116.0
6	271553.1	85914.7	8176.4	94091.1
7	373739.7	130291.7	9009.5	139301.2
8	101242.0	30303.7	7735.5	38039.2
9	101242.0	21429.5	5470.2	26899.7
10	339677.5	50143.7	3815.1	53958.8
11	101242.0	7320.1	1868.6	9188.6
12	0.0	0.0	1111.2	1111.2
总计	1932100.0	409967.6	53037.4	463004.9

根据计算，河北省氨排放的氮损失率为 19.7%，季节氨排放不十分明显，其中 7 月份氨排放数量占全年总排放的 30.1%。

4. 山西省

山西省位于黄土高原东部，总耕地面积为 405.6 万公顷，主要作物为小麦和玉米，其中玉米播种面积是小麦的约 2.5 倍。土壤类型为褐土。

（1）氨排放参数确定

A. 季节性作物与非季节性作物的施肥比例

根据山西省省作物种植面积的数量分布，2012 年蔬菜作物的播种面积仅占总播种面积的 6.5%，果树种植面积占耕地面积的 8.4%，所以该区是以粮食为主的产区，季节性作物施肥比例为 74.3%，而非季节性作物施肥比例为 25.6%。

B. 农作物季节

根据山西省的气候特点，月平均温度＞0℃的月份为 3 月至 11 月。所以，该区按施肥总量的 25.6%，平均分配在十个月份中。

C. 季节性施肥比例

山西省的农作物主要是小麦玉米轮作，具有华北平原典型的种植物征。本区的典型氮肥施用时间示于图 5-6。

D. 土壤质地校正系数

由于山西省大部分为壤土，I_{TX} 这里取值为 1.0。

E. 土壤酸碱性校正系数

由于山西省农业土壤大部分为石灰性土壤，I_{pH} 这里取值 1.5。

（2）不同月份氨排放总量

根据排放模型和山西省的具体参数，计算出不同月份该区域氨排放的总量（表 5-10）。

表 5-10　山西省不同月份氨排放总量（t）

月份	施肥量	施肥氨排放	基础排放	氨总排放量
1	0.0	0.0	571.6	571.6
2	57162.8	2457.7	713.3	3171.2
3	16947.7	1183.7	1158.8	2342.4
4	74110.6	10278.8	2301.3	12580.1
5	16947.7	3612.3	3536.4	7148.6
6	98608.9	23975.2	4034.0	28009.2
7	147605.6	40375.0	4538.4	44913.4
8	16947.7	4092.2	4006.2	8098.4
9	16947.7	2700.1	2643.4	5343.3
10	131273.4	13991.7	1768.4	15760.3
11	16947.7	981.6	961.0	1942.6
12	0.0	0.0	600.0	600.0
总计	593500.0	103648.2	26832.7	130480.8

根据计算，山西省氨排放的氮损失率为 18.1%，季节氨排放不十分明显。

5. 河南省

河南省位于华北平原南部，也是我国南北方土壤、气候的分界线。是我国小麦的重要产区。现在 792.6 万公顷，主要作物是小麦玉米轮作。东部土壤为潮土、东南部是砂姜黑土、西北部为褐土、南部有部分黄棕壤和水稻土，土壤类型较多。

（1）氨排放参数确定

A. 季节性作物与非季节性作物的施肥比例

根据河南省作物种植面积的数量分布，2012 年蔬菜作物的播种面积仅占总播种面积的 12.1%，果树种植面积占耕地面积的 5.9%，所以该区以是以粮食为主的产区，季节性作物施肥比例为 66.9%，而非季节性作物施肥比例为 33.1%。

B. 农作物季节

根据河南省的气候特点，月平均温度均高于 0℃，所以，该区按施肥总量的 33.1%，平均分配在十二个月份中。

C. 季节性施肥比例

河南省的农作物主要是小麦玉米轮作，具有华北平原典型的种植物征。其中，按播种面积，小麦为 60%，玉米为 40%，按该权重计算季节性作物的施肥量本区的典型氮肥施用时间示于图 5-6。

D. 土壤质地校正系数

由于河南省土壤类型复杂，砂性土壤约为农田的 50%，I_{TX} 取值为 1.0。

E. 土壤酸碱性校正系数

由于河南省农业土壤中石灰性土壤约占 60%，I_{pH} 这里取值 1.2。

（2）不同月份氨排放总量

根据排放模型和河南省的具体参数，计算出不同月份该区域氨排放的总量（表 5-11）。

表 5-11　河南省不同月份氨排放总量（t）

月份	施肥量	施肥氨排放	基础排放	氨总排放量
1	95592.8	3910.1	1326.3	5236.5
2	453594.4	22216.7	1588.2	23805.0
3	95592.8	7195.1	2440.6	9635.8
4	453594.4	65491.9	4681.8	70173.7
5	95592.8	19927.7	6759.7	26687.4
6	436546.7	120074.1	8919.0	128993.0
7	641119.0	190310.8	9625.4	199936.2
8	95592.8	23049.4	7818.6	30868.0
9	95592.8	17469.2	5925.8	23395.0
10	811596.0	107831.0	4308.2	112139.2
11	95592.8	6950.0	2357.6	9307.6
12	95592.8	3964.7	1344.9	5309.6
总计	3465600.0	588390.6	57096.1	645486.8

根据计算,河南省氨排放的氮损失率为 15.3%,季节氨排放不十分明显。以 6、7 和 10 月份排放较多。

6. 山东省

山东省位于我国东部,耕地面积 751.5 万公顷,主要粮食作物是小麦和玉米轮作。约占耕地面积的 50%。土壤类型有潮土和棕壤。

(1)氨排放参数确定

A. 季节性作物与非季节性作物的施肥比例

根据山东省作物种植面积的数量分布,2012 年蔬菜作物的播种面积占总播种面积的 16.6%,果树种植面积占耕地面积的 7.9%,所以该区以是以粮食作物和果蔬并重的产区,季节性作物施肥比例为 54.9%,而非季节性作物施肥比例为 45.1%。

B. 农作物季节

根据山东省的气候特点,月平均温度均高于 0℃的月份为 2 月至 11 月,考虑到该区保护地较多,所以,该区按施肥总量的 45.1%,平均分配在十二个月份中。

C. 季节性施肥比例

山东省的农作物主要是小麦玉米轮作,具有华北平原典型的种植特征。其中,按播种面积,小麦为 55.5%,玉米为 44.5%,基本的比例是 1∶1。所以,按图 5-6 的施肥比例计算季节性作物的施肥量。

D. 土壤质地校正系数（I_{TX}）

由于山东省土壤中砂性土壤约为农田的 50%,取值为 1.2。

E. 土壤酸碱性校正系数（I_{pH}）

由于石灰性土壤为 50%,这里取值 1.2。

(2)不同月份氨排放总量

根据排放模型和山东省的具体参数,计算出不同月份该区域氨排放的总量(表 5-12)。

表 5-12　山东省不同月份氨排放总量（t）

月份	施肥量	施肥氨排放	基础排放	氨总排放量
1	0.0	0.0	1369.5	1369.5
2	289864.4	14831.9	1573.1	16405.0
3	112438.8	8841.3	2417.4	11258.8
4	289864.4	47185.5	5004.7	52190.2
5	112438.8	28127.4	7690.9	35818.3
6	365904.0	114258.8	9600.4	123859.1
7	517983.1	174559.7	10360.9	184920.6

续表

月份	施肥量	施肥氨排放	基础排放	氨总排放量
8	112438.8	29937.6	8185.9	38123.5
9	112438.8	23006.4	6290.7	29297.1
10	467290.0	74502.7	4901.8	79404.3
11	112438.8	8841.3	2417.4	11258.8
12	0.0	0.0	1350.7	1350.7
总计	2493100.0	524092.5	61163.6	585256.0

根据计算，山东省氨排放的氮损失率为 19.3%，以 6、7 月份氨排放数量最多，约占全年总排放的 52.8%。

5.2.3 长江中下游地区农田氨排放的数量与强度

1. 安徽省

安徽省地处我国长江中下游流域，耕地面积为 573.0 万公顷，约占国土面积的 30%，主要作物有小麦、玉米、水稻、油菜等，主要土壤类型有黄棕壤、水稻土和红壤。

（1）氨排放参数确定

A. 季节性作物与非季节性作物的施肥比例

根据安徽省作物种植面积的数量分布，2012 年蔬菜作物的播种面积占总播种面积的 9.0%，果树种植面积占耕地面积的 2.0%，所以该区以是以粮食作物为主的产区，季节性作物施肥比例为 78.9%，而非季节性作物施肥比例为 21.1%。

B. 农作物季节

根据安徽省的气候特点，月平均温度均高于 0℃所以，该区按施肥总量的 21.1%，平均分配在十二个月份中。

C. 季节性施肥比例

安徽省作物种植模式复杂，其中，淮北地区为小麦-玉米轮作，江南地区则以油菜-晚稻为主。小麦的一般施肥特点为总氮量 14 kg/亩，其中底肥 60%左右，约 8.5 kg 纯 N，在 10 月份施入，拔节肥 25%左右，约 3.5 kg 纯 N，在 3 月份施入，穗肥 15%左右，约 2 kg 纯 N，在 5 月份施入。

玉米的施肥特点是：总 N 约 15 kg/亩，基肥 40%左右，约 6 kg 纯 N，在 6 月初施入，大喇叭口期 50%左右，约 7 kg 纯 N，在 7 月份施入。10%左右的 N 素在抽雄期施入，约 2 kg 纯 N，时间为 8 月份施入。

晚稻施肥的特点是：总 N 约 13 kg/亩，总量的 40%作基肥，30%作分蘖肥，

30%作穗肥。6 月份施肥 9 kg 纯 N，即基肥与分蘖肥、穗肥在 9 月份施入，约 4 kg 纯 N。

油菜的施肥方法是：一般总 N 量为 13 kg/亩，基追各半，基肥 7.5 kg 纯 N 在 11 月份施入，追肥在 7.5 kg 纯 N 在 3 月份施入。

其不同种植制度的施肥模式示于图 5-7。

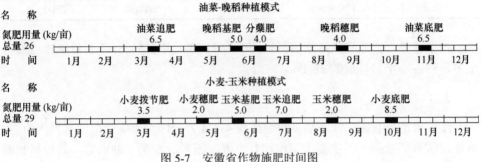

图 5-7 安徽省作物施肥时间图

安徽省的种植模式主要有油菜-晚稻和小麦-玉米，其中油菜-晚稻种植模式的施肥量占大田作物施肥量的 44%，小麦-玉米种植模式施肥量占大田作物施肥量的 56%。

D. 土壤质地校正系数（I_{TX}）

由于安徽省土壤基本为壤土以上质地，这里取值为 1.0。

E. 土壤酸碱性校正系数（I_{pH}）

安徽省土壤中酸性土壤和水稻土壤为 50%，这里取值 0.8。

（2）不同月份氨排放总量

根据排放模型和安徽省的具体参数，计算出不同月份该区域氨排放的总量（表 5-13）。

表 5-13 安徽省不同月份氨排放总量（t）

月份	施肥量	施肥氨排放	基础排放	氨总排放量
1	30637.2	1014.3	776.1	1790.5
2	30637.2	1042.8	798.0	1840.8
3	270027.1	14027.4	1217.8	15245.2
4	30637.2	3011.0	2303.8	5314.8
5	282940.2	36435.9	3018.7	39454.6
6	197514.8	33559.9	3983.0	37542.8
7	225327.7	50166.4	5219.0	55385.4
8	86263.1	16262.6	4419.3	20681.9

续表

月份	施肥量	施肥氨排放	基础排放	氨总排放量
9	118049.3	15202.0	3018.7	18220.6
10	267047.1	25883.7	2272.1	28155.8
11	172681.8	9222.6	1252.0	10474.6
12	30637.2	1035.7	792.4	1828.0
总计	1742400.0	206864.1	29070.9	235935.1

根据计算，安徽省氨排放的氮损失率为 11.2%，以（5）6、7 月份氨排放数量最多，约占全年总排放的 56.1%。

2. 江苏省

江苏省地处我国长江下游，耕地面积 476.4 万公顷。土壤类型以水稻土为主，苏北地区有部分潮土，主要大田作物有小麦、玉米、水稻、油菜等，其种植制度与施肥基本与安徽省相同。

（1）氨排放参数确定

A. 季节性作物与非季节性作物的施肥比例

根据江苏省作物种植面积的数量分布，2012 年蔬菜作物的播种面积占总播种面积的 17.3%，果树种植面积占耕地面积的 4.4%，所以该区以是以粮食作物和果蔬并重的产区，季节性作物施肥比例为 58.8%，而非季节性作物施肥比例为 41.2%。

B. 农作物季节

根据江苏省的气候特点，月平均温度全年均高于 0℃，考虑到该区保护地较多，所以，该区按施肥总量的 41.2%，平均分配在十二个月份中。

C. 季节性施肥比例

江苏省的农作物种植物也较为复杂，其中苏北地区以小麦玉米轮作为主，苏南地区目前主要是水稻-油菜，与安徽省情况基本相同，这里安徽省的施肥情况计算季节性作物的施肥量。

D. 土壤质地校正系数（I_{TX}）

由于江苏省土壤基本为壤土以上质地，这里取值为 0.9。

E. 土壤酸碱性校正系数（I_{pH}）

该省大部分为酸性土壤和水稻土壤为 50%，这里取值 0.8。

（2）不同月份氨排放总量

根据排放模型和江苏省的具体参数，计算出不同月份该区域氨排放的总量（表 5-14）。

表 5-14　江苏省不同月份氨排放总量（t）

月份	施肥量	施肥氨排放	基础排放	氨总排放量
1	71203.9	2092.6	572.8	2665.2
2	71203.9	2107.0	576.7	2683.8
3	283550.9	12717.0	874.1	13591.0
4	71203.9	5917.2	1619.5	7536.8
5	295005.3	32346.7	2136.9	34483.5
6	219230.0	30849.4	2742.3	33591.7
7	243901.0	44971.5	3593.3	48564.9
8	120545.9	20311.9	3283.7	23595.7
9	148741.4	16767.5	2196.9	18964.5
10	280907.6	24000.2	1665.0	25665.3
11	197202.3	9479.0	936.7	10415.8
12	71203.9	2181.3	597.0	2778.4
总计	2073900.0	203741.5	20795.0	224536.5

根据计算，江苏省氨排放的氮损失率为 8.9%，以（5）6、7 月份氨排放数量最多，约占全年总排放的 51.9%。

3. 上海市

上海市处于我国长江三角洲，现在 24.4 万公顷，主要作物为水稻，其中蔬菜种植面积大于与粮食种植面积基本相同，土壤类型主要是水稻土，有部分滨海盐土。

（1）氨排放参数确定

A. 季节性作物与非季节性作物的施肥比例

根据江苏省作物种植面积的数量分布，2012 年蔬菜作物的播种面积占总播种面积的 34.6%，果树种植面积占耕地面积的 8.8%，所以该区以是以果蔬为主的产区，季节性作物施肥比例仅为 17.7%，而非季节性作物施肥比例为 82.3%。

B. 农作物季节

根据上海市的气候特点，月平均温度全年均高于 0℃，所以，该区按施肥总量的 82.3%，平均分配在十二个月份中。

C. 季节性施肥比例

大田作物种植方式以水稻为主，春季配以其他作物，施肥模式与油菜-晚稻的施肥基本相同（图 5-8）。

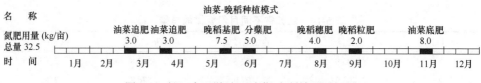

图 5-8　长江中下游地区油菜-水稻施肥时间图

D. 土壤质地校正系数（I_{TX}）

由于上海市土壤基本为壤土以上质地，这里取值为 0.9。

E. 土壤酸碱性校正系数（I_{pH}）

该市大部分为水稻土壤，同时还有部分滨海盐土，这里取值 1.0。

（2）不同月份氨排放总量

根据排放模型和上海市的具体参数，计算出不同月份该区域氨排放的总量（表 5-15）。

表 5-15　上海市不同月份氨排放总量（t）

月份	施肥量	施肥氨排放	基础排放	氨总排放量
1	4862.6	161.8	33.3	195.1
2	4862.6	158.5	32.5	191.1
3	6021.0	279.6	46.4	326.0
4	6021.0	486.7	80.7	567.3
5	7758.6	816.1	105.0	921.1
6	6793.2	879.7	129.3	1009.0
7	4862.6	915.4	187.9	1103.3
8	6407.1	1149.1	179.1	1328.1
9	5634.8	699.9	123.9	823.9
10	4862.6	461.0	94.6	555.5
11	7951.6	445.2	55.8	501.0
12	4862.6	180.9	37.1	218.0
总计	70900.0	6633.8	1105.6	7739.4

根据计算，上海市氨排放的氮损失率为 9.0%，季节性不十分明显。

4. 浙江省

浙江省位于我国东部，耕地面积 192.1 万公顷，近年来，随着农业和农村经济的发展，农业逐步简便化，使得我国长江以南地区由原来的双季稻或三季稻为主的种植方式逐渐转为以单季稻为主，辅以油菜的种植水旱轮作模式。浙江省土壤类型以红壤性水稻土为主，滨海地区有部分滨海盐土。

（1）氨排放参数确定

A. 季节性作物与非季节性作物的施肥比例

根据浙江省作物种植面积的数量分布，2012 年蔬菜作物的播种面积占总播种面积的 26.8%，果树种植面积占耕地面积的 16.7%，所以该区以是以果蔬为主的产区，季节性作物施肥比例仅为 26.8%，而非季节性作物施肥比例为 73.2%。

B. 农作物季节

根据浙江省的气候特点，月平均温度全年均高于 0℃，所以，该区按施肥总量的 78.7%，平均分配在十二个月份中。

C. 季节性施肥比例

大田作物种植方式以油菜-晚稻为主，其施肥模式见图 5-8。

D. 土壤质地校正系数（I_{TX}）

由于浙江省土壤基本为壤土以上质地，这里取值为 0.9。

E. 土壤酸碱性校正系数（I_{pH}）

该省大部分为水稻土壤，这里取值 0.8。

（2）不同月份氮排放总量

根据排放模型和浙江省的具体参数，计算出不同月份该区域氨排放的总量（表 5-16）。

表 5-16　浙江省不同月份氨排放总量（t）

月份	施肥量	施肥氨排放	基础排放	氨总排放量
1	36600.0	1185.2	254.5	1439.7
2	36600.0	1185.2	254.5	1439.7
3	51443.1	2489.9	380.3	2870.3
4	51443.1	4613.7	704.7	5318.4
5	73707.7	8026.1	855.6	8881.7
6	61338.5	8395.4	1075.6	9471.0
7	36600.0	7436.0	1596.5	9032.5
8	56390.8	9905.3	1380.3	11285.6
9	46495.4	5656.6	956.0	6612.7
10	36600.0	3445.6	739.8	4185.4
11	76181.5	4235.5	436.9	4672.3
12	36600.0	1333.3	286.3	1619.6
总计	600000.0	57907.7	8921.2	66828.9

根据计算，浙江省氨排放的氮损失率为 9.2%，以（5）6、7、8 月份氨排放数量为多，季节性不十分明显。

5. 江西省

江西省位于我国长江中下游地区的中部，耕地面积 282.7 万公顷，作物主要为水稻，种植方式主要以双季稻或油菜-晚稻轮作为主。土壤类型为红壤、红壤性水稻土和黄棕壤。土壤呈酸性反应，质地偏黏。

（1）氨排放参数确定

A. 季节性作物与非季节性作物的施肥比例

根据江西省作物种植面积的数量分布，2012 年蔬菜作物的播种面积占总播种面积的 9.9%，果树种植面积占耕地面积的 13.9%，所以该区以是农作物为主的产区，季节性作物施肥比例仅为 59.3%，而非季节性作物施肥比例为 40.7%。

B. 农作物季节

根据江西省的气候特点，月平均温度全年均高于 0℃，所以，该区按施肥总量的 40.7%，平均分配在十二个月份中。

C. 季节性施肥比例

大田作物种植方式以油菜-晚稻为主，其施肥模式见图 5-9。

D. 土壤质地校正系数（I_{TX}）

由于江西省土壤基本为壤土以上质地，这里取值为 0.8。

E. 土壤酸碱性校正系数（I_{pH}）

该省大部分为红壤和水稻土，均属酸性土壤，这里取值 0.8。

（2）不同月份氨排放总量

根据排放模型和江西省的具体参数，计算出不同月份该区域氨排放的总量（表 5-17）。

表 5-17　江西省不同月份氨排放总量（t）

月份	施肥量	施肥氨排放	基础排放	氨总排放量
1	21947.5	663.1	349.4	1012.6
2	21947.5	686.5	361.8	1048.3
3	57368.7	2682.2	540.7	3222.9
4	57368.7	4734.7	954.4	5689.2
5	110500.6	11949.6	1250.7	13200.4
6	80982.9	10856.3	1550.4	12406.8
7	21947.5	4018.9	2117.8	6136.8
8	69175.8	11496.0	1922.0	13418.0
9	45561.6	5317.3	1349.7	6667.2
10	21947.5	1995.9	1051.7	3047.6
11	116404.2	5914.4	587.6	6501.9
12	21947.5	740.9	390.4	1131.3
总计	647100.0	61056.1	12427.0	73482.9

根据计算,江西省氨排放的氮损失率为 9.4%,以 (5) 6、8 三个月份中氨排放数量为多,约占全年排放的 53.1%,季节性排放明显。

6. 湖北省

湖北省位于长江中游,耕地面积为 466.4 万公顷,主要作物为水稻、油菜等,是我国油菜的重要产区。土壤类型有黄棕壤、水稻土和红壤等。土壤呈酸性反应,质地偏黏。

(1) 氨排放参数确定

A. 季节性作物与非季节性作物的施肥比例

根据湖北省作物种植面积的数量分布,2012 年蔬菜作物的播种面积占总播种面积的 14.1%,果树种植面积占耕地面积的 8.6%,所以该区是以农作物为主的产区,季节性作物施肥比例仅为 58.9%,而非季节性作物施肥比例为 41.1%。

B. 农作物季节

根据湖北省的气候特点,月平均温度全年均高于 0℃,所以,该区按施肥总量的 41.1%,平均分配在十二个月份中。

C. 季节性施肥比例

大田作物种植方式以油菜-晚稻为主,其施肥模式见图 5-9。

D. 土壤质地校正系数 (I_{TX})

由于湖北省土壤基本为壤土以上质地,这里取值为 0.8。

E. 土壤酸碱性校正系数 (I_{pH})

该省大部分为红壤和水稻土,均属酸性土壤,这里取值 0.8。

(2) 不同月份氨排放总量

根据排放模型和湖北省的具体参数,计算出不同月份该区域氨排放的总量 (表 5-18)。

表 5-18　湖北省不同月份氨排放总量 (t)

月份	施肥量	施肥氨排放	基础排放	氨总排放量
1	68109.6	1766.9	494.9	2261.9
2	68109.6	1933.4	541.7	2475.1
3	176228.2	7222.9	782.1	8005.0
4	176228.2	13291.2	1439.1	14730.3
5	338406.2	33909.7	1911.9	35821.6
6	248307.3	33519.0	2575.6	36094.6
7	68109.6	11881.4	3328.4	15209.8
8	212267.8	31573.3	2838.1	34411.4

续表

月份	施肥量	施肥氨排放	基础排放	氨总排放量
9	140188.7	14643.9	1993.1	16637.0
10	68109.6	4996.5	1399.7	6396.1
11	356426.0	15334.8	820.9	16155.7
12	68109.6	1906.8	534.2	2441.0
总计	1988600.0	171979.9	18659.8	190639.6

根据计算，湖北省氨排放的氮损失率为 7.9%，以（5）6、8 三个月份中氨排放数量为多。占总排放的 55.8%。

7. 湖南省

湖南省位于我国的中南部，耕地面积 378.9 万公顷。主要作物为水稻和油菜。土壤类型有红壤、水稻土等。土壤呈酸性反应，质地偏黏。

（1）氨排放参数确定

A. 季节性作物与非季节性作物的施肥比例

根据湖南省作物种植面积的数量分布，2012 年蔬菜作物的播种面积占总播种面积的 14.6%，果树种植面积占耕地面积的 14.4%，所以该区以是农作物为主的产区，季节性作物施肥比例仅为 49.3%，而非季节性作物施肥比例为 50.7%。

B. 农作物季节

根据湖南省的气候特点，月平均温度全年均高于 0℃，所以，该区按施肥总量的 50.7%，平均分配在十二个月份中。

C. 季节性施肥比例

大田作物种植方式以油菜-晚稻为主，其施肥模式见图 5-9。

D. 土壤质地校正系数（I_{TX}）

由于湖北省土壤基本为壤土以上质地，这里取值为 0.8。

E. 土壤酸碱性校正系数（I_{pH}）

该省大部分为红壤和水稻土，均属酸性土壤，这里取值 0.8。

（2）不同月份氮排放总量

根据排放模型和湖南省的具体参数，计算出不同月份该区域氨排放的总量（表 5-19）。

根据计算，湖南省氨排放的氮损失率为 8.4%，季节性不十分明显。

表 5-19　湖南省不同月份氨排放总量（t）

月份	施肥量	施肥氨排放	基础排放	氨总排放量
1	57040.1	1619.2	440.1	2059.3
2	57040.1	1771.8	481.6	2253.4
3	120223.0	5354.8	690.5	6045.2
4	120223.0	9717.9	1253.1	10971.0
5	214997.3	22458.3	1619.4	24077.6
6	162344.9	22687.6	2166.4	24854.0
7	57040.1	10372.8	2819.0	13191.9
8	141283.9	22059.6	2420.5	24479.9
9	99162.0	11572.9	1809.2	13382.2
10	57040.1	4740.3	1288.3	6028.6
11	225527.8	11223.1	771.5	11994.4
12	57040.1	1834.4	498.6	2332.8
总计	1368962.4	125412.6	16257.9	141670.5

5.2.4　华南地区农田氨排放的数量与强度

1. 福建省

福建省位于我国东南沿海，耕地面积 133.0 万公顷，主要作物为水稻，同时还有大量的蔬菜、马铃薯等。主要的种植方式有双季稻、单季稻配以蔬菜等种植模式。主要土壤有红壤和赤红壤等酸性土壤。

（1）氨排放参数确定

A. 季节性作物与非季节性作物的施肥比例

根据福建省作物种植面积的数量分布，2012 年蔬菜作物的播种面积占总播种面积的 30.6%，果树种植面积占耕地面积的 40.2%，所以该区是典型的以果蔬为主的产区，季节性作施肥不明显。

B. 农作物季节

根据福建省的气候特点，月平均温度全年均高于 0℃，又由于该区大量的水果和蔬菜种植，所以，该区按施肥总量的 80%，平均分配在十二个月份中。

C. 季节性施肥比例

季节大田作物种植方式较为复杂，以水稻为主的轮作制在当地是基本的种植方式，当采用单季稻种植时，另一季则以蔬菜为主，所以。在双季稻的施肥量上约占 25%，另 40% 为单季稻模式，还有 35% 为旱作模式。双季稻的施肥模式见图 5-9。由于福建省季节性施肥比例较小，该区季节性施肥按双季稻模式计算。

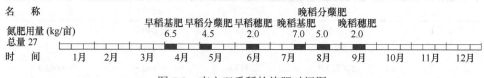

图 5-9　南方双季稻的施肥时间图

D. 土壤质地校正系数（I_{TX}）

由于湖北省土壤基本为壤土以上质地，这里取值为 0.8。

E. 土壤酸碱性校正系数（I_{pH}）

该省大部分为红壤和水稻土，均属酸性土壤，这里取值 0.8。

（2）不同月份氮排放总量

根据排放模型和福建省的具体参数，计算出不同月份该区域氨排放的总量（表5-20）。根据计算，福建省氨排放的氮损失率为 9.3%，氨排放以 7、8 月份为多，季节性分布不十分明显。

表 5-20　福建省不同月份氨排放总量（t）

月份	施肥量	施肥氨排放	基础排放	氨总排放量
1	40093.3	1713.1	232.5	1945.6
2	40093.3	1785.8	242.3	2028.1
3	40093.3	2356.3	319.8	2676.0
4	69049.6	5899.7	465.0	6364.5
5	60140.0	6325.8	572.4	6898.2
6	49003.0	6569.2	729.5	7298.7
7	71277.0	12094.0	923.2	13017.2
8	62367.4	9805.5	855.5	10661.0
9	49003.0	6258.2	694.9	6953.1
10	40093.3	4045.4	549.1	4594.5
11	40093.3	2920.9	396.4	3317.3
12	40093.3	2079.9	282.3	2362.2
总计	601400.0	61853.7	6262.7	68116.3

2. 广东省

广东省位于我国东南沿海，耕地面积 283.1 万公顷，主要以水稻和蔬菜作物为主。种植模式与福建基本相同。土壤以赤红壤和红壤为主，土壤酸性，黏重。

（1）氨排放参数确定

A. 季节性作物与非季节性作物的施肥比例

根据广东省作物种植面积的数量分布，2012 年蔬菜作物的播种面积占总播种面积的 26.6%，果树种植面积占耕地面积的 38.9%，所以该区是典型的以果蔬为主的产区，季节性作施肥不明显。

B. 农作物季节

根据广东省的气候特点，月平均温度全年均高于 0℃，又由于该区大量的水果和蔬菜种植，所以，该区按施肥总量的 80%，平均分配在十二个月份中。

C. 季节性施肥比例

由于广东省与福建省的种植情况基本相同，这里按福建省的参数计算。

D. 土壤质地校正系数（I_{TX}）

由于广东省土壤基本为壤土以上质地，这里取值为 0.8。

E. 土壤酸碱性校正系数（I_{pH}）

该省大部分为红壤和水稻土，均属酸性土壤，这里取值 0.8。

（2）不同月份氨排放总量

根据排放模型和广东省的具体参数，计算出不同月份该区域氨排放的总量（表 5-21）。

表 5-21　广东省不同月份氨排放总量（t）

月份	施肥量	施肥氨排放	基础排放	氨总排放量
1	87860.0	4136.5	545.2	4681.5
2	87860.0	4953.1	652.8	5605.9
3	87860.0	6490.2	855.4	7345.5
4	151314.4	16026.6	1226.5	17253.2
5	131790.0	18038.6	1585.0	19623.6
6	107384.4	15536.0	1675.3	17211.4
7	156195.6	23394.5	1734.4	25129.0
8	136671.1	20470.2	1734.4	22204.7
9	107384.4	13905.4	1499.5	15404.9
10	87860.0	9370.5	1235.0	10605.6
11	87860.0	7101.9	936.0	8038.0
12	87860.0	5163.4	680.6	5844.0
总计	1317900.0	144586.9	14360.4	158947.3

根据计算，广东省氨排放的氮损失率为 9.9%，季节性分布不十分明显。

3. 广西壮族自治区

广西壮族自治区位于我国南部，耕地面积 421.8 万公顷，主要作物是水稻和甘蔗，水稻以双季稻为主，甘蔗则为一年一熟，土壤类型主要是砖红壤、赤红壤、红壤及少量的石灰土。

（1）氨排放参数确定

A. 季节性作物与非季节性作物的施肥比例

根据广西省作物种植面积的数量分布，2012 年蔬菜作物的播种面积占总播种面积的 17.7%，果树种植面积占耕地面积的 23.6%，所以该区是典型的农作、果蔬并重产区。季节性作物施肥比例仅为 29.2%，而非季节性作物施肥比例为 70.8%。

B. 农作物季节

根据广东省的气候特点，月平均温度全年均高于 0℃，所以，该区按施肥总量的 70.8%，平均分配在十二个月份中。

C. 季节性施肥比例

该区作物主要是水稻和甘蔗，甘蔗施肥时间图示于图 5-10。由于水稻的种植面积约为甘蔗两倍，按双季稻 64.5%、甘蔗 35.4%的肥料用量比例计算季节性施肥量。

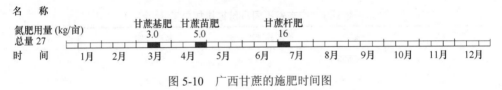

图 5-10　广西甘蔗的施肥时间图

D. 土壤质地校正系数（I_{TX}）

由于广西土壤基本为壤土以上质地，这里取值为 0.8。

E. 土壤酸碱性校正系数（I_{pH}）

该区大部分为黄壤和水稻土，均属酸性土壤，但有少部分石灰土，这里取值 0.9。

（2）不同月份氨排放总量

根据排放模型和广西壮族自治区的具体参数，计算出不同月份该区域氨排放的总量（表 5-22）。

表 5-22　广西壮族自治区不同月份氨排放总量（t）

月份	施肥量	施肥氨排放	基础排放	氨总排放量
1	64009.1	3034.4	817.9	3852.3
2	64009.1	3558.7	959.2	4518.0
3	77017.9	6097.3	1365.9	7463.2

月份	施肥量	施肥氨排放	基础排放	氨总排放量
4	136900.9	17362.4	2188.1	19550.5
5	99462.6	15637.3	2712.6	18349.9
6	79766.2	12893.2	2788.8	15682.0
7	188539.0	31989.6	2927.4	34917.1
8	103401.8	17183.3	2867.2	20050.5
9	79766.2	11460.3	2478.9	13939.1
10	64009.1	8006.2	2158.0	10164.2
11	64009.1	5820.8	1569.0	7389.7
12	64009.1	4173.6	1125.0	5298.6
总计	1084900.0	137217.1	23957.9	161175.0

根据计算，广西壮族自治区氨排放的氮损失率为 12.2%，以 7 月份排放最多。季节性分布不十分明显。

4. 海南省

海南省是我国陆地面积最小而海洋面积最大的省份。农业是海南的支柱产业，全省耕地面积为 72.8 万公顷，占土地总面积的 21.8%。主要作物是水稻和热带作物，水稻播种面积占总播种面积不足 40%。主要土壤类型为砖红壤、赤红壤、红壤及黄壤等酸性土壤。

（1）氨排放参数确定

A. 季节性作物与非季节性作物的施肥比例

根据海南省作物种植面积的数量分布，2012 年蔬菜作物的播种面积占总播种面积的 26.9%，果树种植面积占耕地面积的 24.7%，所以该区是典型的以果蔬为主的产区，季节性作物施肥比例仅为 9.2%，而非季节性作物施肥比例为 90.8%。季节性作物施肥不明显。

B. 农作物季节

根据海南省的气候特点，月平均温度全年均高于 0℃，又由于该区大量的水果和蔬菜种植，所以，该区按施肥总量的 90.8%，平均分配在十二个月份中。

C. 季节性施肥比例

海南省的农作物主要以双季稻为主，这里按双季稻（图 5-8）的施肥模式计算季节性作物的施肥量。

D. 土壤质地校正系数（I_{TX}）

由于广东省土壤基本为壤土以上质地，这里取值为 0.8。

E. 土壤酸碱性校正系数（I_{pH}）

该省大部分为红壤和水稻土，均属酸性土壤，这里取值 0.8。

（2）不同月份氨排放总量

根据排放模型和海南省的具体参数，计算出不同月份该区域氨排放的总量（表 5-23）。

表 5-23　海南省不同月份氨排放总量（t）

月份	施肥量	施肥氨排放	基础排放	氨总排放量
1	16911.5	1125.9	198.1	1324.0
2	16911.5	1240.6	218.3	1459.0
3	16911.5	1671.3	294.2	1965.3
4	21861.6	2951.1	401.7	3352.8
5	20338.5	3088.8	452.0	3540.8
6	18434.6	2819.2	455.1	3274.2
7	22242.4	3425.1	458.3	3883.3
8	20719.3	3103.2	445.8	3549.0
9	18434.6	2667.0	430.6	3097.6
10	16911.5	2205.1	388.1	2593.2
11	16911.5	1973.7	347.3	2321.0
12	16911.5	1506.3	265.1	1771.3
总计	223500.0	27777.2	4354.5	32131.8

根据计算，海南省氨排放的氮损失率为 11.8%，季节性分布不十分明显。

5.2.5　西北地区农田氨排放的数量与强度

1. 陕西省

陕西省位于我国黄土高原腹部，耕地面积 405.0 万公顷，主要作物是小麦和玉米，土壤类型为黄绵土和黄棕壤。黄绵土主要分布在陕北地区，而黄棕壤则分布在陕南地区。土壤质地为壤质。

（1）氨排放参数确定

A. 季节性作物与非季节性作物的施肥比例

根据陕西省作物种植面积的数量分布，2012 年蔬菜作物的播种面积占总播种面积的 11.3%，果树种植面积占耕地面积的 28.6%，该区是果树较多，但是典型的以农作为主的产区，季节性作物施肥比例仅为 34.5%，而非季节性作物施肥比例为 65.5%。季节性作物施肥不明显。

B. 农作物季节

根据陕西省的气候特点，月平均温度除 1 月份以外，其他月份均高于 0℃，所以，该区按施肥总量的 65.5%，平均分配在十一个月份中。

C. 季节性施肥比例

陕西省的农业主要分为两个区域，即关中平原的一年二熟区和陕北高原的一年一熟区，关中平原的一年二熟区主要为小麦玉米轮作，而陕北高原则主要是春玉米和杂粮。两区的施肥明显不同，关中地区和陕北高原的施肥时间表示于图 5-11。

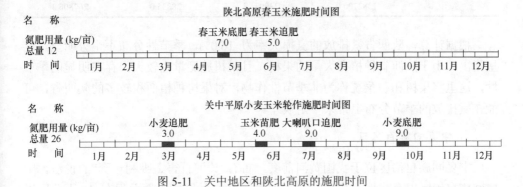

图 5-11　关中地区和陕北高原的施肥时间

两区的面积基本相同，这样关中平原施肥量约整个大田作物施肥的 70%，而陕北高原的施肥量为 30%，

D. 土壤质地校正系数（I_{TX}）

由于陕西省土壤基本为壤土以上质地，这里取值为 1.0。

E. 土壤酸碱性校正系数（I_{pH}）

由于陕西省农业土壤一部分为石灰性土壤，这里取值 1.3。

（2）不同月份氮排放总量

根据排放模型和陕西省的具体参数，计算出不同月份该区域氨排放的总量（表 5-24）。

表 5-24　陕西省不同月份氨排放总量（t）

月份	施肥量	施肥氨排放	基础排放	氨总排放量
1	0.0	0.0	675.6	675.6
2	82333.5	4104.5	826.0	4930.5
3	129810.6	10013.9	1278.2	11292.1
4	82333.5	12268.4	2469.0	14737.5
5	129810.6	25170.5	3212.9	28383.3

续表

月份	施肥量	施肥氨排放	基础排放	氨总排放量
6	179548.5	49574.2	4574.8	54149.1
7	224764.7	66052.5	4869.4	70921.8
8	82333.5	20918.7	4209.8	25128.6
9	82333.5	14092.4	2836.0	16928.4
10	224764.7	27585.0	2033.6	29618.4
11	82333.5	5567.9	1120.5	6688.4
12	82333.5	3623.2	729.1	4352.3
总计	1382700.0	238971.3	28835.0	267806.3

根据计算，陕西省氨排放的氮损失率为 16.0%，季节性分布不十分明显。这里指出，由于陕西省种植有大量的果树，且果树施肥量也较大，存在明显的季节性，这里将果树和蔬菜统称为非季节性作物，对果树种植面积较多的陕西省，可能在氨排放的季节分布上带来一定误差。

2. 宁夏回族自治区

宁夏回族自治区位于我国黄河前套，古有"黄河百害、唯利一套"的说法。宁夏回族自治区现有耕地 110.7 万公顷。宁夏回族自治区的土壤面积在 10 万公顷以上的有 10 个土类，分别是黑垆土 32.78 万公顷、灰钙土 131.81 万公顷、黄绵土 120.51 万公顷、新积土 37.08 万公顷、风沙土 59.78 万公顷、粗骨土 21.19 万公顷、潮土 13.11 万公顷、盐土 13.7 万公顷、灌淤土 27.89 万公顷和灰褐土 27.04 万公顷。呈石灰性反应。

（1）氨排放参数确定

A. 季节性作物与非季节性作物的施肥比例

根据宁夏回族自治区作物种植面积的数量分布，2012 年蔬菜作物的播种面积占总播种面积的 9.0%，果树种植面积占耕地面积的 11.8%，所以该区是典型的农作区，季节性作物施肥比例为 64.4%，而非季节性作物施肥比例为 35.6%。

B. 农作物季节

根据宁夏回族自治区的气候特点，月平均温度高于 0℃的月份为 3 月至 11 月份，所以，该区按施肥总量的 35.6%，平均分配在九个月份中。

C. 季节性施肥比例

宁夏回族自治区主要作物有小麦、玉米、水稻和马铃薯。其中小麦玉米播种面积占粮食播种面积的 50%左右。这里按陕西省小麦玉米轮作施肥制度代表大田作物。

D. 土壤质地校正系数（I_{TX}）

由于宁夏回族自治区的大部分为砂土或壤土，取值为 1.1。

E. 土壤酸碱性校正系数（I_{pH}）

由于宁夏回族自治区农业土壤大部分为石灰性土壤，这里取值 1.5。

（2）不同月份氨排放总量

根据排放模型和宁夏回族自治区的具体参数，计算出不同月份该区域氨排放的总量（表 5-25）。

表 5-25 宁夏回族自治区不同月份氨排放总量（t）

月份	施肥量	施肥氨排放	基础排放	氨总排放量
1	0.0	0.0	138.4	138.4
2	0.0	0.0	180.2	180.2
3	28063.9	2111.6	340.8	2452.4
4	9501.2	1333.9	635.9	1969.7
5	9501.2	1993.8	950.4	2944.2
6	34251.5	9352.9	1236.7	10589.6
7	65189.2	20026.6	1391.4	21418.0
8	9501.2	2704.7	1289.3	3993.8
9	9501.2	1619.5	772.0	2391.6
10	65189.2	7230.8	502.4	7733.2
11	9501.2	553.2	263.7	816.9
12	0.0	0.0	174.0	174.0
总计	240200.0	46926.9	7875.0	54801.9

根据计算，宁夏回族自治区氨排放的氮损失率为 18.8%，主要集中有 6、7、10 三个月份中。

3. 甘肃省

甘肃省属西部内陆省份，地处黄河上游黄土高原、内蒙古高原和青藏高原的交汇地区，是我国农业最早开发的地区之一。全省耕地面积 465.9 万公顷，大体分为河西及沿黄灌溉农业区、中部干旱缺粮区、陇东粮食基本自给区三大块。小麦、玉米、洋芋是该省三大粮食作物，面积约占粮食作物总面积的 76%。主要土壤类型有栗钙土、灰钙土和高山草甸土，呈石灰性反应。

（1）氨排放参数确定

A. 季节性作物与非季节性作物的施肥比例

根据甘肃省作物种植面积的数量分布，2012 年蔬菜作物的播种面积占总播种面积的 11.1%，果树种植面积占耕地面积的 9.6%，所以该区是典型的农作区，季节性作物施肥比例为 63.5%，而非季节性作物施肥比例为 36.5%。

B. 农作物季节

根据甘肃省的气候特点，月平均温度高于 0℃的月份为 3 月至 10 月份，所以，该区按施肥总量的 36.5%，平均分配在八个月份中。

C. 季节性施肥比例

该区作物主要为一年一熟或二年三熟，一年一熟制以玉米为主，二年三熟以冬小麦为主，配以杂粮食。其施肥时间图示于图 5-12。马铃薯的施肥时间和用量与玉米基本相同，按播种面积，以玉米为代表的施肥类型约占 70%，而以冬小麦为代表的施肥类型约占 30%。

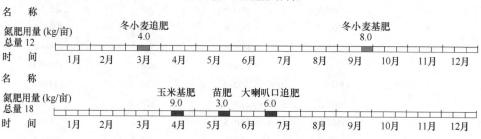

图 5-12　甘肃省主要作物施肥时间图

D. 土壤质地校正系数（I_{TX}）

由于甘肃省大部分为砂土或壤土，取值为 1.1。

E. 土壤酸碱性校正系数（I_{pH}）

由于甘肃省农业土壤大部分为石灰性土壤，这里取值 1.5。

（2）不同月份氨排放总量

根据排放模型和甘肃省的具体参数，计算出不同月份该区域氨排放的总量（表 5-26）。

表 5-26　甘肃省不同月份氨排放总量（t）

月份	施肥量	施肥氨排放	基础排放	氨总排放量
1	0.0	0.0	521.4	521.4
2	0.0	0.0	727.2	727.2
3	46988.9	3208.7	1301.4	4510.1
4	148362.0	17883.4	2297.4	20180.7
5	64878.3	10608.4	3116.3	13724.8
6	106620.1	24146.0	4316.1	28462.2

月份	施肥量	施肥氨排放	基础排放	氨总排放量
7	23136.4	5615.6	4625.9	10241.5
8	23136.4	5500.1	4530.8	10030.8
9	70841.4	10296.2	2770.0	13066.2
10	23136.4	2218.7	1827.7	4046.4
11	0.0	0.0	946.2	946.2
12	0.0	0.0	620.0	620.0
总计	507100.0	79477.2	27600.4	107077.5

根据计算，甘肃省氨排放的氮损失率为 17.4%，主要集中有 4 至 9 月份。

4. 青海省

青海省地处青藏高原，地域辽阔，地势高峻，地形复杂，地貌多样。全省平均海拔 3000 米以上。全省有农业的县有 29 个，主要集中在东部农业区的河湟谷地和柴达木灌区。农作物以小麦、青稞、蚕豆、豌豆、马铃薯和油菜六大作物为主，小麦、油菜是主要的粮食作物，由于受到青藏高原冷凉气候的影响，全省绝大多数地区春种秋收，一年一熟。青海省土壤类型以高山草甸土为主。

（1）氨排放参数确定

A. 季节性作物与非季节性作物的施肥比例

根据青海省作物种植面积的数量分布，2012 年蔬菜作物的播种面积占总播种面积的 8.8%，果树种植面积占耕地面积的 1.3%，所以该区是典型的农作区，季节性作物施肥比例为 80.5%，而非季节性作物施肥比例为 19.5%。

B. 农作物季节

根据青海省的气候特点，月平均温度高于 0℃的月份为 3 月至 10 月份，所以，该区按施肥总量的 19.5%，平均分配在八个月份中。

C. 季节性施肥比例

小麦、油菜是其主要作物，施肥量一般为 15 kg/亩，播种在 3 月中下旬，基肥占总施肥量的 60%，4 月下旬追肥一次，约占施肥量的 40%。

D. 土壤质地校正系数（I_{TX}）

由于青海省的大部分为砂土或壤土，取值为 1.0。

E. 土壤酸碱性校正系数（I_{pH}）

青海省农业大部分为石灰性土壤，这里取值 1.2。

（2）不同月份氨排放总量

根据排放模型和青海省的具体参数，计算出不同月份该区域氨排放的总量（表 5-27）。

表 5-27　青海省不同月份氨排放总量（t）

月份	施肥量	施肥氨排放	基础排放	氨总排放量
1	0.0	0.0	43.6	43.6
2	0.0	0.0	57.4	57.4
3	27043.1	1161.2	95.3	1256.5
4	18461.8	1323.7	159.2	1483.0
5	1299.2	122.9	210.0	333.0
6	1299.2	151.3	258.6	409.8
7	1299.2	171.4	292.9	464.4
8	1299.2	162.2	277.2	439.3
9	1299.2	118.7	202.9	321.6
10	1299.2	77.8	132.9	210.8
11	0.0	0.0	73.2	73.2
12	0.0	0.0	56.7	56.7
总计	53300.0	3289.3	1860.1	5149.3

根据计算，青海省氨排放的氮损失率为 8.0%，主要集中有 3 月至 4 月份。

5. 新疆维吾尔自治区

新疆维吾尔自治区位于我国最西部，是我国陆地面积最大的省份。全区共有耕地 412.5 万公顷，农业土壤以绿洲灌淤土为主。土壤呈碱性反应。

（1）氨排放参数确定

A. 季节性作物与非季节性作物的施肥比例

根据新疆维吾尔自治区作物种植面积的数量分布，2012 年蔬菜作物的播种面积占总播种面积的 6.0%，果树种植面积占耕地面积的 24.6%，所以，该区果树面积比例较大，季节性作物施肥比例为 51.1%，而非季节性作物施肥比例为 48.9%。

B. 农作物季节

根据新疆的气候特点，月平均温度高于 0℃ 的月份为 3 月至 10 月份，所以，该区按施肥总量的 48.9%，平均分配在八个月份中。

C. 季节性施肥比例

新疆主要作物有棉花、小麦、玉米等，棉花面积占 50% 左右。新疆主要是一年一熟，新疆棉花的施肥时间示于图 5-13，这里，季节性施肥按棉花计算。

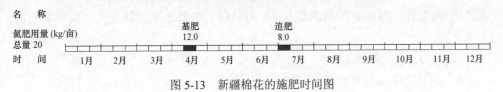

图 5-13　新疆棉花的施肥时间图

D. 土壤质地校正系数（I_{TX}）

由于新疆土壤基本为砂性壤土为主，这里取值为 1.4。

E. 土壤酸碱性校正系数（I_{pH}）

新疆农业大部分为由于碱性土壤，这里取值 1.5。

（2）不同月份氮排放总量

根据排放模型和新疆的具体参数，计算出不同月份该区域氨排放的总量（表 5-28）。

表 5-28　新疆维吾尔自治区不同月份氨排放总量（t）

月份	施肥量	施肥氨排放	基础排放	氨总排放量
1	0.0	0.0	418.3	418.3
2	0.0	0.0	515.0	515.0
3	64541.9	4684.5	1224.7	5909.1
4	388280.8	71823.9	3121.2	74945.2
5	64541.9	16535.5	4322.9	20858.5
6	64541.9	23383.1	6113.1	29496.2
7	280367.8	108112.4	6506.6	114619.0
8	64541.9	23383.1	6113.1	29496.2
9	64541.9	15862.1	4146.9	20009.0
10	64541.9	8384.4	2192.0	10576.4
11	0.0	0.0	902.9	902.9
12	0.0	0.0	494.0	494.0
总计	1055900.0	272169.1	36070.6	308239.6

根据计算，新疆维吾尔自治区氨排放的氮损失率为 24.0%，主要集中在 4 月和 7 月份。

5.2.6　西南地区农田氨排放的数量与强度

1. 四川省

四川省位于我国西南内陆，地域辽阔，人口众多，资源丰富，地理环境优越。

四川是一个农业大省,农作物种类繁多,主要农产品在全国占有重要地位,素有"天府之国"的美称。四川省耕地面积 594.7 万公顷,主要土壤为紫色土、黄壤和石灰土等。

（1）氨排放参数确定

A. 季节性作物与非季节性作物的施肥比例

根据四川省作物种植面积的数量分布,2012 年蔬菜作物的播种面积占总播种面积的 13.0%,果树种植面积占耕地面积的 10.2%,所以该区是典型的农作区,季节性作物施肥比例为 58.7%,而非季节性作物施肥比例为 41.3%。

B. 农作物季节

根据四川省的气候特点,月平均温度全年均高于 0℃,所以,该区按施肥总量的 41.3%,平均分配在十二个月份中。

C. 季节性施肥比例

四川省主要作物有水稻、小麦、玉米、油菜等。主要种植方式油菜-水稻、小麦-水稻,且以前者为主,旱地种植方式主要有小麦-玉米或小麦杂粮等,其施肥时间表示于图 5-14。

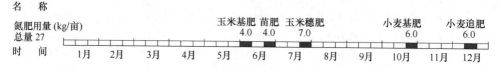

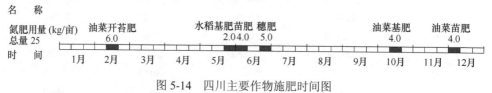

图 5-14　四川主要作物施肥时间图

根据统计,以水稻为主的种植模式约占 60%,以旱作玉米以主的种植模式约占 40%,以此计算季节性作物的施肥量。

D. 土壤质地校正系数（I_{TX}）

由于四川存在大量的紫色土,土壤质地较轻,这里取值为 1.2。

E. 土壤酸碱性校正系数（I_{pH}）

四川省存在部分的石灰土,这里取值 1.0。

（2）不同月份氨排放总量

根据排放模型和四川省的具体参数,计算出不同月份该区域氨排放的总量

（表 5-29）。

表 5-29 四川省不同月份氨排放总量（t）

月份	施肥量	施肥氨排放	基础排放	氨总排放量
1	51631.9	2925.0	1378.4	4303.4
2	174508.7	10595.7	1477.3	12073.0
3	51631.9	4495.1	2118.2	6613.1
4	51631.9	7052.7	3323.4	10376.2
5	92590.8	16119.4	4235.8	20355.1
6	345171.0	65756.8	4635.1	70391.8
7	147202.8	32888.5	5435.9	38324.5
8	51631.9	12536.1	5907.3	18443.5
9	51631.9	8803.8	4148.6	12952.4
10	215467.7	28429.9	3210.3	31640.2
11	51631.9	4433.2	2089.1	6522.2
12	215467.7	13828.4	1561.4	15389.9
总计	1500200.0	207864.7	39520.7	247385.3

根据计算，四川省氨排放的氮损失率为 13.6%，季节分布不明显。

2. 重庆市

1997 年 3 月，全国人大批准由原四川省重庆市、万县市、涪陵市、黔江地区组成新的重庆直辖市。重庆市全市总面积 8.2 万平方千米，全市耕地面积 2431 万亩，其中田 1248.74 万亩，土 1182.27 万亩，主要以水稻（占 46.3%）、玉米（占16.9%）、小麦（占 12.3%）、甘薯（占 14.3%）、洋芋（占 7.2%）为主，水稻又以中稻和一季晚稻为主。全市油菜面积 230 万亩。农耕土壤主要为紫色土、黄壤、石灰（岩）土和新积土，其中紫色土占 58.79%，黄壤占 25.24%。重庆市种植方式与施肥模式与四川省基本相同。

（1）氨排放参数确定

A. 季节性作物与非季节性作物的施肥比例

根据重庆市作物种植面积的数量分布，2012 年蔬菜作物的播种面积占总播种面积的 18.8%，果树种植面积占耕地面积的 12.6%，所以该区是果蔬与农作并重的地区，季节性作物施肥比例为 43.5%，而非季节性作物施肥比例为 56.5%。

B. 农作物季节

根据重庆市的气候特点，月平均温度全年均高于 0℃，所以，该区按施肥总量的 56.5%，平均分配在十二个月份中。

C. 季节性施肥比例

重庆市的农作物种植方式与四川省基本相同，这里参照四川省的参数进行计算。

D. 土壤质地校正系数（I_{TX}）

由于重庆市有在大量的紫色土，土壤质地较轻，这里取值为 1.2。

E. 土壤酸碱性校正系数（I_{pH}）

重庆市存在部分的石灰土，这里取值 1.0。

（2）不同月份氨排放总量

根据排放模型和重庆市的具体参数，计算出不同月份该区域氨排放的总量（表 5-30）。

表 5-30　重庆市不同月份氨排放总量（t）

月份	施肥量	施肥氨排放	基础排放	氨总排放量
1	27713.3	1828.5	603.5	2432.1
2	63439.9	4644.5	669.6	5314.2
3	27713.3	2929.4	966.8	3896.2
4	27713.3	4439.7	1465.3	5905.0
5	39622.1	7548.2	1742.6	9290.7
6	113060.3	24740.6	2001.5	26742.1
7	55500.6	16024.4	2640.9	18665.4
8	27713.3	8755.9	2889.9	11645.8
9	27713.3	5541.9	1829.1	7371.0
10	75348.8	10804.0	1311.5	12115.6
11	27713.3	2810.0	927.5	3737.5
12	75348.8	5790.5	702.9	6493.4
总计	588600.0	95857.8	17751.4	113609.2

根据计算，重庆市氨排放的氮损失率为 15.9%，主要集中有夏季，季节分布明显。

3. 贵州省

贵州省位于中国西南部云贵高原的东斜坡，耕地面积 448.5 万公顷，主要作物有水稻、小麦、玉米、油菜等。土壤的地带性属于亚热带常绿阔叶林红壤-黄壤地带。中部及东部广大地区为湿润性常绿阔叶林带，以黄壤为主；西南部为偏干性常绿阔叶林带，以红壤为主；西北部为具北亚热成分的常绿阔叶林带，多为黄棕壤。此外，还有受母岩制约的石灰土和紫色土等土类。

（1）氨排放参数确定

A. 季节性作物与非季节性作物的施肥比例

根据贵州省作物种植面积的数量分布，2012 年蔬菜作物的播种面积占总播种面积的 14.9%，果树种植面积占耕地面积的 4.3%，所以该区是典型的农作区，季节性作物施肥比例为 63.7%，而非季节性作物施肥比例为 36.3%。

B. 农作物季节

根据贵州省的气候特点，月平均温度全年均高于 0℃，所以，该区按施肥总量的 36.3%，平均分配在十二个月份中。

C. 季节性施肥比例

贵州省的农作物种植方式与四川省基本相同，这里参照四川省的参数进行计算。

D. 土壤质地校正系数（I_{TX}）

由于贵州省有在大量的紫色土，土壤质地较轻，这里取值为 1.2。

E. 土壤酸碱性校正系数（I_{pH}）

贵州省存在部分的石灰土，这里取值 1.0。

（2）不同月份氨排放总量

根据排放模型和贵州省的具体参数，计算出不同月份该区域氨排放的总量（表 5-31）。

表 5-31　贵州省不同月份氨排放总量（t）

月份	施肥量	施肥氨排放	基础排放	氨总排放量
1	18909.3	795.2	771.6	1566.8
2	74470.5	3547.8	874.2	4422.0
3	18909.3	1473.4	1429.7	2903.3
4	18909.3	2477.8	2404.3	4882.1
5	37429.7	5672.9	2781.0	8453.8
6	151638.8	23958.3	2899.0	26857.3
7	62123.6	12083.4	3569.0	15652.5
8	18909.3	3729.3	3618.8	7348.1
9	18909.3	2674.1	2594.8	5268.8
10	92990.9	10982.0	2167.0	13149.0
11	18909.3	1536.0	1490.5	3026.5
12	92990.9	5304.8	1046.7	6351.5
总计	625100.0	74234.9	25646.7	99881.6

根据计算，贵州省氨排放的氮损失率为 13.2%，主要集中在 6、7、10 三个月份。

4. 云南省

云南省地处我国西南边陲，土地面积 39.4 万平方千米，云南省耕地面积 607.2 万公顷，主要粮食作物有稻谷、玉米、小麦、蚕豆、薯类、杂粮、大豆等七类，主要经济作物有烤烟、油料、甘蔗、茶叶、蚕桑、水果、蔬菜（特别是冬春早菜）等。是我国烤烟的重要种植区。该省的主要土壤类型有红壤、赤红壤以及少量的砖红壤和石灰土。

（1）氨排放参数确定

A. 季节性作物与非季节性作物的施肥比例

根据云南省作物种植面积的数量分布，2012 年蔬菜作物的播种面积占总播种面积的 11.6%，果树种植面积占耕地面积的 6.5%，所以该区是典型的农作区，季节性作物施肥比例为 67.1%，而非季节性作物施肥比例为 32.9%。

B. 农作物季节

根据云南省的气候特点，月平均温度全年均高于 0℃，所以，该区按施肥总量的 32.9%，平均分配在十二个月份中。

C. 季节性施肥比例

该区较为典型的施肥模式是玉米、烟草的施肥，即 4 月中旬施基肥，一般占施肥量的 60%，玉米在 6 月中旬施大喇叭口期肥料、烟草在此时期施团棵肥，比例均为总施肥量的 40% 左右，玉米总 N 量为 18 kg/亩左右，而烟草则为 6 kg/亩左右，按种植面积，玉米烟草的 3 倍，所以，在年均加权施肥量 15 kg/亩。

D. 土壤质地校正系数（I_{TX}）

由于云南大部分为壤土以上质量，这里取值为 0.9。

E. 土壤酸碱性校正系数（I_{pH}）

云南省大部分为酸性土壤，这里取值 0.8。

（2）不同月份氨排放总量

根据排放模型和云南省的具体参数，计算出不同月份该区域氨排放的总量（表 5-32）。

表 5-32   云南省不同月份氨排放总量（t）

月份	施肥量	施肥氨排放	基础排放	氨总排放量
1	34857.6	1663.9	1185.7	2849.7
2	34857.6	2077.0	1480.1	3557.3
3	34857.6	2272.9	1619.7	3892.6
4	546723.2	45434.0	2064.3	47498.2

续表

月份	施肥量	施肥氨排放	基础排放	氨总排放量
5	34857.6	3541.5	2523.8	6065.3
6	376101.3	37947.9	2506.3	40454.4
7	34857.6	3468.6	2471.8	5940.5
8	34857.6	3468.6	2471.8	5940.5
9	34857.6	2978.2	2122.3	5100.5
10	34857.6	2628.9	1873.4	4502.4
11	34857.6	2195.4	1564.5	3760.0
12	34857.6	1618.5	1153.3	2771.8
总计	1271400.0	109295.6	23037.3	132332.9

根据计算，云南省氨排放的氮损失率为 8.6%，主要集中在 4 月和 6 月。

5. 西藏自治区

西藏自治区是我国海拔最高的地区，耕地总面积 36.2 万亩，主要作物为青稞（四棱大麦）、油菜，一年一熟。土壤为高山草原土和亚高山草原土。

（1）氨排放参数确定

A. 季节性作物与非季节性作物的施肥比例

根据西藏自治区作物种植面积的数量分布，2012 年蔬菜作物的播种面积占总播种面积的 9.7%，果树种植面积占耕地面积的 0.6%，所以该区是典型的农作区，季节性作物施肥比例为 79.7%，而非季节性作物施肥比例为 20.3%。

B. 农作物季节

根据西藏的气候特点，月平均温度除 1 月份低于 0℃外，其他月份均高于 0℃，所以，该区按施肥总量的 20.3%，平均分配在十一个月份中。

C. 季节性施肥比例

西藏的农业种植主要是青稞，其施肥时间图示于图 5-15。

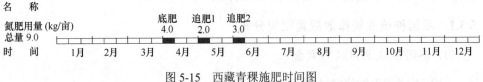

西藏青稞施肥时间图

图 5-15　西藏青稞施肥时间图

D. 土壤质地校正系数（I_{TX}）

由于西藏土壤基本为壤土以上质地，这里取值为 0.9。

E. 土壤酸碱性校正系数（I_{pH}）

由于该区是酸性土壤，这里取值 0.9。

（2）不同月份氮排放总量

根据排放模型和西藏的具体参数，计算出不同月份该区域氨排放的总量（表 5-33）。

表 5-33　西藏自治区不同月份氨排放总量（t）

月份	施肥量	施肥氨排放	基础排放	氨总排放量
1	0.0	0.0	37.0	37.0
2	439.2	15.4	52.1	67.5
3	439.2	18.8	63.2	81.9
4	8869.7	444.4	74.2	518.5
5	4654.5	358.4	113.9	472.2
6	6762.1	641.0	140.2	781.2
7	439.2	38.4	129.0	167.4
8	439.2	37.8	127.2	165.1
9	439.2	34.1	114.7	148.7
10	439.2	23.6	79.4	103.1
11	439.2	15.4	52.1	67.5
12	439.2	13.1	44.1	57.2
总计	23800.0	1640.4	1027.2	2667.5

根据计算，西藏氨排放的氮损失率为 9.2%，主要集中在（4）（5）6 三个月份。

5.3　我国种植业氨排放的分布

根据前面的数据统计，我国种植业氨排放总量为 543.0 万吨，其中农田基础排放的氨为 69.9 万吨，而由于施肥引发的氨排放为 471.1 万吨。分别占农田氨排放的 12.9% 和 87.1%。由于不同省份的耕地面积、施肥量和施肥时间都不相同，所以，种植业所引发的氨排放在空间和时间上均有差异。

5.3.1　我国种植业氨排放数量空间分布

1. 不同区域氨排放的数量

（1）不同省份的氨排放数量分布

不同区域之间的氨排放量分布示于表 5-34。结果表明，不同省份之间，在基础氨排放和施肥氨排放方面都存在很大差异（图 5-16），其中，氨排放总量在 20

万吨以上的省份有河南、山东、河北、新疆、内蒙古、陕西、四川、安徽、江苏和辽宁十个省份，其排放总量为 346.5 万吨，占全国氨排放总量的 63.8%。氨排放总量在 10 万~20 万吨之间的有湖北、黑龙江、广东、吉林、广西、湖南、云南、山西、重庆和甘肃十个省份，其排放总量为 158.1 万吨，占全国氨排放总量的29.1%。其他省份氨排放总量均在 10 万吨以下，总排放量为 38.4 万吨，占全国氨排放总量的 7.1%。

表 5-34　我国不同省份的氨排放数量分布（t）

地区	施肥量	基础氨排放	施肥氨排放	氨总排放量
北京	87700	2386.8	23377.5	25764.4
天津	141900	4773.6	42670.3	47443.8
河北	1932100	53037.4	409967.6	463004.9
山西	593500	26832.7	103648.2	130480.8
内蒙古	1063600	44011.5	235584.1	279595.5
辽宁	897005	24498.2	182970.3	207468.5
吉林	1167265	19159.8	144982.2	164142.0
黑龙江	1130000	40500.0	140723.2	181223.2
上海	70900	1105.6	6633.8	7739.4
江苏	2073900	20795.0	203741.5	224536.5
浙江	600000	8921.2	57907.7	66828.9
安徽	1742400	29070.9	206864.1	235935.1
福建	601400	6262.7	61853.7	68116.3
江西	647100	12427.0	61056.1	73482.9
山东	2493100	61163.6	524092.5	585256.0
河南	3465600	57096.1	588390.6	645486.8
湖北	1988600	18659.8	171979.9	190639.6
湖南	1368962	16257.9	125412.6	141670.5
广东	1317900	14360.4	144586.9	158947.3
广西	1084900	23957.9	137217.1	161175.0
海南	223500	4354.5	27777.2	32131.8
重庆	588600	17751.4	95857.8	113609.2
四川	1500200	39520.7	207864.7	247385.3
贵州	625100	25646.7	74234.9	99881.6
云南	1271400	23037.3	109295.6	132332.9
西藏	23800	1027.2	1640.4	2667.5
陕西	1382700	28835.0	238971.3	267806.3
甘肃	507100	27600.4	79477.2	107077.5
青海	53300	1860.1	3289.3	5149.3
宁夏	240200	7875.0	46926.9	54801.9
新疆	1055900	36070.6	272169.1	308239.6
总计	31939632	698856.9	4731164.1	5430020.5

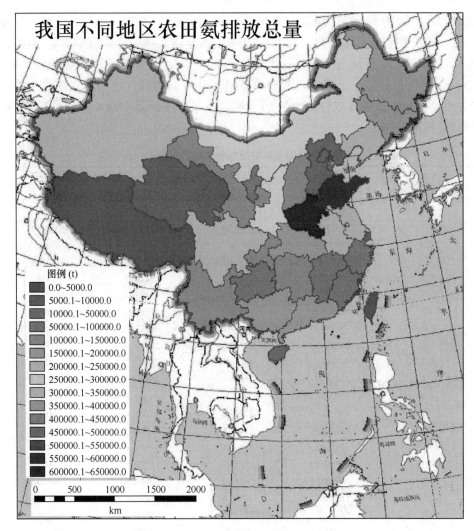

图例 (t)
- 0.0~5000.0
- 5000.1~10000.0
- 10000.1~50000.0
- 50000.1~100000.0
- 100000.1~150000.0
- 150000.1~200000.0
- 200000.1~250000.0
- 250000.1~300000.0
- 300000.1~350000.0
- 350000.1~400000.0
- 400000.1~450000.0
- 450000.1~500000.0
- 500000.1~550000.0
- 550000.1~600000.0
- 600000.1~650000.0

图 5-16　我国不同省份的氨排放总量分布图

（2）多个大区域氨排放的数量分布

按区域划分，东北三省氨排放总量为 55.3 万吨，占全国氨排放总量的 10.2%。华北地区北京、天津、河北、内蒙古、河南、山东和山西共排放氨 217.7 万吨，占全国氨排放总量的 40.1%。长江中下游地区安徽、江苏、上海、浙江、江西、湖北和湖南七省（市）氨总排放量为 94.1 万吨，占全国氨排放总量的 17.3%。南方地区的福建、广东、广西和海南四省氨排放总量为 42.0 万吨，占全国氨排放总量的 7.7%。西北地区的陕西、宁夏、甘肃、青海和新疆五省（市、自治区）氨总排放量为 74.3 万吨，占全国氨排放总量的 13.7%。西南地区的四川、重庆、贵州、云南和西藏五省（市、自治区）氨总排放量为 59.6 万吨，占全国氨排放总量的 11.0%。由此可见，华北地区是种植业氨排放的重点地区。

2. 施肥引起的氨排放与氮损失比例

（1）区域尺度上影响氨排放的因素

通过对种植业氮排放的引发因素分析，由于基础排放引起的氨排放仅 69.9 万吨，占总排放的 12.9%，而由于施肥引发的氨排放则为 473.1 万吨，占整个种植业氨排放的 87.1%。所以，在种植业源氨排中，主要由于施用含氮肥料所引起的，由于氨挥发，导致了氮肥的利用率降低。氨挥发所损失的氮量占施用肥料的 5%～24% 不等（图 5-17），平均为 12.2%。从全国氨挥发占施氮的比例情况下，氨挥发比例较大的省份大多为北方土壤 pH 值较高的省份。施肥不集中，也是引发施肥氨挥发损失比例大的因素之一。气候冷凉、土壤 pH 值偏低，可以有效地降低施肥引发的氨挥发。从全国氨挥发情况看，施肥引发的氨挥发占施氮量的 10%以下的省份主要集中在土壤 pH 值偏低的南方和气候冷凉的高原地区。

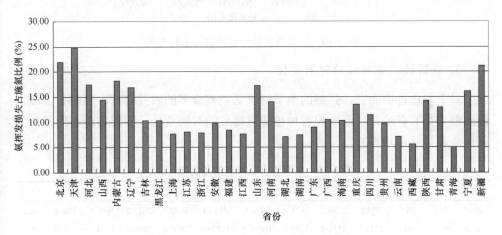

图 5-17　不同省份氨排放占施氮量的比例

（2）氨排放数量及比例与施肥量的关系

通过对不同区域施氮量与挥发占施肥量的比例的相关系分析（图 5-18），施氮与氨挥发占施氮量的比例间没有相关性，即施肥量的多少对氨挥发比例影响不大，影响氨挥发比例的因素主要是土壤 pH 值与温度，在微观层面可能与施肥方式、施肥时期等有关，但在宏观上不能反映出来。

在宏观层面上，区域施肥量与氨排放总量有密切的线性相关关系（图 5-19）。所以，就区域种植业氨排放来讲，施氮量的多少，取决于氨排放量的多少。在目前情况下，在不影响作物产量的前提下，减少氮肥的施用，可有效减少氨排放。

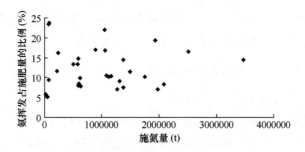

图 5-18　区域施氮量与氨挥发占施氮量比例的关系

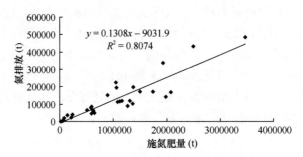

图 5-19　区域施氮量与氨排放总量的关系

3. 我国区域氨排放的时间变化

对于农业种植而言，强烈的季节特征影响着众多的农业管理，播种、灌溉、施肥都与季节有关。从而影响着种植业氮排放的时间变化。不同省份不同月份的氨排放总量示于表 5-35。

表 5-35　不同省份氨排放的月变化（t）

地区	1 月	2 月	3 月	4 月	5 月	6 月	7 月	8 月	9 月	10 月	11 月	12 月
北京	48.1	56.5	912.1	2759.2	4831.6	3426.8	4913.1	3672.7	2615.2	1666.8	816.4	46.1
天津	97.2	108.7	1717.7	3531.4	3178.1	10016.5	16435.0	3805.6	2786.0	4764.5	906.6	96.5
河北	1111.2	12769.1	10776.4	42642.5	33116.0	94091.1	139301.2	38039.2	26899.7	53958.8	9188.6	1111.2
山西	571.6	3171.2	2342.4	12580.1	7148.6	28009.2	44913.4	8098.4	5343.3	15760.3	1942.6	600.0
内蒙古	762.0	944.6	2428.7	5133.5	76524.6	115622.2	55747.9	10336.8	6232.8	3810.6	1246.3	805.4
辽宁	317.2	454.8	814.0	6608.0	54866.0	69017.2	41514.1	15713.9	10883.6	6123.1	814.0	342.3
吉林	237.8	318.1	569.4	2341.8	48896.8	66342.1	32520.0	5927.1	4162.4	2081.5	516.7	228.1
黑龙江	436.4	656.8	1234.0	3062.8	55887.7	67075.3	34965.0	8081.4	5558.4	2779.6	1081.8	404.4
上海	195.1	191.1	326.0	567.3	921.1	1009.0	1103.3	1328.1	823.9	555.5	501.0	218.0
江苏	2665.2	2683.8	13591.0	7536.8	34483.5	33591.7	48564.9	23595.7	18964.5	25665.3	10415.8	2778.4
浙江	1439.7	1439.7	2870.3	5318.4	8881.7	9471.0	9032.5	11285.6	6612.7	4185.4	4672.3	1619.6
安徽	1790.5	1840.8	15245.2	5314.8	39454.6	37542.8	55385.4	20681.9	18220.6	28155.8	10474.6	1828.0

续表

地区	1 月	2 月	3 月	4 月	5 月	6 月	7 月	8 月	9 月	10 月	11 月	12 月
福建	1945.6	2028.1	2676.0	6364.5	6898.2	7298.7	13017.2	10661.0	6953.1	4594.5	3317.3	2362.2
江西	1012.6	1048.3	3222.9	5689.2	13200.4	12406.8	6136.8	13418.0	6667.2	3047.6	6501.9	1131.3
山东	1369.5	16405.0	11258.8	52190.2	35818.3	123859.1	184920.6	38123.5	29297.1	79404.3	11258.8	1350.7
河南	5236.5	23805.0	9635.8	70173.7	26687.4	128993.0	199936.2	30868.0	23395.0	112139.2	9307.6	5309.6
湖北	2261.9	2475.1	8005.0	14730.3	35821.6	36094.6	15209.8	34411.4	16637.0	6396.1	16155.7	2441.0
湖南	2059.3	2253.4	6045.2	10971.0	24077.6	24854.0	13191.9	24479.9	13382.2	6028.6	11994.4	2332.8
广东	4681.5	5605.9	7345.5	17253.2	19623.6	17211.4	25129.0	22204.7	15404.9	10605.6	8038.0	5844.0
广西	3852.3	4518.0	7463.2	19550.5	18349.9	15682.0	34917.1	20050.5	13939.1	10164.2	7389.7	5298.6
海南	1324.0	1459.0	1965.3	3352.8	3540.8	3274.2	3883.3	3549.0	3097.6	2593.2	2321.0	1771.3
重庆	2432.1	5314.2	3896.2	5905.0	9290.7	26742.1	18665.4	11645.8	7371.0	12115.6	3737.5	6493.4
四川	4303.4	12073.0	6613.1	10376.2	20355.1	70391.8	38324.5	18443.5	12952.4	31640.2	6522.2	15389.9
贵州	1566.8	4422.0	2903.3	4882.1	8453.8	26857.3	15652.5	7348.1	5268.8	13149.0	3026.5	6351.5
云南	2849.7	3557.3	3892.6	47498.2	6065.3	40454.4	5940.5	5940.5	5100.5	4502.4	3760.0	2771.8
西藏	37.0	67.5	81.9	518.1	472.2	781.2	167.4	165.1	148.7	103.1	67.5	57.2
陕西	675.6	4930.5	11292.1	14737.5	28383.3	54149.1	70921.8	25128.6	16928.4	29618.4	6688.4	4352.3
甘肃	521.4	727.2	4510.1	20180.7	13724.8	28462.2	10241.5	10030.8	13066.2	4046.4	946.2	620.0
青海	43.6	57.4	1256.5	1483.0	333.0	409.8	464.4	439.3	321.6	210.8	73.2	56.7
宁夏	138.4	180.2	2452.4	1969.7	2944.2	10589.6	21418.0	3993.8	2391.6	7733.2	816.9	174.0
新疆	418.3	515.0	5909.1	74945.2	20858.5	29496.2	114619.0	29496.2	20009.0	10576.4	902.9	494.0
总计	46401.6	116077.0	153252.3	480168.2	663089.1	1193222.4	1277152.4	460963.9	321434.5	498175.9	145402.6	74680.3

由表可见，不同省份在不同月份的氨排放量有所差异。就全国范围来讲，6、7 两个月份氨排放最多（图 5-20），共计 247.0 万吨，占全年氨排放 45.5%，作物非生长期的 11、12、1 和 2 月四个月份中，氨排放仅 38.3 万吨，占全年氨排放 7.0%。

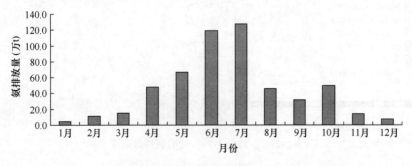

图 5-20 我国不同月份的氨排放总量

　　不同省份在不同月份的氨排放量存在明显的差异性（图 5-21 至图 5-32）。1、2 月份（图 5-21 和图 5-22）全国氨排放都处于较低的水平，总体上南方省份的排放量大于北方，这主要是由于南方气温高，基础排放高于北方，同时，南方有少量的作物可以生长，特别是蔬菜，由于施肥的原因，氨的总体排放大于北方省份。

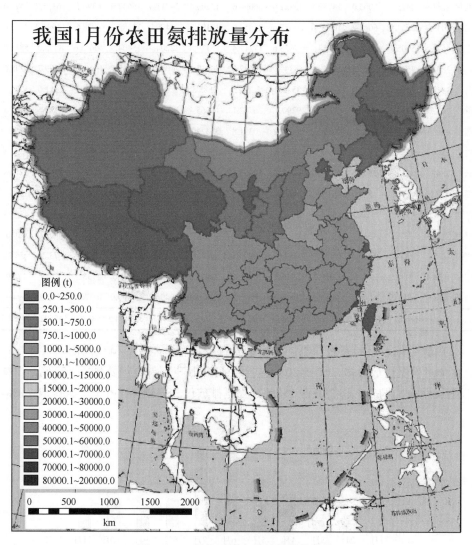

图 5-21　1 月份不同省份的氨排放总量

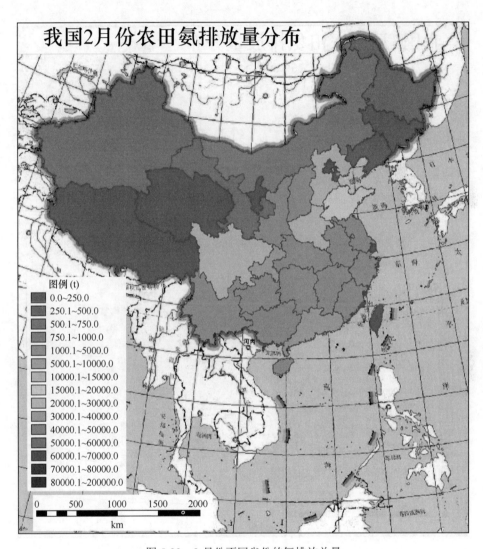

图 5-22　2 月份不同省份的氨排放总量

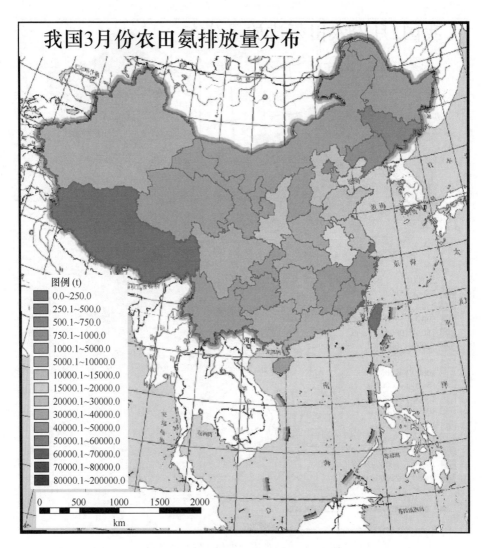

图 5-23　3 月份不同省份的氨排放总量

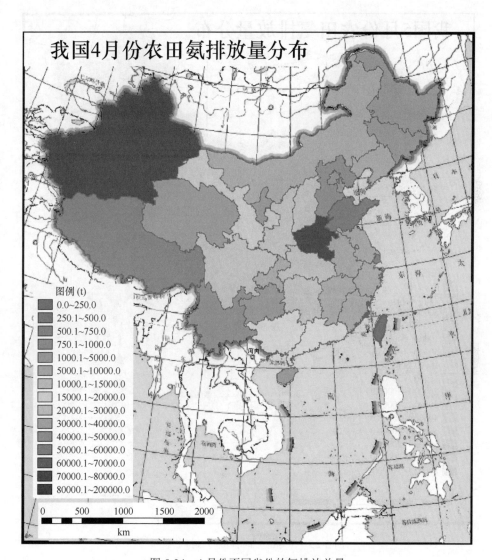

图 5-24　4 月份不同省份的氨排放总量

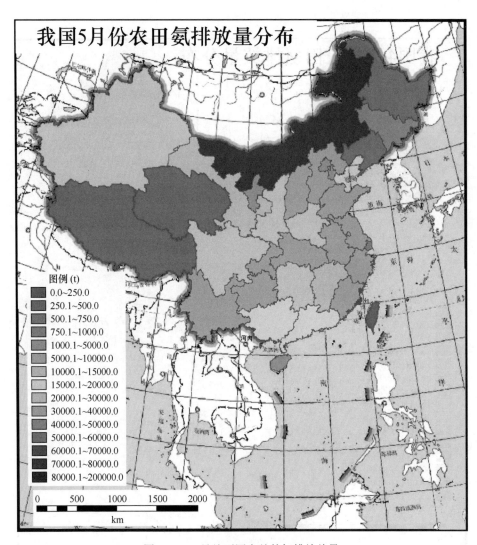

图 5-25　5 月份不同省份的氨排放总量

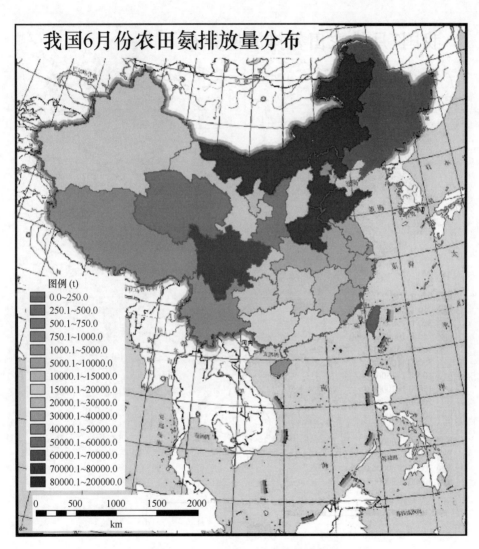

图 5-26 6 月份不同省份的氨排放总量

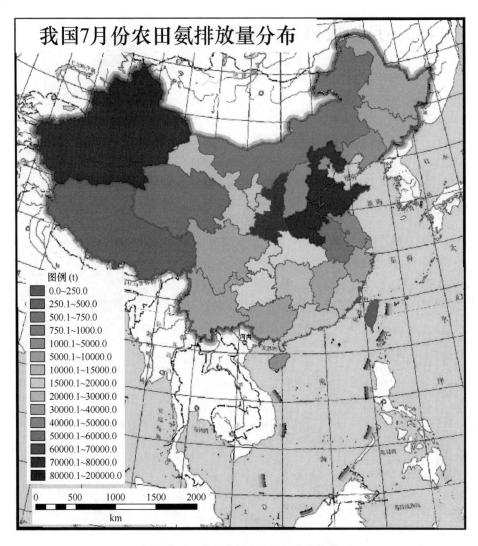

图 5-27　7 月份不同省份的氨排放总量

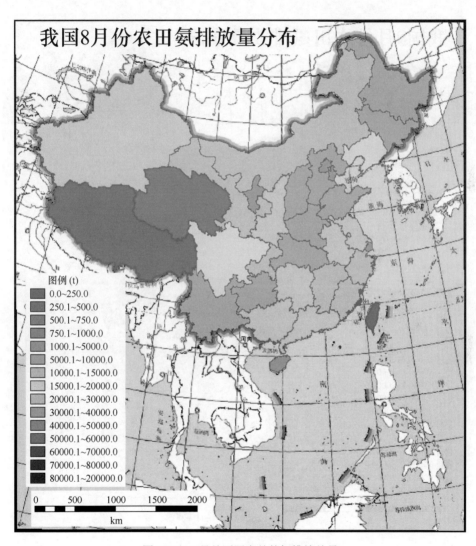

图 5-28　8 月份不同省份的氨排放总量

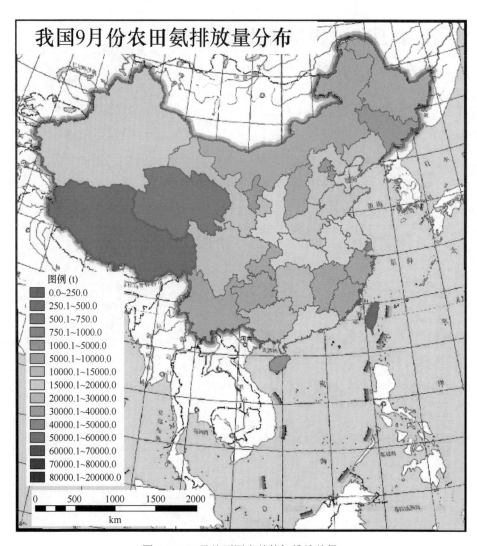

图 5-29　9 月份不同省份的氨排放总量

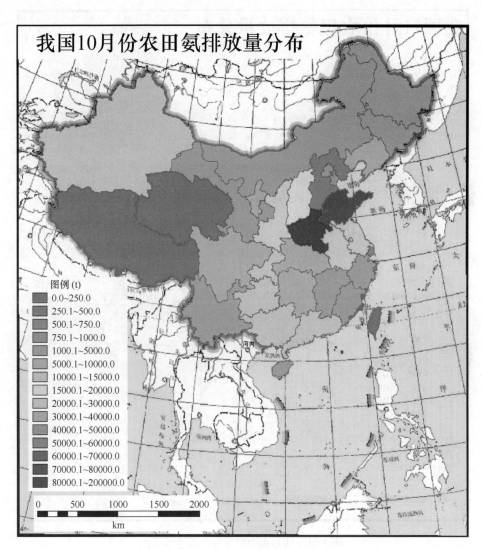

图 5-30　10 月份不同省份的氨排放总量

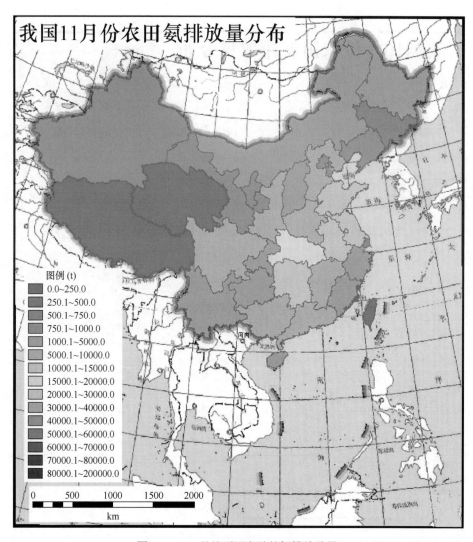

图 5-31　11 月份不同省份的氨排放总量

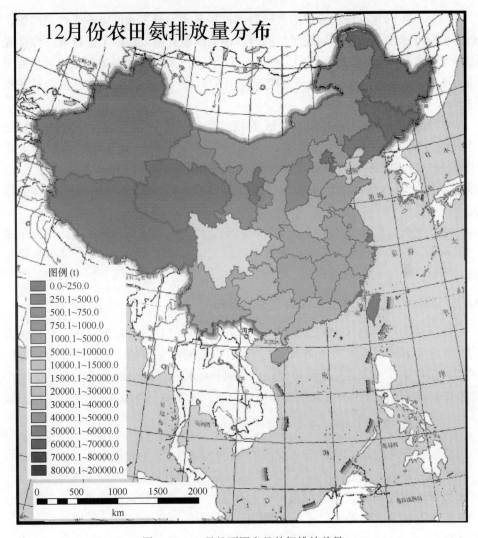

图 5-32 12 月份不同省份的氨排放总量

　　3 月份开始，春播作物开始播种，同时，越冬作物的冬小麦开始返青，相应的施肥量开始增加，河北、河南、山东等地的冬小麦施肥，使华北地区氨排放相应增加。4 月份开始，河南小麦大面施用返青肥和小麦拔节肥，施肥量增加，所以，该时期河南省氨排放量显著高于其他省份。5 月份华北平原进行春耕大忙的时期，施肥量增加，氨排放量也相应增加，同时，地处西北的新疆棉区开始播种，大量的棉花基肥致使该区氨排放量增加较多。6 月份是东北平原春播作物施肥的关键时期，大量的肥料使用使东北氨排放在全国处于高位。

　　7 月是我国北方作物管理的关键时间，华北平原夏玉米的大喇叭口期追肥，东北平原春玉米也在此期间追肥，同时，由于温度升高，加剧了氨排放，致使我国北方粮食产区氨排放都达到最大值。8 月份东北平原的施肥基本结束，而华北平原的夏玉米和新疆的棉花正处于需肥阶段，所以，较高的施肥量使该区的氨排放也较多。

　　9 月和 10 月份，主要粮食产区的粮食作物都处于收获或管理后期，施肥量很少，使得整个华北平原和东北平原的氨排放也相应减少。11 月份，华北平原小麦的基肥施用和越冬肥的使用，又使该地区氨排放相应增加。进入 12 月份，作物进入越冬期，主要农事操作基本停止，大部分地区的氨排放也都处于低位。

　　由此可见，种植业的氨排放主要与农业生产和农事操作密切相关。华北平原一年两熟，作物种植强度很大，同时，该区又以石灰性土壤为主。土壤 pH 值较高，所以，氨排放也最强烈。

5.3.2　我国种植业氨排放的强度及空间分布

　　由于我国不同的行政区域面积不同，在相同的氨排放数量情况下，其排放强度也存在差异。对大气质量而言，大气质量与氨排放强度的关系可能比数量更加密切。所谓氨排放强度是指单位面积上的氨排放数量。这里的单位面积是指国土面积。本节将讨论我国不同区域由种植业引发的氨排放强度及其在空间上的分布。

　　1. 不同区域的氨排放强度

　　我国在全国范围内（台湾省未统计在内）种植业氨排放强度全年为 573.6 kg/km^2，不同区域的氨排放强度差别很大（表 5-36）。其中，天津市的农田氨排放强度最大，每平方千米超过 4 吨，其次河南、山东两省的全年氨排放强度每平方千米超过 3 吨，江苏与河北两省每平方千米 2 吨以上。最少的西藏和青海每平方千米全年不足 10 kg。从大区域情况看（图 5-33），华北平原所在五省二市，即北京、天津、河北、河南、山东、安徽和江苏居前七名。相对我国西部地区种植业氨排放强度较低，大部分每平方千米都不足 500 kg。

表 5-36　我国不同省份氨排放的月度变化（kg/km^2）

地区	面积（km^2）	1 月	2 月	3 月	4 月	5 月	6 月	7 月	8 月	9 月	10 月	11 月	12 月	小计
北京	16376	2.9	3.4	55.7	168.5	295.0	209.3	300.0	224.3	159.7	101.8	49.9	2.8	1573.3
天津	11482	8.5	9.5	149.6	307.6	276.8	872.4	1431.4	331.4	242.6	415.0	79.0	8.4	4132.0
河北	187420	5.9	68.1	57.5	227.5	176.7	502.0	743.3	203.0	143.5	287.9	49.0	5.9	2470.4

续表

地区	面积（km²）	1 月	2 月	3 月	4 月	5 月	6 月	7 月	8 月	9 月	10 月	11 月	12 月	小计
山西	156575	3.7	20.3	15.0	80.3	45.7	178.9	286.8	51.7	34.1	100.7	12.4	3.8	833.3
内蒙古	1143840	0.7	0.8	2.1	4.5	66.9	101.1	48.7	9.0	5.4	3.3	1.1	0.7	244.4
辽宁	145263	2.2	3.1	5.6	45.5	377.7	475.1	285.8	108.2	74.9	42.2	5.6	2.4	1428.2
吉林	190995	1.2	1.7	3.0	12.3	256.0	347.3	170.3	31.0	21.8	10.9	2.7	1.2	859.4
黑龙江	452634	1.0	1.5	2.7	6.8	123.5	148.2	77.2	17.9	12.3	6.1	2.4	0.9	400.4
上海	7818	25.0	24.4	41.7	72.6	117.8	129.1	141.1	169.9	105.4	71.1	64.1	27.9	989.9
江苏	101660	26.2	26.4	133.7	74.1	339.2	330.4	477.7	232.1	186.5	252.5	102.5	27.3	2208.7
浙江	101089	14.2	14.2	28.4	52.6	87.9	93.7	89.4	111.6	65.4	41.4	46.2	16.0	661.1
安徽	140132	12.8	13.1	108.8	37.9	281.6	267.9	395.2	147.6	130.0	200.9	74.7	13.0	1683.7
福建	120659	16.1	16.8	22.2	52.7	57.2	60.5	107.9	88.4	57.6	38.1	27.5	19.6	564.5
江西	166930	6.1	6.3	19.3	34.1	79.5	74.3	36.8	80.4	39.9	18.3	39.0	6.8	440.2
山东	154600	8.9	106.1	72.8	337.6	231.7	801.2	1196.1	246.6	189.5	513.6	72.8	8.7	3785.6
河南	165617	31.6	143.7	58.2	423.7	161.1	778.9	1207.2	186.4	141.3	677.1	56.2	32.1	3897.5
湖北	185920	12.2	13.3	43.1	79.2	192.7	194.1	81.8	185.1	89.5	34.4	86.9	13.1	1025.4
湖南	211809	9.7	10.6	28.5	51.8	113.7	117.3	62.3	115.6	63.2	28.5	56.6	11.0	668.9
广东	175956	26.6	31.9	41.7	98.1	111.5	97.8	142.8	126.2	87.5	60.3	45.7	33.2	903.3
广西	236410	16.3	19.1	31.6	82.7	77.6	66.3	147.7	84.8	59.0	43.0	31.3	22.4	681.8
海南	33905	39.0	43.0	58.0	98.9	104.4	96.6	114.5	104.7	91.4	76.5	68.5	52.2	947.7
重庆	80802	30.1	65.8	48.2	73.1	115.0	331.0	231.0	144.1	91.2	149.9	46.3	80.4	1406.0
四川	485993	8.9	24.8	13.6	21.4	41.9	144.8	78.9	38.0	26.7	65.1	13.4	31.7	509.0
贵州	176060	8.9	25.1	16.5	27.7	48.0	152.5	88.9	41.7	29.9	74.7	17.2	36.1	567.3
云南	383189	7.4	9.3	10.2	124.0	15.8	105.6	15.5	15.5	13.3	11.7	9.8	7.2	345.3
西藏	1202250	0.0	0.1	0.1	0.4	0.4	0.6	0.1	0.1	0.1	0.1	0.1	0.0	2.2
陕西	205731	3.3	24.0	54.9	71.6	138.0	263.2	344.7	122.1	82.3	144.0	32.5	21.2	1301.7
甘肃	398382	1.3	1.8	11.3	50.7	34.5	71.4	25.7	25.2	32.8	10.2	2.4	1.6	268.8
青海	716365	0.1	0.1	1.8	2.1	0.5	0.6	0.6	0.6	0.4	0.3	0.1	0.1	7.2
宁夏	51801	2.7	3.5	47.3	38.0	56.8	204.4	413.5	77.1	46.2	149.3	15.8	3.4	1057.9
新疆	1659520	0.3	0.3	3.6	45.2	12.6	17.8	69.1	17.8	12.1	6.4	0.5	0.3	185.7
平均		4.9	12.3	16.2	50.7	70.0	126.0	134.9	48.7	34.0	52.6	15.4	7.9	573.6

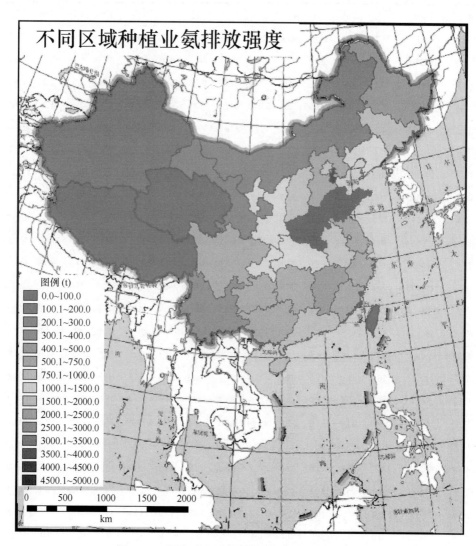

图 5-33　我国不同区域种植业氨排放的强度分布

2. 我国不同地域种植业氨排放强度的月变化

我国因种植业引起的氨排放强度在不同地区之间有明显的变化（图 5-34 至图 5-45）。

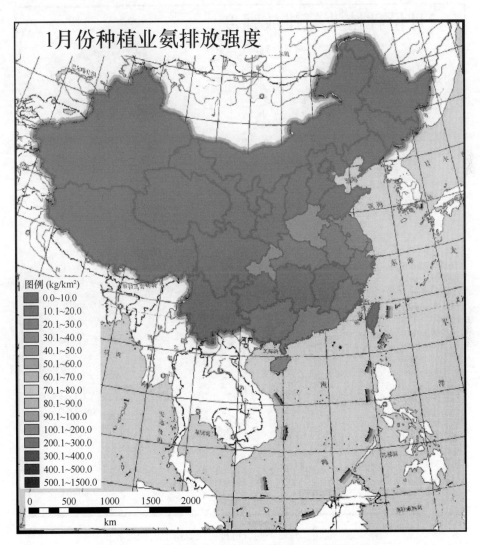

图 5-34　我国 1 月份不同省份种植业氨排放的强度分布

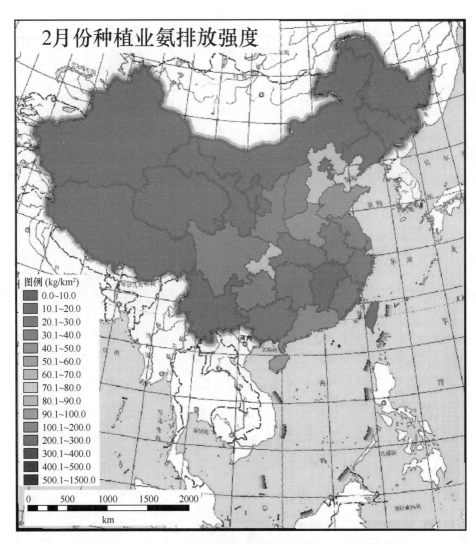

图 5-35　我国 2 月份不同省份种植业氨排放的强度分布

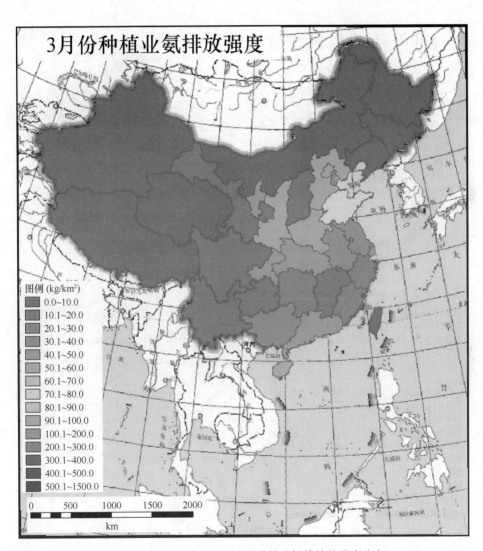

图 5-36　我国 3 月份不同省份种植业氨排放的强度分布

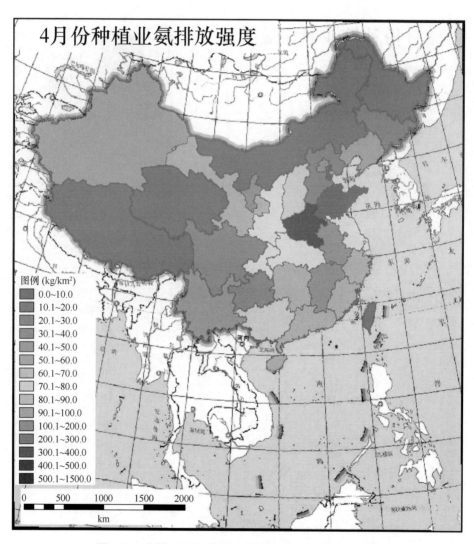

图 5-37　我国 4 月份不同省份种植业氨排放的强度分布

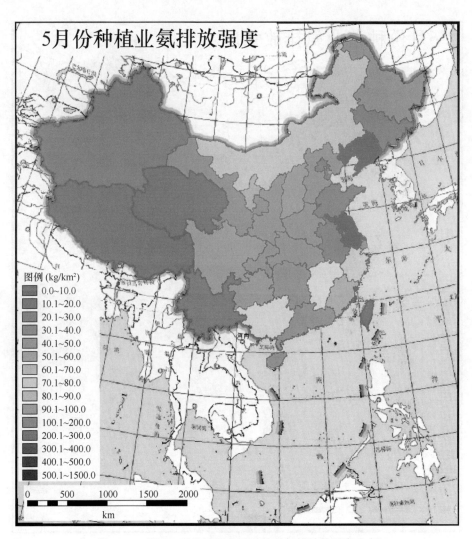

图 5-38　我国 5 月份不同省份种植业氨排放的强度分布

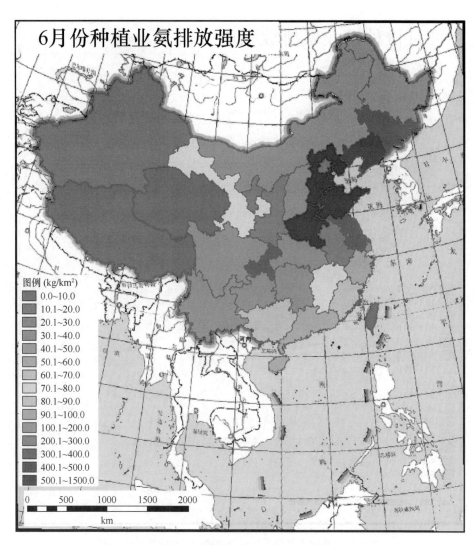

图 5-39　我国 6 月份不同省份种植业氨排放的强度分布

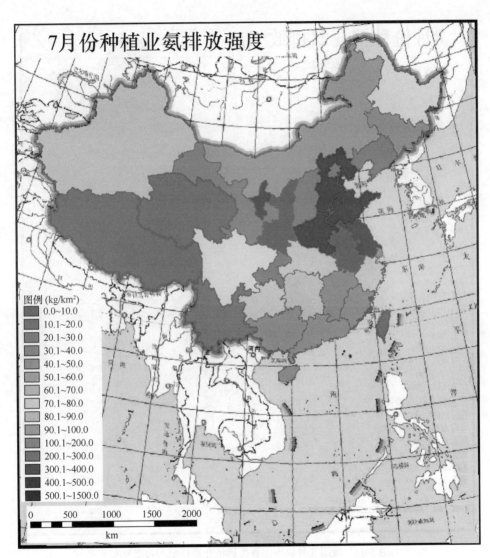

图 5-40　我国 7 月份不同省份种植业氨排放的强度分布

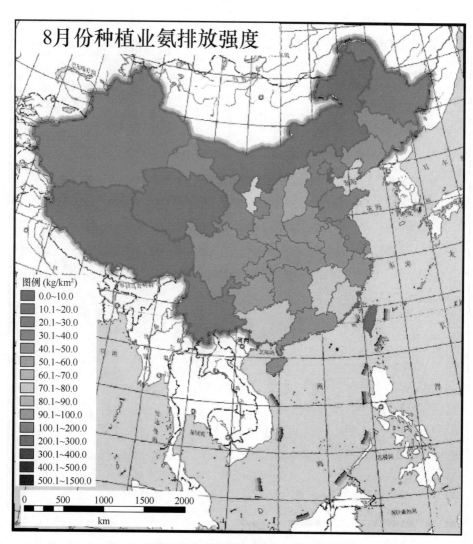

图 5-41　我国 8 月份不同省份种植业氨排放的强度分布

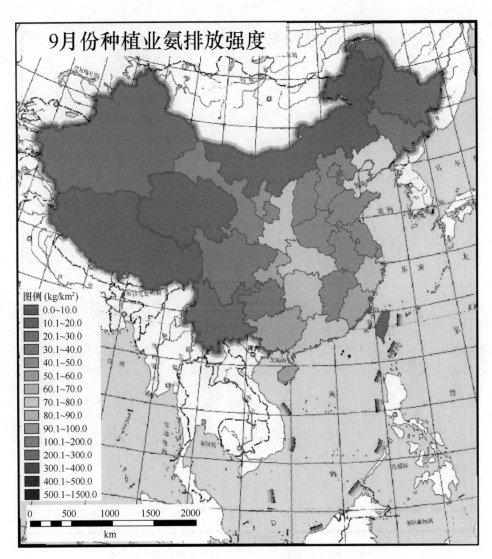

图 5-42　我国 9 月份不同省份种植业氨排放的强度分布

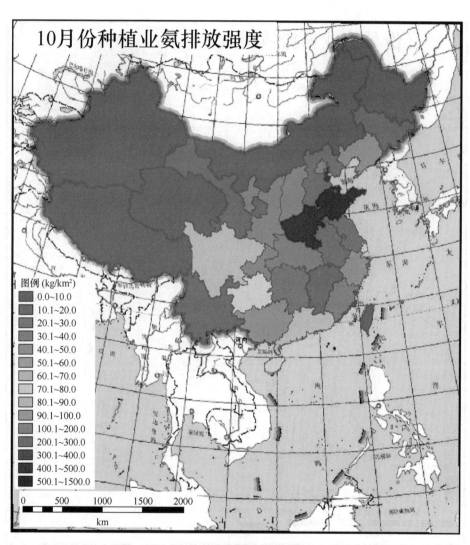

图 5-43　我国 10 月份不同省份种植业氨排放的强度分布

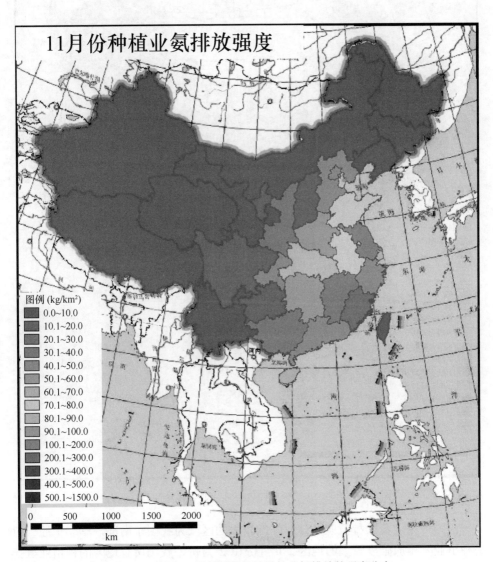

图 5-44　我国 11 月份不同省份种植业氨排放的强度分布

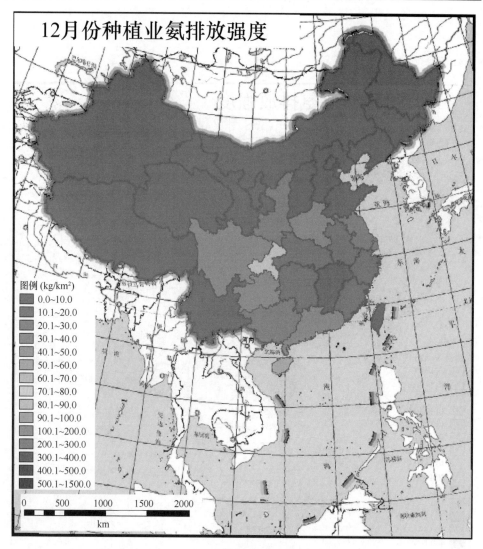

图 5-45　我国 12 月份不同省份种植业氨排放的强度分布

　　由图可见，我国种植业氨排放强度较大的区域为我国东南部，华北平原一直
是种植业氨排放强度较大的地区。1 月份和 2 月份，我国所有地区的种植业氨排
放强度都不超过 100 kg/km^2。3 月份以后，由于农耕季节开始，种植业氨排放强
度开始加大，先从华北平原开始，强度超过 100 kg/km^2，并逐渐加强。5 月份是
东北平原种植业氨排放强度最高的月份，主要是由于春耕所致。6、7 月份北方种
植业氨排放强度最高的时期，华北平原的种植业氨排放强度可达 1000 kg/km^2 以
上，8 月份以后，氨排放强度逐渐下降，基本上都下降至 300 kg/km^2 以下。仅其

中的 10 月份，由于华北平原冬小麦的施肥，在河南、河北、山东等省份种植业氨排放强度稍有提高。

5.4　养殖业氨排放的数量与分布

资料表明，养殖业中氨排放在农业源氨排放中占有重要比例（Hutching et al，2001；Sotiropoulou et al，2004；Buusman et al，2004）。养殖业中的氨源主要来自于动物体内含氮化合物的降解，主要是通过动物体内的代谢作用，将有机的含氮化合物，如蛋白质、氨基酸等转化为尿素，然后通过粪便或尿液排出体外，当粪尿混合后，其中的尿素在微生物的作用下，很快被分解为氨气释放到周围空气中（杨志鹏，2008）。由于动物代谢的必然性，其代谢物中的氨也是必然的。然而，氨排放到大气的过程则是通过粪尿转化后进行的，养殖业中粪尿的管理是减少氨排放的关键。

5.4.1　养殖业氨排放模型

1. 养殖业氨排放模型分析

目前国际上采用的养殖业氨排放模型都是以动物个体为基础，养殖业的第一个排放清单是用每头动物的排放因子乘以动物数量得到的（Bouwman et al，1997）。以后的模型虽然在动物行为和排泄物的处理方面进行了很多细化，但都是基于单体动物进行的，这样在养殖场层面上，或在小的区域层面上，可以得到较为准确的应用（Behera et al，2013）。然而，针对国家层面，这些数据的取得就十分困难，加之养殖业种类和动物的复杂性，基于单体动物的排放模型也十分复杂。例如，在养鸡业中，肉鸡的生命周期仅 50 左右，如果以鸡的数量乘以排放因子，则会带来 6~7 倍的误差。而蛋鸡则几乎没有误差。其他动物也存在类似的问题。

根据我国的具体实际和统计资料中披露的内容，本节则在单体动物为基础的养殖业排放模型基础上，尝试建立以动物产品产出为基础的排放模型，一方面，该模型中的数据更容易获取，另一方面，以动物产出为基础的群体模型更适合于大区域的排放计算。

2. 以动物产出为基础的养殖业氨排放模型的建立

（1）养殖业氨排放总量模型

根据养殖业生产的复杂性，将养殖业分为以下几个分行业，即肉猪养殖、乳牛养殖、肉牛养殖、蛋禽养殖、肉禽养殖、肉用羊养殖和毛用羊养殖等，养殖业的总氨排放可表示为：

$$CAE=PAE+CAAE+POAE+SAE$$

式中，CAE 为养殖业氨排放总量（Culture Ammonia Emission per year）；PAE 为养猪业氨排放总量（Pig Ammonia Emission per year）；CAAE 为养牛业氨排放总量（Cattle Ammonia Emission per year）；POAE 为家禽类氨排放总量（Poultry Ammonia Emission per year）；SAE 为养羊业氨排放总量（Sheep Ammonia Emission per year）。

（2）模型分解及参数确定

A. 养猪业氨排放模型

根据目前我国统计部门的实际统计数据，结合养猪业的现实情况，采用以下公式计算养猪业氨排放的数量：

$$PAE=PO·APP$$

式中，PAE 为养猪业年氨排放量（Pig Ammonia Emission per year）；PO 为猪肉年产量（Pork amount per year）；APP 为单位猪肉的氨排放量（Amount of ammonia emission Per Pork）。

跟据目前大部分猪的养殖情况，每猪的养殖周期为 150 天左右，加上空栏时间，每年可养殖两茬（吴正杰，2015），即肉猪的存活周期为 0.5 年，以平均每头猪出栏 77.5 kg 肉计算，每年平均存活每头猪可产肉 155 kg。这样，单位猪肉的氨排放量可用下式计算：

$$APP=Pco/PAP$$

式中，Pco 猪氨排放系数（Pig ammonia emission coefficient），即每头猪每年的氨排放量；PAP 为年存活每头猪的产肉量（Pork Amount per Pig per year）。

本文中，猪肉年产量（PO）来自国家统计局数据，PAP 按 155 kg 计算，Pco 为 4.8，即每头猪每年排放 4.8 kg 氨（董文煊等，2010）。

B. 养牛业氨排放模型

与养猪不同，养牛分为两大部分，一部分是用于产奶的乳牛，一部分是用于食肉的肉牛，乳牛通常会存活数年，甚至十几年。而肉牛则从出生到出栏一般为 15 个月左右（莫放，2010），所以，养牛业需要分开计算，养牛业的氨排放模型用下式表示：

$$CAAE=SAE+MAE$$

式中，CAAE 为养牛业氨排放（Cattle Ammonia Emission per year）；SAE 为肉牛氨排放（Scalper Ammonia Emission per year）；MAE 为乳牛氨排放（Milch cow Ammonia Emission per year）。

a. 肉牛氨排放

根据我国的实际，肉牛的氨排放可以产肉量为基础进行统计，根据肉牛的生长发展规律，肉牛的生命周期为 15 个月，育肥为 10 个月，其中以在犊牛阶段的

5 个月氨排放量可折合成育肥阶段的 2 个月，这样，一头肉牛的氨排放周期可以一年计算。这样，肉牛的氨排放可表示为：

$$SAE=TB \cdot Sco/BPS$$

式中，TB 为年总牛肉产量（Total amount of Beef per year）；Sco 为肉牛氨排放系数（Scalper ammonia emission coefficient），即单头肉牛的年氨排放量；BPS 为单头肉牛的平均产肉量（Beef amount Per Scalper）。

在本文中，具体的参数是根据资料，肉牛的氨排放系数为每年每头 9.7 kg 氨（董文煊等，2010），根据我国的实际，单头出栏肉牛的平均产肉量为 170 kg（有资料显示为 134.5 kg）。

b. 乳牛氨排放

与肉牛不同，乳牛的存活周期长，这里以产奶量为基础计算乳牛的氨排放，以下式表示：

$$MAE=TM \cdot Mco/MPM$$

式中，TM 为年总牛奶产量（Total amount of Milk）；Mco 为乳牛氨排放系数（Milch cow ammonia emission coefficient），即单头乳牛的年氨排放量；MPM 为单头乳牛的年产奶量（Milk amount Per Milch cow）。

本文中，具体的参数是根据资料，乳牛的氨排放系数为每年每头 25.1 kg 氨（董文煊等，2010），根据我国的实际，单头乳牛的平均产奶量为 5400 kg。

C. 禽类氨排放模型

禽类的氨排放与牛有相似之处，即禽类有肉禽类和蛋禽类之分。禽类的氨排放可用下式表示：

$$POAE=CAE+HAE$$

式中，POAE 为禽类的氨排放总量（Poultry Ammonia Emission per year）；CHAE 为肉禽类氨排放量（Chicken Ammonia Emission per year）；HAE 为蛋禽类氨排放量（Hen Ammonia Emission per year）。

a. 肉禽类的氨排放

以鸡为例，肉鸡的生命周期仅 50 天左右，即一年可养殖 7 茬（杨山和李辉，2002），所以，禽类如果以单个体计算的年氨排放会存在很大误差。这里以肉产量为基础计算肉禽类的氨排放量，用下式表示：

$$CHAE=CH \cdot CHco/CPC$$

式中，CH 为禽肉产量（amount of Chicken per year）；CHco 为肉禽氨排放系数（Chicken ammonia emission coefficient），即单只肉禽的年氨排放量；CPC 为单只肉禽的年产肉量（Chicken amount Per Chicken），当肉禽的生命周期不为一整年时，以单只肉禽除以禽龄计算。

本文中，肉禽氨排放系数（CHco）设定为年单只肉禽排放 0.26kg 氨（董文煊等，2010）。单只肉禽的产肉量为 2.5kg，生命周期为 50 天，则单只肉禽的年产肉量为 17.5kg。

b. 蛋禽类的氨排放

蛋禽类的生命周期相对较长，但也不是整年，所以，这里计算肉禽类的氨排放时，以禽蛋产量为依据，用下式表示：

$$HAE=TEW·Hco/EPH$$

式中，TEW 为年产蛋总重量（Total Eggs Weight）；Hco 为蛋禽氨排放系数（Hen ammonia emission coefficient），即单只蛋禽年排氨总量；EPH 为单只蛋禽年产蛋量（Eggs weight Per Hen）。

本文中，蛋禽氨排放系数（Hco）为单只年排氨量 0.32 kg（董文煊等，2010）。单只蛋禽产蛋量（EPH）为 10 kg。

D. 养羊业的氨排放模型

养羊业可分为肉用羊和毛用羊两类，其氨排放模型可表示为：

$$SAE=MAE+WAE$$

式中，SAE 为养羊业氨排放（Sheep Ammonia Emission per year）；MAE 为肉用羊氨排放（Mutton sheep Ammonia Emission per year）；WAE 为毛用羊氨排放（Wool sheep Ammonia Emission per year）。

a. 肉用羊氨排放

肉用羊有严格的出栏周期，且养殖肉用羊周期不正好是一年（赵有璋，2013），所以，为了较准确地计算肉用羊的数量，这里将以羊肉产量为基础进行计算。肉用羊的氨排放模型用下式表示：

$$MAE=TM·MSco/MPS$$

式中，TM 为年总羊肉产量（Total amount of Mutton per year）；MSco 为肉用羊氨排放系数（Mutton Sheep ammonia emission coefficient），即单只肉用羊的年氨排放量；MPS 为单只肉用羊的年平均产肉量（Mutton amount Per Sheep per year）。

在本文中，具体的参数是根据资料，肉用羊的氨排放系数为每年每只 1.2 kg 氨（董文煊等，2010），根据我国的实际，单只出栏肉用羊的平均产肉量为 14 kg。肉用羊有养殖周期为 6~7 个月，除去幼羊的时间，按 6 个月计算，单只羊的年平均产肉量为 28 kg。

b. 毛用羊氨排放

毛用羊可以认为是没有固定的养殖周期，主要以产羊毛为主，由于它也可以用于肉用，所以，这里以羊毛的产量为基础，计算毛用羊的数量，以下式表示：

$$WAE=TW·WSco/WPS$$

式中，TW 为年羊毛产量（Total amount of Wool）；WSco 为毛用羊氨排放系数（Wool Sheep ammonia emission coefficient），即单只毛用羊的年氨排放量；WPS 为单只毛用羊的羊毛年产量（Wool amount Per Sheep）。

本文中，具体的参数是根据资料，毛用羊的氨排放系数为每年每只 1.2 kg 氨（董文煊等，2010），根据我国的实际，单只毛用羊的每年平均产毛量为 6.5 kg。

5.4.2　我国区域氨排放数量

根据上节的养殖业排放模型和具体参数，其中，将其他奶类的生产量按乳牛的参数计算，由于山羊体型小，产毛少，这里也将山羊毛的产量按绵羊的参数进行了计算，我国各省（市、自治区）的养殖业氨排放数量示于表 5-37。

表 5-37　我国各省（市、自治区）养殖业的氨排放数量（t/a）

地区	猪	肉牛	肉羊	肉禽	奶牛	毛用羊	蛋禽	小计
北京	7497.3	1198.2	552.9	2479.7	2973.9	663.0	4848.0	20212.9
天津	8547.1	1757.4	638.6	1502.1	3225.4	960.0	5974.4	22604.9
河北	76366.5	31074.2	12175.7	11070.1	21704.1	58026.5	108748.8	319165.8
山西	16165.2	2567.6	2378.6	1099.4	3527.0	15044.3	22720.0	63502.1
内蒙古	22080.0	28375.4	37384.3	3097.7	43294.7	219989.0	16806.4	371027.4
辽宁	69956.1	23964.7	3390.0	18601.1	6134.6	28873.8	88768.0	239688.4
吉林	37777.5	24763.5	1671.4	10076.1	2139.5	44501.9	30492.8	151422.9
黑龙江	36201.3	22446.9	5035.7	4598.3	25581.5	56152.6	33731.2	183747.6
上海	5921.0	0.0	235.7	1051.9	1351.7	424.6	2016.0	11000.9
江苏	66847.0	2042.7	3137.1	20632.1	2750.3	603.3	62355.2	158367.8
浙江	42063.5	656.2	788.6	5344.1	925.4	4463.8	15094.4	69336.0
安徽	72176.5	10167.9	6077.1	16201.7	1046.6	507.7	38288.0	144465.7
福建	45398.7	1340.9	814.3	4295.2	733.9	0.0	8070.4	60653.4
江西	69398.7	6675.9	467.1	8483.4	569.4	0.0	14240.0	99834.6
山东	107427.1	37790.1	13924.3	37817.4	12966.0	24010.9	128380.8	362316.5
河南	125852.9	46788.2	10628.6	16550.9	14927.1	25883.1	124960.0	365590.7
湖北	89973.7	10367.6	3437.1	9556.1	1616.6	15.5	43849.6	158816.3
湖南	125760.0	9243.5	4384.3	8126.9	376.5	5.5	29920.0	177816.7
广东	83913.3	3743.1	398.6	22327.3	674.4	11.1	11148.8	122216.6
广西	74257.5	8142.3	1375.7	19141.9	412.8	0.0	6720.0	110050.3
海南	13068.4	1340.9	475.7	3519.7	8.8	0.0	1062.4	19475.9
重庆	46002.6	3794.4	1118.6	4846.4	371.9	12.9	11974.4	68121.1
四川	150131.6	16507.1	10242.9	12907.9	3333.7	14145.2	46352.0	253620.4
贵州	45922.1	6847.1	1444.3	2132.0	225.4	1101.4	4368.0	62040.3
云南	75517.9	17511.4	5584.3	5026.2	2631.8	3243.7	6928.0	116443.2

续表

地区	猪	肉牛	肉羊	肉禽	奶牛	毛用羊	蛋禽	小计
西藏	421.2	8427.6	3698.6	19.3	1386.1	18639.3	105.6	32697.6
陕西	23938.1	4216.6	2871.4	1025.1	8476.8	15365.7	16096.0	71989.8
甘肃	14186.3	9209.3	6612.9	632.9	1751.9	56990.8	4544.0	93928.0
青海	2836.6	4964.1	4260.0	98.1	1322.4	35835.7	563.2	49880.1
宁夏	2266.8	4268.0	3364.3	309.0	4462.2	15203.1	2332.8	32206.3
新疆	6967.7	19263.1	19902.9	1307.4	6224.3	166314.5	8195.2	228175.1
合计	1564840.3	369455.9	168471.4	253877.4	177127.0	806988.9	899654.4	4240415.2

在我国养殖业中，不同的区域由于温度不同，所排放的氨量也相对不同，这里没有再进一步校正。由表 5-37 可见，我国整个养殖业氨排放约 424.0 万吨氨，不同养殖品种所排放氨的数量也不相同（图 5-46）其中养猪的氨排放占 36.9%，是养殖业氨排放最大的一项；家禽的氨排放占总养殖排放的 27.2%，其中蛋禽为 21.2%，在养殖业氨排放中居第二位；养羊业占总排放的 23.0%，其中毛用羊占 19.0%，居第三位。养牛业的氨排放占总养殖排放的 12.9%，其中肉牛占 8.7%，在养殖业中比例最少。

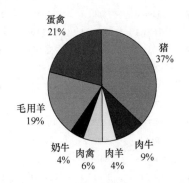

图 5-46　我国不同养殖品种氨排放的比例

除上述养殖的动物种类外，还有马、驴、骡、兔、骆驼等，由于数量较少，本文中没有统计。

5.4.3　我国养殖业氨排放的空间分布

我国养殖业氨排放在不同区域的排放数量示于图 5-47。结果表明：氨排放较多的省份主要是内蒙古、河北、河南、山东等省份，其次为新疆、四川、湖南等。

基于养殖动物的氨排放模型，这里将主要养殖动物氨排放的数量分布作一介绍。

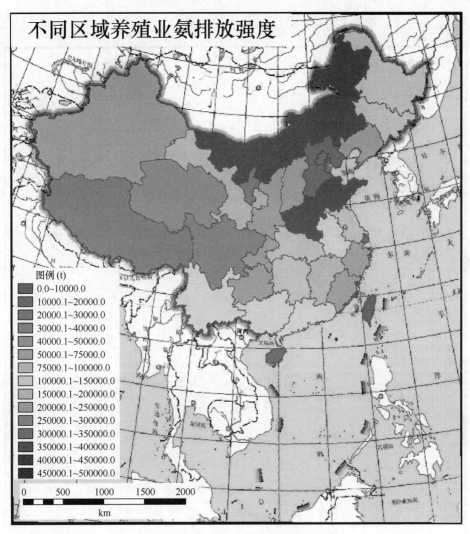

图 5-47　我国不同省份养殖业氨排放数量的分布

1. 养猪业的氨排放

与其他动物不同，养猪业是以猪肉供应为主要目的，据统计我国 2012 年猪肉产量为 23.94 万吨，根据我国不同省份猪肉产量，计算出我国每年因养猪业造成的氨量为 156.5 万吨，统计出不同省份养猪业氨排放的分布情况（图 5-48）。由图可见，我国养猪业主要集中在中南部地区，年氨排放在 10 万吨以上的省份主要有四川、河南、湖南和山东四省。其总排放量占全国养猪总排放的 32.5%。其次，年养猪氨排放 5 万吨以上的省份有湖北、广东、河北、云南、广西、安徽、辽宁、江西和江苏等九省，其氨排放占全国养猪总排放的 43.4%。其他省份养猪氨总排放不足 5 万吨。青海、宁夏、西藏则不足 1000 吨。

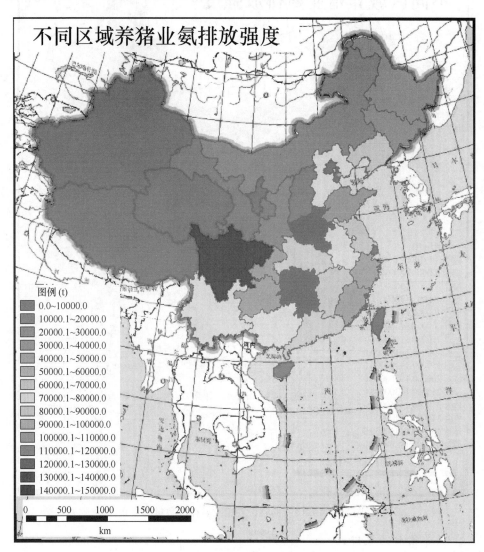

图 5-48 我国不同省份养猪业氨排放数量的分布

2. 肉牛养殖中的氨排放

牛肉是我国重要的肉类食品之一，每年有约 2.17 万吨牛肉产出，由肉牛养殖所引发的氨排放全国每年为 36.9 万吨。不同省份由肉牛养殖所引发的氨排放示于图 5-49。结果表明：与养猪不同，主要肉牛养殖所引发的氨排放主要发生在我国北方地区，由于华北属于南北过渡带，饲养丰富，肉牛养殖也较多。由于肉牛养殖引发的氨排放在 2 万吨以上的省份为河南、山东、河北、内蒙古、吉林、辽宁和黑龙江。其氨排放量约占全国肉牛养殖引发的氨排放的 60%。仅河南省就有 4.7 万吨的氨排放。在肉牛养殖引发的氨排放中，东南沿南地区排放最少。

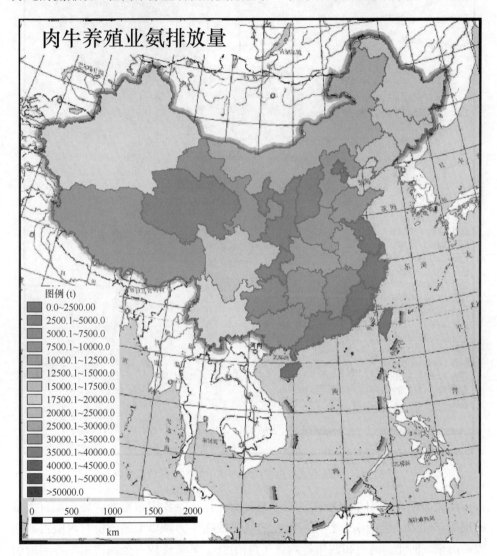

肉牛养殖业氨排放量

图例 (t)
0.0~2500.00
2500.1~5000.0
5000.1~7500.0
7500.1~10000.0
10000.1~12500.0
12500.1~15000.0
15000.1~17500.0
17500.1~20000.0
20000.1~25000.0
25000.1~30000.0
30000.1~35000.0
35000.1~40000.0
40000.1~45000.0
45000.1~50000.0
>50000.0

0　500　1000　1500　2000
km

图 5-49　我国不同省份肉牛养殖引发的氨排放数量分布

3. 肉羊养殖中的氨排放

我国目前羊肉产量在 1.21 万吨，由于肉用羊养殖引发的氨排放约为 16.8 万吨。其在全国的分布示于图 5-50。

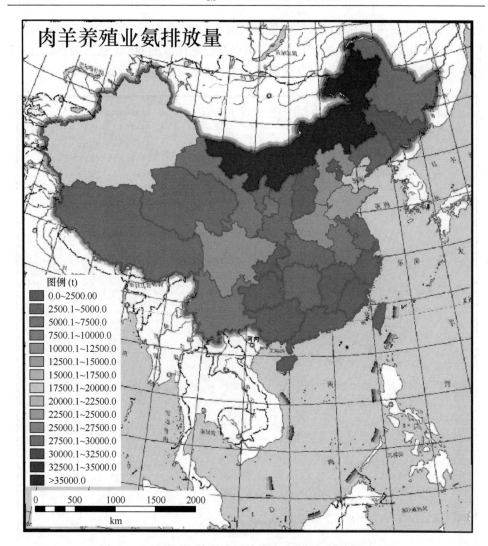

图 5-50　　我国不同省份肉用羊养殖引发的氨排放数量分布

　　结果表明，肉用羊养殖在我国分布较为广泛，除我国东南地区外，都有大量的肉用羊养殖。由肉用羊养殖所引发的氨排放在 1 万吨以上的省份有内蒙古、新疆、山东、河北、河南和四川等六省（自治区）。其氨排放占全国肉用羊养殖所引发的氨排放的 61.9%。

　　4. 肉禽养殖中的氨排放

　　这里所指的肉禽主要是指肉鸡，全国肉禽养殖过程中的氨排放量为 25.4 万吨，主要分布在华北地区和华南地区（图 5-51）。在省份中，山东最高，为 3.8 万吨。

肉禽养殖过程中氨排放量较大的省份还有广东、江苏、广西、辽宁等省份。

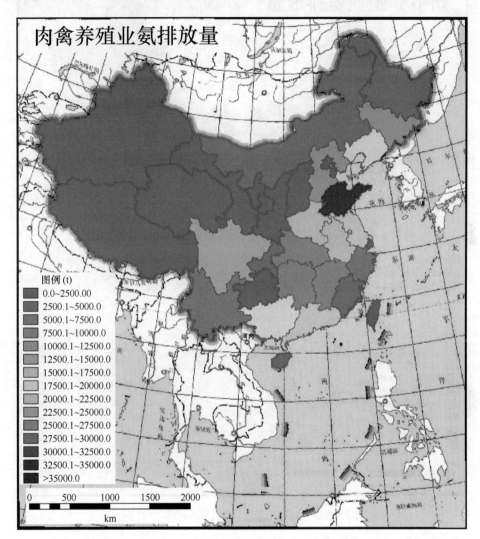

图 5-51　我国不同省份肉禽养殖引发的氨排放数量分布

5. 奶牛养殖中的氨排放

随着我国生活水平的提高，牛奶的需求量越来越大，每年牛奶的需求量在 65 万吨左右，由此引发的氨排放量为 17.7 万吨。主要分布在我国北方地区（图 5-52）。以内蒙古自治区最多，氨排放量为 4.3 万吨，超过 2 万吨的黑龙江和河北省。奶牛养殖在我国中南地区较少，所以以奶牛养殖所引发的氨排放也较少，如广东、广西、湖南、贵州等省由养殖奶牛所引发的氨排放量均不足 1000 吨。

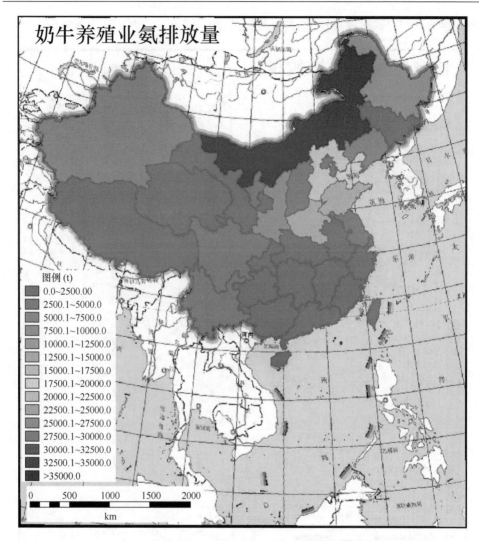

图 5-52　我国不同省份奶牛养殖引发的氨排放数量分布

6. 毛用羊养殖中的氨排放

我国羊毛产量每年在 300 万吨以上，由毛用羊养殖所引发的氨排放量在 80.7 万吨，是养殖业中氨排放较多的品种。从全国分布看（图 5-53），毛用羊主要分布在我国北方地区，以内蒙古和新疆最高，由毛用羊养殖所引发的氨排放量分别为 22.0 万吨和 16.6 万吨，其他省份由毛用羊养殖所引发的氨排放量都在 6 万吨以下，其中河北、甘肃、黑龙江和吉林四省由毛用羊养殖所引发的氨排放量在 4 万～6 万吨之间，上述六省（区）由毛用羊养殖所引发的氨排放量占全国的 74.6%。

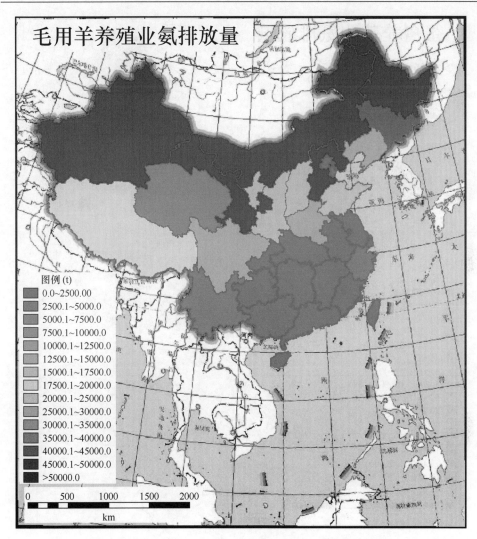

图 5-53　　我国不同省份毛用羊养殖引发的氨排放数量分布

7. 蛋禽养殖中的氨排放

这里所指的蛋禽主要是指蛋鸡，我国每年禽蛋产量在 15 万吨以上，由蛋禽养殖所引发的氨排放量为 90.0 万吨，是除肉猪养殖外每两个氨排放多的养殖品种。从全国分布禽蛋养殖所引发的氨排放数量情况看（图 5-54），主要集中在华北，山东、河南、河北三省由蛋禽养殖所引发的氨排放量均在 10 万吨以上，三省的氨排放量占全国由蛋禽养殖所引发的氨排放量的 40.2%。辽宁、江苏、四川、湖北也是蛋禽养殖所引发的氨排放量较多的省份。

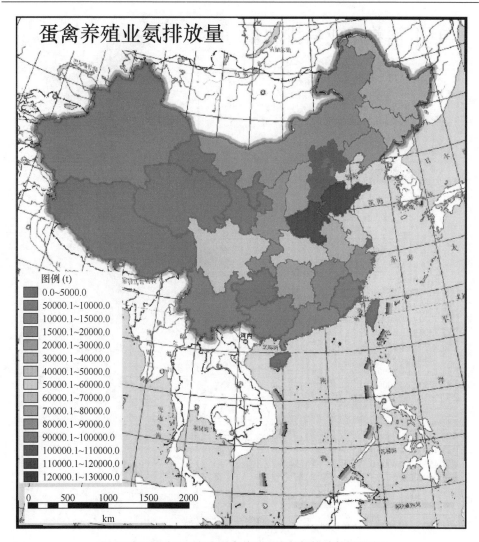

图 5-54　我国不同省份蛋禽养殖引发的氨排放数量分布

5.5　我国农业源氨排放总量的时空分布

我国农业源的氨排放主要由种植业排放和养殖业排放组成。这两种氨排放的特点各有不同,种植业所引发的氨排放有明显的季节性,主要表现在土壤表面的氨挥发,它在冬春季很少,主要是这两个季节气温低,不适合作物种植,农事活动相对较少。而养殖业所引发的氨排放没有明显的季节性,且点状分布明显。所以,在计算整个农业源氨排放总量时,将养殖业的氨排放量平均分配在各个月份中进行计算。

我国整个农业源排放的氨总量全年约为 967.0 万吨,其中由种植业引发的氨排放量为 543.0 万吨，占整个农业源氨排放的 56.2%；由养殖业引发的氨排放量为 424.0 万吨，占 43.8%。不同省份在时间和空间上均有差异，本章主要介绍我国农业源氨排放总量的时空分布。

5.5.1　农业源氨排放总量的时空分布

1. 不同区域农业源氨排放数量空间分布

我国不同省份农业源氨排放总量示于图 5-55，结果表明：我国农业源氨排放

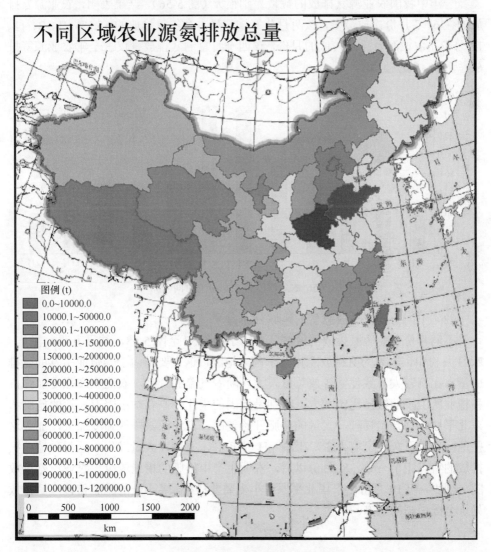

图 5-55　我国农业源氨排放总量分布图

主要集中在我国华北地区，河南、山东、河北、内蒙古以及新疆等省（自治区）。这些省份的年氨排放总量均在 50 万吨以上。其他省份如四川、辽宁、江苏、安徽、湖北、黑龙江、陕西、湖南等省的年氨排放量也在 30 万吨以上，宁夏、青海、海南、西藏等省（自治区）排放较少，均不足 10 万吨。

2. 不同区域农业源氨排放的时间分布

（1）农业源氨排放总量的时间分布

一年中我国农业源氨排放的数量差别很大（图 5-56），结果表明，农业源氨排放的在 6、7 月份排放最多，该两月分氨排放量占全年总排放的 35.1%，1、2、11、12 月份是农业源氨排放较低的月份，该四个月总的氨排放量仅占全年农业源氨排放总量的 19.0%。

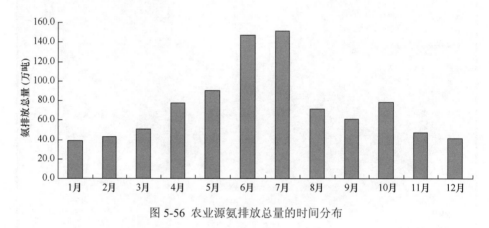

图 5-56 农业源氨排放总量的时间分布

（2）不同时间氨排放总量的区域分布

不同月份农业源氨排放的区域分布示于图 5-57 至图 5-68，结果表明：在 1、2、3 月份中，北方的氨排放总量大于南方地区，这主要是由于养殖业引发的氨排放量占比例较大，致使氨排放总量较大。随着气温的升高，农业生产强度加强，种植业所引发的氨排比例增大，特别是我国的华北平原春季小麦返青后的施肥和东北平原作物开始播种，大量的化肥开始使用，农业源氨排放强度加大，加之这些地区均以石灰性土壤为主，土壤 pH 值较高，氨挥发大量发生，这与种植业氨排放的特点完全一致。8 月份以后，农业生产中施肥的措施较少，农业源氨排放随之减少，但 10 月份由于华北平原冬小麦需要播种，冬小麦的施肥使该区氨排放处于全国最高的状态。

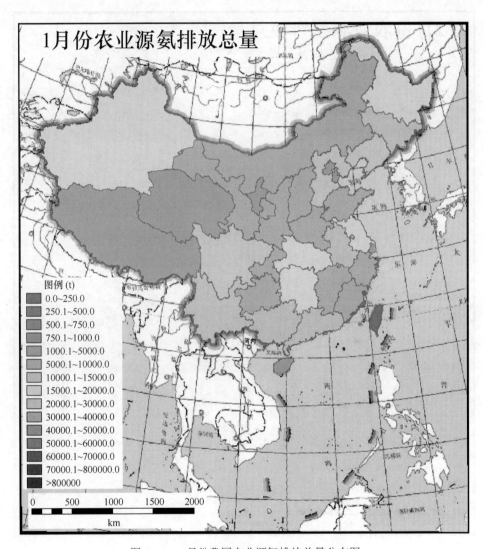

图 5-57 1 月份我国农业源氨排放总量分布图

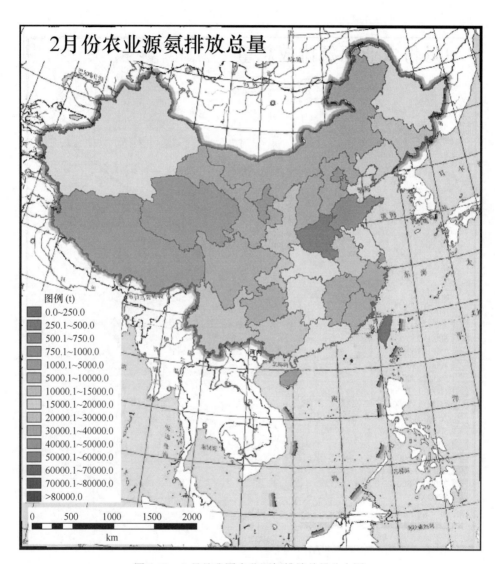

图 5-58　2 月份我国农业源氨排放总量分布图

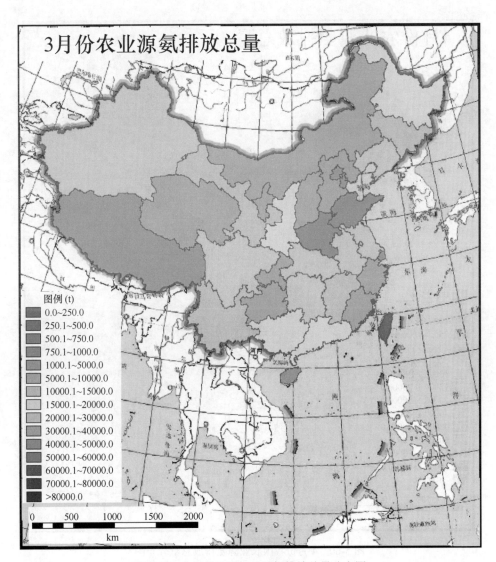

图 5-59　3 月份我国农业源氨排放总量分布图

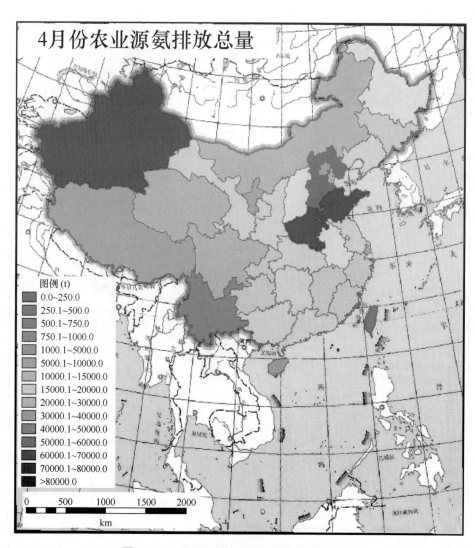

图 5-60　4 月份我国农业源氨排放总量分布图

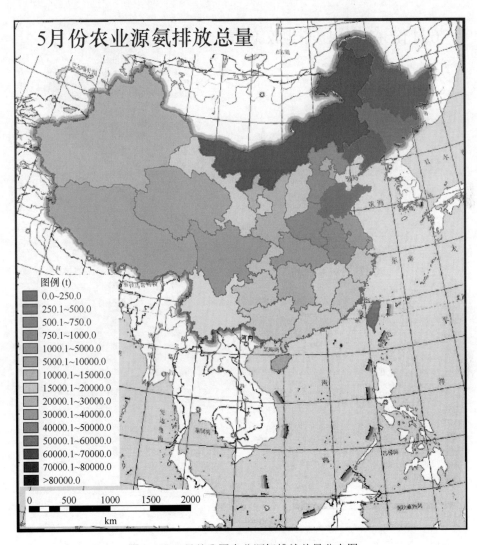

图 5-61　5 月份我国农业源氨排放总量分布图

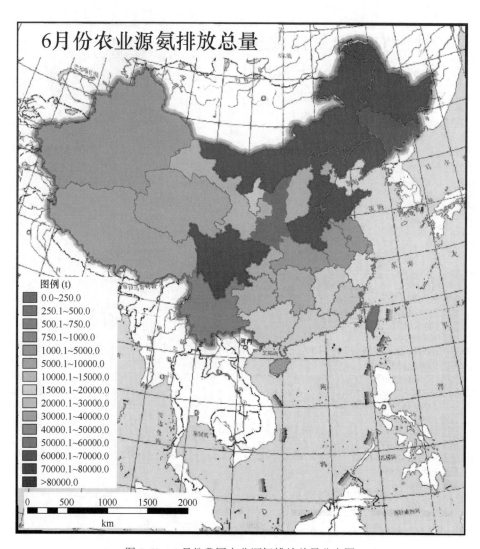

图 5-62　6 月份我国农业源氨排放总量分布图

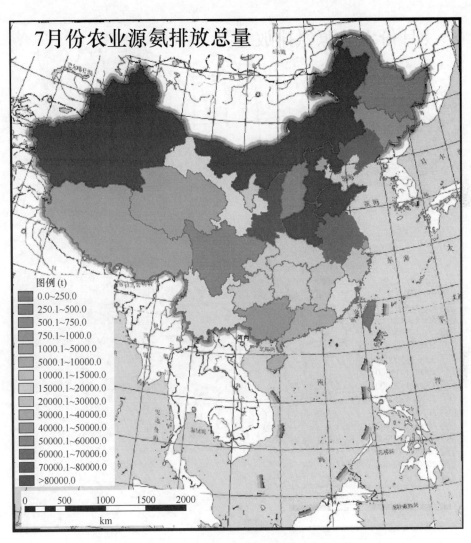

图 5-63 7 月份我国农业源氨排放总量分布图

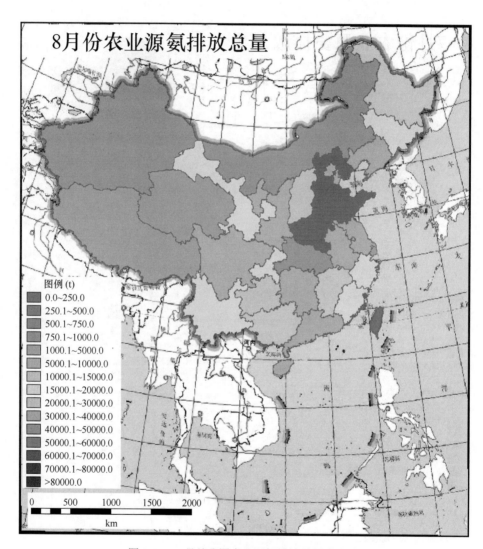

图 5-64　8 月份我国农业源氨排放总量分布图

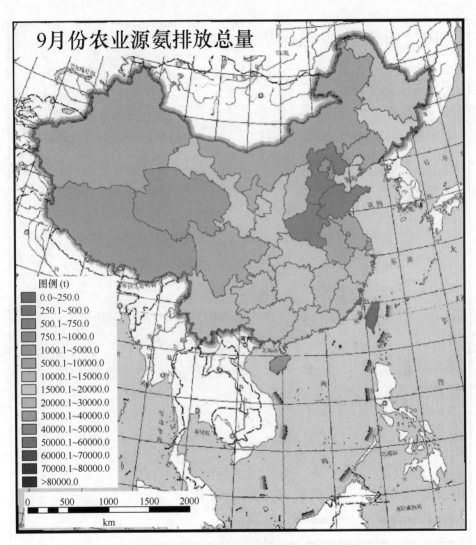

图 5-65　9 月份我国农业源氨排放总量分布图

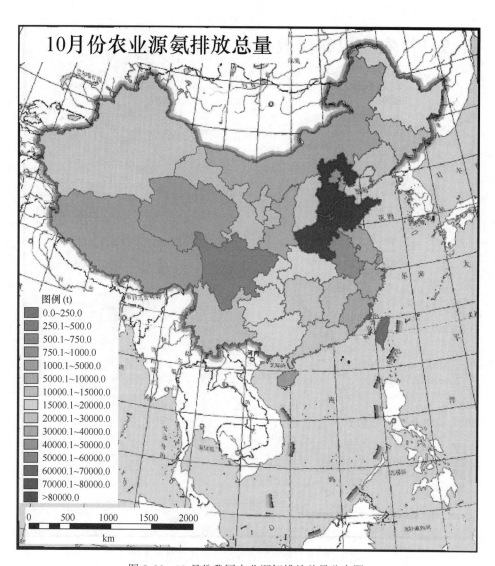

图 5-66 10 月份我国农业源氨排放总量分布图

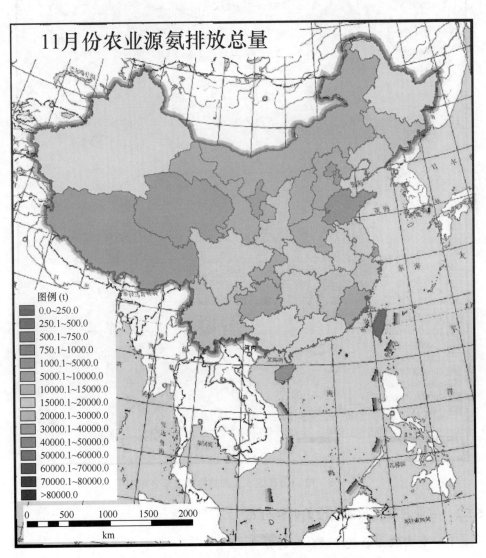

图 5-67 11 月份我国农业源氨排放总量分布图

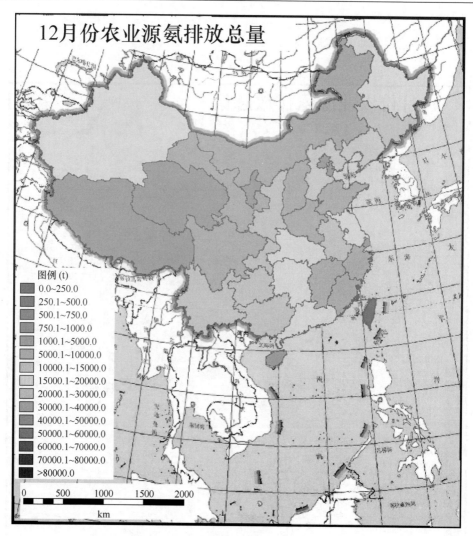

图 5-68　12 月份我国农业源氨排放总量分布图

5.5.2　农业源氨排放的强度的时空分布

1.　全国农业源氨排放强度的分布

全国农业源氨排放强度平均为 1021.5 kg/km^2，其在全国的分布示于图 5-69。结果表明，华北地区是我国农业源氨排放强度最大的地区，河南和山东两省农业源氨排放强度在 5 t/km^2 以上，河北和天津的农业源氨排放强度在 4 t/km^2 左右，其次为江苏、辽宁、北京、安徽、上海和重庆，其农业源氨排放强度均在 2 t/km^2 以上。农业源氨排放强度较低的省份为甘肃、新疆、青海和西藏，氨排放不足 500 kg/km^2。

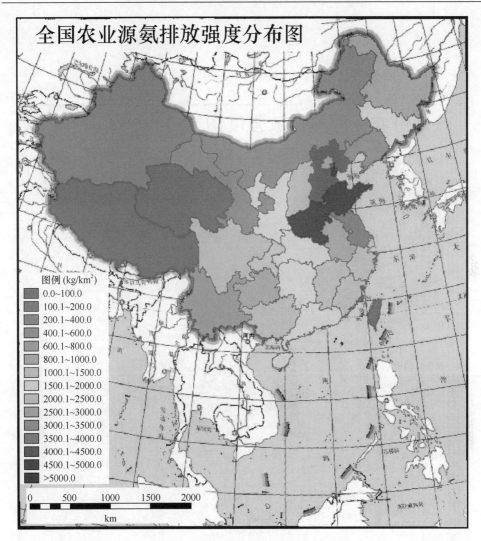

图 5-69　全国农业源氨排放强度分布图

2. 不同月份全国农业源氨排放强度分布

我国不同月份农业源氨排放强度的分布示于图 5-70 至图 5-81。其趋势与种植业氨排放强度基本相同，需要指出的是，无论什么月份，华北地区的氨排放强度都是最高的。在最高氨排放的 6、7 月份中，河南、山东两省的平均氨排放强度 1 t/km² 左右，高于其他省份。

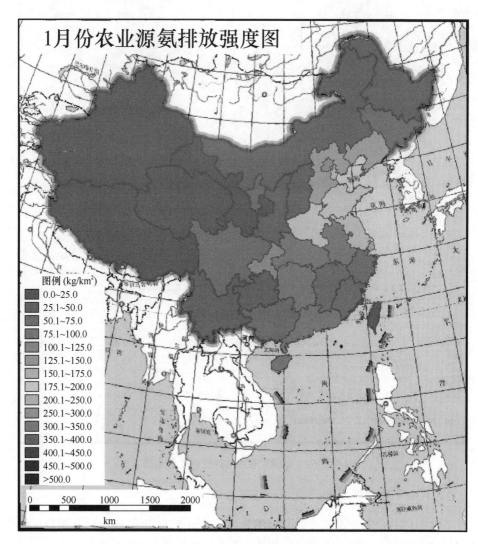

图 5-70　1 月份全国农业源氨排放强度分布图

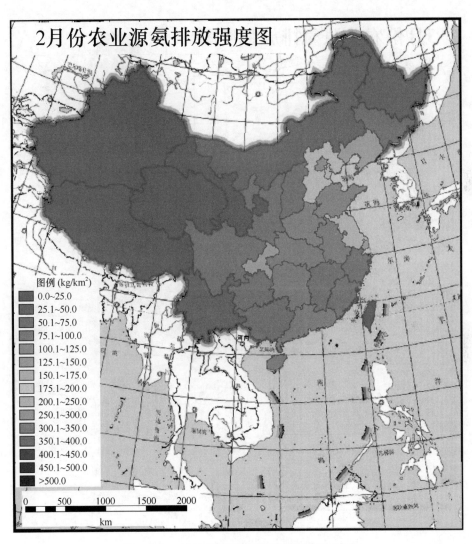

图 5-71　2 月份全国农业源氨排放强度分布图

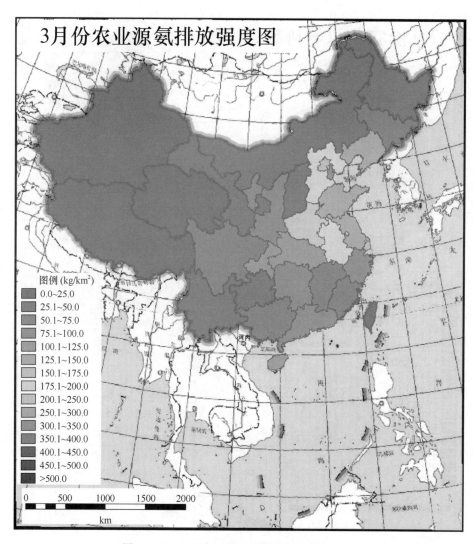

图 5-72　3 月份全国农业源氨排放强度分布图

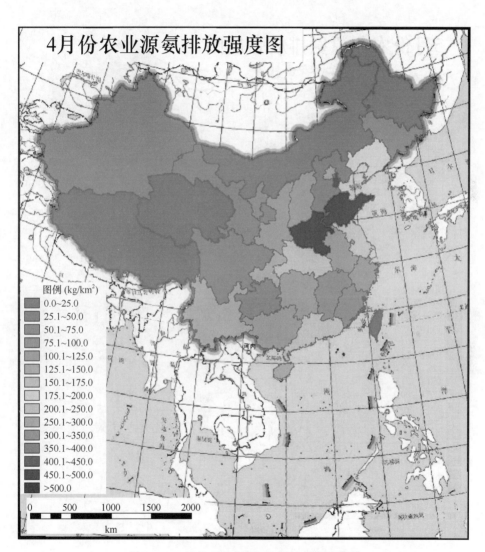

图 5-73　4 月份全国农业源氨排放强度分布图

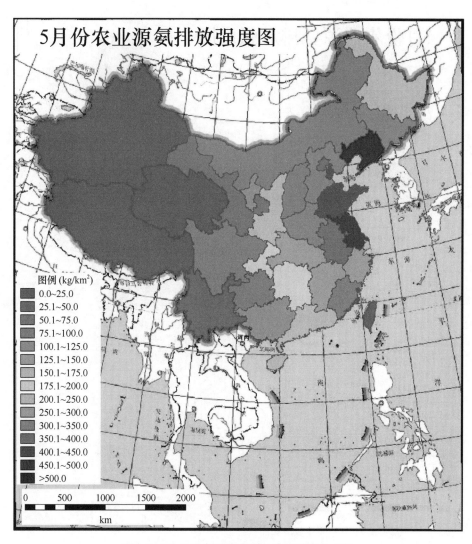

图 5-74　5 月份全国农业源氨排放强度分布图

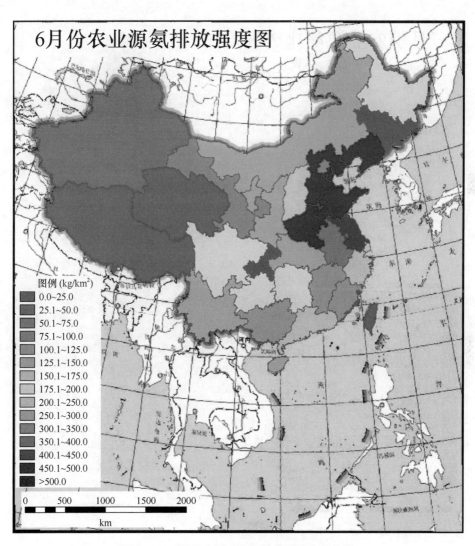

图 5-75　6 月份全国农业源氨排放强度分布图

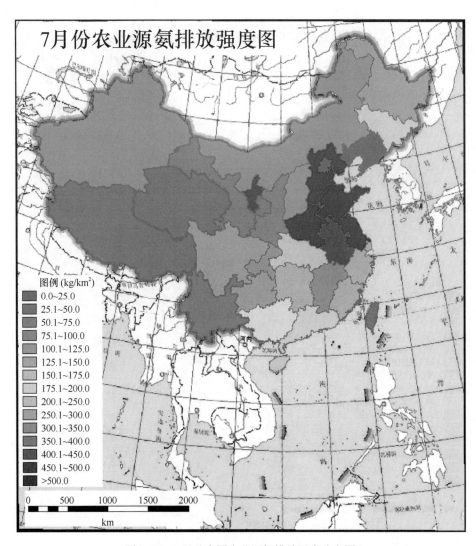

图 5-76　7 月份全国农业源氨排放强度分布图

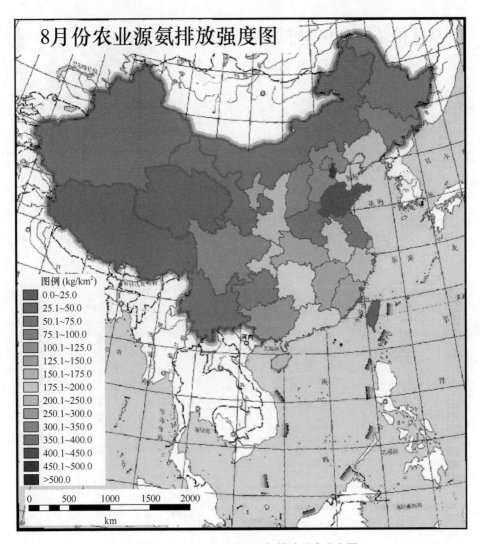

图 5-77　8 月份全国农业源氨排放强度分布图

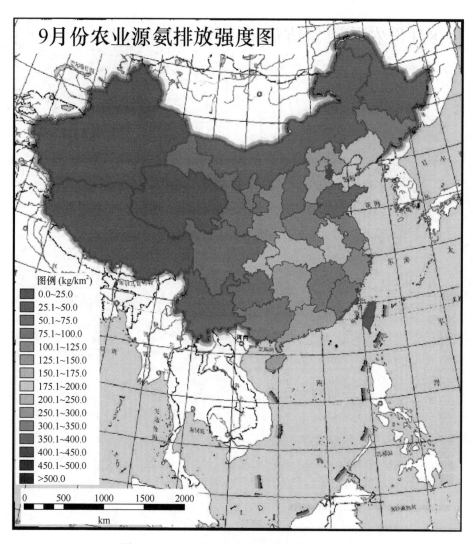

图 5-78　9 月份全国农业源氨排放强度分布图

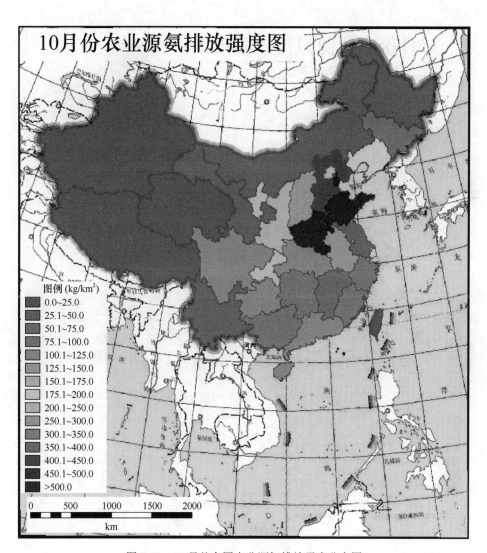

图 5-79　10 月份全国农业源氨排放强度分布图

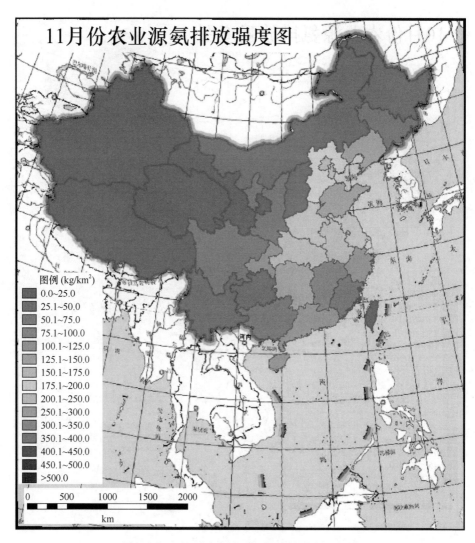

图 5-80　11 月份全国农业源氨排放强度分布图

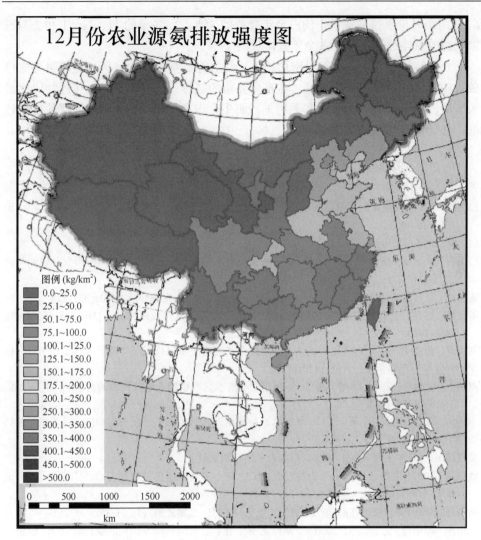

图 5-81 12 月份全国农业源氨排放强度分布图

5.6 小 结

本章探讨了农田氨排放的宏观模型和基于产出的养殖业氨排放模型。通过模型计算，中国由农业源向大气中排放的氨约为 967 万吨，其中由农田排放的氨为543 万吨，由畜禽养殖排放的氨为 424 万吨，分别占农业源氨排放的 56.2% 和43.8%。从空间分布上看，中国农业源氨排放主要集中在华北地区的河南、山东、河北、内蒙古及新疆地区。而宁夏、青海、海南和西藏排放较少。在时间分布上，

6、7两个月份氨排放最高，约占全年排放的35%，而冬季的11、12、1和2月份农业源的氨排放较少，仅占全年氨排放的19%。

农田氨排放与农业施氮量密切相关，约占施氮量的13%，区域施氮量与氨排放占施用量的比例没有相关性。在畜禽养殖的氨排放中，养猪的氨排放的比例最大，约占37%，其次为蛋禽和毛用羊。奶牛、肉禽、肉羊和肉牛的氨排放比例较低，合计仅占养殖业的23%。

参 考 文 献

白由路. 2012. 我国肥料发展现状与趋势分析[c]. 中国植物营养与肥料学会2012年学术年会论文集, 18-34.

白由路. 2014. 我国肥料发展若干问题的思考[J]. 中国农业信息, (22): 5-9.

白由路, 卢艳丽, 杨俐苹, 等. 2008. 农业种植物对水体富营养化的影响[J]. 中国农业资源与区划, 29(3): 11-15.

陈重西, 李志国, 胡艳芳, 等. 2008. 碳氮循环与能源结构[J]. 生态环境, 17(2): 872-878.

董文煊, 邢佳, 王书肖. 2010. 1994－2006年中国人为源氨排放时空分布[J]环境科学, 31(7): 1457-1463.

刘丽颖, 曹彦圣, 田玉华, 等. 2013. 太湖地区冬小麦季土壤氨挥发与一氧化氮排放研究[J]. 植物营养与肥料学报, 19(6): 1420-1427.

卢丽兰, 甘炳春, 许明会, 等. 2011. 不同施肥与灌水量对槟榔土壤氨挥发的影响[J]. 生态学报, 31(15): 4477-4484.

孟祥海, 魏丹, 王玉峰, 等. 2011. 氮素水平与施氮方式对稻田氨挥发的影响[J]. 黑龙江农业科学, (12): 38-41.

莫放. 2010. 养牛生产学[M]. 北京: 中国农业大学出版社.

钱伯章. 2007. 世界合成氨生产的发展现状[C]. 第十二届全国化肥市场(云天化国际)研讨会论文集. 2007-10-01.

曲清秀. 1980. 铵态氮肥在石灰性土壤中的损失研究[J]. 土壤肥料, (3): 31-35.

王旭刚, 郝明德, 陈磊, 等. 2006. 长期施肥条件下小麦农田氨挥发损失的原位研究[J]. 植物营养与肥料学报, 12(1): 18-24.

吴正杰. 2015. 提高育肥猪群"整齐度"的技术与管理措施[J]. 养殖与饲料, (1): 18-20.

闫湘, 金继运, 何萍. 2008. 提高肥料利用率技术研究进展[J]. 中国农业科学, 41(2): 450-459.

颜鑫. 2012. 我国合成氨工业的回顾与展望——纪念世界合成氨工业化100周年[J]. 化肥设计. 51(2): 1-6.

杨山, 李辉. 2002. 现代养鸡[M]. 北京: 中国农业出版社.

杨志鹏. 2008. 基于物质流方法的中国畜牧业氨排放估算及区域比较研究[D]. 北京: 北京大学硕士论文.

张福锁, 王激清, 张卫峰. 2008. 中国主要粮食作物肥料利用率现状与提高途径[J]. 土壤学报, 45(5): 915-924.

张勤争, 奚海福, 郎献华. 1990. 对施入土壤中碳酸氢铵损失的研究[J]. 浙江农业大学学报, 6(4):

407-411.

张玉铭, 胡春胜, 董文旭. 2005. 华北太行山前平原农田氨挥发损失[J]. 植物营养与肥料学报, 11(3): 417-419.

赵有璋. 2013. 中国养羊学[M]. 北京: 中国农业出版社.

赵振达, 张金盛, 任顺荣. 1986. 旱地土壤中氨挥发损失: 我国土壤氮素研究工作的现状与展望[M]. 北京: 科学出版社, 46-54.

朱兆良, 金继运. 2013. 保障我国粮食安全的肥料问题, 植物营养与肥料学报[J]. 19(2): 259-273.

朱兆良, 文启孝. 1990. 中国土壤氮素[M]. 南京: 江苏科学技术出版社.

左红娟, 白由路, 卢艳丽, 等. 2012. 基于高丰度 ^{15}N 华北平原冬小麦肥料氮的去向研究[J]. 中国农业科学, 45(15): 3093-3099.

Behera S N, Sharma M, Aneja V P, et al. 2013. Ammonia in the atmosphere: A review on emission source, atmospheric chemistry and deposition on terrestrial bodies[J]. Environ mental Sci ence and Pollution Res earch, 20: 8091-8131.

Bouwman A F, Lee D S, Asman W, et al. 1997. A global high-resolution emission inventory for ammonia[J]. Global Biogeochem Cy, 11: 561-587.

Buusman E, Maas H F M, Asman W A H 1987. Anthropogenic NH_3 emission in Europe [J]. Atmospheric Environment, 21(5): 1009-1022.

Ebrahimian H, Mohammad R, Playán K E. 2014. Surface fertigation: A review, gaps and needs[J]. Spanish Journal of Agricultural Research, 12(3): 820-837.

Erisman J W, Sutton M A, Galloway J, et al. 2008. How a century of ammonia synthesis changed the world[J]. NatureGeoscience, 1: 636-639.

Hutching N J, Sommer S G, Andersen J M, et al. 2001. A detailed ammonia emission inventory for Denmark[J]. Atmospheric Environment, 35: 1959-1968.

McMurry P H, Takano H, Anderson G R. Study of the ammonia(gas)-sulfuric acid (aerosol)reaction rate[J]. Environmental Science and Technology, 1983, 17(6): 447-352.

Socolow R, Andrews C, Berkhout F, et al. 1994. Industrial Ecology and Global Change[M]. Cambridge, Great Britain: Cambridge University Press.

Sotiropoulou R E P, Tagaris E, Pilinis C. 2004. An estimation of the spatial distribution of agricultural ammonia emissions in the Greater Athens Area[J]. The Science of the Total Environment, 318: 159-169.

Vlek P L G, Craswell E T. Effect of nitrogen source and management on ammonia volatilization lossed from flooded rice-soil systems. Soil Sci ence Society of. America Journal, 43(3): 352-358.

Zhang Fuwang, Xu Lingling, Chen Jinsheng. et al. 2012. Chemical compositions and extinction coefficients of $PM_{2.5}$ in peri-urban of Xiamen, China during June 2009-May 2010[J]. Atmospheric Research. 106: 150-158.

第6章 我国大气 PM$_{2.5}$ 污染的监测网络与方法体系构建

课题组长

    魏复盛   中国环境监测总站   院士

执行秘书

    潘本锋   中国环境监测总站   正高级工程师

    蒋靖坤   清华大学 副教授

课题组成员

    郝吉明   清华大学 院士

    王瑞斌   中国环境监测总站   研究员

    吴国平   中国环境监测总站   研究员

    宫正宇   中国环境监测总站   研究员

    李健军   中国环境监测总站   研究员

    汪 巍   中国环境监测总站   工程师

    王 帅   中国环境监测总站   高级工程师

    许人骥   中国环境监测总站   高级工程师

    段 雷   清华大学 教授

    邓建国   清华大学 研究助理

    樊筱筱   清华大学 研究生

    张 强   清华大学 研究助理

    李 振   清华大学 研究生

    周 伟   清华大学 研究生

6.1 大气 PM$_{2.5}$ 监测方法与仪器设备比对研究

6.1.1 国外大气 PM$_{2.5}$ 监测方法应用与仪器配备情况

1. PM$_{2.5}$ 监测标准方法

美国环境保护署（US EPA）发布的国家环境空气颗粒物质量标准（40 CFR Part 50 National Ambient Air Quality Standards for Particulate Matter，Final Rule，2006）（US EPA，2006a）以及环境空气监测规定（40 CFR Parts 53 and 58，Revisions to Ambient Air Monitoring Regulations，Final Rule，2006）（US EPA，2006b）中均明确规定了 PM$_{2.5}$ 测定的标准方法为手工重量法，并明确手工重量法主要用来判断 PM$_{2.5}$ 浓度是否超过国家环境空气质量标准。规定了 PM$_{2.5}$ 手工重量法的测量范围为 2～200 μg/m^3，对于日均值的采样时间为 23～24 h，采样滤膜要求使用聚四氟乙烯（PTFE）滤膜，滤膜直径为 46.2 mm，滤膜对于 0.3 μm 的标准粒子的截留效率须高于 99.7%，采样流量须控制在 16.67 L/min（1.000 m^3/h）（采样时实际温度和压力下），采样前后滤膜平衡温度为 20～23℃，平衡相对湿度为 30%～40%，平衡时间为不少于 24 h。同时还规定手工标准方法是用来判断其他等效方法是否合格的依据。在英国、日本等国家 PM$_{2.5}$ 的手工重量法均被列为标准监测方法。

2. 大气 PM$_{2.5}$ 监测等效方法

美国 EPA 要求在环境空气质量监测网中必须使用联邦参考方法或等效方法进行 PM$_{2.5}$ 的监测工作（US EPA，2008），美国 EPA 发布的环境空气质量监测规定（40 CFR Parts 53 and 58，Revisions to Ambient Air Monitoring Regulations，Final Rule，2006）（US EPA，2006b）中均明确规定了 PM$_{2.5}$ 等效方法的确定方法，将 PM$_{2.5}$ 的等效方法划定为 Class I、Class II、Class III 三个类别。截至 2012 年，通过美国 EPA 认证的自动监测方法有 11 种（US EPA，2012a），监测方法包括光散射法、振荡天平法（联用 FDMS）、β射线法，通过美国 EPA 认证的 PM$_{2.5}$ 自动监测设备清单见表 6-1。

日本环境质量标准中规定的 PM$_{2.5}$ 等效监测方法，主要包括β射线吸收法、振荡天平法、光散射法等。

在英国城市和农村空气自动监测网（AURN）中采用等效方法包括振荡天平联用膜动态测量系统（FDMS）法、β射线法等（UK DEFRA，2012）。

表 6-1　美国 EPA $PM_{2.5}$ 自动监测设备认证清单

方法	认证编号	方法代码
Grimm Model EDM 180 $PM_{2.5}$ Monitor	EQPM-0311-195	195
Horiba APDA-371	EQPM-0308-170	170
Met One BAM-1020 $PM_{2.5}$	EQPM-0308-170	170
Thermo Scientific FH62C14-DHS Continuous，5014i	EQPM-0609-183	183
Opsis SM200	EQPM-0812-203	203
SWAM 5a Dual Channel Monitor	EQPM-0912-204	204
Teledyne Model 602 Beta Particle Measurement System	EQPM-0912-204	204
Thermo Scientific Model 5030 SHARP	EQPM-0609-184	184
Thermo Scientific TEOM 1400a with Series 8500C FDMS	EQPM-0609-181	181
Thermo Scientific TEOM 1405DF Dichot. with FDMS	EQPM-0609-182	182

6.1.2　国外大气 $PM_{2.5}$ 监测方法应用情况

美国 2008 年以前主要采用滤膜采样手工称重的方法进行 $PM_{2.5}$ 监测，每三天或六天采样一次。截至 2007 年年底，共有 947 个滤膜采样手工监测仪器和 591台自动监测仪器（US EPA，2008）。2008 年美国 EPA 第一次批准了 $PM_{2.5}$ 的自动监测方法为等效方法，自动监测方法开始逐步应用于国家监测网中。

在英国城市和农村空气自动监测网（AURN）中采用三种方法进行 $PM_{2.5}$ 的监测，即振荡天平联用膜动态测量系统（FDMS）法、β射线法、重量法，其中重量法是欧盟相关规范要求的参考方法。相关研究（UK Environment Agency，2011）指出，标准振荡天平法不符合欧盟的等效方法要求，但是因为振荡天平法可以获取连续的、瞬时的监测数据，所以在英国被广泛使用。为了弥补挥发性物质的损失，英国曾经使用修正系数 1.3 来对监测数据进行修正，但是随后的研究表明，修正后仍然不能满足欧盟等效方法要求，为此英国环境食品农村事务部（DEFRA）建议地方当局可以在采用 VCM 模型修正的基础上，使用振荡天平法来开展空气质量监测。此外研究还表明，光散射法同样不是欧盟的等效方法。

日本环境质量标准中规定的 $PM_{2.5}$ 标准监测方法，包括了滤膜采样重量法、β射线吸收法、振荡天平法、光散射法等。目前在日本国家监测网中其 $PM_{2.5}$ 监测方法主要为β射线吸收法。

6.1.3　我国大气 $PM_{2.5}$ 自动监测方法比对结果分析

1. 比对测试试验概况

为了给我国 $PM_{2.5}$ 监测能力建设提供技术支持，构建我国的 $PM_{2.5}$ 监测体系，中国环境监测总站组织部分省、市环境监测中心，在北京、上海、重庆、广州、江门、济南等地区，针对国内外主要的 PM$_{2.5}$ 自动监测仪器，开展了自动监测方法与手工标准方法的比对测试。比对时段涵盖春、夏、秋、冬四个季度，并参照美国 EPA 相关标准对 PM$_{2.5}$ 自动监测方法和仪器进行评估。

2. 比对测试依据

环境空气 PM$_{10}$ 和 PM$_{2.5}$ 的测定　重量法（HJ 618—2011）；环境空气质量自动监测技术规范（HJ/T 193—2005）；环境空气质量手工监测技术规范（HJ/T 194—2005）；US EPA，CFR 40，Appendix L to Part 50，Reference Method for the Determination of Fine Particulate Matter as PM$_{2.5}$ in the Atmosphere；US EPA，CFR 40，Part 53，Ambient Air Monitoring Reference and Equivalent Methods.

3. 评价标准

参照美国 EPA 对 PM$_{2.5}$ 自动监测仪器的认证要求和参数指标，将各种自动设备与手工标准方法的同时段监测结果进行回归分析，得到各种设备回归方程的斜率、截距和相关系数。按照美国 EPA 对 PM$_{2.5}$ 监测仪器认证要求，对上述设备进行评价，评价指标见表 6-2。

表 6-2　参照美国 EPA 对 PM$_{2.5}$ 仪器认证制定的测试参数指标

测试的参数指标	PM$_{2.5}$
有效实验天数	每季 23 天
线性回归斜率	1±0.1
截距	(0±5) μg/m^3
手工方法与自动法测量结果之间的相关系数	≥0.95

4. 测试时间

测试时间为 2012 年春季（1～3 月）、夏季（6～7 月）、秋季（8～9 月）、冬季（11～12 月）四个季度，以反映测试设备在不同温湿度环境条件下的性能表现。

5. 测试地点

测试地点为中国环境监测总站（北京）大气颗粒物实验室、北京市环境保护监测中心大气实验室、上海宝山和普陀等监测子站、广东省环境监测中心鹤山大气超级站、重庆环境监测中心大气超级站、济南环境监测中心大气实验室、广州市环境监测中心站大气实验室。

6. 测试设备

测试设备包括国外认证的手工方法颗粒物采样器，以及不同类型的 PM$_{2.5}$ 自动监测仪器。

参加比对测试的自动监测设备共 10 种，包括微量振荡天平加膜动态测量系统（简称 TEOM+FDMS，以下同）、β射线加温度动态调整系统（β+DHS）、β射线加温度动态调整系统联用光散射（β+DHS+光散射）、微量振荡天平（TEOM）、β射线（β）、光散射（光散射）方法等主要监测仪器，型号及相关信息见表 6-3。

表 6-3　参加比对测试的仪器设备信息表

仪器类别	仪器型号	生产厂家	测量方法
自动监测仪	TEOM- 1405F	美国热电	TEOM+FDMS
	SHARP-5030	美国热电	β+DHS+光散射
	BAM-1020	美国 METONE	β+DHS
	XHPM—2000E	河北先河	β+DHS
	7201	北京中晟泰科	β+DHS
	TH—2000PM	武汉天虹	β+DHS
	LGH-01B	安徽蓝盾	β+DHS
	BPM—200	杭州聚光	β+DHS
	APDA-375A	日本 HORIBA	β+DHS
	MP-101M	法国 ESA	β+DHS

7. 测试方法

以《环境空气 PM$_{10}$ 和 PM$_{2.5}$ 的测定　重量法》（HJ 618—2011）为基准，获得手工标准方法的监测数据，与同时段的各种自动监测仪器监测数据进行比较，每季度至少获得 23 个有效数据对（PM$_{2.5}$ 日均值）。

8. 比对测试初步结果

（1）初步结果

总站四个阶段的比对测试结果见表 6-4。10 种仪器均通过了总站的比对测试，并且有效数据获取率在 94.2%～98.4% 之间，满足数据有效性要求。

按通过率由高到低排序（通过率相同的仪器按照有效测试次数、测试参数指标的偏离度、有效数据获取率、故障率等综合表现排序），10 种仪器的综合排名如下：河北先河公司 XHPM-2000E 型β射线法监测仪、武汉天虹公司 TH-2000PM 型β射线法监测仪、安徽蓝盾公司 LGH-01B 型β射线法监测仪、北京中晟泰科公

表 6-4 各种型号 PM$_{2.5}$ 自动设备在总站四个阶段的测试结果

设备型号＼测试结果	有效测试次数	通过次数	通过率 (%)	有效数据获取率 (%)	故障率 (次数/100 天)	测试结果	排名
河北先河公司 XHPM-2000E（β+DHS）	4	4	100	98.3	0	通过	1
武汉天虹公司 TH-2000PM（β+DHS）	4	4	100	97.8	1.1	通过	2
安徽蓝盾公司 LGH-01B（β+DHS）	3	3	100	95.1	0	通过	3
北京中晟泰科公司 7201（β+DHS）	4	3	75	97.0	0	通过	4
美国热电公司 1405-F（TEOM-FDMS）	4	3	75	96.8	1	通过	5
杭州聚光公司 BPM-200（β+DHS）	3	2	66.7	98.3	0	通过	6
日本 HORIBA 公司 APDA-375A（β+DHS）	3	2	66.7	98.3	0	通过	7
美国热电公司 SHARP-5030（β+DHS+光散射）	3	2	66.7	98.4	1	通过	8
法国 ESA 公司 MP-101M（β+DHS）	3	2	66.7	95.1	1.1	通过	9
美国 Met One 公司 BAM-1020（β+DHS）	2	1	50	94.2	0	通过	10

司 7201 型β射线法监测仪、美国热电公司 1405-F 型振荡天平法监测仪、杭州聚光公司 BPM-200 型β射线法监测仪、日本 HORIBA 公司 APDA-375A 型β射线法监测仪、美国热电公司 SHARP-5030 型β射线法监测仪、法国 ESA 公司 MP-101M 型β射线法监测仪、美国 MetOne 公司 BAM-1020 型β射线法监测仪。

（2）影响因素分析

参加测试设备的性能受仪器设计方法、温湿度环境条件等主要因素影响，通过率有所差异。另外，测试期间厂家对设备的专业维护也是影响测试结果的一个重要因素。

目前，国际上通过认证的 PM$_{2.5}$ 自动监测设备中，TEOM 方法设备要求必须加装 FDMS，β射线方法设备必须加装 DHS。这是由于空气中水分对颗粒物监测的膜片称重有较大的影响，所以采样管系统必须加热以维持一个较为稳定的称重湿度环境，这样会造成受测量空气中挥发性和半挥发性颗粒物的损失，加装 FDMS 的 TEOM 方法设备能够校正这种测量偏差；加装 DHS 的β射线法设备能够保持测量气流的湿度相对稳定在合适测量水平，减少环境湿度对颗粒物监测结果的影响。

9. 我国 PM$_{2.5}$ 监测方法比对测试初步结论

经过对各种自动监测方法与我国手工标准方法的比对试验，结果表明，β射线加动态加热系统方法、β射线加动态加热系统联用光散射方法、微量振荡天平加膜动态测量系统方法可以满足我国 PM$_{2.5}$ 自动监测工作需要，而未加装 FDMS 的微量振荡天平方法设备和未加装 DHS 的β射线法设备与手工标准方法测试结果拟合的斜率均显著低于测试指标的要求，表明测试结果偏低，不适用于我国的 PM$_{2.5}$

自动监测。

6.1.4　我国环境空气监测网络中 PM$_{2.5}$ 监测方法应用情况

2012 年起环保部启动了我国环境空气质量新标准实施计划，从 2013 年起我国各直辖市、省会城市、计划单列市、京津冀、长三角、珠三角等重点区域城市等共计 74 个城市的 496 个监测点位完成新标准实施能力建设任务，开展了 PM$_{2.5}$ 监测和信息发布，2014 年起共有 161 个城市的 884 个监测点位到开展了 PM$_{2.5}$ 监测和信息发布，至 2015 年 1 月，国家环境空气监测网内的 338 个城市的 1436 个监测点位全部开展了 PM$_{2.5}$ 监测并实时发布监测结果。

经初步统计，在国家环境空气监测网内，PM$_{2.5}$ 的监测方法全部为自动监测方法，主要包括β射线法（联用动态加热系统）和振荡天平法（联用膜动态测量系统）两种，其中β射线法占 93%，振荡天平法占 7%。

目前国家监测网内所使用的 PM$_{2.5}$ 监测仪器，全部经过了环保部环境监测仪器质量检定中心的检测和认证，其监测方法与国外发达国家基本一致。PM$_{2.5}$ 监测从方法选择和仪器配置上基本实现了和国际接轨。

6.1.5　我国大气 PM$_{2.5}$ 与 PM$_{10}$ 监测方法比较

1. 国家标准对 PM$_{2.5}$ 和 PM$_{10}$ 监测方法的相关要求

我国于 1996 年颁布的《环境空气质量标准》（GB 3095—1996）中仅规定了 PM$_{10}$ 的标准分析方法，即《大气飘尘浓度测定方法》（GB 6921—86），该方法为颗粒物的手工分析方法。2012 年颁布的《环境空气质量标准》（GB 3095—2012）中明确规定了各项污染物的分析方法，其中对 PM$_{10}$ 和 PM$_{2.5}$ 的分析方法规定了手工分析方法和自动分析方法，第一次将颗粒物自动分析方法纳入国家标准分析方法体系。标准中规定的手工分析方法为《环境空气 PM$_{10}$ 和 PM$_{2.5}$ 的测定　重量法》（HJ 618—2011），标准规定的自动分析方法包括微量振荡天平法、β射线法两类。

2. 国家环境空气监测网内 PM$_{2.5}$ 和 PM$_{10}$ 监测方法应用情况

我国 PM$_{10}$ 的例行监测工作开始于 2002 年，PM$_{2.5}$ 的例行监测工作开始于 2013 年，虽然 PM$_{10}$ 和 PM$_{2.5}$ 均为反映空气中颗粒物污染状况的环境指标，其监测方法也较为类似，但由于 PM$_{10}$ 和 PM$_{2.5}$ 粒径、组成、来源不尽相同，并且由于近年来颗粒物自动监测技术的快速发展，使得国家环境空气监测网内 PM$_{2.5}$ 和 PM$_{10}$ 的监测方法存在较大差异。

目前，国家环境空气监测网内的 338 个地级以上城市的 1436 个监测点位全部开展了 PM$_{10}$ 和 PM$_{2.5}$ 的自动监测，经初步统计，国家网内 PM$_{10}$ 共采用三种分析方法，分别是 β 射线法、振荡天平法、振荡天平联用膜动态测量系统（FDMS）法；PM$_{2.5}$ 则采用两种分析方法，分别是 β 射线法、振荡天平联用膜动态测量系统（FDMS）法；详细情况见表 6-5。

表 6-5　国家网内颗粒物（PM$_{10}$ 与 PM$_{2.5}$）监测方法比较

PM$_{10}$ 监测所采用方法及仪器型号		PM$_{2.5}$ 监测所采用方法及仪器型号	
采用方法	所占比例	采用方法	所占比例
β 射线法	85.2%	β 射线法	92.9%
振荡天平法	13.5%	振荡天平法	0
振荡天平联用 FDMS 法	1.3%	振荡天平联用 FDMS 法	7.1%

3. PM$_{2.5}$ 与 PM$_{10}$ 比例关系分析

2013 年我国有 74 个城市同时开展了 PM$_{2.5}$ 与 PM$_{10}$ 的自动监测，各城市 PM$_{2.5}$/PM$_{10}$ 的比值范围为 39.0%（呼和浩特）～88.3%（长沙），平均 62.1%，2014 年 74 城市 PM$_{2.5}$/PM$_{10}$ 的比值范围为 37.7%（呼和浩特）～88.1%（长沙），平均 61.5%。

2014 年我国共有 161 个城市同步开展了 PM$_{2.5}$ 与 PM$_{10}$ 的自动监测，161 城市 PM$_{2.5}$/PM$_{10}$ 的比值范围为 27.1%（嘉峪关）～88.1%（长沙），平均 60.3%。

6.2　PM$_{2.5}$ 监测网络设计与建设

6.2.1　国外大气 PM$_{2.5}$ 监测网络布设情况

1. 英国大气 PM$_{2.5}$ 监测网络

英国环境食品与农业事务部（UK DEFRA）组建了英国城市和农村空气自动监测网（Automatic Urban and Rural Network，AURN），该网络是英国目前最大的空气自动监测网，也是最主要的用来空气质量达标评价的监测网络。2008 年英国的 PM$_{2.5}$ 例行监测点位只有一个，位于 London Bloomsbury，截至 2011 年，英国的 PM$_{2.5}$ 监测点位有 131 个，包括城市背景点、郊区背景点、农村背景点、城市交通点、城市工业点等点位类型。这些点位中有将近一半的点位由环境食品与农业事务部直接负责管理，另一半由地方政府的相关部门负责管理。此外，英国还设立了一个颗粒物数量与浓度研究监测网（The Particle Numbers and Concentrations Network），由环境食品与农业事务部委托有关研究机构负责管理，截至 2011 年，该网络共有 5 个点位组成，主要监测颗粒物的数量浓度、粒径分布、质量浓度、离子组分、元素碳、有机碳等，见图 6-1。

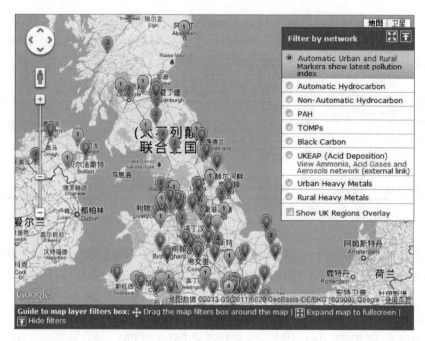

图 6-1 英国的监测网络

2. 日本 PM$_{2.5}$ 监测网络

据资料显示,截至 2009 年日本国内共有空气监测点位 1987 个,其中包含 1549 个环境空气质量监测点位,438 个路边空气质量监测点位。按照相关法律规定,这些点位主要由日本地方政府的相关机构负责管理,其中纳入国家监测网管理的环境空气质量监测点位有 9 个,路边空气质量监测点位 10 个。在日本并非所有的空气监测点位都开展了 PM$_{2.5}$ 的常规监测,目前开展 PM$_{2.5}$ 监测的点位有 588 个,其中包括环境空气质量监测点位 424 个,路边空气质量监测点位 164 个。

3. 美国 PM$_{2.5}$ 监测网络

美国从 20 世纪 70 年代开始组建了环境空气质量监测网,有州和地方环境空气监测站(State and Local Ambient Monitoring Stations,SLAMS)组成,监测项目包括 SO$_2$、NO$_2$、CO、O$_3$、Pb、TSP、PM$_{10}$、PM$_{2.5}$,监测点位最多时达到 3000 多个,监测设备 5000 多套。这些监测站点大多由州和地方政府的相关部门负责运行,其监测结果用来和国家标准比较,以判断一个区域的空气质量是否达到国家标准的要求。美国于 1997 年颁布了 PM$_{2.5}$ 的环境质量标准,其 PM$_{2.5}$ 监测工作于 1999 年开始,截止到 2007 年年底,大约有 1000 个监测点位开展了 PM$_{2.5}$ 的监测工作,其中滤膜采样手工监测设备 947 套,自动监测设备 591 套。美国 1970~2007 年环境空气监测点位变化情况见图 6-2（US EPA,2008）。

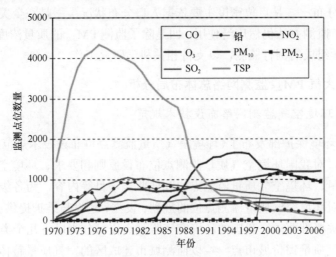

图 6-2　美国环境空气监测点位数量
横坐标为年份,纵坐标为各污染物监测站点数量

　　此外,美国从 2000 年起组建了颗粒物化学成分监测网（Chemical Speciation Network,CSN）（US EPA,2008）,共包含大约 300 个监测点位,在这些点位每三天或每六天采样一次,主要进行 PM$_{2.5}$ 的质量分析、元素分析（包含铅）、主要离子组分分析、元素碳分析、有机碳分析等颗粒物的主要组分分析。

　　1985 年美国还组建了能见度保护网（Interagency Monitoring of Protected Visual Environments,IMPROVE）（US EPA,2008）用来保护一些特殊地区的环境能见度,如国家公园等。该网是一个跨部门合作的监测网,主要开展 PM$_{2.5}$ 形态分析、成分分析、重金属监测等。目前该网络包括了 110 个区域监测站、7 个清洁空气现状与趋势监测网（Clean Air Status and Trends Network,CASTNET）中的监测站点、34 个 CSN 站点。

　　2011 年美国组建了国家核心监测网,包括 80 个站点,其中 63 个城市站点和 17 个农村站点,监测项目主要有 PM$_{2.5}$ 质量浓度（滤膜采样法）、PM$_{2.5}$ 质量浓度（自动监测法）、PM$_{2.5\sim10}$ 质量浓度、PM$_{2.5}$ 化学组分（包括离子组分、金属、元素碳、有机碳等）、气态污染物浓度、气象参数等。

　　2012 年美国对 PM$_{2.5}$ 环境质量标准进行了修订（US EPA,2012b）,并对 PM$_{2.5}$ 的监测网络提出了新的要求,计划从 2015 年开始逐步增加 PM$_{2.5}$ 的道路交通监控点,并要求在每个 100 万人口以上的城市设置一个监控点,为了减少投资,PM$_{2.5}$ 道路监控点将从现有的 NO$_2$ 或 CO 道路监控点中选取。

综合分析美国的 PM$_{2.5}$ 监测网络,大致具有以下几个特点:一是美国包括 PM$_{2.5}$ 在内的各项污染物其监测网络均是分别布设的,其依据主要是根据各种污染物在空间的浓度分布;二是点位密度主要依据人口分布状况;三是在全美的监测网络中 PM$_{2.5}$ 手工监测方法仍然广泛使用;四是除了监测 PM$_{2.5}$ 的质量浓度外,还开展了 PM$_{2.5}$ 化学组成的例行监测,以支持相关科学研究工作。

6.2.2 我国大气 PM$_{2.5}$ 监测网络总体布局分析

1. 我国环境空气监测网络布设技术规范

2013 年环境保护部发布了《环境空气质量监测点位布设技术规范(试行)》(HJ 664—2013),对我国环境空气质量监测点位布设原则和要求、环境空气质量监测点位布设数量、环境空气质量监测点位开展监测项目等内容,为各级环境保护行政主管部门对环境空气质量监测点位的规划、设立、建设与维护提供了标准依据。

根据相关标准要求,我国的环境空气监测点位可分为以下几个类别:

环境空气质量评价城市点——以监测城市建成区的空气质量整体状况和变化趋势为目的而设置的监测点,参与城市环境空气质量评价。其设置的最少数量根据本标准由城市建成区面积和人口数量确定。每个环境空气质量评价城市点代表范围一般为半径 500~4000 m,有时也可扩大到半径 4 km 至几十千米(如对于空气污染物浓度较低,其空间变化较小的地区)的范围。可简称城市点。

环境空气质量评价区域点——以监测区域范围空气质量状况和污染物区域传输及影响范围为目的而设置的监测点,参与区域环境空气质量评价。其代表范围一般为半径几十千米。可简称区域点。

环境空气质量背景点——以监测国家或大区域范围的环境空气质量本底水平为目的而设置的监测点。其代表性范围一般为半径 100 km 以上。可简称背景点。

污染监控点——为监测本地区主要固定污染源及工业园区等污染源聚集区对当地环境空气质量的影响而设置的监测点,代表范围一般为半径 100~500 m,也可扩大到半径 500~4000 m(如考虑较高的点源对地面浓度的影响时)。

路边交通点——为监测道路交通污染源对环境空气质量影响而设置的监测点,代表范围为人们日常生活和活动场所中受道路交通污染源排放影响的道路两旁及其附近区域。

环境空气监测点位布设原则:

代表性

具有较好的代表性,能客观反映一定空间范围内的环境空气质量水平和变化规律,客观评价城市、区域环境空气状况,污染源对环境空气质量影响,满足为公众提供环境空气状况健康指引的需求。

可比性

同类型监测点设置条件尽可能一致，使各个监测点获取的数据具有可比性。

整体性

环境空气质量评价城市点应考虑城市自然地理、气象等综合环境因素，以及工业布局、人口分布等社会经济特点，在布局上应反映城市主要功能区和主要大气污染源的空气质量现状及变化趋势，从整体出发合理布局，监测点之间相互协调。

前瞻性

应结合城乡建设规划考虑监测点的布设，使确定的监测点能兼顾未来城乡空间格局变化趋势。

稳定性

监测点位置一经确定，原则上不应变更，以保证监测资料的连续性和可比性。

城市点的布设要求如下：

（1）位于各城市的建成区内，并相对均匀分布，覆盖全部建成区。

（2）采用城市加密网格点实测或模式模拟计算的方法，估计所在城市建成区污染物浓度的总体平均值。全部城市点的污染物浓度的算术平均值应代表所在城市建成区污染物浓度的总体平均值。

（3）城市加密网格点实测是指将城市建成区均匀划分为若干加密网格点，单个网格不大于 2 km×2 km（面积大于 200 km^2 的城市也可适当放宽网格密度），在每个网格中心或网格线的交点上设置监测点，了解所在城市建成区的污染物整体浓度水平和分布规律，监测项目包括 GB 3095—2012 中规定的 6 项基本项目（可根据监测目的增加监测项目），有效监测天数不少于 15 天。

（4）模式模拟计算是通过污染物扩散、迁移及转化规律，预测污染分布状况进而寻找合理的监测点位的方法。

（5）拟新建城市点的污染物浓度的平均值与同一时期用城市加密网格点实测或模式模拟计算的城市总体平均值估计值相对误差应在 10% 以内。

（6）用城市加密网格点实测或模式模拟计算的城市总体平均值计算出 30、50、80 和 90 百分位数的估计值；拟新建城市点的污染物浓度平均值计算出的 30、50、80 和 90 百分位数与同一时期城市总体估计值计算的各百分位数的相对误差在 15% 以内。

环境空气质量评价区域点、背景点的布设要求如下：

（1）区域点和背景点应远离城市建成区和主要污染源，区域点原则上应离开城市建成区和主要污染源 20 km 以上，背景点原则上应离开城市建成区和主要污染源 50 km 以上。

（2）区域点应根据我国的大气环流特征设置在区域大气环流路径上，反映区域大气本底状况，并反映区域间和区域内污染物输送的相互影响。

（3）背景点设置在不受人为活动影响的清洁地区，反映国家尺度空气质量本底水平。

（4）区域点和背景点的海拔应合适。在山区应位于局部高点，避免受到局地空气污染物的干扰和近地面逆温层等局地气象条件的影响；在平缓地区应保持在开阔地点的相对高地，避免空气沉积的凹地。

污染监控点的布设要求如下：

（1）污染监控点原则上应设在可能对人体健康造成影响的污染物高浓度区以及主要固定污染源对环境空气质量产生明显影响的地区。

（2）污染监控点依据排放源的强度和主要污染项目布设，应设置在源的主导风向和第二主导风向（一般采用污染最重季节的主导风向）的下风向的最大落地浓度区内，以捕捉到最大污染特征为原则进行布设。

（3）对于固定污染源较多且比较集中的的工业园区等，污染监控点原则上应设置在主导风向和第二主导风向（一般采用污染最重季节的主导风向）的下风向的工业园区边界，兼顾排放强度最大的污染源及污染项目的最大落地浓度。

（4）地方环境保护行政主管部门可根据监测目的确定点位布设原则增设污染监控点，并实时发布监测信息。

路边交通点的布设要求如下：

（1）对于路边交通点，一般应在行车道的下风侧，根据车流量的大小、车道两侧的地形、建筑物的分布情况等确定路边交通点的位置，采样口距道路边缘距离不得超过 20 m。

（2）由地方环境保护行政主管部门根据监测目的确定点位布设原则设置路边交通点，并实时发布监测信息。

点位布设数量要求：

（1）城市点

各城市环境空气质量评价城市点的最少监测点位数量应符合表 6-6 的要求。按建成区城市人口和建成区面积确定的最少监测点位数不同时，取两者中的较大值。

（2）环境空气质量评价区域点、背景点

区域点的数量由国家环境保护行政主管部门根据国家规划，兼顾区域面积和人口因素设置。各地方应可根据环境管理的需要，申请增加区域点数量。

背景点的数量由国家环境保护行政主管部门根据国家规划设置。

位于城市建成区之外的自然保护区、风景名胜区和其他需要特殊保护的区域，其区域点和背景点的设置优先考虑监测点位代表的面积。

表 6-6　环境空气质量城市评价点设置数量要求

建成区城市人口（万人）	建成区面积（km²）	最少监测点数
<25	<20	1
25~50	20~50	2
50~100	50~100	4
100~200	100~200	6
200~300	200~400	8
>300	>400	按每 50~60 km² 建成区面积设 1 个监测点，并且不少于 10 个点

（3）污染监控点

污染监控点的数量由地方环境保护行政主管部门组织各地环境监测机构根据本地区环境管理的需要设置。

（4）路边交通点

路边交通点的数量由地方环境保护行政主管部门组织各地环境监测机构根据本地区环境管理的需要设置。

点位管理要求如下：

（1）环境空气质量监测点共分为国家、省、市、县四级，分别由同级环境主管部门负责管理。国务院环境保护行政主管部门负责国家环境空气质量监测点位的管理，各县级以上地方人民政府环境保护行政主管部门参照本标准对地方环境空气质量监测点位进行管理。

（2）上级环境空气质量监测点位可根据环境管理需要从下级环境空气质量监测点位中选取。

（3）根据地方环境管理工作的需要以及城市发展的实际情况可申请增加、变更和撤消环境空气质量评价城市点，并报点位的环境保护行政主管部门审批。

（4）环境空气质量评价区域点及背景点的增加、变更和撤销由点位的环境保护行政主管部门根据实际情况和管理需求确定。

监测点周围环境和采样口位置的具体要求如下。

监测点周围环境应符合下列要求：

（1）应采取措施保证监测点附近 1000 m 内的土地使用状况相对稳定。

（2）点式监测仪器采样口周围，监测光束附近或开放光程监测仪器发射光源到监测光束接收端之间不能有阻碍环境空气流通的高大建筑物、树木或其他障碍物。从采样口或监测光束到附近最高障碍物之间的水平距离，应为该障碍物与采样口或监测光束高度差的两倍以上，或从采样口至障碍物顶部与地平线夹角应小于 30°。

（3）采样口周围水平面应保证 270°以上的捕集空间，如果采样口一边靠近建筑物，采样口周围水平面应有 180°以上的自由空间。

（4）监测点周围环境状况相对稳定，所在地质条件需长期稳定和足够坚实，所在地点应避免受山洪、雪崩、山林火灾和泥石流等局地灾害影响，安全和防火措施有保障。

（5）监测点附近无强大的电磁干扰，周围有稳定可靠的电力供应和避雷设备，通信线路容易安装和检修。

（6）区域点和背景点周边向外的大视野需 360°开阔，1～10 km 方圆距离内应没有明显的视野阻断。

（7）应考虑监测点位设置在机关单位及其他公共场所时，保证通畅、便利的出入通道及条件，在出现突发状况时，可及时赶到现场进行处理。

采样口位置应符合下列要求：

（1）对于手工采样，其采样口离地面的高度应在 1.5～15 m 范围内。

（2）对于自动监测，其采样口或监测光束离地面的高度应在 3～20 m 范围内。

（3）对于路边交通点，其采样口离地面的高度应在 2～5 m 范围内。

（4）在保证监测点具有空间代表性的前提下，若所选监测点位周围半径 300～500 m 范围内建筑物平均高度在 25 m 以上，无法按满足（1）、（2）条的高度要求设置时，其采样口高度可以在 20～30 m 范围内选取。

（5）在建筑物上安装监测仪器时，监测仪器的采样口离建筑物墙壁、屋顶等支撑物表面的距离应大于 1 m。

（6）使用开放光程监测仪器进行空气质量监测时，在监测光束能完全通过的情况下，允许监测光束从日平均机动车流量少于 10000 辆的道路上空、对监测结果影响不大的小污染源和少量未达到间隔距离要求的树木或建筑物上空穿过，穿过的合计距离，不能超过监测光束总光程长度的 10%。

（7）当某监测点需设置多个采样口时，为防止其他采样口干扰颗粒物样品的采集，颗粒物采样口与其他采样口之间的直线距离应大于 1 m。若使用大流量总悬浮颗粒物（TSP）采样装置进行并行监测，其他采样口与颗粒物采样口的直线距离应大于 2 m。

（8）对于环境空气质量评价城市点，采样口周围至少 50 m 范围内无明显固定污染源，为避免车辆尾气等直接对监测结果产生干扰，采样口与道路之间最小间隔距离应按表 6-7 的要求确定。

（9）开放光程监测仪器的监测光程长度的测绘误差应在±3 m 内（当监测光程长度小于 200 m 时，光程长度的测绘误差应小于实际光程的±1.5%）。

（10）开放光程监测仪器发射端到接收端之间的监测光束仰角不应超过 15°。

表 6-7　仪器采样口与交通道路之间最小间隔距离

道路日平均机动车流量	采样口与交通道路边缘之间最小距离（m）	
（日平均车辆数）	PM$_{10}$、PM$_{2.5}$	SO$_2$、NO$_2$、CO 和 O$_3$
≤3000	25	10
3000～6000	30	20
6000～15000	45	30
15000～40000	80	60
>40000	150	100

2. 我国现有 PM$_{2.5}$ 监测网络布局分析

我国现有的环境空气监测网络始建于 20 世纪 80 年代，最初以手工监测为主，从 2000 年起自动监测开始逐步取代手工监测，至 2010 年我国的环境空气监测网络共涵盖了我国 113 个环境保护重点城市的 661 个监测点位，全部实现了空气质量自动监测，监测项目为 SO$_2$、NO$_2$、PM$_{10}$ 等，依照当时的环境空气质量标准，各点位未开展 PM$_{2.5}$ 的监测。

2012 年 2 月我国颁布了《环境空气质量标准》（GB 3095—2012），将 PM$_{2.5}$纳入了空气质量必测项目，同年 4 月环保部调整了国家环境空气质量监测网组成名单，将监测网络覆盖到我国所有地级以上城市，调整后的监测网络有 338 个地级以上城市的 1436 个监测点位组成。按照空气质量新标准的要求，至 2016 年国家环境空气监测网内的所有监测点位将按照新标准开展监测，届时我国 PM$_{2.5}$ 监测点位将达到 1436 个。

为了全面反映我国 PM$_{2.5}$ 污染状况，按照《2008 年中央财政主要污染物减排专项资金环境监测项目建设方案》的相关要求，我国于 2008 开始了环境空气背景站和农村站建设。2009 年 8 月环保部以环办函[2009]814 号文件《关于同意国家环境空气背景监测点位的通知》确定建设 14 个国家环境空气背景监测站。2009年 11 月环保部以环办[2009]137 号文件《关于同意国家农村空气自动监测站点位设置的通知》确定建设 31 个国家农村监测站点（区域站）。目前已初步建成 14个背景监测站和 31 个农村区域站，根据国家背景站、区域站建设规划，预计"十三五"期间，我国将建成 16 个背景站和 96 个农村站（区域站）。我国背景站、农村站（区域站）设置情况见表 6-8 和表 6-9。

从监测点位所处区域代表性方面分析，目前我国的 PM$_{2.5}$ 监测点位主要位于城市区域，城市郊区和农村地区的点位偏少。

从监测点位类型上分析，目前我国监测网中的绝大多数点位属于环境空气质量评价点，而区域点、污染监控点位和城市交通点位偏少，因此在今后的能力建设中还应考虑适当增加区域点位、污染监控点位、交通点位的建设。

表 6-8　背景站设置情况

序号	点位名称	地址
1	山东长岛站	山东省长岛县
2	新疆喀纳斯站	新疆阿勒泰地区喀纳斯景区
3	福建武夷山站	福建省武夷山市武夷山自然保护区
4	山西庞泉沟站	山西省吕梁市交城县庞泉沟景区
5	吉林长白山站	吉林省延边州长白山自然保护区
6	内蒙古呼伦贝尔站	呼伦贝尔市陈巴尔虎旗八大关牧场
7	湖北神农架站	湖北省神农架林区神农架自然保护区
8	云南丽江站	云南省玉龙县大具乡
9	西藏纳木错	西藏拉萨市当雄县纳木错自然保护区
10	广东南岭站	广东省韶关市乳源县南岭自然保护区
11	海南五指山站	海南省五指山市五指山自然保护区
12	四川海螺沟站	四川省甘孜州海螺沟自然保护区
13	湖南衡山站	湖南省衡阳市衡山风景名胜区
14	青海门源站	青海省海北州门源县磨石达坂山门源马场

从监测项目上分析，目前我国例行监测项目主要是 PM$_{2.5}$ 质量浓度，为了全面反映 PM$_{2.5}$ 的污染特征和来源，今后在质量浓度监测基础上还应该逐步考虑开展 PM$_{2.5}$ 主要组分监测。

3. 我国 PM$_{2.5}$ 监测网络的发展历程

2012 年 2 月我国颁布了《环境空气质量标准》（GB 3095—2012），将 PM$_{2.5}$ 纳入了空气质量必测项目，同年 4 月环保部调整了国家环境空气质量监测网组成名单，将监测网络覆盖到我国所有地级以上城市，调整后的监测网络有 338 个地级以上城市的 1436 个监测点位组成。

从 2012 年起我国全面启动了 PM$_{2.5}$ 监测网络的构建工作。为了全面实施空气质量新标准，构建我国的 PM$_{2.5}$ 监测网络，环保部制定了空气质量新标准实施"三步走"战略。即第一阶段（2013 年）要在京津冀、长三角、珠三角等重点区域以及直辖市和省会城市开展《环境空气质量标准》（GB 3095—2012）新增指标(PM$_{2.5}$、CO、O$_3$ 等)监测。第一阶段共涉及 74 个城市，496 个监测点位，见图 6-3。第二阶段（2014 年）要在国家环保重点城市和国家环保模范城市，按《环境空气质量标准》（GB 3095—2012）开展 PM$_{2.5}$ 等新增指标监测，并发布空气质量实时监测结果。第二阶段共涉及 87 个地级城市的 388 个国控监测点位、29 个县级环保模范城市的 61 个空气监测点位，见图 6-4。按照确定的实施空气质量新标准"三步走"

表 6-9　农村站设置情况

序号	省（自治区、直辖市）	点位名称	地点
1	北京	大旺务	平谷区东高村镇大旺务村东南
2	天津	里自沽	天津市宝坻区里自沽农场一场
3	河北	衡水湖	河北省衡水市桃城区大赵村衡丰电厂衡水湖取水站
4	山西	石匣	山西省晋中左权县石匣乡石匣村西北方向 700 m 石匣水库东南角
5	内蒙古	牙克石	内蒙古牙克石八号农场第五生产队
6	辽宁	夏堡子	辽宁省辽中县养士堡乡夏堡子村
7	吉林	西五	吉林省白城市平台镇西五村
8	黑龙江	清泉	黑龙江省五大连池清泉村
9	上海	崇明岛	上海崇明岛现代农业园
10	江苏	洪泽湖	江苏省宿迁洪泽湖湿地保护区农场
11	浙江	赋石水库	浙江省湖州安吉县赋石水库管理局内
12	安徽	响洪甸	安徽省金寨县六安市响洪甸水库
13	福建	双龙	福建省闽侯县南屿镇双龙村双龙小学
14	江西	考水	江西省上饶婺源县考水村西北侧
15	山东	苇场	山东省日照市五莲县苇场村
16	河南	坡头	河南省济源市坡头镇大庄村杨楼岭南
17	湖北	温峡口	湖北省中祥市温峡水库
18	湖南	花溪峪	湖南省张家界市森林公园腰子寨
19	广东	中古坑	广东省韶关始兴县太平镇中古坑生态示范园
20	广西	东岭	广西省桂林阳朔县阳朔镇东岭沈家榨村
21	海南	居仁	海南省琼海万泉镇居仁村
22	重庆	四面山	重庆市四面山摩天岭
23	四川	龚村	四川省眉山市东坡区白马镇龚村
24	贵州	金沙村	贵州省赤水葫市镇金沙村金虹村民组
25	云南	石林	云南省石林县路美邑镇白龙潭村后山
26	西藏	当杰	林周县边交林乡乡政府所在地边交林乡当杰村
27	陕西	华阳	陕西汉中洋县华阳镇
28	甘肃	静宁	甘肃省静宁县北关村二社
29	青海	南门峡	青海省互助县土族自治县南门峡卷槽村
30	宁夏	良繁场	宁夏吴忠市扁担沟镇良繁场
31	新疆	那拉提	新疆伊犁州新源县那拉提

方案，第三阶段（2015 年）要在除第一、二阶段已实施城市以外的所有地级及以上城市，按《环境空气质量标准》（GB 3095—2012）开展监测，并发布空气质量实时监测结果。第三阶段共涉及 177 个地级城市的 552 个国控监测点位，见图 6-5。

图 6-3   2013 年我国开展 PM$_{2.5}$ 监测的城市

图 6-4   2014 年开展 PM$_{2.5}$ 监测的城市

图 6-5　2015 年开展 PM$_{2.5}$ 监测的城市

　　从 2015 年 1 月 1 日起，我国 338 个地级以上城市，1436 个国控监测点位全部实现了 PM$_{2.5}$ 等新指标的监测，并实时发布监测结果。

6.2.3　我国现有大气 PM$_{2.5}$ 监测点位代表性分析

1. 点位密度与发达国家比较

　　与国外主要发达国家相比较，我国单位国土面积 PM$_{2.5}$ 监测点位数目略高于美国，低于英国和日本；但由于我国人口数量庞大，单位人口 PM$_{2.5}$ 监测点位数量仍低于英、美、日等发达国家（潘本锋等，2013）。我国 PM$_{2.5}$ 监测点位数量与国外发达国家比较情况见表 6-10。

表 6-10　我国与英、美、日等国 PM$_{2.5}$ 监测点位数量比较

国家	PM$_{2.5}$ 点位数目 （个）	单位国土面积 PM$_{2.5}$ 监测点位数 （个/万 km^2）	单位人口 PM$_{2.5}$ 监测点位数 （个/千万人）
英国	131	5.4	22.4
美国	1000	1.1	38.0
日本	588	15.6	46.7
中国	1436	1.5	10.5

2. PM$_{2.5}$ 监测点位代表性分析

（1）不同区域城市 PM$_{2.5}$ 空间分布均匀性比较

按照地理位置划分，我国共分为西北、西南、东北、华北、华东、华中、华南 7 个区域，每个区域选取一个具有典型代表性的中心城市，共选择 7 个城市，分别是兰州（西北）、成都（西南）、沈阳（东北）、北京（华北）、上海（华东）、武汉（华中）、广州（华南）等城市，分别对其 2013 年 1 月（冬季）、4 月（春季）、7 月（夏季）、10 月（秋季）的 PM$_{2.5}$ 监测结果进行分析。

数据来源为上述 7 个城市城区国控环境空气监测站点（仅包括城市空气质量评价点）空气质量例行监测数据。

选取时段内各城市各监测点位间 PM$_{2.5}$ 质量浓度的相对标准偏差见表 6-11，各城市 PM$_{2.5}$ 质量浓度相对标准偏差比较情况见图 6-6 和图 6-7。

表 6-11 各城市监测点位间 PM$_{2.5}$ 浓度相对标准偏差

季节	北京	广州	上海	兰州	成都	沈阳	武汉
小时值	28%	22%	20%	29%	23%	43%	21%
日均值	21%	15%	13%	20%	16%	26%	14%

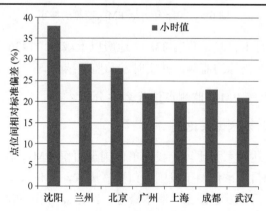

图 6-6 各城市 PM$_{2.5}$ 相对偏差比较（小时值）

各城市监测点位间 PM$_{2.5}$ 小时值质量浓度的相对标准偏差统计结果表明，我国七大区域主要城市国控空气质量监测点位间 PM$_{2.5}$ 小时值质量浓度的相对偏差范围为 21%～43%；PM$_{2.5}$ 小时值相对偏差由大到小排列为沈阳、兰州、北京、成都、广州、武汉、上海。总体来看，北方城市（沈阳、兰州、北京）PM$_{2.5}$ 小时值质量浓度的相对偏差大于南方城市（成都、广州、武汉、上海）。

各城市监测点位间 PM$_{2.5}$ 日均值质量浓度的相对标准偏差统计结果表明，我国七大区域主要城市国控空气质量监测点位间 PM$_{2.5}$ 日均值质量浓度的相对标准

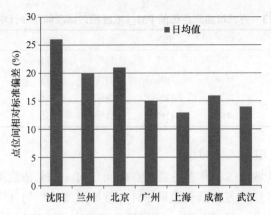

图 6-7　各城市 PM$_{2.5}$相对偏差比较（日均值）

偏差范围为 13%～26%，且日均值的相对偏差明显小于小时值的相对偏差；其相对偏差由大到小排列为沈阳、北京、兰州、成都、广州、武汉、上海。总体来看，北方城市（沈阳、兰州、北京）PM$_{2.5}$日均值质量浓度的相对偏差大于南方城市（成都、广州、武汉、上海）。

　　分析结果表明南方城市各监测点位间 PM$_{2.5}$质量浓度的均匀性好于北方地区城市。我国南方地区城市 PM$_{2.5}$质量浓度普遍低于北方城市，且南方降雨量大、空气相对湿度较大，PM$_{2.5}$受局地扬尘及其他污染源的影响较小，相反北方地区整体气候较南方干燥，PM$_{2.5}$受局地扬尘等污染源的影响较大，因此南方城市 PM$_{2.5}$的均匀性好于北方城市。

　　（2）不同季节各城市 PM$_{2.5}$空间分布均匀性分析

　　分别对兰州（西北）、成都（西南）、沈阳（东北）、北京（华北）、上海（华东）、武汉（华中）、广州（华南）等城市，在 1 月（冬季）、4 月（春季）、7 月（夏季）、10 月（秋季）的 PM$_{2.5}$监测结果进行分析，分析各城市国控监测点位间 PM$_{2.5}$质量浓度的相对偏差，分析结果见表 6-12 和表 6-13。

　　由不同季节各个城市国控监测点位间 PM$_{2.5}$质量浓度相对偏差比较分析结果表明，北方地区中的北京、兰州等城市 PM$_{2.5}$质量浓度相对偏差冬、春季节较大，其他季节较小；南方地区中的上海、广州、武汉、成都等城市 PM$_{2.5}$质量浓度相

表 6-12　各城市监测点位间 PM$_{2.5}$浓度相对标准偏差（小时值）

季节	北京	广州	上海	兰州	成都	沈阳	武汉
冬季	30%	17%	19%	28%	25%	35%	15%
春季	34%	21%	15%	38%	19%	32%	19%
夏季	19%	34%	24%	27%	26%	74%	32%
秋季	30%	14%	21%	22%	21%	32%	18%

表 6-13　各城市监测点位间 PM$_{2.5}$ 浓度相对标准偏差（日均值）

数据类别	北京	广州	上海	兰州	成都	沈阳	武汉
冬季	35%	13%	13%	19%	21%	24%	10%
春季	14%	16%	10%	25%	11%	24%	13%
夏季	18%	21%	18%	24%	18%	32%	22%
秋季	15%	9%	11%	11%	13%	25%	11%

对偏差夏季较大，其他季节较小。

　　表明北方地区城市冬、春季各监测点位间 PM$_{2.5}$ 质量浓度的均匀性劣于其他季节，而南方城市夏季各监测点位间 PM$_{2.5}$ 质量浓度的均匀性劣于其他季节。北方地区在冬、春季节，气候干燥，扬尘污染较为突出，PM$_{2.5}$ 受局地扬尘的影响较大，因此冬、春季节北方城市 PM$_{2.5}$ 均匀性劣于其他季节；南方地区在夏季，光照比较强烈，PM$_{2.5}$ 受二次生成气溶胶的影响较大，二次气溶胶的生成主要依赖于局地各种气态污染物分布水平，因此，南方城市在夏季 PM$_{2.5}$ 均匀性劣于其他季节。

　　（3）PM$_{2.5}$ 空间分布均匀性与其他污染物比较分析

　　对兰州（西北）、成都（西南）、沈阳（东北）、北京（华北）、上海（华东）、武汉（华中）、广州（华南）等城市，选取不同季节，对各国控监测点位间 PM$_{10}$、PM$_{2.5}$、SO$_2$、NO$_2$、CO、O$_3$ 等 6 项污染物质量浓度的相对标准偏差分别进行统计分析，分析 PM$_{2.5}$ 空间分布均匀性与其他污染物的差异，分析结果见图 6-8 至图 6-11。

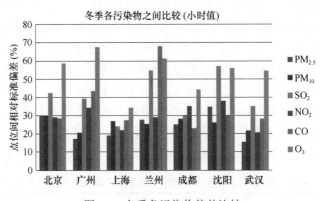

图 6-8　冬季各污染物偏差比较

　　各城市点位间 PM$_{2.5}$ 质量浓度相对标准偏差与其他污染物比较分析结果表明，PM$_{2.5}$ 质量浓度的相对偏差略小于 PM$_{10}$，但北方城市在冬、春季节也曾出现 PM$_{2.5}$ 相对偏差大于 PM$_{10}$ 的现象。总体而言，颗粒物（PM$_{10}$ 与 PM$_{2.5}$）质量浓度的相对

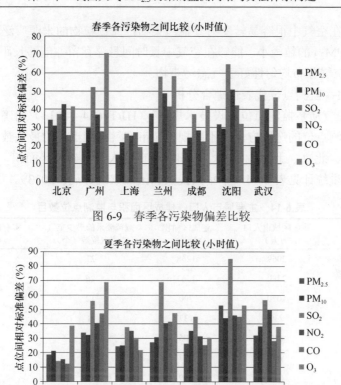

图 6-9　春季各污染物偏差比较

图 6-10　夏季各污染物偏差比较

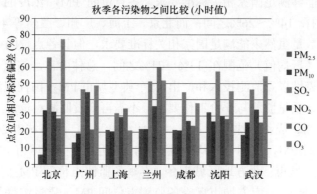

图 6-11　秋季各污染物偏差比较

偏差明显小于气态污染物（SO$_2$、NO$_2$、CO、O$_3$ 等）。

表明，颗粒物在环境空气中的空间分布均匀性明显优于气态污染物。环境中的各项气态污染物主要来自于工业污染源排放和机动车尾气排放，因此气态污染物在空气中的空间分布情况受污染源布局的影响较大，并且气态污染物在空气中反应性强,在空气中很容易转变为其他污染物;而颗粒物的来源广泛,并且性质相对稳定,PM$_{2.5}$的粒径小,能够在空气中长时间悬浮存留并能够长距离传输,因此 PM$_{2.5}$的空气分布均匀性好于气态污染物。

(4)PM$_{2.5}$监测点位代表性综合分析

《环境空气质量监测点位布设技术规范》(HJ/T 664—2013)明确规定了城市环境空气监测点位的选取方法和不同规模城市空气监测点位的最低数量。兰州、成都、沈阳、北京、上海、武汉、广州等城市的人口、建成区面积,以及 PM$_{2.5}$监测点位数量统计见表6-14(中华人民共和国国家统计局,2013)。

表6-14 主要城市人口、建成区面积与监测点位数目

城市	建成区城市人口 (万人)	建成区面积 (km^2)	规范要求的最少空气 监测点位数(个)	实有国控空气监测 点位数(个)
北京	2069	1268	21	11
上海	2380	1563	26	9
广州	1020	700	12	10
兰州	230	137	8	4
成都	620	405	7	7
武汉	960	507	9	9
沈阳	610	399	8	10

由分析结果可见,上述 7 个城市中,成都、武汉、沈阳三个城市 PM$_{2.5}$国控监测点位数量能够满足国家相关标准要求,各点位间 PM$_{2.5}$浓度的相对标准偏差(日均值)范围在 14%～26%之间;而北京、上海、广州、兰州等 4 个城市 PM$_{2.5}$国控监测点位数量虽然未能满足国家相关标准要求,但其各点位间 PM$_{2.5}$浓度的相对标准偏差(日均值)范围在 13%～21%之间。总体而言,综合考虑这些监测点位的空间代表性以及监测投入和产出,7 个典型城市 PM$_{2.5}$国控监测点位已经能够满足当前空气质量监测与评价工作要求,不需再增设监测点位。

通过对兰州、成都、沈阳、北京、上海、武汉、广州等城市2013年不同季节各监测点位间 PM$_{2.5}$空间分布均匀性分析,表明我国南方城市 PM$_{2.5}$空间分布均匀性优于北方城市;北方地区城市冬、春季各监测点位间 PM$_{2.5}$质量浓度的均匀性劣于其他季节,而南方城市夏季各监测点位间 PM$_{2.5}$质量浓度的均匀性劣于其他季节;相对于气态污染物而言,PM$_{2.5}$在环境空气中的空间分布均匀性明显优于气态污染物。综合上述城市的建成区人口和建成区面积进行分析,目前国家监测网内 PM$_{2.5}$监测点位的代表性基本能够满足城市空气质量监测与评价工作的需要。

6.3　我国大气 $PM_{2.5}$ 监测网络运行初步结果分析

6.3.1　我国城市 $PM_{2.5}$ 污染状况分析

近年来我国空气中二氧化硫、可吸入颗粒物等污染防治工作取得积极进展，污染物浓度呈下降趋势，但与国外发达国家的环境空气质量相比，污染物浓度仍处于高位水平，同时随着社会经济的快速发展和工业化、城市化进程的加速，灰霾、光化学烟雾和酸雨等复合型大气污染问题日益突出，严重威胁人民群众的身体健康和生态安全，已成为社会各界高度关注和亟待解决的重大环境问题。

2008 年开始，中国环境监测总站组织在天津、上海、重庆、南京、苏州、深圳、广州等地方开展了灰霾与 $PM_{2.5}$ 试点监测工作，各试点城市发生灰霾天数占全年天数的比例介于 20%～53%之间，发生灰霾天气时，PM_{10} 及 $PM_{2.5}$ 浓度水平明显高于非灰霾天气时的水平，表明颗粒物浓度升高是灰霾产生的重要原因之一。试点城市中细粒子 $PM_{2.5}$ 浓度占可吸入颗粒物 PM_{10} 的比例分布集中在 50%左右。以我国新环境空气质量标准的 $PM_{2.5}$ 标准进行评价，参与试点监测的城市 $PM_{2.5}$ 年均值全部超过国家二级标准，各试点城市的 $PM_{2.5}$ 超标状况较为严重。

进入 21 世纪以来，国外发达国家已经逐步将 $PM_{2.5}$ 纳入环境空气质量监测与控制的指标体系，而我国长期以来一直未将 $PM_{2.5}$ 指标纳入环境质量标准而开展监测，在一定程度上导致环境监测结果与公众主观感受存在一定差异，因此社会各界纷纷呼吁在我国开展 $PM_{2.5}$ 监测与研究，极大地推动了我国空气质量标准的修订工作。为适应新形势下环境空气质量监测与评价工作的需要，2012 年 2 月国家颁布了新的《环境空气质量标准》和《环境空气质量指数 AQI 技术规定》，将 $PM_{2.5}$ 纳入常规监测项目中并要求对公众实时发布。随即国家环保部制定了空气质量新标准实施"三步走"的战略，即 2013 年起在全国各直辖市、省会城市、计划单列市，以及京津冀、长三角、珠三角重点区域城市按照空气质量新标准的要求率先开展 $PM_{2.5}$ 监测，2014 年在全国环保重点城市、环境保护模范城市开展 $PM_{2.5}$ 监测，2015 年在全国所有地级以上城市按照空气质量新标准开展 $PM_{2.5}$ 监测。通过 $PM_{2.5}$ 的试点监测工作"三步走"战略的实施，我国已初步掌握了部分主要城市的 $PM_{2.5}$ 污染状况。

1. 第一批实施新标准的 74 个城市空气质量总体状况

2013 年全国实施空气质量新标准的 74 城市中，按照《环境空气质量标准》（GB 3095—2012）对 SO_2、NO_2、CO、O_3、PM_{10}、$PM_{2.5}$ 六项污染物进行评价，仅海口、舟山和拉萨 3 个城市空气质量达标，占 4.1%，71 个城市超标，占 95.9%。其中，71 个城市 $PM_{2.5}$ 超标，占 95.9%；63 个城市 PM_{10} 超标，占 85.1%；45 个城市 NO$_2$ 超标，占 60.8%；17 个城市 O$_3$ 超标，占 23.0%；11 个城市 CO 超标，占 14.9%；10 个城市 SO$_2$ 超标，占 13.5%。从城市空气质量超标项目数量来看，1 项污染物超标的城市有 4 个（惠州、珠海、深圳、丽水），2 项污染物超标的城市有 20 个，3 项污染物超标的城市有 25 个，4 项污染物超标的城市有 15 个，5 项污染物超标的城市有 4 个（唐山、保定、济南、衡水），6 项污染物均超标的城市有 3 个（邢台、石家庄、邯郸）。

2013 年 74 城市 PM$_{2.5}$ 年均浓度范围为 26～160 μg/m^3，平均为 72 μg/m^3。按 PM$_{2.5}$ 年均值二级标准（35 μg/m^3）评价，拉萨、海口、舟山 3 个城市的 PM$_{2.5}$ 年均浓度达标，达标城市比例为 4.1%。74 城市 PM$_{2.5}$ 日均浓度的达标率范围为 19.7%～99.4%，平均为 66.8%。

2013 年我国实施空气质量新标准的 74 个城市，PM$_{2.5}$ 年均浓度分布情况见图 6-12。

2013年全国74个实验新标准城市PM$_{2.5}$年均值分布

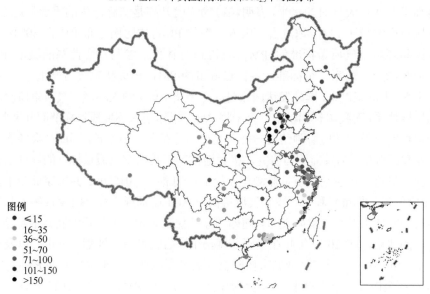

图 6-12　2013 年我国 74 个城市 PM$_{2.5}$ 年均浓度分布

2014 年 74 城市中海口、拉萨、舟山、深圳、珠海、福州、惠州和昆明等 8 个城市空气质量达标（不考虑 SO$_2$、NO$_2$、PM$_{10}$ 和 PM$_{2.5}$ 百分位浓度达标情况），占 10.8%，66 个城市超标，占 89.2%。其中，65 个城市 PM$_{2.5}$ 超标，占 87.8%；58 个城市 PM$_{10}$ 超标，占 78.4%；38 个城市 NO$_2$ 超标，占 51.4%；24 个城市 O$_3$ 超标，占 32.4%；3 个城市 CO 超标，占 4.1%；8 个城市 SO$_2$ 超标，占 10.8%。从城市空气质量超标项目数量来看，1 项污染物超标的城市有 6 个（张家口、厦门、中山、台州、丽水和江门），2项污染物超标的城市有15个，3项污染物超标的城市有28个，4项污染物超标的城市有12个，5项污染物超标的城市有2个（济南和沈阳），6项污染物均超标的城市有3个（保定、石家庄和唐山）。

与2013年同期相比，达标城市数量增加5个，分别为深圳、珠海、福州、惠州和昆明，达标城市比例增加6.7个百分点。PM$_{2.5}$达标城市数量同比增加6个，PM$_{10}$达标城市数量增加5个，NO$_2$达标城市数量增加7个，O$_3$达标城市数量减少7个，SO$_2$达标城市数量增加2个，CO达标城市数量增加8个。

2014年74城市其PM$_{2.5}$年均浓度范围为23~130 μg/m^3，平均为64 μg/m^3，与2013年同期相比下降11.1%。按PM$_{2.5}$年均值二级标准（35 μg/m^3）评价，海口、拉萨、舟山、深圳、珠海、福州、惠州、昆明、张家口等9个城市的PM$_{2.5}$年均浓度达标，达标城市比例为12.2%，同比去年增加8.1个百分点。74城市PM$_{2.5}$日均浓度的达标率范围为32.1%~99.7%，平均为73.0%，与2013年同期相比提高6.2个百分点。

2014年我国第一批实施空气质量新标准的74个城市，PM$_{2.5}$年均浓度分布情况见图6-13。

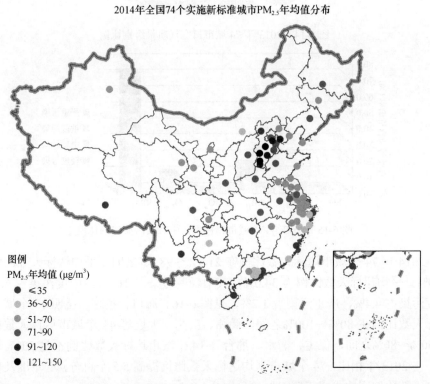

图6-13　2014年我国74个城市PM$_{2.5}$年均浓度分布

2. 空气质量达标天数情况

2013 年 74 城市达标天数比例范围为 10.4%～96.1%，平均达标天数比例为 60.5%。平均超标天数比例为 39.5%，其中轻度污染占 22.9%，中度污染占 8.0%，重度污染占 6.2%，严重污染占 2.4%，见图 6-14。拉萨、海口和福州等 10 个城市的达标天数比例达在 80%～100%，大连、张家口和贵阳等 47 个城市达标天数比例范围为 50%～80%，邢台、石家庄和邯郸等 17 个城市达标天数比例不足 50%。

74 城市超标天数中以 PM$_{2.5}$、PM$_{10}$ 和 O$_3$ 为首要污染物的天数较多，分别占超标天数的 72.7%、15.7% 和 10.5%。以 SO$_2$、NO$_2$ 和 CO 为首要污染物的污染天数占 0.6%、0.4%、0.1%，见图 6-15。

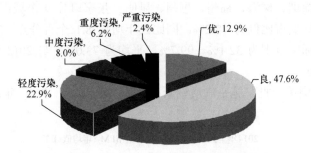

图 6-14　2013 年 74 城市日空气质量级别比例

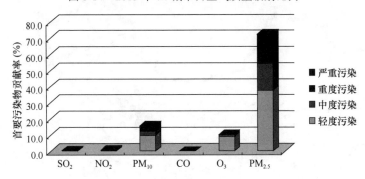

图 6-15　2013 年 74 城市超标天数中首要污染物的比例

2014 年 74 个城市达标天数比例在 21.9%～98.3% 之间，平均达标天数比例为 66.0%。平均超标天数比例为 34.0%，其中轻度污染占 21.7%，中度污染占 6.7%，重度污染占 4.4%，严重污染占 1.2%，见图 6-16。海口、拉萨、昆明 19 个城市的达标天数比例在 80%～100% 之间，衢州、广州、大连等 41 个城市达标天数比例在 50%～80% 之间，保定、衡水、邢台等 14 个城市达标天数比例不足 50%。

与 2013 年相比，74 个城市平均达标天数比例提高 5.5 个百分点。重度及以上污染天数比例同比去年下降 3.0 个百分点。

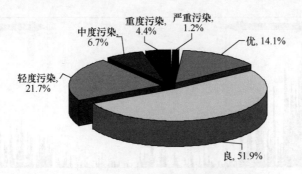

图 6-16　2014 年 74 城市空气质量指数级别比例

74 城市超标天数中以 PM$_{2.5}$、O$_3$ 和 PM$_{10}$ 为首要污染物的天数较多，分别占超标天数的 70.1%、16.6% 和 12.0%。以 NO$_2$、SO$_2$ 和 CO 为首要污染物的污染天数分别占 1.0%、0.3% 和 0.0%，见图 6-17。

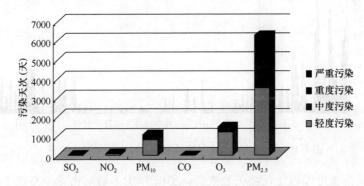

图 6-17　2014 年 74 城市超标天数中首要污染物的出现天次

3. 空气质量重度和严重污染时间分布

2013 年 74 城市中 66 个城市共发生重度及以上污染天数为 2323 天，平均每个城市 31.4 天。其中重度污染 1668 天，严重污染 655 天。污染较重的区域主要分布在河北南部、山东、河南、陕西、湖北和泛长三角地区。重污染发生季节主要集中在 10 月至次年 3 月的半年中，12 月和 1 月污染最为集中，占比达到 53.4%。重度及以上污染天中以 PM$_{2.5}$ 为首要污染物 1947 天，占 83.8%；以 PM$_{10}$ 为首要污染物 366 天，占 15.8%；以 O$_3$ 为首要污染物 10 天，占 0.4%，见图 6-18。

2014 年 74 城市共发生 1494 天次重度及以上污染，同比去年减少 849 天次，下降 36.2%。与 2013 年相比，2014 年 74 城市 12 月份重污染天数明显减少，1 月份重污染过程持续时间也在缩短，见图 6-19。74 城市重度及以上污染天数中，以 PM$_{2.5}$、PM$_{10}$ 和 O$_3$ 为首要污染物的天数分别占 88.8%、9.6% 和 1.7%。

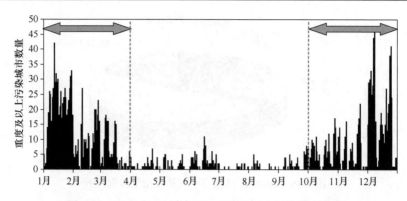

图 6-18　2013 年 74 城市逐日重度及以上污染城市数量

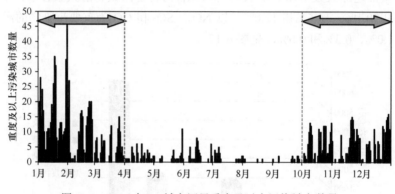

图 6-19　2014 年 74 城市逐日重度及以上污染城市数量

从各城市重度及以上污染天数来看，2014 年大多数城市重度及以上污染天数均同比下降，其中石家庄减少 53 天，济南减少 48 天，乌鲁木齐减少 37 天，邢台减少 32 天，郑州减少 31 天，见图 6-20。

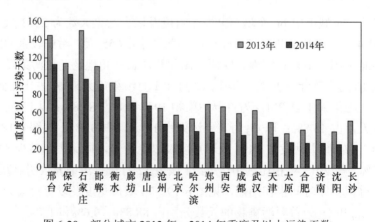

图 6-20　部分城市 2013 年、2014 年重度及以上污染天数

从各城市 2013 年、2014 年最大 PM$_{2.5}$ 日均值来看，哈尔滨、衡水、邢台、石家庄、邯郸等城市年最大 PM$_{2.5}$ 日均值同比明显下降，表明重污染程度同比有所减轻，见图 6-21。

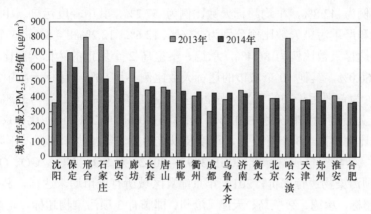

图 6-21　部分城市 2013 年、2014 年 PM$_{2.5}$ 最大日均值

4. 城市空气质量排名

按照城市环境空气质量综合指数评价，2013 年度 74 城市空气质量相对较差的前 10 位城市分别是邢台、石家庄、邯郸、唐山、保定、济南、衡水、西安、廊坊、郑州；空气质量相对较好的前 10 位城市分别是海口、舟山、拉萨、福州、惠州、珠海、深圳、厦门、丽水和贵阳。

2014 年度 74 城市空气质量相对较差的前 10 位城市分别是保定、邢台、石家庄、唐山、邯郸、衡水、济南、廊坊、郑州和天津；空气质量相对较好的前 10 位城市分别是海口、舟山、拉萨、深圳、珠海、惠州、福州、厦门、昆明和中山。

5. 重点区域 PM$_{2.5}$ 污染状况

（1）京津冀区域空气质量状况

2013 年京津冀地区 13 个城市的达标天数比例范围为 10.4%～79.2%，平均达标天数比例为 37.5%，低于 74 城市平均达标天数比例 23.0 个百分位点；平均超标天数比例为 62.5%，其中重度污染天数比例为 13.0%，严重污染天数比例为 7.7%，重度及以上污染天数比例高于 74 城市 12.1 个百分点。13 个城市中张家口、承德、秦皇岛的达标天数比例在 50%～80% 范围，其他 10 个城市达标天数比例不足 50%。京津冀地区超标天数中以 PM$_{2.5}$ 为首要污染物天数最多，占 66.6%，其次是 PM$_{10}$ 和 O$_3$，分别占 25.2% 和 7.6%。

2013 年京津冀区域 13 个城市 PM$_{2.5}$ 年均浓度范围为 40～160 μg/m^3，平均为

106 μg/m^3，所有城市均未达到 PM$_{2.5}$ 年均浓度二级标准。其中 2013 年北京 PM$_{2.5}$ 年均浓度为 89 μg/m^3，超标 1.54 倍。

2014 年京津冀区域 13 个城市的达标天数比例在 21.9%～86.4%之间，平均达标天数比例为 42.8%，平均超标天数比例为 57.2%，其中轻度污染、中度污染、重度污染和严重污染天数比例分别为 27.6%、12.6%、12.2%和 4.8%。13 个城市中，张家口市达标天数比例为 86.4%，承德、秦皇岛 2 个城市的达标天数比例分别为 68.1%和 66.0%，其他 10 个城市的达标天数比例不足 50%。超标天数中以 PM$_{2.5}$、PM$_{10}$ 和 O$_3$ 为首要污染物的天数分别占超标天数的 70.6%、16.2%和 13.0%，以 NO$_2$、SO$_2$、CO 为首要污染物分别占 0.1%、0.1%和 0.0%。与 2013 年相比，京津冀区域达标天数比例提高 5.3 个百分点，重度及以上污染天数减少 183 天，下降 18.7%。

根据《环境空气质量标准》（GB 3095—2012）对 SO$_2$、NO$_2$、CO、O$_3$、PM$_{10}$、PM$_{2.5}$ 六项污染物进行评价，2013 年京津冀区域所有城市均未达标，其中张家口仅 PM$_{10}$ 超标，承德、秦皇岛、天津、沧州、邯郸有 3 项污染物超标，北京、廊坊、衡水、邢台有 4 项污染物超标，保定、唐山和石家庄 6 项污染物均超标。

2014 年京津冀地区 13 个城市 PM$_{2.5}$ 平均浓度为 93 μg/m^3，同比下降 12.3%。PM$_{10}$ 平均浓度为 158 μg/m^3，同比下降 12.7%。SO$_2$ 平均浓度为 52 μg/m^3，同比下降 24.6%。NO$_2$ 平均浓度为 49 μg/m^3，同比下降 3.9%。CO 日均值第 95 百分位浓度为 3.5 mg/m^3，同比下降 14.6%。O$_3$ 日最大 8 小时均值第 90 百分位浓度为 162 μg/m^3，同比上升 4.5%，见图 6-22。

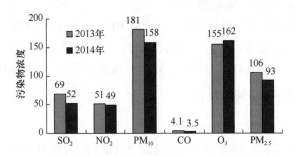

图 6-22　京津冀区域 2013 年、2014 年各主要污染物浓度
CO 单位 mg/m^3，其他 μg/m^3

2014 年北京市、天津市、石家庄市 PM$_{2.5}$ 年均浓度分别为 86 μg/m^3、83 μg/m^3、124 μg/m^3。

（2）长三角区域空气质量状况

长三角地区 25 个城市空气质量达标天数比例范围为 52.7%～89.6%，平均达标天数比例为 64.2%，高于 74 城市平均达标天数比例 3.7 个百分点；平均超标天数比例为 35.8%，其中重度污染比例为 4.9%，严重污染比例为 1.0%，重度及以上污染天数比例低于 74 城市 2.7 个百分点。25 个城市中仅舟山和丽水空气质量达标天数比例达到 80%～100%，其他 23 个城市达标天数范围在 50%～80% 之间。长三角地区超标天数中以 PM$_{2.5}$ 为首要污染物的天数最多，占 80.0%，其次是 O$_3$ 和 PM$_{10}$，分别占 13.9% 和 5.8%。

2013 年长三角地区 25 个城市 PM$_{2.5}$ 年均浓度范围为 33～79 μg/m^3，平均为 67 μg/m^3，仅舟山达到 PM$_{2.5}$ 年均浓度二级标准，其他 24 个城市超标。其中 2013 年上海 PM$_{2.5}$ 年均浓度为 62 μg/m^3，超标 0.77 倍。

2014 年长三角区域 25 个城市空气质量达标天数比例在 51.6%～94.0% 之间，平均达标天数比例为 69.5%，平均超标天数比例为 30.5%，其中轻度污染、中度污染、重度污染和严重污染天数比例分别为 22.0%、5.6%、2.7% 和 0.2%。长三角区域 25 个城市中，舟山、丽水和台州等 5 个城市的达标天数比例在为 80%～100% 之间，衢州、上海和盐城等 20 个城市的达标天数比例在 50%～80% 之间。超标天数中以 PM$_{2.5}$、O$_3$、PM$_{10}$ 和 NO$_2$ 为首要污染物的天数分别占超标天数的 72.2%、22.3%、3.7% 和 1.8%，未发生以 SO$_2$ 或 CO 为首要污染物的污染现象。与 2013 年相比，长三角区域达标天数比例提高 5.3 个百分点，重度及以上污染天数减少 275 天，下降 51.8%。其中 2014 年 12 月长三角区域仅发生 19 天次重度及以上污染，同比去年减少 248 天。

2014 年长三角区域仅舟山市六项污染物全部达标，其余 24 个城市均存在超标项目。其中台州和丽水仅 PM$_{2.5}$ 超标，衢州、盐城、连云港等 8 个城市有 2 项污染物超标，宁波、温州、上海等 7 个城市有 3 项污染物超标，嘉兴、绍兴和湖州等 7 个城市有 4 项污染物超标。

2014 年，长三角地区 25 个城市 PM$_{2.5}$ 平均浓度为 60 μg/m^3，同比下降 10.4%。PM$_{10}$ 平均浓度为 92 μg/m^3，同比下降 10.7%。SO$_2$ 平均浓度为 25 μg/m^3，同比下降 16.7%。NO$_2$ 平均浓度为 39 μg/m^3，同比下降 7.1%。CO 日均值第 95 百分位浓度为 1.5 mg/m^3，同比下降 21.1%。O$_3$ 日最大 8 小时均值第 90 百分位浓度为 154 μg/m^3，同比上升 6.9%，见图 6-23。

2014 年上海市、南京市、杭州市 PM$_{2.5}$ 平均浓度分别为 52 μg/m^3、74 μg/m^3、65 μg/m^3。

（3）珠三角区域空气质量状况

珠三角地区 9 个城市空气质量达标天数比例范围为 67.7%～89.3%，平均达标天数比例为 76.3%，高于 74 城市平均达标天数比例 15.8 个百分点；平均超标天数比例为 23.7%，其中重度污染比例为 0.3%，无严重污染，重度及以上污染天数比例低于 74 城市 8.3 个百分点。9 个城市中深圳、珠海和惠州的达标天数比例达到

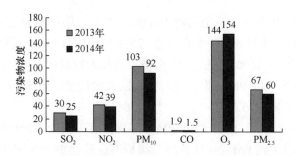

图 6-23　长三角区域 2013 年、2014 年各主要污染物浓度

CO 单位 mg/m^3，其他 μg/m^3

80%～100%，其他 7 个城市达标天数比例范围在 50%～80%。珠三角地区以 PM$_{2.5}$ 为首要污染物的天数最多，占 63.2%，其次是 O$_3$ 和 NO$_2$，分别占 31.9% 和 4.8%。

2013 年珠三角地区城市 PM$_{2.5}$ 年均浓度范围为 38～54 μg/m^3，平均为 47 μg/m^3，所有城市均未达到 PM$_{2.5}$ 年均浓度二级标准。2013 年广州 PM$_{2.5}$ 年均浓度为 53 μg/m^3，超标 0.51 倍。

2014 年珠三角地区 9 个城市的达标天数比例在 70.2%～95.6%，平均达标天数比例为 81.6%，平均超标天数比例为 18.4%，其中轻度污染、中度污染、重度污染天数比例分别为 15.2%、2.8%、0.4%，未出现严重污染。9 个城市中深圳、惠州、珠海、中山和江门 5 个城市的达标天数比例在为 80%～100% 之间，广州、佛山、肇庆和东莞 4 个城市达标天数比例范围在 50%～80% 之间。超标天数中以 O$_3$、PM$_{2.5}$ 和 NO$_2$ 为首要污染物的天数分别占超标天数的 49.2%、47.6% 和 3.2%，未发生以 PM$_{10}$、SO$_2$ 或 CO 为首要污染物的污染现象。

与 2013 年相比，珠三角区域达标天数比例提高 5.3 个百分点，重度污染天数略有增加，由 9 天增加到 13 天。

2014 年珠三角区域深圳、珠海和惠州市六项污染物全部达标，其余 6 个城市均存在超标项目。其中江门和中山丽水仅 PM$_{2.5}$ 超标，佛山、东莞、肇庆和广州各有 3 项污染物超标。

2014 年，珠三角地区 9 个城市 PM$_{2.5}$ 平均浓度为 42 μg/m^3，同比下降 10.6%。PM$_{10}$ 平均浓度为 61 μg/m^3，同比降 12.9%。SO$_2$ 平均浓度为 18 μg/m^3，同比下降 14.3%。NO$_2$ 平均浓度为 37 μg/m^3，同比下降 9.8%。CO 日均值第 95 百分位浓度为 1.5 mg/m^3，同比下降 6.3%。O$_3$ 日最大 8 小时均值第 90 百分位浓度为 156 μg/m^3，同比上升 0.6%，见图 6-24。

2014 年广州市 PM$_{2.5}$ 平均浓度为 49 μg/m^3。

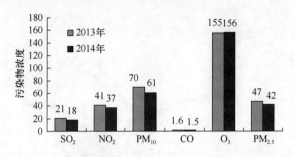

图 6-24　珠三角区域 2013 年、2014 年各主要污染物浓度

CO 单位 mg/m^3，其他 $\mu g/m^3$

6. 2014 年 161 个实施新标准城市空气质量状况

（1）总体状况

根据《环境空气质量标准》（GB 3095—2012）对 SO_2、NO_2、CO、O_3、PM_{10}、$PM_{2.5}$ 六项污染物进行评价，2014 年 161 城市中舟山、福州、深圳、珠海、惠州、海口、昆明、拉萨、泉州、湛江、汕尾、云浮、北海、三亚、曲靖和玉溪等 16 个城市空气质量达标（不考虑 SO_2、NO_2、PM_{10} 和 $PM_{2.5}$ 百分位浓度达标情况），占 9.9%，145 个城市超标，占 90.1%。其中，143 个城市 $PM_{2.5}$ 超标，占 88.8%；126 个城市 PM_{10} 超标，占 78.3%；60 个城市 NO_2 超标，占 37.3%；35 个城市 O_3 超标，占 21.7%；19 个城市 SO_2 超标，占 11.8%；5 个城市 CO 超标，占 3.1%。从城市空气质量超标项目数量来看，17 个城市仅 1 项污染物超标，56 个城市 2 项污染物超标，42 个城市 3 项污染物超标，20 个城市 4 项污染物超标，7 个城市 5 项污染物超标，3 个城市（保定、石家庄和唐山）6 项污染物均超标。

2014 年 161 个实施环境空气质量新标准的城市 $PM_{2.5}$ 浓度在 19～130 $\mu g/m^3$ 之间，平均为 62 $\mu g/m^3$。按 $PM_{2.5}$ 年均值二级标准（35 $\mu g/m^3$）评价，舟山、福州、深圳、珠海、惠州、海口、昆明、拉萨、泉州、湛江、汕尾、云浮、北海、三亚、张家口、鄂尔多斯、曲靖和玉溪等 18 个城市的 $PM_{2.5}$ 年均浓度达标，达标城市比例为 11.2%。161 城市 $PM_{2.5}$ 日均浓度的达标率范围为 32.1%～99.7%，平均为 73.4%，见图 6-25。

（2）空气质量达标天数统计

2014 年，161 个城市达标天数比例范围为 21.9%～98.3%，平均达标天数比例为 66.6%。平均超标天数比例为 33.4%，其中轻度污染占 21.6%，中度污染占 6.4%，重度污染占 4.3%，严重污染占 1.1%，见图 6-26。海口、玉溪、拉萨等 42 个城市的达标天数比例在 80%～100% 之间，衢州、克拉玛依、韶关等 87 个城市达标天数比例在 50%～80% 之间，保定、衡水、邢台等 32 个城市达标天数比例不足 50%。

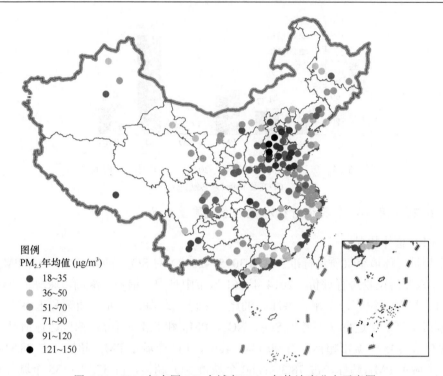

图 6-25　2014 年全国 161 个城市 PM$_{2.5}$ 年均浓度分布示意图

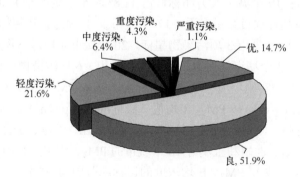

图 6-26　2014 年 161 城市空气质量指数级别比例

161 城市超标天数中以 PM$_{2.5}$、O$_3$ 和 PM$_{10}$ 为首要污染物的天数较多，分别占超标天数的 70.7%、14.3%和 13.7%。以 NO$_2$、SO$_2$ 和 CO 为首要污染物的污染天数分别占 0.6%、0.6%和 0.1%，见图 6-27。

（3）污染时间分布

2014 年受到局地排放和气候因素影响，161 城市 1～3 月、10～12 月污染天数最多，占全部污染天数的 63.8%，7～9 月污染天数最少，占全部污染天数的 13.7%，见图 6-28。

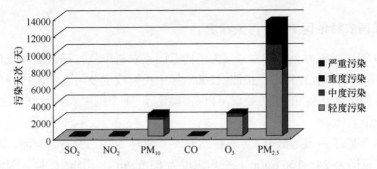

图 6-27　161 城市超标天数中首要污染物的出现天次

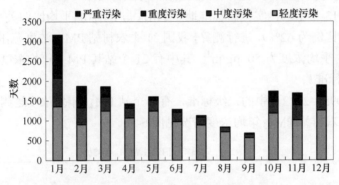

图 6-28　161 城市逐月各级别污染天数

（4）重度及以上污染情况

2014 年 161 城市共发生 3091 天次重度及以上污染，重度及以上污染天数中，以 PM$_{2.5}$、PM$_{10}$ 和 O$_3$ 为首要污染物的天数分别占 88.4%、10.1% 和 1.5%，重度以上污染天数主要集中在 1～4 月和 10～12 月。分布情况见图 6-29。

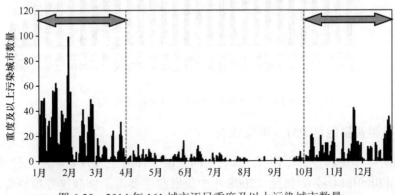

图 6-29　2014 年 161 城市逐日重度及以上污染城市数量

6.3.2 我国农村地区 PM$_{2.5}$ 污染状况

2009 年环保部办公厅印发了《关于同意国家农村空气自动监测站点位设置的通知》（环办[2009]137 号），按照《2008 年中央财政主要污染物减排专项资金环境监测项目建设方案》的相关要求，环保部确定了 31 个国家农村空气自动监测站，每个省一个。

2013 年除了西藏地区外，各农村站开展了 SO$_2$、NO$_2$、PM$_{10}$ 的监测，其中 PM$_{10}$ 年均浓度范围为 24～166 µg/m^3，平均浓度为 83 µg/m^3，年均浓度最高为河南省坡头站，年均浓度最低的为新疆的那拉提站和内蒙古的牙克石站。

按照 2013 年全国已实施新标准地区 PM$_{2.5}$ 与 PM$_{10}$ 的平均比例关系（PM$_{2.5}$ 占 PM$_{10}$ 的平均比例为 62%），进行测算，我国 31 个农村站 PM$_{2.5}$ 浓度范围在 15～103 µg/m^3 之间，平均浓度为 50 µg/m^3。其中有 21 个站其 PM$_{2.5}$ 年均浓度超过了《环境空气质量标准》

（GB 3095—2012）中的二级标准，有 9 个站 PM$_{2.5}$ 年均浓度达到标准要求。2013 年全国农村站 PM$_{2.5}$ 年均浓度情况见图 6-30。

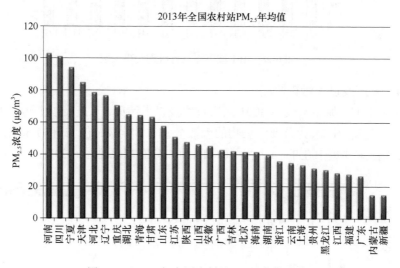

图 6-30　2013 年全国农村站 PM$_{2.5}$ 年均浓度

6.3.3 我国背景地区 PM$_{2.5}$ 污染状况

2009 年环保部办公厅印发了《关于同意国家环境空气背景监测点位的通知》（环办函[2009]814 号），按照《2008 年中央财政主要污染物减排专项资金环境监测项目建设方案》的相关要求，环保部在全国设立了 14 个国家环境空气背景监测站。

2013 年除西藏纳木错背景站正在建设外，其他 13 个背景站均开展了 SO_2、NO_2、CO、O_3、PM_{10}、$PM_{2.5}$ 的监测，监测结果显示 $PM_{2.5}$ 年均浓度范围为 6～30 $\mu g/m^3$，平均值为 15 $\mu g/m^3$，浓度最低的是新疆喀纳斯站，浓度最高的是山西庞泉沟站。参与统计的 11 个背景站其 $PM_{2.5}$ 年均浓度全部达到了《环境空气质量标准》（GB 3095—2012）中的二级标准要求，有 6 个站 $PM_{2.5}$ 年均浓度达到一级标准要求。2013 年全国背景站 $PM_{2.5}$ 年均浓度情况见图 6-31。

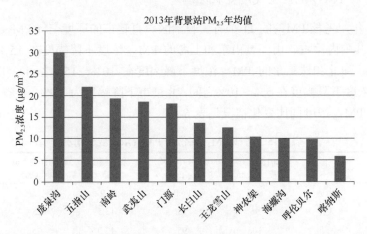

图 6-31　2013 年全国背景站 $PM_{2.5}$ 年均浓度

6.3.4　国务院大气污染行动计划对 $PM_{2.5}$ 的考核要求

1. 大气污染行动计划考核要求

2013 年 9 月国务院印发了《大气污染防治行动计划》（国发[2013]37 号文件），明确要求经过五年努力，全国空气质量总体改善，重污染天气较大幅度减少；京津冀、长三角、珠三角等区域空气质量明显好转。力争再用五年或更长时间，逐步消除重污染天气，全国空气质量明显改善。关于 $PM_{2.5}$ 的具体指标为：到 2017 年，京津冀、长三角、珠三角等区域细颗粒物浓度分别下降 25%、20%、15%左右，其中北京市细颗粒物年均浓度控制在 60 $\mu g/m^3$ 左右。

2014 年 5 月国务院办公厅印发了《大气污染防治行动计划实施情况考核办法（试行）》（国办发[2014]21 号文件），明确将 $PM_{2.5}$ 年均浓度下降比例作为京津冀及周边地区（北京市、天津市、河北省、山西省、内蒙古自治区、山东省）、长三角区域（上海市、江苏省、浙江省）、珠三角区域（广东省广州市、深圳市、珠海市、佛山市、江门市、肇庆市、惠州市、东莞市、中山市等 9 个城市）、重庆市等区域的大气污染防治考核指标。

2014 年 7 月国家环境保护部、发展和改革委员会、工业和信息化部、财政部、住房和城乡建设部、能源局联合发布了《大气污染防治行动计划实施情况考核办法（试行）实施细则》（环发[2014]107 号），对于考核 PM$_{2.5}$ 的省份要求为：2013 年度不考核 PM$_{2.5}$ 年均浓度下降比例，2014 年度、2015 年度、2016 年度 PM$_{2.5}$ 年均浓度下降比例达到《目标责任书》核定空气质量改善目标的 10%、35%、65%，2017 年度终期考核完成《目标责任书》核定 PM$_{2.5}$ 年均浓度下降目标。

2. 考核 PM$_{2.5}$ 地区空气质量状况

2014 年，考核 PM$_{2.5}$ 的 11 个省、自治区、直辖市的环境空气 PM$_{2.5}$ 浓度均同比下降，其中内蒙古、山西、山东和上海的 PM$_{2.5}$ 浓度下降幅度在 15%以上，天津、浙江、河北和珠三角的 PM$_{2.5}$ 浓度下降幅度在 10%～15%之间，江苏和重庆的 PM$_{2.5}$ 浓度下降幅度在 5%～10%之间，北京市下降幅度为 3.9%。各省、自治区、直辖市的 PM$_{2.5}$ 浓度同比变化情况见表 6-15。

表 6-15　考核 PM$_{2.5}$ 省份的 PM$_{2.5}$ 浓度变化情况

区域	省	2013 年平均浓度（μg/m^3）	2014 年平均浓度（μg/m^3）	变化幅度（%）	行动计划下降目标（%）	2017 年目标值
京津冀及周边地区	北京	89.5	86.0	-3.9	-33	60
	天津	96	83	-13.5	-25	72
	河北	108	95	-12.0	-25	81
	山西	77	63	-18.2	-20	62
	山东	98	81	-17.3	-20	78
	内蒙古①	57①	44（46）②	-199.3	-10	45
	京津冀	106	93	-12.3	-25	80
	区域整体②	94③	77（79）④	-16.0	-25	68
长三角地区	上海	62	52	-16.1	-20	50
	江苏	73	66	-9.6	-20	58
	浙江	61	53	-13.1	-20	49
	区域整体	67	60	10.4	-20	54
珠三角地区	广东 9 城市	47	42	-10.6	-15	40
重庆	重庆	70	65	-7.1	-15	60

注：①2013 年内蒙古仅呼和浩特开展 PM$_{2.5}$ 监测；②括号外数据为内蒙古呼和浩特、包头、赤峰和鄂尔多斯 4 个考核 PM$_{2.5}$ 城市的平均浓度，括号内为仅包括呼和浩特 1 个城市 PM$_{2.5}$ 平均浓度，用于计算同比变幅；③2013 年京津冀及周边地区共 42 个城市开展 PM$_{2.5}$ 监测，不包括包头、赤峰和鄂尔多斯 3 个城市；④括号外数据为 45 个考核 PM$_{2.5}$ 城市的平均浓度，括号内为 42 个可比城市 PM$_{2.5}$ 平均浓度，用于计算同比变幅。

京津冀区域 PM$_{2.5}$ 浓度同比下降 12.3%，京津冀及周边地区整体同比下降 16.0%，长三角区域 PM$_{2.5}$ 浓度同比下降 10.4%，珠三角区域 PM$_{2.5}$ 浓度同比下降 10.6%。

按照《大气污染防治行动计划》和《大气污染防治行动计划实施情况考核办法》要求，2014 年各省应完成改善目标的 10%，统计结果显示，2014 年考核 PM$_{2.5}$ 的 11 个省（区、市）其 PM$_{2.5}$ 下降幅度均达到了年度考核要求。

6.3.5　我国大气 PM$_{2.5}$ 来源解析结果分析

1. 大气颗粒物源解析方法研究进展

PM$_{2.5}$ 来源解析工作是科学、有效开展 PM$_{2.5}$ 污染防治工作的基础和前提。本节主要对大气 PM$_{2.5}$ 源解析技术的各种主要方法进行阐述，着重介绍国内外在受体模型技术方面的研究进展，并提出 PM$_{2.5}$ 源解析技术的发展趋势。

（1）扩散模型

扩散模型基于污染源清单和污染源排放量，模拟污染物排放、迁移、扩散和化学转化等不同条件下污染物的时空分布状况，估算污染源对污染物质量浓度的贡献。扩散模型能很好地建立有组织排放源类与大气环境质量之间的定量关系，但无法应用于源强难以确定的无组织开放源（如风沙尘、海盐粒子等源）。另外，扩散模型需明确污染源个数和方位、颗粒物扩散过程中详细气象资料以及颗粒物在大气中生成、消除和输送等重要特征参数，这些资料和参数的难以获取，限制了扩散模型的运用。因此，从 20 世纪 70 年代起美国和日本等国家开始将研究重点从排放源转移到"受体"来开展大气颗粒物源解析。

（2）受体模型

受体模型通过测量源和大气环境（受体）样品的物理、化学性质，定性识别对受体有贡献的污染源并定量计算各污染源的贡献率。受体模型旨在研究排放源对受体的贡献，已广泛应用于城市、区域以至全球的大气环境。受体模式所给出污染物对各类排放源的贡献值，可作为大气污染防治战略性决策的依据。

因为受体模型不依赖于排放源、排放条件、气象、地形等数据，不用追踪颗粒物的迁移过程，因此自 20 世纪 70 年代问世以来发展迅速，并得到广泛应用。国内有关学者从 80 年代起使用受体模型开展颗粒物来源解析的研究，目前研究和运用比较多的受体模型方法大致可分为显微镜法和化学法。

A. 显微镜法

显微镜法是一种根据单个颗粒物粒子的大小、颜色、形状和表面特征等形态上的特征，结合污染源标志性化学组成及颗粒物形貌来判别来源的方法。此方法适用于分析形态特征明显的颗粒物，一般用于定性或半定量分析。如需定量分析，须分析大量单个粒子，建立庞大的显微清单。

显微镜法主要包括光学显微镜法（OM）、扫描电子显微镜法（SEM）和计算机控制扫描电镜法（CCSEM）。其中，SEM 法是实际运用当中最广泛的一类显微镜法，它能够分析粒径小于 1μm 的颗粒物，并能结合 X 射线能谱显示粒子的结构和粒子表面化学元素组成，这可大大增强显微镜法解析颗粒物污染源能力。

显微镜法能观测颗粒物形貌，测定颗粒物组分，从而能客观准确地对大气颗粒物的来源进行定性或半定量的识别，也能为进一步定量计算各类源的贡献率提供客观基础。但该方法分析时间长，费用昂贵，对颗粒物中占有很大比例的无定性有机成分不敏感，在观测粒子密度和体积时误差较大，因此我国在这方面的研究开展较少。

B. 化学法

化学法主要可分为化学质量平衡法、多元统计模型和富集因子法。

a. 化学质量平衡法（CMB）

CMB 模型是开展大气颗粒物来源研究、为大气颗粒物污染防治决策提供科学依据的重要技术方法。它是美国 EPA 推荐的用于研究 PM$_{2.5}$、PM$_{10}$ 和 VOC 等污染物的来源及其贡献的一种重要方法。

CMB 法根据各种排放源的颗粒组成，将颗粒物浓度分解为一组由各类源贡献的组合，利用有效方差最小二乘法解出各类源对颗粒物浓度的贡献。该方法主要基于以下假设：①可以识别出对环境受体中的大气颗粒物有明显贡献的所有污染源类，并且各种类别的源所排放的颗粒物的化学组成有明显的差别；②各源类所排放的颗粒物的化学组成相对稳定，化学组分之间无明显影响；③各源类所排放的颗粒物之间没有相互作用，在传输过程中的变化可以被忽略；④所有污染源成分谱是线性无关的；⑤污染源种类低于或等于化学组分种类；⑥测量的不确定度是随机的、符合正态分布。那么在受体上测量的总物质浓度就是每一源类贡献浓度值的线性加和。

CMB 模型物理意义明确，算法日趋成熟，针对多来源体系，解析结果与实际比较吻合，因此成为国内外研究最多应用最广的受体模型。但 CMB 模型也存在着一些局限性：①需要收集准确详细的污染源成分谱往往花费大量财力和人力；②对于化学性质不稳定的污染物结果会有较大的误差；③如存在源成分相似导致出现共线性问题。

b. 多元统计模型

多元统计模型的基本思路是直接对受体样品进行分析，利用样品物质间的相互关系得到源成分谱或产生暗示重要排放源类的因子。主要包括因子分析法、主因子分析法和正交矩阵因子分解法等模型。

（i）因子分析法（Factor Analysis，FA）

FA 法是一种多元统计分析方法，是由布利福德（Blifford）等在气溶胶研究中首先提出的，此后得到广泛应用。因子分析法是从变量之间的相关关系出发求解公因子及因子载荷，其基本原理是基于承认与污染源有关的变量间存在着某种相关性，在不损失主要信息的前提下，将一些具有复杂关系的变量或样品归结为数量较少的几个综合因子，因子负载系数的大小反映了因子与变量间的相关程度，此法用颗粒物的实测元素浓度进行运算，再结合被测地区的具体情况进行分析，获得主要污染来源及其贡献率。

因子分析法的主要优点是不需要事先设想污染源的结构、数目和假定由一个源所排放出来的所有元素在达到采样点之前保持等同相关，而且因子分析方法中不仅包括浓度参数，还可以包括非浓度参数，如粒径的大小、气象条件等，为污染源的识别提供了更多的信息。正因为如此，因子分析也成为颗粒物源解析的重要手段之一，尤其在污染源化学成分谱尚不完全的情况下，这种方法更加显现出它的优势。

因子分析法目前已形成了主因子分析（PFA）、正矩阵因子分析（PMF）、目标转移因子分析（TTFA）和目标识别因子分析（TRFA）等各具特色的因子分析方法。

（ii）主因子分析法（PFA）

PFA 法是比较经典和较为成熟的方法，是研究变量之间的相关关系，从变量的相关系数矩阵出发，找出对所有变量起控制作用的主要因子。在大气颗粒物的来源研究中，用主因子分析法对大量观测数据进行统计分析，在不损失主要信息的前提下，将一些具有复杂关系的变量归结为数量较少的几个综合因子，探索大气颗粒物的来源。但是，这种经典的主因子分析方法只能达到定性解释的水平，为得到各源对颗粒物及各化学组分贡献值和分担率，需要利用绝对主因子法进一步进行定量计算。绝对主因子分析法不仅能够定性解析出颗粒物污染源的种类和数量，而且能直接得出有关颗粒物污染源的定量解析结果。

（iii）正矩阵因子分析法（PMF）

正矩阵因子分析法是由 Paatero 和 Tapper 在 1993 年提出的一种有效的数据分析方法，首先利用权重确定出颗粒物化学组分中的误差，然后通过最小二乘法来确定出颗粒物的主要污染源及其贡献率。与其他方法相比，具有不需要测量源成分谱，分解矩阵中元素非负，可以利用数据标准偏差来进行优化等特点。

（3）单颗粒物源解析

传统解析方法是在采集大量样品进行总体分析的基础上，运用各种模型对污染物进行源解析。这种总体分析可能使某些颗粒物的特征元素，或某些低浓度毒性元素检测不到，从而造成弱排放源和低浓度污染源的漏判。为了直观完整地对大气颗粒物进行源解析，许多学者提出单颗粒物源解析法。单颗粒物源解析法是通过提取和识别单个大气颗粒物的化学特征谱，对颗粒物的来源作出直接和清晰判断的一种方法。此法一般采用高分辨率、高灵敏度的质子探针来对大气气溶胶单颗粒物和可能的污染源颗粒物进行分析，得到它们特征 Micro-PIXE 能谱，然后利用模式识别的方法直接对能谱进行比较和统计，以此来判断大气污染物的来源及其贡献率。该法由于电子微探针、核子微探针、质子微探针扫描电镜等分析手段的发展得到了广泛的运用。

由于 PM$_{2.5}$ 粒径小，比表面积大，易于富集各种有机物、重金属、二次硫酸盐和二次硝酸盐等多种污染物，利用总体分析的传统方法，可能使颗粒物的某些特征元素，或某些低浓度毒性元素检测不到，导致解析结果不准确。而单颗粒物源解析在不破坏样品的情况下，直接客观地对单个颗粒物进行观察表征，并能够检测低浓度污染物，即将 PM$_{2.5}$ 的复杂组成进行分析，找出 PM$_{2.5}$ 来源的重要特征污染物，为 PM$_{2.5}$ 的解析提供有力的基础。

（4）扩散模型和受体模型联用

目前，环境管理和污染控制要求对颗粒物的来源进行更加细致的解析，将扩散模型和受体模型这两类模型结合使用，成为源解析研究的趋势之一。扩散模型可以计算由于成分谱相似而使受体模型污染解析的某些特定污染源的贡献，使得污染治理方案更有针对性；受体模型的优势在于不要求对污染源进行详细调查，不依赖于气象资料和气溶胶在大气中的许多特性参数，便能解决扩散模型难以处理的问题。因此，1985 年 Chow 提出了将这两类模型结合起来的设想，并通过实例对比了扩散模型和受体模型获得的解析结果负荷和差异的程度，指出了协调和相互补充解析结果的方法思想，为扩散模型和受体模型复合的源解析技术的开发和应用提供了基本思路。

2. 我国主要城市 PM$_{2.5}$ 源解析初步结果

由于源解析技术能够对大气中 PM$_{10}$、PM$_{2.5}$ 等颗粒态污染物的来源进行定性或定量判定，因此研究结果在环境管理中发挥着越来越重要的作用。近几年来，我国环境监测部门、高校及科研院所对大气 PM$_{2.5}$ 的源解析进行了深入研究，取得了相当多的成果，为大气污染防治提供了有力的技术支撑。

（1）北京

2014 年北京市环保局公布的最新分析结果显示，采用 CMB 模型进行分析，在北京本地 PM$_{2.5}$ 污染中，机动车、燃煤、工业生产、扬尘为主要来源。机动车占 31.1%，燃煤占 22.4%，工业生产占 18.1%，扬尘占 14.3%，餐饮、汽车修理、畜禽养殖、建筑涂装等其他排放约占 14.1%。这其中，机动车对 PM$_{2.5}$ 的贡献是综合性的，既包括直接排放的 PM$_{2.5}$ 及其气态前体物，也包括间接排放的道路交通扬尘等。源解析结果见图 6-32。

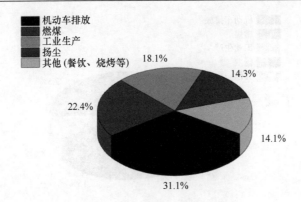

图 6-32　北京市 PM$_{2.5}$ 源解析结果

（2）天津

根据 2014 年天津市环保局公布的最新结果，天津市 PM$_{2.5}$ 来源中本地排放占 66%～78%，区域传输占 22%～34%。在本地污染贡献中，扬尘、燃煤、机动车、工业生产为主要来源，分别占 30%，27%，20%、17%，餐饮、汽车修理、畜禽养殖、建筑涂装及海盐粒子等其他排放对 PM$_{2.5}$ 的贡献约为 6%。天津市 PM$_{2.5}$ 源解析结果见图 6-33。

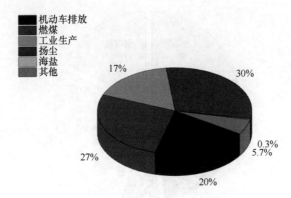

图 6-33　天津市 PM$_{2.5}$ 源解析结果

（3）石家庄

根据 2014 年石家庄市环保局公布的最新结果显示，PM$_{2.5}$ 源解析包含来源和主要成分两部分。石家庄市 PM$_{2.5}$ 的 23%～30% 来自区域污染传输，70%～77% 来自本地污染。在本地来源中，燃煤（28.5%）、工业生产（25.2%）、扬尘（22.5%）、机动车（15.0%）成主因，其他生物质燃烧、餐饮、农业等占比 8.8%。从主要成分来看，地壳元素（29%）、硫酸盐（16%）、有机物（14%）占前三位。源解析结果见图 6-34。

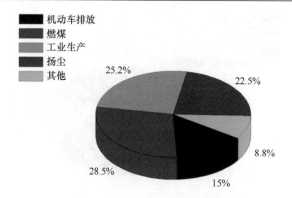

图 6-34　石家庄市 PM$_{2.5}$ 源解析结果

（4）武汉

肖经汗等采用电感耦合等离子体原子发射光谱（ICP-AES）法研究了 2011 年夏季武汉市区 PM$_{2.5}$ 膜采样样品中 14 种无机元素组成，利用正定矩阵因子分解法（PMF）对其来源进行了解析，结果表明 5 种主要来源分别为燃煤源、路面扬尘、工业源、交通源和残油燃烧，其中交通源（29%）和路面扬尘（27%）贡献较大（肖经汗等，2013），见图 6-35。

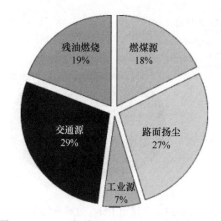

图 6-35　2011 年武汉夏季 PM$_{2.5}$ 来源解析结果

（5）成都

张智胜等利用正交矩阵因子分解法（PMF）对 2009~2010 年各季节典型月份在成都城区采集的 PM$_{2.5}$ 样品进行了源解析，结果表明，土壤尘及扬尘生物质燃烧机动车源和二次硝酸盐/硫酸盐的贡献率分别为 14.3%、28.0%、24.0% 和 31.3%。就季节变化而言，生物质燃烧源贡献率在四个季节均维持在较高水平；土壤尘及扬尘的贡献率在春季显著提高；机动车源的贡献率在夏季中表现突出；而二次硝酸盐/硫酸盐的贡献率在秋冬季中则最为显著（张智胜等，2013）。图 6-36 为 PMF 法解析出的源在各季节对 PM$_{2.5}$ 质量浓度的平均贡献率，其中因子 1 为土壤尘及扬尘、因子 2 为生物质燃烧、因子 3 为机动车源、因子 4 为二次硝酸盐/硫酸盐、因子 5 为其他来源。

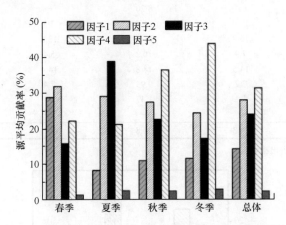

图 6-36　各种源对成都城区 PM$_{2.5}$ 质量浓度的平均贡献率

（6）杭州

包贞等于 2006 年在杭州市两个环境受体点位采集不同季节大气中的 PM$_{2.5}$ 样品。采集了多种颗粒物源类样品，分析了其质量浓度和多种化学成分，包括 21 种无机元素 5 种无机水溶性离子以及有机碳和元素碳等，并据此构建了杭州市 PM$_{2.5}$ 的源与受体化学成分谱。用化学质量平衡（CMB）受体模型解析其来源，结果表明各主要源类对 PM$_{2.5}$ 的贡献率依次为机动车尾气尘 21.6%、硫酸盐 18.8%、煤烟尘 16.7%、燃油尘 10.2%、硝酸盐 9.9%、土壤尘 8.2%、建筑水泥尘 4.0%、海盐粒子 1.5%（包贞等，2010）。表 6-16 为杭州市 PM$_{2.5}$ 源贡献值，其中结果 A 为未选择混合源类扬尘参与拟合计算的解析结果，结果 B 为用扬尘代替土壤尘的解析结果。

（7）济南

温新欣等采用化学质量平衡（CMB）源解析技术，研究探讨济南市采暖期和非采暖期环境空气中 PM$_{2.5}$ 的来源。结果表明：对济南市有明显贡献的颗粒物源类是煤烟尘、机动车尾气尘、土壤尘、扬尘、建筑尘、钢铁尘、硫酸盐和硝酸盐等，并且城市区域尘大于外来尘的贡献，各源类 PM$_{2.5}$ 贡献值和分担率的季节变化较明显（温新欣等，2009），见图 6-37 和图 6-38。

（8）南京

黄辉军等在夏、冬两季分别在南京市 4 个站点进行为期 7 天的 PM$_{2.5}$ 采样，

表 6-16 杭州市 PM$_{2.5}$ 源贡献值

源类	结果 A(PM$_{2.5}$)		结果 B（PM$_{2.5}$）	
	贡献值（μg/m³）	分担率（%）	贡献值（μg/m³）	分担率（%）
扬尘	—	—	15.7	20.3
建筑水泥尘	3.1	4.00	1.6	2.10
土壤尘	6.4	8.20	—	—
煤烟尘	12.9	16.7	7.3	9.44
机动车尘	16.7	21.6	13.5	17.4
燃油尘	7.9	10.2	5.4	7.04
硫酸盐	14.5	18.8	14.4	18.6
硝酸盐	7.7	9.93	7.4	9.55
海盐粒子	1.1	1.47	1.1	1.41
冶金尘	—	—	—	—
合计	70.3	90.8	66.5	85.8

注：PM$_{2.5}$ 中未解析出冶金尘

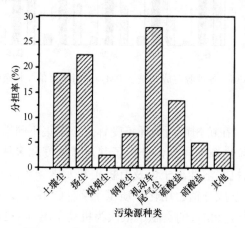

图 6-37 济南市非采暖季 PM$_{2.5}$ 源解析

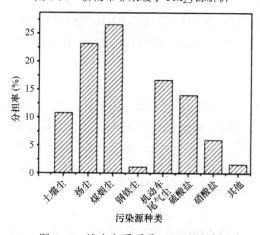

图 6-38 济南市采暖季 PM$_{2.5}$ 源解析

同步采集并分离主要排放源的 $PM_{2.5}$ 样品，用 X 射线荧光光谱仪（XRF）分析得到气样及源样中 $PM_{2.5}$ 的化学成分，对南京市 $PM_{2.5}$ 的物理化学特性、富集因子进行了分析，并应用化学质量平衡法（CMB）计算各类源对 $PM_{2.5}$ 的贡献。来源解析的结果表明，各类污染源对南京市 $PM_{2.5}$ 的贡献率分别为：扬尘 37.28%、煤烟尘 30.34%、硫酸盐 9.87%、建筑尘 7.95%、汽车尘 2.98%、冶炼尘 2.57%、其他源 9.01%（黄辉军等，2006），见图 6-39 和图 6-40。

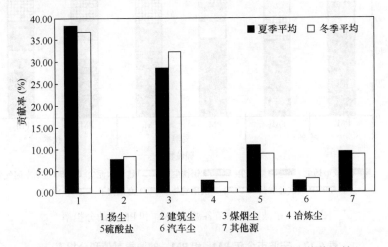

图 6-39　南京市六类源对 $PM_{2.5}$ 贡献率的夏、冬季平均值比较

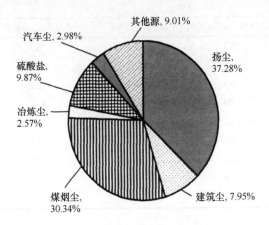

图 6-40　南京市六类源对 $PM_{2.5}$ 贡献率全年平均

（9）宁波

　　肖致美等于 2010 年在宁波 3 个环境受体点采集不同季节 PM_{10} 和 $PM_{2.5}$ 样品，同时采集颗粒物源类样品。使用化学质量平衡模型（CMB）对宁波市区的 PM_{10} 和

PM$_{2.5}$来源进行了解析。结果表明对PM$_{10}$和PM$_{2.5}$有重要贡献的源类是城市扬尘、煤烟尘、二次硫酸盐、机动车尾气尘、二次硝酸盐和SOC，其分担率分别为19.9%、14.4%、16.9%、15.2%、9.78%和8.85%（肖致美等，2012），见图6-41和表6-17。

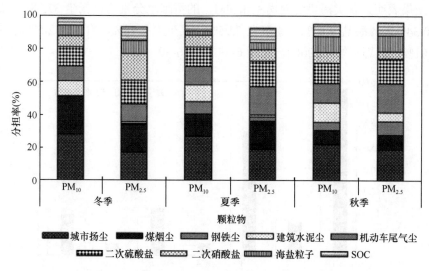

图6-41　宁波市各季节各源对PM$_{10}$和PM$_{2.5}$的分担率

表6-17　宁波市全年PM$_{10}$和PM$_{2.5}$的源贡献值和分担率

源类	PM$_{10}$		PM$_{2.5}$	
	贡献值（μg/m³）	分担率（%）	贡献值（μg/m³）	分担率（%）
城市扬尘	30.3	23.0	16.9	19.9
建筑水泥尘	3.20	2.43	0.48	0.56
煤烟尘	20.9	15.9	12.2	14.4
钢铁尘	7.70	5.85	3.45	4.05
机动车尾气尘	16.2	12.3	12.9	15.2
二次硫酸盐	17.5	13.3	14.4	16.9
二次硝酸盐	11.3	8.58	8.32	9.78
SOC	7.38	5.61	7.53	8.85
海盐粒子	6.54	4.97	3.63	4.26

（10）青岛

吴虹等于2011～2012年分别在青岛设6个和2个采样点采集PM$_{2.5}$样品，分析二者颗粒物中多种无机元素水溶性离子和碳等组分的质量浓度。采用CMB-iteration模型估算法，确定一次源类及二次源类对PM$_{2.5}$的贡献。结果表明：SO$_4^{2-}$、NO$_3^-$、EC和OC主要富集在PM$_{2.5}$中；二次硫酸盐、二次硝酸盐、机动车尾气尘及 SOC（二次有机碳）等在 PM$_{2.5}$ 中的分担率分别为 19.3%、8.97%、13.7% 及 6.07%（吴虹等，2013），见图 6-42 和图 6-43。

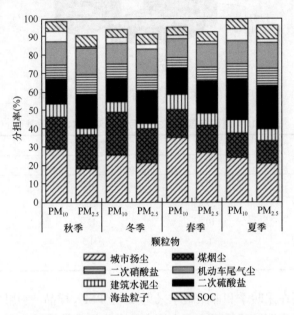

图 6-42　青岛四季 PM$_{10}$、PM$_{2.5}$ 各类源的分担率

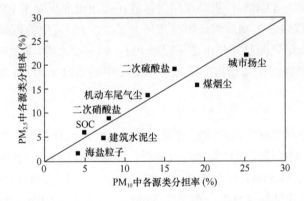

图 6-43　青岛 PM$_{10}$、PM$_{2.5}$ 各类源分担率的比较

（11）厦门

厦门市环境监测中心站利用主因子分析法（PFA）对 2005 年冬夏两季的 PM$_{2.5}$ 采样样品进行源解析（张学敏和庄马展，2007），结果如图 6-44 和表 6-18 所示。

（12）郑州

河南省环境监测中心陈纯等在郑州市沿主导风向选择 4 个监测点位，采用大

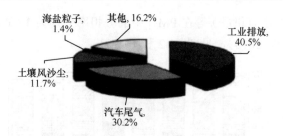

图 6-44   厦门市各主要污染源对 PM$_{2.5}$ 的贡献率

表 6-18   厦门市各季节主要污染源对 PM$_{2.5}$ 的贡献率

污染源	贡献率（%）		
	冬季	夏季	平均
工业排放	39.8	41.1	40.5
汽车尾气	39.8	20.5	30.2
土壤风沙尘	10.7	13.3	11.7
海盐粒子	1.4	1.3	1.4
其他	8.3	23.7	16.2

流量采样器分别在采暖季和非采暖季采集 40 个 PM$_{2.5}$ 样品。利用主成分分析法进行源解析，结果表明，建筑扬尘、土壤尘及道路扬尘是采暖季郑州市 PM$_{2.5}$ 的主要来源，贡献率为 43.46%；机动车尾气排放在郑州市非采暖季 PM$_{2.5}$ 的来源贡献率为 36.40%。煤炭及生物质燃烧源在郑州市采暖季 PM$_{2.5}$ 中的贡献率为 20.14%。地壳源和机动车尾气源是郑州市非采暖季 PM$_{2.5}$ 的主要来源，其贡献率为 54.88%。煤炭及生物质燃烧源在郑州市非采暖季 PM$_{2.5}$ 中的贡献率为 24.08%（陈纯等，2013）。

（13）重庆

重庆市环境科学研究院周志恩等采集 PM$_{2.5}$ 的环境样品及各类污染源样品进行分析。运用 CMB 模型对颗粒物进行解析，结果显示 PM$_{2.5}$ 的各污染源贡献率依次为机动车尾气 33.55%、二次粒子（硫酸盐 26.01%、硝酸盐 6.19%）、生物质燃烧 8.61%、餐饮业油烟 4.80%、土壤尘 3.68%、冶金尘 3.52%、燃煤尘 3.5%、建筑尘 0.59%（周志恩等，2011），结果如表 6-19 所示。

表 6-19   重庆市 PM$_{2.5}$ 解析结果

污染源	建筑	土壤	冶金	燃煤	机动车	扬尘	硝酸盐	硫酸盐	生物质	餐饮	其他	总量
贡献值（μg/m³）	0.53	3.27	3.13	3.12	29.86	—	5.51	23.15	7.66	4.27	8.50	89.0
贡献率（%）	0.59	3.68	3.52	3.50	33.55	—	6.19	26.01	8.61	4.80	9.56	100

由于我国幅员辽阔，各地区、各城市的工业结构布局、经济发展水平以及气候条件等差异较大，PM$_{2.5}$ 的来源组成也有较大差异，但综合来看各地 PM$_{2.5}$ 来源主要包括燃煤、工业、机动车、扬尘，以及餐饮、农业、生物质燃烧等几大类。全国已开展 PM$_{2.5}$ 源解析工作主要城市的分析结果见表 6-20。

表 6-20 全国主要城市 PM$_{2.5}$ 源解析结果（%）

研究地点	研究方法	燃煤、燃油、生物质燃烧	机动车	建筑扬尘、土壤尘	二次粒子	工业	餐饮	海盐	其他
北京	CMB	22.4	31.1	14.3		18.1	14.1		—
天津	CMB	27	20	30		17	6		
石家庄	CMB	28.5	15	22.5		25.2	8.8		
重庆	CMB	12.1	33.6	4.3	32.2		4.8	—	13
厦门	PFA	40.5	30.2	11.7				1.4	16.2
杭州	CMB	26.9	21.6	12.2	28.7			1.5	9.1
武汉	PMF	44	29	27	—				—
成都	PMF	28	24	14.3	31.3				2.4
济南	CMB	—	27.1	32.8	20.9				19.2
南京	CMB	32.9	3	45.3	9.9				8.9
宁波	CMB	14.4	15.2	19.9	35.5				15
青岛	CMB	15.9	13.7	27	34.3			1.8	7.3
郑州	PFA	20.1	36.4	43.5	—				

3. 我国系统开展颗粒物源解析工作展望

近年来，随着我国社会经济的快速发展，在我国多个地区接连出现以颗粒物（PM$_{10}$ 和 PM$_{2.5}$）为特征污染物的灰霾天气，对人民群众的身体健康和社会经济发展产生影响。大气颗粒物来源解析工作是科学、有效开展颗粒物污染防治工作的基础和前提，是制定环境空气质量达标规划和重污染天气应急预案的重要基础和依据，因此在全国重点区域和主要城市开展颗粒物源解析工作，对于科学高效的环境管理至关重要。

大气颗粒物来源解析工作是定性或定量识别大气颗粒物的来源，是一项长期、复杂且系统的技术性工作。大气颗粒物来源解析涉及多种技术方法、模型选择、样品采集与分析、化学成分谱的科学构建、模拟运算以及解析结果评估与应用等，必须强化技术要求和科学规范。为此，环境保护部于 2013 年 8 月发布了《大气颗粒物来源解析技术指南（试行）》（环发 2013 第 92 号文件），指导并规范各地陆续开展的大气颗粒物来源解析工作。

各地应根据空气污染现状、工作基础和污染防治目标，结合社会经济发展水平与技术可行性，科学选择适宜的来源解析技术方法；同时，也要按照标本兼治和循序渐进的原则，针对颗粒物来源解析工作的长期性和专业性要求，加强针对性监测，注重数据积累，增强科学研究，加快人才培养，加强能力建设，开展技术交流与培训，提升颗粒物来源解析工作的水平和能力，不断提高颗粒物来源解析准确度。

6.4　我国大气 PM$_{2.5}$ 监测质量保证与质量控制体系现状

6.4.1　监测点位布设技术要求

2013 年环保部发布了《环境空气质量监测点位布设技术规范》（HJ 664—2013），对环境空气监测点位的布设要求进行了规范，主要内容包括环境空气质量监测点位布设原则；环境空气质量监测点位布设要求（包括城市点、区域点、背景点、污染监控点、路边交通点）；点位布设数量要求；监测点周围环境和采样口位置的具体技术要求；点位增加、变更、撤销等点位管理要求等。点位布设技术规范为 PM$_{2.5}$ 监测点位的科学、合理布设提供了技术依据。

6.4.2　PM$_{2.5}$ 监测方法体系

《环境空气质量标准》（GB 3095—2012）中规定了 PM$_{2.5}$ 的监测方法，包括手工监测方法和自动监测方法，手工监测方法标准为《环境空气 PM$_{10}$ 和 PM$_{2.5}$ 的测定重量法》（HJ 618—2011），自动监测方法包括微量振荡天平法与β射线法。这一规定进一步明确了在我国开展 PM$_{2.5}$ 监测所应该选取的监测方法，保证了全国各地监测数据的可比性。

经过对各种自动监测方法与我国手工标准方法的比对试验，结果表明，β射线加动态加热系统方法、β射线加动态加热系统联用光散射方法、微量振荡天平加膜动态测量系统方法可以满足我国 PM$_{2.5}$ 自动监测工作需要，而微量振荡天平法不能满足工作需要。

6.4.3　PM$_{2.5}$ 监测设备技术要求

对用于手工标准方法的 PM$_{2.5}$ 手工采样仪器，环保部于 2013 年颁布了《环境空气颗粒物（PM$_{10}$ 和 PM$_{2.5}$）采样器技术要求与监测方法》（HJ 93—2013）对 PM$_{2.5}$ 手工采样器的技术要求、性能指标、检测方法进行了规范。

对用于自动监测方法的 PM$_{2.5}$ 自动监测仪器，环保部于 2013 年颁布了《环境空气颗粒物（PM$_{10}$ 和 PM$_{2.5}$）连续自动监测系统技术要求与检测方法》（HJ 653—2013）、《环境空气颗粒物（PM$_{10}$ 和 PM$_{2.5}$）连续自动监测系统安装和验收技术规范》（HJ 655—2013）等标准，针对 $PM_{2.5}$ 自动监测仪器设备的具体要求，中国环境监测总站于 2012 年、2013 年先后印发了《$PM_{2.5}$ 自动监测仪器技术指标与要求（试行）》、《$PM_{2.5}$ 自动监测仪器技术指标与要求（试行）（2013 年版）》，上述标准和技术要求对 $PM_{2.5}$ 自动监测仪器的性能要求、技术指标、检测方法，以及设备的安装、调试、试运行、研究技术要求等进行了详细规定。

6.4.4　$PM_{2.5}$ 监测系统运行与质量控制

由于 $PM_{2.5}$ 第一次列入我国环境空气质量标准并开展监测，为了加强对 $PM_{2.5}$ 监测工作的质量控制，中国环境监测总站于 2013 年印发了《国家环境空气质量监测城市自动监测站运行管理暂行规定》，于 2014 年又印发了《国家环境监测网环境空气自动监测管理办法（试行）》（总站质管 [2014]227 号）以及《国家环境监测网环境空气颗粒物（PM_{10}、$PM_{2.5}$）自动监测手工比对核查技术规定（试行）》。上述技术规定对于 $PM_{2.5}$ 自动监测的运行与质控提出了具体要求，保证了全国范围内 $PM_{2.5}$ 自动监测质量控制工作的有序开展。

此外，在 $PM_{2.5}$ 自动监测质量控制相关国家标准方面，原国家环保总局 2005 年颁布了《环境空气质量自动监测技术规范》（HJ/T 193—2005），规定了环境空气自动监测系统的采样频率、监测项目、采用仪器与相应的监测分析方法、监测过程中的质量保证和质量控制技术要求等内容，$PM_{2.5}$ 列入空气质量标准后，其运行与质量控制工作主要参考 HJ/T 193—2005 的相关要求进行。为了完善 $PM_{2.5}$ 质控相关标准体系，环保部启动了相关标准规范的制修订工作，专门针对 $PM_{2.5}$ 自动监测的质量保证与质量控制的《环境空气 PM_{10} 与 $PM_{2.5}$ 自动监测系统运行与质控技术规范》的编制工作正在进行之中，按计划将于 2016 年颁布实施。

目前国家环境空气质量监测网 $PM_{2.5}$ 自动监测过程中的常用质控技术主要包括：定期清洗颗粒物采样头和采样管；定期对校准用流量计和温度湿度气压计等标准进行量值传递；定期进行采样流量校准；定期进行零膜和标准膜校准；定期对 TEOM 方法的颗粒物自动监测仪传感器（温度和气压）和质量变送器 K0 值的检查校准；定期开展 $PM_{2.5}$ 自动监测的手工比对试验。

6.5　大气 $PM_{2.5}$ 监测结果评价与信息发布

6.5.1　环境空气质量标准

2012 年环保部颁布了《环境空气质量标准》（GB 3095—2012），该标准第一次将 $PM_{2.5}$ 指标列入我国空气质量标准，规定了 $PM_{2.5}$ 的年均值和日均值的一级标准和二级标准限值，该标准是我国进行 $PM_{2.5}$ 空气质量评价的重要基础。

6.5.2　环境空气质量指数（AQI）技术规定

2012 年为配合空气质量新标准的实施，环保部颁布了《环境空气质量指数（AQI）技术规定》（HJ 633—2012），规范了环境空气质量指数日报、实时报的工作要求和程序。利用该规定可以将各项污染物的实际浓度转换为无量纲的空气质量指数，根据空气质量指数可以空气质量划分为"优、良、轻度污染、中度污染、重度污染、严重污染" 6 个级别，同时针对不同的空气质量级别给出相应的健康指引和出行建议，便于社会公众对空气质量状况信息的理解和采取相应的措施，技术规定在扩大环境信息公开，服务社会公众方面发挥了重要作用。

但该规定在实施过程中也显现出一些问题，主要表现在颗粒物实时报反映不及时、日报和实时报中臭氧评价结果有矛盾、臭氧 8 小时滑动平均值计算时段不明确、空气质量类别划分不合理、缺乏城市总体评价方法等（潘本锋等，2015）。

针对 AQI 技术规定存在的问题，建议采用颗粒物（PM$_{10}$、PM$_{2.5}$）小时浓度值进行空气质量实时评价；同时修订空气质量类别分级，将现技术规定中的"优"调整为"优良"，将"良"调整为"一般"。则调整后的空气质量指数类别可划分为"优良、一般、轻度污染、中度污染、重度污染、严重污染"；针对我国空气质量管理需求，增加城市空气质量总体评价相关内容，进行城市整体空气质量指数计算和城市总体空气质量评价。

6.5.3　环境空气质量评价技术规范

为规范环境空气质量评价工作，保证空气质量评价结果的统一性和可比性，2013年环保部颁布了《环境空气质量评价技术规范》（HJ 663—2013），该规范规定了环境空气质量评价的范围、评价时段、评价项目、评价方法及数据统计方法等内容。

针对 PM$_{2.5}$ 的空气质量评价，除使用空气质量标准中规定的年均值指标和日均值指标外，在进行 PM$_{2.5}$ 年评价时，增加了 PM$_{2.5}$ 日均值第 95 百分位数这一指标。同时采用年均值和日均值百分位数进行评价，在控制日均值同时，也加强了日均值极大值的控制，可以更加全面地反映空气质量状况，更好地为空气质量管理服务。

6.5.4　城市空气质量排名办法

2013 年 9 月国务院印发了《大气污染防治行动计划》（国发[2013]37 号），行动计划要求"国家每月公布空气质量最差的 10 个城市和最好的 10 个城市名单，各省、区、市要公布本行政区域内地级及以上城市空气质量排名"。为落实大气污染防治行动计划，督促各级政府加强大气污染控制，环保部于 2014 年发布了《城市环境空气质量排名技术规定》，明确了城市间环境空气质量比较和排名的技术规定。

城市环境空气质量排名依据空气质量综合指数（简称综合指数）进行排序。综合指数是参与城市空气质量评价的各项污染物单项指数之和，综合指数越大表明城市空气污染程度越重。综合指数计算方法如下：

（1）评价项目选择

评价项目采用《环境空气质量标准》（GB 3095—2012）中 6 个基本项目：二氧化硫（SO$_2$）、二氧化氮（NO$_2$）、可吸入颗粒物（PM$_{10}$）、臭氧（O$_3$）、一氧化碳（CO）、细颗粒物（PM$_{2.5}$）。

（2）评价浓度选择

SO$_2$、NO$_2$、PM$_{10}$、PM$_{2.5}$ 的评价浓度为评价时段内日均浓度的平均值，O$_3$ 的评价浓度为评价时段内日最大 8 小时平均值的第 90 百分位数，CO 的评价浓度为评价时段内日均浓度的第 95 百分位数。

（3）单项质量指数计算

指标 i 的单项质量指数 I_i 按（6-1）计算：

$$I_i = \frac{C_i}{S_i} \qquad (6\text{-}1)$$

式中，C_i 为指标 i 的评价浓度值；S_i 为指标 i 的标准值。当 i 为 SO$_2$、NO$_2$、PM$_{10}$ 及 PM$_{2.5}$ 时，S_i 为污染物 i 的年均浓度二级标准限值；当 i 为 O$_3$ 时，S_i 为日最大 8 小时平均的二级标准限值；当 i 为 CO 时，S_i 为日均浓度二级标准限值。

（4）综合指数计算

综合指数计算方法按（6-2）计算：

$$I_{\text{sum}} = \sum_{i=1}^{6} I_i \qquad (6\text{-}2)$$

式中，I_{sum} 为综合指数；I_i 为指标 i 的单项指数，i 包括全部六项指标，即 SO$_2$、NO$_2$、PM$_{10}$、PM$_{2.5}$、CO 和 O$_3$。

（5）排名信息发布内容

城市排名信息发布内容包括：环境空气质量相对较好的 10 个城市名单、相对较差的 10 个城市名单、各城市空气质量综合指数、最大单项指数、首要污染物名称等内容。

6.5.5 PM$_{2.5}$ 监测结果信息发布

1. 我国 PM$_{2.5}$ 监测结果信息发布现状

2012 年我国颁布了新的环境空气质量标准，为配合新标准的实施，中国环境监测总站启动了"国家环境空气监测网数据传输与网络化质控平台"项目建设，以实现全国范围地级城市环境空气质量自动监测和联网分析发布。在推进环境信息公开，保障公众的环境知情权方面发挥了重要作用。

国家环境空气监测网数据传输与网络化质控平台由国家监控中心、省级监控中心、城市站监控中心与空气质量自动监测站监控系统四部分构成。

空气质量自动监测站监控系统主要由污染物分析仪器、气象仪器、站房传感器、站房温室控制仪器（空调、除湿机、升温器）、工控机、采样总管监控仪器等构成，采用局域网与现场总线连接；国家、省、城市的监控中心则根据其不同的业务规模，配置不同等级与数量的应用服务器、数据库服务器、GIS 服务器、交换机、防火墙、路由器等，各级监控中心自成局域网，保证内部的高速稳定通信；子站监控系统与各级监控平台间通过互联网连接，为保证数据的安全性，采用VPN 技术对网络数据传输进行访问验证和消息加密。

国家环境空气监测网数据传输与网络化质控平台主要完成监测数据的实时采集与传输、远程质控、数据审核与应用发布等功能，涉及的平台主体间的数据流可分为四类：Ⅰ类，监测结果及状态数据；Ⅱ类，QC 结果数据；Ⅲ类，QC 控制指令；Ⅳ类，审核后数据（包括监测数据、QC 结果、QA 结果）。

一般地，子站设备和系统的维护由城市站指派一线技术员或委托代维商负责子站相关仪器、站房环境控制设备及信息化系统的现场操作和维护工作。

子站采集的监测结果及状态数据（Ⅰ类）则通过安全网络按"向上备份"的规则，多点播报给城市站、省站以及国家站。

城市站相关人员负责对子站采集的监测结果数据、QC 及 QA 结果数据进行审核，并将通过审核的数据（Ⅳ）上报到省站平台，省站平台收集下属各城市站的上报数据，由相关负责人审核，通过后上报到国家站，国家站收集到这些数据审核无误后即可进行公众发布。

国家站、省站、城市站各级中心平台均可对子站进行远程操控，国家、省、市各级平台用户通过平台系统提供的功能界面，可以对下属子站发出质量控制指令（Ⅲ类），由各子站自动执行，并回馈执行情况和结果（Ⅱ类），见图 6-45。

为了方便公众便捷、直接地获取 PM$_{2.5}$ 信息，环保部开发了"全国城市空气质量实时发布平台"，公众可以在网站上方便地查询国家环境空气监测网络内各监测站点，包括PM$_{2.5}$ 在内的 6 项指标的实时监测结果，以及各项指标的最近 24 小时内的逐小时监测结果。这些监测结果均来自于国家监测网内 338 个城市，1436个监测点位的实时监测结果，实现了所有监测点位实时监测、实时发布，最大限度地保证了监测数据准确客观真实、准确可靠，充分保障了公众的环境知情权。发布平台发布页面见图 6-46 至图 6-49。

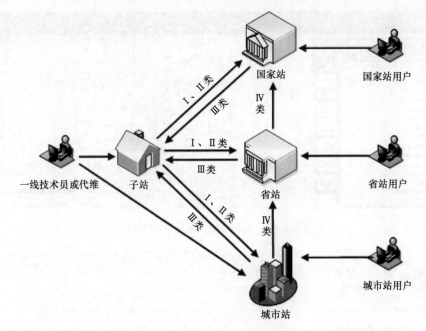

图 6-45　国家网网络构建示意图

图 6-46　全国空气质量发布平台

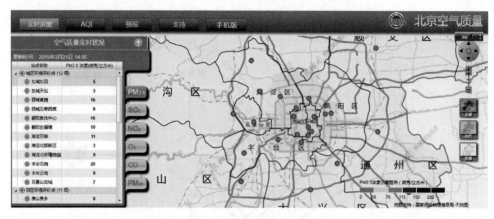

图 6-47　北京市空气质量发布平台

图 6-48　上海市空气质量发布平台

2. 国外 PM$_{2.5}$ 监测结果发布现状

目前，美国、日本、韩国、英国、法国等国家均已开展 PM$_{2.5}$ 监测，并发布了 PM$_{2.5}$ 监测结果，综合各国 PM$_{2.5}$ 监测结果发布现状，为方便公众了解 PM$_{2.5}$ 污染状况和健康影响，各国主要以发布空气质量指数为主。空气质量指数是根据主要污染浓度计算所得的用来表征空气质量状况的无量纲指数，为公众提供出行建议和健康指引，便于公众理解空气质量状况信息。各国 PM$_{2.5}$ 结果发布情况见图 6-50 至图 6-54。

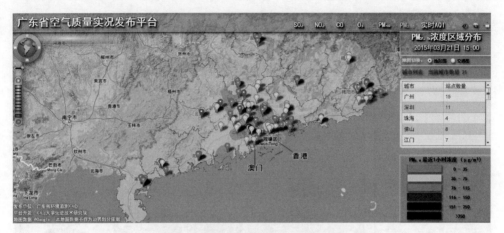

图 6-49　广东省空气质量发布平台

图 6-50　美国空气质量发布界面

在 PM$_{2.5}$ 监测数据共享方面，目前美国、英国、法国等国家均提供了 PM$_{2.5}$ 监测数据的下载共享，以满足社会公众和相关研究机构的数据需求，各国数据下载共享界面见图 6-55 至图 6-57。

3. 我国 PM$_{2.5}$ 监测信息发布与数据共享建议

目前，我国的空气质量发布平台已经公开发布了各国控站点的 PM$_{2.5}$ 实时监

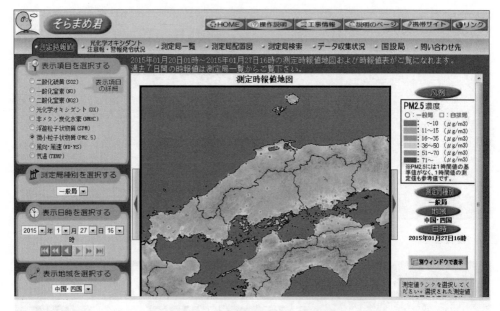

图 6-51　日本空气质量发布界面

图 6-52　韩国空气质量发布界面

测数据,在保障社会公众环境知情权、为公众提供出行建议和健康咨询、支撑环境相关科学研究方面发挥了重要作用,但在数据共享下载方面,目前我国仅上海市提供了环境空气质量标准中各项污染物的日均值监测结果下载服务(见图 6-58),

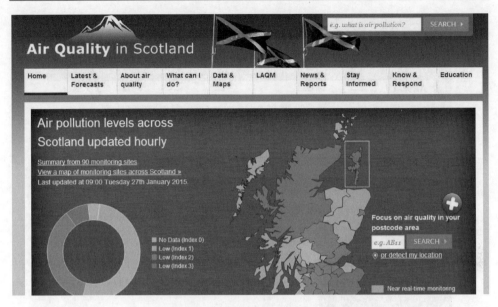

图 6-53　英国空气质量发布界面

图 6-54　法国空气质量发布界面

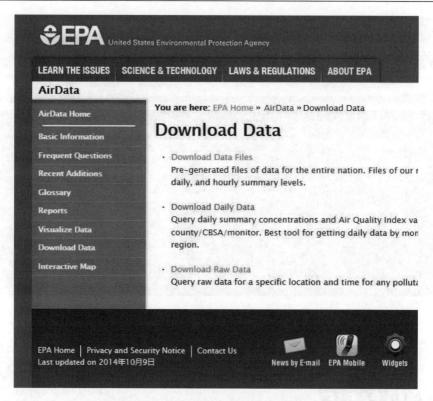

图 6-55　美国空气监测数据共享界面

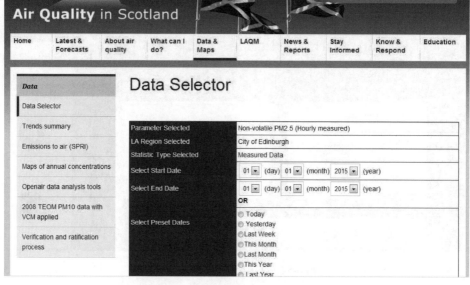

图 6-56　英国空气监测数据共享界面

图 6-57　法国空气监测数据共享界面

序号	日期	PM2.5日均值 (微克/立方米)	PM10日均值 (微克/立方米)	O3日最大8小时均值 (微克/立方米)	SO2日均值 (微克/立方米)
1	2014-12-31	102	159	60	41
2	2014-12-30	130	174	49	48
3	2014-12-29	145	201	57	51
4	2014-12-28	71	102	48	30
5	2014-12-27	22	38	59	21
6	2014-12-26	22	38	63	17
7	2014-12-25	35	41	66	16
8	2014-12-24	134	179	45	59
9	2014-12-23	61	98	58	25
10	2014-12-22	77	120	38	46
11	2014-12-21	66	105	34	43

图 6-58　上海市空气监测数据共享界面

在全国范围内尚没有普遍提供 PM$_{2.5}$ 历史数据下载服务，经调研，国内诸多环境科研机构对空气监测历史数据需求强烈，为加大环境信息公开力度，更好地服务于社会公众，服务于环境科学研究和环境管理，建议在我国空气质量信息发布平台逐步开放 PM$_{2.5}$ 监测数据下载功能。

6.6 PM$_{2.5}$ 研究性监测技术体系研究

6.6.1 超级站的定义与功能

超级站（Supersite）在国际上是指高度专业化、设备完善的空气环境监测设施，利用先进的仪器，综合而全面地监测空气质量。它能以更细致的时间分辨率开展长期监测（可细至以秒计算）。与常规的空气质量监测相比，它的检测限更低、灵敏度更高，能够监测更多相关污染物的物理与化学性质，可以针对大气污染演变规律形成机制等相关科学问题开展专业性的研究。

超级站是我国城市环境空气质量监测网络的必要且十分重要的补充，其功能和目标主要有以下几点：①兼顾环境管理业务与科学研究双重功能，可作为长期性综合观测平台和科学研究基地；②具备气溶胶光化学和多种大气污染因子在线监测能力以及特征大气污染物的离线监测能力，支撑区域大气复合污染的特征、成因、过程和效应的研究；③定量评估区域大气污染综合防治措施成效，为环境管理和综合决策提供长期基础数据和科技支撑；④协助区域空气质量监测网络管理，承担标准传递和溯源，可开展各种监测方法仪器设备的比对和检验，加强监测网络的质量管理，并为监测仪器研发提供技术支持。

6.6.2 国外超级站建设运行概况

为了全面分析和研究颗粒物在大气中的成分、前体物、形成、转化、迁移、与其他污染物的相互影响和对人体健康的影响，美国从 1999 年开始先后分两个阶段在空气质量非达标区建立了总共 8 个大气超级监测站，并于 2005 年建成。2006～2011 年，欧洲建立了覆盖 17 个国家的欧洲气溶胶超级站网络（20 个超级站），长期监测气溶胶理化和光学特性，为控制措施成效评估及其效应研究提供支撑。

6.6.3 国内超级站建设运行概况

目前，我国在多数地区空气质量达标尤其是二次污染物达标形势非常严峻。在区域大气复合污染特征凸显的地区，建立具有一定前瞻性的超级站，有利于揭示大气复合污染成因，将对大气污染综合防治决策提供重要的科技支撑，近年来政府各级环境监测部门、环境相关科研院所逐步开展了超级站建设工作。

1. 中国科学院遥感与数字地球研究所超级站

2007 年 5 月中国科学院启动了"奥运北京大气行动计划"，在位于北京北五环的中国科学院遥感与数字地球研究所楼顶建立了北京地区大气环境监测超级站。

该超级站的监测设备主要有：振荡天平法（TEOM）颗粒物监测仪、黑碳分析仪、粒径谱分析仪、太阳分光光度计（CE318）、能见度仪、双波段偏振激光雷达；长光程主动 DOAS、多轴被动 DOAS；气象五参数自动测量仪。

超级站监测内容包括：①颗粒物相关参数的监测：主要包括 PM$_{10}$、PM$_{2.5}$，黑碳，粒径谱分布，气溶胶光学厚度，能见度，气溶胶后向散射系数垂直分布，退偏比；②污染气体浓度监测：近地面气体浓度包括臭氧（O$_3$）、二氧化氮（NO$_2$）、二氧化硫（SO$_2$）、甲醛（HCHO）、苯-甲苯-二甲苯混合物（BTX）；垂直柱浓度污染气体包括臭氧（O$_3$）、二氧化氮（NO$_2$）、二氧化硫（SO$_2$）；③气象参数：主要包括气温、气压、相对湿度、风向、风速。

遥感所超级站基于上述监测设备，采用固定点连续监测、地面监测与地基垂直测量相结合、地面遥测与卫星观测相结合、常规监测与高技术手段监测相结合，构成空气质量立体监测系统，实现了奥运时段对北京及周边地区空气质量的立体监测。在"北京 2007 年大气环境治理预案"实施的有效性，"北京 2008 年大气环境治理实施方案"的评估中挥了重要作用。目前该超级站仍在持续运行中。

2. 中国广东大气超级监测站

中国广东大气超级监测站是中国第一个业务化运行的区域大气超级站，也是珠三角区域大气复合污染立体监测网络系统建设的重要内容。该站位于广东省鹤山市，海拔 60 m，距离广州市 80 km，距离佛山和江门市分别为 50 km 和 30 km。实际监测和数值模拟结果表明该超级站能很好地反映珠三角地区大气区域污染特征。

该站根据观测目标和相应配置仪器，由气溶胶综合观测室、光化学综合观测室、多参数综合观测室和离线观测实验室共同组成。

气溶胶综合观测室通过观测区域大气复合污染背景下气溶胶物理、化学和光学特性及其演变过程，结合气溶胶动力学模型、大气污染化学模拟等方法，探讨区域灰霾形成原因和二次气溶胶生成机制。

光化学综合观测室通过观测区域大气复合污染背景下臭氧、PANs 等重要光化学反应参与物种的特性、变化规律及相互关系，结合大气污染化学模拟等方法，探讨珠三角地区大学光化学反应特性与区域复合污染的成因。

多参数综合观测室通过长期、连续、高时间分辨率观测珠三角地区气溶胶基本特性、重要气态污染物的浓度和关键气象参数，为揭示珠三角空气质量、探讨区域灰霾形成原因和光化学污染形成过程提供基础数据。相当于一个区域站。

离线观测实验室用于采集和分析区域大气复合污染背景下降水、降尘、可吸入颗粒物与细颗粒物的化学组成，包括颗粒物的全组分分析（无机离子、有机酸、颗粒有机物、元素碳、金属元素等）和颗粒物化学成分质量粒径谱分布，为探讨区域灰霾形成原因、二次气溶胶生成机制、颗粒物健康效应等提供基础数据。

广东省大气超级站兼具业务和科研双重功能，由广东省环境监测中心负责其日常运行与数据集成管理。广东省监测中心成立了相互独立的质量保证、质量控制、数据管理和系统支持小组，负责超级站的运行管理、量值溯源、标准传递、数据审核等工作。科研合作期间，合作单位也可以参与超级站运作，为环保系统与高校及科研系统的友好合作提供了良好的科技平台和工作模式。

3. 重庆市空气监测超级站

重庆市大气复合污染综合观测实验室（空气监测超级站）于 2010 年初建成，配置了一批大气特征因子与气象观测在线设备，开展对重庆市主城灰霾天气环境空气质量、臭氧及其前驱体的污染状况、温室气体和反应性气体污染水平及气象参数的全面、长期的自动监测，为深入了解灰霾天气频次规律、大气颗粒物理化性质和光学特征、分析灰霾天气形成机理机器影响因素、开展光化学烟雾预警、控制温室气体排放及健康危害预防等项目的研究提供了详实可靠的基础数据，对环境管理决策具有深远的意义。

重庆市空气超级站由气态污染物监测区、气溶胶监测区和手工采样区组成，配备有大气稳定度仪、EC/OC 分析仪、太阳光度计、黑碳仪、八级采样器、大气激光雷达系统、颗粒物粒径谱仪、在线重金属分析仪、常规气象参数监测设备、UV 辐射计、能见度仪、被动 DOAS 监测仪、风廓线雷达和微波辐射计等。该超级站的日常运行维护和管理工作依托重庆市环境科学研究院，研究方向主要包括区域大气环境综合探测与模拟研究、大气污染成因与机理研究和大气环境质量改善综合调控技术等。

4. 济南市空气监测超级站

济南市环保监测站于 2009 年启动超级环境空气综合观测站建设工作。目前，市区中心泉城广场大气超级综合观测站已建成并进入试运行。监测项目包括：PM$_1$、PM$_{2.5}$、PM$_{10}$、TSP、SO$_2$、NO$_x$、CO、CO$_2$、O$_3$、VOCs、CH$_4$、CO$_2$、能见度、浊度、颗粒物的消光特性和气象参数（温、压、湿、风）等 17 类近百种。超级综合观测站构建了一个可反映中心城市污染状况、发展趋势及相互影响的多污染物综合观测平台，主要监测和研究工作如下：

● 开展常规项目监测和研究

该超级综合观测站能开展常规项目监测（ SO_2、 NO_x、CO、 PM_{10}、气象五参数）的监测和研究工作，满足了环境管理的日常需求。

● 开展大气灰霾的监测和研究

开展颗粒物浓度的自动监测和研究；开展空气中碳组分在线监测；搭建组合式地基遥感大气激光雷达在线探测。

● 开展大气氧化性和光化学烟雾污染的自动监测和研究

该超级站可连续监测分析空气中 56 种挥发性有机物组分即臭氧前躯体（POCP），通过对臭氧前提躯体 POCP、氮氧化物（ NO_x）和生成物臭氧（ O_3）的同步监测，掌握三种污染物的变化规律和内在关系，为开展大气氧化性和光化学烟雾污染研究和治理提供技术支持。

● 开展沙尘暴在线自动监测

TSP、 PM_{10} 和能见度仪设备结合组合式地基遥感大气激光雷达在线探测系统，能实现沙尘暴立体空间的跟踪探测，反演沙尘暴过境动态的三维浓度场，建立沙尘暴三维立体的自动探测体系。

● 开展温室气体在线自动监测

温室气体在线监测系统可以获得实时、准确的 CO_2 和 CH_4 等温室气体观测数据，能够为政府温室气体减排、限排措施的制定和实施提供科学依据。

5. 其他城市和地区

此外，北京、上海、南京、苏州、杭州、宁波、广州、沈阳、成都、西安、武汉、合肥等城市也已初步建成空气超级站并投入运行，厦门、辽宁、四川等省市已开展超级站的前期建设工作，监测项目涵盖多种与空气污染密切相关的大气化学和物理参数，旨在为分析城市和区域大气复合污染过程和成因、空气质量预警预报、大气污染区域联防联控、评估环保政策措施等提供强有力的科学支撑。

6.6.4　大气 $PM_{2.5}$ 研究性监测

由于城市化进程的加快，能源消耗量不断攀升，发达国家历经近百年出现的环境问题在我国近二三十年集中出现，空气污染形势发生了巨大转变，以 $PM_{2.5}$ 和光化学污染为特征的环境问题日益突出，对环境空气质量造成极大影响，严重制约社会的可持续发展，威胁人民群众的身体健康。

$PM_{2.5}$ 浓度监测的全面开展有助于说清我国各城市环境空气质量状况，但难以准确说清重污染成因和污染物来源等问题，难以为 $PM_{2.5}$ 污染联防联控提供行之有效的技术支持。因此，为有效应对日益突出的 PM$_{2.5}$ 污染问题，迫切需要开展 PM$_{2.5}$ 来源解析与 PM$_{2.5}$ 区域间传输规律分析、PM$_{2.5}$ 生成、转化、清除过程机理研究，以及 PM$_{2.5}$ 复合污染产生机理研究等工作。建议有条件的省市在超级站开展 PM$_{2.5}$ 在内的常规污染物监测的基础上，深入开展与 PM$_{2.5}$ 污染相关的研究性监测，主要包括 PM$_{2.5}$ 在线源解析、气溶胶激光雷达立体监测、重金属成分分析、EC/OC 测定、遥感监测等工作，以说清 PM$_{2.5}$ 污染特征、污染来源、与 PM$_{2.5}$ 相关的重污染天气成因及演变过程、区域间 PM$_{2.5}$ 等污染物的传输规律等，为管理部门有的放矢地制定相关政策和措施，开展大气污染联防联控提供技术支撑。

结合我国 PM$_{2.5}$ 的污染特征和 PM$_{2.5}$ 污染防治工作需求，各地在研究性监测方面可着重开展以下几个方面的研究。

1. PM$_{2.5}$ 粒径谱分析

目前，各地开展 PM$_{2.5}$ 监测主要侧重于 PM$_{2.5}$ 的质量浓度监测，对 PM$_{2.5}$ 的空气动力学特征、粒径分布研究不足，难以全面反映 PM$_{2.5}$ 的污染特征和物理化学属性，因此有必要开展 PM$_{2.5}$ 粒径谱分析。开展粒径谱分析，是揭示 PM$_{2.5}$ 粒子的来源和种类的有力工具，有利于各地开展 PM$_{2.5}$ 来源解析和污染控制。

空气动力学粒径谱仪（aerodynamic particle sizer，APS）通过测量在加速气流中不同粒径的颗粒物通过检测区域的飞行时间（TOF）来实时测量粒子的空气动力学粒径，并对颗粒物进行计数（HJ 655—2013）。APS 可以在很宽的粒径范围内实时在线、高分辨率地测量颗粒物的空气动力学直径和颗粒物的数浓度谱分布。空气动力学粒径谱仪已在实验室及工业生产等各个领域成功地应用了约 30 年，APS 突出的测量精度得到广泛认可。

光学颗粒物粒径谱仪（optical particle sizer，OPS）是一类利用颗粒物经过激光束产生脉冲，根据脉冲的强度来计算颗粒物的数量和粒径的粒径谱仪。

2. PM$_{2.5}$ 在线源解析

气溶胶在线飞行时间质谱仪是近年来发展起来的一种新技术，该方法克服了离线分析的各种缺点（周期长，环节多，样品易转化等），能够针对 PM$_{2.5}$ 等气溶胶单颗粒进行在线分析，在极短的时间内同时测定气溶胶的粒径和化学成分，可以为研究大气气溶胶快速变化的物理化学反应过程如气溶胶的形成、迁移和传输，气溶胶的种类识别和源解析，以及气溶胶对环境、气候和人体健康的影响提供重要数据。2000 年美国研制出了第一台商业化的气溶胶飞行时间质谱仪。我国目前也已经生产出国产化的气溶胶飞行时间质谱仪（如广州禾信仪器公司研发的移动式实时在线单颗粒气溶胶飞行时间质谱仪），能够实现单颗粒气溶胶粒径、化学成分以及颗粒物光学特性的同步测定，结合污染源谱能实现 PM$_{2.5}$ 在线源解析。

3. PM$_{2.5}$ 重金属成分在线分析

大气重金属污染（如 Pb、Cd、Cu、Zn 等）主要来源于工业生产、汽车尾气和汽车轮胎磨损产生的大量含重金属的有害颗粒物和气体等。大气重金属颗粒可以富积在绿色植物上，沉淀到土壤里，流入到河流里，造成环境的交叉污染；又可通过动物饮水进食停留在动物身体里，通过生物链的传递和富积进入人体体内，更可以通过呼吸作用和皮肤吸入作用进入人体，从而直接影响身体健康。

鉴于我国重金属污染防治工作形势，新修订的环境空气质量标准（GB 3095—2012）已将重金属纳入推荐监测项目。目前测定颗粒物重金属成分的方法有原子荧光光度法（AFS）、高效液相色谱法（HPLC）、电感耦合等离子体质谱（ICP-MS）分析技术、电感耦合等离体原子发射光谱（ICP-AES）。随着自动分析技术的不断发展，已有商业公司研制出了在线重金属分析设备，如美国 COOPER 公司生产的 Xact-625 型仪器，基于 X 射线荧光法实现了 PM$_{2.5}$ 等颗粒物中重金属元素的在线分析，为高精度、高频次分析颗粒物重金属成分提供了基础。

4. PM$_{2.5}$ 中可溶性阴阳离子在线监测

部分城市的研究结果表明，二次生成的气溶胶已经成为 PM$_{2.5}$ 的主要来源，在对手工采样获得的 PM$_{2.5}$ 样品分析时，发现硫酸盐、硝酸盐等无机盐是 PM$_{2.5}$ 的重要组成部分，因此有必要对 PM$_{2.5}$ 中的可溶性阴阳离子进行连续观测，以全面掌握颗粒物组成，为来源解析提供依据。

蒸汽喷射气溶胶采集-在线离子色谱法最早由荷兰能源研究中心 ECN（The Energy Research Center of the Netherlands）研发，最近几年，经过多次研发改进，已被欧美及亚洲许多国家用来大气环境的研究及监测。

蒸汽喷射气溶胶采集-在线离子色谱能够测量环境空气中气溶胶及相关气相中可溶性离子组分的浓度。测量系统主要由连续 Denuder 系统（溶蚀器）、蒸汽发生器、旋风分离冷凝管、混合池、抽气泵、离子色谱仪等组成，是在一系列 Denuder 自动采样器基础上加上离子色谱仪而建立起来的一种气体-气溶胶水溶组分的在线测量系统。系统利用旋转液膜气蚀器（WRD）收集根据扩散原理吸收到液膜中的酸性气体和氨气。颗粒物穿过 WRD，收集于蒸汽式气溶胶收集器（SJAC）。在 SJAC 中，过饱和水蒸气环境将进入的颗粒物包裹，当温度降低时，水蒸气凝结，通过惯性作用形成水膜与气体分离，这样颗粒物被水吸收。从 WRD 和 SJAC 收集的样品溶液用离子色谱（IC）分析其可溶性阴、阳离子成分。仪器内置的软件根据气体的流量和所收集溶液中的离子浓度直接计算出大气中各成分浓度。

5. PM$_{2.5}$ 中元素碳和有机碳测定

PM$_{2.5}$ 中的元素碳（EC）来自于由石化燃料或木材等生物质的不完全燃烧产生，并直接排放的一次污染物。典型的 EC 粒子为链式球形小粒子，能大量吸附污染物质并成为这些物质反应、转化的"温床"，EC 作为这些永久性有机污染的载体一旦被人吸入将给人类的健康带来了很大的危害；PM$_{2.5}$ 中的有机碳（OC）则来源于污染源直接排放的一次有机碳和碳氢化合物通过光化学反应等途径生成的二次有机碳。OC 成分中对城市大气及人体健康有危害的主要是多氯代二苯并二噁英、多环芳香烃、多氯联苯等，这些均能潜在导致癌症、病情突变等情况发生。

目前最常用来测量 EC 和 OC 的方法是热光法，如美国 Atmoslytic Inc.仪器公司生产的 DRI 2001A 型 EC/OC 分析仪。热光法能够测量出 PM$_{2.5}$ 等颗粒物样品中的 EC 和 OC 的含量，也可直接测定大气颗粒物样品中的碳酸盐（CC）含量。这对于摸清大气中 EC、OC 浓度状况及其变化规律，进而采取有效措施控制相关污染物排放，保障人民群众的身体健康具有十分重要的意义。

6. 激光雷达和卫星遥感立体监测

探测大气中 PM$_{2.5}$ 浓度的时空分布，研究 PM$_{2.5}$ 的形成、转化和高低层输送机制是当前环保领域亟待解决的问题。目前的环境空气质量监测网只能探测近地面的 PM$_{2.5}$ 浓度变化，局地性较强，难以获取颗粒物在垂直方向上的时空分布规律，难以摸清 PM$_{2.5}$ 的输送规律。而激光雷达能够有效探测 PM$_{2.5}$ 浓度的垂直分布，使大气颗粒物的时空探测成为可能。中国科学院安徽光学精密机械研究所早在 1990 年就开始从事大气探测激光雷达的研制与应用研究，目前可提供双波长微脉冲激光雷达产品，在国内外环境监测和科研部门得到较广泛的应用。因此，在有条件省市的城市站和区域站配备气溶胶激光雷达，作为常规颗粒物探测仪的必要辅助监测方式，有利于研究污染物的区域分布状况和污染物跨界输送问题，为区域大气联防联控制定政策和措施提供数据支持。

由于卫星遥感具有较广的空间覆盖、成本低等优点，卫星遥感反演气溶胶光学厚度（AOD）产品被普遍认为是地面 PM$_{2.5}$ 浓度的重要指标，尽管目前精度还不够，但遥感观测探测面积大，能够宏观地监测更大区域的 PM$_{2.5}$ 污染形势，因此已被广泛地应用于近地面 PM$_{2.5}$ 监测。

6.6.5　研究性超级站建设

目前，我国已经建设完成二十几个大气监测超级站，其余部分省、市环保部门也都纷纷规划超级站的建设。从全国范围来看，超级站的建设和布局应注意以下几个方面的问题。

1. 超级站的定位要清晰

各地在构建超级站时，一定要结合本地的大气污染特征、污染防治需求综合考虑，超级站的建设应该定位于解决本地区大气污染防治中的关键技术问题，避免盲目建设，过度超前建设。

2. 超级站的布局要统一规划

各地在构建超级站时，要通盘考虑本地已建成或在建超级站的空间布局和功能分配，不同地域、不同行业的超级站要形成合力，优势互补，避免重复建设。

3. 超级站要注重效益发挥作用

建设超级站时需要一并考虑超级站的运行所必需的人力和资金保障，切实保障超级站的正常稳定运行，已经建设的超级站要注重加强大数据分析和研究，充分发挥超级站在大气监测和污染防治工作中的技术支撑作用，避免重建设轻应用现象发生。

6.7　固定污染源排气中 PM$_{2.5}$ 测试方法综述

目前我国大气环境问题越来越突出，区域霾污染引起全社会关注。霾污染主要是由大气中细颗粒物（PM$_{2.5}$）增多导致的（贺克斌等，2011）。为了治理区域霾污染问题，我国将从 2016 年 1 月 1 日起实施新的环境空气质量标准 GB 3095—2012，其中增加了 PM$_{2.5}$ 的日均值和年均值标准。我国 1990～2005 年期间排放的一次 PM$_{2.5}$ 中约 50% 来自固定污染源，如火电厂、水泥厂、钢铁厂和工业锅炉等（Lei Y et al，2005）。各地要达到新标准规定的浓度限制，须对固定污染源的 PM$_{2.5}$ 排放进行管理和控制，而监测固定源 PM$_{2.5}$ 的排放是其必要条件。目前，我国针对固定污染源排气中颗粒物的标准采样方法只有 GB 16157—1996，该方法仅规定了对总烟尘的采样方法，尚无 PM$_{2.5}$ 的测定方法。

建立固定污染源 PM$_{2.5}$ 标准采样方法，将有助于建立准确的 PM$_{2.5}$ 源排放清单和源谱库，为 PM$_{2.5}$ 污染治理、细颗粒物健康风险评估和新空气质量标准达标奠定基础。本研究将对国内外固定污染源 PM$_{2.5}$ 的采样方法和相应的国际标准进行介绍，并讨论这些方法应用于我国固定污染源 PM$_{2.5}$ 测定的可行性。固定污染源排气中 PM$_{2.5}$ 由两部分组成：一部分为可捕集 PM$_{2.5}$（filterable PM$_{2.5}$）；另一部分为可凝结 PM$_{2.5}$（condensable PM$_{2.5}$）（US EPA，2010）。可捕集 PM$_{2.5}$ 是指在烟道中烟气温度下可用滤膜或滤筒捕集到的空气动力学直径(D_a)小于或等于 2.5 μm 的颗粒物。而可凝结 PM$_{2.5}$ 是指在烟道中烟气温度下为气态的挥发和半挥发性物质在排放进入大气环境后稀释降温，经均相和非均相成核形成的空气动力学直径小于或等于 2.5 μm 的颗粒物。针对这两部分 PM$_{2.5}$ 有两种不同的采样方法，即直接采样法和稀释采样法。直接采样法测定可捕集 PM$_{2.5}$，稀释采样法测定总的 PM$_{2.5}$ 排放，二者之差为可凝结 PM$_{2.5}$。

6.7.1　固定源 PM$_{2.5}$ 直接采样方法

固定污染源排气中 PM$_{2.5}$ 的直接采样方法是指将采样器直接伸入烟道中，在烟气温度下等速抽取一定量的烟气，使其通过收集介质，将其中 PM$_{2.5}$ 捕集在收集介质上的方法。该方法仪器结构简单，便于携带和操作。但直接采样方法只能采集烟气中的可捕集 PM$_{2.5}$。常用的直接采样法利用惯性力或离心力将烟气中的颗粒物进行分级获得 PM$_{2.5}$，然后用收集介质收集。主要的采样器有惯性撞击分级器（impactor）、虚拟惯性撞击分级器（virtual impactor）和旋风分级采样器（cyclone）。为保证准确测定烟气中的 PM$_{2.5}$，这些采样器均采取恒定流量的采样方式，且力争采样流速等于烟气流速，降低因颗粒物惯性运动而导致的采样偏差。

1. 惯性撞击分级采样法

惯性撞击分级采样法的原理如图 6-59 所示，烟气通过加速喷嘴加速，然后 90° 变向运动，不同粒径颗粒物的惯性不同，即跟随气流运动的能力也不相同，小颗粒物容易随气流一起变向运动进入下游，而大颗粒物不容易跟随气流变向，从而撞到下方的收集板上。表征颗粒物跟随气流运动能力的参数称为斯托克斯数（Stokes number）。如果某一粒径的颗粒物 50% 被捕集到收集板上，另外 50% 随气流进入下游，则称该粒径为该惯性撞击分级器的切割粒径（D_{p50}），所对应的斯托克斯数记为 Stk_{50}。粒径小于 D_{p50} 的颗粒物将主要随气流进入下游，粒径大于 D_{p50} 颗粒物将主要被捕集到收集板上，从而实现对烟气中颗粒物的分级。

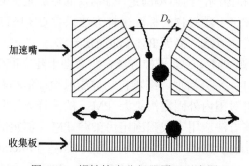

图 6-59　惯性撞击分级器原理示意图

2009 年国际标准化组织提出了利用惯性撞击分级原理采集烟气系统中 PM$_{10}$/PM$_{2.5}$ 的标准采样方法（ISO 23210：2009）。该方法采用两级惯性撞击分级器，如图 6-60 中所示，该标准方法是以 Johnas 等（John et al，2003）设计的双级撞击器为原型提出的，将烟气颗粒物分为 $D_a>10~\mu m$、$2.5~\mu m<D_a\leqslant10~\mu m$ 和 $D_a\leqslant2.5~\mu m$ 三级，分级后的颗粒物被分别收集到两级收集板和滤膜上，滤膜上收集的颗粒物为 PM$_{2.5}$。然后用称重方式确定各级收集板和滤膜上颗粒物的重量，结合采样流量进而确定其质量浓度。双级惯性撞击分级器只适合采集浓度半小时平均值$\leqslant40~mg/m^3$ 的烟气，不适合采集含有高浓度颗粒物的烟气，也不适合采集含有饱和水蒸气的烟气，如湿法脱硫（FGD）出口烟气，因为水蒸气凝结将改变颗粒物的空气动力学行为。

图 6-60　Johnas Ⅱ型惯性撞击分级器示意图（John et al，2003）

惯性撞击分级采样法测定 PM$_{2.5}$ 的准确性主要取决于分级器的切割效率曲线，而切割效率曲线受分级器设计结构和收集板上的收集介质影响。不同的设计结构导致的颗粒物损失不一样，进而影响切割效率曲线的形状。收集板上的收集介质主要作用是将撞在其上的颗粒物黏附下来，不再进入气流中，也就是将颗粒物的动能耗散掉，保证颗粒物不反弹。图 6-61 给出了不同介质下 Johnas Ⅱ型撞击器的 PM$_{2.5}$ 和 PM$_{10}$ 切割效率曲线。从图可看出在收集板上涂阿皮松脂（Apiezon Grease）

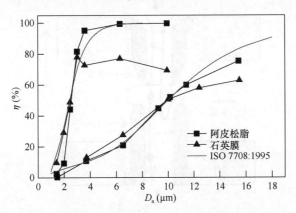

图 6-61　不同收集介质下 Johnas Ⅱ撞击分级器的 PM$_{2.5}$ 和 PM$_{10}$ 切割效率曲线（ISO 23210：2009）

的收集效果要比石英膜的好，因为脂对颗粒物的黏附能力更好。无论是 PM$_{2.5}$ 还是 PM$_{10}$，石英膜的收集效果都不理想，这与 Johnas Ⅱ型撞击器流量较大有关，在常温下其流量约 40 L/min，收集板上的颗粒物被气流吹落比较严重。若按斯托克斯公式将采样流量调小，则切割效果会更好。若收集板涂阿皮松脂，虽然改善了切割效果，但如在称重后对采集的颗粒物进行后续化学分析，脂将会产生干扰（Parve et al，2011）。

我国规定固定源采样孔内径不小于 80 mm，通常固定源采样口内径即为该值。Johnas Ⅱ型惯性撞击分级器最大直径约为 70 mm，长度约为 350 mm，适合我国固定源采样孔尺寸，可直接伸入烟道中进行采样。但由于存在颗粒物反弹和再悬浮的缺点，不适合采集高浓度烟尘。此外，高浓度烟尘也容易导致收集板过载，从而影响切割效率曲线。而我国相当一部分的固定源烟尘排放浓度较高（＞100 mg/m^3），因此有必要开发适用于我国国情的 PM$_{2.5}$ 惯性撞击分级器。目前，用于国内固定源采样的惯性撞击器多为粒径分级更多的分级器，如 WY-八级分级采样器（刘光铨等，1985）、十三级的低压荷电撞击器（ELPI）和八级的 Andersen 惯性分级采样器（原永涛等，2012），这些多级分级器操作复杂，且为烟道外采样，多为科学研究使用。

2. 虚拟惯性撞击分级采样法（virtual impactor）

如图 6-62 所示，虚拟惯性撞击分级采样法的原理类似于惯性分级采样法，即利用不同粒径颗粒物的惯性不同进行分级采样。不同之处在于将传统撞击器下方的收集板替换为收口，收口中流过低速气流。虚拟惯性撞击分级器由上下同轴的两个喷嘴构成，下喷嘴因为收集大粒径颗粒物称为收口。当气流进入喷嘴后被加

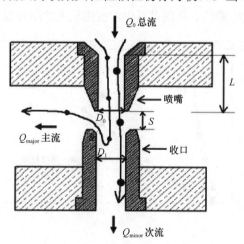

图 6-62　虚拟撞击分级器原理示意图

速，高速的气流然后一分为二，大部分气流 90°变向，小部分气流则进入收口，两部分气流分别被称为主流和次流。小粒径的颗粒物惯性小，即斯托克斯数小，跟随气流一起运动；而大粒径的颗粒物惯性大，即斯托克斯数大，脱离主流，随着次流进入收口被收集。同样，如果某一粒径的颗粒物 50%随主流进入下游，另外 50%随次流进入收口，则称该粒径为切割粒径（Dp50），对应的斯托克斯数记为 Stk50。如此，粒径小于 Dp50 的颗粒物将主要随主流进入下游，粒径大于 Dp50 颗粒物将主要随次流被捕集到收口中，从而实现对烟气中颗粒物的分级。虚拟撞击器主要的几何参数包括喷嘴直径 D_0、收口直径 D_1、喷嘴距收口的距离 S、喷嘴长度 L、收口顶端圆角 R 与喷嘴与收口同轴度 δ。

2012 年国际标准化组织提出了利用虚拟惯性撞击原理采集烟气中 PM$_{10}$/PM$_{2.5}$ 的标准方法（ISO 13271，2012），该标准是以 Masashi 等（2009）设计的虚拟撞击分级器为原型提出的。如图 6-63 所示，该方法将烟气颗粒物分为 D_a>10 μm、2.5 μm<D_a≤10 μm 和 D_a≤2.5 μm 三级，分级后的颗粒物被收集到滤膜上，然后用称重方式确定各级滤膜上颗粒物的重量。标准详细规定了虚拟撞击器几何参数取值范围以及规范的操作流程。标准的使用范围如下：①由于不存在大颗粒物反弹和再悬浮问题，所以虚拟撞击器适合采集含有高浓度颗粒物的烟气，可高达 200 mg/m^3；②最高烟气温度为 250℃，这取决于采样器密封材料的耐受温度；③烟气温度高于露点温度，否则水蒸气的凝结将改变颗粒物的空气动力学行为。

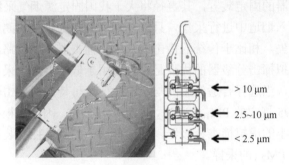

图 6-63　Masashi 虚拟撞击分级器示意图（Masashi et al，2009）

虚拟撞击分级器的切割效果取决于其几何参数和主流与次流的比值；主流与次流的比值决定了切割效率曲线的陡峭程度（Marple et al，1980）；而几何参数决定了颗粒物的损失，如果损失严重，会进而影响到切割效率曲线。图 6-64 为虚拟撞击分级器切割效率曲线，与普通撞击器切割效率曲线不同的是在小粒径范围内收集效率趋近于次流与总流的比值，该现象称为小粒子污染现象，是由于小粒径颗粒物按次流与主流的比例随次流进入下游所致，但因小颗粒物所占质量较小，这计算 PM$_{2.5}$ 质量浓度的影响可忽略不计。此外，虚拟撞击器的损失主要集中在切割点附近，实际损失主要发生在收口顶端，合理设计收口顶端的几何参数可使损失降到 5% 之下（Loo and Cork，1988）。

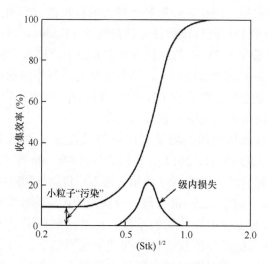

图 6-64　虚拟撞击分级器切割效率曲线

Masashi 等（2009）设计的虚拟撞击分级器的直径约为 72 mm，长度约为 248 mm。如加上虚拟撞击器的固定装置，其直径将大于我国固定源烟气采样口 80 mm，导致其不能直接伸入烟道中进行采集，只能在烟道外使用延长的鹅脖管采样，这将增加颗粒物的损失。相比于传统的撞击器，虚拟撞击器多了两路流量，增加了操作的复杂性。虚拟撞击分级器的优点是不仅适用于低浓度烟尘采样，还适用于高浓度烟尘的采样，当选择合适的主流与次流比值，可使虚拟撞击器的切割效率符合 ISO 7708：1995 规定的 PM$_{10}$ 与 PM$_{2.5}$ 切割效率要求。因此如根据斯托克斯公式自行设计尺寸较小的虚拟撞击分级器，并选择适当的流量控制装置，则该方法可用于我国固定源 PM$_{2.5}$ 的采样。

3. 旋风分级采样法

旋风分级采样法是迫使气流做旋转运动产生离心力对不同粒径的颗粒物进行分级的方法。大粒径颗粒物所受离心力大，脱离气流沉积在分级器壁面上，小粒径颗粒物所受离心力小跟随气流流出分级器。Smith 等（1979）最初设计了五级旋风分级采样器，后采用了其中第一级与第四级用于固定源 PM$_{10}$ 和 PM$_{2.5}$ 采样，美国环境保护署（US EPA）于 2010 年将这种双级旋风采样方法规定为固定源 PM$_{2.5}$ 采样标准方法，即 USEPA 方法 201A。如图 6-65 所示，第一级 PM$_{10}$ 旋风采样器

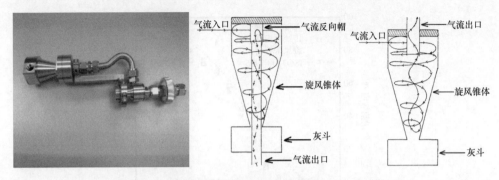

图 6-65　双级旋风采样器示意图（Smith et al，1979）

用来分割粒径大于 10 μm 的颗粒物，该级旋风与普通旋风气流路径不同，气流经顶端气流反向帽阻挡后从灰斗方向流向第二级 PM$_{2.5}$ 旋风采样器。PM$_{2.5}$ 旋风采样器与普通旋风气流路径一样，用来分割粒径大于 2.5 μm 的颗粒物。二者之间有一段连接弯管。粒径小于 2.5 μm 的颗粒物随气流从第二级旋风出气口流出，被后置滤膜捕集下来。采样完成后用丙酮冲洗 PM$_{10}$ 旋风的灰斗及锥体表面，后将冲洗液中丙酮蒸发，残留物则为 D_a>10 μm 的颗粒物；同样地用丙酮清洗 PM$_{2.5}$ 旋风灰斗、锥体和二者之间的连接管，将丙酮蒸干后残留物为 2.5 μm<D_a≤10 μm 的颗粒物；PM$_{2.5}$ 旋风出气口管路残留物以及后置滤膜上颗粒物为 D_a≤2.5 μm 颗粒物。在采样过程中直接将 PM$_{10}$ 与 PM$_{2.5}$ 旋风以及后置滤膜伸入烟道中进行采样，这样可采集烟气中可捕集 PM$_{2.5}$。

由于旋风分级器的集尘表面积远大于撞击分级器收集板的表面积，所以不容易过载，可用于收集半小时平均值在 50 mg/m^3 以上的高浓度烟尘。适用温度同样取决于密封材料，一般不超过 250℃。对于烟气温度低于露点温度的高湿烟气，该方法同样不适用。

如图 6-66 所示，旋风分级器对于 PM$_{2.5}$ 有很好的切割效果，影响切割效率曲线的主要因素为在采样过程中和后续丙酮清洗过程的颗粒物损失。现有商业化的 PM$_{10}$ 旋风采样器最大直径约为 150 mm，PM$_{2.5}$ 旋风采样器最大直径约为 100 mm，而我国固定源采样孔内径为 80 mm，所以上述采样器不能伸入烟道中进行采样，只能在烟道外使用延长的鹅颈管采样，这将不可避免地导致颗粒物损失。此外需要对采样器加热保温，将额外增加操作的复杂性。旋风分级采样法应用最大的限制在于采样完成后需要用丙酮清洗整个采样器，然后蒸干冲洗液中丙酮并称重，整个过程较为繁琐，不利于环境管理和监测部门使用。

为了能采集可凝结颗粒物（condensable particulate matter），US EPA 提出了方法 202（US EPA Method 201a and 202），是在 201A 方法的基础上增加了冷凝管，

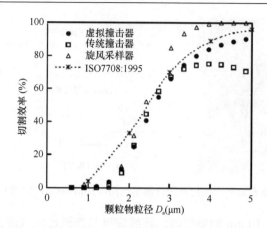

图 6-66　PM$_{2.5}$旋风分级采样器切割效率曲线（Masashi et al，2009）

即在后置滤膜后增加了冷凝器、两个空吸收瓶和一个可凝结颗粒物的滤膜，这些装置的温度都控制在 20～30℃，从后置滤膜流出的烟气被冷却降温，可凝结蒸气经成核形成颗粒物，即可凝结颗粒物，然后被收集在空吸收瓶中和滤膜上。采样完成后用 N$_2$吹洗空吸收瓶，去除溶解的 SO$_2$。吹气完成后，超声清洗采样管路如延长管路、冷凝器、空吸收瓶、膜夹和滤膜。先用水超声提取无机组分，再用正己烷超声提取有机组分，然后干燥，残留的部分进行称重。提取的组分和残留的部分之和即为可凝结颗粒物。

　　方法 202 测量可凝结颗粒物，而非可凝结 PM$_{2.5}$。相对于固定源实际排放过程，该方法将高估可凝结颗粒物，因为高温烟气排放进入大气环境后稀释和降温同时发生，而该方法将去除颗粒物的高温气体未经稀释直接冷凝，可凝结蒸气的浓度将远高于真实排放过程稀释降温所对应的浓度。此外方法 202 中 N$_2$吹扫并不能完全去除 SO$_2$等酸性气体的干扰（England et al，2000），也会导致正偏差（Corio and Sherwell，2000）。该方法在冷凝前去除了烟气温度下的可捕集 PM$_{2.5}$，这也同固定源高温烟气排入大气环境后的过程有所不同。

6.7.2　固定源 PM$_{2.5}$稀释采样方法

　　稀释采样法的原理是通过一段采样管将高温烟气从烟道中引出，然后再与不含颗粒物的洁净空气混合，经稀释降温后烟气温度接近大气环境温度，最后用常规大气颗粒物的采样方法进行测定。该方法是一种基于大气环境的采样方法，模拟了高温烟气从排气口出来与实际大气的混合过程，是最接近固定源排放颗粒物在大气环境中真实状态的方法（Wien et al，2001；Lipsky et al，2004；Lipsky and Robinson，2006；Kim et al，1989；Lee et al，2004）。经稀释后采集的 PM$_{2.5}$既包括可捕集 PM$_{2.5}$，也包括可凝结 PM$_{2.5}$，因此稀释采样方法被认为是更准确的固定源

PM$_{2.5}$ 采样方法，其结果比直接采样法测得的可捕集 PM$_{2.5}$ 的质量浓度高。由于以下一些优点，稀释采样方法深受研究人员的青睐：①目前稀释采样方法已经成为机动车排放因子测定的标准方法；②稀释采样法颗粒物测定条件与烟羽条件相似，可用于颗粒物源解析及其健康影响评价；③避免了直接采样方法所遇到的高温、高湿和高污染物浓度等问题，所以检测手段多样化；④可使用常规大气颗粒物采样方法进行采样；⑤可用大气颗粒物在线分析技术分析颗粒物物理化学特征，方便建立源指纹特征；⑥简化了可凝结颗粒物的分析过程。

　　稀释采样方法的主要装置称为稀释通道，是该方法最关键的部分。稀释通道主要的参数包括稀释比、停留时间和混合段雷诺数。稀释通道原理相对简单，各国学者根据需要设计了各种各样的稀释通道，有正压稀释，也有负压稀释（Niemelä et al，2008；Hildemann et al，1989；Li et al，2011；Lee et al，2013）。为了保证烟气与稀释气充分混合，稀释通道多采用湍流混合方式。稀释过程是挥发和半挥发物质与颗粒物以及颗粒物与颗粒物相互作用的动力学过程，包括成核、凝结和聚并，须有足够的停留时间才能保证颗粒物粒径分布达到稳定（Lipsky et al，2002）。经过多年的探索，2013 年国际标准化组织提出了稀释采样法的标准（ISO 25597：2013），该标准是以 England 等设计的便携式稀释通道为原型提出的（England et al，2007a；England et al，2007b）。如图 6-67 所示，该方法利用 PM$_{10}$-PM$_{2.5}$ 两级旋风采样器去除烟气中空气动力学直径大于 2.5 μm 的颗粒物，然后稀释冷凝，之后用一个旋风采样器去除 D_a＞2.5 μm 的颗粒物，然后用滤膜采集 PM$_{2.5}$，最后称重。该标准详细地规定了稀释通道的参数：稀释比应大于或等于 20：1，停留时间应不小于 10 s，稀释后滤膜处的温度小于或等于 42℃（Teflon 滤膜），相对湿度小于 70%。

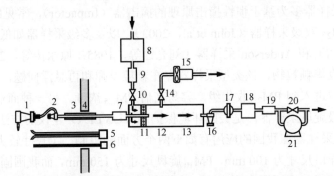

图 6-67　稀释采样法采集 PM$_{2.5}$ 的示意图（ISO 25597：2013）

1. PM$_{10}$ 旋风采样器；2. PM$_{2.5}$ 旋风采样器；3. 加热采样管；4. 采样口；5. 皮托管；6. 温度传感器；7. 流量计；8. 清洁空气发生器；9. 流量计；10. 调节阀；11. 布气孔板；12. 混合室；13. 停留室；14. 旁路阀；15. 大流量风机；16. PM$_{2.5}$ 旋风采样器；17. 滤膜；18. 冷凝水装置；19. 流量计；20. 调节阀；21. 采样泵

　　由于目前的稀释采样系统比较复杂和庞大，而许多固定源采样现场空间狭小，加之稀释采样系统操作繁琐，在一定程度上限制了其大范围的推广。早期的稀释采样系统稀释后的气体在停留室的停留时间一般在 80 s，新的 ISO 25597 规定了停留时间应不小于 10 s，将会大大降低停留室的尺寸，有利于其现场应用。此外，稀释采样法属于烟道外采样，需要一段管路将烟气引出，这将导致颗粒物的损失，主要的损失机制为重力沉降、惯性碰撞、静电损失和热泳力损失。为减少颗粒物损失，采样管路应尽可能短，尽量避免使用弯管。在一定的流量下采样管的直径应介于不发生重力沉降的最大直径与不发生惯性碰撞损失的最小直径之间，例如 US EPA 旋风采样器流量约为 10.65 L/min，采样管路直径应在 10~13 mm 之间（ISO 25597：2013），管路为金属材质（例如不锈钢管）以避免静电损失，采样管的加热温度略高于烟气温度。近年来，清华大学、北京大学、南开大学和北京航空航天大学等国内单位已搭建了稀释采样系统并用于科学研究，且积累了一些排放源的排放因子数据，目前这些稀释系统已经从最初的庞大笨重变为可便携（Lee et al，2013；周楠等，2006；李兴华等，2008；孔少飞等，2011）。因为稀释采样法测量的 PM$_{2.5}$更能代表其在大气环境中的真实状态，包括了可捕集 PM$_{2.5}$和可凝结 PM$_{2.5}$，能更准确评估固定源排放的 PM$_{2.5}$对大气环境质量以及人体健康的影响，因此建议我国建立测定固定源总 PM$_{2.5}$排放的稀释采样法标准，规定合适的稀释比、停留时间、最终稀释温度和相对湿度等参数。

6.8　基于虚拟撞击原理的固定源 PM$_{2.5}$采样器的研制

　　前述研究系统总结了国内外现有固定污染源烟气 PM$_{2.5}$采样方法。目前商业化的 PM$_{2.5}$采样器多为基于惯性撞击原理的撞击器（Impactor），常见的有 Johnas-II PM$_{10}$/ PM$_{2.5}$双级采样器（John et al，2003），以及多级采样器如低压荷电撞击采样器（ELPI）和 Anderson 采样器（刘光铨等，1985；原永涛等，2012）。由于使用收集板收集颗粒物，该类型采样器存在颗粒反弹和再悬浮问题，致使部分粒径较大的颗粒进入到 PM$_{2.5}$收集级，容易高估 PM$_{2.5}$浓度。另一种商业化的 PM$_{2.5}$采样器为双级旋风采样器，是美国环境保护局（US EPA）建议的方法（US EPA，2010），但该采样器在我国的应用有如下两个方面的限制：①尺寸较大，PM$_{2.5}$旋风级要求采样口尺寸为 100 mm，PM$_{10}$旋风尺寸为 150 mm，而我国固定源采样口通常为 80 mm；②需要用丙酮清洗，该采样器需要用丙酮清洗采样管路和集成部件，后续需要将丙酮蒸干，然后称重。操作繁琐复杂，在 PM$_{2.5}$浓度较低时丙酮清洗容易引入误差，此外丙酮对人体有毒害作用。

　　近年来，为了克服传统撞击器存在的 PM$_{2.5}$高估问题，虚拟撞击原理已被用于大气环境颗粒物采样，也有文献报道了基于该原理设计的烟尘采样器（Masashi et al，2009；Szymanski and Liu，1989；Wang et al，2013）。但是，这些虚拟撞击采样器同样由于尺寸较大，不适合于我国固定源采样口，且测量高浓度烟气时滤膜很容易过载。为了克服上述问题，本团队研制了一种适用于我国固定源 PM$_{10}$/PM$_{2.5}$ 采样的双击虚拟撞击器，并利用实验室发生的标准气溶胶对其切割效率和颗粒物损失进行了评估。

6.8.1　虚拟撞击原理

虚拟撞击分级采样的原理与传统的惯性分级采样相似，都是利用不同粒径颗粒物的惯性不同进行分级。但是虚拟撞击采样器没有集尘板，取而代之的是收尘嘴。虚拟惯性撞击采样器由上下同轴的两个喷嘴构成。上喷嘴为加速喷嘴，下喷嘴为收口。当气流进入喷嘴后被加速，高速的气流然后一分为二，其中一部分气流，约占总气流的 90%，发生 90°变向，进入下一级，该部分气流称为主流；另一部分气流，约占总气流的 10%，直接进入收口，该部分气流称为次流。粒径小的颗粒物，惯性小，容易跟随气流一起运动；而粒径大的颗粒物惯性大，容易脱离变向气流。因此，在虚拟撞击采样器中粒径小的颗粒物随着气流一分为二，大部分随主流进入下一级，小部分随次流进入收口。而粒径大的颗粒物脱离主流，随次流进入收口。颗粒物的这种按惯性分离的性质可用一个参数来表征，即斯托克斯数（Stk）。小粒径的颗粒物 Stk 小，大粒径的颗粒物 Stk 大。如果某一粒径的颗粒物有 50%随主流进入下一级，另外的 50%随次流进入收口，则称该粒径为切割粒径（D$_{50}$），对应的斯托克斯数为 Stk$_{50}$。D$_{50}$ 和 Stk$_{50}$ 的关系满足如下斯托克斯公式，受流体的性质和几何参数影响（Friedlander，2000；Hinds，1999；Kulkami et al，2011）。虚拟撞击器主要的几何参数包括喷嘴直径 D$_0$、收口直径 D$_1$、喷嘴距收口的距离 S、喷嘴长度 L、收口顶端圆角 R 和喷嘴与收口同轴度 δ。

$$D_{50} = \sqrt{\frac{9\pi \eta D_0^3 Stk_{50}}{4C_c \rho Q}} \qquad (6\text{-}3)$$

6.8.2　虚拟撞击采样器的设计与加工

以直径不超过我国固定源采样口的常用尺寸（80 mm）为原则进行了 PM$_{10}$/PM$_{2.5}$ 双级虚拟撞击采样器的设计。首先假设 Stk$_{50}$，确定切割点 D$_{50}$ 为 2.5 μm 或 10 μm，然后根据斯托克斯公式（6-3）确定采样流量 Q 和喷嘴直径 D$_0$。理论和实验结果表明收口直径 D$_1$ 约为 D$_0$ 的 1.3～1.4 倍时颗粒物损失最小（Marple et al，1980；Loo and Cork et al，1988），基于此比例确定了 D$_1$ 的大小。本设计采用的基本参数如表 6-17 所示。实物图和示意图如图 6-68 所示，采样器分为三级，分别收集 PM$_{2.5}$、PM$_{2.5}$~PM$_{10}$ 和 PM$_{>10}$。喷嘴与收口均匀地分布在直径为 10~30 mm 的圆上，喷嘴分别与收口对应，在加工过程中采用一体化加工，保证了二者同轴。在收口的下部特别设计了锥状凸出，可以放置滤筒，适用于高浓度烟气的采样；低浓度时可以放置滤膜。采样器的气体管路全部内嵌于采样器内部，采样器外径为 74 mm，适用于我国固定源采样口。

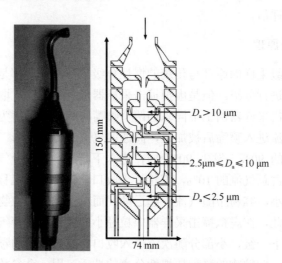

图 6-68　PM$_{10}$/ PM$_{2.5}$ 双级虚拟撞击采样器

表 6-21　PM$_{10}$/ PM$_{2.5}$ 双级虚拟撞击采样器的基本参数

参数	PM$_{10}$ 级	PM$_{2.5}$ 级
喷嘴数（个）	4	6
加速喷嘴直径 D_0(mm)	4.62	1.50
收集收口直径 D_1(mm)	6.20	2.00
喷嘴距收口的距离 S(mm)	7	3
入口总流量 Q_0(L/min)	9.8	9.0
次流流量 Q_{minor}(L/min)	0.8	0.9
斯托克斯数 Stk_{50}	0.32	0.37
喷嘴处雷诺数(25℃ 空气)	682	1297

6.8.3　虚拟撞击采样器的标定

1. 标定系统

利用实验室搭建的标定系统对虚拟撞击采样器进行了标定。标定系统包括振动孔气溶胶发生器（VOAG，TSI 3450）、零空气发生器、干燥室和空气动力学粒径谱仪（APS，TSI 3321）。用 VOAG 产生荧光素铵溶液液滴，然后用零空气进行干燥，最后形成单分散的固体荧光素铵颗粒。固定 VOAG 的振动频率，调整荧光素铵溶液浓度可获得不同粒径大小的单分散颗粒，即 1～20 μm。用尼龙滤膜收集发生的单分散荧光素铵颗粒，然后用荧光显微镜（Leica，DM6000B）观察其形状，确认其为球形。用 APS 实时监测颗粒物的单分散性。实验前先用聚苯乙烯小球（PSL）对 APS 进行了标定，测得 1 μm、2 μm 和 2.5 μm 的 PSL 小球的峰值分别为 1.05 μm、1.98 μm 和 2.46 μm，表明 APS 满足测试要求。

将双级虚拟采样器置于干燥室中进行标定。用石英膜分别收集 PM$_{10}$ 级与 PM$_{2.5}$ 级主流和次流中荧光素铵颗粒，同时收集采样器内表面损失的荧光素铵颗粒，然后用高纯水将滤膜上和损失的荧光素铵洗入不同的烧杯中，用荧光分光光度计（HITACHI，F7000）测定荧光素铵的含量，其中主流中荧光素铵的量记为 M_1，次流中的记为 M_2，损失的记为 M_3，则 PM$_{10}$ 与 PM$_{2.5}$ 级切割效率（η_1）和损失（η_2）可分别按公式（6-4）和（6-5）计算：

$$\eta_1 = \frac{M_2}{M_1 + M_2 + M_3} \tag{6-4}$$

$$\eta_2 = \frac{M_3}{M_1 + M_2 + M_3} \tag{6-5}$$

2. 标定结果

如图 6-69 和图 6-70 所示，虚拟撞击采样器 PM$_{10}$ 级和 PM$_{2.5}$ 级的切割效率曲线均优于国际标准 ISO 7708：1995 中规定的 PM$_{10}$/ PM$_{2.5}$ 采样器切割效率（本研究开发的采样器切割效率曲线更陡）。两级对应的实际切割粒径分别为 2.49 μm 和 10.0 μm，相应的 Stk_{50} 分别为 0.32 和 0.37。虚拟撞击采样器的切割效率曲线不同于传统撞击采样器，由于次流携带一部分粒径小的颗粒物（又称为"小颗粒物污

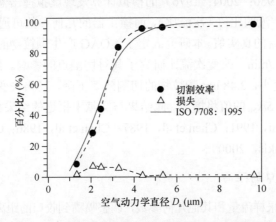

图 6-69　PM$_{2.5}$ 级的切割效率曲线和不同粒径颗粒物的损失

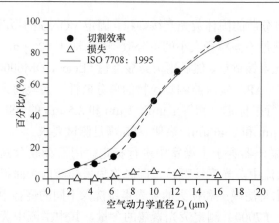

图 6-70　PM_{10} 级的切割效率曲线和不同粒径颗粒物的损失

染"），随着空气动力学直径 D_a 变小，切割效率曲线不是趋于 0，而是趋于次流所占的比值。但由于小颗粒物的质量较小，其对计算 $PM_{2.5}$ 质量浓度的影响可以忽略不计。从 PM_{10} 和 $PM_{2.5}$ 的损失结果可知，虚拟撞击器的颗粒物损失在切割点附近达到最大。在清洗采样器内表面时发现颗粒物损失主要发生在喷嘴所在的基面和收口顶端，为此在收口顶端加工半径为 R 的圆角以及增加喷嘴的长度，可有效降低颗粒物的损失，因为这样主流在收口顶端可以平滑过渡，而且不会撞到喷嘴所在的基面。采样器 $PM_{2.5}$ 级的损失不超过 7%，PM_{10} 级的损失不超过 5%，符合国际标准 ISO 13271：2012 中对于虚拟撞击采样器的要求。

6.8.4　虚拟撞击采样器基本参数对切割效率的影响

1. 次流比

Marple 等（1980；2004；1976）的模拟计算发现虚拟撞击器 Stk_{50} 的理论值只取决于次流与主流的比值（次流比），而撞击器的几何参数可通过影响颗粒物的损失进而影响 Stk_{50} 的真实值。本研究固定了 VOAG 产生颗粒物的粒径（2.48 μm），总流量保持在 9 L/min，改变次流比研究了其对切割点的影响。结果如图 6-71 所示，随着次流比变小，2.48 μm 颗粒物的切割效率下降，其损失变化不大。基于斯托克斯公式推算，Stk_{50} 的值将增大。此结果与文献中报道的结果相符（Novick and Alvarez，1987；Xu，1991；Chen et al，1987；Chen et al，1986；Chen et al，1985；Yiming and Koutrakis，2000）。

2. 喷嘴距收口的距离

固定 $PM_{2.5}$ 级采样流量和其他几何参数，调整喷嘴到收口的距离（分别取 2 mm、2.5 mm 和 3 mm），按上述方法确定切割效率曲线，结果如图 6-72 所示。当距离

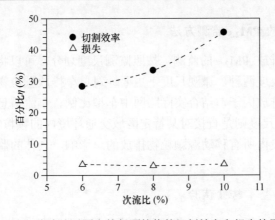

图 6-71 次流比对固定粒径颗粒物的切割效率和损失的影响

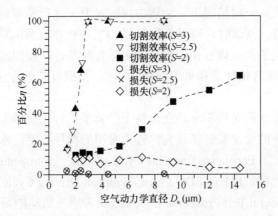

图 6-72 喷嘴距收口的距离对切割效率和损失的影响

为 2 mm 时颗粒物损失严重,切割效率曲线严重右移。但是当距离大于等于 2.5 mm 时切割效率曲线没有明显的差别。这说明喷嘴距收口的距离应大于一定的数值,对于本文中的虚拟撞击器,距离至少应为喷嘴直径的 1.5~2 倍。

6.9 移动污染源排气中 PM$_{2.5}$测试方法

移动源 PM$_{2.5}$污染控制是大气污染防治工作中的一项重要工作。在控制移动源颗粒物排放方面,现有法规与标准规范主要针对单体移动源,即主要对单车/发动机在规定工况下的排放提出限制要求。但实际中,移动源大气污染贡献率更多决定于特定区域内移动源的数量和密度。因此,开展区域内移动源 PM$_{2.5}$污染排放监测工作,对于了解区域污染水平,制定区域污染控制措施,是一项非常必要的工作。

6.9.1 移动源排放 PM$_{2.5}$ 监测方法

针对移动源排放 PM$_{2.5}$ 的监测，按照监测尺度划分，可以将监测方法划分为微观尺度和宏观尺度两种。微观尺度下主要针对单车排放颗粒物水平进行测定，由测试获得单车排放因子，结合实际路网中车型比例、车流信息等自下而上建立排放清单。而宏观尺度则是直接对某特定区域交通环境内的颗粒物水平进行监测，体现该时段此路段内所有移动源颗粒物排放的总影响。具体的监测方法主要有以下几种。

1. 台架模拟/整车转鼓试验

台架试验是测定机动车/发动机污染物排放最为常用的方法，也是控制法规与标准中规定的方法。一般情况下，法规中规定轻型车进行整车转鼓试验，重型发动机进行台架试验。测试时，轻型车整车/重型发动机在底盘测功机（或发动机台架）上，根据标准的测试规程模拟机动车实际行驶条件，按照既定规程运转，排放的尾气由 CVS 定容稀释采样系统稀释后采样，按照规定的方法分析，测定排放颗粒物浓度。

试验所用测试规程是模拟车辆在道路上的典型运行工况编制，不同国家的研究者对于测试循环的设定展开了研究。较为常用的循环包括：欧盟针对重型发动机的测试规程 ETC（European Transient Cycle），ESC（European Steady Cycle），欧盟针对轻型车的测试规程 NEDC（New European Driving Cycle），美国联邦标准测试规程 FTP（Federal Test Procedure），以及欧盟考虑冷启动的新测试规程 WHTC（the World Harmonized Transient Cycle），WHSC（the World Harmonized Steady Cycle）。

台架模拟/整车转鼓试验（图 6-73）提供了稳定可控的机动车尾气颗粒物测试方法，其一致性与可重复性较好，因此为法规所使用，可以获得基于单车/发动机的颗粒物排放因子。但是此实验方法也有不足之处（郝吉明等，2008）：

（1）测试循环近似模拟车辆实际典型运行工况，但是与实际道路行驶工况还是有所差异，直接引用测试获得的单车排放因子会与实际排放有所偏差。

（2）测试只能获得编制循环工况下的平均排放因子，难以对各种条件变化后排放因子的变化进行快速预测。

（3）排放尾气需要经全流稀释系统稀释之后才可采样，系统搭建费用高昂。

2. 单车跟随试验

单车跟随试验是将机动车颗粒物采样分析仪器装备于一辆专门用于测试的实验车中，实验车以固定距离跟随在待测机动车后行驶，直接从待测机动车排放至

(a) 发动机台架试验　　　　　　　(b) 整车转鼓试验

图 6-73　台架模拟/整车转鼓试验现场示意图

大气经过稀释之后的环境中采集样气，由车上颗粒物分析仪器进行测定与分析。

单车跟随试验中，实验车与待测车需要保证间隔距离稳定，从而确保待测车排放的颗粒物到达实验车被采样的延迟时间一致。同时从车辆行驶安全角度考虑，为避免安全事故的发生，单车跟随试验中测试工况为行驶速度固定的稳态工况。采样口一般设置在实验车的前段，采样口离地面高度与待测车排气口离地面高度基本一致。采样口直接从环境大气中采集样气，样气由气路进入实验车中的颗粒物分析仪器被测定（Pirjola et al，2004；Giechaskiel and Samaras，2005；Casati and Vogt，2007）。

与台架测试相比，同样是针对单车排放水平的颗粒物监测，单车跟随试验（图 6-74）具有以下优缺点：

（1）不需要搭建 CVS 全流稀释采样系统，直接由大气环境进行稀释，所获得的结果能很好地体现实际单车排放至大气环境中经稀释后的颗粒物水平；但同时带来的弊端也是环境大气稀释比例难以准确控制且获得，大气条件（温度、湿度等）不可控制，使得颗粒物测试结果很容易受到外界环境变化的影响。

（2）测试只可进行稳态工况的测定，而实际机动车行驶过程中很难保持稳态工况，因此测试结果仅能反映某些特殊情况下机动车实际行驶中的颗粒物排放水平。

（3）测试时为了尽可能减少其他车辆对于测试结果的干扰，一般选择在废弃的高速公路或者封闭的无其他车干扰的公路上进行，因此测试成本也比较高。

3. 车载试验

车载试验是将稀释采样系统与排放分析仪器放置在测试车辆上，由路谱分析仪器记录行驶工况信息，直接从车辆排气口采集尾气进行颗粒物测试，将单车在实际道路上即时行驶工况与排放状况结合起来，获得具有更高时空分辨率的颗粒物排放信息的测试方法。

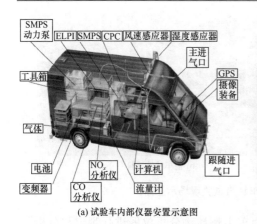

(a) 试验车内部仪器安置示意图　　　　　　　　　　(b) 单车跟随试验

图 6-74　单车跟随试验现场与实验车内部设计示意图（Pirjola L et al，2004）

　　车载试验直接从尾气口采样，尾气未接触大气环境，因此测试环境条件对测试结果影响较小。由于排气管出口处为尾气温度很高，且颗粒物浓度很高，车载试验测试前需要经过自备的一套稀释系统，对高温高浓度的尾气进行稀释。稀释气体稀释尾气前会经过一套净化装置，避免因稀释气湿度、稀释气中的颗粒物对尾气中颗粒物的测定造成影响（Liu et al，2009；Collins et al，2007）。

　　车载测试也是基于单车排放的测试系统（图 6-75）。与前两种方法相比：

　　（1）车载测试能更加直接地反映实际行驶工况中的机动车排放情况。测试工况不局限于稳态工况，根据测试仪器的响应时间，对于具有高时间分辨率的测试仪器，车载测试能够对瞬态工况排放情况进行测量。车载测试可以为实际行驶条件下机动车排放特征分析和模拟提供有力的数据支持。

　　（2）车载测试中稀释系统的设置是关键。排气口出口处的高温尾气中含有许多挥发性的气态组分，在稀释过程中，高温尾气遇到较冷的稀释气，很容易凝结成核，或者冷凝到颗粒物上发生吸湿生长。稀释方法、稀释比例、稀释条件的变化都有可能影响下游颗粒物测量结果，因此要获得可靠的颗粒物测量结果，需要对稀释方式与条件进行严苛的设定与考虑（Giechaskiel，2005）。

　　（3）车载测试对于测试设备的要求更为严苛，需要能在非稳定的工作条件下也能适应测试环境，顺利完成测试工作的仪器。

　　4. 交通环境中颗粒物测试

　　与前三种微观尺度颗粒物测试不同，交通环境中的颗粒物测试，不着眼于单车排放水平，主要是针对某一地点交通源附近，典型交通环境下的颗粒物特征进行测定。这种测试直接定点从近地面 1.2～1.5 m 处大气中进行采样，测试结果反

图 6-75　公交车车载测试现场仪器布局图

映了某地某段时间内，受到交通流影响下，该环境中颗粒物污染水平（杨柳等，2012）。

与单车排放测试相比：

（1）该测试结果不能区分出不同车型的排放特征，只能体现交通流内所有机动车排放颗粒物对大气环境造成的的宏观结果。

（2）该测试系统搭建相对简单，不需要考虑稀释系统，只需要定点利用采样测量系统进行颗粒物测量工作即可。但是此情况下机动车稀释比例也无法确定。

（3）该测试方法更多应用于考察机动车流量、车型分布、大气条件对于交通环境下颗粒物排放水平的影响。

5. 隧道试验

隧道试验是利用公路隧道来监测汽车尾气污染物的排放。公路隧道被看作是一个控制汽车尾气扩散的特殊设施，其作用相似于用定容采样的方法在实验室内监测。通常隧道实验将采样点设在通风口，且出口与入口之间再无其他的通风口，通过隧道的汽车尾气污染物的平均排放因子。

隧道实验法优点在于相较于跟随试验与交通环境下的试验，隧道中的风力条件是相对稳定的，可以获得污染物绝对排放量的平均水平（由 CO_2 浓度变化估测）。同时隧道试验结果不仅包括了机动车排气口处的颗粒物情况，还包括了在隧道中由于化学作用形成的二次颗粒物。而其缺点在于得到的是各种车型综合的平均排放因子，难以进一步区分出分车型的排放因子，虽然可以利用多次实验的数据和分车型的车流量数据进行多元回归得到分车型的排放因子，但是其准确性无法保证（Fraser et al，1998；Geller et al，2005）。

6.9.2　移动源排放 PM$_{2.5}$ 测量技术

移动源排放 PM$_{2.5}$ 测量主要针对颗粒物的物理化学性质进行测量。其中物理性质主要包括颗粒物的质量浓度和数浓度，化学性质主要针对颗粒物的化学组成。

1. 颗粒物质量浓度测量技术

移动源排放颗粒物质量浓度一直是排放控制法规中的主要控制指标。因此颗粒物质量浓度的测量技术相对而言已经非常成熟。常用的质量浓度测量方法包括：滤膜称重法和在线仪器测量法。其中前者为排放控制法规推荐方法，而后者多用于瞬态测试中。

滤膜称重法要求机动车排气经过 CVS 全流稀释系统稀释，防止取样和测量过程有水冷凝现象发现，稀释排气温度低于 52℃，之后排气由滤膜捕集并由微量天平进行称重。滤纸使用带碳氟化合物涂层的玻璃纤维滤纸或碳氟化合物为基体的薄膜滤纸。称重前滤膜需要恒温恒湿 24 h。采样前后称重的质量差除以相应的过气量即可获得颗粒物质量浓度（GB 18352—2013）（图 6-76）。这种方法时间分辨率较低，无法应用于瞬态测试。而且随着发动机技术的不断进步，机动车颗粒物排放水平越来越低，滤膜称重法受到仪器测量精度限制已经逐渐难以满足要求了。

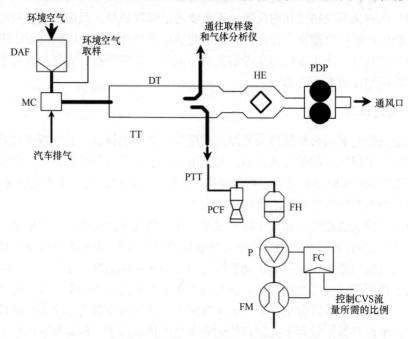

图 6-76　法规中质量浓度测量气路示意图（GB 18352—2013）

移动源排放颗粒物在线测量仪器主要有 ELPI（Electrical Low-Pressure Impactor），DUSTTRUK，DMM（Dekati Mass Monitor）等。ELPI 是一款高时间分辨率用来测量颗粒物数浓度的仪器，并可由数浓度计算获得质量浓度。DUSTTRUK 是利用光散射原理，由仪器内部的光电探测器捕捉颗粒物产生散射的光并将之转换为电信号，这种电信号正比于颗粒物质量浓度，因此可由相关转换系数计算获得颗粒物质量浓度。该款仪器响应快、操作简便。DMM 是首先测定颗粒物的电迁移率粒径分布，再获得其空气动力学粒径分布，通过拟合粒径分布结果，由电迁移率粒径及空气动力学粒径直接关系可获得颗粒物有效密度，从而计算获得质量浓度。

2. 颗粒物数浓度测量技术

颗粒物数浓度测量是近年来机动车颗粒物控制中热点方向。前面已经介绍了随着机动车颗粒物排放水平越来越低，质量浓度控制在机动车颗粒物控制领域受到限制。图 6-77 为理想情况下柴油发动机排放的颗粒物数浓度（实线）与质量浓度（虚线）粒径分布图。可以看到机动车排放颗粒物分布呈现明显的三模态。随着质量浓度不断降低，大量数量的核模态下的超细颗粒物出现，使得数浓度控制成为颗粒物排放控制的新的关注指标。于此同时，机动车排放颗粒物数浓度监测也成为了机动车排放控制重要工作。

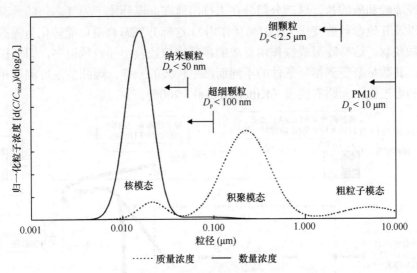

图 6-77　理想情况下柴油发动机排放的颗粒物粒径分布图（Kittelson，1998）

移动源排放颗粒物数浓度测量仪器主要有 CPC（Condensation Particle Counter），SMPS（Scanning Mobility Particle Sizer），ELPI，EEPS（Engine Exhaust Particle Sizer），FMPS（Fast Mobility Particle Sizer），DMS（Differential Mobility

Spectrometer）等。CPC 是常用的颗粒物计数仪器。其测量原理是颗粒物在饱和蒸汽中，蒸汽冷凝使得纳米颗粒物生长，进而变成微米级颗粒物，然后再利用光散射原理，通过测量颗粒物对光束的散射实现其计数功能。SMPS 是 DMA（Differential Mobility Analyzer）和 CPC 组成的系统，可以实现对不同粒径段的颗粒物进行计数，获得数浓度粒径分布。但由于 DMA 需要对不同粒径逐一扫描，因此 SMPS 时间分辨率较低，只能测量稳态下的粒径分布。EEPS，FMPS，DMS 是具有高时间分辨率的颗粒物计数器，其测量原理和静电计类似，内设有一个特殊的充电系统和多级静电计同时获得所有粒子粒径的信号。这使得可以在极快的时间内获得不同粒径段粒子数浓度的信息，满足瞬态工况下测试的需求。

颗粒物数浓度测量技术已经相对成熟，不论是对时间分辨率还是测量精度的要求上，现有的数浓度测量仪器已经可以胜任移动源颗粒物数浓度测量工作。但是数浓度测试工作的最大的难点在于，机动车排放的颗粒物其数浓度分布很容易受到稀释条件的影响。由图 6-78 可知，机动车排放颗粒物在 PM$_{2.5}$考虑范围内，主要是核模态和积聚模态。而核模态的颗粒物具有接近 90%的数量却只占 10%的质量（Kittelson，1998）。积聚模态的颗粒物主要成分是固态含碳物质，主要来自燃料复燃区域没有被氧化而被排出产生的炭粒。这部分固态物质比较稳定，后续稀释作用对其影响不大。而机动车排气中除了固态物质还有大量挥发性的有机组分已经硫酸和硫酸盐，这部分组分在未排出前在高温环境下为气态，随着温度、分压以及其他参数的变化（比如稀释作用），这部分气态物质可能转化为固态或液态的颗粒物。这些冷凝成核作用形成的颗粒物粒径较小却数量很多，即核模态颗粒物。其数量会受到稀释条件的不同而产生较大的差异，因此数浓度测试在可重复性和可控性上面临着挑战（Kittelson et al，2006）。

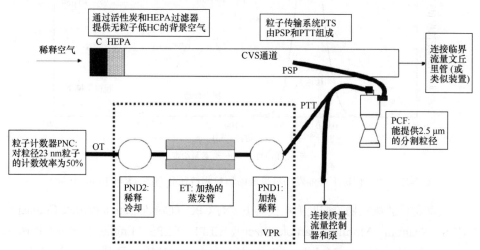

图 6-78 机动车颗粒物数浓度测量气路图（GB 18352—2013）

　　欧洲对于建立可重复性的数浓度测试系统进行了研究。欧盟 PMP（Particle Measurement Program）研究成果提出了一种标准化的测量机动车颗粒物数浓度的方法。

　　该研究成果首先明确了测试对象为 23 nm 以上的非挥发性固态颗粒物。机动车排气首先经由 CVS 稀释系统进行稀释，经由装有 2.5 μm 切割头采样口采样后进入挥发性颗粒物去除系统（Vapor Particle Remover VPR）。在 VPR 中，颗粒物首先经过一级加热稀释，以保证稀释过程中不会发生冷凝成核的现象同时降低浓度抑制凝并；随后进入一个加热至 300℃的蒸发管中，使得挥发性和半挥发性的组分都完全形成气态；最后进入二级冷却稀释，降低气态挥发性组分的分压使其无法冷凝成核，至此挥发性组分经由 VPR 系统后被保留在了气态中，而原有颗粒物则进入下游粒子计数器进行计数。下游计数器 CPC 的计数效率在 23 nm 时达到 50%，在 41 nm 时达到 90%，即切割粒径为 23 nm（Giechaskiel et al，2014）。相关实验也表明，去除了挥发性组分冷凝成核产生的大量核模态颗粒物的干扰，使得颗粒物数浓度测量重复性与一致性良好（Giechaskiel et al，2010）。欧盟将此套数浓度测量方法应用到了欧 V/VI 轻型车控制法规中，并加入了数浓度的控制指标。而我国参考欧盟经验，也在国五的轻型车控制法规中加入了数浓度控制指标。

　　但是此套测试方法在机动车数浓度测试上也存在一些争议：

　　（1）测量下限粒径设置为 23 nm 是否合理？

　　测量下限粒径是以电镜下观察到的炭粒初级粒子的尺寸作为切割粒径而设定的。核模态的颗粒物都是由初级粒子凝并或碰撞形成团簇体长大的，而小于该尺寸下的颗粒物则认为是挥发性组分冷凝成核的，因此计数器选择了该粒径作为切割粒径，小于该粒径的颗粒物则不计入。

　　争议在于初级粒子的粒径是否固定在 23 nm 不变。不同车型、燃料和行驶工况可能生成的初级粒子大小有所差别。Johnson 等（2009）在重型车数浓度测试研究中发现，使用不同切割效率的 CPC 在 VPR 系统下计数，结果表现出重型车的下限粒径会小于 23 nm。

　　（2）23 nm 以下的颗粒物是否都是挥发性组分形成的？

　　Gidney 等（2010）利用添加了无机金属添加剂的燃料进行了颗粒物数浓度粒径分布的测试。结果表明，在有金属添加剂的情况下小于 23 nm 的颗粒物除了挥发性组分还有无机组分。如果直接忽略 23 nm 以下的颗粒物会造成颗粒物数浓度水平被低估。

　　（3）机动车颗粒物排放中，挥发性组分是不是对于颗粒物数量有重大影响？

　　欧盟为了数浓度测试的可重复性与一致性，人为去除了挥发性组分。但是实际情况下，挥发性组分对于核模态的颗粒物具有重大影响。在实际道路行驶过程中，机动车排放的颗粒物数浓度及其粒径分布特征仍然是颗粒物监测中值得关注的问题。

在机动车排放颗粒物数浓度监测工作上，核模态粒子存在难以控制却又数量庞大的特点，而超细颗粒物对于人体健康与大气能见度的影响又远甚于大颗粒物，这使得移动源排放颗粒物数浓度的测量显得尤为重要。

3. 颗粒物化学组成测量技术

对于颗粒物化学组分以及浓度水平的监测，一方面可以反映颗粒物来源相关信息，另一方面也有助于进一步评价颗粒物对环境影响以及人体健康危害。

机动车颗粒物化学组分分析主要进行颗粒物元素、水溶性离子和碳质组分分析。颗粒物由多级颗粒物碰撞采样器收集，前两种化学分析选用 Teflon 滤膜，后一种选用石英滤膜。

颗粒物元素分析常用方法有 ICP-MS（电感耦合等离子体质谱联用方法）、XRF（X 射线荧光光谱法）、PIXE（质子激发 X 荧光分析法）等（宋少洁，2011）。ICP-MS 的优点在于检测限低，但其样品制备需要进行消解，预处理过程比较复杂。XRF 分析技术特点在于样品制备过程简单、滤膜无需消解（便于后续化学组分分析）、被测元素范围广泛，但对于某些元素检测限较高（刘永春和贺泓，2007）。

水溶性离子分析测试方法有分光光度法、滴定法和离子色谱法等。离子色谱法（IC）能够同时、快速测定多种可溶性离子，也是美国 EPA 规定的离子标准分析方法。碳质组分分析主要确定颗粒物中 EC 和 OC 的含量。目前使用最多、较为成熟的是热光法（宋少洁，2011）。

6.9.3 移动源 PM$_{2.5}$ 监测未来发展

1. 拓展移动源排放颗粒物监测内容

现有的法规与标准在控制移动源颗粒物排放方面，主要是对质量浓度提出要求。就机动车颗粒物控制历程而言，未来对于移动源颗粒物的防治与控制上需要增加更多的监测内容，来更好地了解移动源对于城市大气颗粒物污染具体贡献与影响。

首先，数浓度需要纳入监测指标。质量浓度控制的加严势必使得数浓度的监测将在移动源颗粒物污染水平上作为重要的参考指标。目前法规中对数浓度监测方法的选择上，回避了挥发性组分对于颗粒物的影响。而在实际路网行驶条件下，核模态下的超细颗粒物的产生不可避免，其对大气环境的贡献需要通过监测的手段进行监督。其监测结果对于了解城市颗粒物污染情况具有重要意义。

其次，粒径分布需要纳入监测指标。颗粒物的粒径大小与其对人类的健康影响与对大气环境的影响程度有着重要的联系。例如，空气动力学直径决定了颗粒物在人体呼吸系统内的沉积、滞留和清除过程，细颗粒物能通过呼吸系统直接进入并沉积在肺泡，甚至有可能经过肺换气深入到其他器官，如果长期吸入细颗粒物污染的空气，有可能造成呼吸系统结构和功能的损害，对人体健康的负面影响尤为显著。不同粒径的颗粒物其大气传输特性也不相同。因此关注移动源排放颗粒物浓度水平的同时，关注其粒径分布特征，对于了解移动源颗粒物排放特征，制定颗粒物控制策略而言也是十分有必要的。

2. 宏观监测与微观监测结合

现有对于机动车颗粒物控制管理的规范，对象针对单体移动源，主要对单车/发动机在规定工况下排放水平提出限制要求。而移动源由于其特殊性，其排放不仅与自身排放水平，还与路网交通情况等相关。因此仅仅针对单车进行监测，是不能够有效的对区域内移动源大气污染进行管理与控制的。

移动源 $PM_{2.5}$ 防治工作，首先要对单车排放水平进行把关，不仅是对于出厂的新车进行颗粒物监测，对于目前在用的行驶车辆，也可以通过移动监测站的方式，对其单车排放水平进行监测。其次宏观交通环境下的颗粒物监测要与微观监测结果相比较。由单车排放水平与交通流信息自下而上建立的排放清单，可以与宏观监测结果进行比较，来了解移动源对城市大气颗粒物污染贡献比率，从而对移动源颗粒物防治与控制政策的制定上提供宝贵的建议。

3. 开发新的监测技术

现有的监测手段主要是用于实验室研究，对于移动源颗粒物管理而言太过复杂，且不利于推广使用，监测成本也过高。因此对于未来的移动源颗粒物排放监测，需要提供更为高效、便捷、同时又能结合单车排放与区域排放水平的监测技术。

（1）延续车载测试的思路，尽可能获取单车实际行驶运行工况下的排放信息。现有车载测试需要搭建稀释采样系统与测试系统，而且单车排放测试也因为车型受限。建议开发一套便携且具有较高时空分辨率的单车颗粒物排放的测试系统，该系统可以支持高浓度高温下的测试并且保证一定精度。

（2）通过物联网等方式，能够获取区域内单车测试结果，通过其他部门对于车流或路况的监控，能够由监测的单车排放信息对当前路网下的颗粒物排放情况进行时时跟踪。

（3）建立固定站点，对区域典型片区大气环境中颗粒物排放情况进行监测，对于公共交通环境中颗粒物时空分布进行监测。

（4）利用新型技术手段，如激光雷达等遥感探测手段，建立遥感监测站点，以其他方式获得移动源排放颗粒物监测信息。

6.10　小　结

1. 合理规划 $PM_{2.5}$ 监测网络与站点，加强对背景站和区域站的运行保障

目前的 $PM_{2.5}$ 监测网络现有 $PM_{2.5}$ 国家监测网络的运行和维护，确保对 $PM_{2.5}$ 污染防治提供技术支持。

通过对 2013 年全国已实施空气新标准地区城市 $PM_{2.5}$ 污染状况进行分析，我国 $PM_{2.5}$ 污染形势十分严峻，2013 年开展监测的 74 个城市中仅有 3 个城市达标，$PM_{2.5}$ 污染防治任务艰巨，时间紧迫。从 2014 年开始，全国已有 161 个城市的 884 个监测点位开展了 $PM_{2.5}$ 监测，2015 年起国家网中 338 个城市的 1436 个监测点位全部开展了 $PM_{2.5}$ 监测。

研究结果表明，现有国家监测网络基本能够反映我国当前 $PM_{2.5}$ 污染状况，目前无需过多增设 $PM_{2.5}$ 监测点位，但为了确保能够说清全国 $PM_{2.5}$ 污染状况，并为 $PM_{2.5}$ 污染防治提供技术支持，各级政府必须高度重视 $PM_{2.5}$ 监测网络的运行维护工作，给予必要的运行经费保障，并配备 $PM_{2.5}$ 监测备机，确保 $PM_{2.5}$ 监测网络正常运行。

目前，$PM_{2.5}$ 的污染呈现出典型的区域性特征，为了进一步研究污染物的成因、来源和区域间传输影响规律，在 $PM_{2.5}$ 监测网络布局时，应结合现有城市站点的分布状况，在城市间、大气环流通道上，加强区域站点的建设，以支持 $PM_{2.5}$ 污染防治研究。

国家大气监测背景站和区域站，由国家投资建设和运行，其在说清我国大尺度背景地区、重点区域的空气质量状况和区域间空气污染物传输规律，以及污染物跨国界传输规律方面发挥着重要作用，背景站和区域站属国家事权，因此中央财政必须确保背景站和区域站的运行经费保障。

2. 改进大气 $PM_{2.5}$ 监测方法，开展 $PM_{2.5}$ 组分监测等研究性监测

关于 $PM_{2.5}$ 自动监测方法，建议采用β射线加动态加热系统方法、微量振荡天平加膜动态测量系统方法等方法，为避免出现 $PM_{2.5}$ 与 PM_{10} 倒挂现象，建议在我国开展 PM_{10} 与 $PM_{2.5}$ 监测时，尽可能选用同样原理的自动监测设备。

我国国家对 $PM_{2.5}$ 自动监测采用自动监测方法，而手工重量法是国际上公认的 $PM_{2.5}$ 监测的基准方法，因此建议在国家网内加强对 $PM_{2.5}$ 自动监测系统的手工比对，合理控制自动监测系统的测量误差，以确保 $PM_{2.5}$ 监测结果的准确可靠。

针对 PM$_{2.5}$ 与 PM$_{10}$ 等颗粒物数据反映不及时的问题，建议对《环境空气质量指数（AQI）技术规定》（HJ 633—2012）进行修订，以更加及时准确地反映空气质量实时状况。

开展 PM$_{2.5}$ 的组成成分监测、在线源解析监测等研究性监测对于研究 PM$_{2.5}$ 对人体健康的危害，探明 PM$_{2.5}$ 的污染成因和来源，提出 PM$_{2.5}$ 的控制措施具有重要的支撑作用。国外部分发达国家已经将 PM$_{2.5}$ 成分监测作为一项重要的监测内容，因此为深入开展 PM$_{2.5}$ 污染防治，建议在国家网内逐步开展 PM$_{2.5}$ 组成成分例行监测，并定期开展 PM$_{2.5}$ 源解析，为 PM$_{2.5}$ 污染防治提供技术支撑。

3. 加大大气 PM$_{2.5}$ 监测结果信息公开力度

目前，我国的空气质量发生平台已经公开发布了各个国控站点的 PM$_{2.5}$ 实时监测数据，但并没有提供监测数据下载功能，目前，社会公众、高等院校和科研机构对空气监测数据共享有较强需求，为加大环境信息公开力度，更好地服务于社会公众，支持 PM$_{2.5}$ 污染防治科学研究，建议加大 PM$_{2.5}$ 监测结果信息公开力度，逐步对公众和研究机构开放 PM$_{2.5}$ 监测数据下载共享服务。

4. 开发适于我国固定源 PM$_{2.5}$ 采样器，建立固定源 PM$_{2.5}$ 直接采样法标准

固定源直接采样法简单，采样器便携，适合环境管理和监测部门使用。建议我国建立基于惯性撞击原理的直接采样法标准，并开发适于我国固定源烟尘排放浓度的撞击采样器，用于采集可捕集 PM$_{2.5}$。稀释采样法结果更能代表固定源排放的 PM$_{2.5}$ 在实际大气中的真实状态，利于大气环境质量和健康效应评估，建议我国建立固定源 PM$_{2.5}$ 稀释采样法标准，用于采集包括可捕集和可凝结的 PM$_{2.5}$。随着烟气颗粒物分级采样的进展，我国固定源采样孔内径（80 mm）的规定已经限制了部分分级采样器的使用；建议针对现有的固定源采样孔尺寸，设计尺寸较小的采样器以实现烟道内采样；对于新建和改扩建的固定源，应将采样孔内径设计为不小 150 mm。

5. 多指标针对我国移动源 PM$_{2.5}$ 进行监测，建立高时空分辨率的排放清单

现有的法规与标准在控制移动源 PM$_{2.5}$ 排放方面，主要是对质量浓度提出了要求，新纳入的数浓度控制指标也仅针对轻型车，测试仅局限于转鼓测试，对于实际道路中的排放情况监测比较少。从而更好地了解实际道路中移动源排放的角度，建议对多种车型在不同行驶工况的数浓度以及粒径分布进行监测，建立具有高时空分辨率的排放清单。其次，对于移动源的控制管理只针对单车排放进行了约束，对于区域环境影响的综合评定需要对移动源整体排放情况进行监测。建议

开展区域内不同站点 不同时间下，交通环境下的颗粒物水平的监测，将单车排放与路网中总体排放水平结合起来。从测试技术手段上而言，现有的测试方法主要用于实验室研究，要实现对移动源实时的监控测量，需要开发更为便携且具有可靠性的测试系统。

参 考 文 献

包贞, 冯银厂, 焦荔, 等. 2010. 杭州市大气 PM$_{2.5}$ 和 PM$_{10}$ 污染特征及来源解析[J]. 中国环境监测, 26(2): 44-48.

陈纯, 朱泽军, 刘丹, 等. 2013. 郑州市大气 PM$_{2.5}$ 的污染特征及源解析[J]. 中国环境监测, 29(5): 47-52.

国家环境保护局. 1986. GB 6921—86 空气质量大气飘尘浓度测定方法[S]. 北京: 中国环境科学出版社.

国家环境保护局. 1996. GB/T 16157-1996 固定源排气中颗粒物测定与气态污染物采样法[S]. 北京: 中国环境科学出版社.

国家环境保护局. 2005. HJ 193—2005 环境空气质量自动监测技术规范[S]. 北京: 中国环境科学出版社.

郝吉明, 段雷, 易红宏, 等. 2008. 燃烧源可吸入颗粒物的物理化学特征[M]. 北京: 科学出版社.

贺克斌, 杨复沫, 段凤魁, 等. 2011. 大气颗粒物与区域复合污染[M]. 北京: 科学出版社.

黄辉军, 刘红年, 蒋维楣, 等. 2006. 南京市 PM$_{2.5}$ 物理化学特性及来源解析[J]. 气候与环境研究, 11(6): 713-722.

孔少飞, 白志鹏, 陆炳, 等. 2011. 固定源排放颗粒物采样方法的研究进展[J]. 环境科学与技术, 34(12): 88-93.

李兴华, 段雷, 郝吉明, 等. 2008. 固定燃烧源颗粒物稀释采样系统的研制与应用[J]. 环境科学学报, 28(3): 458-463.

刘光铨, 王炎生, 陈明兰, 等. 1985. WY-1 型烟道用冲击式尘粒分级仪的研制[J].环境工程, 5(1): 17-24.

刘永春, 贺泓. 2007. 大气颗粒物化学组成分析[J]. 化学进展, 10: 1620-1631

潘本锋, 宫正宇, 王帅, 等. 2013. 环境空气质量指数在应用中存在问题与建议[J]. 中国环境监测, 30(1): 69-72.

潘本锋, 汪巍, 王瑞斌, 等. 2013. 我国 PM$_{2.5}$ 监测网络布局与监测方法体系构建策略分析[J]. 环境与可持续发展, (3): 9-13.

宋少洁. 2011. 北京市典型道路交通环境细颗粒物化学组成及粒径分布[D]. 北京: 清华大学.

温新欣, 崔兆杰, 张桂芹, 等.2009. 济南市 PM$_{2.5}$ 来源的解析[J]. 济南大学学报(自然科学版), 23(3): 292-295.

吴虹, 张彩艳, 王静, 等.2013. 青岛环境空气PM$_{10}$和PM$_{2.5}$污染特征与来源比较[J]. 环境科学研究, 26(6): 583-589.

肖经汗, 周家斌, 郭浩天, 等.2013. 采用正定矩阵因子分解法对武汉市夏季某 PM$_{2.5}$ 样品的来源解析[J]. 环境污染与防治, 35(5): 6-12.

肖致美, 毕晓辉, 冯银厂, 等.2012. 宁波市环境空气中 PM$_{10}$ 和 PM$_{2.5}$ 来源解析[J]. 环境科学研究, 25(5): 549-555.

杨柳, 吴烨, 宋少洁, 等. 2012. 不同交通状况下道路边大气颗粒物数浓度粒径分布特征[J]. 环境科学, 33(3): 694-700

原永涛, 魏玉珍, 张滨渭, 等. 2012. 多级冲击采样器用于发电厂烟道飞灰采样的探讨[J]. 热力发电, 39(5): 77-81.

张学敏, 庄马展.2007. 厦门市大气细颗粒物 PM$_{2.5}$ 源解析的研究[J]. 厦门科技, 3: 41-43.

张智胜, 陶俊, 谢绍东, 等.2013. 成都城区 PM$_{2.5}$ 季节污染特征及来源解析[J]. 环境科学学报, 33(11): 2947-2952.

中华人民共和国国家统计局. 2013. 2013 中国统计年鉴[M].北京: 中国统计出版社.

中华人民共和国国务院. 2013. 大气污染防治行动计划[R]. 北京.

中华人民共和国国务院. 2013. 大气污染防治行动计划实施情况考核办法(试行)[R]. 北京.

中华人民共和国环境保护部. 2011. HJ 618—2011 环境空气 PM$_{10}$ 和 PM$_{2.5}$ 的测定 重量法[S]. 北京: 中国环境科学出版社.

中华人民共和国环境保护部. 2012. GB 3095—2012 环境空气质量标准[S]. 北京: 中国环境科学出版社.

中华人民共和国环境保护部. 2012. HJ 633—2012 环境空气质量指数(AQI)技术规定[S]. 北京: 中国环境科学出版社.

中华人民共和国环境保护部. 2013. GB 18352—2013 轻型汽车污染物排放限值及测量方法(中国第五阶段)[S]. 北京: 中国环境科学出版社.

中华人民共和国环境保护部. 2013. HJ 653—2013 环境空气颗粒物(PM$_{10}$ 和 PM$_{2.5}$)连续自动监测系统技术要求与检测方法[S]. 北京: 中国环境科学出版社.

中华人民共和国环境保护部. 2013. HJ 655—2013 环境空气颗粒物(PM$_{10}$ 和 PM$_{2.5}$)连续自动监测系统安装和验收技术规范[S]. 北京: 中国环境科学出版社.

中华人民共和国环境保护部. 2013. HJ 663—2013 环境空气质量评价技术规范[S]. 北京: 中国环境科学出版社.

中华人民共和国环境保护部. 2013. HJ 664—2013 环境空气质量监测点位布设技术规范(试行)[S]. 北京: 中国环境科学出版社.

中华人民共和国环境保护部. 2013. HJ 93—2013 环境空气颗粒物(PM$_{10}$ 和 PM$_{2.5}$)采样器技术要求与检测方法[S]. 北京: 中国环境科学出版社.

中华人民共和国环境保护部等.2014. 大气污染防治行动计划实施情况考核办法(试行)实施细则[R]. 北京.

周楠, 曾立民, 于雪娜, 等. 2006. 固定源稀释通道的设计和外场测试研究[J]. 环境科学学报, 26(5): 764-772.

周志恩, 张丹, 翟崇治, 等.2011. 重庆市主城区颗粒物的来源解析研究[J]. 2011 中国环境科学学会学术年会论文集(第二卷): 1129-1132.

Casati R, Scheer V, Vogt R, et al. 2007. Measurement of nucleation and soot mode particle emission from a diesel passenger car in real world and laboratory in situ dilution[J]. Atmospheric Environment, 41(10): 2125-2135.

Chen B T, Yeh H C, Sheng Y S. 1985.A novel virtual impactor: Calibration and use[J]. Journal of Aerosol Science, 16: 343-354.

Chen B T, Yeh H C, Sheng Y S. 1986.Performance of a modified virtual impactor[J]. Aerosol Science and Technology, 5: 369-376.

Chen B T, Yeh H C.1987. An improved virtual impactor: Design and performance[J]. Journal of Aerosol Science, 18: 203-214.

Collins J F, Shepherd P, Durbin T D, et al. 2007. Measurements of in-use emissions from modern vehicles using an on-board measurement system[J]. Environmental Science & Technology, 41(18): 6554-6561.

Corio L A, Sherwell J.2000. In-stack condensible particulate matter measurements[J]. Journal of the Air & Waste Management Association, 50(2): 207-218.

England G C, Watson J G, Chow J C, et al. 2007a. Dilution-based emissions sampling from stationary sources: Part 1-compact sampler methodology and performance [J]. Journal of the Air & Waste Management Association, 57(1): 65-78.

England G C, Watson J G, Chow J C, et al. 2007b. Dilution-based emissions sampling from stationary sources: Part 2-gas-fired combustors compared with other fuel-fired systems [J]. Journal of the Air & Waste Management Association, 57(1): 79-93.

England G C, Zielinska B, Loos K, et al. 2000. Characterizing PM$_{2.5}$ emission profiles for stationary sources: comparison of traditional and dilution sampling techniques[J]. Fuel Processing Technology, 65: 177-188.

Fraser M P, Cass G R, Simoneit B R T. 1998. Gas-phase and particle-phase organic compounds emitted from motor vehicle traffic in a Los Angeles roadway tunnel[J]. Environmental Science & Technology, 32(18): 2051-2060.

Friedlander S K. 2000. Smoke, Dust, and Haze: Fundamentals of Aerosol Dynamics [M]. 2nd ed. New York: Oxford University Press: 94-124.

Geller M D, Sardar S B, Phuleria H, et al. 2005. Measurements of particle number and mass concentrations and size distributions in a tunnel environment[J]. Environmental Science & Technology, 39: 8653-8663.

Gidney J T, Twigg M V, Kittelson D B. 2010. Effect of organometallic fuel additives on nanoparticle emissions from a gasoline passenger car[J]. Environmental Science & Technology, 44(7): 2562-2569.

Giechaskiel B, Chirico R, DeCarlo P F, et al. 2010. Evaluation of the particle measurement programme (PMP) protocol to remove the vehicles' exhaust aerosol volatile phase[J]. Science of the Total Environment, 408(21): 5106-5116.

Giechaskiel B, Maricq M, Ntziachristos L, et al. 2014. Review of motor vehicle particulate emissions sampling and measurement: From smoke and filter mass to particle number[J]. Journal of Aerosol Science, 67: 48-86.

Giechaskiel B, Ntziachristos L, Samaras Z, et al. 2005. Formation potential of vehicle exhaust nucleation mode particles on-road and in the laboratory[J]. Atmospheric Environment, 39(18): 3191-3198.

Hildemann L M, Cass G R, Markowski G R. 1989. A dilution stack sampler for collection of organic aerosol emissions: Design, characterization and field tests [J]. Aerosol Science and Technology, 10(1): 193-204.

Hinds W C.1999. Aerosol Technology: Properties, Behavior, and Measurement of Airborne Particles

[M]. 2nd edition. New York: John Wiley &. Sons: 117-136.

ISO 13271: 2012. Stationary source emissions - Determination of $PM_{10}/PM_{2.5}$ mass concentration in flue gas -Measurement at higher concentrations by use of virtual impactors[S]. 2012.

ISO 23210: 2009. Stationary source emissions: Determination of $PM_{10}/PM_{2.5}$ mass concentration in flue gas: Measurement at low concentrations by use of impactors[S].2009.

ISO 25597: 2013. Stationary source emissions test method for determining $PM_{2.5}$ and PM_{10} mass in stack gases using cyclone samplers and sample dilution [S]. 2013.

ISO 7708: 1995. Air quality—Particle size fraction definitions for health-related sampling [S].1995.

John A C, Kuhlbusch T A J, Fissan H, et al. 2003.Development of a $PM_{10}/PM_{2.5}$ cascade impactor and in-stack measurements[J]. Aerosol Science and Technology, 37(9): 694-702.

Johnson K C, Durbin T D, Jung H, et al. 2009. Evaluation of the European PMP methodologies during on-road and chassis dynamometer testing for DPF equipped heavy-duty diesel vehicles[J]. Aerosol Science and Technology, 43(10): 962-969

Kim D S, Hopke P K, Casuccio G S, et al. 1989. Comparison of particles taken from the ESP and plume of a coal-Fired power-plant with background aerosol-particles [J]. Atmospheric Environment, 23(1): 81-84.

Kittelson D B, Watts W F, Johnson J P. 2006. On-road and laboratory evaluation of combustion aerosols—Part1: Summary of diesel engine results[J]. Journal of Aerosol Science, 37(8): 913-930.

Kittelson D B. 1998. Engines and nanoparticles: A review[J]. Journal of Aerosol Science, 29(5): 575-588.

Kulkami P, Baron P A, Willeke K. 2011. Aerosol Measurement: Principles, Techniques, and Applications[M]. 3rd edition. New York: John Wiley &. Sons: 129-151.

Lee S W, He I, Young B. 2004. Important aspects in source $PM_{2.5}$ emissions measurement and characterization from stationary combustion systems[J]. Fuel Processing Technology, 85(6): 687-699.

Lee S W, Herag T, Dureau R, et al. 2013. Measurement of $PM_{2.5}$ and ultra-fine particulate emissions from coal-fired utility boilers [J]. Fuel, 108: 60-66.

Lei Y, Zhang Q, He K B, et al. 2011. Primary anthropogenic aerosol emission trends for China, 1990—2005. Atmospheric Chemistry and Physics, 11: 931-954.

Li X H, Wang S X, Duan L, et al. 2011. Design of a compact dilution sampler for stationary combustion sources [J]. Journal of the Air & Waste Management Association, 61(11): 1124-1130.

Lipsky E M, Pekney N J, Walbert G F, et al. 2004.Effects of dilution sampling on fine particle emissions from pulverized coal combustion[J]. Aerosol Science and Technology, 38(6): 574-587.

Lipsky E M, Robinson A L. 2006.Effects of dilution on fine particle mass and partitioning of semi-volatile organics in diesel exhaust and wood smoke [J]. Environmental Science & Technology, 40(1): 155-162.

Lipsky E, Stanier C O, Pandis S N, et al. 2002.Effects of sampling conditions on the size distribution of fine Particulate matter emitted from a pilot-scale pulverized-coal combustor [J]. Energy Fuels, 16(2): 302-310.

Liu H, He K, Lents J M, et al. 2009. Characteristics of diesel truck emission in China based on portable emissions measurement systems[J]. Environmental Science & Technology, 43(24): 9507-9511.

Loo B W, Cork C P.1988. Development of high efficiency virtual impactors[J]. Aerosol Science and Technology, 9(3): 167-176.

Marple V A, Willeke K. 1976.Impactor design[J]. Atmospheric Environment, 12: 891-896.

Marple V A, Chien C M. 1980. Virtual Impactors: A Theoretical Study [J]. Environmental Science and Technology, 14(8): 976-984.

Marple V A. 2004.History of impactors—The first 110 years[J]. Aerosol Science and Technology, 38: 247-292.

Masashi W, Mayumi T, Akira K, et al. 2009.Separation characteristics of a multi-stage VIS impactor for PM$_{10}$/PM$_{2.5}$ mass concentration measurement in a stack of a stationary source [J]. Journal of the Society of Powder Technology, 46(6): 467-475.

MOE of Japan. 2014. Atmospheric environmental regional observation system[EB/OL]. http://soramame.taiki.go.jp/index/setsumei/koumoku.html#sokutei. 2014-10-9

Niemelä V, Lamminen E, Laitinen A. 2008.A novel method for particle sampling and size-classified electrical charge measurement at power plant environment [C]. 11th International Conference on Electrostatic Precipitation Electrostatic Precipitation, Hangzhou: Zhejiang University Press: 228-233.

Novick V J, Alvarez J L. 1987.Design of a multistage virtual impactor[J]. Aerosol Science and Technology, 6(1): 63-70.

Office of Air Quality Planning and Standards Research Triangle Park. 2008. Ambient Air Monitoring Strategy for State, Local, and Tribal Air Agencies[R]. North Carolina.

Parve T, Loosaar J, Mahhov M, et al. 2011.Emission of fine particulates from oil shale fired large boilers[J]. Oil Shale, 28(1S): 152-161.

Petroleum Industry Gas-Fired Sources. International emission inventory conference, "one atmosphere, one inventory, many challenges." [C]May 1–3, Denver, CO.: 1-13.

Pirjola L, Parviainen H, Hussein T, et al. 2004. "Sniffer"—A novel tool for chasing vehicles and measuring traffic pollutants[J]. Atmospheric Environment, 38(22): 3625-3635.

Smith V A, Chien C M. 1980.Virtual impactors : A theoretical study[J]. Environmental Science and Technology, 14(8): 976-984.

Smith W B, Wilson R R, Harris D B. 1979. A five-stage cyclone system for in situ sampling [J]. Environmental Science & Technology, 13(11): 1387-1392.

Szymanski W S, Liu B Y H. 1989, .An airborne particle sampler for the space shuttle[J]. Journal of Aerosol Science, 20: 1569-1572.

UK DEFRA. 2012. Tony Bush, Sarah Choudrie, Beth Conlan, et al. Air Pollution in the UK 2011[R]. London.

UK Environment Agency. 2011. M8 Monitoring Ambient Air Version 2[R]. London.

US EPA. 2006a. US EPA 40 CFR Part 50 National Ambient Air Quality Standards for Particulate Matter, Final Rule [R]. North Carolina.

US EPA. 2006b. US EPA 40 CFR Parts 53 and 58, Revisions to Ambient Air Monitoring Regulations, Final Rule [R]. North Carolina.

US EPA. 2008. Implementing Continuous PM$_{2.5}$ Federal Equivalent Methods (FEMs) and Approved Regional Methods (ARMs) in State or Local Air Monitoring Station (SLAMS) Networks[R].

North Carolina.

US EPA. 2010. Methods for measurement of filterable PM$_{10}$ and PM$_{2.5}$ and measurement of condensable particulate matter emissions from stationary sources (Method 201a and 202)[S].

US EPA. 2012a. EPA's Revised Air Quality Standards For Particle Pollution: Monitoringd, Designations and Permitting Requirements[R]. North Carolina.

US EPA. 2012b. List of Designated Reference and Equivalent Methods[R]. North Carolina.

Usepa Y, Zhang Q, He K B, et al. 2011. Primary anthropogenic aerosol emission trends for China, 1990–2005[J]. Atmospheric Chemistry and Physics, 11: 931-954.

Wang D B, Kam W, Cheung K, et al. 2013. Development of a two-stage virtual impactor system for high concentration enrichment of ultrafine, PM$_{2.5}$, and coarse particulate matter[J]. Aerosol Science and Technology, 47(3): 231-238.

Wien S, England G, Loos K, et al. 2001. PM$_{2.5}$ speciation profiles and emission factors from petroleum industry gas-fired sources [C]. International Emission Inventory Conference, "One Atmosphere, One Inventory, Many Challenges", May 1-3, Denver, CO: 1-13.

Xu X. 1991. A Study of Virtual Impactor[D]. Minneapolis: University of Minnesota, 98-150.

Yiming D, Koutrakis P. 2000.Development of a dichotomous slit nozzle virtual impactor[J]. Journal of Aerosol Science, 31(12): 1421-1431.

第 7 章　我国大气 $PM_{2.5}$ 污染综合防治技术途径和对策建议

课题组组长
　　郝吉明　清华大学　院士

课题组顾问
　　唐孝炎　北京大学　院士
　　侯立安　第二炮兵工程设计院　院士

执行秘书
　　王书肖　清华大学　教授

课题组成员
　　贺克斌　清华大学　环境学院院长，院士
　　高　翔　浙江大学　教授
　　吴　烨　清华大学　教授
　　夏新莉　北京林业大学　教授
　　白由路　中国农科院资源区划所　室主任，研究员
　　潘本锋　中国环境监测总站　高级工程师
　　蒋靖坤　清华大学　副教授
　　邢　佳　清华大学　助理教授
　　段　雷　清华大学　教授
　　刘　欢　清华大学　副教授
　　许嘉钰　清华大学　副教授
　　赵　斌　清华大学　博士
　　高宇华　清华大学　研究助理

7.1　国内外大气环境 PM₂.₅ 相关控制法规和政策分析

大气环境 PM₂.₅ 污染问题的控制对策往往可以从环境空气质量标准、能源利用、固定源污染控制、移动源污染控制、扬尘污染控制、VOCs 污染控制以及区域污染控制等方面入手，本章将从以上几个方面分别入手，总结介绍几个主要发达国家及地区和我国在环境空气质量标准制定和大气环境 PM₂.₅ 污染控制对策的情况，在对比分析国内外标准及对策差异的基础上，针对我国大气 PM₂.₅ 综合防治政策法规标准的制定提出建议。

7.1.1　环境空气质量标准

1. 世界卫生组织

世界卫生组织（WHO）于 1987 年提出了环境空气质量导则，旨在为降低空气污染对健康的影响提供指导。导则值是在专家对现有科学证据进行评估的基础上制定的。这些导则值将为政策制定者提供信息，并为世界各地空气质量管理工作提供多种适合当地目标和政策的选择。WHO 于 2005 年更新的《环境空气质量导则》如表 7-1 所示。《环境空气质量导则》反映了目前可以获得的有关这些污染物影响健康的新证据以及在 WHO 各个区域目前和今后空气污染对健康的影响方面的相对重要性。除了指导值外，WHO《环境空气质量导则》针对不同污染物还

表 7-1　WHO《环境空气质量导则》指导值及各过渡阶段的目标值（世界卫生组织，2006）

污染物	监测方式	IT-1	IT-2	IT-3	指导值
PM₂.₅（μg/m³）	年平均	35	25	15	10
	24 小时平均	75	50	37.5	25
PM₁₀（μg/m³）	年平均	70	50	30	20
	24 小时平均	150	100	75	50
O₃（μg/m³）	日最大 8 小时平均	160	160	160	100
NO₂（μg/m³）	年平均	—	—	—	40
	1 小时平均	—	—	—	200
SO₂（μg/m³）	24 小时平均	125	50	50	20
	10 分钟平均	—	—	—	500
CO（mg/m³）	15 分钟	—	—	—	100
	30 分钟	—	—	—	60
	1 小时	—	—	—	30
	8 小时	—	—	—	10

规定了三个过渡阶段的目标值（IT-1、IT-2 和 IT-3）。通过采取连续、持续的污染控制措施，这些指导值是可以实现的。不同过渡时期目标值有助于各国评价在逐步减少人群颗粒物暴露的艰难过程中所取得的进展。

2. 美国

美国于 1970 年通过"清洁空气法"后，建立了国家环境空气质量标准（NAAQS），通过标准限制的方法促进未达标地区削减污染物排放量。标准限定的污染物主要包括 SO$_2$、NO$_2$、CO、Pb、O$_3$ 和 PM。该标准分两级，即一级标准和二级标准。一级标准是指根据环保部门的判断，为保护公众健康留有充分的安全余地的环境质量标准；二级标准是根据环保部门判断，使公共福利（建筑物、纤维制品、农作物、森林、能见度等）避免已知或可预见的有害后果所必须达到的标准。通常二级标准严于一级标准。该标准的具体浓度限值将在后面各国标准比较时进行介绍。

1997 年，美国环境保护署（EPA）重新修订了 O$_3$ 指标，将原来的 1 小时平均值 0.12 ppm[①]改为日最大 8 小时平均值 0.08 ppm；同时引进了 PM$_{2.5}$ 的浓度限值。2006 年，EPA 发布了最新的 PM 指标，PM$_{2.5}$ 的 24 小时标准由原先的 65 μg/m^3 下降到 35 μg/m^3，撤销了 PM$_{10}$ 年均指标。2013 年再次加严了 PM$_{2.5}$ 年平均浓度限值。

3. 欧盟

欧盟最早的空气质量标准是 1980 年欧盟委员会规定的 SO$_2$ 与 TSP 限值和指导值。1996 年欧盟制定了 96/62/EC 空气质量管理法规，该法规规定了 SO$_2$、NO$_2$、PM$_{10}$、Pb、CO、O$_3$ 等污染物的预警临界值。2002 年，欧盟推出了专门针对臭氧污染的通报和警戒限值规定（即 2002/3/EC 法令），该法令分别设置了臭氧通报限值、警戒限值、保障人体健康以及保护植被、森林和材料的污染限值。

4. 日本

日本于 1970 年首次制定了大气环境质量标准，到 2009 年最新修订，已经历了近半个世纪的历史阶段，其环境质量标准的项目和内容构成也因年代而异。主要分为两个阶段：第一阶段是 1970～1996 年。这一阶段空气污染以产业公害型污染为主，主要空气环境质量标准项目以传统的大气污染物质为主。第二阶段是城市生活型空气污染阶段，以 1996 年日本修订大气污染防治法为标志，除已经开展监测的传统空气污染物外，将低浓度长期暴露于大气中对人类造成慢性毒害的污染物质纳入空气环境质量标准体系，确定了 234 种有害的空气污染物，并从中筛

---

① ppm，parts per million，10^{-6} 量级

选出 22 种对人类健康威胁较大、环境风险较高的优控污染物开展监测。日本关于 $PM_{2.5}$ 的研究及监测始于 1999 年，直至 2006 年，在人体暴露、防疫学及毒性学 3 个领域实施了各种调查研究，并于 2007 年 7 月公布其研究成果；2006 年 10 月随世界卫生组织制定 $PM_{2.5}$ 标准，日本东京大气污染诉讼和解事件以及环境省调查报告的汇总等工作的完成，制定 $PM_{2.5}$ 标准的必要条件和前提已经具备，2008 年环境大臣经过咨询中央环境审议会，并经中央环境审议会大气环境部会的专门委员会审议，在 2009 年 9 月制定了 $PM_{2.5}$ 环境质量标准并进行了公示。

5. 新加坡

为保障公众健康，新加坡国家环境局在 2010 年 7 月成立环境空气质量咨询委员会，环境空气质量咨询委员会于 2011 年 7 月，基于世界卫生组织空气质量导则提出了空气质量标准建议，包括 $PM_{2.5}$、PM_{10}、O_3、NO_2、SO_2 以及 CO 等污染物，浓度限值为 2020 年的目标值。

6. 我国的环境空气质量标准及改进建议

2012 年，我国发布了新修订的《环境空气质量标准》（GB 3095—2012）。此次修订以保护人体健康为首要目标，调整了环境空气功能区的分类，将三类区合并入二类区，进一步扩大了人群保护范围。环境空气功能区仅分为两类，标准也分为两级。一级标准保护自然生态环境及社会物质财富，同时也为理想的环境目标，二级标准保护公众健康，这与美国等发达国家和地区标准分级方式一致。同时，调整了污染物种类及限值，增设了 $PM_{2.5}$ 浓度限值和臭氧日最大 8 小时平均浓度限值，加严了 PM_{10} 等污染物的年均浓度限值。《环境空气质量标准》（GB 3095—2012）规定的基本项目浓度限值见表 7-2。该标准自 2016 年 1 月 1 日在全国实施。

表 7-3 总结了我国同发达国家和地区环境空气质量标准中各污染物浓度限值的对比。可以发现，虽然我国最新修订的环境空气质量标准中某些污染物项目的一级标准已经达到发达国家及地区标准的水平，但总体来说我国还与其存在较大差距。

通过比较可以看出，发达国家及地区的现行标准制定得十分严格，如部分污染物的标准值由年均浓度值转变为日均浓度值或日最大 8 小时浓度均值甚至是小时均值；以年均浓度为指标的标准值都比我国环境空气质量二级标准值要低，例如 Pb、NO_x、$PM_{2.5}$、PM_{10}、SO_2 等，有的比一级标准值还要严格，如 Pb、NO_x、$PM_{2.5}$、PM_{10} 等；另外，发达国家和地区增加了一些与人体健康关系密切的污染物标准值。以 PM_{10} 为例，美国、日本环境空气质量标准中 PM_{10} 已不再考虑年均值，

表 7-2 环境空气污染物基本项目浓度限值（《环境空气质量标准》GB 3095—2012）

污染物	平均时间	浓度限值	
		一级	二级
PM$_{2.5}$（μg/m³）	年平均	15	35
	24 小时平均	35	75
PM$_{10}$（μg/m³）	年平均	40	70
	24 小时平均	50	150
O$_3$（μg/m³）	日最大 8 小时平均	100	160
	1 小时平均	160	200
NO$_2$（μg/m³）	年平均	40	40
	24 小时平均	80	80
	1 小时平均	200	200
SO$_2$（μg/m³）	年平均	20	60
	24 小时平均	50	150
	1 小时平均	150	500
CO（mg/m³）	24 小时平均	4	4
	1 小时平均	10	10

表 7-3 我国同发达国家和地区环境空气质量标准的对比

污染物	监测方式	单位	污染物浓度限值						
			欧盟 [a]	英国 [b]	美国 [c]	日本 [d]	中国 [e]		新加坡 [f]
							一级	二级	
CO	24 小时平均	mg/m³	—	—	—	12.5	4	4	—
	8 小时平均		10	10	11.25	25.0	—	—	10
	1 小时平均		—	—	43.75	—	10	10	30
Pb	年平均	μg/m³	—	0.25			0.5	0.5	—
	季平均		—		0.15		1	1	—
NO$_2$	年平均	μg/m³	40	40	100		40	40	40
	24 小时平均		—	—	—	123	80	80	—
	1 小时平均		200	200	210		200	200	200
NO$_x$	年平均	μg/m³	—	30			50	50	
	24 小时平均		—	—	—		100	100	—
	1 小时平均		—	—	—		250	250	—
O$_3$	日最大 8 小时平均	μg/m³	120	100	160		100	160	100
	1 小时平均		—	—	—	260	160	200	—
	3 年平均		20						
PM$_{2.5}$	年平均	μg/m³	25	—	12	15	15	35	12
	24 小时平均		—	—	35	35	35	75	37.5

续表

| 污染物 | 监测方式 | 单位 | 污染物浓度限值 ||||| 中国[e] || 新加坡[f] |
			欧盟[a]	英国[b]	美国[c]	日本[d]	一级	二级	
PM$_{10}$	年平均	μg/m³	40	20	—	—	40	70	20
	24 小时平均		50	50	150	100	50	150	50
	1 小时平均		—	—	—	200	—	—	—
TSP	年平均	μg/m³	—	—	—	—	80	200	—
	24 小时平均		—	—	—	100	120	300	—
	1 小时平均		—	—	—	200	—	—	—
SO$_2$	年平均	μg/m³	—	20	90	—	20	60	15
	冬季平均		—	20	—	—	—	—	—
	24 小时平均		125	125	400	114	50	150	50
	3 小时平均		—	—	1430	—	—	—	—
	1 小时平均		350	350	—	286	150	500	—
	15 分钟平均		—	266	—	—	—	—	—
光化学氧化剂	小时	mg/m³	—	—	—	0.129	—	—	—
三氯乙烯	年平均	mg/m³	—	—	—	0.2	—	—	—
四氯乙烯	年平均	mg/m³	—	—	—	0.2	—	—	—
二氯甲烷	年平均	mg/m³	—	—	—	0.15	—	—	—
二噁英	年平均	pg-TEQ/m³	—	—	—	0.6	—	—	—
BaP	年平均	μg/m³	—	—	—	—	0.001	0.001	—
	24 小时平均		—	—	—	—	0.0025	0.0025	—
苯	年平均	μg/m³	—	5	—	—	—	—	—
1,3-丁二烯	年平均	μg/m³	—	2.25	—	—	—	—	—

a. EU Committee，1996；EU Committee，2002

b. Department for Environment Food & Rural Affairs of UK，2012

c. U.S. Environmental Protection Agency，2013

d. Ministry of the Environment Government of Japan，2009

e. 中国环境科学研究院，2012

f. National Environment Agency，2013

美国 PM$_{10}$ 日均值与我国环境空气质量二级标准一样，日本则比我国低 33%。英国的 PM$_{10}$ 年均值比我国一级标准还低。

为了应对突发情况与极度不利扩散条件，针对日均值或小时值，不同国家或地区还设置了不同的允许超标次数。其中中国大陆地区空气质量标准并没有允许超标次数的设置。中国香港地区、美国、欧盟空气质量标准允许超标次数见表 7-4。

表 7-4　主要国家、地区同类标准允许超标次数的对比

	平均时间	中国香港 [a]	美国 [b]	欧盟 [c]
$PM_{2.5}$	24 小时平均	9	三年平均超标率在 2%以下	无此标准
PM_{10}	24 小时平均	9	1	35
O_3	8 小时平均	9	三年平均，每年第四高的 8 小时平均需达标	25
NO_2	1 小时平均	18	三年平均超标率在 2%以下	18
SO_2	24 小时平均（美国为 3 小时）	3	三年平均超标率在 1%以下	3
	10 分钟平均（美国、欧盟为 1 小时）	3	1	24
CO	1 小时	0	1	1
	8 小时	0	1	1

a. 香港特别行政区政府环境保护署，2013

b. U.S. Environmental Protection Agency，2013

c. EU Committee，1996；EU committee，2002

因此，在今后的环境空气质量标准修订及制定过程中，应当适当考虑将部分污染物项目如 Pb、NO_x、$PM_{2.5}$、PM_{10} 的浓度限值规定得更为严格，并适当增设部分污染物项目如 PM_{10}、TSP 的短期浓度限值。此外，还应将各污染物项目限值的制定适当向日均浓度值、8 小时浓度值甚至是小时浓度值等短时浓度限值倾斜。最后，还应当考虑对空气质量超标次数进行限制。

7.1.2　能源利用

大多数大气污染物是在能源开发、输配和利用过程中产生的。通过改进能源利用政策，可以降低能源消耗量、提高能源利用效率，从而实现从生产生活的源头减少 $PM_{2.5}$ 及其前体污染物的产生。

1. 日本

日本是世界上在能源利用方面做得较为出色的国家之一，其能源政策主要涉及能源结构、电器节能以及机动车燃料效率等方面。

首先，日本的能源结构十分多样。2010 年，日本的煤炭、油、天然气、核能和水能发电在总发电量中分别贡献了 27%、8%、27%、26%以及 8%（Wang et al，2014）。此外，日本大力发展核电，并将其作为低碳发展战略的核心。在工业能源利用方面，日本的重大政策包括强制高耗能企业提交节能方案、开展高频率的实地监测以及为小企业引进高效节能设备提供补贴帮助等。从 2000 年到 2010 年，单位水泥产品平均能耗和粗钢平均能耗分别减少了 6.3%和 5.6%，工业能源消费占比由 26%降至 18%，煤炭和石油产品的能源消费占比也从 64%降至 56%（Wang et al，2014）。

在电器节能方面，日本成功地实施了"领跑者计划"，根据市场上能源利用效率最高的产品来制定其电器节能标准。在 1997 年到 2004 年的时间里，日本的空调和冰箱的能源利用效率分别提升了 68% 和 55%，均超过了 66% 和 31% 的效率提高目标（Wang et al，2014）。

在机动车能源消费方面，日本的能源消费削减绝大程度上依靠其实施的世界最严格的燃油效率标准。日本客运汽车的燃料利用效率从 2000 年的 13.5 km/L 稳步提升到 2009 年的 17.8 km/L。此外，日本还是世界上第一个针对大型货车颁布并实施燃油效率标准的国家，该国大型货车的能耗从 2000 年的 851 kcal[①]·t/km 降至 2008 年的 722 kcal·t/km（Wang et al，2014）。

2. 美国纽约州

美国纽约州的能源及节能政策重点之一是鼓励热电联产。2001 年美国总统发布了"美国能源政策"，为热电联产技术的发展提供税收优惠和简便的审批程序的政策性建议措施。同时，为减少能源使用并有效保护环境，鼓励开发高效、低耗低污染产品，引导广大消费者购买和使用节能环保设备。

除鼓励热电联产之外，美国纽约州比较注重利用技术和制造业的优势实现本州能源发展。2002 年纽约发布州能源发展计划，主要目标包括：增加能源多样性，提高可再生能源比重和能源效率，通过政策和管理上的改革促进能源市场发展。与此同时，发展更节约能源和环境友好的交通系统。

美国纽约州在能源方面的部分具体政策和目标有：①2010 年单位 GDP 能耗比 1990 年的水平下降 25%；②2020 年可再生能源占一次能源的比重由 10% 提高到 15%；③鼓励增加能源多样性，继续发展现有的核能，水电等能源；④大力发展分布式发电和热电联产；⑤减少交通堵塞，提高运输的能源效率等（刘红梅和王克强，2010）。

纽约州提高能源效率的主要方式包括：执行节能要求更高的建筑标准和家用电气标准，由政府或企业发起的节能项目，也依靠由市场价格诱导的节能技术的发展和应用。

纽约州提高能源效率的主要措施包括：实施节电项目，实现用电量比 2015 年预测值减少 15% 的目标；综合协调州政府管理的节能项目和公共事业，定期评估和报告结果；为联邦政府未统一规定的产品制定节能标准；提高电力系统运行效率；提高公共建筑能源效率；对节能改造进行补贴；扩建可选的交通方式，减

---

① 1 cal=4.814 J

少机动车行驶里程数等。

3. 英国伦敦

英国伦敦在能源方面明确制定的政策措施集中于三方面（刘红梅和王克强，2010）：①开发可再生能源，对光伏发电、太阳能热水器、风能、生物质燃烧和发电等都提出了定量的目标；②改善能源效率，涉及在 2010 年之前完成 70%经济上划算的提高能源效率的改进和 10%目前在经济上不划算的提高能源效率的改进，包括平房和老式楼房的节能改造以及老化的相关基础设施的维护和重建；③调整能源利用方式，主要为提高热电联产的比重，使热电联产生产的能量比目前增加一倍，并且新增 250 MW 的区域集中供暖。

2006 年，伦敦民用能耗占总能耗的 41.5%，这些能量主要用于供暖和供应热水，其余部分用于照明和家电。降低这部分能耗的主要措施是提高建筑物的节能性能，提高照明和家电的效率。对于商业能耗，政府更希望新建的商业建筑能够在节能方面起到示范作用。例如，将南向的屋檐伸长以便在夏季能够利用屋檐的遮荫；外围的办公室采用自然通风，将地下水通过安装在天花板上的毛细管以实现室温控制等。

4. 法国

法国奉行能源发展和需求增长相平衡的能源政策，一方面积极发展能源工业，以满足社会日益增长的对能源的需要；另一方面努力节制能源消耗的增长，把能源需求的增长控制在能源供应可以满足的范围内。

法国的节能措施包括：为消耗能源的设备和系统制定节能标准，如针对锅炉和相关设备、供热和制冷系统、汽车和家用电器等作出了本国化的规定。制定并实施节能计划和可再生能源开发计划。法国还通过减免税，鼓励在工业、服务、住房建筑、交通运输等领域采用节能型设备。如政府采取多项措施，鼓励热电联产，其中包括实施 12 个月的特优折旧，将纳税基数降低一半，免除天然气和重柴油消耗的内部税，等等。

1996 年，法国颁布空气和能源合理利用法，鼓励城市集中供热的发展。将集中供热作为保证空气质量领域和能源控制领域的主要措施，特别是通过可再生能源、热量的回收和燃气轮机联合循环的利用来实现这一目标。为实现城市供暖的高效、节能、环保，巴黎市采取了以下措施：①提高化石燃料的燃烧经济性，通过焚烧城市垃圾（约占总热量的 50%）提高垃圾的能源价值。②通过能源利用的多样性，控制城市集中供热的成本和可靠性。建立燃汽轮机联合机组，减少煤和重油等高污染燃料的使用，增加煤气消耗。③利用集中供热网取代许多单台或中小型的供热锅炉，并且限制在靠近巴黎城区的地方应用锅炉供热，以降低城市污染（张沈生等，2006）。

5. 德国

德国的能源政策重点之一是调节能源相关税收，对不可再生能源加征能源生态税。1999～2003 年，德国政府先后 5 次对汽油、柴油每年加征 3.00 欧分/L 的生态税。从 1999 年开始对采暖用油加征 2.00 欧分/升的生态税。从 2001 年 11 月起，对含硫量超过 50 mg/L 的汽油、柴油再加征 1.53 欧分/升的生态税。从 2003 年起，又将含硫量标准调整为 10 mg/L，超过该标准的汽油、柴油加征的生态税累计达 16.88 欧分/L。在 1999 年和 2003 年，德国又两次对燃用液化气加征 1.25 欧分/L 的生态税。从 1999 年 4 月起，每度电加征 1.00 欧分生态税。从 2000 年到 2003 年，又先后 4 次对每度电每年加征 0.25 欧分生态税。对使用风能、太阳能、地热、水力、垃圾、生物能源等再生能源发电的情形则免征生态税，从而鼓励可再生能源开发和利用（杜放等，2006）。

2000 年 2 月，德国实施《可再生能源法》。可再生能源法实施以来，取得良好成效。到 2004 年德国电力供应中可再生能源发电量占到 10%。到 2020 年可再生能源发电量占总发电量比例的 20%，并将太阳能定为未来能源发展的方向（张小锋和张斌，2014）。

1995 年以来，德国将天然气作为最重要的住宅供暖能源代替了供暖用油。近年来，天然气的使用越来越普遍，75%的新建住宅使用了天然气供暖。

6. 我国的能源利用政策及改进建议

我国在"十一五"规划中首次提出节能减排的综合性工作方案，并制定了"'十一五'期间单位国内生产总值能耗降低 20%左右，主要污染物排放总量减少 10%"的约束性指标。《国务院关于印发节能减排综合性工作方案的通知》中提出了具体目标：到 2010 年，万元国内生产总值能耗由 2005 年的 1.22 吨标准煤下降到 1 吨标准煤以下。"十一五"期间实现节能 1.18 亿吨标准煤，减排二氧化硫 240 万吨（国务院办公厅，2007）。

针对"十一五"时期的能源利用，我国提出了以下主要的政策措施和目标：①遏制高耗能行业；②鼓励发展低能耗技术和产品；③大力发展可再生能源；④发展替代能源；⑤组织实施一系列节能改造项目和示范项目；⑥严格建筑节能管理；⑦重视交通运输节能管理，优先发展城市公共交通；⑧加大实施能效标识和节能节水产品认证管理；⑨完善节能和环保标准；⑩制定和完善鼓励节能减排的税收政策；⑪政府机构办公设施和设备节能；⑫扩大节能和环境标志产品政府采购范围（国务院办公厅，2007）。

截至 2010 年，"十一五"节能减排工作取得了显著效果，和 2005 年相比，全国单位国内生产总值能耗降低 19.1%，SO$_2$ 排放总量下降 14.3%，基本实现了"十一五"规划纲要确定的约束性目标（国务院，2011）。

在此基础上，国务院提出了"十二五"节能减排综合性工作方案。方案提出的节能目标为：到 2015 年，全国万元国内生产总值能耗在 2010 年的基础上下降 16%，在 2005 年的基础上下降 32%；"十二五"期间实现节约能源 6.7 亿吨标准煤。2015 年，全国 SO$_2$ 和 NO$_x$ 排放总量在 2010 年的基础上分别下降 8% 和 10%（国务院，2011）。

"十二五"节能减排工作和"十一五"一脉相承，在工作大方向上保持一致的基础上，对能源结构调整、服务业和新兴产业、节能重点工程等方面提出了具体目标。例如到 2015 年，非化石能源占一次能源消费总量比重达到 11.4%，服务业增加值和战略性新兴产业增加值占国内生产总值比重分别达到 47% 和 8% 左右，北方采暖地区既有居住建筑供热计量和节能改造 4 亿平方米以上，等等（国务院，2011）。

在"十一五"的基础上，"十二五"首次提出几个新的能源政策：①控制能源消费总量；②推广分布式能源；③促进农业和农村节能减排；④鼓励民众参与节能减排；⑤推广节能减排市场化机制（国务院，2011）。

通过对发达国家和地区能源政策的调研分析，我国今后的能源利用政策可以从以下几个方面入手：增加能源多样性，大力发展清洁能源尤其是核能、水能等并制定量化目标；提出明确的能源发展方向，对汽油、柴油、煤炭等不可再生能源加征生态税；对小型企业提供高效节能设备引进补贴；加大能源效率改造的推行力度，尤其是推行居民住宅节能改造；提高电器节能标准；对各类机动车制定并实施严格的燃油效率标准，减少交通拥堵，提高运输能源效率；加大各项节能改造的补贴力度。

7.1.3　固定源污染控制

固定源一般指固定燃烧源，包括电厂、工业企业等。固定源是大气中 SO$_2$、NO$_x$ 和 PM（颗粒物）等污染物的重要来源。

1. 日本

20 世纪 60 年代，日本针对单一固定排放源首先采取的措施是提高工厂烟囱高度，虽然这在当地大气污染的治理中有所成效，但由于未采取排放削减的措施，众多的工业排放源排放到高空的污染物通过稀释和扩散作用影响到了更大的地域范围，因此造成了区域性的环境污染。

从不同污染物排放量削减的角度，日本于 1974 年和 1981 年分别发布了 SO$_x$ 和 NO$_x$ 总量控制要求。20 世纪 70 年代，日本开始采用燃料脱硫技术、烟气脱硫技术等等。从 1985 年开始，固定源 SO$_2$ 排放量有了显著下降，但由于 NO$_x$ 的生成主要发生在燃烧过程中，因此燃料和烟气脱硝效果并不理想，NO$_x$ 排放量反而有所上升。此外，日本关停了部分小型焚烧设施，这使得 1999 年开始颗粒物浓度有显著下降（Wang et al，2014）。

从排放部门角度，日本在全国范围内要求绝大多数电力部门应用 SO$_2$、NO$_x$ 和 PM 的最佳可行技术。截至 2010 年，日本电力部门对湿法烟气脱硫、低氮燃烧+选择性催化还原组合技术和高效除尘器（包括布袋除尘器、电袋除尘器等）的应用率已经超过 90%（Wang et al，2014）。

日本的工业固定源排放严格受到大气污染控制法规的制约，虽然 1995 年以来其规定的排放限值有小幅调整，但依然是世界最严格的标准之一。日本绝大多数一颗粒物排放为主的工业源都装备了高效除尘器。对于工业锅炉、烧结厂、玻璃厂以及炼焦等行业的 PM 排放控制，多安装了电除尘器、布袋除尘器或电袋除尘器（Wang et al，2014）。

对于民用燃烧，在当地政府的严格管理下，日本大约有一半的民用锅炉装备了高效除尘器，结果日本民用煤炉的 SO$_2$ 和 PM 排放因子有所下降。此外，使用新型燃烧技术替代小炉灶是减少排放的有效方法，日本因此推广了多种新型炉灶，如嵌入催化单元的炉灶、安装烟气导流板的炉灶等（Wang et al，2014）。

2. 美国

美国颁布的《新排放源行为标准》对固定排放源的建设做出了规定，要求大型固定排放源在建设前需要得到相关的许可证，并得到所在州环保署的运行许可。

1977 年开始，美国将空气质量优于国家环境空气质量标准的地区定为"防止严重恶化地区"（PSD 区），并规定在 PSD 区内新建主要的污染源必须向州政府申请建设许可证，而且该污染源应当采用"最佳可行技术"。

除了划分 PSD 区，美国还将任何一种污染物未达到国家环境空气质量标准的地区定为未达标区。同样地，对该区内新建的主要污染源实行许可证制度。未获得许可不得新建、扩建主要的污染源。一个主要污染源获得许可证的条件是所排放的污染物必须达到"最低可达排放速率"，并且能够满足替代政策的要求。"最低可达排放速率"指的是"州的某类污染源的排放限值中最严格的排放限值（排放速率），除非拟建新污染源的所有人或营运人证明该限制是不可实现的"（周军英和汪云岗，1998）。

另外，美国制定了泡泡政策，推行排污交易，降低工业企业的减排成本。所谓泡泡政策是把一家工厂或一个地区的空气污染物总量比作一个"泡泡"。一家排放空气污染物的工厂可以在 EPA 规定的一定条件下，有选择有重点地使用空气污染治理资金，调节该厂所有排放口的排放量，只要所有排放口排放的空气污染的总和不超过 EPA 规定的排放量。泡泡可大可小，可以是单个工厂，也可以是拥有多个工厂的一家公司，或是某一特定区域（周军英和汪云岗，1998）。

针对电厂，美国还实施了酸雨计划，该计划包括以下内容：①排污限额交易。列为管理对象的电厂各自持有一定数量的排放限额。每个限额允许排放 1 吨 SO$_2$。限额可以参与交易，但不能违反联邦或州的排放标准。年终时，每个电厂拥有的排放限额至少必须与实际的排放量相等。②许可证条例。每个污染源的指定代表要提交许可证的申请及该污染源所有设施的守法计划，许可证禁止超量排放和提前使用限额。③连续排放监测。作为酸雨计划管理对象的污染源都要安装连续排放监测系统。④超量排放规定。如果未能遵守排放规定而超量排放时，将被处以每吨超量 2000 美元的罚款，另外，违法的设施还要购买相等的排放限额来抵消超量排放的 SO$_2$，并向 EPA 提交一份削减 SO$_2$ 排放的计划。严重的违法行为还将受到每天高至 25000 美元的罚款，甚至被判刑。⑤氮氧化物削减规定。酸雨计划规定到 2000 年，将削减 200 万 t 氮氧化物的排放。主要是通过安装低氮氧化物排放的锅炉及实施新的严格标准来实现（周军英和汪云岗，1998）。

3. 欧盟

欧盟国家的工业部门大多同时采用法规制约和市场机制来限制大气污染物的排放。欧盟针对固定源的法规主要有《欧盟关于限制大型火力发电厂排放特定空气污染物质的指令》（1994，2001）、《关于从汽油仓库和从终端到汽油站运送过程中导致的挥发性有机化合物控制指令》（1994）、《关于限制在特定活动和设施中使用有机溶剂导致的挥发性有机化合物排放的指令》（1999）、《关于降低在特定液体燃料中硫含量的指令》（1999）、《废物焚烧指令》（2000）、《关于国家特定空气污染物质排放最高值的指令》（2001）、《综合污染预防和控制指令》（2008）、《工业排放指令》（2010）等。

欧盟各国针对固定源大气污染排放的规制措施各具特点，主要包括以下措施：

（1）改变主要能源的使用，如瑞典和法国转向使用水电和核电。

（2）对工业企业采取强制性规定措施。如欧洲理事会在 1996 年将轻燃料油中的硫含量减少到 0.05%，将重燃料油的硫含量调整到 0.5%。

（3）能源或燃料油税。瑞典、挪威和丹麦对硫排放征收高税率，分别为 3000 美元、2100 美元和 1300 美元，法国、瑞士和西班牙对硫排放征收的税收较低，均低于 50 美元。瑞典的制造业中，石油燃料使用的减少是硫排放减少的主要原因，据统计由于征收燃料税而减少了 30% 的硫排放。

（4）对 SO$_2$、NO$_x$ 以及可挥发有机物征税。1998 年，法国对 NO$_x$ 和 VOC 的税收增加到每吨 40 美元，税收被用于奖励减少污染技术的研究与开发，在一定程度上减少了大气污染物的排放量；意大利对大型电厂征收每吨 100 美元的税收用于减少大气污染物的排放。

4. 我国固定源污染控制对策及建议

首先对于电力部门，我国针对密集式煤炭发电的现状，通过补贴政策大力推行清洁发电。在能源利用方面，截至 2010 年我国水力发电、天然气发电、风力发电以及太阳能发电的装机容量已经分别是 2005 年容量水平的 1.82、2.25、23.8 和 3.43 倍。我国还针对燃煤发电效率提升实施了相关措施，在 2006～2010 年之间强制关停了部分小型燃煤电厂和低效率燃煤电厂，并计划在"十二五"期间继续淘汰落后煤电机组 20 GW，与此同时要求 2005 年以后新增电厂的发电容量都不小于 300 MW。这一系列的变化使得热电厂的单位发电量煤耗从 2005 年的 370 g 标准煤/度降至 2010 年的 333 g 标准煤/度。"十二五"规划中提出到 2015 年 SO$_2$ 总排放量要在 2010 年的基础上削减 8%，这就要求几乎所有的燃煤电厂必须装配高效的烟气脱硫设施（FGD）（去除效率按最低 95% 考虑）。截至 2010 年我国针对燃煤电厂的 NO$_x$ 控制的主要措施是低 NO$_x$ 燃烧技术、选择性催化还原脱硝（SCR）和选择性非催化还原脱硝（SNCR）在 2005 年和 2010 年的应用率分别仅为 1.1% 和 12.8%。实现"十二五"期间 NO$_x$ 排放减少 10% 目标的关键就是大规模部署 SCR 和 SNCR 设施。在颗粒物控制方面，我国在过去十年里针对电力部门的排放控制得到了显著的成果。从 2003 年起，所有新建和改建单位所排烟气必须达到 PM 不超过 50 mg/m^3 的要求。至 2005 年，超过 92% 的煤粉电厂安装了电除尘（ESP）装置；布袋除尘器也在近些年投入商用。2011 年，我国环保部宣布将烟气 PM 浓度标准做了修订，环境敏感地区定为 20 mg/m^3，其他地区定为 30 mg/m^3。为了有效控制电力部门的污染物排放，我国于 2011 年颁布了《火电厂大气污染物排放标准》（GB 13223—2011），规定了火电厂大气污染物排放浓度限值、监测和监控要求。目前，我国在电力部门实行的污染物控制标准已经达到世界最严格的行列（Wang et al，2014）。

在工业部门方面，我国大范围强制性淘汰和替代了落后低能低产行业，例如机械炼焦生产量从 2005 年的 82% 提升至 2010 年的 87%。与此同时，水泥和粗钢生产的平均能耗强度从 2005 年的 29% 降至 12%。在末端治理角度，我国在工业部门针对 SO$_2$ 和 NO$_x$ 的控制技术很少。近年来，FGD 只在某些地区的一小部分燃煤锅炉和烧结厂中有所使用。相比之下，我国早在 20 世纪 80 年代末便开始控制工业部门颗粒物排放。"十一五"规划在某些高排放工业中推行高效布袋除尘器。截至 2010 年，电除尘和布袋除尘器已经开始普遍应用于我国的水泥厂、烧结厂和吹氧转炉等固定源。我国对于工业部门 VOCs 排放的控制措施只局限于化石燃料开采和分配利用过程。2007 年，我国发布了针对汽油分配单元的排放标准，并要求在转移汽油操作中采用蒸汽回收系统和改良的装载技术，对加油站油罐实施改造，在机动车油箱和加油站油罐之间采用蒸汽平衡系统，在新建或翻新的油罐中安装内浮顶或采用二次密封。据估计，截至 2010 年，全国 15% 的汽油储存和分配操作均安装了蒸汽再循环系统。总之，近年来我国对工业部门的污染控制尤其是颗粒物控制采取了不少措施，但就整个工业部门的相关排放标准和政策措施而言，仍然还有很大的加严空间。我国可以借鉴美国的泡泡政策，推行排污交易，降低工业企业的减排成本，同时建立许可证制度（Wang et al，2014）。

在民用部门方面，截至 2006 年底，我国 96% 的新建建筑遵照了 1996 年颁布的节能设计标准，2010 年我国加严了这一标准。我国在民用部门也曾经推行使用清洁能源。过去十年中，农村地区生物质的直接燃烧已经逐渐被商业燃料代替，生物质燃烧在农村炊事中的使用已经从 2005 年的 38% 降至 2010 年 31%。在国家对清洁能源的大力补贴政策下，我国民用沼气产量以及太阳能热水器的数量于 2005～2010 年均增长了一倍。在末端治理方面，我国制定的法规很少，而采取的控制技术也一般为旋风除尘器和湿式除尘器。我国可以考虑效仿日本，在民用部门推行新型高效炉灶。和工业部门一样，我国对民用部门的排放控制也存在很大的强化空间（Wang et al，2014）。

7.1.4　移动源污染控制

移动源污染是 PM$_{2.5}$ 及其前体物的重要来源之一，发达国家和地区针对移动源污染制定了多种控制对策，主要包括加严机动车排放标准、旧车淘汰、发展绿色交通、加征燃油税、针对拥堵进行收费、划定低排放区等。

1. 加严新车排放标准

欧盟和美国对道路机动车制定了严格的排放标准，并且正在不断将其扩展至非道路移动源（例如建筑和农业设备、船舶等）。

欧洲于 2009 年 9 月开始执行欧 V 机动车排放标准，2014 年将实施欧 Ⅵ 排放标准。而德国由于通过安装碳烟滤清器和设立环保区，其柴油车已经提前达到了欧 V 标准。欧 Ⅳ 标准允许柴油车每公里排放 0.025 克颗粒物，在欧 V 标准中这个指标下降到 0.005 g/km。要达到这个新标准，必须安装柴油微粒过滤器（DPF）。

欧 V 标准另外涉及氮氧化物的减排，但是减排的力度不大。按照欧Ⅳ标准，柴油机每公里允许排放 0.25 克氮氧化物，欧 V 标准是 0.18 g/km，可以说没有根本性的变化。到 2014 年实施欧Ⅵ标准以后，氮氧化物的排放量将锐减到 0.08 g/km。

美国在机动车排放污染立法方面做出了巨大努力，曾前后十次立法或者修订法规。1970 年，美国国会制定了《清洁空气法》，要求在 1975 年前降低 90% 的机动车污染排放。1985 年，美国环境保护署制定了严格的柴油货车和柴油客车排放标准。1989 年，首次制定了旨在降低汽油挥发排放的燃料挥发排放限值。1990 年，制定了柴油的硫含量限值。1991 年，美国环境保护署建立了碳氢化合物和氮氧化物的更低排放标准。1998 年，美国环境保护署首次发布了用于非道路建设以及农业和工业生产用柴油发动机的排放标准。1999 年，美国环境保护署宣布对轻型货车和运动型多用途汽车实施与小汽车相同的尾气排放标准。同时，首次将车辆和燃料作为一个系统加以考虑，并宣布继续降低汽油硫含量；2000 年，美国环境保护署宣布将于 2006 年中以前，将道路用柴油的硫含量降低 97%，并制定了机动车有毒有害污染物排放的最终排放标准。

日本对于新机动车的排放标准是世界上最严格的。日本于 20 世纪 70 年代开始控制机动车污染，自从 1981 年第一次颁布相关法规，日本的机动车排放标准一直在不断地加严。1992 年颁布了机动车 NO$_x$ 控制法规，并于 2001 年进行修订，加入了柴油车释放的可致癌颗粒物项目，出台了机动车 NO$_x$/PM 控制法规。在 2005～2010 年间，对于轻型机动车，日本现行排放标准中的 NO$_x$ 和 NMVOC 项（处于新长期目标中）已经可以和美国的第二阶段标准相提并论，而且严于欧四标准。最近于 2009 年颁布的"后新长期目标"考虑美国第二阶段标准，加入了对 PM 的限值，同时维持其他污染物的现有标准。对于大型机动车，日本在 2005 年以前对 NO$_x$ 排放的限值就已经严于当时的欧洲和美国。在 2005～2010 年间，日本现行的大型机动车标准已经堪比欧五标准，而且等同于 2004～2007 年间的美国标准。2010 年之后，欧洲、美国和日本对于柴油机动车的 NO$_x$ 和 PM 排放限值大致是相同的。

韩国也在不断地将其机动车排放标准向欧美靠拢。2003 年底，韩国针对新汽油车制定了超低排放机动车标准，针对新柴油车制定了等同于欧Ⅳ水平的排放标准，该标准于 2007 年生效。对于柴油车，韩国于 2009 年开始执行欧 V 标准，并将于 2014 年更新到欧Ⅵ标准。

2. 老旧车淘汰

法国政府在 1994 年 1 月至 1995 年 6 月执行鼓励老旧汽车淘汰的政策。用户在淘汰使用了 10 年以上老旧汽车而重新购买一辆相同品牌新车时可获得 5000 法郎的补贴作为奖励。共有 73.6 万辆（1994 年为 44.1 万辆，1995 年为 29.5 万辆）老旧汽车得到补贴。同时法国政府在汽车公司每销售一辆新轿车时可收取 9000 法郎的增值税（陈莹，2013）。

墨西哥政府贷款给出租车司机，要求其更换闭环控制的电喷发动机，安装三效催化转化器（出租车辆已有 80% 使用了催化转化器）。另外鼓励淘汰老旧出租车，1991 年 12 月宣布：所有 1984 年以前制造的出租车（约占墨西哥城出租车总数的一半）必须更换，由政府提供低息贷款让出租车司机购买新车，1992 年 14.7 万辆汽车（包括旧出租车）被报废，代之以安装了催化转化装置的新车。事后的费效分析表明：出租车的加速淘汰比安装催化转化器要经济得多。

3. 发展绿色交通

丹麦有 500 多万人口，但自行车就有 420 多万辆，几乎每人有 1 辆自行车。在哥本哈根，三分之一以上的市民是骑自行车上下班。20 世纪 80 年代，为了降低能源消耗，政府鼓励市民优先选择自行车作为交通工具。在基础设施方面，1995 年自行车专用道就已经达到 300 多公里。丹麦还修改法律，允许将自行车带上火车和长途客车。为了方便市民和游客，政府在市内设了 100 多处自行车租赁点，只需交 20 丹麦克朗（28 元人民币）押金即可将车骑走（朱晓玲，2014）。

丹麦一方面鼓励、保障使用自行车，所有交通红绿灯变化频率按照自行车平均速度设置，匀速骑行可以一路畅行，不被红绿灯所卡；另一方面汽车在城市范围行驶不被优先考虑，汽车行驶节奏随自行车变化，而且汽车停车场少而且贵，不是没有地方建停车场而是政府将许多汽车停车场改为自行车停车场。哥本哈根城市内到处是公园、绿地、森林，真正建成为适宜居住的城市。

4. 拥堵收费

拥堵收费是指在拥堵条件下收取更高的费用以降低交通量至最优水平的道路收费方式。在理想情况下，收费系统应随时间和地点变化，例如，在最拥堵的时间收取最高的费用，并且每 15 min 调整一次，为出行者从最高峰转向非高峰时期提供一定的激励。

新加坡于 1975 年成为第一个采用拥堵收费制度的国家，收费区域设计为环形，称为区域许可证制度，在环形区域内的城中心区为限制行驶区域。这种制度很快被证明在减少机动车拥堵上非常有效，使交通模式更快地向公共交通方式转变。在 1998 年，这个系统被修正为全自动收费，采用了最新的电子道路收费系统，所有的机动车均装载了车载系统，当机动车从收费控制系统经过时，系统直接从智能卡中划走拥堵费。

2003 年伦敦采用了拥堵收费制度，在实行该政策的当天，交通量下降了 25%，公交分担率有了进一步的提高。到目前为止，伦敦是世界上实施拥堵收费的最大城市，采用单一费率，即只要机动车驶入收费区，无论何时进入，进入时间长短，均收取相同的费用，收费时间为早 7 点至晚 6 点，费用为 8 英镑，收费区设有监控系统，不缴纳拥堵费的机动车将处以罚款。减少进入中心区域的小汽车中，有 50%～60% 的人转向公共交通，20%～30% 的人选择避免进入中心区，其余的人选择拼车（陈玉光，2013）。

除新加坡和伦敦外，瑞典的斯德哥尔摩等也实施了拥堵收费制度。

5. 划定低排放区

在欧洲一些城市设立了低排放区域，只有满足低排放标准的车辆方可以进入或在高峰期禁止所有小汽车驶入。除了鼓励公共交通的使用和鼓励人们选择非机动车模式进入低排放区外，环境质量的提高以及噪声水平的下降都使得这个区域对居民和外来出行者更加有吸引力。

伦敦实行了大范围低排放区制度。例如从 2008 年开始，伦敦对那些行驶在中心区的高污染的货车以及没有达到欧三排放标准的公交车每天收取 200 英镑的罚款，这个系统每年可以获得 1 亿美元的收益，这大概是设立摄像机监控装置与收费系统初始费用的 4 倍（李慧颖，2014）。

2008 年 2 月，意大利米兰开始试行为期一年的"低排放区收费"政策，凡是进入米兰市限制区域的机动车均要根据其尾气排放量进行收费。限制区共有 43 个入口，摄像机记录入口处的车辆牌号和其排放等级，从车辆所有者的帐户收取费用，限制时间为周一至周五的 7:30～19:30。收费依据包括机动车排放标准，燃油类型、是否配有颗粒物过滤装置等，使用替代能源的车辆、欧Ⅲ标准以上汽油小汽车、货车和欧Ⅳ标准及以上的柴油小汽车、货车均不收取费用。引入该制度后，米兰市中心区的交通量下降 19.2%，交通速度提高 11.3%，公共交通客运量提高 9.7%（李慧颖，2014）。

6. 加征燃油税

很多国家采用收取车辆燃油税控制能源消耗，既可以作为普通型税收也可等同于道路使用费，由国家、州/省或地方政府收取。欧洲的政府部门将燃油税作为减少汽车使用的方法之一，税率水平也较高，例如在德国，驾驶人所支付的汽油税为 0.81 美元/L，柴油税为 0.58 美元/L。

7. 提高燃油品质

在 SO$_2$ 排放控制方面，日本重点对燃油尤其是柴油采取了脱硫措施。1992 年要求含硫量不超过 0.2%，1997 年要求含硫量不超过 0.05%，2005 年，日本规定燃油含硫不超过 50 ppm，2005 年开始日本石油工业开始全国范围地自发控制含硫量在 10 ppm 以下，2007 年日本强制要求含硫量不超过 10 ppm。在这一系列燃油脱硫措施的逐步实施过程中，日本机动车贡献的 SO$_2$ 也在同步下降，和 1978 年相比，2012 年道路边 SO$_2$ 浓度下降近 90%（Wakamatsu et al，2013）。

8. 我国移动源污染控制的进展

我国于 2012 年颁布的《重点区域大气污染防治"十二五"规划》以及 2013 年颁布的《大气污染防治行动计划》对机动车排放控制做出了如下要求和目标：

（1）提升燃油品质。在 2013 年底前，全国供应符合国家第四阶段标准（硫含量不大于 50 ppm）的车用汽油。2013 年 7 月 1 日前，将普通柴油硫含量降低至 350 ppm 以下；逐步将远洋船舶用燃料硫含量降低至 2000 ppm 以下。在 2014 年底前，全国供应符合国家第四阶段标准的车用柴油，在 2015 年底前，京津冀、长三角、珠三角等区域内重点城市全面供应符合国家第五阶段标准的车用汽、柴油，在 2017 年底前，全国供应符合国家第五阶段标准的车用汽、柴油。

（2）更新机动车排放标准。2012 年开始实施国家第四阶段机动车排放标准，适时颁布实施国家第五阶段机动车排放标准，鼓励有条件地区提前实施下一阶段机动车排放标准。

（3）加快淘汰黄标车和老旧车辆。到 2015 年，淘汰 2005 年底前注册营运的黄标车，基本淘汰京津冀、长三角、珠三角等区域内的 500 万辆黄标车。到 2017 年，基本淘汰全国范围的黄标车。

（4）大力推广新能源汽车。北京、上海、广州等城市每年新增或更新的公交车中新能源和清洁燃料车的比例达到 60% 以上。

可以看出，我国针对移动源（机动车）污染的控制措施和发达国家及地区有诸多共同点，比如提升燃油品质、加严机动车排放标准、淘汰老旧车辆、大力推广新能源汽车，等等。但相比之下，我国在机动车污染控制方面还有很大的提升空间。

我国同发达国家及地区在机动车污染控制方面差距较大的是机动车排放标准。图 7-1 对比了我国同几个发达国家及地区的机动车排放标准，图中颜色相同的色块表示排放标准处于大致同一水平。从图 7-1 中可以看出，中国机动车排放标准相对于发达国家和地区普遍落后 6～7 年。虽然像北京、上海这样的大城市因为环境压力较大，机动车排放标准实施时间要领先国内其他地区 2～3 年，但总体而言，目前我国的机动车排放标准还普遍处于欧IV水平，但此时欧洲、韩国等国家已经进入欧VI水平。因此我国机动车排放标准亟待进一步加严。

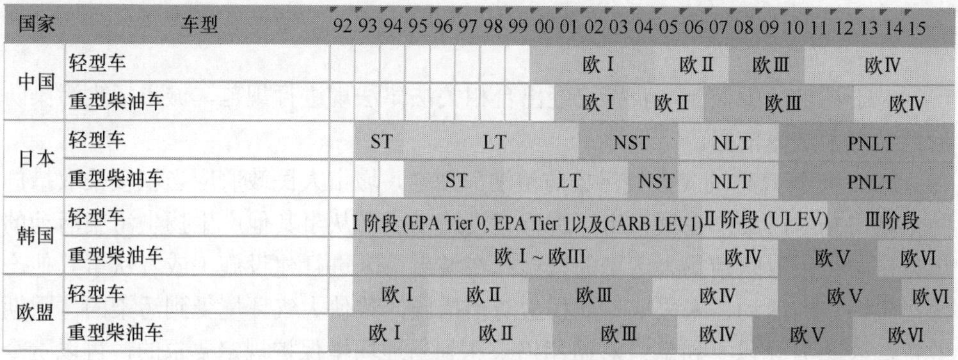

国家	车型	92 93 94 95 96 97 98 99 00 01 02 03 04 05 06 07 08 09 10 11 12 13 14 15
中国	轻型车	欧Ⅰ　　欧Ⅱ　　欧Ⅲ　　欧Ⅳ
中国	重型柴油车	欧Ⅰ　　欧Ⅱ　　欧Ⅲ　　欧Ⅳ
日本	轻型车	ST　　LT　　NST　　NLT　　PNLT
日本	重型柴油车	ST　　LT　　NST　　NLT　　PNLT
韩国	轻型车	Ⅰ阶段 (EPA Tier 0, EPA Tier 1以及CARB LEV1)　Ⅱ阶段 (ULEV)　　Ⅲ阶段
韩国	重型柴油车	欧Ⅰ～欧Ⅲ　　欧Ⅳ　　欧Ⅴ　　欧Ⅵ
欧盟	轻型车	欧Ⅰ　欧Ⅱ　欧Ⅲ　　欧Ⅳ　　欧Ⅴ　　欧Ⅵ
欧盟	重型柴油车	欧Ⅰ　欧Ⅱ　欧Ⅲ　　欧Ⅳ　　欧Ⅴ　　欧Ⅵ

图 7-1　我国与发达国家和地区机动车排放标准对比

ST，短期目标；LT，长期目标；NST，新短期目标；NLT，新长期目标；PNLT，后新长期目标

除了加严机动车排放标准，我国还可以模仿德国的做法，对汽油、柴油等传统非清洁燃料加征燃油税。在提升燃油品质方面，我国同日本等国家的差距还很大，需要尽快将燃料含硫量控制在 10 ppm 以下，在此过程中可以模仿日本，采用强制和志愿相结合的措施。此外，也可以在大力发展公共交通的前提下，考虑增加拥堵收费制度。

7.1.5　扬尘污染控制

扬尘污染是大气中 PM$_{2.5}$的主要一次来源，减少扬尘污染可以有效控制 PM$_{2.5}$的产生。

1. 美国

美国加利福尼亚州为了减少人为扬尘源向大气环境排放颗粒物，于 1976 年 5 月制定了《规章 403.扬尘源》（*rule403. Fugitive dust*）。该规章要求采取各种措施来预防、减少或减轻扬尘排放量。截止到 2005 年 6 月该规章共修订了 6 次，其中提出的控制要求和最佳适用控制措施中包括许多量化的控制项目和考核手段，比如扬尘不透光率、上下风向 PM$_{10}$浓度差限值、材料和运输车辆箱顶的距离等，这样将会大大降低检查结果随意性。

水土流失和风沙是扬尘污染的重要来源。保护性耕作则是人们遭遇严重水土流失和风沙危害的惨痛教训之后，逐渐研究和发展起来的一种新型土壤耕作模式。为此，美国于 1935 年成立了土壤保持局，组织土壤、农学、农机等领域专家，开始研究改良传统翻耕耕作方法，研制深松铲、凿式犁等不翻土的农机具，推广少耕、免耕和种植覆盖作物等保护性耕作技术。

2. 中国

对于扬尘污染控制，我国已经出台相关法律法规进行规范，城市扬尘污染防治已经有了法律依据。

2015 年新修订的《大气污染防治法》规定，城市人民政府应当积极采取措施防治城市扬尘污染；在城市市区进行建设施工或者从事其他产生扬尘污染活动的单位，必须采取防治扬尘污染的措施；在城市市区进行建设施工或者从事其他产生扬尘污染的活动，未采取有效扬尘防治措施，致使大气环境受到污染的，限期改正，处 2 万元以下罚款；对逾期仍未达到当地环境保护规定要求的，可以责令其停工整顿。

《重点区域大气污染防治"十二五"规划》中更是对扬尘污染控制作出了具体要求，比如创建扬尘污染控制区，开展裸露地面治理，提高绿化覆盖率，将扬尘污染防治纳入工程监理范围，扬尘污染防治费用纳入工程预算，要求建筑工地必须建设围挡，推广使用散装水泥，杜绝现场搅拌混凝土和砂浆，等等。

然而，我国在扬尘污染控制的实施上还存在诸多不足。首先，缺乏统一的管理。我国在大气污染的治理上采取的措施主要针对有组织的排放源，而对于产生扬尘的开放源几乎没有采取过有效的防治措施，更没有相应量化具体的法规或标准。扬尘污染管理涉及多部门，如环保、市政、城建、园林、环卫、规划等诸多部门，不易协调，加上环保部门在控制扬尘的工作方面缺乏有力的统一监督管理，使得扬尘污染长期处于失控状况，不少控制扬尘污染的措施难以落实。其次，人们对扬尘污染控制的认识有所欠缺。颗粒物污染严重的城市还没有充分认识到控制扬尘污染的紧迫性和重要性，城市政府还没有真正把控制扬尘污染工作纳入到议事日程实施上。再者，优化的扬尘污染控制措施尚需研究。目前还没有好的扬尘治理办法。尽管绿化是控制扬尘污染的有效措施，但在北方地区绿化受到气候条件的制约，在缺水和寒冷季节不能很好地发挥作用。

因此，今后应当加强统一的管理，提高对扬尘污染治理的重视程度，并积极寻求扬尘污染控制措施的优化途径。而对于城市扬尘污染控制，国外还没有好的治理措施可以借鉴，这就需要我国自己寻求解决措施。

7.1.6 VOCs 污染控制

1. 日本

日本对移动源 VOCs 排放一直都有控制，但对于固定源的 VOCs 控制是从近些年才开始的。日本于 2006 年开始实施《大气污染控制法规》中关于固定源的 VOCs 控制。日本通过考察不同 VOCs 物种生成臭氧的最大增量反应活性（MIR）

的相对大小来决定规范控制那些 VOCs 物种。MIR 值小于甲烷的 VOCs 组分将不在控制的范围之内。日本许多中小型企业已经自觉地为了控制排放产生的恶臭，从而控制 VOCs 的排放。

值得一提的是，日本采用了强制措施和志愿措施相结合的方式，对 VOCs 实施总量控制。日本针对 VOCs 控制实施的最新规定要求将法律法规同企业自愿治理相结合，各工业企业委派专家代表就法规中的特定条款进行磋商。在这样的控制方式下，从 2000 年到 2009 年，日本的 VOCs 排放量削减了 42%（Wang et al，2014）。

日本制定 VOCs 控制对策时选定了 6 类 VOCs 重点源，分别是涂装、工业清洗、化学品制造、粘接、印刷和贮存，与欧美的分行业控制不同，日本对主要排放行业的工艺特点进行了总结，确定了 6 种通用工艺类型，能够涵盖大部分的 VOCs 排放源。对于苯、三氯乙烯、四氯乙烯等 VOCs 中的毒性物质，日本区分现有源和新污染源，分别规定了排放限值（Wang et al，2014）。

2. 美国

美国针对 VOCs 污染的控制主要分为三部分。

首先，编制控制措施指南，指导企业进行 VOCs 污染控制。对各类主要 VOCs 污染，根据 VOCs 的排放特性，分行业编制了控制措施指南（CTG），指导企业进行 VOCs 污染控制，主要控制措施包括工业涂装和溶剂使用、石油化工、油品储运销过程和固定燃烧源 VOCs 控制措施。

其次，颁布相关法规，从产品入手控制有机溶剂造成 VOCs 排放。颁布了建筑和工业维修涂装联邦法规（AIM Coating Federal Rule）、联邦消费用溶剂法规（Federal Consumer Solvents Rule）、OTC 消费产品法规（OTC Consumer Products Rule），对工业涂料、建筑涂料、商业胶黏剂和民用消费品的 VOCs 含量进行限定，对产品未满足 VOCs 含量限值的生产企业，除非其改进产品配方至达到 VOCs 含量限值规定或者采用超标付费的豁免规定，否则不允许其继续生产和销售。

再者，变无组织排放为有组织排放，强化末端治理。对于工业涂装、印刷等重点 VOC 污染行业，要求将所有排放源封闭起来，排放的废气由控制装置 Permanent Total Enclosure（PTE）捕获收集并排到污染物治理设备进行处理。

3. 欧盟

欧盟对于 VOCs 排放控制思路与美国相似，也将控制的重点放在溶剂使用装置和活动方面，先后颁布了多项指令对溶剂使用造成的 VOCs 的排放进行控制。

1999 年 3 月，欧盟理事会颁布了 1999/13/EC 指令（有机溶剂使用装置和活动挥发性有机物排放限值），规定当某类溶剂使用装置或活动的溶剂消耗量大于指令规定的阀值时，此装置或活动应符合 1999/13/EC 指令规定的排放限值，以控制和削减有机溶剂使用活动和装置导致的挥发性有机物（VOCs）排放。

2001 年 10 月 23 日，欧洲议会和欧盟委员会发布的关于确定的大气污染物总量限值的指令 2001/81/EC，其中包括对挥发性有机物（VOCs）排放总量的限制，要求在 2010 年实现指令的规定，它是缓解地表面臭氧浓度工作框架的一部分。但是本指令不包括这些污染物具体排放源的排放限值。

2004 年 4 月 21 日，欧洲议会和欧盟理事会颁布了 2004/42/CE 指令（涂料、清漆和汽车修理产品中使用的有机溶剂 VOCs 排放限值），对涂料、清漆和汽车修理产品中有机溶剂的含量进行了限定，以此来控制和削减由于使用涂料、清漆和汽车修理产品而导致的挥发性有机物（VOCs）排放。

4. 中国

1）台湾省

台湾对于固定源 VOCs 所采取的控制措施多数借鉴美国特别是南加州所采取的控制措施，经过实地论证分析而制定的。台湾采取的 VOCs 污染控制措施主要包括：

（1）行政管制。先后制订了《挥发性有机物空气污染管制及排放标准》、《干洗作业空气污染防制设施标准》、《加油站油气回收设施管理办法》及《半导体制造业空气污染管制及排放标准》等 VOCs 排放标准和操作及设施规范对重点 VOCs 污染行业进行管制，包括石油炼制业、石化业、电子业、汽车表面涂装业、干洗业、建筑物涂装、加油站等。

（2）许可制度。台湾环保署 1993 年制定了"固定污染源设置及操作许可制度"，许可制度采取分批公告的管制方式，工厂在取得许可证后，依许可规定事项排放挥发性有机污染物，截至 2003 年 3 月底已完成的七批次的公告作业，掌握全国固定污染源 80% 以上的 VOCs 排放量，并共有 10466 家企业取得计 16353 张操作许可证。

（3）年度核查。环保单位每年对固定污染源 VOCs 排放情况进行核查，核查内容包括 VOCs 污染源日常的操作与维护、记录是否属实，确保污染源不会违反许可核定内容。自 1993 年起，利用红外线侦测仪对石化企业进行遥测，分析污染物成份及排放来源，要求工厂对泄露点进行更换或维护。

（4）年排放量排污申报。台湾环保署自 2004 年起，对 VOCs 年排放量达到 30 吨/年的企业执行排污申报制度。各企业申报内容包括：各工艺桥段原辅物料、燃料使用量、产品产量、有机溶剂使用量等，与各类 VOCs 排放有关的活动强度资料，企业所有排放管道及未经排放管道逸散的 VOCs 排放量，其他过程有机溶剂使用情况（如设备清洗）。

（5）开展挥发性有机物污染源清查工作。利用挥发性有机物清查工作，建立挥发性有机物污染源数据库，调查 VOCs 污染防治设备使用现状，分析重点 VOCs 污染行业挥发性有机物排放特性。

2）我国 VOC 污染控制对策

我国于 2010 年发了[2010]33 号文件，首次从国家层面将 VOCs 列为继 SO$_2$、NO$_x$ 和 PM 之后的又一大气重点污染物，并针对一些重点行业提出了 VOCs 排放控制要求。2011 年，国家将 VOCs 防治工作列入《"十二五"重点区域大气污染联防联控规划》，针对石化、有机化工、合成材料、化学药品原药制造、塑料产品制造、装备制造涂装等重点行业开展 VOCs 的摸底调查，加强石化行业生产、运输和存储过程中的 VOCs 排放控制，推进精细化工行业的有机废气治理，鼓励使用低毒、低挥发性的有机溶剂，加强有机废气回收利用，完善重点行业 VOCs 排放标准，为"十三五"在全国范围内全面开展 VOCs 防治工作打下基础。

由于我国对 VOCs 的污染控制工作刚刚起步，现有 VOCs 控制标准存在诸多不足，主要表现为系统性不强、行业针对性差、限值宽松等，仅在一些行业（如炼焦炉、饮食业、油品储运等）规定了部分 VOCs 物种的排放限值，大多数污染源排放仍遵循"大气污染物综合排放标准"（GB 16297—1996），缺乏系统、全面的控制和排放标准。目前，我国针对 VOCs 污染仅在重点地区开展了控制工作试点；目前大部分污染源还处于无控状态，控制法规、标准和政策十分不健全，存在很大的强化空间。

根据发达国家和地区的 VOCs 治理经验，我国可以采取的借鉴如下：

（1）根据不同 VOCs 物种的大气化学反应活性或对二次污染物生成贡献的相对大小，筛选出优先控制的 VOCs 物种；

（2）采取强制措施和志愿措施相结合的形式，对 VOCs 实施总量控制；

（3）对重点 VOCs 排放源进行控制技术评估，为企业提供不同类型 VOCs 排放源的控制措施指南或最佳可行控制技术指导；

（4）针对不同 VOCs 排放行业颁布相关法规，提出强制性排放约束；

（5）变无组织排放为有组织排放，对重点 VOCs 污染行业，将其排放源封闭起来，统一处理；

（6）制定 VOCs 排放许可证制度；

（7）开展挥发性有机物污染源清查工作，掌握 VOCs 污染行业排放特性。

7.1.7　区域污染控制

1. 美国

从 2000 年开始，美国东北部 22 个州为联合解决大气臭氧超标问题，签订了臭氧传输协议（OTC），对相关州设定减排目标，但不规定控制途径，推进大气臭氧污染控制政策方面的合作，共同减少火电行业氮氧化物的排放。

由于上风向地区排放氮氧化物等污染物的长距离传输是美国东北部和中大西洋地区各州臭氧持续超标的主要原因。为解决此地区各州臭氧传输及地面臭氧超标问题，相关各州在 1990 年 CAAA 的基础上组建了 OTC。OTC 计划是除解决酸雨计划外，美国第一个由多个州组成的大规模配额交易计划。OTC 计划自 1999 年起，每年"臭氧季节"（5 月 1 日～9 月 30 日）为电站锅炉和工业锅炉设定一个区域配额。各排放源可以通过交易手段实现最小成本减排。2002 年"臭氧季节"区域内总的排放水平较 1990 年下降了 60%，远低于目标水平。尽管 OTC 的效果显著，但大气环境臭氧问题依然没有有效解决。EPA 认为因氮氧化物传输导致臭氧超标所涉及的州还应包括东南部和中西部各州，因此从 2003 年开始执行更为严格的氮氧化物州实施计划（NO$_x$ SIP Call）。

州实施计划是美国采取的一种空气质量管理模式。美国实行以空气质量和减排为目标的制度，但最终目的是使空气质量得到逐步改善直至达标。美国根据国家环境空气质量标准，按不同污染物种类将各地区划分为达标区和非达标区。为了实现国家环境大气质量标准，各州和受污染的城市地区必须制定州实施计划。各州和地方的大气质量规划官员通过大气质量模型模拟计算某个地区的大气质量并对制定的各种大气污染控制战略进行评估，以决定需要综合采用哪些措施将污染物浓度降低到国家环境大气质量标准的要求。换句话说，州实施计划制定是根据国家环境空气质量标准，借助于复杂的模型，倒推计算出为实现大气质量目标所需要的污染物减排量。州实施计划的内容包括旨在降低污染物浓度以达到国家环境大气质量标准的各种措施。各州还要根据实施效果对计划进行改进和更新。如果持续性地处于未达标状态，联邦政府将对该州或地方将给予严厉惩罚，比如限制高速公路拨款、对于可能影响地方经济增长的新工厂提出更加严格的要求等。

美国和各州实践证明，通过实施大气质量目标和减排目标的州实施计划管理制度，可使环境空气质量得到有效改善。即通过实施减排工程，实现减排目标，从而确保环境空气质量的持续改善。美国对重点污染源实行许可制度，许可证明确规定适用于某一特定污染者的所有大气污染防治要求，如排放标准、工艺和操作指南等。各州在对新建或对原污染源进行重大变更时，需要根据该地区污染状况规定的不同抵消率要求进行排放量控制，比如根据臭氧污染严重程度被划分为"轻度污染"或"中度污染"的地区，对于某公司将排放的每 1 吨污染物排污单位必须提供 1.1 吨的排放替换。对于被划定为"重度污染"的地区，该替换率为 1.2：1。同时对未达标地区的重点污染源要求安装"最低可得排放率"的污染控制设施，即以最大限度地减排为目的，不考虑经济成本。在实施过程中还要辅以排污交易等手段。

2. 欧洲

在欧洲，为解决氮氧化物排放及其二次污染物的长距离输送问题，欧盟各成员国通过签署各类国际公约，提交国家削减计划等方式来达到控制氮氧化物区域污染的目标。欧盟于 1979 年签署了长距离大气污染公约，1988 年，缔约国制定了该公约之下的旨在控制氮氧化物排放和输送的《索菲亚议定书》，要求各国于 1994 年氮氧化物排放水平保持在 1987 年的水平。引进"临界负荷"这一概念，使政策制定更能减少排放的生态影响。1999 年签署的《控制酸沉降，富营养化和臭氧议定书》制定了各签署国到 2010 年的氮氧化物排放限制目标。欧盟还于 1997 年通过了一项酸雨防治战略，旨在同时解决欧盟范围内的酸沉降、富营养化以及近地面 O$_3$ 问题。由于 SO$_2$、NO$_x$、VOCs 和 NH$_3$ 是这三类二次污染问题的前体物，因此该战略通过制定这四种污染物的全欧盟排放总量目标来解决这些问题。欧洲的酸雨政策从一开始就将酸沉降、富营养化和 O$_3$ 问题纳入同一个控制体系，采取同一套控制政策。多目标的污染控制政策可以有效地避免多个单目标控制政策之间的冲突，并且更易于执行。

3. 我国现有区域污染控制对策

我国国务院于 2010 年发布了《关于推进大气污染联防联控工作改善区域空气质量指导意见》（以下简称《意见》），标志着我国首次在国家层面提出区域联防联控的策略。《意见》提出了如下目标：到 2015 年，建立大气污染联防联控机制，形成区域大气环境管理的法规、标准和政策体系，重点区域内所有城市空气质量达到或好于国家二级标准，酸雨、灰霾和光化学烟雾污染明显减少。开展大气污染联防联控工作的重点区域是京津冀、长三角和珠三角地区；在辽宁中部、山东半岛、武汉及其周边、长株潭、成渝、台湾海峡西岸等区域，要积极推进大气污染联防联控工作；其他区域的大气污染联防联控工作，由有关地方人民政府根据实际情况组织开展。大气污染联防联控的重点污染物是二氧化硫、氮氧化物、颗粒物、挥发性有机物等，重点行业是火电、钢铁、有色、石化、水泥、化工等，重点企业是对区域空气质量影响较大的企业，需解决的重点问题是酸雨、灰霾和光化学烟雾污染等（中华人民共和国环境保护部，2010a）。《意见》提出的部分措施如下：①制定并实施重点区域内重点行业的大气污染物特别排放限值；②优化区域工业布局；③制定区域二氧化硫总量减排目标；④发展城市集中供热；⑤加强重点区域空气质量监测；⑥开展区域大气环境联合执法检查；⑦施行多污染物协同控制。《重点区域大气污染防治"十二五"规划》对区域联防联控进一步要求构建区域、省、市联动一体的应急响应体系，建立统一的区域空气质量监测体系。此外，《大气污染防治行动计划》还提出了分解目标任务的要求，国务院与各省（区、市）人民政府签订大气污染防治目标责任书，将目标任务分解落实到地方人民政府和企业（中华人民共和国环境保护部，2010a）。

可以看出，我国同欧美等国家在区域污染控制对策方面存在较大差异。首先在控制地区选择上，我国相关政策文件提出的要求是将"三区十群"作为防控重点，而美国和欧盟往往是美国所有州或欧盟的所有成员国同等参与，在治理 NO$_x$ 和臭氧等个别污染物时才会出现部分成员的协同合作。我国对防控重点区域的过早和盲目划分，一方面忽视了区域污染的长距离输送迁移特性，从而未充分考虑所划"重点地区"之外的区域对"重点地区"污染的贡献，另一方面也使得大气污染防治工作破碎化，从而在管理和监督上出现困难，使得治理效果难以保证。因此，我国的区域污染控制应在更大尺度上进行决策和实施。

其次在区域污染物减排分配上，我国虽然提出了分解目标任务的要求，但在减排定量分配和目标任务分解的具体操作方式上没有给出明确的规定和指导，而美国和欧盟已经实施了明确具体量化的分配方案。

再者，我国虽然提出了多污染物协同控制，但没有提出一个同时控制的方案，这点可以向欧盟的酸雨政策学习。即从一开始就将多种污染物纳入同一个控制体系，采取同一套控制政策。

此外，从发达国家在区域空气污染控制工作中取得的经验来看，建立一个公正合理的污染监测和科学评估体系是大气污染控制取得成功的关键。这样一套体系的作用在于：识别空气污染问题—分析大气污染来源—确定排放削减目标—制定并实施控制计划—回顾并修订控制计划，可达到持续改善环境空气质量的目的。从国外污染控制现状及实施的经验看，近年来控制的重点已经转向对二次污染物前体物 SO$_2$、NO$_x$、VOC 和 NH$_3$ 的协同控制、总量控制和区域控制，来解决日益突出的大气污染的区域污染问题和二次污染物控制问题。采取的主要有效控制手段为制定并实施州实施计划、污染物排放总量控制和区域控制。

综合国外区域污染治理经验来看，美国的州实施计划区域联防联控制度对我国很有借鉴意义，我国可以考虑借鉴美国的州实施计划管理模式。首先，根据各省环境保护监测中心根据日常监测数据和大气质量模型（无监测数据地区），将我国各省级行政区划分为达标区和未达标区。其次，由国家环境保护部对各省级行政区提出环境质量改善目标指标和减排目标指标要求。第三，由各省级行政区政府制定一套可执行的省级污染减排实施计划以达到目标指标要求。第四，由各省级行政区政府制定的污染减排实施计划提交环保部审批和备案。第五，若省级行政区政府提交的计划不足以达到目标指标要求，环保部必须给予否决并要求其进行修改。若省级行政区政府在修改后仍无法拿出一项满足要求的实施计划，环保部则有权用足以完成达标要求的实施计划替代。第六，实施过程中及时对减排计划进行评估，及时修改完善实施计划。第七，根据预先制定的减排目标对各省级行政区进行考核，对不能完成减排计划和目标指标要求的省级行政区实行行政和经济惩罚。对于减排任务的分配量大小，可以通过磋商的形式确定。首先由环保部成立区域污染控制规划中心，该中心由各省政府资助成立。环保部在规划中心中委派专家团，并令这些专家与各省环保部门紧密联系，提供污染物减排指导。各省环保部门选举一名代表参与规划中心每年举行一次的洽谈磋商，根据各省的污染物排放水平以及各省之间的污染物传输情况制定下一年度减排目标。

7.2　大气污染物排放控制水平与 PM$_{2.5}$ 的非线性响应关系研究

本章基于经验证的 WRF/CMAQ 模型，采用响应表面模型（RSM）建立了中国东部区域源-受体非线性响应关系，为研究区域 PM$_{2.5}$ 综合控制对策提供技术支持。

7.2.1　中国大气污染现状的模拟与验证

1. Models-3/CMAQ 模拟系统

目前，美国环境保护署开发的 CMAQ 模型，在国内外对中国污染模拟研究中有着最为广泛的应用。本节采用 CMAQ4.7.1，对中国及重点地区的空气质量状况进行了模拟。本研究模拟采用两层网格嵌套，如图 7-2 所示，外层粗网格为内部网格提供初始及边界场。模拟采用单向网格嵌套，最外层网格（Domain 1）空间分辨率为 36 km×36 km，覆盖整个东亚，包括中国、朝鲜、韩国及日本等，第二层网格（Domain 2）空间分辨率为 12 km×12 km，覆盖中国经济较发达的东部地区。最外层的边界场来自全球化学传输模型 GEOS-Chem（http://acmg.seas.harvard. edu/geos/index. html）的模拟结果。本研究的模拟域在垂直方向上从地面层到对流层顶不均等划分为

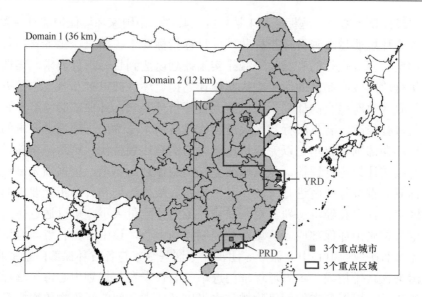

图 7-2　WRF/CMAQ 两层嵌套模拟区域，图中同时示意了三个重点区域，即华北平原（NCP）、长江三角洲（YRD）、珠江三角洲（PRD），以及三个重点城市，即北京、上海、广州的位置

14 层，层顶高度为 100 mbar[①]，较密集的分布在近地面的边界层（PBL）内。模拟采用 CB-05 机理作为气相化学反应机理。气溶胶反应机理采用 AERO5，其中的气溶胶热力学模型为 ISORROPIA，二次无机气溶胶部分采用 NH$_3$-H$_2$SO$_4$-HNO$_3$-H$_2$O 液相和气相化学体系，二次有机气溶胶采用双产物模型的方法。模拟时段是 2010 年全年。

　　本研究采用由美国国家大气研究中心（National Center for Atmospheric Research）开发的中尺度气象预报模型 WRF 进行气象场的模拟，采用的版本是 2011 年 4 月发布的 WRFv3.3。WRF 的模拟区域采取 Lambert 投影，两条真纬度分别为北纬 25° 和北纬 40°；为保证边界气象场的准确性，WRF 模拟区域比空气质量模拟区域的范围各边界多 3 个网格。模拟层顶为 100 mbar，垂直分为以下 24 个 σ 层：1.000、0.995、0.988、0.980、0.970、0.956、0.938、0.916、0.893、0.868、0.839、0.808、0.777、0.744、0.702、0.648、0.582、0.500、0.400、0.300、0.200、0.120、0.052 和 0.000。

　　地形和地表类型数据采用美国地质调查局（USGS）的全球数据；第一猜测场来自于美国国家环境预报中心（NCEP）的全球分析资料，水平分辨率为 1° × 1°，时间间隔为 6 h；客观分析采用 NCEP ADP（Automated Data Processing）全球地表和高空观测资料，进行网格四维数据同化（Grid FDDA）。模拟域的物理过程的参数化选择如下：Grell-Devenyi 积云参数化方案，Noah 土地表层参数化方案，Mellor-Yamada-Janjic 边界层参数化方案，WSM 3-class 微物理过程参数化方案，

---

① 毫巴，1 mbar=100 Pa

rrtmg 辐射参数化方法。

模型用于 36 km 和 12 km 模拟的排放清单均来自本课题组的研究成果（Zhao et al，2013a；Zhao et al，2013b）。主要排放部门包括电厂、工业、民用、交通及生物质燃烧。首先根据基于分省的能源、工业产品产量等统计数据，计算各污染物分省的排放量，然后基于人口、GDP 等代用参数，将分省的排放量分配到网格内。其中电厂、钢铁、水泥三大行业通过细致的调查，获取了各企业的位置、排放强度等信息，从而对排放源进行了细致的空间定位，改善了模拟精度。

2. 中国空气质量模拟结果的验证

为验证 WRF/CMAQ 模拟系统的可靠性，研究搜集了主要污染物的地表浓度数据，以及 NO$_2$ 垂直柱浓度和 AOD 的卫星观测资料，将其与 CMAQ 模拟的结果进行比较。

针对卫星观测数据，即对流层 NO$_2$ 柱浓度和 AOD，研究分别选取了 OMI（Ozone Measurement Instrument）和 MODIS（Moderate Resolution Imaging Spectroradiometer）卫星反演结果进行了验证。

考虑到每个卫星扫过陆地上空的时间，研究提取了北京时间（BT）14：00 和 11:00 时间节点所分别对应的 CMAQ 模拟垂直方向各层的 NO$_2$ 及 PM$_{2.5}$ 各组分的浓度，同时提取 WRF 模拟的各层层高、温度、压强数据，计算得到模拟的对流层 NO$_2$ 柱浓度及 AOD。

由于模拟结果与卫星资料在空间分辨率上存在差异，研究对卫星资料的原始网格进行调整，OMI 卫星提供的 NO$_2$ 柱浓度数据的分辨率较高（0.125°×0.125°），研究将其插值为与 CMAQ 外层模拟域一致的 36 km×36 km 网格，对于分辨率相对较低的 MODIS-AOD 数据（1°×1°），研究也将其插值为与 CMAQ 外层模拟域一致的 36 km×36 km 网格。

本研究选择了两个统计指标评价，即相关系数（Correlation coefficient，R）和平均标准偏差（Normalized Mean Bias，NMB）来评价模拟结果与观测的比较结果。统计指标的计算公式如下：

$$R = \sqrt{\frac{\left[\sum_{i=1}^{N}(M_i - \bar{M})(O_i - \bar{O})\right]^2}{\sum_{i=1}^{N}(M_i - \bar{M})^2 \sum_{i=1}^{N}(O_i - \bar{O})^2}} \tag{7-1}$$

$$\text{NMB} = \frac{\sum_{i=1}^{N}(M_i - O_i)}{\sum_{i=1}^{N} O_i} \tag{7-2}$$

式中，M_i 和 O_i 是模拟与观测的时空序列值，$\bar{M}$ 和 $\bar{O}$ 是模拟与观测的序列平均值。

2010 年对流层 NO$_2$ 柱浓度和 AOD 的空间分布结果如图 7-3 和图 7-4 所示，

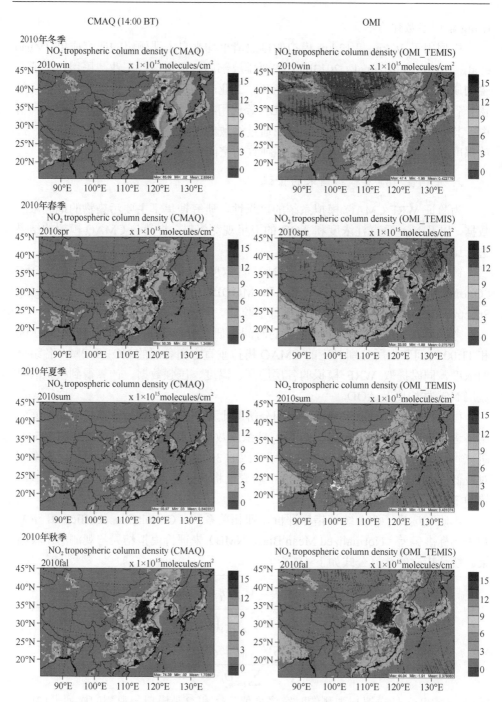

图 7-3　对流层 NO$_2$ 柱浓度模拟与卫星观测的比较（季度平均，$1×10^{15}$molecules/cm^2）

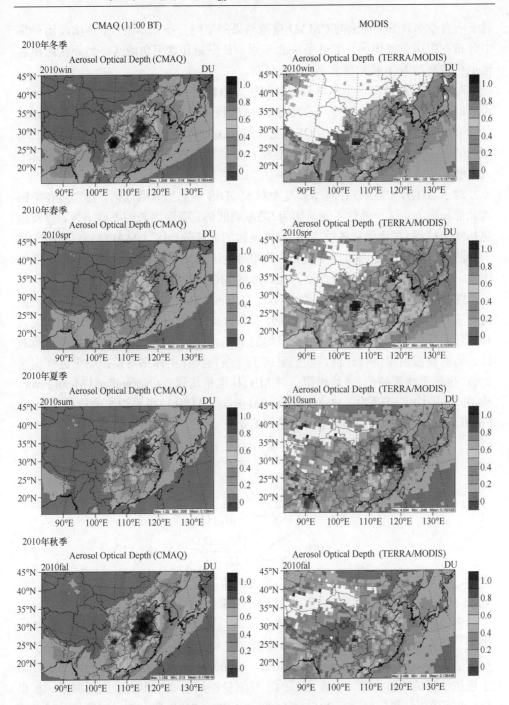

图 7-4　对流层 AOD 模拟与卫星观测的比较（季度平均，无量纲）

对于所有季节，卫星反演与 CMAQ 模拟结果的空间分布基本吻合。高浓度污染集中分布在中国东部地区，尤其是华北平原、长三角和珠三角地区，另外在四川盆地也有较高的 NO$_2$ 柱浓度和 AOD 的分布。

对于 NO$_2$ 柱浓度，全网格范围内的相关系数在冬季、春季、夏季、秋季分别为 0.88、0.81、0.64 和 0.83，这表明 CMAQ 模拟结果与 OMI 观测值吻合良好。总体来说，CMAQ 略微低估了 OMI 观测的 NO$_2$ 柱浓度值，各季节的 NMB 在 +3% 到 –26% 之间。导致低估的可能原因包括：排放清单中未包括土壤和雷电的排放；人为源排放清单存在不确定性等。

对于 AOD，CMAQ 在春季和夏季对 MODIS 观测值有所低估，特别是在中国西北部和南方。这一低估主要是因为 SOA 的低估、吸湿增长的不确定性，以及未包括沙尘过程。在秋季和冬季，对于模拟域内的大部分地区，CMAQ 略高估 MODIS 的观测值。这可能是因为当中国北方和中部地区被冰雪覆盖时，测量 AOD 十分困难，存在较大误差；以及在南方森林地区 MODIS 测量值的系统低估。

除与卫星观测结果进行对比外，本研究还将 CMAQ 模拟结果与地表观测数据进行了对比。首先，我们根据环保部公示布的 86 个重点城市的 API（中华人民共和国环境保护部，2011b），反算了日均的 PM$_{10}$ 浓度，并与 CMAQ 模拟值进行对比。为对模拟结果进行评估，我们采用了一系列统计指标来对模拟结果进行定量评价，包括平均观测值、平均模拟值、NMB、标准平均误差（Normalized Mean Error，NME）、平均比例偏差（Mean Fractional Bias，MFB）和平均比例误差（Mean Fractional Error，MFE），这些评价指标的定义如下：

$$NME = \frac{\sum_{i=1}^{N} |M_i - O_i|}{\sum_{i=1}^{N} O_i} \tag{7-3}$$

$$MFB = \frac{2}{N} \sum_{i=1}^{N} \frac{M_i - O_i}{M_i + O_i} \tag{7-4}$$

$$MFE = \frac{2}{N} \sum_{i=1}^{N} \frac{|M_i - O_i|}{M_i + O_i} \tag{7-5}$$

式中，N 为模拟时段内有效的模拟值-观测值数据对的总数目，i 为数据对的编号；M_i 和 O_i 分别为第 i 个数据对的污染物浓度模拟值和观测值。

表 7-5 给出了上述统计指标的计算结果。从表中可以看出，CMAQ 对 PM$_{10}$ 浓度总体有所低估，这主要是由于排放清单中未包括扬尘源，以及 SOA 浓度的系统低估。Boylan 等（Boylan and Russell，2006）根据大量模拟研究的结果，提出了模拟结果的评价标准，并在之后的空气质量模拟研究中得到了广泛应用。如果 PM 浓度模拟结果同时满足 MFB≤±60% 和 MFE≤75%，那么该模拟结果是可以接受的。中国东部模拟结果的统计指标都在参考值范围内；从全国来看，冬季、夏季、

表 7-5　CMAQ 模拟 PM$_{10}$浓度与环保部观测数据的比较

变量	中国					中国东部					参考值
	冬季	春季	夏季	秋季	平均	冬季	春季	夏季	秋季	平均	
平均模拟值（μg/m³）	75.4	46.5	47.1	69.9	59.7	78.2	48.9	49.8	73.5	62.6	
平均观测值（μg/m³）	103.7	89.9	68.9	90.7	88.3	104.9	91.6	70.1	92.2	89.7	
NMB（%）	−27	−48	−32	−23	−32	−25	−47	−29	−20	−30	
NME（%）	35	51	42	33	40	35	50	40	32	39	
MNB（%）	−24	−39	−27	−15	−26	−21	−36	−24	−12	−23	
MNGE（%）	44	52	50	45	48	43	50	49	43	47	
MFB（%）	−41	**−64**	−49	−32	−47	−37	−60	−44	−28	−42	±60
MFE（%）	56	73	65	53	62	53	70	61	50	59	75

秋季的统计指标在参考值范围内，但春季的 MFB 和 MFE 略超出参考值，这主要是因为春季沙尘较多，对 PM$_{10}$总浓度的贡献较大，而模型中未包括沙尘的排放。

　　研究采用清华大学的密云监测站和崇明观测站的观测结果，对于 CMAQ 模拟 PM$_{2.5}$浓度进行了验证，其比较结果如图 7-5 所示。从图中可以看出，CMAQ 可以总体上重现出 PM$_{2.5}$的浓度大小和时间变化趋势。CMAQ 对 PM$_{2.5}$浓度总体略有低估，在密云站，各月份的 NMB 在−15%到 1%之间，在崇明站，各月份的 NMB 在−23%到 4%之间。

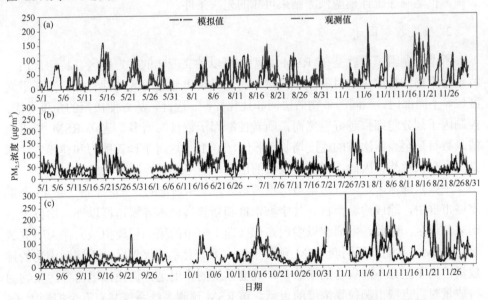

图 7-5　CMAQ 模拟的 PM$_{2.5}$浓度与密云（a）、崇明（b，c）观测值的对比

　　综上所述，本研究建立了 Models-3/CMAQ 空气质量模拟系统，并对中国区域 2010 年全年的空气质量进行了模拟。总体而言，模型能够再现主要空气污染物

的浓度和时空分布，可以用于 PM$_{2.5}$ 污染模拟和控制决策。

7.2.2　区域源排放-浓度非线性响应模型的建立

1. 响应曲面方法

响应曲面方法是通过设计实验，借助统计手段归纳并建立某一响应变量与一系列控制因素之间的响应关系。在大气模拟领域的响应曲面模型（RSM），就是通过实验手段，归纳出某一污染物浓度与各排放源排放量之间的函数关系。因此，响应曲面模型本质上就是一个空气质量"简化模型"，借助它可以快速得到不同排放情景下的污染物浓度变化情况。RSM 建立方法很直接，并不需要涉及空气质量模型内部的复杂机制，因此其适用于任何一种空气质量模型，可以对任一污染物对任何排放源的响应情况进行分析。

响应曲面模型的搭建是在大量实验结果基础上的统计归纳，一般来说，实验次数越多，统计结果约精确；然而，对于大气模拟领域来讲，每一次实验就是要进行一次减排情景的空气质量模拟，进行如此大量的实验，势必带来超高规模的计算负荷，在当前有限的计算能力制约下，如何利用有限的样本，来建立可靠的响应模型，这是 RSM 的一个重要科学问题。设计高效的实验是解决这一问题的关键，也是确保统计模型预测结果可靠的先决条件。

2. 确定控制因子

所谓控制因子，就是在 RSM 模型中可以独立变化的特定地区、特定部门、特定污染物的排放量。目前细颗粒物的污染呈现出显著的区域性特征，需要不同区域、不同部门、不同污染物的协同和优化控制。因此，从方便决策的角度考虑，控制因子划分越细致越好。然而，随着控制因子数目的增多，建立 RSM 所需的情景数目呈至少四次方的速度增长（邢佳，2011），这对于计算能力和建模方法都是一个重大挑战。因此，需从决策目的出发，适当选择控制因子。

中国东部地区是空气污染最严重的地区，国家划定的"三区十群"共 13 个重点城市群中，除成渝城市群、甘宁城市群和新疆乌鲁木齐城市群以外，均位于中国东部地区。因此，本研究以中国东部（即上节中的第二层模拟域）作为研究域建立 RSM，共建立了两套 RSM 预测系统。第一套系统仅仅区分不同污染物的排放量，而不区分不同省份的排放量，这套系统的作用是评估模拟域内各污染物的排放量对重点城市颗粒物浓度的贡献。该 RSM 预测系统系统共有五个控制因子：NO$_x$ 排放量、SO$_2$ 排放量、NH$_3$ 排放量、NMVOC 排放量、PM$_{2.5}$ 排放量。

不同区域的排放量对 PM$_{2.5}$ 浓度的贡献有显著差异，而且它们的排放量与 PM$_{2.5}$ 浓度之间存在着复杂的非线性关系，难以通过简单的敏感性分析方法进行定

量，因此，在 RSM 模型中区分不同区域的
污染物排放量，建立多区域-多污染物 RSM
具有重要意义。因此，在第二套 RSM 预测
系统中，我们区分了不同省份不同污染物的
排放量。该研究域内主要包括 18 个省级行
政单位，即北京、天津、河北、辽宁、内蒙
古、山东、山西、陕西、河南、安徽、江苏、
上海、浙江、湖北、湖南、江西、福建、广
东，如图 7-6 所示。每个省-污染物的组合
为一个控制因子。根据控制因子与目标变量
的关系，将所有控制因子分为非线性控制因
子和线性控制因子两类。如果某控制因子与
目标变量（污染物浓度）之间的函数关系是
非线性的，那么该控制因子为非线性控制因
子，反之亦然。根据研究需要，每个区域内
有 3 个非线性控制因子（NO$_x$、SO$_2$、NH$_3$）

图 7-6　中国东部模拟范围内的区域划分

和 1 个线性控制因子（PM$_{2.5}$）。这样，18 个区域共计 54 个非线性控制因子和 18
个线性控制因子，共计 72 个控制因子。需要说明的是，在目前的 CMAQ 模型中，
由于 SOA 浓度明显低估（Carlton et al，2010），NMVOC 对 PM$_{2.5}$浓度的影响很
小，因此在第二套 RSM 预测系统中，未包含 NMVOC 相关的控制因子。

3. 设计控制情景

　　筛选出的控制因子张成高维采样空间，借助特定采样方法对此高维空间进行采
样，其中每一个样本，标识了对应控制因子的变化系数，也就是一种控制情景。采
样的核心思想是用最少的点，表征出整个空间的特征。其中，高效的采样方法是至
关重要的。不少研究采用了拉丁超立方采样方法（Latin Hypercube Sample，LHS），
它能确保随机样本很好地分布在整个采样空间，反映出实际变化的情况（Iman et al，
1980）。然而，由于 LHS 的采用随机性非常强，每一次采样结果都有差异，为保证
实验的稳定性，研究采取了一种更为可靠的哈默斯利序列采样方法（Hammersley
quasi-random Sequence Sample，HSS），这种假随机方法，其实是通过某种算法得到
的，其空间填充地效果更为规整有序，可以每次得到同一种采样结果，因此能确保
实验的可靠性与可重复性（Hammersley，1960）。对于第一套 RSM 预测系统，我们
即直接采用了 HSS 方法进行采样。对于第二套 RSM 预测系统，为满足建立多区域间
传输关系的需要（见下节），本研究对每个区域的控制因子均采用 HSS 方法进行随机

采样，用于建立单一区域排放量变化时的响应关系，为建立多区域传输关系打下基础。

对于第一套 RSM 预测系统，具体来说，本研究共利用 101 个情景建立 RSM：

（1）1 个 CMAQ 基准情景；

（2）100 个情景，采用 HSS 方法对 NO$_x$、SO$_2$、NH$_3$、NMVOC、PM$_{2.5}$ 五个控制因子在（0～2.0）的范围内进行随机采样。

对于第二套 RSM 预测系统，具体来说，本研究共利用 739 个样本建立 RSM：

（1）1 个 CMAQ 基准情景；

（2）40×18=720 个情景，分别对每个省内 NO$_x$、SO$_2$、NH$_3$ 三个控制因子在（0～2.0）的范围内采用 HSS 方法进行随机采样；

（3）18 个情景，在每个情景中，其中一个省的 PM$_{2.5}$ 控制因子设为 0.25。

4. 建立响应曲面

完成实验方案设计后，本研究采用带有 RSM 模块的空气质量模型 CMAQ4.7.1 对各情景（样本）下的空气质量进行了模拟。美国环境保护署在空气质量模型 CMAQ4.7.1 的基础上，与北卡罗来纳大学联合开发了 RSM 源处理模块，从而可以方便地进行多情景的设计和模拟。

建立响应关系的目标污染物包括 PM$_{2.5}$、SO$_4^{2-}$、NO$_3^-$ 和 NH$_4^+$。对于目标城市的选择，中国政府确定了"三区十群"共 13 个城市群，作为区域联防联控的重点，其中 10 个城市群位于中国东部模拟域内，是本研究考虑的重点地区。在这 10 个城市群中，我们选择了经济社会较为发达的城市作为目标城市，具体包括：北京、天津、石家庄、唐山（京津冀地区），上海、南京、杭州、苏州、宁波、嘉兴（长三角地区），广州（珠三角地区），济南（山东半岛城市群），西安（陕西关中城市群），太原（山西中北部城市群），沈阳（辽宁中部城市群），武汉（武汉及其周边城市群），长沙（长株潭城市群）和福州（海峡西岸城市群）。对于建模时段的选择，在第一套 RSM 预测系统中，我们选取了 1 月、4 月、7 月、10 月四个月份，分别代表四个季节；在第二套 RSM 预测系统中，由于运算量较大，研究选取 1 月和 7 月进行响应曲面建立的研究。

第一套 RSM 预测系统的控制因子数目较少，污染物排放与浓度之间的响应曲面可以直接采用最大似然估计-实验最佳线性无偏预测（Maximum Likelihood Estimation-Experimental Best Linear Unbiased Predictors，MLE-EBLUPs）方法建立，基于（Santner et al, 2003）建立的 MPerK （MATLAB Parametric Empirical Kriging）程序，构建 RSM。计算方法如式（7-6）所示：

$$\vec{Y}(x_0) = \vec{Y}_0 = \sum_{j=1}^{d} f_j(x)\vec{\beta}_j + Z(x) \equiv f_0^{\mathrm{T}}\vec{\beta} + \vec{\gamma}_0^{\mathrm{T}}\vec{R}^{-1}\left(Y^n - \boldsymbol{F}\vec{\beta}\right) \quad (7\text{-}6)$$

式中，$\vec{Y}(x_0)$ 表示 RSM 预测结果；f_0 是对 Y_0^n 回归函数的 $d \times 1$ 维向量；$\boldsymbol{F}$ 是对样本数据回归函数的 $n \times d$ 维矩阵；$\vec{R}$ 是 Y^n 与 Y_0^n 的 $n \times 1$ 维相关系数向量；$\vec{\beta}$ 是 $d \times 1$ 维未知回归系数向量，由广义最小二乘估算 $\vec{\beta} = \left(\boldsymbol{F}^{\mathrm{T}} \vec{R}^{-1} \boldsymbol{F} \right)^{-1} \boldsymbol{F}^{\mathrm{T}} \vec{R}^{-1} Y^n$

相关方程采用幂指数乘积相关计算，如式（7-7）所示。

$$R(h|\xi) = \prod_{i=1}^{d} \exp\left[-\theta_i |h_i|^{p_i}\right] \tag{7-7}$$

式中，$\xi = (\theta, p) = (\theta_1, \ldots, \theta_d, p_1, \ldots p_d)$，$\theta_i \geqslant 0$ 且 $0 < p_i \leqslant 2$，ξ 由最大似然估计得到。

5. 验证响应曲面

研究采用三种方法对第一套 RSM 预测系统的可靠性进行检验。首先是"留一法交叉验证"（leave-one-out cross validation，LOOCV）。交叉验证是一种统计学上将数据样本切割成较小子集的实用方法，操作方式是先在一个子集上做分析，而其他子集则用来做后续对此分析的确认及验证。留一法是依次用一个样本做检验，其余的做统计归纳，共可以做 N（N 为样本数）次验证，这种方法主要考察统计系统的稳定性；第二种方法是"外部验证"（out of sample validation），即通过额外的样本对整个 RSM 系统进行检验，该方法可以评价系统对特定情景的可靠性；第三种是"两两等值线验证"（2-D isopleths），即将两个控制因子（或控制因子组合）联合作用下的高维 RSM 结果，与低维 RSM 结果进行比较，考察 RSM 在整个空间范围内的稳定性。

"留一法交叉验证"的方法结果如表 7-6 所示，RSM 预测结果与 CMAQ 模拟结果在三个城市以及目标地区均相当吻合，相关系数大于 0.95，平均标准误差小于 3%。外部验证结果如表 7-7 所示，目标地区的平均标准误差小于 5%，最大误

表 7-6　第一套 RSM 预测系统的留一法交叉验证

	SO_4^{2-}		NO_3^-		NH_4^+		$PM_{2.5}$	
	拟合斜率	R	拟合斜率	R	拟合斜率	R	拟合斜率	R
北京	0.999	0.999	1.005	0.998	0.997	0.997	1.000	1.000
上海	0.997	0.999	0.998	0.998	0.994	0.994	0.998	1.000
广州	0.997	0.999	1.000	1.000	0.976	0.984	1.000	1.000
华北地区	1.000	0.999	1.000	0.999	1.000	0.996	1.000	1.000
长三角	0.998	0.999	0.999	0.999	1.001	0.997	1.000	1.000
珠三角	0.999	1.000	1.001	0.999	1.002	0.999	1.000	1.000
中国东部	0.999	0.999	1.001	1.000	1.002	0.998	1.000	1.000

注：在建模的目标城市中选取了北京、上海、广州作为代表开展留一法交叉验证和外部验证，同时选择了华北地区、长三角、珠三角和中国东部四个区域以验证 RSM 在更大空间范围内的可靠性

表 7-7　第一套 RSM 预测系统的外部验证（RSM 预测的标准误差，%）

No.	各情景下排放的变化率					华北地区				长三角				珠三角			
---	NO$_x$	SO$_2$	NH$_3$	VOC	PM	PM$_{2.5}$	NO$_3^-$	SO$_4^{2-}$	NH$_4^+$	PM$_{2.5}$	NO$_3^-$	SO$_4^{2-}$	NH$_4^+$	PM$_{2.5}$	NO$_3^-$	SO$_4^{2-}$	NH$_4^+$
1	1	0.2	0.2	1	1	0.2	1.5	0.2	0.4	0.2	0.5	0.4	0.6	0.9	0.1	0.3	4.6
2	0.2	1	0.2	1	1	0.0	2.2	1.3	8.5	6.4	2.3	1.9	9.1	15.5	0.3	1.4	6.3
3	0.2	0.2	0.2	1	1	1.5	2.8	1.6	5.0	0.3	3.3	2.4	6.3	0.1	1.7	0.7	1.4
4	0.2	0.2	1	1	1	0.0	1.4	0.1	1.0	0.0	1.9	0.8	0.8	1.2	0.3	0.4	1.6
5	1	0.2	1	0.2	1	2.8	4.5	0.5	1.3	1.8	1.3	0.6	0.3	1.9	2.0	0.1	0.2
6	1	0.2	0.2	0.2	1	0.2	3.8	0.1	1.4	0.7	2.6	0.3	1.3	0.8	2.5	0.3	6.8
7	0.2	1	0.2	0.2	1	0.3	3.4	4.0	7.7	3.2	3.5	4.3	8.4	6.8	1.5	14.2	4.2
8	0.2	0.2	0.2	0.2	1	1.4	5.6	1.0	4.1	0.8	6.4	1.4	5.8	1.8	4.5	1.4	0.7
9	0.2	0.2	1	0.2	1	0.9	0.7	0.3	0.1	0.8	0.1	1.0	1.8	0.9	0.5	0.5	3.1
10	1	1	1	1	0.2	0.3	12.3	0.5	0.8	0.1	7.4	0.8	0.8	0.1	2.5	0.3	1.4
11	0.2	1	0.2	1	0.2	0.5	1.4	6.1	2.9	1.8	2.1	4.1	3.7	2.1	0.4	5.8	1.8
12	0.2	0.2	0.2	1	0.2	2.7	6.3	4.0	7.9	1.0	5.5	4.2	8.3	0.3	2.0	1.8	1.2
平均标准误差						0.9	3.8	1.6	3.4	1.4	3.1	1.9	3.9	2.7	1.5	2.3	2.8
最大标准误差						2.8	12.3	6.1	8.5	6.4	7.4	4.3	9.1	15.5	4.5	14.2	6.8

注：在建模的目标城市中选取了北京、上海、广州作为代表开展留一法交叉验证和外部验证，同时选择了华北地区、长三角、珠三角和中国东部四个区域以验证 RSM 在更大空间范围内的可靠性

差小于 15%。该 RSM 系统预测结果与 CMAQ 模拟值有很好的一致性。

研究同样采用了"等值线验证"方法，对 RSM 系统对二次气溶胶解析的稳定性进行评价。研究采用了 LHS 采样方法，30 个样本，分别对 NO$_x$ 与 SO$_2$，NO$_x$ 与 NH$_3$，SO$_2$ 与 NH$_3$，NO$_x$ 与 NMVOC 进行了模拟，建立了四个低维 RSM 模型。通过比较高维与低维 RSM 分别做出的二次无机气溶胶等值线图，如图 7-7 至图 7-9 所示。

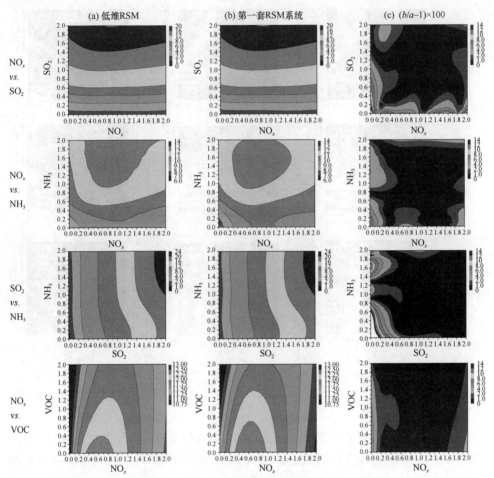

图 7-7　第一套 RSM 预测系统的等值线验证（硫酸盐）

从高维与低维 RSM 的差异在控制区间的变化可以看出，二者等值线相当吻合，在大部分区域的差异在 1% 以内，仅在边界较大，这很大程度上是由于颗粒物组分浓度较低，因而相对误差变大所导致。这说明，研究建立的高维 RSM 系统可以很准确地反映出各物种对二次气溶胶组分的非线性贡献。

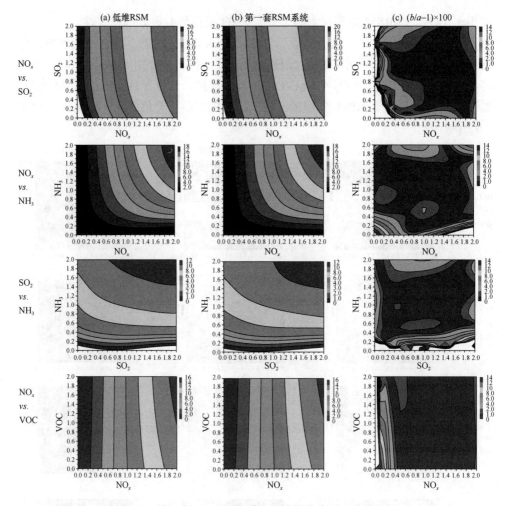

图 7-8　第一套 RSM 预测系统的等值线验证（硝酸盐）

6. 多区域响应曲面

上述 RSM 的建立方法简单、直观。然而，本研究要建立的第二套 RSM 预测系统共包括 54 个非线性控制因子和 18 个线性控制因子，如果利用 MLE-EBLUPs 方法建立 RSM，需要多少个控制情景呢？

为回答这个问题，我们首先尝试采用多项式拟合排放-浓度响应关系。二次无机气溶胶（即硫酸盐、硝酸盐）与三种前体物排放（即 SO$_2$、NO$_x$ 和 NH$_3$）响应关系的一般表达式如下，其函数的三个自变量分别是 SO$_2$、NO$_x$ 和 NH$_3$ 排放，因变量为二次无机气溶胶浓度。

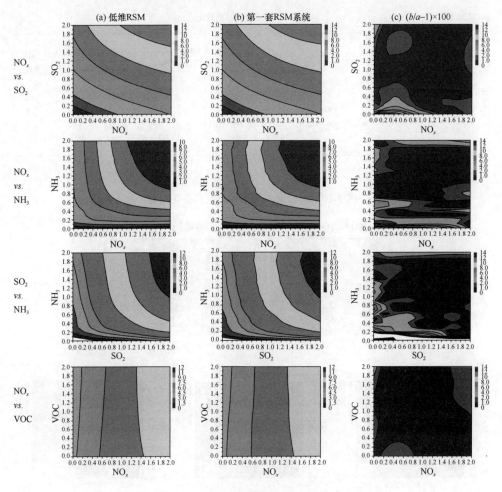

图 7-9　第一套 RSM 预测系统的等值线验证（铵盐）

$$\text{Conc\_SIA} = f\left(\text{Emis\_SO}_2, \text{Emis\_NO}_x, \text{Emis\_NH}_3\right) \qquad (7\text{-}8)$$

$$f(x, y, z) = \sum_{n=0}^{N} \sum_{m=0}^{n} \sum_{l=0}^{m} a_{n,m,l} \cdot x^n y^m z^l \qquad (7\text{-}9)$$

首先，需要确定方程的阶数 N。为确定方程阶数，即 m、n、l，研究采用 Matlab 的非线性拟合 nlinfit 工具，将颗粒物与三种前体物的响应关系拟合为方程形式。然后，根据拟合出的方程重新做出等值线，与 MLE-EBLUPs 方法给出的原始等值线进行比较，结果如图 7-10 和图 7-11 所示。

研究结果表明，随着拟合方程阶数 N 的增加，拟合误差随之有明显削减。相比硫酸盐，硝酸盐的误差较大，除了绝对浓度较小带来的误差外，其非线性特征

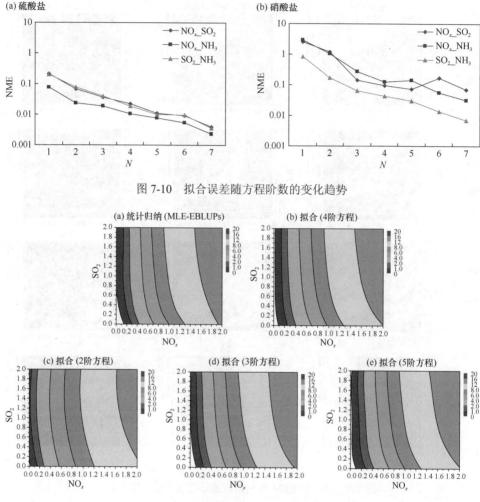

图 7-10 拟合误差随方程阶数的变化趋势

图 7-11 等值线方法对不同阶数的方程拟合结果的比较（硝酸盐-NO$_x$/SO$_2$）

也更为明显，因此无法用简单的类似线性的方程准确表征。考虑到较大的边缘误差，当 N=4 时，基本与通过 MLE-EBLUPs 方法建立的 RSM 系统误差接近，如图 7-10 和图 7-11 所示。其中三元 4 阶方程对应的未知参数为 35 个，因此至少需要 35 个以上情景进行拟合。

这个结果与直接采用 MLE-EBLUPs 构建 RSM 所需样本数类似，当构建 PM$_{2.5}$ 与 NO$_x$、SO$_2$、NH$_3$ 的 RSM 时，需要 40 个样本进行统计归纳，才能得到可靠的预测系统，而三元四次方程所需要拟合的参数数量是 35，与最小采样数接近。另外，研究也比较了多元四次方程所需要的拟合的参数数量（表 7-8），与 MLE-EBLUPs 仿真实验中确定的多元归纳最少采样数也相当吻合。

表 7-8　不同控制因子数和阶数的方程对应的参数

阶数	控制因子数								
	2	**3**	**4**	**5**	**6**	**7**	**8**	**9**	**10**
1	3	4	5	6	7	8	9	10	11
2	6	10	15	21	28	36	45	55	66
3	10	20	35	56	84	120	165	220	286
4	**15**	**35**	**70**	**126**	**210**	**330**	**495**	**715**	**1001**
5	21	56	126	252	462	792	1287	2002	3003
6	28	84	210	462	924	1716	3003	5005	8008
7	36	120	330	792	1716	3432	6435	11440	19448
8	45	165	495	1287	3003	6435	12870	24310	43758
9	55	220	715	2002	5005	11440	24310	48620	92378
10	66	286	1001	3003	8008	19448	43758	92378	184756

随着控制因子数目的增加，4 阶方程中未知参数的数量也呈现 4 次方的增长，如图 7-12 所示。因此，对于解析多区域排放影响方面，传统建立 RSM 的方法将面临沉重的计算负担，甚至在当前计算能力水平下是很难完成的。如本研究设计的包含 72 组控制因子的 RSM 实验，根据本研究的结果证实，至少需要约 135 万次的 CMAQ 模拟，这么大规模的计算需求目前完全不能满足。

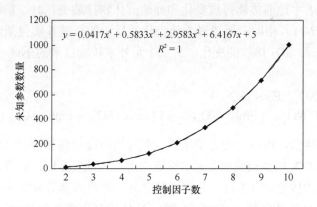

图 7-12　4 阶方程的未知参数数量随自变量数目增加的增长趋势

因此，本研究将颗粒物与前体物浓度的响应关系，分解为（A）本地前体物排放变化导致的颗粒物浓度变化，与（B）外地前体物排放量变化导致的颗粒物浓度变化两部分。其中第二部分又进一步区分为外地排放的前体物传输到本地，并在本地生成气溶胶，和在外地生成气溶胶并直接传输到本地两部分。

颗粒物浓度与单一区域前体物排放的响应关系仍然通过 MLE-EBLUPs 方法进行建立。因此，（A）本地前体物（这里以 NO$_x$ 和 SO$_2$ 为例）排放变化导致的颗粒物浓度变化可表示为式（7-10）：

$$RSM_L\left(Emis\_NO_{xL}, Emis\_SO_{2L}\right) \tag{7-10}$$

式中，NO$_{xL}$ 和 SO$_{2L}$ 表示本地 NO$_x$ 和 SO$_2$ 的排放量。

如前所述，（B）外地前体物排放量变化导致的颗粒物浓度变化包括两个部分，一部分是外来排放对传输到本地的颗粒物的影响，另一部分是外来排放传输前体物，即 NO$_x$ 与 SO$_2$ 到本地，再通过光化学反应对本地颗粒物的影响。其中，第二部分是发生于在本地源 NO$_x$ 与 SO$_2$ 排放不变的情况基础上。这两部分可记为式（7-11）。

$$
\begin{aligned}
&RSM_R\left(Emis\_NO_{xR}, Emis\_SO_{2R}\right)\\
&+RSM_L\left(\left(Emis\_NO_{xL\_base} + Emis\_NO_{xR\_trans}\right), \left(Emis\_SO_{2L\_base} + Emis\_SO_{2R\_trans}\right)\right)
\end{aligned}
\tag{7-11}
$$

式中，RSM$_R$ 表示由于外地排放变化导致的传输到本地的颗粒物的变化；NO$_{xR}$ 和 SO$_{2R}$ 表示外地 NO$_x$ 和 SO$_2$ 的排放量，NO$_{xL\_base}$ 和 SO$_{2L\_base}$ 表示本地基准情景下的 NO$_x$ 和 SO$_2$ 的排放量，NO$_{xR\_Trans}$ 和 SO$_{2R\_Trans}$ 表示由外地传输到本地的前体物的量。

当同时考虑本地前体物排放变化和外地前体物排放变化时，颗粒物传输部分的贡献与式（7-11）相同，而通过本地光化学反应的贡献其实包括两个影响，一个是本地 NO$_x$ 与 SO$_2$ 排放的变化，另一个是外来传输过来的 NO$_x$ 与 SO$_2$，见式（7-12）。

$$
\begin{aligned}
&RSM_R\left(Emis\_NO_{xR}, Emis\_SO_{2R}\right)\\
&+RSM_L\left(\left(Emis\_NO_{xL\_} + Emis\_NO_{xR\_Trans}\right), \left(Emis\_SO_{2L} + Emis\_SO_{2R\_Trans}\right)\right)
\end{aligned}
\tag{7-12}
$$

上述三个情景，可以较为完整地描述颗粒物浓度对四种排放来源，即本地和周边的 NO$_x$ 与 SO$_2$ 的全局响应关系。然而当考察区域较多时，需将每个区域前体物排放的贡献均按照式（7-11）分解为两部分，并将两部分分别进行叠加。具体来说，首先，将各外区域（NO$_{xR}$ 和 SO$_{2R}$）传输到本地的前体物（NO$_{xR\_Trans}$ 和 SO$_{2R\_Trans}$）叠加，并与本地源（NO$_{xL}$ 和 SO$_{2L}$）叠加，计算导致本地发生光化学反应的总前体物。然后，将上述影响带入式（7-10），考察其对本地光化学的影响，即为外地排放通过传输前体物到本地进行光化学反应，对本地颗粒物产生的影响。将每个外区域前体物排放对本地颗粒物浓度的总贡献，扣除上述通过光化学机制的贡献之后，即可得到由于直接传输颗粒物导致的贡献 $RSM_R\left(Emis\_NO_{xR}, Emis\_SO_{2R}\right)$，进而将各区域的这部分贡献相加。最终得到各区域前体物排放同时变化时目标区域（即本地）颗粒物浓度的响应，如式（7-13）所示。

$$\sum_{\text{region}} \text{RSM}_R \left(\text{Emis\_NO}_{xR}, \text{Emis\_SO}_{2R} \right)$$

$$+\text{RSM}_L \left(\left(\text{Emis\_NO}_{xL} + \sum_{\text{region}} \text{Emis\_NO}_{xR\_Trans} \right), \left(\text{Emis\_SO}_{2L} + \sum_{\text{region}} \text{Emis\_SO}_{2R\_Trans} \right) \right)$$

$$(7\text{-}13)$$

式中，$\sum_{\text{region}}$ 表示对除目标区域（即本地）以外的各区域进行叠加。

为验证上述分区域建模方法的可靠性，研究借助采用 MLE-EBLUPs 方法直接建立的 RSM，对上述分区域建模方法进行了验证。验证用的 RSM 包括六个控制因子，即本地 NO$_x$、本地 SO$_2$、本地 NH$_3$、外地 NO$_x$、外地 SO$_2$、外地 NH$_3$。通过这一 RSM，研究可以建立三种响应关系，即：①本地 NO$_x$、SO$_2$ 和 NH$_3$ 排放在 0～2 变化，而外来源排放不变；②外来 NO$_x$、SO$_2$ 和 NH$_3$ 排放在 0～2 变化，而本地排放不变；③本地及外来源的 NO$_x$、SO$_2$ 和 NH$_3$ 排放均在 0～2 变化。

本地颗粒物浓度可以分为三个部分，即背景浓度（包括天然源排放的贡献），本地光化学产生的颗粒物，以及周边传输贡献。

因此，响应①是本地 NO$_x$、SO$_2$ 和 NH$_3$ 排放的影响，本质上是在本地通过光化学产生颗粒物的响应机制，如图 7-13 中（a）列所示。

响应②包括两个部分，一部分是外来排放对传输到本地的颗粒物的影响，另一部分是外来排放传输前体物，即 NO$_x$、SO$_2$ 和 NH$_3$ 到本地，再通过光化学反应对本地颗粒物的影响。其中，第二部分是发生于在本地源 NO$_x$、SO$_2$ 和 NH$_3$ 排放不变的情况基础上。响应②的全部贡献，以及两部分的单独贡献分别如图 7-13 中第（b）（c）（d）列所示。

响应③同样包括两部分，第一部分（颗粒物传输）的贡献与响应②相同，而第二部分通过本地光化学反应的贡献其实包括两个影响，一个是本地 NO$_x$、SO$_2$ 和 NH$_3$ 排放的变化，另一个是外来传输过来的 NO$_x$、SO$_2$ 和 NH$_3$。通过传输关系计算的响应③，以及通过 MLE-EBLUPs 方法直接得到的响应③，分别如图 7-13 中第（e）（f）列所示。

可以看出，通过区域传输关系得到的拟合结果与直接通过 MLE-EBLUPs 方法得到的拟合结果基本吻合，从而验证了通过区域传输方法建立多区域 RSM 的可靠性。

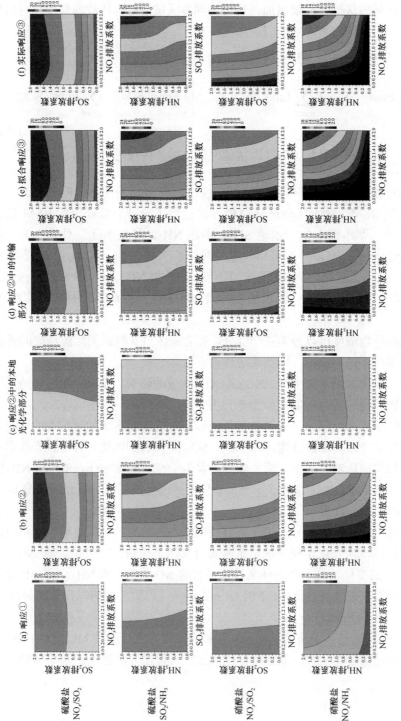

图 7-13 通过区域传输方法建立多区域 RSM 的可靠性验证

上段描述的是建立颗粒物浓度与气态前体物排放响应关系的方法。由于颗粒物浓度与一次 PM$_{2.5}$ 排放量之间存在线性关系，本研究采用线性插值的方法，利用基准情景和一个一次 PM$_{2.5}$ 排放系数为 0.25 的情景，线性插值得到任意一次 PM$_{2.5}$ 排放量下的 PM$_{2.5}$ 浓度。

7.2.3　大气 PM$_{2.5}$ 的主要来源识别

1. PM$_{2.5}$ 的非线性源解析

除了一次 PM 的直接排放外，四种污染物，即 SO$_2$、NO$_x$、NH$_3$ 和 NMVOC 参与大气化学反应生成二次气溶胶。因此，上文建立了 PM$_{2.5}$ 对五种污染物排放的响应曲面。这里选取三个典型地区，即华北平原、长三角和珠三角地区进行分析。

研究定义了 PM$_{2.5}$ 或二次无机组分浓度的响应值（Response），即 PM$_{2.5}$ 或二次无机组分浓度相对于基准情景的变化率与某一污染物排放变化率（1-Emission ratio）的比值，以考察不同污染物排放对 PM$_{2.5}$ 浓度的影响。

在 10%，50% 和 100% 控制水平下，五种污染物排放对三个典型地区 PM$_{2.5}$ 浓度的影响如图 7-14 所示。其中，一次 PM 排放对三个地区 PM$_{2.5}$ 的影响最为明显，其次，二次无机气溶胶的主要前体物 NO$_x$、SO$_2$ 和 NH$_3$ 排放之和也有近一半的贡献，而 NMVOC 对 PM$_{2.5}$ 的贡献较低，可能受到 CMAQ 模拟对 SOA 低估的影响（Carlton et al.，2010）。

PM$_{2.5}$ 对一次 PM 排放的响应值在各控制水平下基本相同，这说明一次 PM 排放对 PM$_{2.5}$ 的贡献是线性的。然而，PM$_{2.5}$ 对 NO$_x$，SO$_2$ 和 NH$_3$ 排放的响应值会随着控制水平的增加而变大，这是由于二次无机气溶胶的生成过程具有很强的非线性特征，表现为贫氨（NH$_3$-limited）与富氨（NH$_3$-rich）的颗粒物化学特征。在 50% 控制水平下，NH$_3$、NO$_x$ 和 SO$_2$ 对 PM$_{2.5}$ 的贡献基本接近，在华北平原分别为 7.9%、10.8% 和 10.4%，在长三角为 10.7%、7.7% 和 8.9%，珠三角为 9.9%、5.2% 和 10.8%。

2. 二次无机气溶胶的非线性源解析

针对二次无机气溶胶的非线性特征，研究选取了三个典型城市，即北京、上海和广州进行分析。在各自不同控制水平下，三城市 7 月份硫酸盐和硝酸盐浓度对各前体物排放源的响应值如图 7-15 所示。

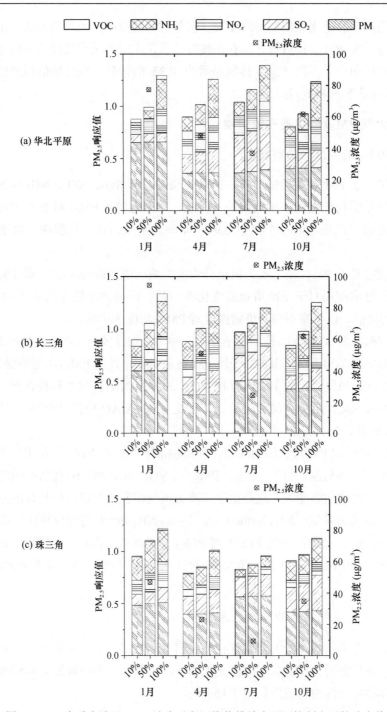

图 7-14 三个重点地区 PM$_{2.5}$ 浓度对各污染物排放在不同控制水平的响应值

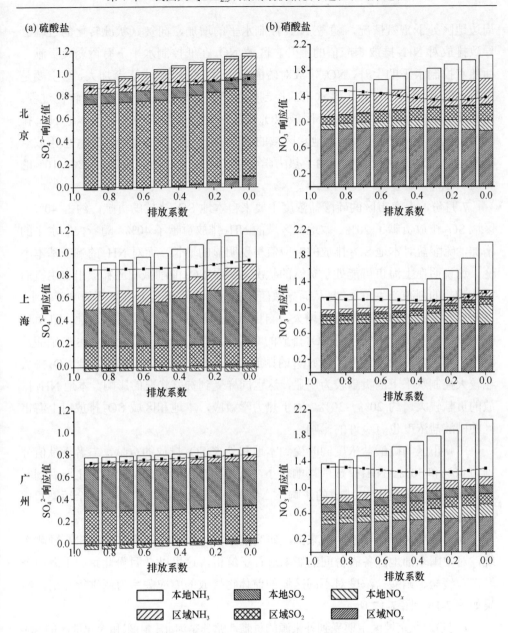

图 7-15　硫酸盐和硝酸盐浓度对各前体物排放源在其不同控制水平下的响应值（7 月）

7 月份，北京市区的细粒子污染具有非常明显的区域污染特征。对于硫酸盐，其主要贡献来自于周边 SO_2 的排放，近 80%。而本地 SO_2 排放的贡献很小，仅 10%。此外，随着控制水平的增加，区域 NH_3 排放贡献也逐渐增加，近 10%，说明北京周边地区处于富氨情况，随着 NH$_3$ 控制水平的增加，向贫氨状况转化的过程会导致排放对 NH$_3$ 排放响应值的上升。区域 NO$_x$ 在低控制水平下有微弱负贡献，而随着控制水平的上升，NO$_x$ 排放对硫酸盐浓度的正贡献也逐渐加大，这主要是由于 NO$_x$ 排放对 OH 自由基水平的控制，而影响了 S（IV）向 S（VI）转化过程。对于北京市区的硝酸盐浓度，区域 NO$_x$ 排放的相对贡献约 50%，而本地 NO$_x$ 排放的贡献很小，仅为 5%。本地和区域的 NH$_3$ 排放均有明显影响，NH$_3$ 总排放对硝酸盐的相对贡献约 30%。由于热力学效应，区域 SO$_2$ 的排放也有 5%～10% 的相对贡献。

7 月份，上海市区的硫酸盐浓度主要来自本地 SO$_2$ 排放的贡献，约占 40%，区域 SO$_2$ 排放贡献了 20%。本地和区域的 NH$_3$ 排放贡献了 40%。随着控制水平的增加，硫酸盐对本地 SO$_2$ 排放的响应值呈现明显的增长，而对 NH$_3$ 的响应基本不变，这说明在上海市可能处于贫氨的状况，少量 SO$_2$ 的削减相应释放出自由氨而对硫酸盐的削减产生负反馈，从而导致硫酸盐对 SO$_2$ 在低控制水平下的响应略小，而随着对 SO$_2$ 控制水平的逐渐增大，自由氨的释放使得向富氨状况转化，其负反馈机制逐渐削弱，硫酸盐对 SO$_2$ 排放的响应也逐渐上升。对于上海市区的硝酸盐浓度，其主要贡献来自于区域 NO$_x$ 的排放，约 50%～60% 的贡献，本地 NO$_x$ 排放在较大控制水平下的贡献较为明显，这也同样受到贫氨状况的影响。本地 NH$_3$ 排放的贡献较大，约 20%～30%。由于热力学效应，本地和区域 SO$_2$ 排放对上海市区的硝酸盐浓度也有少许的影响。

广州市区的硫酸盐浓度同时受到本地和外来 SO$_2$ 排放的贡献，二者贡献值分别为 40% 和 50%。NH$_3$ 排放的影响较小，仅为 10%。而其硝酸盐浓度主要受到区域 NO$_x$ 排放及本地 NH$_3$ 排放的影响，二者分别贡献了 30% 和 40%，其余污染源排放也有 5%～10% 的贡献。

为考察细粒子污染的区域来源，研究还根据上文建立的第二套 RSM 预测系统，对中国东部地区各省份间的影响进行了解析，这里以 7 月份北京、上海两个城市硫酸盐、硝酸盐浓度对不同区域的前体物排放的响应关系为例进行介绍，结果如图 7-16、图 7-17 所示。

7 月份，北京地区主要受到外来源的贡献，尤其是河北、山东和天津地区的 SO$_2$ 排放，在其各自 90% 控制水平下，北京市区硫酸盐浓度可削减 2.5 μg/m^3、2.1 μg/m^3 和 1.3 μg/m^3。此外，江苏、河南等地的 SO$_2$ 排放也对北京市区的硫酸盐浓度部分贡献。对于北京市区的硝酸盐，最大贡献同样来自区域排放，尤其是河北、天津和山东地区的 NO$_x$ 排放，在各自 90% 控制水平下，北京市区硝酸盐浓度可削

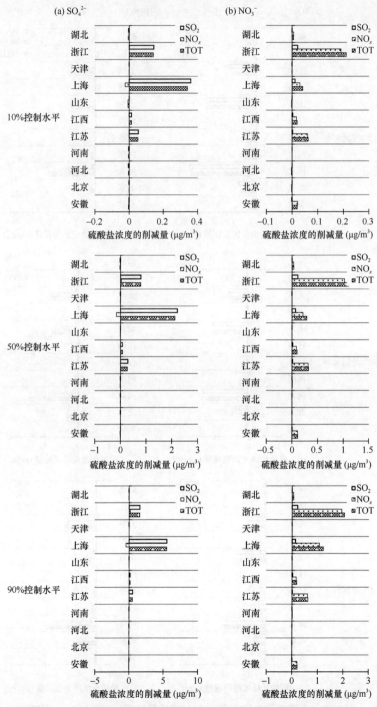

图 7-16　北京市区二次无机气溶胶浓度的区域源解析（7 月月均）

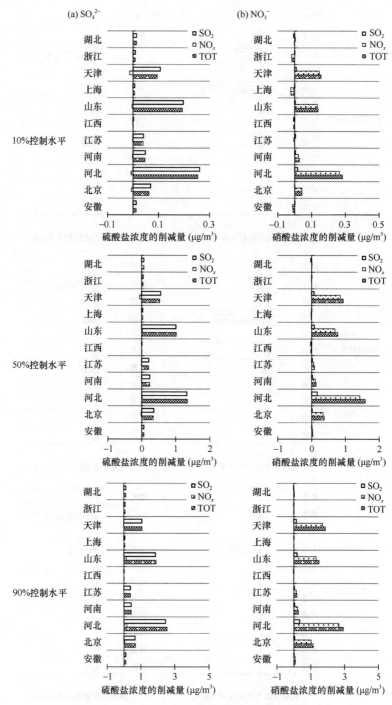

图 7-17 上海市区二次无机气溶胶浓度的区域源解析（7 月月均）

减 3.0 μg/m^3、2.1 μg/m^3 和 1.8 μg/m^3，而北京本地的 NO$_x$ 排放仅可削减 1.5 μg/m^3。河南、江苏的 NO$_x$ 排放同样有少量贡献。

而在上海市区，其硫酸盐浓度主要来自于上海本地的 SO$_2$ 排放的贡献，此外，江苏和浙江省的 SO$_2$ 排放也有一部分贡献。而对于硝酸盐，浙江省 NO$_x$ 排放的影响最大，而上海本地 NO$_x$ 排放的贡献值随着控制水平的增加有明显上升，江苏、安徽、江西的 NO$_x$ 排放也会对上海市区硝酸盐浓度有部分贡献。

综上所述，本小节利用三层嵌套的 WRF/CMAQ 空气质量模拟系统对中国区域的空气质量进行了模拟，并利用卫星和地表观测数据对模拟结果进行了校验。校验结果表明，WRF/CMAQ 模拟系统可以较好地模拟出主要污染物的浓度和时空分布，可以用于 PM$_{2.5}$ 污染控制的决策支持。进一步采用响应表面模型建立了中国东部 PM$_{2.5}$ 及无机组分浓度与各省份、各污染物排放量之间的非线性响应关系。可靠性验证结果表明，响应表面模型可靠性高，可用于 PM$_{2.5}$ 的来源解析和污染控制决策分析。最后利用响应表面模型对重点区域 PM$_{2.5}$ 的来源进行了解析。结果表明，一次 PM 排放对华北、长三角、珠三角 PM$_{2.5}$ 的贡献最为明显，且在各控制水平下响应值基本相同。二次无机气溶胶的主要前体物 NO$_x$、SO$_2$ 和 NH$_3$ 排放之和也有近一半的贡献，且 PM$_{2.5}$ 对 NO$_x$，SO$_2$ 和 NH$_3$ 排放的响应值会随着控制水平的增加而变大。

7.3　大气 PM$_{2.5}$ 及其前体物控制技术综合评估

7.3.1　污染物控制技术综合评估方法

本章建立了以环境性能、技术性能、经济性能为基础的多因素多级污染物控制技术综合评估指标体系；采用归一化法和等级赋值法，对各污染物控制技术在不同指标下的性能进行了量化处理；将层次分析法与专家问卷调研结果相结合，得到各指标的相对权重值；针对不同行业不同污染物，计算各备选技术的综合得分，推荐行业最佳可行控制技术。

1. 评估指标体系

评估指标体系的建立，是综合评估的第一步。本着客观性、全面性、公正性、可比性的构建原则（王灿等，2011），结合污染物控制技术的自身特点，本研究确立了以下 3 项一级指标、9 项二级指标和 10 项三级指标（表 7-9）。

由于在技术初选时，已考虑各项技术对污染物种类、浓度、烟气温度和湿度的适用性，故不再将适用性纳入评估指标体系。对指标进行相关性检验，发现环境性能、技术性能和经济性能各项指标间相关性较低，均予以保留。

表 7-9　综合评估指标体系

一级指标	二级指标	三级指标
环境性能	环境效益	无
	二次污染	
	占地面积	
技术性能	处理效果	总去除率
		有毒、有害物种去除率
		氧化物种去除率
		达标率
	可靠性	运行稳定性
		技术复杂性
		安全性
		工艺衔接性
	成熟度	技术发展阶段
		市场应用情况
经济性能	工程投资	无
	运行成本	
	回收效益	

　　本研究的技术评估指标体系有较强的扩展性，对不同行业、污染物的技术评估具有普遍适用性。体系中的指标及其权重，可在针对具体行业、污染物的技术评估时，进行适当的修改或简化。下文将对各项指标的具体含义进行说明。

1）环境性能

　　环境性能反映了各项控制技术对污染物的控制效果及其环境影响。环境效益是指该控制技术对污染物的削减程度，及其对环境友好的贡献。二次污染是指在污染物去除过程中，由控制技术本身引起的二次废气污染，如二次废气、废水、固体废弃物、异味等。占地面积是指该控制技术的工艺设备占地需求，在土地紧张的情况下需加以考虑。

2）技术性能

　　技术性能包括处理效果、可靠性和成熟度三个方面。处理效果主要包含控制技术对污染物的去除率和控制后的达标率。其中，去除率是指在技术正常使用情况下，对不同污染物的去除效果，因污染物种类的不同而不同，是一个比较宽的范围；本研究还考虑了技术对特定物种的去除率（如有毒有害物种、氧化性物种），加强对重点污染物的优先控制（陈颖等，2011）。达标率的参考依据是我国目前污染物排放相关标准中规定的限值，反映控制技术在该行业中的实际控制效果。

　　可靠性指标包括运行稳定性、技术复杂性、安全性和工艺衔接性。运行稳定性是指工艺设备在长期运行中的稳定情况；技术复杂性是指工艺设备的操作、维护复杂程度；安全性是指技术本身存在的安全隐患以及事故风险的可控性；工艺衔接性是指工艺设备对预处理、后处理和其他控制技术的衔接程度，以及对现有生产工艺和资源的综合利用情况。

技术的成熟度包括技术发展阶段和市场应用情况。技术发展阶段是指技术在材料、设备、工艺等方面的改进和提高进展；市场应用情况是指技术的市场占有率与应用水平。

3）经济性能

经济性能反映了控制技术的经济性，包括工程投资、运行成本和回收效益。工程投资包括工程建设投资、工艺设备投资、不可预见投资和其他杂项投资，其中，设备成本是最重要的考核因素。运行成本包括能源消耗、设备维护维修、材料替换和人工成本等，其中，能源消耗和材料替换是更重要的考核因素。回收效益包括资源回收效益和能源回收效益，可以在一定程度上节约经济成本，对经济性能指标有正贡献作用。

2. 评估指标量化

由于不同指标的评估等级和量纲有所不同，不具有可比性，无法对不同技术进行综合比较。因此，需运用模糊统计法，根据最大隶属度原则，对各指标进行统一量化，将各原始值变换为[0,1]之间的数值，量化后的数值大小，能够反映被评估指标的好坏（任世华等，2005）。指标的评估等级和量化方法如表 7-10 所示。

表 7-10　指标的评估等级和量化方法

编号	指标名称	评估等级	量化方法
1	环境效益	好/中/差	等级赋值法
2	二次污染	重/轻/无	等级赋值法
3	占地面积	多/中/少	等级赋值法
4	总去除率	%	归一化法
5	有毒、有害物种去除率	%	归一化法
6	氧化性物种去除率	%	归一化法
7	达标率	%	归一化法
8	运行稳定性	好/中/差	等级赋值法
9	技术复杂性	难/中/易	等级赋值法
10	安全性	好/中/差	等级赋值法
11	工艺衔接性	好/中/差	等级赋值法
12	技术发展阶段	优/良/中	等级赋值法
13	市场应用情况	优/良/中	等级赋值法
14	工程投资	万元	归一化法
15	运行成本	万元	归一化法
16	回收效益	万元	归一化法

1）定性指标：等级赋值法

对于定性指标，常常通过文献调研、专家评分的方式对不同控制技术的某项指标进行赋值，赋值结果通常为[0，1]之间的某个数值，赋值越大，表明基于该项指标的技术得分越好。以"二次污染"指标为例，首先确定该技术的二次污染程度应落在表 7-11 中的哪个区间并赋值，然后按式（7-14）计算得分。

表 7-11　二次污染程度的分级和赋值

二次污染	严重	较严重	中等	较轻	轻
分级 x	0～1	1～2	2～3	3～4	4～5

$$Y_i = \frac{X_i}{5} \qquad (7\text{-}14)$$

式中，Y_i 为某项控制技术第 i 项指标经过等级赋值法变换后的取值；X_i 为该技术第 i 项指标的原始赋值。Y_i 值越大，说明基于该项指标的技术得分越好。

2）定量指标：归一化法

对于定量指标，可通过归一化法对指标进行无量纲化，消除量纲不同造成的影响。

A. 去除率和达标率

根据一般污染物去除及达标要求，确定这几项指标的约束条件为 50%≤X_i%≤100%，采用线性隶属函数，结果如下：

$$Y_i = \begin{cases} 0, X_i \leqslant 50 \\ \dfrac{X_i - 50}{100 - 50}, 50 \leqslant X_i \leqslant 100 \end{cases} \qquad (7\text{-}15)$$

B. 工程投资

以 VOC 污染控制为例，控制技术的工程投资基本在 30～400 元/m^3 的范围内（王海林和郝郑平，2012）。因此，将 30 元/m^3 视为低成本，将 400 元/m^3 视为高成本，用降半梯形分布来描述隶属度，即：

$$Y_i = \begin{cases} 0, & X_i \geqslant 400 \\ \dfrac{400 - X_i}{370}, & 30 \leqslant X_i \leqslant 400 \\ 1, & X_i \leqslant 30 \end{cases} \qquad (7\text{-}16)$$

C. 运行成本

以 VOC 污染控制为例，控制技术的运行成本基本在 40～300 元/m^3 的范围内（王海林和郝郑平，2012）。因此，将 40 元/m^3 视为低成本，将 300 元/m^3 视为高成本，用降半梯形分布来描述隶属度，即：

$$Y_i = \begin{cases} 0, & X_i \geqslant 300 \\ \dfrac{300 - X_i}{260}, & 40 \leqslant X_i \leqslant 300 \\ 1, & X_i \leqslant 40 \end{cases} \tag{7-17}$$

D. 回收效益

控制技术的回收效益约束条件为 0%≤ X_i%≤100%，采用线性隶属函数，即：

$$Y_i = \frac{X_i}{100} \tag{7-18}$$

3. 指标权重确定

1）专家问卷调研

在技术评估过程中，各项指标相对权重的确定是难点。由于不同行业的污染物排放特征不同，在评估中的侧重点也不尽相同。因此，只有通过广泛调研，充分了解目标典型行业对不同指标的关注程度，才能得到更为客观的综合评估结果。

确定权重的方法有很多，大体可分为主观赋权法和客观赋权法。主观赋权法是依据专家或个人的经验进行权重的判断，但由于专家的判断来自于长期的实践，故也有其客观性；客观赋权法是从指标的统计性质加以考虑，以调查所得的数据为参考，进行各指标的权重判断，应用广泛的有层次分析法（AHP 法）。

本研究将主观因素与客观因素相结合，依次运用专家问卷调研法和层次分析法来确定指标权重。首先，在大量文献调研的基础上，咨询多名相关研究领域的专家，请他们根据目标典型行业目标污染物的排放特征，考虑问卷（表 7-12）中各指标的重要程度，并给出其权重。综合专家意见，可得到典型行业评估指标的初步权重。

由于专家判断具有一定的主观性，上述权重值并不直接作为最终的指标权重加以应用，其主要作用是帮助确定各指标间的相对重要程度，以此为基础，可运用层次分析法建立递阶层次模型和两两比较判断矩阵，相对客观、系统地确定指标权重并进行综合技术评估。

2）层次分析法

本研究利用层次分析法构建权重评估机制。层次分析法（AHP）是一种定量与定性相结合的决策分析方法，由美国运筹学家 T. L. Saaty 教授于 20 世纪 70 年代初提出（Saaty，1977；Saaty，1980）。该方法将与决策相关的元素分解成目标、准则、方案等层次，通过求解判断矩阵的特征向量，求得某一层次各元素对上一层次某元素的优先权重，然后再用加权和的方法，递阶归并各备选方案对总目标的最终权重，最终权重越大，表明方案越优。当然，这里所谓的"优先权重"是

表 7-12 技术评估指标的专家调查问卷

一级标准	权重	二级标准	权重	三级标准	权重
环境性能		环境效益		无	
		二次污染			
		占地面积			
技术性能		处理效果		总去除率	
				有毒、有害物种去除率	
				氧化物种去除率	
				达标率	
		可靠性		运行稳定性	
				技术复杂性	
				安全性	
				工艺衔接性	
		成熟度		技术发展阶段	
				市场应用情况	
经济性能		工程投资		无	
		运行成本			
		回收效益			

一种相对量度，它表明了各备选方案在某一评判准则下的优越程度，以及各子目标对上一层目标而言的重要程度。

层次分析法的基本步骤如下：

A. 建立多级层次结构模型（目标层、准则层、方案层）

如图 7-18 所示。

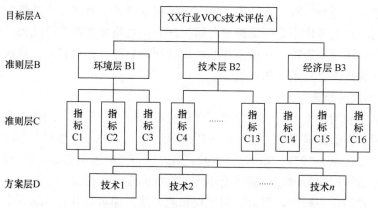

图 7-18 典型行业 VOC 技术评估的层次结构模型

B. 建立各层次的判断矩阵

以上一层作为评价准则，对本层的各指标进行两两比较，确定各指标间的相对重要程度。例如，以目标层 A 为评价准则，构建判断矩阵（表 7-13），元素 b_{ij} 表示准则层 B 中指标 B_i 对 B_j 的相对重要性，标度为 1～9，其含义见表 7-14，其中，$b_{ij}=1/b_{ji}$。各指标间的相对重要程度，可参考专家问卷调研法的结果进行确定。

表 7-13　一级指标层判断矩阵

A	B_1	B_2	...	B_j	...	B_n
B_1	b_{11}	b_{12}	...	b_{1j}		b_{1n}
B_2	b_{21}	b_{22}	...	b_{2j}		b_{2n}
	⋮	⋮		⋮		⋮
B_i	b_{i1}	b_{i2}	...	b_{ij}		b_{in}
	⋮	⋮		⋮		⋮
B_n	b_{n1}	b_{n2}	...	b_{nj}	...	b_{nn}

表 7-14　1～9 标度的含义

标度	含义
1	两个因素相比同样重要
3	两个因素相比，一个比另一个稍微重要
5	两个因素相比，一个比另一个明显重要
7	两个因素相比，一个比另一个强烈重要
9	两个因素相比，一个比另一个极端重要
2，4，6，8	上述两个相邻判断的中值

C. 求解判断矩阵的特征向量

经过计算，求得矩阵的最大特征根 λ_{max}，其相应的特征向量经过归一化后得到特征向量 W，W 的各分量即为指标 B_1～B_n 的权重值。

当判断矩阵的阶数 n 较大时，通常难以构造出满足一致性的矩阵来，甚至有可能出现矛盾的情况。但判断矩阵的一致性偏离应有一个度，为此，必须对判断矩阵进行一致性检验。一致性指标公式如下：

$$CI = \frac{\lambda_{max} - n}{n-1} \qquad (7-19)$$

当 CI=0 时，判断矩阵具有完全一致性；CI 越大，表示判断矩阵的一致性越差。显然，随着 n 的增加，判断误差就会增加，故采用随机一致性比值 CR=CI/RI 来考察判断矩阵的一致性，其中，RI 为平均随机一致性指标，可由表 7-15 查得。当 CR<0.1 时，说明判断矩阵具有令人满意的一致性；当 CR>0.1 时，则需要调整判断矩阵，直到满意为止。

表 7-15　平均随机一致性指标 RI 的取值

矩阵阶数 n	1	2	3	4	5	6	7	8	9	10
RI	0	0	0.52	0.89	1.12	1.26	1.36	1.41	1.46	1.49

D. 得出各指标的相对权重

对各级指标依次构建判断比较矩阵，可得出表 7-10 中所列各项指标的相对权重值。

4. 评估结果

结合已得到的指标量化值和指标相对权重值，可计算出各待评技术的综合得分（E_i），计算公式如下：

$$E_i = \sum E_{ij} \times D_j \tag{7-20}$$

式中，E_{ij} 为在具体指标层下每种技术的得分；D_j 为指标层每个指标的权重，得分最高的技术即为综合最佳控制技术。

需要注意的是，本研究的技术评估过程，不完全依赖于层次分析法得到各备选控制技术的相对权重，而是将其与专家问卷调研相结合，作为指标权重确定的工具，仅计算各项指标的相对权重，参考指标量化值，得到各待评技术的总得分。

当强调不同的指标性能时（如经济性能），可计算得到强调经济性时的指标权重值。各行业在实际选择污染物控制技术时，可根据自身的行业特点和具体要求，调整各项评估指标的相对权重，通过对权重的改变，可分析评估结果对权重的敏感性，同时，选择适合本行业的污染物控制方案。

7.3.2　典型行业污染物控制技术综合评估案例

1. 重点行业 SO$_2$ 控制

1）备选技术整理

火电厂是 SO$_2$ 控制的重点部门，本研究针对火电厂烟气脱硫，选定参与评价的技术分别为：A. 石灰石湿法；B. 简易湿法；C. 旋转喷雾干燥法；D. 炉内喷钙尾部增湿；E. 电子束法；F. 湿式氨法。

上述六类技术分别代表了典型的湿法、半干法、干法脱硫技术，其中既有抛弃法又有回收法。对这些脱硫工艺的技术和经济分析如表 7-16 所示。

2）综合评价

A. 初级评价

a. 环境性能评价。结合专家意见和脱硫的实际情况，建立权数向量矩阵为 A_1=（0.7，0.3）进行模糊线性加权变换，可得：$B_1=A_1 \cdot R_1$=（0.958，0.76，0.774，0.705，0.858，0.914）。

表 7-16　烟气脱硫技术综合性能分析（王书肖等，2001）

指标	A	B	C	D	E	F
脱硫效率（%）	>95	<75	60～85	30～85	90	>92
钙氨/硫比	<1.05	1.1	>1.5	2	1～1.5	1.1
工艺流程	主流程简单，制浆部分复杂	较简单	较简单	简单	较简单	含造粒工艺流程较复杂
吸收利用率（%）	>90	90	50	50	>85	90～98
吸收剂获得与处理	容易	容易	较易	较易	一般	一般
脱硫副产物	脱硫渣为 $CaSO_4$ 及少量烟尘，可综合利用或送堆渣场堆放	脱硫渣为 $CaSO_4$ 及少量烟尘，可综合利用或送堆渣场堆放	脱硫渣为烟尘，$CaSO_4$ 等混合物，目前尚不能利用，送堆渣场堆放	脱硫渣为烟尘，$CaSO_4$ 等混合物，目前尚不能利用，送堆渣场堆放	副产品为硫铵和硝铵混合物，可用作氮肥	副产物为硫酸铵，含氮量20%以上，可用作氮肥
适用情况	燃各种硫分煤锅炉，当地有石灰石矿	燃烧高中硫煤锅炉，当地有石灰石矿	燃各种硫分煤锅炉，当地有石灰石矿	燃中低硫煤锅炉，有石灰石矿	燃烧高中硫煤锅炉，有氨供应	燃烧高中硫煤锅炉，有液氨供应
负面影响	腐蚀尾部烟道	腐蚀尾部烟道	影响除尘器的性能	影响锅炉和除尘器性能		腐蚀尾部烟道，有白烟
电耗占总发电量的比例（%）	2～15	1	1	0.5～1	2～2.5	1.2～1.6
占地面积（m^2，当机组容量为300 MW 时）	3000～5000	2000～3500	2000～3500	1500～2000	5000～7000	3000～5000
技术成熟度	商业化	国内工业示范	国外工业应用，国内示范	国外工业应用，国内示范	国内工业示范	国外工业应用
FGD 投资占电厂总投资的比例（%）	13～18	8～11	8～14	5～15	12～18	15～22
脱硫成本（元/t SO_2 脱除）	900～1400	800～1000	900～1200	800～1000	1400～1600	1400～1600
副产品效益（元/t SO_2 脱除）	有待开发	有待开发	无	无	400	700

b. 经济性能评价。根据脱硫技术的实际和经济条件，建立权数向量矩阵为 A_2=（0.3，0.4，0.3），进行模糊线性加权变换，B_2=$A_2 \cdot R_2$=（0.311，0.493，0.427，0.493，0.312，0.348）。

c.技术性能评价。权数向量矩阵为 A_3=（0.2，0.1，0.15，0.15，0.15，0.15，0.1），进行模糊线性加权变换，B_3=$A_3 \cdot R_3$=（0.7，0.577，0.506，0.546，0.513，0.608）。

B. 二级评价

三类大因素的权数分配为：A=（0.35，0.35，0.3）

由各 U_k 的评价结果 B_k（k=1，2，3），得出总的评价矩阵：

$$R = \begin{bmatrix} 0.958 & 0.76 & 0.774 & 0.705 & 0.858 & 0.914 \\ 0.311 & 0.493 & 0.427 & 0.493 & 0.312 & 0.348 \\ 0.7 & 0.577 & 0.506 & 0.546 & 0.513 & 0.608 \end{bmatrix}$$

得 U 的综合评价 B，

$B=A·R=$（0.654，0.612，0.572，0.583，0.563，0.624）

经归一化，得

$B^*=$（0.182，0.17，0.159，0.162，0.157，0.174）

3）结果与讨论

表 7-17 显示了各指标因素的隶属度，根据最大隶属原则，技术 A（石灰石湿法）为综合指标下的优先考虑对象；技术 F（湿式氨法）因有副产品收益，综合性能仅次于石灰石湿法；而技术 B（简易湿法）列于第 3 位。

表 7-17 各指标因素的隶属度（王书肖等，2001）

指标	A	B	C	D	E	F
脱硫效率	0.94	0.67	0.75	0.72	0.87	0.89
钙氨/硫比	1	0.97	0.83	0.67	0.83	0.97
FGD 占总投资比例	0.33	0.67	0.53	0.67	0.33	0.25
单位脱硫成本	0.53	0.73	0.67	0.73	0.33	0.33
副产品收益	0	0	0	0	0.27	0.47
工艺成熟度	1	0.5	0.8	0.8	0.5	0.6
技术复杂程度	0.3	0.5	0.5	0.6	0.4	0.2
吸收剂	0.95	0.95	0.58	0.58	0.59	0.62
系统升级性能	0.8	0.4	0.4	0.6	0.4	0.7
系统对电厂的影响	0.6	0.6	0.4	0.3	0.6	0.6
副产品处理	0.4	0.4	0.1	0.1	0.7	0.8
占地面积	0.57	0.74	0.74	0.89	0.29	0.6

由于烟气脱硫技术评定的指标较多，故采用二级评价的方法，所得结果具有普遍的借鉴意义。本研究的评价结果是在相应的权数阵基础上得到的，在实际的脱硫工程评判中，应根据具体情况和要求确定参与评价的脱硫技术和权数矩阵。采用本研究的评价方法，可为各个电厂选用经济上实用、技术上可行的烟气脱硫技术，以减少电厂选用脱硫技术的片面性和盲目性，从而进一步推动脱硫技术在火电厂的实际应用。

2. 重点行业 NO$_x$ 控制

火电厂和工业锅炉是我国 NO$_x$ 排放的重要污染源。本研究基于现场测试和资料调研，收集了 NO$_x$ 控制技术运行状况，建立了固定源 NO$_x$ 控制技术数据库。采用模糊评价方法，利用包括环境、技术、经济三个方面共 11 项指标的多因素多级评价指标体系，分析不同煤种、规模的锅炉在不同排放要求下的 NO$_x$ 排放控制技术选择。

1）备选技术整理

通过文献调研和现场调查（朱宝山，2006；吴阿峰等，2006；苏亚欣等，2005；张强，2007；陈彪，2005；杨飏，2007；路涛等，2004；钟秦，2007；蒋文举，2006），对污染物控制技术的基础数据进行了收集。根据指标的需要调查收集信息。控制技术分为三类，燃烧中控制技术、燃烧后控制技术和新方法（表 7-18）。部分控制技术的信息见表 7-19。

表 7-18 控制技术分类（于超等，2010）

燃烧中控制	燃烧后控制	新方法
低氧燃烧； 烟气再循环； 低氮燃烧器； 燃尽风； 再燃； 调控天然气注入	选择性催化还原； 选择性非催化还原； 选择性催化还原/选择性非催化还原联用	分子筛法； 电子束法；

表 7-19 部分控制技术信息（于超等，2010）

	LNB	LNB+OFA	再燃	SCR	SNCR	SCR/SNCR
去除效率（%）	20～50	40～60	30～50	60～90	30～60	40～70
二次污染	无	无	无	氨，$<5\times10^{-6}$	氨，$<10\times10^{-6}$	氨，$<8\times10^{-6}$
单位造价（元/kW）	20～30	30～40	20～40	75～180	30～60	50～100
单位脱除成本（元/吨）	0.0005～0.001	0.001～0.002	0.001～0.002	0.005～0.015	0.002～0.006	0.005～0.01
对系统影响	可能使得未燃碳增加	可能使得未燃碳增加	需使用较细的煤粉	压降较大，生成硫酸铵	氨泄漏较多，大锅炉效果不好	介于 SCR 和 SNCR 之间
成熟度	商业化	商业化	国内工业示范	商业化	国内工业应用少	国内工业应用少
催化剂或脱硝剂	无	无	无	氨水或尿素需催化剂	大多尿素无需催化剂	大多尿素需催化剂

2）指标权重确定

运用层次分析法，计算同一层次中某些因素相对于其支配因素的重要性的权重分配，并进行一致性检验。最终获得权重见表 7-20。

3）综合评估与敏感性分析

采用建立的评价方法对上述 12 种技术进行评价，结果如图 7-19 所示。

燃烧中控制优于燃烧后控制，新方法评分最低。燃烧后控制技术在环境性能中评分较高，但价格高昂、技术复杂影响了评价结果。而新方法的成熟度和造价都较差，在三类方法的比较中排在最后。在选取控制方式时，优先考虑燃烧中控制技术。

新方法（分子筛法、电子束法）的评分与燃烧后控制技术（SCR、SNCR）差距不大，在环境性能上还有优势，应进行关注，情况恰当时可以开展试点。

表 7-20　　各项指标权重（于超等，2010）

二级指标	一级指标	权重，%
环境性能	脱除效率	0.4007
	二次污染	0.1474
经济性能	工程造价	0.1447
	运行费用	0.1185
	燃料适用性	0.0649
	工况适用性	0.0143
	占地面积	0.0232
技术性能	技术成熟度	0.0207
	技术复杂性	0.0275
	对锅炉和烟气系统的影响	0.0201
	催化剂和脱硝剂情况	0.0179

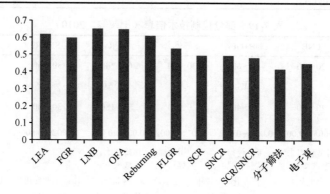

图 7-19　技术评估结果（于超等，2010）

部分燃烧中控制方式可以叠加，如 OFA 和 LNB 这样可以接近燃烧后控制技术的环境效果，但造价远低，适合推广。

以环境性能为重点，$\tilde{A}_i^1 = (0.434, 0.349, 0.217)$。当强调经济性时，可计算得到强调经济性时的权重值 $\tilde{A}_i^2 = (0.349, 0.434, 0.217)$ 同样，当强调技术性能时，可计算得到强调技术性能时的权重值 $\tilde{A}_i^3 = (0.349, 0.217, 0.434)$。此时发现不同类型的方法有着完全不同的评价结果。

对燃烧中控制方法来说，以烟气再循环法（FGR）为例，如图 7-20 所示，采用注重经济要素的权重时获得最高得分 0.61 分，注重环境要素和技术要素时，得分明显降低只有 0.56 分和 0.57 分。可见燃烧中控制方法在优先考虑经济因素时，是较好的选择。

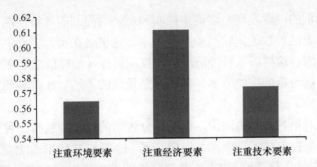

图 7-20 烟气再循环法在不同权重下的评估结果（于超等，2010）

相比燃烧后控制方法，此类技术的技术指标较先进，但经济性略差，还有可能出现氨泄漏等问题。以 SCR 为例，采用注重技术要素的权重时获得最高得分，注重环境要素和经济要素时，得分明显降低，如图 7-21。

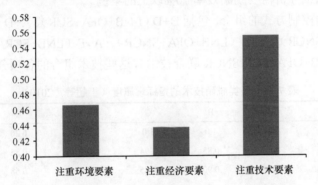

图 7-21 SCR 在不同权重下的评估结果（于超等，2010）

而新控制方法，此类技术的技术指标先进，大多能实现多种污染物的同时控制。但经济性略差。以电子束法为例，如图 7-22，采用注重经济要素的权重时得分远低于注重环境要素和技术要素时的得分。

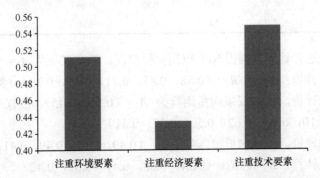

图 7-22 电子束法在不同权重下的评估结果（于超等，2010）

通过对权重的改变发现，燃烧中控制和燃烧后控制的环境性能差距较大，燃烧中控制技术无法单独达到较高的控制效率。这也是在实际工程中往往使用控制技术组合的原因。这样可以较经济地达到控制目标（如排放浓度 200 mg/m³）。固定源更需要能够达标的控制方案，而不只是最优的方法。此时需要根据情况对控制方案进行评价。

通过上述对单独技术的评价，优选评分较高的技术，包括 3 种燃烧中控制技术和 3 种燃烧后控制技术，即 A.低氮燃烧器（LNB）、B.LNB 配合燃尽风（OFA）、C.再燃、D.选择性催化还原（SCR）、E.选择性非催化还原（SNCR）和 F.SCR/SNCR 联合技术作为备选，进行控制技术组合的评价。

当墙式燃烧贫煤或无烟煤时，烟气中 NO$_x$ 浓度较高（>1200 mg/m³），要将排放浓度控制在 400 mg/m³ 以下，控制技术的脱硝效率需达到 70%左右，这里使用上述评价方法试分析需要脱硝效率 70%以上的案例。

此时考虑控制方式的组合，包括 B+D（LNB+OFA+SCR）、A+D（LNB+SCR）、A+E（LNB+SNCR）、B+E（LNB+OFA+SNCR）、A+F（LNB+SCR/SNCR 联合技术）、B+F（LNB+OFA+SCR/SNCR 联合技术），这些技术组合的各项分数见表 7-21。

表 7-21　各类脱硝技术的指标隶属度（于超等，2010）

指标	A	B	C	D	E	F
二次污染	1.0	1.0	1.0	0.50	0.20	0.50
单位造价	0.92	0.85	0.94	0.46	0.85	0.68
脱除成本	0.94	0.90	0.85	0.11	0.58	0.25
技术成熟度	1.0	0.70	0.70	1.0	0.70	0.50
技术复杂性	0.90	0.70	0.50	0.10	0.50	0.30
对锅炉和烟气的影响	0.70	0.70	0.70	0.30	0.50	0.40
脱硝剂与催化剂	1.0	1.0	1.0	0.10	0.30	0.30
工况适用性	0.40	0.30	0.50	0.50	0.50	0.60
燃料适用性	0.80	0.60	0.50	0.70	0.70	0.70
占地面积	1.0	1.0	0.70	0.50	0.50	0.30

环境性能进行评价，根据 NO$_x$ 控制实际情况，确定权重为 A_1=（0.73，0.27），进行模糊综合评价：B_1=$A_1 \cdot R_1$=（0.88，0.87，0.71，0.73，0.78，0.80）

经济性能评价，确定权重向量矩阵为 A_2=（0.55，0.45），加权平均后可得：B_2=$A_2 \cdot R_2$=（0.10，0.16，0.62，0.56，0.37，0.31）

技术性能评价，权重向量矩阵为：A_3=（0.49，0.62，0.49，0.41，0.39，0.33）

进行加权计算，B_3=$A_3 \cdot R_3$=（0.74，0.68，0.41，0.52，0.42）

三类因素的权重分配为：A=（0.55，0.26，0.19）

得到综合评价为：**B**=（0.625，0.666，0.639，0.618，0.601，0.585）

评价结果为墙式锅炉燃烧贫煤或无烟煤，要求脱硝效率大于 70% 的控制技术评价的结果如图 7-23 所示。此时应首选 SCR+LNB，如 SCR 和其他方法同时使用，可获得更好的控制效果，但费用较高。SNCR 法和燃烧中控制技术联用也可考虑。

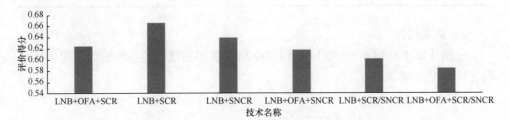

图 7-23　脱硝效率大于 70% 的控制技术评价结果（于超等，2010）

可以使用类似的方法，计算其他案例，如果使用切圆燃烧炉等方式燃烧烟煤或褐煤，烟气中 NO$_x$ 浓度较低，只需 30% 左右的去除，就可能将排放浓度控制在 400 mg/m³ 以下。这种情况的评价结果见图 7-24。

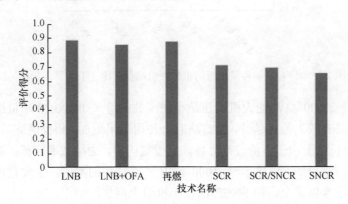

图 7-24　脱硝效率大于 30% 的控制技术评价结果（于超等，2010）

此时燃烧中控制的评分明显优于燃烧后控制。燃烧后控制技术在环境性能中评分较高，但价格高昂、技术复杂影响了评价结果。在要求去除效率不高时，优先考虑燃烧中控制技术。另外一些燃烧中控制方式能够结合在一起，如 OFA 加 LNB 这样控制效率接近燃烧后控制技术的环境效果，但造价远低。

考虑到我国地域辽阔、经济发展不平衡，考虑到 NO$_x$ 控制技术投资较大，可将经济较发达，生态环境脆弱的地区优先开展控制。通过改变权重和指标可以根据实际需要调整，评价结果见表 7-22。

表 7-22 不同条件下的 NO$_x$ 控制技术选择（于超等，2010）

容量	煤种	重点地区	其它地区
>100 MW	无烟煤、贫煤	LNB+SCR	LNB+SNCR
	烟煤、褐煤	LNB+SNCR	LNB+OFA（+再燃）
<100 MW	无烟煤、贫煤	LNB+OFA+SNCR（+再燃）	LNB+SNCR
	烟煤、褐煤	LNB+SNCR	LNB+OFA（+再燃）

4）结果讨论

分别计算 100 MW、300 MW 和 500 MW 机组的情况，各种情况下脱硝技术的评价结果如图 7-25 所示。

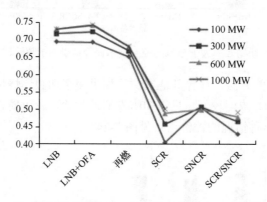

图 7-25 针对不同容量机组的工艺评价结果对比（于超等，2010）

无论装机 1000 MW 的大机组还是小规模的机组（如 100 MW 机组）燃烧中控制技术都具有较大的优越性，且方法联合使用效果更加，相反燃烧后控制技术，如 SCR 在小机组上由于造价过高，且难以投氨均匀，去除效率较低，综合性能较差。而部分方法，如 SNCR 尚无 1000 MW 机组使用的案例，主要是由于机组较大，氨的反应难以完全，但 SNCR 法在小机组上尚优。

3. 重点行业 VOCs 控制

我国 VOCs 排放主要来自固定源燃烧、道路交通、溶剂产品使用和工业过程。在众多人为源中，工业源具有排放集中、排放强度大、浓度高、组分复杂的特点，是重要的 VOCs 污染来源（魏巍，2009；Wei et al，2008）。因此，针对工业行业，尤其是典型工业的 VOCs 排放控制十分重要。

1）家具制造行业 VOCs 控制

家具制造行业废气污染以 VOCs 为主，其中，木制家具因其 VOCs 排放量和排放种类，是家具制造行业中的 VOCs 首要污染源。涂装工艺是家具制造过程中产生 VOCs 的主要工序。木制家具涂装技术主要有喷涂、淋涂、刷涂、辊涂和浸涂等；金属家具常见的涂装工艺有刷涂和喷涂。软体家具制造过程中的 VOCs 排放主要来源于胶水的使用，故 VOCs 产生量较少（王海林和郝郑平，2012）。

VOCs 的排放与涂料类型密切相关，木制家具制造一般使用油性涂料（见表7-23），主要有聚氨酯类涂料（PU）、硝基类涂料（NC）、聚酯漆（PE）、光固化涂料（UV）、酸固化涂料（AC）等，使用的涂料种类多样且用量大，是 VOCs 家具制造行业最主要的 VOCs 排放来源。其中，涂料中的有机溶剂和稀释剂是 VOCs 的主要贡献者。

表 7-23　木制家具涂料种类、所占比例及主要污染物（王海林和郝郑平，2012）

涂料种类	所占比例%	产生的 VOCs
聚氨酯涂料	70	二甲苯、乙酸丁酯、环己酮等
硝基涂料	20	甲苯、乙醇、丁醇、乙酸丁酯、乙酸乙酯、丙酮等
聚酯漆 光固化涂料 水性涂料 其他涂料	10	聚酯漆中所含部分溶剂涂饰后与不饱合聚酯发生共聚反应，共同成膜基本无 VOCs 挥发；光固化涂料 100%固成成份，几乎不产生 VOCs；水性涂料属于环保型涂料，VOCs 含量少，同时由于使用量少，VOCs 产生量少

涂料使用过程中，因其种类的不同，排放的 VOCs 种类和含量也有所不同。一般来说，家具制造行业的喷涂过程和汽车喷涂类似，车间需要强排风，因此产生的废气具有风量大、湿度高、非稳态排放的特点，VOCs 浓度一般低于 200 mg/m^3。

目前，我国的家具行业 VOCs 废气治理还基本停留于漆雾治理阶段，只有少数企业对经漆雾去除后的废气进行再度处理。对于喷涂工艺产生的漆雾和木质粉尘，主要采用水帘柜过滤法进行治理，其 VOCs 总去除率仅为 10%～15%。在水帘柜之后增加水吸收塔，可进一步提高漆雾净化效率，同时可去除部分 VOCs，但其 VOCs 净化效率依然不超过 30%。

根据家具制造行业的 VOCs 排放特征和末端控制技术的适用范围，对不满足条件的技术进行初步筛选和剔除，去掉因 VOCs 物种理化性质、VOCs 排放浓度、废气风量温度湿度等不太适合的技术，剩下的技术有吸附浓缩-燃烧技术和低温等离子体技术，结果如表 7-24 所示。

家具制造行业的首要污染物是乙酸异丁酯和苯系物，最有毒有害的物种是苯系物，对臭氧生成潜势贡献最大的物种是苯系物和脂类（王海林和郝郑平，2012），因此，将"有毒有害物种去除率"和"氧化性物种去除率"两项指标合并为"苯系物去除率"。根据家具制造行业的特点，确立 15 项评估指标，各待评技术的性能见表 7-25。

表 7-24　家具制造行业 VOCs 控制技术选择

控制技术	可行性	说明
活性炭浓缩燃烧	√	
转轮浓缩燃烧	√	
低温等离子体	√	
水洗吸收	×	酯、酮、苯系物水溶性差
冷凝	×	浓度低
颗粒活性炭吸附回收	×	成份复杂，不易回收
活性炭纤维吸附回收	×	成份复杂，不易回收
直接燃烧	×	浓度低
催化燃烧	×	浓度低
蓄热燃烧	×	浓度低
生物滤池	×	风量大
生物滴滤塔	×	风量大

表 7-25　家具制造行业 VOCs 待评技术性能

指标	单位/处理 10000 m³ 废气	活性炭浓缩燃烧	转轮浓缩燃烧	低温等离子体
环境效益	好/中/差	中	中	差
二次污染	重/轻/无	重	轻	轻
占地面积	多/中/少	多	多	少
总去除率	%	90	95~99	70
苯系物去除率	%	90	95	60-70
达标率	%	90	98	50
运行稳定性	好/中/差	中	中	好
技术复杂性	难/中/易	难	难	易
安全性	优/中/差	差	中	优
工艺衔接性	好/中	中	中	好
技术发展阶段	优/良/中	优	中	优
市场应用情况	好/中/差	优	中	优
工程投资	万元	300	320	30
运行成本	万元	230	114	40
回收效益	%	50	65	0

　　将评估指标分为定量指标和定性指标，分别用归一化法和等级赋值法进行量化，结果如表 7-26 所示。

　　由专家问卷调研结果可知，家具制造行业的 15 项评估指标权重初步确定结果。以技术评估指标体系为依据，运用层次分析法，构建包装印刷行业的技术评

表 7-26　家具制造行业 VOCs 待评技术的指标量化结果

指标	活性炭浓缩燃烧	转轮浓缩燃烧	低温等离子体
环境效益	0.4	0.5	0.1
二次污染	0.2	0.8	0.8
占地面积	0.2	0.2	0.8
总去除率	0.8	1	0.4
苯系物去除率	0.8	0.9	0.3
达标率	0.8	1	0
运行稳定性	0.5	0.5	1
技术复杂性	0.5	0	1
安全性	0.1	0.5	0.9
工艺衔接性	0.5	0.5	0.9
技术发展阶段	0.8	0.2	1
市场应用情况	0.8	0.2	1
工程投资	0.3	0.2	1
运行成本	0.3	0.7	1
回收效益	0.5	0.7	0

估层次结构模型（图 7-26）。借助表 7-14 的 1～9 标度，参考专家问卷调研得到的指标权重值，对指标层构造两两判断矩阵，计算特征向量，并对每个判断矩阵进行一致性检验，根据判断矩阵运算结果，可计算出各个指标的权重值，见表 7-27。

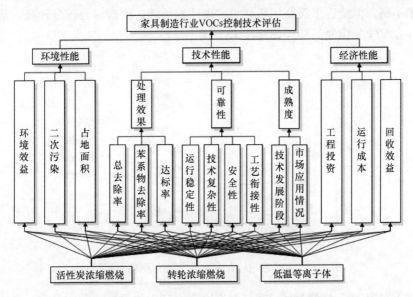

图 7-26　家具制造行业 VOCs 控制技术评估模型

表 7-27 家具制造行业 VOCs 控制技术评估指标权重

一级指标	权重	二级指标	权重	三级指标	权重
环境性能	0.2000	环境效益	0.0857		
		二次污染	0.0714		
		占地面积	0.0429		
技术性能	0.4000	处理效果	0.1444	总去除率	0.0413
				苯系物	0.0413
				达标率	0.0619
		可靠性	0.1667	稳定性	0.0556
				复杂性	0.0278
				安全性	0.0667
				衔接性	0.0167
		成熟度	0.0889	技术发展	0.0444
				市场应用	0.0444
经济性能	0.4000	工程投资	0.1778		
		运行成本	0.1778		
		回收效益	0.0445		

由表 7-26、表 7-27 和公式（7-20），可得到各控制技术的综合得分，如图 7-27 所示。低温等离子体技术对于大风量、低浓度的 VOCs 废气具有较好的处理效果，且具有设备简单、管理方便、投资和运行费用低、能耗低的优点，虽然 VOCs 净化效率不高，但经过多级联用后亦可实现达标排放，因而综合评分较高，是家具制造行业 VOCs 控制的最佳可行技术。

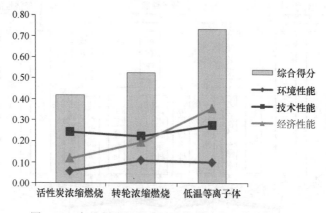

图 7-27 家具制造行业 VOCs 控制技术评估结果对比

对于吸附浓缩-燃烧技术，家具制造过程中产生的黏性漆雾容易使设备堵塞或使活性炭快速失效，影响了设备运行的稳定性和安全性，而且该类组合技术投资和运行成本均较高，因此在技术评估中得分较低。

由上述结果可知，当强调技术和经济性能时，低温等离子体均为最佳控制技术。若想颠倒低温等离子体与转轮浓缩燃烧技术的排序，需将环境性能的权重值提高至0.85方可实现；而若想改变活性炭浓缩燃烧和转轮浓缩燃烧技术的排序，需将技术性能的权重值提高至0.81。由此可见，该评估结果对指标权重的变化不太敏感。

可以看出，低温等离子体技术在家具制造行业的 VOCs 控制措施中具有较大的优势，这与家具制造行业的特点是密不可分的：目前，我国大部分家具制造行业比较分散，且多数为中小企业，选择经济有效的控制技术至关重要，活性炭浓缩燃烧技术和转轮浓缩燃烧技术的投资、运行费用均较高，使企业难以长期承受，而低温等离子体技术成本较低，虽然 VOCs 去除效率不高，但可通过设置预处理过滤装置和多级串联等方式加以弥补，故不失为一种经济可行的控制选择。

末端控制技术中，水幕吸收的 VOCs 去除率虽不高，但由于其占地小、投资少且运行简单，可作为配套控制技术的预处理部分加以使用。由末端控制技术评估可知，低温等离子体技术是家具制造行业的最佳控制技术。

综合上述结果，对于家具制造行业，推荐使用综合性能较好的低温等离子体技术进行 VOCs 末端控制；由于吸附浓缩-燃烧组合技术在我国的市场应用情况较好，目前也可用于家具制造行业的 VOCs 减排。对于未来中长期的家具制造行业，可在进行源头控制和过程控制的同时，使用水幕吸收+布袋过滤+低温等离子体技术作为 VOCs 末端控制技术。

2）包装印刷行业 VOCs 控制

根据包装印刷行业的 VOCs 排放特征和末端控制技术的适用范围，对不满足条件的技术进行初步筛选和剔除，去掉因 VOCs 物种理化性质、VOCs 排放浓度、废气风量温度湿度等不太适合的技术，剩下的基本是吸附回收技术、燃烧技术以及两者的组合技术，如表 7-28 所示。

综合评估结果如图 7-28 所示。活性炭纤维吸附技术的吸附剂——活性炭纤维具有表面积大（1300～1500 m^2/g）的特点，且吸附过程基本无温升，资源回收率高、污染轻，因而综合评估得分较高，为包装印刷行业的最佳控制技术。

由于炭纤维价格昂贵且运行阻力较大，导致其工程投资和运行成本较高，因此，企业在资金预算不足的情况下，可考虑工程投资和运行成本较低的颗粒活性炭吸附技术，但其污染较为严重，且需预防运行过程中可能存在的安全隐患。

如果仅仅考虑污染物的去除，直接燃烧技术虽然因其高能耗而有着最高的运行成本，但其技术性能和环境性能均很理想，是较为可行的 VOCs 去除技术，颗粒活性炭吸附技术则最差。

表 7-28　包装印刷行业 VOCs 控制技术选择

控制技术	可行性	备注
直接燃烧	√	
蓄热燃烧	√	
催化燃烧	√	
颗粒活性炭吸附回收	√	
活性炭纤维吸附回收	√	
活性炭吸附-催化燃烧	√	
分子筛转轮浓缩燃烧	√	
水洗吸收	×	乙酸乙酯、异丙醇水溶性差（8%左右）
冷凝	×	废气排放风量较大，冷凝效率低
生物滤池	×	污染物浓度高、风量大
生物滴滤塔	×	污染物浓度高、风量大
低温等离子体	×	污染物浓度高

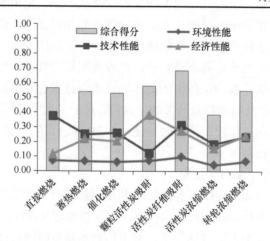

图 7-28　包装印刷行业 VOCs 控制技术评估结果

　　对于浓缩燃烧技术，虽然其在理论上可应用于包装印刷行业的 VOCs 废气治理，但由于该 VOCs 排放属于中等浓度或高浓度排放，且具有较高的回收价值，而浓缩燃烧技术更适应于处理低浓度、无回收价值的 VOCs 废气，并且成本较高，因此在包装印刷行业的 VOCs 控制技术评估中得分靠后。

　　由于包装印刷废气中含有醇类等水溶性有机化合物，回收的水和溶剂混合物需要进行精馏提纯，而一个厂家的溶剂回收量一般较少，单独设置一套溶剂精馏提纯装置费用较高，而且操作和管理复杂，推广起来存在困难。如果一套 VOCs 治理装置配套一个精馏提纯装置，则废气的治理成本较高，成为制约印刷废气吸附回收的瓶颈问题。在印刷企业相对集中的地区，可建立统一的溶剂回收中心，对回收的混合溶剂转运到溶剂回收中心统一进行精馏提纯。

包装印刷行业废气一般风量较大，浓度较高，因此，利用燃烧法来进行组份复杂的废气治理也较为可行，如催化燃烧和直接燃烧在印铁制罐行业也得到了应用。但与回收技术相比，具有运行费用高，不够经济等缺点。

综合上述结果，目前我国包装印刷行业的 VOCs 控制，可考虑以活性炭纤维吸附、颗粒炭纤维吸附和直接燃烧技术为主的末端控制技术；在未来中长期，建议在将活性炭纤维吸附技术作为末端控制主流技术的同时，结合源头控制和过程控制措施，实行全过程的综合性 VOCs 控制。

3）油品储运行业 VOCs 控制

根据油品储运行业 VOCs 排放特征和理化性质（郝吉明等，2010；栾志强等，2011；叶建平等，2011），选择燃烧法、吸收法、吸附法、冷凝法和膜分离法作为油品储运行业的 VOCs 末端控制备选技术，用于综合评估，几种备选技术的原理和适用条件如表 7-29 所示。

表 7-29　油品储运行业的 VOCs 末端控制技术（阿克木吾马尔等，2015）

技术名称	基本原理	适用条件
燃烧法	将储运过程中产生的含烃气体直接氧化燃烧，燃烧产生的二氧化碳、水和空气作为处理后的净化气体直接排放，不能回收油品	适用于较高浓度的 VOCs 废气
吸收法	采用低挥发或不挥发液体为吸收剂，通过吸收装置利用废气中各种组分在吸收剂中的溶解度或化学反应特性的差异，使废气中的有害组分被吸收剂吸收	适用于较高浓度的 VOCs 废气
吸附法	利用固体吸附剂对气体混合物中各组分吸附选择性的不同而分离气体混合物	适用于较低浓度的 VOCs 废气
冷凝法	利用物质在不同温度下具有不同的饱和蒸气压的性质，采用降低系统温度或提高系统压力，使处于蒸气状态的污染物冷凝从废气中分离出来	适用于高浓度的 VOCs 废气
膜分离法	利用不同气体在不同扩散速度下扩散率和渗透率之间的差异，使它们从高压区到低压区渗透过薄膜，从而得到分离	适用于回收油气

图 7-29 显示了五种备选技术的综合评估结果，得分为：冷凝法≈膜分离法＞吸附法＞燃烧法≈吸收法。可以看出，冷凝法和膜分离法具有较大优势。膜分离法是一种新的高效分离方法。处理高浓度的有机废气，装置的中心部分为膜元件，常用的膜元件有平板膜、中空纤维膜和卷式膜，有机废气首先进入压缩机压缩后冷凝，冷凝下来的有机物进行回收又可分为气体分离膜和液体分离膜等。与其他传统的分离回收技术相比，膜分离法可降低设备投资、延长使用寿命，维修保养费用也较低（黄维秋等，2005）。

冷凝法则由于 VOCs 处理效果好而具有一定优势。该法常将冷凝系统与压缩系统结合使用，适用于高浓度的有机溶剂蒸气的净化，经过冷凝后尾气仍然含有一定浓度的有机物，适用于高沸点和高浓度 VOCs 的回收，在理论上经过降低温

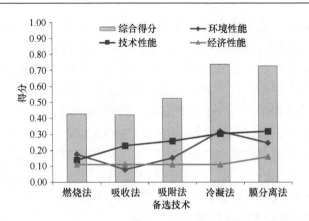

图 7-29　油品储运行业 VOCs 控制技术综合评估结果（阿克木吾马尔等，2015）

度后可达到很高的净化效率（吴学军等，2011）。

　　燃烧法的特点是可以彻底地将碳氢化合物进行分解，不存在二次污染，操作简便。热力焚烧法的燃烧温度通常控制在 700℃以上，在此温度下，大部分的有机物都可以被分解为 CO$_2$ 和 H$_2$O，去除效率可达 95% 以上。催化燃烧法是利用催化剂在较低温度下将有机物氧化分解，反应温度通常为 250～500℃之间当废气中有机物浓度较低时，采用燃烧法需要大量能耗。油漆生产和制药等生产工艺产生的高浓度 VOCs 气体时具有很高的效率。但如果废气中还有氯、硫和氮等元素，燃烧后会产生有害气体，造成二次污染。备选技术中，燃烧法不能回收油品，经济效益很差，且不够安全，因而得分较低。

　　4. 重点行业 NH$_3$ 控制

　　养殖业是我国 NH$_3$ 排放的重点行业（董文煊等，2010）。本研究针对养殖业的各个 NH$_3$ 减排环节选择了相应的控制技术（冯元琦，2004；李冰等，2008a；李冰等，2008b；李华慧，2007；彭少兵等，2002；田海宁，2012；赵秉强，2012；郑玉才，2012），综合评估结果如表 7-30 所示，其中，按减排各环节及其得分降序排列，加粗技术的为各个减排环节中得分较高且可以同时应用的减排技术。

　　低氮饲料从各方面性能来看都符合实际应用的要求，得分较高，针对于各类畜禽包括猪、牛、家禽等均可使用，由于从氮源进行控制，在整个养殖过程中的减排效果可以达到 10%左右。

　　养殖房舍部分被淘汰的三种技术为 V 型收集槽、粪便传送带及空气净化器，这三种技术主要存在的问题为成本太高，技术应用复杂，不适用于当前我国养殖场情况。

表 7-30 养殖业氨减排技术综合评估结果

减排环节	技术名称	环境性能	技术性能	经济性能	综合得分
饲料	低氮饲料	0.12	0.29	0.40	0.80
养殖房舍	增加稻草	0.11	0.31	0.38	0.80
	自然通风	0.11	0.26	0.40	0.77
	饮水嘴	0.11	0.31	0.35	0.77
	减少活动面积	0.12	0.32	0.29	0.73
	V 型收集槽	0.12	0.19	0.21	0.70
	粪便传送带	0.12	0.19	0.21	0.52
	空气净化器	0.18	0.14	0.08	0.40
废物处理	污泥稀释	0.06	0.16	0.29	0.51
	污泥酸化	0.07	0.15	0.26	0.47
废物存储	减少挥发面积	0.11	0.32	0.40	0.83
	污泥自然封皮	0.11	0.30	0.40	0.81
	增加固体封盖	0.12	0.31	0.19	0.62
	钢制存储罐	0.11	0.19	0.15	0.44
粪肥应用	快速混合	0.15	0.29	0.37	0.81
	表面撒播	0.08	0.32	0.38	0.78
	深层注射	0.16	0.19	0.05	0.40
	浅层注射	0.14	0.19	0.07	0.40
	Trailing shoe/hose	0.13	0.19	0.07	0.38

污泥酸化与污泥稀释在环境性能上得分较低，污泥酸化虽然有较好的减排效果，但使得粪肥损失了肥效，资源利用率太差；污泥稀释占地面积大，浪费水资源，因此都予以淘汰。在养殖场阶段不对废物做化学处理。

在废物存储的环节主要针对于那些废物不能及时运出利用的养殖场，由于当前我国养殖场不具备使用大型钢制存储罐的经济条件，予以淘汰。

粪肥应用部分是我国当前农用机械种类限制所致，所淘汰的控制技术主要是由于国内没有引入所需的农用机械如 Trailing shoe 等，在将来进一步重视粪肥利用后若有望引入该类型机械，能够大大改善粪肥施用过程的氨排放情况。

根据需求不同，为了方便后面情景分析的各类情景，在此分别针对环境、技术、经济三个方面为重点调整指标权重，进一步进行分析。在此将一级指标的权重分别调整为（0.6，0.2，0.2）、（0.2，0.6，0.2）、（0.2，0.2，0.6），相应的二级指标跟随变化。依次对减排技术编号为 1～19：1.低氮饲料；2.增加稻草；3.自然通风；4.减少活动面积；5.空气净化器；6.饮水嘴；7.粪便传送带；8.V 型收集槽；

9.污泥酸化；10.污泥稀释；11.减少挥发面积；12.增加固体封盖；13.污泥自然封皮；14.钢制存储罐；15.Trailing shoe；16.表面撒播；17.深层注射；18.浅层注射；19.快速混合。

　　技术评估结果如图 7-30 至图 7-32 所示。

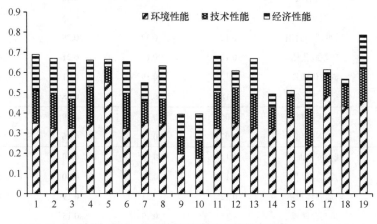

图 7-30　以环境性能为重点的技术评价

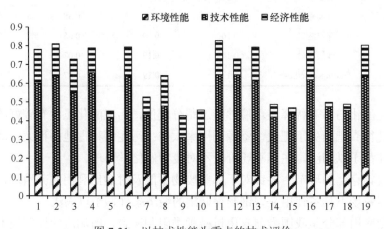

图 7-31　以技术性能为重点的技术评价

　　可以看出，当以环境性能作为重点进行评价时，空气净化器及收集槽的评分得到很大的提升，这就表明在未来经济及技术条件满足的情况下该两类技术可以得到推广利用。

　　当以技术性能及经济性能作为评价重点时，综合评价较高得分的减排技术排位并没有发生明显变化，说明综合排名给出的减排技术更偏重于满足技术性能与经济性能要求。

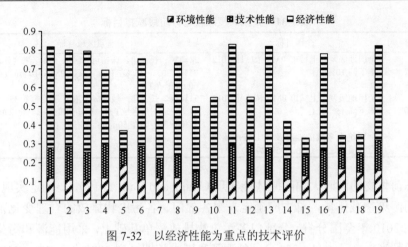

图 7-32　以经济性能为重点的技术评价

7.4　我国大气 PM$_{2.5}$ 污染控制目标和多污染物综合防治情景

本节将在前文的基础上，提出 PM$_{2.5}$ 污染控制的对策和措施。首先设定了 PM$_{2.5}$ 浓度控制目标。接下来，采用情景分析法，预测了全国未来主要污染物排放量的增长潜力和减排潜力，框定了未来主要污染物排放的合理变化范围。然后，采用 RSM 技术，在上述变化范围内确定了使 PM$_{2.5}$ 浓度达标的污染减排情景。最后，采用能源和污染控制技术模型，确定了多污染物减排技术路径。

7.4.1　区域空气质量分阶段控制目标

本章针对当前人民群众最为关心的环境空气 PM$_{2.5}$ 浓度超标和长时间大范围灰霾天气导致大气能见度降低的现状，依据《环境空气质量标准（GB 3095—2012）》、国务院"大气污染防治行动计划"、世界卫生组织（WHO）"环境空气质量导则（2005 年更新版）"、中国工程院和环境保护部"中国环境宏观战略研究"（中国工程院和环境保护部，2011），并参考发达国家和地区的空气质量改善历程，确定了区域中长期空气质量改善目标，如表 7-31 所示。总体而言，2017 年的目标与"大气污染防治行动计划"的规定一致；2020 年的目标在 2017 年基础上略有加严；2030 年则应实现空气质量普遍达标。在下文中，我们将根据这一环境目标，研究污染减排的对策和技术路径。

7.4.2　各省、各污染物减排量分配

1. 主要污染物排放趋势预测

上节制定的空气质量改善目标，需要一次 PM 以及 SO$_2$、NO$_x$、NMVOC、NH$_3$

表 7-31 我国大气颗粒物分阶段减排目标

年份	全国目标	重点区域目标
2017	全国地级及以上城市 PM$_{10}$ 浓度比 2012 年下降 10% 以上	京津冀、长三角、珠三角等区域 PM$_{2.5}$ 浓度分别下降 25%、20%、15% 左右，北京市 PM$_{2.5}$ 年均浓度控制在 60ug/m^3 左右
2020	全国地级及以上城市 PM$_{2.5}$ 浓度比 2012 年下降 15% 以上	京津冀、长三角区域 PM$_{2.5}$ 浓度分别下降 35%、30% 以上，珠三角区域 PM$_{2.5}$ 年均浓度达标，北京市 PM$_{2.5}$ 年均浓度控制在 50μg/m^3 左右
2030	全国绝大多数的地级及以上城市环境空气质量达标（GB3095—2012）	

等气态前体物的同时大幅削减才能实现（Wang and Hao，2012）。要确定实现 PM$_{2.5}$ 达标的污染物减排量，首先应确定未来各部门、各污染物排放的合理变化范围。本节在 2010 年全国分省、分部门多污染物排放清单基础上，采用能源和污染排放技术模型（Wang et al，2014），预测了我国中长期（到 2030 年）SO$_2$、NO$_x$、一次 PM$_{2.5}$、BC、OC、NMVOC、NH$_3$ 等污染物排放量变化趋势。预测方法、情景设置和预测结果均已在相关论文（Wang et al，2014）中进行了详细介绍，以下仅简要介绍情景预测的基本假设和核心结果。

排放预测的基本方法介绍如下：对于基准年 2010 年，本研究组已采用排放因子法分别建立了全国多污染物排放清单，详见 Zhao 等（2013b）。以上清单中的能源消费量的信息主要来自于统计数据。为了给未来预测提供一个可靠的基准，我们同时采用自下而上的方式，由服务量需求（如发电量、工业产品产量、交通周转量、采暖能量需求等）、能源技术分布和能源效率计算了基准年的能源消费量，并利用能源统计资料对自下而上的计算结果进行了校准。在校准基准年数据后，即开始未来预测的工作。我们首先预测了未来人口、GDP、城市化率等驱动力的变化趋势，进而据此预测了未来能源服务量的需求。接下来，我们考虑未来可能的节能政策，假设了能源技术参数和能源技术构成的变化，从而预测了未来的能源消费量。进一步，我们考虑了未来污染控制技术去除率和装配率的变化，最终预测了主要污染物排放量。

研究设置了两个能源情景，分别是趋势照常情景（Business as Usual，BAU）和可持续政策情景（Alternative Policy，PC）。BAU 情景假定未来继续采用 2010 年年底之前出台的政策，并保持 2010 年年底前的执行力度，例如根据国家规划，到 2020 年单位 GDP 的 CO$_2$ 排放量应相对于 2005 年降低 40%~45%。PC 情景假设 2010 年后国家将出台新的、可持续的能源政策，这些政策将推动生产生活方式的转变、能源结构的调整、以及能源利用效率的提高；政策的执行力度也将得到加强。

在两个能源情景的基础上，分别设置了三个污染控制策略，即基准策略（[0]

策略）、循序渐进策略（[1]策略）和最大减排潜力策略（[2]策略）。[0]策略假定未来继续采用现有的政策和现有的执行力度（到 2010 年年末），新的减排政策没有出台。[1]策略假定未来不断出台新的控制政策，控制政策循序渐进地不断加严。[2]策略假定目前技术上可行的减排措施均得到了最大限度的应用，是在目前技术水平下，通过各种污染控制措施可以实现的最大限度的减排策略。

两个能源情景和三个污染控制策略进行组合，构成了六个污染控制情景（BAU[0]、BAU[1]、BAU[2]、PC[0]、PC[1]、PC[2]）。各情景的名称和定义如表 7-32 所示。

表 7-32　污染控制情景定义

能源情景	能源情景定义	污染控制策略	污染控制策略定义	污染控制情景
趋势照常情景（BAU 情景）	现有的政策和现有的执行力度（到 2010 年年末）	基准策略（[0]策略）	现有的政策和现有的执行力度（到 2010 年年末）	BAU[0]
		循序渐进策略（[1]策略）	未来不断出台新的控制政策，控制政策循序渐进地不断加严	BAU[1]
		最大减排潜力策略（[2]策略）	技术上可行的减排措施得到了最大限度的应用	BAU[2]
可持续政策情景（PC 情景）	假设国家将出台新的、可持续的能源政策，推动生产生活方式的转变、能源结构的调整，以及能源利用效率的提高	基准策略（[0]策略）	现有的政策和现有的执行力度（到 2010 年年末）	PC[0]
		循序渐进策略（[1]策略）	未来不断出台新的控制政策，控制政策循序渐进地不断加严	PC[1]
		最大减排潜力策略（[2]策略）	技术上可行的减排措施得到了最大限度的应用	PC[2]

接下来从驱动力、能源政策和末端控制政策三个方面，介绍上述情景的基本假设。

1）驱动力

研究在所有情景中对人口、GDP 和城市化率的假设均相同，如 7-32 所示。其中，假设年均 GDP 增长率在 2011～2015 年间为 8.0%，随后每 5 年递降 0.5%，到 2026～2030 年间为 5.5%。

2）能源情景假设

能源情景的核心假设如表 7-33 所示。

在电力部门，研究预测总发电量在 PC 情景中比 BAU 情景中低 12%左右。PC 情景假设新能源和可再生能源发电技术得到迅猛发展，因此，到 2030 年，燃煤发电量的比例在 PC 情景中仅为 57%，而在 BAU 情景中为 73%。在燃煤发电中，新建机组几乎均为 300 MW 以上的大机组，能源效率较高的超临界、超超临界和 IGCC 机组所占比例将显著增大，这一趋势在 PC 情景中格外突出。

在工业部门，研究采用"弹性系数法"预测未来工业产品产量，用于基础设施建设的能源密集型产品产量在 2020 年前将保持增长，而在 2020 年后则稳定或

表 7-33　驱动力和能源情景的主要假设

项目	2010 年	BAU		PC	
		2020 年	2030 年	2020 年	2030 年
GDP（2005 年不变价，亿元）	311654	657407	1177184	657407	1177184
人口（亿人）	13.40	14.40	14.74	14.40	14.74
城市化率（%）	49.9	58.0	63.0	58.0	63.0
发电量（TWh）	4205	6690	8506	5598	7457
燃煤发电比例（%）	75	74	73	64	57
燃煤电厂供电综合效率（%）	35.7	38.0	40.0	38.8	41.7
粗钢产量（Mt）	627	710	680	610	570
水泥产量（Mt）	1880	2001	2050	1751	1751
城镇居民人均住宅面积（m^2）	23.0	29.0	33.0	27.0	29.0
农村居民人均住宅面积（m^2）	34.1	39.0	42.0	37.0	39.0
千人机动车保有量	58.2	191.2	380.2	178.5	325.2
轿车新车燃油经济性（km/L）	13.5	13.5	13.5	16.0	18.0
重型车新车燃油经济性（km/L）	3.32	3.52	4.15	4.15	5.20

下降；而与人民日常生活相关的产品产量在 2030 年前都将保持增长，但增长速率逐渐放慢。由于推行节约型生活方式，PC 情景中工业产品产量将低于 BAU 情景。此外，在 PC 情景中，能源效率较高的先进生产技术所占比例将明显大于 BAU 情景；对于特定的生产技术，PC 情景中能源效率的改进幅度也将大于 BAU 情景。

对于民用商用部门，研究假设 PC 情景下居民人均居住面积在城镇和农村地区都比 BAU 情景低 3～4 m^2。PC 情景假设实施新的建筑节能标准，因此单位建筑面积的采暖用能需求低于 BAU 情景。在城镇和农村地区，我们都假设散煤燃烧和生物质直接燃烧逐渐被清洁能源替代，在 PC 情景中替代速度明显快于 BAU 情景。

对于交通部门，研究预测 2030 年千人机动车保有量在 BAU 情景和 PC 情景分别为 380 辆和 325 辆。PC 情景假设实施发达国家先进的燃油经济性标准，2030 年轿车和重型车的新车燃油经济性将分别比 2010 年提高 33% 和 57%。PC 情景还假设电动车得到大力推广。

对于溶剂使用部门，未来溶剂使用量基于使用溶剂的部门的发展情况进行预测。例如，涂料可用于建筑、木器、汽车等多个部门，其中用于汽车的使用量则假设与汽车产量保持相同的增长率。

3）污染控制策略假设

对于电力部门，BAU[0]/PC[0]情景基于现有政策和标准。BAU[1]/PC[1]情景假设《环境保护十二五规划》和 2011 年新颁布的《火电厂大气污染物排放标准》

得到实施。烟气脱硫系统的安装比例到 2015 年即达到 100%；从 2011 年起，新建电厂须安装低氮燃烧技术和烟气脱硝装置，现有 300 MW 以上机组须在 2015 年前完成烟气脱硝改造，现有 300 MW 以下机组也将在 2015 年后逐渐推广烟气脱硝装置；布袋除尘、电袋复合除尘等高效除尘技术逐渐推广，到 2020 年和 2030 年装配率分别达到 35% 和 50%。BAU[2]/PC[2] 假定最先进的减排技术得到充分利用。

对于工业部门，BAU[0]/PC[0] 情景假设采取现有政策和现有执行力度。在 BAU[1]/PC[1] 情景中，工业锅炉的控制措施主要依据《环境保护十二五规划》及其延续，对于 SO$_2$，FGD 得到大规模推广，到 2015 年、2020 年和 2030 年应用比例分别达到 20%、40% 和 80%；对于 NO$_x$，在 2011~2015 年间，新建工业锅炉安装低氮燃烧技术，重点地区的现有锅炉开始进行低氮燃烧改造；到 2020 年，大多数现有锅炉都将安装低氮燃烧技术；对于 PM，电除尘和布袋等高效除尘将逐渐取代低效的湿法除尘。对于工业过程源，假设 2010~2013 年间颁布的最新排放标准逐步实施，考虑到实际执行过程中的难度，控制措施的落实时间相对于标准的规定会有所滞后；这些新颁布的标准包括《炼铁工业大气污染物排放标准》等 6 项钢铁工业排放标准、《炼焦化学工业污染物排放标准》、《水泥工业大气污染物排放标准》、《砖瓦工业大气污染物排放标准》、《陶瓷工业污染物排放标准》、《平板玻璃工业大气污染物排放标准》、《铅、锌工业污染物排放标准》、《铝工业污染物排放标准》、《硝酸工业污染物排放标准》、《硫酸工业污染物排放标准》等。BAU[2]/PC[2] 情景假定最先进的减排技术得到充分利用。

对民用商用部门和生物质开放燃烧，在 BAU[0]/PC[0] 情景中没有采用 SO$_2$ 和 NO$_x$ 末端控制措施，民用锅炉的除尘措施以旋风除尘和湿法除尘为主。在 BAU[1]/PC[1] 情景中，布袋除尘和低硫型煤得到逐步采用，两者的应用比例在 2020 年和 2030 年均分别达到 20% 和 40%。此外，我们考虑了先进煤炉，先进生物质炉灶（如燃烧方式调整、催化炉灶）等措施的运用。在 BAU[2]/PC[2] 情景下，最先进的控制措施得到充分应用，除以上提到的控制措施外，还包括推广生物质成型燃料炉灶以及强力禁止开放燃烧。

对于交通部门，在 BAU[0]/PC[0] 情景下，仅仅实施现有的标准。在 BAU[1]/PC[1] 和 BAU[2]/PC[2] 情景下，欧洲现有的标准将逐渐在中国实施，两个标准之间间隔的时间与欧洲的情况相同或者略短。在 BAU[2]/PC[2] 情景中，高排放车辆还将加快淘汰，因此到 2030 年，达到欧洲现有最严格排放标准的车辆比例几乎达到 100%。

对于溶剂使用部门，BAU[0]/PC[0] 情景仅仅考虑了现有的政策和执行力度。BAU[1]/PC[1] 情景假定在"十二五"期间，新的 NMVOC 排放标准（覆盖范围和严格程度与欧盟指令 1999/13/EC 和 2004/42/EC 相似或略弱，因不同行业而异）

将会在重点省份颁布并执行；"十三五"期间，在其他省份也会颁布执行。之后，NMVOC 的排放标准会进一步逐渐加严。BAU[2]/PC[2]情景假定最佳可用技术得到充分的应用。

　　根据以上关于驱动力、能源政策和末端控制政策的假设，计算了各情景下未来的能源消费量和主要污染物排放量。在 BAU 和 PC 情景下，中国能源消费总量将从 2010 年的 4159 Mtce 分别增加到 2030 年的 6817 Mtce 和 5295 Mtce，增长率分别为 64% 和 27%。煤所占的比重将从 2010 年的 68% 下降到 2030 年的 60%（BAU 情景）和 52%（PC 情景）；天然气、核能和可再生能源（不包括生物质）所占比例将从 2010 年的 11% 增加到 2030 年的 14%（BAU 情景）和 25%（PC 情景）。

　　给出了全国各情景下主要污染物的排放量。从表 7-34 中可以看出，在现有的政策和现有执行力度下（BAU[0]情景），预计到 2030 年，我国 SO$_2$、NO$_x$、NMVOC 的排放量将分别相对于 2010 年增长 26%、36% 和 27%，PM$_{2.5}$、BC 和 OC 的排放量则分别下降 8%、10% 和 25% 左右。而如果充分采用技术上可行的控制技术（PC[2]情景），包括节能技术和末端控制技术，到 2030 年，我国 SO$_2$、NO$_x$、NMVOC、PM$_{2.5}$、BC 和 OC 的排放量将分别相对于 2010 年下降 66%、72%、55%、79%、85% 和 90%。以上两个情景，代表了未来污染物排放量的最大增长潜力和最大减排潜力。此外，考虑到"十二五"期间，我国已经在落实"十二五规划"中的控制措施，且在 2013 年颁布了《大气污染控制行动计划》（简称"国十条"），因此上述 BAU[0]情景实际上发生的可能性很小，而 BAU[1]情景在短期考虑了上述控制政策，在长期则假定控制政策继续缓慢加严，是一个很有希望实现的控制情景。在这个情景下，到 2030 年，我国 SO$_2$、NO$_x$、NMVOC、PM$_{2.5}$、BC 和 OC 的排放量将分别相对于 2010 年下降 25%、39%、11%、38%、43% 和 43%。

表 7-34　2010 年和各情景下 2030 年全国主要污染物排放量（万吨）

情景	SO$_2$	NO$_x$	PM$_{2.5}$	BC	OC	NMVOC	NH$_3$
2010	2442.3	2605.5	1178.6	192.6	321.3	2286.0	962.1
BAU[0]	3068.4	3535.1	1087.2	174.0	241.9	2897.4	962.1
BAU[1]	1822.6	1581.6	729.0	109.0	183.2	2045.7	962.1
BAU[2]	1331.8	984.7	340.8	48.1	54.0	1262.1	432.9
PC[0]	1949.4	2515.9	772.5	107.8	145.5	2429.7	962.1
PC[1]	1154.8	1146.9	502.8	63.0	110.0	1679.6	962.1
PC[2]	833.5	718.3	250.2	28.6	32.6	1036.7	432.9

　　最后，需要说明的是，由于 NH$_3$ 控制措施实施和排放源监管难度大，本研究没有对未来 NH$_3$ 排放进行情景预测。根据国际系统分析研究所（IIASA）针对欧盟 25 国的研究成果（Cofala et al, 2010），采用国际上最先进的技术，NH$_3$ 最大可

能的减排幅度约为基准年排放量的 45%，因此，我们假设 BAU[2]/PC[2]情景下的排放量为 2010 年排放量的 55%，而其他情景中，则假设其保持 2010 年排放量不变。

2. 污染物减排量分配情景

在上节的基础上，利用本研究建立的中国东部第二套 RSM 预测系统，确定使 PM$_{2.5}$ 浓度达标的污染物减排情景。具体方法是，在 BAU[0]情景（代表污染物排放的最大增长潜力）和 PC[2]情景（代表污染物排放的最大减排潜力）之间，变动各污染物的排放量，利用 RSM 技术，快速预测相应的 PM$_{2.5}$ 浓度。如果目标城市 PM$_{2.5}$ 浓度接近但不超过目标限值，说明该控制策略是较合理的；如果超过限值，应加严控制；如果明显低于限值，应减弱控制。为确保减排方案科学合理，我们还对减排方案设定了一个额外的限制，即各区域、各污染物的控制措施，不得弱于 BAU[1]情景下的控制措施。BAU[1]情景中假设实施的"十二五规划"控制措施，过去几年中已在有条不紊地实施，部分政策的执行力度甚至大于"十二五规划"的要求，此外，出于改善空气质量的民生需求，未来污染控制政策缓慢加严也是顺理成章，因此，本研究制定的减排情景应与 BAU[1]情景相当或比它更严格。

如前所述，本研究的空气质量目标是以 PM$_{2.5}$ 年均浓度给出的。作为一项示范研究，本研究仅建立了 1 月、7 月两个月的多区域-多污染物 RSM，因此，本研究近似地采用 1 月和 7 月平均 PM$_{2.5}$ 及组分浓度代替年均浓度。根据上段的思路，本研究提出了 5 种代表性的使 2030 年 PM$_{2.5}$ 浓度达标的污染物减排情景。下文将对 5 种情景的思路和内容进行详细介绍。各情景下 2030 年的排放系数（目标排放量与基准年排放量的比值）如表 7-35 所示。

在第 1 种方情景下，假设重点控制 SO$_2$ 排放，PM$_{2.5}$ 和 NO$_x$ 控制措施相对较弱，但亦明显严于现有政策，情景 2、情景 3 分别假设重点控制 NO$_x$ 和 PM$_{2.5}$。在前三种情景中，重点控制的污染物均达到或接近最大减排潜力。情景 4 假设重点控制 SO$_2$ 和 NO$_x$。情景 5 假设 SO$_2$、NO$_x$ 和 PM$_{2.5}$ 进行协同控制，使全国主要城市 2030 年 PM$_{2.5}$ 浓度达到年均 35 μg/m^3 的标准。在以上情景中，我们选择情景 5 作为推荐的减排方案。首先，考虑到 PM$_{2.5}$ 浓度对一次 PM 排放，特别是本地一次 PM 排放最为敏感，因此，BAU[1]情景不能满足达标要求时，应优先加严一次 PM 的控制措施；但考虑到减排率达到或接近最大减排潜力时，控制成本迅速上升，因此不宜达到最大减排潜力的幅度；其次考虑到 NO$_x$ 环境效应的多样性，即 NO$_x$ 同时对 PM$_{2.5}$ 浓度、O$_3$ 浓度、酸沉降和富营养化有重要贡献，控制 NO$_x$ 排放势在必行，而且 NO$_x$ 的小幅控制作用对 PM$_{2.5}$ 浓度削减作用不明显，部分地区和

表 7-35　各种 PM$_{2.5}$ 浓度达标方案下 2030 年的排放系数

	方案 1				方案 2				方案 3				方案 4				方案 5			
	PM$_{2.5}$	SO$_2$	NO$_x$	NH$_3$	PM$_{2.5}$	SO$_2$	NO$_x$	NH$_3$	PM$_{2.5}$	SO$_2$	NO$_x$	NH$_3$	PM$_{2.5}$	SO$_2$	NO$_x$	NH$_3$	PM$_{2.5}$	SO$_2$	NO$_x$	NH$_3$
全国	0.51	0.43	0.39	1.00	0.51	0.54	0.30	1.00	0.41	0.54	0.39	1.00	0.56	0.43	0.30	1.00	0.47	0.49	0.36	1.00
北京	0.42	0.28	0.27	0.65	0.42	0.35	0.18	0.65	0.28	0.35	0.27	0.65	0.47	0.28	0.18	0.65	0.31	0.29	0.19	0.65
天津	0.37	0.34	0.27	0.85	0.37	0.46	0.20	0.85	0.24	0.46	0.27	0.85	0.40	0.34	0.20	0.85	0.27	0.36	0.24	0.85
河北	0.39	0.39	0.35	0.85	0.39	0.49	0.27	0.85	0.27	0.49	0.35	0.85	0.43	0.39	0.27	0.85	0.30	0.46	0.32	0.85
山西	0.58	0.45	0.40	1.00	0.58	0.56	0.31	1.00	0.39	0.56	0.40	1.00	0.64	0.45	0.31	1.00	0.43	0.55	0.35	1.00
内蒙古	0.50	0.38	0.31	1.00	0.50	0.49	0.24	1.00	0.40	0.49	0.31	1.00	0.55	0.38	0.24	1.00	0.46	0.51	0.37	1.00
辽宁	0.57	0.44	0.41	1.00	0.57	0.54	0.31	1.00	0.40	0.54	0.41	1.00	0.62	0.44	0.31	1.00	0.44	0.60	0.36	1.00
吉林	0.52	0.45	0.36	1.00	0.52	0.56	0.27	1.00	0.42	0.56	0.36	1.00	0.58	0.45	0.27	1.00	0.48	0.50	0.34	1.00
黑龙江	0.49	0.47	0.34	1.00	0.49	0.58	0.26	1.00	0.34	0.58	0.34	1.00	0.54	0.47	0.26	1.00	0.38	0.47	0.35	1.00
上海	0.46	0.29	0.37	0.90	0.46	0.35	0.28	0.90	0.38	0.35	0.37	0.90	0.51	0.29	0.28	0.90	0.45	0.47	0.32	0.90
江苏	0.45	0.41	0.38	0.90	0.45	0.51	0.29	0.90	0.36	0.51	0.38	0.90	0.49	0.41	0.29	0.90	0.40	0.48	0.33	0.90
浙江	0.45	0.35	0.33	0.90	0.45	0.43	0.25	0.90	0.36	0.43	0.33	0.90	0.49	0.35	0.25	0.90	0.39	0.38	0.31	0.90
安徽	0.50	0.53	0.40	1.00	0.50	0.66	0.31	1.00	0.40	0.66	0.40	1.00	0.55	0.53	0.31	1.00	0.52	0.61	0.43	1.00
福建	0.62	0.45	0.63	1.00	0.62	0.68	0.46	1.00	0.50	0.68	0.63	1.00	0.68	0.45	0.46	1.00	0.56	0.47	0.48	1.00
江西	0.53	0.46	0.49	1.00	0.53	0.56	0.37	1.00	0.43	0.56	0.49	1.00	0.59	0.46	0.37	1.00	0.48	0.49	0.44	1.00
山东	0.55	0.44	0.38	1.00	0.55	0.55	0.29	1.00	0.45	0.55	0.38	1.00	0.61	0.44	0.29	1.00	0.47	0.42	0.35	1.00
河南	0.58	0.53	0.42	1.00	0.58	0.65	0.32	1.00	0.47	0.65	0.42	1.00	0.64	0.53	0.32	1.00	0.51	0.55	0.41	1.00
湖北	0.51	0.39	0.36	1.00	0.51	0.48	0.28	1.00	0.42	0.48	0.36	1.00	0.57	0.39	0.28	1.00	0.49	0.41	0.35	1.00
湖南	0.58	0.49	0.45	1.00	0.58	0.61	0.35	1.00	0.47	0.61	0.45	1.00	0.64	0.49	0.35	1.00	0.55	0.50	0.42	1.00
广东	0.41	0.43	0.48	0.90	0.41	0.53	0.37	0.90	0.33	0.53	0.48	0.90	0.45	0.43	0.37	0.90	0.45	0.48	0.39	0.90

续表

	方案 1				方案 2				方案 3				方案 4				方案 5			
	PM$_{2.5}$	SO$_2$	NO$_x$	NH$_3$	PM$_{2.5}$	SO$_2$	NO$_x$	NH$_3$	PM$_{2.5}$	SO$_2$	NO$_x$	NH$_3$	PM$_{2.5}$	SO$_2$	NO$_x$	NH$_3$	PM$_{2.5}$	SO$_2$	NO$_x$	NH$_3$
广西	0.61	0.47	0.44	1.00	0.61	0.79	0.34	1.00	0.49	0.79	0.44	1.00	0.67	0.47	0.34	1.00	0.71	0.49	0.41	1.00
海南	0.54	0.46	0.39	1.00	0.54	0.66	0.30	1.00	0.44	0.66	0.39	1.00	0.59	0.46	0.30	1.00	0.67	0.48	0.37	1.00
重庆	0.56	0.36	0.40	1.00	0.56	0.49	0.30	1.00	0.43	0.49	0.40	1.00	0.61	0.36	0.30	1.00	0.54	0.46	0.40	1.00
四川	0.43	0.33	0.39	1.00	0.43	0.40	0.30	1.00	0.35	0.40	0.39	1.00	0.47	0.33	0.30	1.00	0.45	0.43	0.39	1.00
贵州	0.56	0.47	0.36	1.00	0.56	0.59	0.27	1.00	0.45	0.59	0.36	1.00	0.62	0.47	0.27	1.00	0.77	0.75	0.44	1.00
云南	0.50	0.56	0.39	1.00	0.50	0.77	0.30	1.00	0.41	0.77	0.39	1.00	0.55	0.56	0.30	1.00	0.54	0.59	0.37	1.00
西藏	0.51	0.65	0.27	1.00	0.51	0.81	0.21	1.00	0.41	0.81	0.27	1.00	0.56	0.65	0.21	1.00	0.49	0.69	0.34	1.00
陕西	0.49	0.45	0.37	1.00	0.49	0.57	0.28	1.00	0.40	0.57	0.37	1.00	0.54	0.45	0.28	1.00	0.41	0.57	0.37	1.00
甘肃	0.48	0.57	0.42	1.00	0.48	0.71	0.32	1.00	0.39	0.71	0.42	1.00	0.53	0.57	0.32	1.00	0.45	0.64	0.39	1.00
青海	0.36	0.47	0.27	1.00	0.36	0.58	0.21	1.00	0.29	0.58	0.27	1.00	0.39	0.47	0.21	1.00	0.35	0.49	0.31	1.00
宁夏	0.58	0.46	0.41	1.00	0.58	0.64	0.32	1.00	0.47	0.64	0.41	1.00	0.63	0.46	0.32	1.00	0.51	0.48	0.33	1.00
新疆	0.54	0.38	0.34	1.00	0.54	0.56	0.26	1.00	0.43	0.56	0.34	1.00	0.59	0.38	0.26	1.00	0.46	0.40	0.33	1.00

季节甚至会导致 PM$_{2.5}$ 浓度的略微上升（Zhao et al, 2013b），因此，应尽量对 NO$_x$ 采取大力度的减排措施；采取上述措施后仍不能达标，进而加严 SO$_2$ 的控制，使大部分地区 PM$_{2.5}$ 达标；在仍较难达标的地区（如京津冀地区），应对管理难度大的 NH$_3$ 实施控制措施。情景 5 综合考虑了各排放源控制的敏感性、控制技术的实施难度、各区域达标难度的差异以及污染物减排的多重环境影响，是本研究推荐采用的控制策略。

该情景下 2017 年、2020 年和 2030 年的排放系数如表 7-36 所示。概括地说，在京津冀地区，对 PM$_{2.5}$、NO$_x$ 和 SO$_2$ 实施"准最大减排"措施（即 PC[2]情景中除少数实施难度极大的措施外，其他措施均得到充分实行），NH$_3$ 小幅削减 15% 左右，其中，北京市一次 PM$_{2.5}$、NO$_x$ 和 SO$_2$ 实施"最大减排"措施，NH$_3$ 削减 35%。在长三角地区，对一次 PM$_{2.5}$、NO$_x$ 实施"准最大减排"措施，SO$_2$ 的控制力度介于 BAU[1]情景和"准最大减排"之间，NH$_3$ 小幅削减 10%。山东、陕西、湖北、辽宁、湖南、山西、福建 7 省，SO$_2$、NO$_x$、NH$_3$ 实施 BAU[1]情景的控制措施，一次 PM$_{2.5}$ 的控制力度在 BAU[1]情景和"准最大减排"之间。珠三角和其他非重点省份实施 BAU[1]情景的控制措施。

具体到减排率，2030 年全国 SO$_2$、NO$_x$、一次 PM$_{2.5}$ 和 VOC 排放量应分别比 2012 年至少削减 51%、64%、53%和 36%，NH$_3$ 排放量也要略有下降。对于污染严重的重点区域，必须采取更严格的控制力度：例如京津冀地区 2030 年 SO$_2$、NO$_x$、一次 PM$_{2.5}$、VOC 和 NH$_3$ 的排放量应分别比 2012 年至少削减 59%、71%、70%、45%和 21%；山东、山西、内蒙古削减比例较京津冀稍低。应编制实现分阶段环境目标的全国中长期减排规划，并建立规划编制阶段的预评估制度和实施阶段的跟踪评估制度，确保减排规划的执行力度和阶段环境目标的实现。

7.4.3 大气污染物减排的技术途径和路线图

在确定了各区域、各污染物的减排量后，本研究进一步利用能源和污染排放技术模型（Wang et al, 2014）分析了实现上述减排目标可能的技术措施，确定了实现污染物减排的技术途径和对策建议。确定减排技术措施的方法是：首先确定各污染物的目标减排量介于本研究建立的 BAU[0]、BAU[1]、BAU[2]、PC[0]、PC[1]和 PC[2]六个情景的哪两个之间；其次，在这两个情景之间调整减排措施，使各污染物排放量达到目标排放量。要实现本研究的环境目标，所需的减排措施可分为能源结构调整、煤炭清洁高效集中可持续利用、"车-油-路"一体的移动源控制体系、强化多源多污染物末端控制四大类，下面分别进行介绍。

表 7-36　各省主要污染物分阶段目标排放系数（2012 年为 1.0）

	PM$_{2.5}$			SO$_2$			NO$_x$			NH$_3$			VOC		
	2017	2020	2030	2017	2020	2030	2017	2020	2030	2017	2020	2030	2017	2020	2030
全国	0.84	0.73	0.47	0.76	0.67	0.49	0.85	0.67	0.36	1.10	1.07	1.00	0.98	0.90	0.64
北京	0.64	0.57	0.31	0.56	0.49	0.29	0.66	0.48	0.19	1.10	0.96	0.65	0.90	0.78	0.56
天津	0.70	0.58	0.27	0.60	0.53	0.36	0.70	0.53	0.24	1.10	1.04	0.85	0.99	0.89	0.64
河北	0.71	0.60	0.30	0.73	0.65	0.46	0.76	0.56	0.32	1.10	1.04	0.85	0.87	0.78	0.52
山西	0.79	0.69	0.43	0.82	0.74	0.55	0.89	0.67	0.35	1.10	1.08	1.00	0.85	0.76	0.51
内蒙古	0.82	0.72	0.46	0.72	0.65	0.51	0.91	0.72	0.37	1.10	1.08	1.00	0.82	0.74	0.48
辽宁	0.90	0.77	0.44	0.96	0.83	0.60	0.93	0.72	0.36	1.10	1.08	1.00	1.07	1.00	0.76
吉林	0.84	0.74	0.48	0.74	0.67	0.50	0.76	0.59	0.34	1.10	1.08	1.00	0.95	0.93	0.67
黑龙江	0.77	0.66	0.38	0.69	0.59	0.47	0.86	0.67	0.35	1.10	1.08	1.00	0.89	0.82	0.55
上海	0.73	0.65	0.45	0.67	0.61	0.47	0.86	0.64	0.32	1.10	1.05	0.90	1.17	1.07	0.85
江苏	0.74	0.64	0.40	0.73	0.66	0.48	0.84	0.65	0.33	1.10	1.05	0.90	1.02	0.89	0.60
浙江	0.70	0.61	0.39	0.58	0.52	0.38	0.83	0.65	0.31	1.10	1.05	0.90	0.98	0.84	0.61
安徽	0.90	0.79	0.52	0.82	0.75	0.61	0.87	0.73	0.43	1.10	1.08	1.00	0.96	0.89	0.60
福建	0.92	0.82	0.56	0.78	0.67	0.47	1.04	0.85	0.48	1.10	1.08	1.00	1.09	1.06	0.84
江西	0.91	0.79	0.48	0.79	0.66	0.49	0.89	0.77	0.44	1.10	1.08	1.00	1.02	1.00	0.77
山东	0.76	0.67	0.47	0.73	0.64	0.42	0.89	0.68	0.35	1.10	1.08	1.00	1.01	0.98	0.71
河南	0.98	0.85	0.51	0.88	0.78	0.55	0.91	0.73	0.41	1.10	1.08	1.00	0.95	0.91	0.65
湖北	0.83	0.74	0.49	0.62	0.56	0.41	0.75	0.60	0.35	1.10	1.08	1.00	0.97	0.92	0.67
湖南	0.88	0.79	0.55	0.79	0.69	0.50	0.87	0.69	0.42	1.10	1.08	1.00	0.94	0.91	0.71
广东	0.77	0.69	0.45	0.73	0.66	0.48	0.84	0.69	0.39	1.10	1.05	0.90	1.05	0.96	0.69

续表

	PM$_{2.5}$			SO$_2$			NO$_x$			NH$_3$			VOC		
	2017	2020	2030	2017	2020	2030	2017	2020	2030	2017	2020	2030	2017	2020	2030
广西	1.00	0.93	0.71	0.90	0.75	0.49	0.87	0.70	0.41	1.10	1.08	1.00	0.95	0.92	0.62
海南	0.87	0.82	0.67	0.82	0.64	0.48	0.88	0.71	0.37	1.10	1.08	1.00	1.08	1.15	0.92
重庆	0.90	0.80	0.54	0.78	0.68	0.46	0.84	0.66	0.40	1.10	1.08	1.00	0.95	0.85	0.57
四川	0.88	0.76	0.45	0.78	0.67	0.43	0.84	0.69	0.39	1.10	1.08	1.00	0.96	0.86	0.53
贵州	1.04	0.96	0.77	0.90	0.85	0.75	0.87	0.70	0.44	1.10	1.08	1.00	1.06	0.97	0.65
云南	0.83	0.75	0.54	0.91	0.82	0.59	0.84	0.65	0.37	1.10	1.08	1.00	0.87	0.82	0.58
西藏	0.79	0.71	0.49	0.82	0.79	0.69	0.78	0.68	0.34	1.10	1.08	1.00	0.85	0.79	0.57
陕西	0.85	0.72	0.41	0.78	0.72	0.57	0.83	0.69	0.37	1.10	1.08	1.00	0.93	0.84	0.58
甘肃	0.88	0.76	0.45	0.90	0.82	0.64	0.90	0.73	0.39	1.10	1.08	1.00	0.93	0.88	0.63
青海	0.75	0.64	0.35	0.69	0.64	0.49	0.72	0.57	0.31	1.10	1.08	1.00	0.97	0.90	0.63
宁夏	0.82	0.73	0.51	0.75	0.66	0.48	0.84	0.66	0.33	1.10	1.08	1.00	0.90	0.79	0.52
新疆	0.86	0.74	0.46	0.70	0.60	0.40	0.81	0.61	0.33	1.10	1.08	1.00	0.97	0.88	0.61

1. 推进能源生产和消费革命，控制煤炭消费总量，提升清洁能源比例

我国能源战略应从保证供给为主，开始向控制能源消费总量转变，使实施煤炭消费总量控制、提高终端能源消费中清洁能源比重成为必然。

到 2017 年，煤炭占能源消费总量比重降低到 65%以下，京津冀、长三角、珠三角等区域力争实现煤炭消费总量负增长；2020 年全国煤炭消费总量达到拐点，电煤占煤炭消费总量比重提高至 60%；到 2030 年，全国煤炭占能源消费比例降至 50%左右，电煤占煤炭消费总量比重提高至 70%，基本消除原煤散烧。

加快清洁能源利用，力争 2030 年核能和可再生能源（不包括生物质）占比应达到 25%。加大天然气供应，提高天然气干线管输能力，优化天然气使用方式，新增天然气应优先保障居民生活或用于替代中小锅炉燃煤；鼓励发展天然气分布式能源等高效利用项目，限制发展天然气化工项目；有序发展天然气调峰电站，原则上不再新建天然气发电项目。积极有序发展水电，开发利用地热能、风能、太阳能、生物质能，安全高效发展核电。

2. 实现煤炭的清洁高效集中可持续利用

优化煤炭消费结构，提高终端能源消费中清洁能源比重。除必要保留的以外，地级及以上城市建成区基本淘汰 10 蒸吨/h 及以下的燃煤锅炉，禁止新建 20 蒸吨/h 以下的燃煤锅炉；其他地区原则上不再新建 10 蒸吨/h 以下的燃煤锅炉。在供热供气管网不能覆盖的地区，改用电、新能源或洁净煤，推广应用高效节能环保型锅炉。

通过创新驱动持续推动用能行业节能减排和清洁生产。在电力、钢铁、水泥、等重点用能行业进一步发展和推广先进生产工艺，如超临界发电机组、整体煤气化联合循环发电机组、电炉炼钢、干熄焦、大型新型干法水泥等，逐步实现工业生产设备大型化。加快落后产能淘汰，逐步淘汰 200 MW 以下的火电机组，400 m^3 及以下炼铁高炉，30 t 及以下转炉、电炉，水泥立窑，土焦和炭化室高度小于 4.3 m 的焦炉等。燃煤电厂的平均热效率由 2010 年的 40.5%提高到 2030 年的 46.5%。工业锅炉、炼铁高炉、水泥生产、炼焦炉和砖瓦窑单位产品的能耗从 2010 年到 2030 年分别降低 24%、13%、16%、44%和 27%。

大力发展污染物控制技术，推动污染物超低排放和协同控制技术的研发，优先在电力、钢铁、水泥等典型用煤行业和重点区域进行示范和推广。推进对空气污染控制和温室气体排放控制同时有效的政策和技术应用。

3. 构建"车-油-路"一体化的移动源排放控制体系

重塑城市低碳低排的绿色可持续公共交通体系，对轨道交通和地面公交进行

优化和精细化管理，充分发挥高速铁路在城际出行的重要作用，实现城际高铁-市内轨道-地面公交的无缝联接。大力改善城市慢行交通的出行条件，增加自行车道和步行道。充分利用交通管理和经济政策调控重点区域和特大城市的汽车使用总量，到 2030 年，全国千人机动车保有量控制在 325 辆。

建立车辆排放-燃油质量一体化的标准体系。主要排放标准的应用时间框架如图 7-33 所示，具体来说，力争全国范围 2020 年左右（东部地区 2018 年左右）轻型车和重型车同步过渡到国六排放水平，并逐步统一相同车型的汽油车和柴油车新车排放标准。基于实际道路检测和大数据监控等高科技手段，构建立体监控体系，实现车辆在全生命使用周期内的排放控制和监管。推动工程机械、船舶等非道路移动源的排放标准和燃油质量与道路机动车控制水平接轨。持续推进燃油的低硫化进程并改善非硫组分。到 2030 年，达到欧洲现有最严格排放标准的车辆比例接近 100%。

类型	00	01	02	03	04	05	06	07	08	09	10	11	12	13	14	15
轻型汽油车	1	1	1	1	1	2	2	2	3	3	3	4	4	4	4	4
重型柴油车		1	1	1	2	2	2	3	3	3	3	3	3	4	4	4
重型汽油车				1	2	2	2	2	2	2	2	2	2	2	2	2
摩托车				1	2	2	2	2	2	3	3	3	3	3	3	3
农用机械							1	2	2	2	2	2	2	3	3	3
拖拉机									1	1	2	2	2	2	3A	3A
火车/内河船运															3A	3A

类型	16	17	18	19	20	21	22	23	24	25	26	27	28	29	30
轻型汽油车	5	5	5	5	6	6	6	6	6	6	6	6	6	6	6
重型柴油车	5	5	5	6	6	6	6	6	6	6	6	6	6	6	6
重型汽油车	2	2	2	2	2	2	2	2	2	2	2	2	2	2	2
摩托车	3	3	3	3	3	3	3	3	3	3	3	3	3	3	3
农用机械	3	4	4	4	5	5	5	6	6	6	6	6	6	6	6
拖拉机	3A	3A	3B	3B	3B	4	4	4	4	4	4	4	4	4	4
火车/内河船运	3A	3A	3B	3B	3B	4	4	4	4	4	4	4	4	4	4

图 7-33　本研究提出的机动车排放标准实施时间框架

深色数字表示 2010 年末前颁布的标准，浅色数字表示未来假定出台的标准。重型柴油车欧 4 和欧 5 标准的实施时间由于技术原因与原计划相比有所推迟

实施发达国家先进的燃油经济性标准，2030 年轿车和重型车的新车燃油经济性将分别比 2010 年提高 33%和 57%。大力发展能实现能源和环境双赢的新能源车辆技术，并特别重视电动车推广过程中排放向上游发电过程的转移，确保在生命周期全过程中对污染排放的有效控制。对于重点区域和大城市，适时推动包括车辆总量调控、低排放区、拥堵收费、提高停车收费和尾号限行等交通经济调控措施。

4. 以区域环境空气质量改善为目标，强化多源、多污染物的区域协同控制

为实现多污染物减排目标，需坚持“协同”、“综合”、“联动”的战略思路，即：在控制对象上，要对二氧化硫、氮氧化物、一次颗粒物、挥发性有机物等多污染物协同控制；在控制污染源类型上，要对工业源、面源、移动源综合控制；

在控制策略上，要实现区域和城市之间的联防联控。

燃煤电厂和工业企业应大力推广烟气脱硫（FGD）、选择性催化还原烟气脱硝（SCR）和布袋除尘、电袋复合除尘等高效除尘装置（HED）。对于燃煤电厂，2030年全国 FGD 和 SCR 的安装比例均应达到 100%；HED 的安装比例应达到 50% 以上，在京津冀、长三角等重点地区应达到 100%。对于工业锅炉，2030 年全国平均 FGD、SCR 和 HED 应用比例应分别达到 75%、60% 和 50% 左右；重点区域的应用比例应显著高于上述水平，例如，在京津冀，FGD、SCR 和 HED 的应用比例均应接近 100%。对于其他工业部门，2010～2013 年间出台的一系列新排放标准应逐渐实施，包括《炼铁工业大气污染物排放标准》等 6 项钢铁工业排放标准，《炼焦化学工业污染物排放标准》、《水泥工业大气污染物排放标准》、《平板玻璃工业大气污染物排放标准》、《陶瓷工业污染物排放标准》、《砖瓦工业大气污染物排放标准》、《铝工业污染物排放标准》、《铅、锌工业污染物排放标准》、《硫酸工业污染物排放标准》和《硝酸工业污染物排放标准》等；在重点区域，应在上述标准的基础上实施更严格的控制措施，例如在京津冀地区，大部分的工业企业都应充分装配最先进的脱硫、脱硝和除尘技术。

对于民用部门，在城区应推广热电联产供热，并大力推广天然气、电等清洁能源；在农村地区推广大型沼气设施的建设和利用，无法用清洁能源替代的逐步采用先进低排炉灶，到 2030 年占居民炉灶总量的 70% 以上。在重点地区采取有效措施，使生物质开放燃烧降低 70% 以上。主要固定源的关键控制技术的应用比例如表 7-37 所示。

针对挥发性有机物排放，"十三五"期间，颁布并执行新的挥发性有机物排放标准（相当于欧盟 1999/13/EC 和 2004/42/EC），2020 年之后逐步加严。部分高排放行业的控制技术应用情况如表 7-38 所示。

针对农业氨排放，应在京津冀、长三角等重点地区采取有效的控制措施，包括调整农业化肥使用构成，增加硝态氮肥比例，采用科学的施肥方式；养殖业应在牲畜生活的各个环节以及其废物产生及施用的各个环节采取控制措施，包括使用低氮饲料、养殖房舍改造、废物快速收集、覆膜堆肥等。具体控制措施及其应用比例如表 7-39 所示。

通过上述措施，使全国 SO$_2$、NO$_x$、一次 PM$_{2.5}$ 和 VOCs 的排放量与 2012 年相比，分别削减 51%、64%、53% 和 36%，NH$_3$ 排放量也要有所下降。污染严重的重点区域减排力度更大，如京津冀地区 SO$_2$、NO$_x$、一次 PM$_{2.5}$、VOCs 和 NH$_3$ 的排放量应分别比 2012 年至少削减 59%、71%、70%、45% 和 21%，山东省、山西省、内蒙古自治区削减比例较京津冀稍低（如图 7-34 所示）。

表 7-37 主要固定源关键控制技术的应用比例 (%)

能源技术	控制技术	2012 京津冀	2012 长三角	2012 珠三角	2012 全国	2017 京津冀	2017 长三角	2017 珠三角	2017 全国	2020 京津冀	2020 长三角	2020 珠三角	2020 全国	2030 京津冀	2030 长三角	2030 珠三角	2030 全国
电厂煤粉炉	WET (PM)	0	0	0	0	0	0	0	0	0	0	0	0	0	0	0	0
	ESP (PM)	80.0	80.0	80.0	87.7	56.7	56.7	60.0	74.8	45.8	48.3	50.0	68.8	13.3	23.3	20.0	51.3
	HED (PM)	20.0	20.0	20.0	12.3	43.3	43.3	40.0	25.2	54.2	51.7	50.0	31.2	86.7	76.7	80.0	48.7
	FGD (SO$_2$)	100	96.6	100	94.3	100	100	100	100	100	100	100	100	100	100	100	100
	LNB (NO$_x$)	41.9	42.8	33.6	56.9	10.0	10.0	10.0	17.7	7.5	7.5	7.5	13.3	0	0	0	0
	LNB+SNCR (NO$_x$)	0.3	1.0	2.2	0.7	0.0	0.0	0.0	0.0	0.0	0.0	0.0	0.0	0	0	0	0
	LNB+SCR (NO$_x$)	51.8	50.1	59.4	34.2	90.0	90.0	90.0	82.3	92.5	92.5	92.5	86.7	100	100	100	100
工业层燃炉	CYC (PM)	0.0	0.0	0.0	0.0	0.0	0.0	0.0	0.0	0.0	0.0	0.0	0.0	0.0	0.0	0.0	0.0
	WET (PM)	80.0	95.0	80.0	93.1	56.7	56.7	60.0	74.8	42.5	43.3	46.3	67.9	3.3	3.3	5.0	46.9
	ESP (PM)	0.0	0.0	0.0	0.0	0.0	0.0	0.0	7.7	0.0	0.0	0.0	9.7	0.0	0.0	0.0	15.5
	HED (PM)	20.0	5.0	20.0	6.9	43.3	43.3	40.0	17.4	57.5	56.7	53.8	22.5	100.0	96.7	95.0	37.6
	FGD (SO$_2$)	40.0	40.0	40.0	32.3	80.0	80.0	70.0	48.7	85.0	85.0	77.5	55.7	100.0	100.0	100.0	76.8
	LNB (NO$_x$)	20.0	20.0	20.0	18.5	80.0	80.0	80.0	72.3	60.0	67.5	60.0	63.6	30.0	30.0	30	37.7
	LNB+SCR (NO$_x$)	10.0	10.0	10.0	6.1	20.0	20.0	20.0	12.3	40.0	32.5	40.0	24.8	100.0	70.0	70.0	62.3
民用锅炉	CYC (PM)	10	10	10	13.9	0	0	0	0	0	0	0	0	0	0	0	0
	WET (PM)	80	85	85	84.5	75	75	75	86.6	56.3	59.6	58.8	75.0	0	13.3	10	41.6
	HED (PM)	10	5	5	1.6	25	25	25	13.4	43.8	40.4	41.3	25.0	100	86.7	90	58.4
	DC (SO$_2$)	15.0	15.0	15.0	15.0	30.0	30.0	30.0	22.3	35.0	35.0	35.0	27.3	50.0	50.0	50.0	42.3
燃煤炉灶	STV_ADV_C	0	0	0	0	10	10	10	2.3	20	20	20	12.3	50	100	100	76.8
生物质炉灶	STV_ADV_B	0	0	0	0	10	10	10	2.3	20	20	20	12.3	50	50	50	34.5
	STV_PELL	0	0	0	0	0	0	0	0	0	0	0	0	50	50	50	30.6

注：CYC，旋风除尘；WET，湿法除尘；ESP，电除尘；HED，高效除尘；FGD，烟气脱硫；LNB，低氮燃烧技术；SCR，选择性催化还原；SNCR，选择性非催化还原；DC，燃用低硫型煤；STV_ADV_C、STV_ADV_B，先进生物质炉灶；STV_PELL，生物质颗粒炉灶等；催化型煤炉灶，催化改进燃烧条件，如改进燃烧炉灶等；生物质型煤炉灶

表 7-38　部分高排放行业的 NMVOC 控制技术应用情况（%）

行业	控制技术	2012年 京津冀	2012年 长三角	2012年 珠三角	2012年 全国	2017年 京津冀	2017年 长三角	2017年 珠三角	2017年 全国	2020年 京津冀	2020年 长三角	2020年 珠三角	2020年 全国	2030年 京津冀	2030年 长三角	2030年 珠三角	2030年 全国
植物油提取	无控	87	87	87	90	20	20	20	60	0	0	0	10	0	0	0	0
	活性炭吸附	12	12	12	10	50	50	50	30	50	50	50	50	0	0	0	5
	Schumacher 型 DTDC 脱溶剂和活性炭吸附	1	1	1	0	25	25	25	10	35	35	35	30	0	0	0	5
	Schumacher 型 DTDC 脱溶剂和新的回收工艺	0	0	0	0	5	5	5	0	15	15	15	10	100	100	100	90
制药	无控	80	80	80	100	15	15	15	30	0	0	0	15	0	0	0	0
	一次措施和低效末端去除措施	20	20	20	0	50	50	50	50	30	30	30	50	0	0	0	10
	一次措施和高效末端去除措施	0	0	0	0	35	35	35	20	70	70	70	35	100	100	100	90
炼油	无控	70	70	70	85	20	20	20	40	0	0	0	10	0	0	0	0
	检漏和维修计划	20	20	20	10	30	30	30	30	20	20	20	25	0	0	0	5
	油水分离器加盖	10	10	10	5	10	10	10	20	10	10	10	5	0	0	0	5
	上述措施的组合	0	0	0	0	40	40	40	10	70	70	70	60	100	100	100	90
汽车制造喷涂	无控（2005 年的技术状况）	90	90	90	95	35	35	35	50	10	10	10	20	0	0	0	0
	水基涂料替代	5	5	5	5	15	15	15	20	10	10	10	20	0	0	0	0
	吸附-焚烧	5	5	5	0	40	40	40	30	30	30	30	30	100	100	100	100
	水基溶剂替代+吸附-焚烧	0	0	0	0	10	10	10	0	50	50	50	30	0	0	0	0
木器上漆	无控（高溶剂含量油漆）	90	90	90	95	50	50	50	70	30	30	30	40	0	0	0	20
	高溶剂含量油漆+焚烧	5	5	5	5	15	15	15	10	15	15	15	20	20	20	20	20
	低溶剂含量油漆（如聚酯型）	5	5	5	0	15	15	15	10	15	15	15	15	20	20	20	20
	超低溶剂含量油漆（如水基性或紫外型）	0	0	0	0	20	20	20	10	40	40	40	25	60	60	60	40
木材加工胶黏剂使用	无控	95	95	95	100	70	70	70	90	50	50	50	50	0	0	0	10
	活性炭吸附	5	5	5	0	30	30	30	10	50	50	50	50	100	100	100	90
制鞋工艺胶黏剂使用	无控（溶剂型胶黏剂）	90	90	90	95	60	60	60	70	50	50	50	50	5	5	5	20
	水基胶黏剂替代	10	10	10	5	40	40	40	30	50	50	50	50	95	95	95	80

表 7-39 种植业、养殖业 NH₃ 控制技术应用情况 (%)

行业	控制技术	年份 2017 北京	2017 天津、河北	2017 其他	2020 北京	2020 天津、河北	2020 其他	2030 北京	2030 天津	2030 河北	2030 其他
种植业	尿素添加剂（腐殖酸锌）	10	10	5	30	30	20	100	70	70	50
	科学施肥	10	10	5	30	30	20	100	100	100	80
	硝酸铵（施用比例）	4	3	2	17	10	6	40	40	40	20
	碳酸铵（施用比例）	21	23	25	15	18	22	0	0	0	15
	尿素（施用比例）	55	55	61	52	53	60	50	50	50	55
	计算机决策	10	0	0	25	20	5	80	50	50	20
养殖业	低氮饲料	0	0	0	20	10	5	80	40	40	20
	科学饲养	20	20	10	30	25	15	80	40	40	20
	养殖房舍改造	0	0	0	15	5	0	50	30	30	10
	废物快速收集	0	0	0	15	5	0	50	30	30	10
	废物覆盖存储	0	0	0	15	5	0	50	30	30	10
	覆膜堆肥	5	0	0	10	2	0	30	10	10	5
	粪肥表面撒播	0	0	0	20	10	0	50	20	20	5
	粪肥快速混合	0	0	0	20	10	0	50	20	20	5

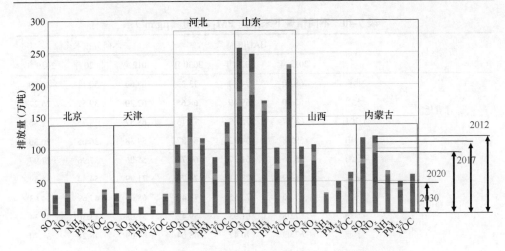

图 7-34　京津冀区域空气质量达标所需的大气污染物减排力度

　　总之，应综合考虑各类排放源控制的敏感性、控制技术的可行性、各区域达标难度的差异以及污染物减排的多重环境影响，制定适合区域特点的差异化大气污染防治策略。

　　最后，本研究提出的控制措施具有较强的可行性。首先，本研究提出的能源结构调整目标与 2014 年中美双方达成的《中美气候变化联合声明》有较好的一致性，后者规定 2030 年非化石能源（包括核能、可再生能源）占一次能源消费的比重达到 20%。可见，前面提出的能源结构调整措施基本反映了最新的国家战略走向，具有较强的可行性。其次，研究提出的煤炭清洁高效集中可持续利用、"车-油-路"一体化的移动源排放控制措施、以及多源多污染物末端治理措施，均为目前技术上可行的控制措施，其中绝大部分已在发达国家有应用的经验，未考虑未来可能研发出的新的控制技术。最后，对于因监管困难而难以充分实施的控制措施（如推广先进低排炉灶、禁止生物质开放燃烧、牲畜养殖 NH$_3$ 排放控制等），本研究均留有余地，未假定 100%实施，从而确保了措施的可行性。

7.4.4　污染控制措施的环境效果后评估

　　以上提出了大气污染物减排的技术途径和路线图，本节将对这一减排途径的环境效果进行评估。一方面，通过与趋势照常情景（BAU[0]情景）的比较，评估这一技术途径所能取得的环境改善效果；另一方面，评估这一技术途径能否实现预定的环境目标。通过研究建立的响应表面模型，预测了 BAU[0]情景和实施本研究的技术途径后 2020 年和 2030 年目标城市的 PM$_{2.5}$ 浓度，如表 7-40 所示。

表 7-40　不同情景下未来的 PM$_{2.5}$ 浓度（μg/m^3）

所属区域	城市	BAU[0]情景			本研究技术途径		
		2012 年	2020 年	2030 年	2012 年	2020 年	2030 年
京津冀地区	北京	68.60	74.84	73.33	68.60	50.11	34.80
	天津	62.30	69.49	68.65	62.30	39.57	25.27
	石家庄	68.57	75.09	71.13	68.57	39.75	22.86
	唐山	59.38	64.92	61.87	59.38	36.05	20.36
长三角地区	上海	55.06	61.27	60.77	55.06	37.96	27.97
	南京	71.99	78.01	74.70	71.99	54.44	34.59
	杭州	68.66	73.55	71.42	68.66	47.69	34.63
	苏州	57.08	61.93	59.42	57.08	43.36	32.34
	宁波	67.09	70.42	68.64	67.09	48.21	35.70
	嘉兴	65.20	68.39	66.74	65.20	47.87	34.64
珠三角地区	广州	43.37	47.08	45.91	43.37	33.64	24.73
山东半岛城市群	济南	81.86	83.91	79.25	81.86	61.39	29.48
陕西关中城市群	西安	96.22	93.86	92.61	96.22	62.07	34.74
山西中北部城市群	太原	62.32	66.39	64.52	62.32	50.19	34.20
辽宁中部城市群	沈阳	71.18	71.59	67.82	71.18	55.99	34.90
武汉及其周边城市群	武汉	80.81	74.78	74.41	80.81	54.79	34.99
长株潭城市群	长沙	63.08	61.07	59.23	63.08	47.07	34.70
海峡西岸城市群	福州	50.37	53.11	51.26	50.37	36.74	23.60

从表中可以看出，在 BAU[0]情景下，未来多数城市的 PM$_{2.5}$ 浓度相对于 2012 年会有所上升，少数城市略有下降，这反映了一次 PM$_{2.5}$ 排放量下降和 SO$_2$、NO$_x$、NH$_3$、VOC 的排放量升高的综合效果。在实施本研究提出的技术途径后，到 2020 年，PM$_{2.5}$ 浓度将相对于 BAU[0]情景下降 22%～42%，到 2030 年，PM$_{2.5}$ 浓度将相对于 BAU[0]情景下降 42%～63%，空气质量改善成效显著。

实施本研究提出的技术路径后，2020 年各城市群 PM$_{2.5}$ 浓度比 2012 年下降 19%～36%，其中京津冀 PM$_{2.5}$ 浓度比 2012 年下降 36%，长三角下降 27%。广州 PM$_{2.5}$ 浓度可实现达标，北京 PM$_{2.5}$ 浓度降低到 50 μg/m^3 左右。到 2030 年，各重点城市 PM$_{2.5}$ 浓度均可降低到 35 μg/m^3 或以下。这说明，实施本研究提出的技术路径，可以总体上实现本研究预定的空气质量目标。

综上所述，本章在我国现有政策和标准的基础上，制定了我国区域空气质量分阶段改善目标。以环境大气 PM$_{2.5}$ 质量浓度达标作为约束条件，利用响应表面模型，研究了与 PM$_{2.5}$ 浓度改善相适应的全国和重点区域主要大气污染物（SO$_2$、NO$_x$、PM$_{2.5}$、NH$_3$ 等）分阶段（2017 年、2020 年、2030 年）减排目标。最后，利用能源和污染排放技术模型，提出了实现大气污染物减排的技术措施和对策建议。

研究表明，要使 $PM_{2.5}$ 浓度达标，2030 年全国 SO_2、NO_x、一次 $PM_{2.5}$ 和 NMVOC 的排放量应分别比 2012 年至少削减 51%、64%、53% 和 36%，氨排放量也要略有下降。对于污染严重的重点区域，必须采取更严格的控制力度。要实现上述减排，应加快能源结构调整，推进煤炭清洁高效集中可持续利用，建立"车-油-路"一体的移动源控制体系，并强化多源多污染物的末端控制。

7.5　我国大气 $PM_{2.5}$ 污染控制策略和防治对策建议

1. 科学统筹规划，明确 $PM_{2.5}$ 污染防治的分阶段目标，为使 2030 年全国绝大多数城市达到国家《环境空气质量标准》，应持之以恒地减少一次 $PM_{2.5}$、SO_2、NO_x、VOCs 和 NH_3 的排放总量；完善联防联控机制，全面加强战略措施的执行力度

尽快制定全国大气污染防治中长期规划，持之以恒地减排。为使全国绝大多数城市达到国家《环境空气质量标准》，全国 SO_2、NO_x、一次 $PM_{2.5}$ 和 VOCs 的排放量与 2012 年相比，至少应分别削减 51%、64%、53% 和 36%，NH_3 排放量也要有所下降。污染严重的重点区域幅度减排需更大，如京津冀地区 SO_2、NO_x、一次 $PM_{2.5}$、VOCs 和 NH_3 的排放量应分别至少削减 59%、71%、70%、45% 和 21%。应编制实现分阶段环境目标的全国中长期减排规划，并建立规划编制阶段的预评估制度和实施阶段的跟踪评估制度，确保减排规划的执行力度和阶段环境目标的实现。

大气环境管理分区应综合考虑大气污染物排放时空分布、气象条件、地形因素及污染传输规律，目前的划分方式整体性不够，应将京津冀、长三角、晋鲁豫陕鄂等作为一个整体考虑。以大区域空气质量整体达标为目标，制定各区域分阶段污染物减排目标，并基于减排目标制定控制方案。

西南风、东南风和偏东风这三条输送通道促成了太行山及燕山山前污染物汇聚带，是京津冀重污染的重要原因。应高度重视气象和地形条件对污染物扩散能力的影响，优化城镇化和产业布局，减少重污染过程的形成。

2. 推动能源生产和消费革命，实施煤炭清洁、高效、集中和可持续利用战略，提高清洁能源在终端能源消费中的比例，构建低碳低排产业结构体系，实现空气质量和气候变化协同效益

目前，我国能源战略从保证供给为主，开始向控制能源消费总量转变，使实

施煤炭消费总量控制、提高终端能源消费中清洁能源比重成为必然。2017 年煤炭占能源消费总量比重降至 65%,重点区域煤炭消费实现零增长或负增长;2020 年全国煤炭消费总量达到拐点,电煤占煤炭消费总量比重提高至 60%;2030 年煤炭占能源消费总量的比重降至 50%,电煤占煤炭消费总量比重提高至 70%。

持续推动节能减排和清洁生产。在电力、钢铁、水泥、玻璃、有色冶炼等重点用能行业进一步降低单位产品能耗。推动污染物超低排放和协同控制技术的研发,优先在电力、钢铁、水泥等行业和重点区域进行示范和推广。推进对空气污染控制和温室气体减排双赢的政策和技术应用。

加快环保装备运营监管体系建设。健全环保装备标准体系,推动环保装备建造与运营的专业化、高质化和社会化,促进环保服务业规范化发展;推进基于物联网、大数据等信息技术的环保设施智能化远程监视管理系统开发及应用,实现全国范围内重点污染源治理设施全流程和关键设备的全天候实时监控,提高环保执法水平。

3. 重塑节能减排、安全快捷的公共交通体系,扭转私家车出行为主的发展思路;构建"车-油-路"一体化的排放控制体系,强化全生命周期的排放控制和监管

充分借鉴国外在优化城市空间结构和功能布局的先进经验,避免单核心、单功能的城市规划导致出行总量的过快增长和高度集中。重塑城市节能减排的公共交通体系,对轨道交通和地面公交进行优化,充分发挥高速铁路在城际出行的重要作用,实现城际高铁-市内轨道-地面公交的无缝联接。大力改善城市慢行交通的出行条件,增加自行车专用道和步行道,使中国回归自行车大国。充分利用交通管理和经济政策调控重点区域和特大城市的汽车使用总量,包括控制汽车保有量和降低小客车年均行驶里程。

建立车辆排放-燃油质量一体化的标准体系。力争全国范围 2020 年左右(东部地区 2018 年左右)轻型车和重型车同步过渡到国六排放水平,并逐步统一相同车型的汽油车和柴油车新车排放标准。基于实际道路检测和大数据监控等高科技手段,构建立体监控体系,实现车辆在全生命使用周期内的排放控制和监管。推动工程机械、船舶等非道路移动源的排放标准和燃油质量与道路机动车控制水平接轨。持续推进燃油的低硫化进程并改善非硫组分。大力发展能实现能源和环境双赢的新能源车辆技术,并特别重视电动车推广过程中排放向上游发电过程的转移,确保在生命周期全过程中对污染排放的有效控制。对于重点区域和大城市,适时推动包括车辆总量调控、低排放区、拥堵收费、提高停车收费和尾号限行等交通经济调控措施。

4. 重视对农业源和林业源排放的调控，推进农业生产方式和农村能源变革，大力推广智能种养一体化，有效减少农业 NH$_3$ 排放、林业 VOCs 排放及秸秆焚烧污染物排放，提升林木吸附、吸收 PM$_{2.5}$ 及其前体污染物的能力

调整农业化肥构成，增加硝态氮肥比例，控制农田氨排放。变革农业生产方式，推广环保农业和生态农业，实行种养一体。养殖业采用封闭、负压管理，减少养殖业氨排放。将养殖业废弃物经过处理，产生的沼气作为新型城镇化居民的能源，沼渣、沼液作为种植业的有机肥，消除养殖废弃物处理和运输过程中的氨排放，同时有效利用生物质能源，合理利用太阳能和生物质能，减少农村对化石能源的依赖。

针对污染区域，通过选择适宜树种及树种配置，发挥森林植被对 PM$_{2.5}$ 污染的吸收净化作用，选择种植 BVOCs 排放量少的树种，消减 BVOCs 的排放，同时加大湿地恢复治理，构建低 VOCs 排放、低污染的城市森林体系。乔木、灌木和草本植物的合理配植是植被最大效率地吸收 PM$_{2.5}$、净化空气的重要手段。实施乔、灌、草景观配植技术，形成多行式、复层结构绿地，适当增加乔木的比例和常绿乔木的数量，以及具有保健功能的植物，形成具有保健功能的森林群落，最大限度地发挥绿地改善生态环境的作用。

5. 加强 PM$_{2.5}$ 监测数据的质量管理，补充建设大气 PM$_{2.5}$ 化学成分监测站，构建国家大气污染物总体排放清单和污染源实时监控系统，推进监测数据信息公开和共享，充分发挥监测数据的先行和引导作用

目前我国的 PM$_{2.5}$ 监测网络已基本能够反映当前污染范围，无需过多增设 PM$_{2.5}$ 监测点位，重点是强化对环境空气监测网的运行维护和数据质量管理。按照现有技术规范对 PM$_{2.5}$ 监测系统开展定期维护、校准等例行的质量管理，开展自动监测方法与手工标准方法的比对，确保监测结果准确可靠。要建设适量的大气 PM$_{2.5}$ 化学组分监测站点，以全面反映 PM$_{2.5}$ 的污染特征和来源。

建立国家大气污染源总体排放清单是空气质量管理中最关键的一环。准确、及时更新、高分辨率的排放定量表征是支撑大气复合污染来源识别、污染物总量减排、空气质量改善的前提和基础。构建国家大气污染物排放清单和污染源实时监控系统，跟踪所有污染源的主要污染物排放，包括一次颗粒物、二氧化硫、氮氧化物、挥发性有机物和氨等。

加大 PM$_{2.5}$ 监测信息、大气污染物排放清单和污染源实时监测数据的公开力度，尽快对社会公众全面开放实时监测数据和历史数据的下载共享服务，以更好地支持 PM$_{2.5}$ 污染防治工作，保障公众环境知情权，发挥公众监督作用。

6. 加大大气污染防治执法力度，提高大气环境保护依法行政效能

以新修订的《环境保护法》实施为龙头，加快修订《大气污染防治法》，大力推进大气污染物排放标准体系建设，形成保护大气环境的法律法规和标准体系。建立排放量核查、在线监控、地面和卫星遥感等方面的监管技术体系，形成现场执法检查和排放监管的快速检测方法和技术规范。健全"统一监管、分工负责"和"国家监察、地方监管、单位负责"的监管体系，对大气污染源实施统一监管。建立健全环境联合执法机制。建立跨区域联合执法工作制度，以及会同其他相关部门的联合环境执法机制。严格实施按日计罚、查封扣押等新措施的执法规范，探索环境行政执法与刑事司法有效衔接模式，确保新《环境保护法》得到有力实施。

7. 加强 PM₂.₅ 污染相关科学研究，建立 PM₂.₅ 污染控制的系统化科技支撑体系

我国大气污染防治进入全面攻坚新阶段，对大气污染防控的科学理论、工程技术和监管体系提出了全新要求。

依托国家科技计划管理重大改革，实施国家自然科学基金重大研究计划，探究我国区域 PM₂.₅ 的独特形成机制，突破大气复合污染形成与控制的基础理论，大幅提升对我国以 PM₂.₅ 为代表的大气复合污染演化规律的科学认知能力。

实施国家大气污染防治科技重大专项和重大工程。构建"关键技术–系统工艺–产品装备"的技术研发创新链，解决典型行业污染源全过程深度治理的技术瓶颈，建成大气污染物与温室气体协同减排技术体系，大幅提升我国大气污染物的源头削减能力；构建"基础研究–综合防治–集成示范"的科学研究创新链，开展精细识别污染来源、高效减排污染存量和严格监管措施成效的一体化科技攻关，建成全方位大气污染监管、政策评估、区域联防联控的技术体系，全面提升我国大气污染防治的决策支撑能力。推动大气污染防治产业跨越发展，为我国实现区域和城市空气质量改善持续提供系统化的科学技术解决方案。

参 考 文 献

阿克木吾马尔, 蔡思翌, 赵斌, 等. 2015. 油品储运行业挥发性有机物排放控制技术评估[J]. 化工环保, 35(1): 64-68.

陈彪. 2005. 燃煤发电机组低成本 NO$_x$ 控制技术研究[D]. 北京: 清华大学.

陈莹. 2013. 推动城市交通节能的财税政策研究[D]. 北京: 财政部财政科学研究所.

陈颖, 李丽娜, 杨常青, 等. 2011. 我国 VOC 类有毒空气污染物优先控制对策探讨[J]. 环境科学,

32(12): 3469-3475.

陈玉光. 2013. 国际经验与我国大城市交通拥堵治理[J]. 城市, (10): 35-41.

董文煊, 邢佳, 王书肖. 2010. 1994～2006 年中国人为源大气氨排放时空分布[J]. 环境科学, 31(7): 1457-1463.

杜放, 于海峰, 张智华. 2006. 德国的生态税改革及其借鉴[J]. 广东商学院学报, (1): 37-40.

冯元琦. 2004. 长效尿素和长效尿基复混肥[J]. 化肥设计, 42(5): 59-61.

国务院. 2011. "十二五"节能减排综合性工作方案[EB/OL]. http://www.gov.cn/gongbao/content/ 2011/content_1947196.htm. 2013-04-08.

国务院办公厅. 2007. 国务院关于印发节能减排综合性工作方案的通知[EB/OL]. http://www. gov.cn/xxgk/pub/govpublic/mrlm/200803/t20080328_32749.html. 2013-04-08.

郝吉明, 马广大, 王书肖. 2010. 大气污染控制工程[M]. 北京: 高等教育出版社.

黄维秋, 钟璟, 赵书华, 等. 2005. 膜分离技术在油气回收中的应用[J]. 石油化工环境保护, 28(3): 51-54.

蒋文举. 2006. 烟气脱硫脱硝技术手册[M]. 北京: 化学工业出版社.

李冰, 王昌全, 江连强, 等. 2008a. 化学改良剂对稻草猪粪堆肥氨气释放规律及其腐熟进程的影响[J]. 农业环境科学学报, 27(4): 1653-1661.

李冰, 王昌全, 江连强, 等. 2008b. 有机辅料对猪粪堆肥中氨气挥发的抑制效应及其影响因素分析[J]. 植物营养与肥料学报, 14(5): 987-993.

李华慧. 2007. 高效尿素添加剂的研究与应用[J]. 中国畜牧兽医, (2): 17-20.

李慧颖. 2014. 应对机动车尾气排放污染的城市"低排放区"立法研究[D]. 山东: 山东大学.

刘红梅, 王克强. 2010. 国际性大都市能源战略经验借鉴[J]. 上海师范大学学报: 哲学社会科学版, (1): 52-58.

路涛, 贾双燕, 李晓芸. 2004. 关于烟气脱硝的 SNCR 工艺及其技术经济分析[J]. 现代电力, 21(1): 17-22.

栾志强, 郝郑平, 王喜芹. 2011. 工业固定源 VOCs 治理技术分析评估[J]. 环境科学, 32(12): 3476-3486.

彭少兵, 黄见良, 钟旭华, 等. 2002. 提高中国稻田氮肥利用率的研究策略[J]. 中国农业科学, (9): 1095-1103.

任世华, 姚飞, 俞珠峰. 2005. 洁净煤技术评价体系指标无量纲化处理[J]. 煤质技术, (2): 6-9.

世界卫生组织. 2006. 世卫组织关于颗粒物、臭氧、二氧化氮和二氧化硫的空气质量准则风险评估概要(2005 年全球更新版)[M]. 北京: 世界卫生组织.

苏亚欣, 毛玉如, 徐璋编. 2005. 燃煤氮氧化物排放控制技术[M]. 北京: 化学工业出版社.

田海宁. 2012. 现代化育肥猪场建设与使用过程中的几点建议[J]. 畜禽业, (7): 50.

王灿, 席劲瑛, 胡洪营, 等. 2011. 挥发性有机物控制技术评价指标体系初探[J]. 化工环保, 31(1): 73-76.

王海林, 郝郑平. 2012. 我国挥发性有机物(VOCs)控制技术评估[R]. 中国科学院生态环境研究中心 2012A014.

王书肖, 郝吉明, 陆永琪, 等. 2001. 火电厂烟气脱硫技术的模糊综合评价[J]. 中国电力, 34(12): 58-62.

魏巍. 2009. 中国人为源挥发性有机化合物的排放现状及未来趋势[D]. 北京: 清华大学.

吴阿峰, 李明伟, 黄涛, 等. 2006. 烟气脱硝技术及其技术经济分析[J]. 中国电力, 39(11): 71-75.

吴学军, 王兴, 雷玉秀. 2011. 冷凝式油气回收技术在油品储运中的应用[J]. 化工技术与开发, 40(6): 67-69.

香港特别行政区政府环境保护署. 2013. 空气质素指标[EB/OL]. http://www.epd.gov.hk/epd/sc_chi/environmentinhk/air/air_quality_objectives/air_quality_objectives.html. 2013-04-02.

邢佳. 2011. 大气污染排放与环境效应的非线性响应关系研究[D]. 北京: 清华大学.

杨飏. 2007. 氮氧化物减排技术与烟气脱硝工程[M]. 北京: 冶金工业出版社.

叶建平, 赵建国, 杨丽娴, 等. 2011. 石化行业发展现状及 VOCs 控制技术研究[J]. 广州化工, 39(24): 11-13.

于超, 王书肖, 郝吉明. 2010. 基于模糊评价方法的燃煤电厂氮氧化物控制技术评价[J]. 环境科学, 31(7): 1464-1469.

张楚莹. 2008. 中国颗粒物、二氧化硫、氮氧化物的排放现状与趋势分析[D]. 北京: 清华大学.

张强. 2007. 燃煤电站 SCR 烟气脱销技术及工程应用[M]. 北京: 化学工业出版社.

张沈生, 孙晓兵, 傅卓林. 2006. 国外供暖方式现状与发展趋势[J]. 工业技术经济, 25(7): 131-134.

张小锋, 张斌. 2014. 德国最新《可再生能源法》及其对我国的启示[J]. 中国能源, 36(3): 35-39.

赵秉强. 2012. 天然增效剂助增值尿素增效、环保[J]. 中国农资, (30): 24-24.

郑玉才. 2012. 生态发酵床养猪技术的推广与应用[J]. 现代农业科技, (18): 274-275.

中国工程院, 环境保护部. 2011. 中国环境宏观战略研究[M]. 北京: 中国环境科学出版社.

中国环境科学研究院, 中国环境监测总站. 2012. GB 3095—2012 环境空气质量标准[S]. 北京: 中国标准出版社.

中华人民共和国环境保护部. 2010a. 关于推进大气污染联防联控工作改善区域空气质量的指导意见[EB/OL]. http://www.zhb.gov.cn/gkml/hbb/qt/201006/t20100621_191108.htm. 2013-04-08.

中华人民共和国环境保护部. 2010b. 全国城市空气质量日报[EB/OL]. http://datacenter.mep.gov.cn.

钟秦. 2007. 燃煤烟气脱硫脱硝技术及工程实例[M]. 北京: 化学工业出版社.

周军英, 汪云岗. 1998. 美国控制大气污染的对策[J]. 环境科学研究, 11(6): 55-58.

朱宝山. 2006. 燃煤锅炉大气污染物净化技术手册[M]. 北京: 中国电力出版社.

朱晓玲. 2014. 绿色公共自行车系统运营及保障机制研究[D]. 重庆: 重庆交通大学.

Boylan J W, Russell A G. 2006. PM and light extinction model performance metrics, goals, and criteria for three-dimensional air quality models[J]. Atmospheric Environment, 40(26): 4946-4959.

Carlton A G, Bhave P V, Napelenok S L, et al. 2010. Model representation of secondary organic aerosol in CMAQv4.7[J]. Environmental Science & Technology, 44(22): 8553-8560.

Cofala J, Amann M, Asman W, et al. 2010, Intergrated assessment of air pollution and greenhouse gases mitigation in Europe. Archives of Environmental Protection, 36(1): 29-39.

Department for Environment Food & Rural Affairs of UK. 2012. National air quality objectives and European directive limit and target values for the protection of human health[EB/OL]. London: Department for Environment Food & Rural Affairs, http://www.gov.uk/government/Organizations/department-for-environment-food-rural-affairs. 2013-04-16.

EU Committee. 1996. 96/62/EC directive[EB/OL]. http://eur-lex.europa.eu/legal-content/EN/TXT/?

qid=1449976634461&uri=CELEX: 31996L0062. 2013-04-04.

EU Committee. 2002. 2002/3/EC directive [EB/OL]. http://eur-lex.europa.eu/legal-content/EN/TXT/? qid=1449976733653&uri=CELEX: 32002L0003. 2013-04-04.

Hammersley J. 1960. Monte Carlo methods for solving multivariable problems[J]. Proceedings of the New York Academy of Science, Annals of the New York Academy of Sciences, 86(7005): 844-874.

Iman R L, Davenport J M, Zeigler D K. 1980. Latin Hypercube Sampling(Program User's Guide)[M]. Albuquerque, NM, U.S.: Sandia National Laboratories.

Ministry of the Environment Government of Japan. 2009. Environ-mental quality standards in Japan—air quality[EB/OL]. Tokyo: Ministry of the Environment Government of Japan. http://www. env.go.jp/en/air/aq/aq.html. 2013-04-16.

National Environment Agency. 2011. Air Quality and Targets[EB/OL]. http://www.nea.gov.sg/anti-pollution-radiation-protection/air-pollution-control. 2013-04-04.

Saaty T L, 1977. Scaling method for priorities in hierarchical structures[J]. Math. Psychol. 15(3): 234-281.

Saaty T L, 1980. The Analytic Hierarchy Process [M]. New York: McGraw-Hill.

Santner T J, Williams B J, Notz W. 2003. The Design and Analysis of Computer Experiments[M]. New York, U.S.: Springer Verlag.

U.S. Environmental Protection Agency. 2012. National Ambient Air Quality Standards (NAAQS) [EB/OL]. http://www.epa.gov/air/criteria.html. 2013-04-02.

Wakamatsu S, Morikawa T, Ito A, et al. 2013. Air pollution trends in Japan between 1970 and 2012 and impact of urban air pollution countermeasures[J]. Asian Journal of Atmospheric Environment, 7(4): 177-190.

Wang S X, Zhao B, Cai S Y, et al. 2014. Emission trends and mitigation options for air pollutants in East Asia[J]. Atmospheric Chemistry and Physics, 14(13): 6571-6603.

Wang S X, Hao J M. 2012. Air quality management in China: Issues, challenges, and options[J]. Journal of Environmental Sciences, 1(1): 2-13.

Wei W, Chatani W S, Klimont Z, et al. 2008. Emission and speciation of non-methane volatile organic compounds from anthropogenic sources in China. Atmos Environ[J]. Atmospheric Environment, 42(20): 4976-4988.

Zhao B, Wang S X, Dong X Y, et al. 2013a. Environmental effects of the recent emission changes in China: implications for particulate matter pollution and soil acidification[J]. Environmental Research Letters, 8(2): 024-031.

Zhao B, Wang S X, Wang J D, et al. 2013b. Impact of national NO$_x$ and SO$_2$ control policies on particulate matter pollution in China[J]. Atmospheric Environment, 77(7): 453-463.

Zhao B, Wang S X, Xu J Y, et al. 2013c. NO$_x$ emissions in China: historical trends and future perspectives[J]. Atmospheric Chemistry & Physics, 13(19): 9869-9897.

索　引